Wolfgang Bibel
zusammen mit
St. Hölldobler und T. Schaub

**Wissensrepräsentation
und Inferenz**

Artificial Intelligence
Künstliche Intelligenz

Herausgegben von Wolfgang Bibel und Walther von Hahn

Künstliche Intelligenz steht hier für das Bemühen um ein Verständnis und um die technische Realisierung intelligenten Verhaltens.

Die Bücher dieser Reihe sollen Wissen aus den Gebieten der Wissensverarbeitung, Wissensrepräsentation, Epertensysteme, Wissenskommunikation (Sprache, Bild, Klang, etc.), Spezialmaschinen und -sprachen sowie Modelle biologischer Systeme und kognitive Modellierung vermitteln.

Bisher sind erschienen:

Automated Theorem Proving
von Wolfgang Bibel

Die Wissensrepräsentationssprache OPS 5
von Reinhard Krickhahn und Bernd Radig

LISP
von Rüdiger Esser und Elisabeth Feldmar

Logische Grundlagen der Künstlichen Intelligenz
von Michael R. Genesereth und Nils J. Nilsson

Wissensbasierte Echtzeitplanung
von Jürgen Dorn

Modulare Regelprogrammierung
von Siegfried Bocionek

Automatisierung von Terminierungsbeweisen
von Christoph Walther

Logische und Funktionale Programmierung
von Ulrich Furbach

Parallelism in Logic
von Franz Kurfeß

Relative Complexities of First Order Calculi
von Elmar Eder

Schließen bei unsicherem Wissen in der Künstlichen Intelligenz
von der Gruppe Léa Sombé

Wissensbasierte Systeme
von Doris Altenkrüger und Windfried Büttner

Objektorientierte und wissensbasierte Bildverarbeitung
von Dietrich W. R. Paulus

Fuzzy Sets and Fuzzy Logic
von Siegfried Gottwald

Wissensrepräsentation und Inferenz
von Wolfgang Bibel (zusammen mit St. Hölldobler und T. Schaub)

Wolfgang Bibel

zusammen mit Steffen Hölldobler und Torsten Schaub

Wissensrepräsentation und Inferenz

Eine grundlegende Einführung

Die Deutsche Bibliothek – CIP-Einheitsaufnahme

Bibel, Wolfgang:
Wissensrepräsentation und Inferenz: eine grundlegende
Einführung / Wolfgang Bibel. Zusammen mit Steffen
Hölldobler und Torsten Schaub. – Braunschweig;
Wiesbaden: Vieweg, 1993
    (Künstliche Intelligenz)

ISBN-13: 978-3-528-05374-1   e-ISBN-13: 978-3-322-86814-5
DOI: 10.1007/978-3-322-86814-5

Alle Rechte vorbehalten
© Friedr. Vieweg & Sohn Verlagsgesellschaft mbH, Braunschweig/Wiesbaden, 1993

Der Verlag Vieweg ist ein Unternehmen der Verlagsgruppe Bertelsmann International.

Das Werk einschließlich aller seiner Teile ist urheberrechtlich geschützt. Jede Verwertung außerhalb der engen Grenzen des Urheberrechtsgesetzes ist ohne Zustimmung des Verlags unzulässig und strafbar. Das gilt insbesondere für Vervielfältigungen, Übersetzungen, Mikroverfilmungen und die Einspeicherung und Verarbeitung in elektronischen Systemen.

ISSN 090-0699

Vorwort

Das Gebiet der Wissensrepräsentation und Inferenz umfaßt einen zentralen Bereich der Intellektik, dh. des Gebietes der Künstlichen Intelligenz und der Kognitionswissenschaft. Es behandelt einerseits die Fragen nach einer formalen Beschreibung von Wissen jeglicher Art, besonders unter dem Aspekt einer maschinellen Verarbeitung in modernen Computern. Andererseits versucht es, das Alltagsschließen des Menschen so zu formalisieren, daß logische Schlüsse auch von Maschinen ausgeführt werden könnten.

Das vorliegende Buch gibt eine möglichst umfassende Einführung in dieses umfangreiche Gebiet. Angesichts der Fülle der bislang erarbeiteten Kenntnisse ist eine erschöpfende Behandlung in einem Band wie dem vorliegenden allerdings nicht denkbar. Die Autoren haben deshalb das Ziel angestrebt, daß ein Leser nach der Lektüre in der Lage ist, einen unmittelbaren Zugang zur Originalliteratur zu finden, wo er sich dann mit weiteren Details auseinandersetzen könnte.

Das Buch sollte unter verschiedenen Umständen seinen Zweck erfüllen. Es kann als Grundlage für eine Vorlesung über dieses Gebiet dienen. Es kann den Studenten entweder im Rahmen einer solchen Vorlesung oder für das Selbststudium als umfassende Unterlage dienen. Auch der Praktiker sollte einen großen Gewinn aus der Lektüre dieses modernen Stoffes ziehen können, der in dieser Breite als einheitliches Buch bislang praktisch nicht verfügbar war. Schließlich hoffen wir auch, für die Forschung dadurch einen wichtigen Beitrag geleistet zu haben, daß die vielen Ansätze auf diesem Gebiet in ihren inneren Bezügen durch die vorliegende einheitliche Durchdringung in ihrer Bedeutung klarer erkennbar werden und so eine solide Basis für die zukünftige Forschungsarbeit geschaffen ist.

Die Entstehungsgeschichte dieses Buches reicht zurück bis zu der Frühjahrsschule für Künstliche Intelligenz im Jahre 1984 [Bib85] und dem Advanced Course for Artificial Intelligence 1985 [Bib87b]. In den vergangenen Jahren wurde der Stoff mehrfach als Vorlesung an der TH Darmstadt vom ersten Autor dargeboten. Die Übungen hierzu wurden von den beiden anderen Autoren betreut. Über die in Abschnitt 2.10 behandelten konnektionistischen Systeme hat der zweite Autor eine eigene Vorlesung mehrfach gehalten.

Dem Entstehen des Buches kam zudem die im Fachgebiet Intellektik der TH Darmstadt in den vergangenen Jahren geleistete Forschung zugute. So sind Teile des dritten Kapitels in einem erheblichen Maße von der Diplomarbeit [Sch90] und der Dissertation [Sch92] des dritten Autors geprägt, um nur einen der vielen Einflüsse zu nennen, die ansonsten im Text an den entsprechenden Stellen genannt werden.

Der Text wurde größtenteils vom ersten Autor verfaßt. Einige der Abschnitte entstammen jedoch weitgehend der Feder der anderen beiden Autoren, ohne deren engagiertem Einsatz die Vollendung noch lange auf sich hätte warten lassen. So gehen die Abschnitte 2.7, 2.10, 4.7 und 4.8 fast ausschließlich auf den zweiten und 3.8, 3.11 und 4.2.3 auf den dritten Autor zurück. Der zweite Autor hat schließlich noch wesentlich an der Verbesserung der Abschnitte 3.9 und 3.11 mitgewirkt. Den Abschnitt 4.7.6 hat Herr Dr. Joseph Schneeberger mitgestaltet.

Dank

Den wissenschaftlichen Mitarbeitern des Fachgebiets Intellektik der TH Darmstadt möchten die Autoren für unzählige Diskussionen danken, die auch dieses Buch geprägt haben. Bei der systemseitigen Gestaltung des Buches hatten wir vielseitige Unterstützung. Frau Sabine Bonnke (und vor ihr Herrn Bernd Jünger) ist zu verdanken, daß den Autoren (fast) immer funktionierende Systeme zur Verarbeitung des Textes zur Verfügung standen. Frau Maria Tiedemann hat einen Teil der Texte geschrieben. Herr Alexander Gassmann hat einen Großteil der Abbildungen gefertigt, während die restlichen Bilder von Frau Sabine Bonnke und Herrn Michael Thielscher stammen. Frau Karin Genther, Frau Eva Hornecker, Herr Stefan Schmidt und Frau Johanna Wiesmet haben den Index in vorbildlicher Weise erstellt. Von Herrn Dr. Gerd Neugebauer stammen eine Reihe von bequemen systemseitigen Werkzeugen, die die Arbeit sehr erleichtern. Frau Susanne Schaub hat den Text korrekturgelesen. Ihnen allen sei an dieser Stelle unser herzlicher Dank zum Ausdruck gebracht. Besonders möchten wir schließlich den Herren Dr. Gerd Brewka und Michael Thielscher für deren sorgfältige Lektüre einer Vorversion des Buches und daraus resultierenden unzähligen Verbesserungsvorschlägen danken. Herrn Philippe Besnard sind wir für einen wichtigen Hinweis zum Abschnitt 3.11 dankbar.

Inhaltsverzeichnis

Vorwort		5
1	**Einführung**	**11**
1.1	Die Motivation für das Gebiet	11
1.2	Das Fernziel und der Stand der Wissensrepräsentation	13
1.3	Das Arbeitsparadigma der Wissensrepräsentation	14
1.4	Historische Wurzeln	15
1.5	Ordnungskriterien	16
	1.5.1 Das syntaktische Gewand als Ordnungskriterium	16
	1.5.2 Die Ausdrucksfähigkeit der Sprachstrukturen als Ordnungskriterium	17
	1.5.3 Die Operationen als Ordnungskriterium	17
	1.5.4 Die inferentielle Beziehung als Ordnungskriterium	18
1.6	Der Aufbau und Inhalt des Buches	19
2	**Repräsentationsformalismen**	**22**
2.1	Natürliche Sprache	22
2.2	Bilder	23
2.3	Fregesche Repräsentation	24
	2.3.1 Syntax und Semantik der Prädikatenlogik	24
	2.3.2 Varianten der Repräsentation von Formeln	25
	2.3.3 Deduktion	29
	2.3.4 Sprache und Logik	30
2.4	Assoziative Netze	32
2.5	Konzeptrahmen	40
2.6	Vererbungssysteme	47
	2.6.1 Begriffliche Grundlagen	50
	2.6.2 Eine skeptische Lösung des Vererbungsproblems	51
	2.6.3 Eigenschaften der skeptischen Lösung	56
	2.6.4 Das logische Analogon zur Vererbung	58
2.7	Terminologische Systeme	62
2.8	Gebräuchliche Repräsentationssprachen	70
	2.8.1 KL-ONE	70
	2.8.2 Weitere Sprachen	75
2.9	Produktionssysteme	77
2.10	Neuronale Netze	82
2.11	Weitere Formalismen	94
	2.11.1 Datenbanken	95
	2.11.2 Bedingungsnetze	96
	2.11.3 Begriffsverbände	97
	2.11.4 Hornlogik	97

		2.11.5 Sortenlogik	99
		2.11.6 Logik höherer Stufe	100
		2.11.7 Modallogik	100
		2.11.8 Markierte Deduktionsformalismen	104
		2.11.9 Probabilistisches Wissen	104
		2.11.10 Vage Beschreibungen	105
		2.11.11 Analoge Repräsentation	106
		2.11.12 Programmiersprachen	107
		2.11.13 Die Überwindung von Babel	108

3 Nichtmonotone Inferenz — 111

3.1 Inferenz und Nichtmonotonie 112
3.2 Annahme der Weltabgeschlossenheit 114
3.3 Prädikatsvervollständigung 121
3.4 Negation als Mißerfolg 124
3.5 Zirkumskription 125
    3.5.1 Prädikatszirkumskription 126
    3.5.2 Allgemeinere Formen der Prädikatszirkumskription 130
    3.5.3 Punktweise Zirkumskription 134
    3.5.4 Vergleichende Anmerkungen 135
3.6 Ermangelungsschließen durch Theoriebildung 137
3.7 Eine Ermangelungslogik 140
    3.7.1 Die Syntax der Ermangelungslogik 141
    3.7.2 Die Semantik der Ermangelungslogik 144
    3.7.3 Abschließende Bemerkungen 150
3.8 Modale nichtmonotone Logiken 151
3.9 Konditionale und Relevanz-Logiken 156
    3.9.1 Delgrandes konditionale Logik 157
    3.9.2 Konditionales Schließen 162
    3.9.3 Widerspruchstolerante Systeme 166
3.10 Begründungsverwaltungssysteme 166
    3.10.1 Klauselverwaltungssysteme 168
    3.10.2 ATMS 170
    3.10.3 TMS 171
3.11 Vergleichende Zusammenfassung 175

4 Dimensionen der Inferenz — 185

4.1 Orientierung 185
4.2 Metaschließen 190
    4.2.1 Metawissen 191
    4.2.2 Wissen und Glauben 194
    4.2.3 Schließen über Wissen und Glauben 196
    4.2.4 Deduktive Wissensbasen und epistemische Anfragen 198
    4.2.5 Schließen verschiedener Akteure 215
4.3 Hypothetisches und induktives Schließen 216

		4.3.1	Abduktives Schließen	218

           4.3.1   Abduktives Schließen 218
           4.3.2   Induktive Probleme 221
           4.3.3   Induktive Konzeptbildung 224
           4.3.4   Begriffsbildung 227
           4.3.5   Lernen von Funktionen aus Beispielen 230
           4.3.6   Lernen 231
           4.3.7   Analogieschließen 233
           4.3.8   Fallbasiertes Schließen 234
   4.4   Probabilistisches Schließen 235
           4.4.1   MYCIN und seine Zuverlässigkeitsfaktoren 237
           4.4.2   Wahrscheinlichkeitstheoretische Begriffe 238
           4.4.3   Die Dempster-Shafer Theorie 243
           4.4.4   Kausale Netze 245
           4.4.5   Eine Logik der Wahrscheinlichkeit 251
   4.5   Vage Prädikate 254
   4.6   Diagnose 261
           4.6.1   Formale Grundlagen 262
           4.6.2   Die Berechnung von Diagnosen 265
   4.7   Planen 271
           4.7.1   Allgemeine Prädikatenlogik 274
           4.7.2   Der Situationskalkül 274
           4.7.3   Lineare Konnektionsmethode 278
           4.7.4   Gleichungslogik 280
           4.7.5   Lineare Logik 284
           4.7.6   Planungssysteme (zusammen mit Josef Schneeberger) 286
   4.8   Die inferentielle Behandlung von Zeit und Raum 288
           4.8.1   Zeitliches Schließen 289
           4.8.2   Räumliches Schließen 298
   4.9   Qualitatives Schließen 300

5   Philosophische Aspekte   302
   5.1   Begriffseingrenzungen 302
   5.2   Probleme der Philosophie des Geistes 308
           5.2.1   Heideggers Existenzphilosophie 310
   5.3   Aspekte der Wissensrepräsentation 311
           5.3.1   Kriterien für die Repräsentation von Wissen 312
   5.4   Repräsentationslose Intelligenz 315

Übungen   317

Deutsch–englisches Wörterbuch   339

Kleines Lexikon von Begriffen   341

Literaturverzeichnis   343

Symbole   369

Index   371

1 Einführung

Das Gebiet der Wissensrepräsentation hat zwar Wurzeln, die weit in die Geistesgeschichte zurückreichen, ist aber in seiner heutigen Form ein sehr junges Gebiet. Junge Gebiete müssen ihre Existenz rechtfertigen, mögen sie auch noch so wichtig sein. Dies legt eine etwas umfangreichere Einführung nahe, wie wir sie in diesem ersten Kapitel geben.

1.1 Die Motivation für das Gebiet

Wissenschaft und Technik umfassen das Bemühen des Menschen, seine alltäglichen Probleme auf eine systematischere Weise zu meistern. Seit Menschengedenken erfolgte die Lösung dieser Probleme in einer Kombination manueller und geistiger Tätigkeit. Bis zur Mitte dieses Jahrhunderts ist es der Wissenschaft und Technik in zunehmendem Maße gelungen, den manuellen Anteil in einem erheblichen Ausmaß auf Maschinen zu übertragen, während der geistige Anteil voll beim Menschen verblieben ist, was in Abbildung 1.1 illustriert ist.

Diese Spaltung von vormals integriert eingesetzten Fähigkeiten ist eine der tieferen Ursachen für die grundsätzliche Problematik, der sich unsere Industriegesellschaft heute gegenüber sieht. Will man die technische Entwicklung als solche nicht zurückdrehen, so bleibt als einzige weitere Alternative die Möglichkeit, die Integration dadurch wieder herzustellen, daß auch der geistige Anteil in Maschinen gleichgewichtig integriert wird. Mit anderen Worten, der Schnitt muß anders gelegt werden, jedenfalls nicht an der Trennlinie zwischen physischer und geistiger Tätigkeit.

Technikkritiker attackieren mit Vorliebe Spitzenforschung und -technologie, wenn sie Wissenschaft und Technik insgesamt diskreditieren wollen. Durch derartiges Simplifizieren wird leicht das Kind mit dem Bade ausgeschüttet. Das Kind ist in diesem Fall eine intelligente Informationstechnologie, die die Möglichkeit bietet, eine plumpe, kraftstrotzende Technologie, die angereichert ist mit zerstörerischen Elementen, in eine sanftere und intelligentere Technologie zu verwandeln. Natürlich ist auch die Informationstechnologie nicht frei von zerstörerischen Elementen. Dies sollte uns aber nur dazu veranlassen, anstelle der bisher gezogenen Trennlinie eine Unterscheidung zu finden zwischen derjenigen Menge von automatisierbaren Tätigkeiten, deren Automatisierung uns vorteilhaft und wüschenswert erscheint, und allen anderen Tätigkeiten, insbesondere also solchen, deren Automatisierung unerwünscht oder gar schädlich ist.

Wissen und dessen Verarbeitung sind unbestritten ein wesentlicher Bestandteil des geistigen Anteils unseres Tuns. Es stellt sich also den Ingenieuren heute die Aufgabe, auch Wissen in Maschinen in irgendeiner Form mit einzubauen. Was ist Wissen? Wie

Abbildung 1.1 Einseitige Technisierung der physikalischen Fähigkeiten und ihre Überwindung

läßt es sich materialisieren und damit einbaubar machen? Unter den verschiedenen Möglichkeiten der Materialisierbarkeit von Wissen, die inzwischen erarbeitet wurden, welche unter ihnen eignet sich in einer gegebenen Situation am besten? Mit Fragen dieser Art bewegen wir uns im Gebiet der *Wissensrepräsentation*.

1.2 Das Fernziel und der Stand der Wissensrepräsentation

Jedes wissenschaftliche Gebiet ist nicht nur durch das in ihm angesammelte Wissen charakterisiert, sondern auch von seinen Zielsetzungen geprägt. Das Fernziel des Gebiets der Wissensrepräsentation läßt sich vielleicht wie folgt beschreiben.

Zu einer gegebenen Problemstellung und einer verfügbaren Wissensquelle würde man sich von einer künftigen Theorie der Wissensrepräsentation erhoffen, daß sie einen dazu passenden Formalismus (bzw. Formalismen) bereitstellt, der die Akquisition des erforderlichen Wissens aus der genannten Quelle in einer Form ermöglicht, die dieses Wissen für den Menschen und für die Maschine verständlich repräsentiert und zur möglichst effizienten Problemlösung beiträgt. Damit ist implizit auch eine für die Problemlösungsmechanismen geeignete Architektur der Verarbeitungsmaschine gefordert. Unter Problemstellung verstehen wir dabei das gesamte Spektrum von einem speziellen Einzelproblem über spezielle Problemklassen (wie diagnostische Probleme) bis hin zur Klasse der Probleme jeglicher Art. Mit anderen Worten, im allgemeinsten Fall gipfelt unsere Hoffnung in der Bereitstellung einer superintelligenten Maschine, deren Grobstruktur in Abbildung 1.2 angedeutet ist.

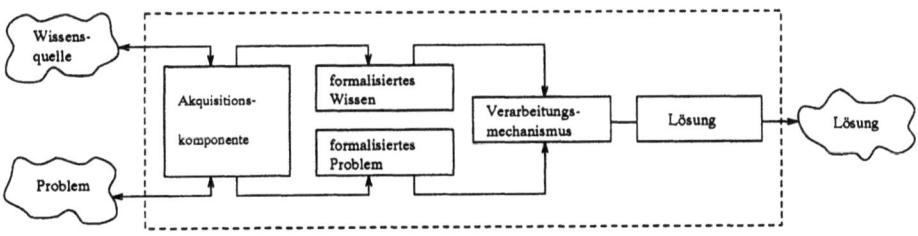

Abbildung 1.2   Grobstruktur einer wissensverarbeitenden Maschine

Von solchen Träumen sind wir derzeit weit, weit entfernt. Wir beginnen vielleicht gerade erst in Grundzügen zu verstehen, was die entscheidenden Probleme in diesem Gebiet sind, deren Lösung uns dem genannten Fernziel näher bringen würde. Möglich ist daher bei dem Stand der Forschung lediglich ein Sammeln und Klassifizieren sowie zaghafte Versuche einer Abstraktion allgemeiner Prinzipien hieraus.

Eines der grundsätzlichen Probleme der Wissensrepräsentation liegt inhärent in der Bedingung, daß über Wissen immer nur *in* einer bestimmten Repräsentation kommuniziert werden kann. Da verschiedene Wissenschaftler mit verschiedenen solcher

Repräsentationsformen aufwachsen, ergibt sich ein enormer Leerlauf durch redundante Doppelarbeit, die noch dadurch potenziert wird, daß Generationen dann damit beschäftigt sind, die Beziehungen, Gemeinsamkeiten und Unterschiede verschiedener Formalismen herauszuarbeiten, um oft frustriert festzustellen, daß die verschiedenen Ansätze nur das Gleiche in verschiedenem Gewand darstellen. Der Fortschritt ist daher marginal. Das Problem ist grundsätzlich wohl unlösbar, denn wer möchte sich schon anmaßen, einen Formalismus als den einzig brauchbaren zu bestimmen, geschweige denn, dies dann auch durchzusetzen. Vielmehr zeigt die Erfahrung, daß unterschiedliche Sichtweisen eben doch auch unterschiedliche Einsichten eröffnen. Wünschen könnte man sich jedoch einen kanonischen Referenzformalismus, in dem die Strukturen aller anderen Formalismen einheitlich erklärbar und damit vergleichbar sind.

1.3 Das Arbeitsparadigma der Wissensrepräsentation

Unsere Zielsetzung macht nur einen Sinn, wenn die Einbringung von Wissen in ein abgeschlossenes formales System, wie es etwa durch die Abbildung 1.2 illustriert wird, wenigstens zu einem gewissen Grad intelligentes Verhalten grundsätzlich bewirken kann. Da der Mensch das einzige derzeit verfügbare Modell eines intelligenten Wesens ist, stellt sich diese Frage nach einem Verständnis von Wissen und seiner Repräsentation in gleicher Weise hinsichtlich des Menschen.

In der Tat gehen wir von der Arbeitshypothese aus, daß der Mensch bezüglich seiner intellektuellen und kognitiven Fähigkeiten als *semantische Maschine* [Hau81] aufgefaßt werden kann. Eine solche Maschine ist nicht durch ein bloßes Eingabe-/Ausgabeverhalten charakterisiert, wie wir es von allen gebräuchlichen Maschinen kennen. Vielmehr ist die Eingabe quasi einer Filterung in der Form einer semantischen Interpretation — oder nennen wir es einfach "Verständnis" — unterworfen, bevor sie im Gefolge möglicherweise zu einer Ausgabe führt.

Es sei betont, daß wir von einer *Arbeitshypothese* sprechen. Eine Aussage der Form "Der Mensch *ist* eine (semantische) Maschine" ist von unserer Hypothese strikt zu unterscheiden und soll hier auch keineswegs gemacht werden. Eine auf mechanische Gebilde übertragene Variante dieser Hypothese ist in [Smi85] die *Wissensrepräsentationshypothese* genannt und wie folgt zusammengefaßt worden.

Jedes sich auf mechanische Weise intelligent verhaltende Gebilde besteht aus strukturellen Teilen, a) die für uns externe Beobachter in natürlicher Weise (dh. ohne das Erfordernis der Kenntnis des Verarbeitungsmechanismus) das Wissen beschreiben, das in dem Verhalten zum Ausdruck kommt, und b) das, unabhängig von solch externer semantischer Interpretation, eine zwar formale, aber kausale und essentielle Rolle bei der Erzeugung des Verhaltens spielt, in dem es sich manifestiert.

Systeme, die im Sinne dieser Hypothese entwickelt worden sind, tragen auch das Prädikat "wissensbasiert". Die in Abbildung 1.3 gezeigte Gegenüberstellung zweier kleiner PROLOG Programme soll die Intension des Begriffs näherungsweise veranschaulichen.

```
drucke_Farbe(Schnee)   :-  !, write('Er/es ist weiß.').
drucke_Farbe(Gras)     :-  !, write('Er/es ist grün.').
drucke_Farbe(Himmel)   :-  !, write('Er/es ist gelb.').
drucke_Farbe(X)        :-  write('Ich muß passen.').


drucke_Farbe(X)        :-  Farbe(X,Y), !, write(X),
                           write(' ist '), write(Y), write('.').
drucke_Farbe(X)        :-  write('Ich muß passen.').
Farbe(Schnee,weiß).
Farbe(Gras,grün).
Farbe(Himmel,gelb).
```

Abbildung 1.3 Ein mehr prozedurales und ein mehr wissensbasiertes Programm

Das durch die erste Zeile des ersten Programms implizit ausgedrückte Wissen, daß nämlich Schnee weiß ist, vermag ein externer Beobachter nur dann abzulesen, wenn er den Abarbeitungsmechanismus von PROLOG, dh. dessen *prozedurale* Interpretation kennt. Genaugenommen repräsentiert das Programm dieses Wissen gar nicht, da seine Bedeutung sich darauf beschränkt, auf ein Stichwort hin einen Satz auszudrucken. Somit ist die Bedingung *(a)* hier nicht (hinsichtlich der intendierten semantischen Interpretation) erfüllt. Im Gegensatz dazu kann wohl jedermann die entsprechende Zeile (Farbe(Schnee,weiß)) im zweiten Programm verstehen, mag man sich auch über die kryptische Form der Darstellung wundern. Obwohl die beiden Programme in ihrem Verhalten äquivalent sind, erfüllt nur das zweite Programm die Bedingungen der Hypothese (in einer einigermaßen annehmbaren Weise).

Entscheidend ist also erstens das Vorliegen einer semantischen Interpretation der syntaktischen Gebilde, wie zB. einer Folge von Buchstaben, die das Wissen repräsentieren. Zweitens wird eine gewisse Übereinstimmung dieser semantischen Interpretation mit der des Menschen als notwendig erachtet. Drittens schließlich ist ein kausaler Zusammenhang dieser semantischen Interpretation mit der prozeduralen Interpretation erforderlich. Im Hintergrund dieser These steht eine logische Sicht, die uns in Abschnitt 3.1 zu einer Variante dieser Hypothese führen wird.

1.4 Historische Wurzeln

Das Gebiet der Wissensrepräsentation hat sich als spezielles Teilgebiet innerhalb der nunmehr 35 Jahre jungen Intellektik (das ist das Gebiet der Künstlichen Intelligenz und der Kognitionswissenschaft) entwickelt. Heute ist es eines ihrer Kerngebiete und belegt zB. mehr als ein Viertel der Themen einer durchschnittlichen Intellektikkonferenz. Seine Wurzeln reichen jedoch (ebenso wie die der Intellektik insgesamt) weit (dh. Jahrhunderte) zurück in traditionsreiche Gebiete wie Philosophie, Logik, Linguistik und Psychologie.

Im Gegensatz zu den genannten Gebieten verbindet die Wissensrepräsentation ebenso wie die Intellektik allgemein die geistes- und naturwissenschaftliche Analyse mit dem experimentellen Austesten der Theorien, wodurch eine neue Qualität an Erkenntnis aus diesen Fragestellungen und den gefundenen Antworten erzielt werden kann. Man muß andererseits einräumen, daß im jugendlichen Überschwang die genannten historischen Wurzeln zunächst weitgehend ignoriert worden sind. Für manche Untersuchungen wäre man in der Intellektik besser beraten, erst einmal einen Blick in vorhandenes Geistesgut zu werfen, anstatt naiv von vorne zu beginnen. Dies läßt sich insoweit entschuldigen, als es für viele mathematisch-technisch ausgebildete Wissenschaftler der Intellektik alles andere als leicht ist, in der unübersehbaren Masse geisteswissenschaftlicher Literatur die Spreu vom Weizen zu trennen.

1.5 Ordnungskriterien

Das Gebiet der Wissensrepräsentation steckt in den Anfängen, wie oben ausgeführt. Die Darstellung eines solchermaßen unausgereiften Gebietes stellt eine Herausforderung an jeden Autor dar. Anders als in etablierten Gebieten kann man sich nicht an kanonischen Darstellungsmustern orientieren. Der Wissensfundus ist über hunderte von Originalarbeiten verstreut. In Ermangelung einer durchgehenden Theorie fällt bereits eine Konzeption für die Gliederung der Darstellung außerordentlich schwer. Hier sind die möglichen Alternativen dazu aufgelistet.

1.5.1 Das syntaktische Gewand als Ordnungskriterium

Es gibt heute bereits eine beachtliche Reihe verschiedener Ansätze zur Repräsentation von Wissen. Die folgende Liste nennt eine Reihe von Formalismen unterschiedlichster Art, ohne an dieser Stelle ihre Tauglichkeit hinsichtlich der Wissensrepräsentationshypothese werten zu wollen.

Logische Sprachen (erster und höherer Stufe, Hornlogik, Klausellogik, Modallogiken, vage Logiken usw.); funktionale Sprachen; algebraische Formalismen; Datenbankformalismen; assoziative Netze; Frames (Konzeptrahmen); Vererbungssysteme; probabilistische Darstellungen; prozedurale Sprachen; neuronale Netze; natürliche Sprachen; Bilder und Graphiken.

Zur Strukturierung des Materials ließen sich diese Formalismen nach irgendeinem syntaktischen Kriterium anordnen. In jeder dieser Darstellungen ließen sich dann Inferenz und andere Operationen behandeln, was insgesamt zu einer sehr redundanten Darstellung führen würde.

1.5 Ordnungskriterien

1.5.2 Die Ausdrucksfähigkeit der Sprachstrukturen als Ordnungskriterium

Man könnte den Versuch machen, von Sprachkonzepten (zB. Beschreibungen, Aussagen usw.) auszugehen, diese irgendwie anzuordnen und auf dieser Grundlage die verschiedenen formalen Realisierungen der Reihe nach zu beschreiben. Hierzu fehlt eine überzeugende Reihe solcher Sprachkonzepte.

1.5.3 Die Operationen als Ordnungskriterium

Die Diskussion um verschiedene Wissensrepräsentationsformen krankt oft daran, daß ein wesentliches Merkmal außer acht gelassen wird, nämlich der zugehörige Verarbeitungsmechanismus. Im lauten Streit darüber, ob ein Formalismus einem anderen gegenüber im Vorteil ist, wird meist überhört, daß der eine für einen gänzlich anderen Zweck als der andere gedacht ist, so daß die Argumente völlig aneinander vorbeigehen.

Also, jeder Repräsentationsformalismus gewinnt erst zusammen mit einem Verarbeitungsmechanismus und seinen Operationen einen Sinn. "Besser" kann immer nur meinen "besser in bezug auf die Operationen des Mechanismus". In einer ersten groben Näherung kann man die folgenden vier Operationsarten unterscheiden.

- Das Hinzufügen von Wissen zu bereits gegebenem Wissen,
- das Entfernen von (etwa überholtem, unbrauchbarem oder falschem) Wissen,
- das Auffinden von Wissen zu bestimmten Vorgaben und
- das Ziehen von Schlußfolgerungen aus dem vorhandenen Wissen.

Diese Operationen beziehen sich in der Praxis auf Wissen, das in irgendeiner Form maschinell gespeichert ist, etwa in einer sogenannten Wissensbank. Die ersten drei dieser Operationen werden in solchem Zusammenhang üblicherweise unter dem Begriff *Wissensmanagement* zusammengefaßt.

Innerhalb dieser Operationsarten lassen sich die unterschiedlichsten Ausprägungen vorstellen, die sich in Form von Repräsentationsebenen ordnen lassen. Ausgehend vom Menschen als Maß aller Dinge (in diesem Zusammenhang) ist seine Ebene die höchste und die der Maschine die niedrigste, mit einer Reihe von Zwischenebenen, wie etwa die des Experten, des Wissensingenieurs, des Programmierers, des Systemingenieurs. Die höchste Ebene umfaßt auch die Schnittstelle des normalen Benutzers. Hier behalten die genannten Operationsarten zwar immer noch ihren Sinn, jedoch bedürfte es einer viel detaillierteren Analyse der hier wünschenswerten Operationen.

In [Bra79] werden fünf andere Ebenen unterschieden, nämlich die linguistische, die konzeptuelle, die erkenntnistheoretische (oder epistemologische), die logische sowie die Implementierungs- oder Symbolebene. Es ist interessant, diese beiden Einteilungen miteinander zu vergleichen, wie es die folgende Tabelle tut.

Benutzer	linguistische Ebene
Experte	konzeptuelle Ebene
Wissensingenieur	epistemologische Ebene
Programmierer	logische Ebene
Systemingenieur	Symbolebene

Es mag dahingestellt sein, ob diese Einteilung in fünf Ebenen wirklich schlüssig ist oder ob nicht manche dieser Ebenen doch zusammenfallen. So sprechen einige Gründe dafür, auf die wir im Verlauf des folgenden Kapitels zu sprechen kommen (zB. in Abschnitt 2.8.1), daß man sich auf drei Ebenen beschränkt, nämlich die kognitive, die logische und die Implementierungsebene.

1.5.4 Die inferentielle Beziehung als Ordnungskriterium

Das im letzten Unterabschnitt genannte Wissensmanagement ist in anderer Form auch in konventionellen Systemen und Formalismen der Informatik, insbesondere im Teilbereich der Datenbanken, gebührend berücksichtigt. So ist es daher die Inferenz, die dem Gebiet der Wissensrepräsentation ihren besonderen Stempel aufdrückt. Wir möchten diese herausragende Bedeutung mit dem folgenden Zitat aus [Bra90] unterstreichen.

> *It is fairly widely held that it is virtually useless to consider a representation without considering the reasoning that is to be done with it. In much of KR the kind of reasoning that will be done is primary, and the structures used to represent the grist for the reasoning mill are secondary. "KR" now clearly stands for "Knowledge Representation and Reasoning". As a result, the study of KR is rooted in the study of logics.*

So bietet es sich natürlich auch an, diese Operation der Inferenz in den Mittelpunkt der Darlegung zu stellen. Formal stellt sich eine inferentielle Beziehung als $K_0 \vdash K_1$ dar. $\vdash$ soll dabei eine logische Beziehung (oder Relation) zwischen zwei Wissensmengen zum Ausdruck bringen, die in der Regel durch ein formales System implizit festgelegt ist. Die Beziehung selbst stellt Wissen dar. Anhand dieses Schemas lassen sich folgende Unterscheidungskriterien angeben.

- Wieviel des Gesamtwissens wird in $\vdash$, wieviel in $\{K_0, K_1\}$, und wo hier, in K_0 oder K_1, gesteckt.

- Welche der oben aufgeführten Formen von Wissen werden dabei zugelassen.

- Wird die Beziehung $\vdash$ deduktiv (dh. von links nach rechts), abduktiv oder induktiv (dh. von rechts nach links) oder sowohl deduktiv als auch abduktiv angewandt.

- Wie berechenbar ist die inferentielle Beziehung, und wie wird sie verarbeitet.

1.6 Der Aufbau und Inhalt des Buches

Der letzte Abschnitt hat gezeigt, daß wir es in der Wissensrepräsentation mit einem vieldimensionalen Raum zu tun haben. Dabei haben die genannten Ordnungskriterien zweifelsohne nicht alle der denkbaren Dimensionen ausgeschöpft. Die Häufigkeit der Verwendung der Formalismen sowie deren historische Entwicklung wären weitere.

Angesichts dieser Vielfalt ist es nicht einfach, sich im Hinblick auf den Aufbau des Buches an ein einziges Kriterium zur Strukturierung der Darstellung zu halten. Unser Vorgehen hält daher mehrere dieser Kriterien gleichzeitig im Auge. Wir starten mit einem Formalismus, der als kanonisch angesehen werden kann, nämlich dem Logikformalismus. Diese Wahl erlaubt uns, einen Referenzpunkt für ein jegliches Detail anzugeben und die Dinge bei einem Namen zu nennen. Zudem liegen wir mit dieser besonderen Auszeichnung der Logik (unter anderen Repräsentationsformen) völlig im Einklang mit der vorherrschenden Meinung des Gebietes. Zum Beleg verweisen wir auf verwandte Bücher wie [GN89, PMG93] und greifen eines der vielen diesbezüglichen Zitate aus der Literatur heraus [Lev86].

> *For the structures to represent knowledge, it must be possible to interpret them propositionally, that is, as expressions in a language with a truth theory. We should be able to point to one of them and say what the world would have to be like for it to be true.*

Da jede vernünftige Einführung in die Logik und ihrer Deduktionsmechanismen selbst ein Buch füllt, muß hier für ein tieferes Verständnis des nachfolgenden Inhalts vom Leser verlangt werden, daß er diese Grundlage beherrscht. Während es eine Fülle von Logikbüchern gibt (zB. [EFT92, Ric78, Sch87a]), können für das Gebiet der Deduktion derzeit nur [Bib92, BB92] innerhalb der deutschen Literatur empfohlen werden. Wir sind mit guten Argumenten darauf vorbereitet, daß diese Entscheidung, Logik vorauszusetzen, auf Kritik stoßen wird. Andererseits dürfte sich über kurz oder lang auch an deutschen Hochschulen die Erkenntnis durchsetzen, daß ein gewisses Maß an Logikausbildung zur *Grund*ausbildung nicht nur der Intellektik gehört.

Auch in diesem Buch weichen wir von der in der Deduktionsliteratur weitverbreiteten *negativen* Repräsentation von Formeln durch Klauseln ab und wählen stattdessen die von Logikern (und normalen Menschen) seit Jahrhunderten bevorzugte *positive* Repräsentation [Bib87a]. Wir haben uns bemüht, an Stellen, wo dies zu Mißverständnissen führen könnte, jeweils in irgendeiner Form wie zB. mit einer Fußnote an diese Vereinbarung zu erinnern.

Ausgehend von der Logik bewegen wir uns im nächsten Kapitel längs des oben angegebenen syntaktischen Kriteriums sowie nach einer Mischung der Kriterien der Ausdrucksfähigkeit, der Bedeutung (oder Häufigkeit) und der historischen Entwicklung, ohne eingehendere Beachtung der inferentiellen Beziehung (Abschnitt 2.6 bildet eine dort begründete geringfügige Ausnahme). Die Absicht dabei ist es, einfach die verschiedenen Ausdrucksmöglichkeiten relativ neutral vorzustellen.

Die Überzeugung einer kanonischen Bedeutung der Logik, die ja auch in dem in Abschnitt 1.5.4 gegebenen Zitat von Brachman zum Ausdruck kam, werden wir bei der Darstellung der verschiedenen Formalismen allerdings nie verhehlen. Die Erfahrung der letzten beiden Jahrzehnte hat nämlich gezeigt, daß Formalismen wie die assoziativen Netze oder die Konzeptrahmen erst durch eine Einbettung in die Logik die notwendige Klärung und Präzisierung erfahren haben. Mehr noch als zur Präzisierung der Syntax trägt aber die Logik überdies zur Klärung der Semantik von Wissensrepräsentationsformalismen bei. Um nämlich als Repräsentation von Wissen über die Welt zu taugen, muß ja jeder Ausdruck eines solchen Formalismus eine Bedeutung erhalten, die etwas über die Welt aussagt. Hierfür bietet die Logik eine ausgereifte Semantik, was man von praktisch allen anderen Formalismen nur insoweit feststellen kann, als ihre Beziehung zur Logik geklärt ist. Denn weiß man, welches zu einem beliebigen Ausdruck A eines Formalismus der äquivalente logische Ausdruck A_ℓ ist, so kennt man über dessen Bedeutung auch diejenige von A, weil die Ausdrücke zwar verschieden, ihre Bedeutungen aber identisch sind.

In Kapitel 3 und 4 beziehen wir dann die inferentielle Relation in die Betrachtung zentral mit ein und überlassen ihr die Oberhand bei der Strukturierung des weiteren Vorgehens. Insbesondere lernen wir in diesen beiden Kapiteln die verschiedensten Formen von Inferenz kennen, mit denen wir Menschen im täglichen Leben umgehen und die ein System mit Anspruch auf intelligentes Verhalten realisieren müßte. Wir beginnen dabei in Kapitel 3 mit einer Behandlung der verschiedenen Formen des nichtmonotonen Schließens "unter normalen Umständen". Unter ihnen befinden sich die fünf Hauptvertreter, nämlich die Negation als Mißerfolg, die verschiedensten Varianten der Zirkumskription, die Ermangelungslogik, die konditionale Logik und die Autoepistemische Logik. Neben diesen reinen Kalkülansätzen behandeln wir aber auch die systemorientierten Ansätze der Begründungsverwaltungssysteme. Im letzten Abschnitt dieses Kapitels geben wir zur besseren Orientierung für den Leser eine vergleichende Zusammenfassung all dieser Ansätze.

Alle Formalismen der Inferenz, die über das Schließen unter normalen Umständen hinausgehen, werden dann in Kapitel 4 behandelt. Es handelt sich hier um einen vieldimensionalen Raum, dessen Vereinheitlichung noch aussteht. Allerdings geben wir in Abschnitt 4.1 eine Orientierung für den Leser, die zugleich einen Versuch der systematischen Strukturierung darstellt. Sie orientiert sich einerseits an der logischen Folgerungsbeziehung $\models$ sowie andererseits an der Art der Unvollständigkeit des Wissens, unter dem das Schließen vonstatten geht. Im einzelnen bietet das Kapitel eine Behandlung von Metainferenz und ihren verschiedenen Ausprägungen, von abduktivem, induktivem, analogem und fallbasiertem Schließen, von probabilistischen Aspekten, von vagen Prädikaten, von Verfahren zur Diagnose technischer Systeme, von Planungsverfahren, von Zeit und von qualitativem Schließen. Der Themenkatalog ist zu groß, um erschöpfend behandelt werden zu können. Dennoch sind mit den beiden Kapiteln wohl die wichtigsten Aspekte der Inferenz abgedeckt.

Im letzten Kapitel greifen wir die bereits in diesem ersten Kapitel angerissenen philosophisch orientierten Fragen grundsätzlicherer Bedeutung nochmals auf und führen sie weiter aus. Hierzu versuchen wir zunächst eine begriffliche Präzisierung, umreißen

1.6 Der Aufbau und Inhalt des Buches

dann einige wichtige Aspekte aus der Philosophie des Geistes und fokussieren schließlich wieder auf unser Thema der Wissensrepräsentation. Zum Abschluß weisen wir nochmals etwas ausführlicher auf den von einigen Wissenschaftlern der Intellektik (dh. den Intellektikern) vertretenen Standpunkt der repräsentationslosen Intelligenz hin.

Es handelt sich bei dem Gebiet der Wissensrepräsentation nicht nur um einen vieldimensionalen Raum, wie eingangs gesagt, sondern auch um ein außerordentlich umfangreiches Gebiet. Es stellt daher für Autoren nicht nur hinsichtlich des Aufbaus eine Herausforderung dar, sondern besonders auch wegen der Fülle des zu berücksichtigenden Materials verschiedenster Art. Zudem ist dieses Gebiet noch voll im Fluß, so daß eine kanonische Stoffauswahl noch sehr schwer fällt. Es ist daher unvermeidlich, daß die Darstellung in einem gewissen Sinne unausgewogen ist, auch weil wohl kein Autorenteam von (im Hinblick auf eine einheitliche Darstellung) praktikabler Größenordnung auf allen Teilgebieten in gleicher Weise kompetent sein kann. An Stellen, wo wir den Mangel besonders bedauern, finden sich im Buch entsprechende Hinweise. Wir hoffen, daß trotz dieses hoffentlich nicht allzu großen Mangels das Buch eine wichtige Aufgabe in bezug auf die Konsolidierung des Gebietes erfüllen kann.

2 Repräsentationsformalismen

In diesem Kapitel stellen wir eine Reihe von bekannten Formalismen zur Repräsentation von Wissen dar. Wir beginnen mit den natürlichen Formen zur Repräsentation sowie mit deren Abstraktion in Form des Logikformalismus. Dann besprechen wir eine Reihe weiterer Formalismen, in etwa geordnet nach einer Mischung zwischen Ausdrucksstärke und Wichtigkeit.

2.1 Natürliche Sprache

Natürliche Sprache in gesprochener oder geschriebener Form bildet die verbreitetste und natürlichste Darstellungsform für Wissen (wenn man von der mentalen Darstellung — vgl. Kapitel 5 — einmal absieht, die formal nicht zugänglich ist). In gewissem Sinne stellt die natürliche Sprache auch den Ausgangspunkt für die meisten Repräsentationsformalismen dar. Sehr überspitzt formuliert könnte man auch sagen, das Gebiet der Wissensrepräsentation sei identisch mit dem des Verstehens und der Verarbeitung natürlicher Sprache, jedoch wollen wir nicht wirklich so weit in unserem Begriffsverständnis gehen.

Will man natürliche Sprache bis zu einem Detaillierungsgrad verstehen, der ihre mechanische Beherrschung erlaubt, so muß man sie als Formalismus mit einer bestimmten Semantik zu begreifen versuchen. Dabei begegnet man jedoch sofort der fundamentalen Schwierigkeit, daß jeder sprachliche Satz, schon einmal vorausgesetzt, er sei syntaktisch richtig gebildet, je nach den Umständen verschiedene Bedeutungen haben kann. Erst im Kontext der begleitenden Umstände ergibt sich die Eindeutigkeit. In neueren Ansätzen zur Semantik von Sprache ist dies zum beherrschenden Thema geworden (siehe zB. [BP83]).

Hat der Kontext die Eindeutigkeit der Bedeutung hergestellt, bleibt immer noch die Frage, wie sich diese Bedeutung aus dem Satz und seinen Teilen ergibt. Die entscheidende Schwierigkeit, sie zu beantworten, liegt darin, daß der syntaktische Aufbau des Satzes mit einem entsprechenden Aufbau der Gesamtbedeutung aus primitiven Bedeutungseinheiten (wie etwa den einzelnen Wortbedeutungen) offenbar nicht einher geht. In diesem Sinne ist die Suche nach primitiven semantischen Einheiten zu verstehen, wie sie etwa in [SR74] vorgeschlagen werden, worauf wir in Abschnitt 2.4 zurückkommen werden.

Auch die Prädikatenlogik, auf die wir in Abschnitt 2.3 zu sprechen kommen, ist unter der Motivation entwickelt worden, die natürliche Sprache zu verstehen, indem man sie zu einem uniformen und eindeutigen Formalismus abstrahiert. In der Logik finden in der Tat die syntaktischen Gebilde eine Entsprechung auch in dem semantischen

Aufbau, der hier voll verstanden ist. Deshalb werden die Beziehungen der Syntax von natürlicher Sprache und Prädikatenlogik bis heute intensiv studiert [MG92]. Die Problematik der natürlichen Sprache ist damit jedoch nicht gelöst, und zwar deswegen, weil wir zu einem gegebenen natürlichsprachlichen Satz nicht ohne weiteres, jedenfalls nicht algorithmisch, eine prädikatenlogische Formel mit gleicher Bedeutung angeben können, so daß die Fragestellung nur auf die nach einer Transformation natürlicher Sätze in prädikatenlogische Formeln verschoben ist. Ein überzeugender Zusammenhang dieser Art auf der propositionalen Ebene ist in [Bra78] hergestellt worden, auf den wir aber hier im einzelnen nicht eingehen möchten, weil er uns zu weit von unserem eigentlichen Thema abbringen würde.

Die Verarbeitung natürlicher Sprache ist aus all diesen Gründen ein eigenständiges Forschungsgebiet mit gleicher Ausdehnung wie die Wissensrepräsentation, das wir daher nicht in einem Abschnitt abhandeln können.[1] Wir sollten uns aber den engen Bezug dieser beiden Gebiete zueinander immer vor Augen behalten.

2.2 Bilder

Visuelle Repräsentation ist zweifelsohne die ursprünglichste aller Darstellungsarten. Der visuelle Apparat ist nun einmal der leistungsfähigste innerhalb der menschlichen Sensorik. Was wir mit einem Blick an Information aufnehmen ist ein Vielfaches dessen, was wir in der gleichen Zeit lesen können. Eine möglichst weitreichende Einbeziehung von Bildern in der Repräsentation von Wissen auf der Ebene der menschlichen Interaktion ist daher ein wichtiges Ziel des Wissensrepräsentationsgebietes.

Während die menschliche Sprache bereits mentale Strukturen aufweist, ist dies beim visuellen Informationsstrom nicht der Fall. Das Bilderkennen und -verstehen stellt die Intellektik daher vor noch grundsätzlichere Probleme als die Sprachverarbeitung. Gibt es hier überhaupt Elemente und Strukturen? Was könnten archetypische semantische Einheiten sein? Sind solche Einheiten etwa in Werken der darstellenden Kunst zu finden? Auch hier müssen wir es bei dem Hinweis auf die große Bedeutung dieser Fragestellungen belassen. Selbst in einem Buch über Bildverstehen[2] würde man mangels konkreter Einsichten in der Regel nur einen Teil dieser Fragen behandelt finden. Der interessierte Leser mag sich darüber selbst eine Meinung durch Studium der einschlägigen Literatur bilden. Einen guten Zugang hierfür liefert zB. die Arbeit [SFH92], die einen modernen Überblick über maschinelle Methoden der Objekterkennung gibt.

Was wir hier von Bildern gesagt haben, gilt analog auch für plastische Gebilde. Auch der akustische Raum vermag Wissen zu repräsentieren, natürlich in der Form des gesprochenen Wortes, aber auch als Musik und anderes.

---

[1] Als gutes Buch über dieses Gebiet sei [All88] empfohlen.
[2] ZB. [Nie92, NB87]; empfehlenswert ist auch noch immer [Mar82], während [BB82] zT. von der Entwicklung überholt ist.

2.3 Fregesche Repräsentation

Gottlob Frege hat in seiner berühmten "Begriffsschrift" aus dem Jahre 1879 [Fre79] in einer Analyse der natürlichen Sprache eine formale Sprache entwickelt, die, abgesehen von syntaktischen Details, mit der Sprache der Prädikatenlogik (nicht notwendig erster Ordnung) übereinstimmt, von der in diesem Abschnitt die Rede sein wird. Wir werden natürlich keine Einführung in diese Logik geben, worauf wir bereits in der Einleitung hingewiesen haben, sondern nur an einige wichtige Begriffe daraus erinnern.

2.3.1 Syntax und Semantik der Prädikatenlogik

Ein wichtiger Grundgedanke der heutigen Prädikatenlogik ist die Unabhängigkeit der syntaktischen Aussage von ihrer semantischen Bedeutung, die erst mittels einer zusätzlich zu gebenden Interpretation bestimmt ist. Allerdings ist eine solche mögliche Interpretation durch die Syntax schon in gewissem Sinne eingeschränkt.

Betrachten wir dazu die kleinste Einheit einer Aussage, eine sogenannte atomare Grundaussage, zB. "Nürnberg ist eine Stadt". Prädikatenlogisch würde man hierfür (einer gewissen, hier nicht näher besprochenen Konvention folgend) schreiben *ist_eine_Stadt(Nürnberg)*. *ist_eine_Stadt* ist ein (einstelliges) Prädikatszeichen, *Nürnberg* ein Konstantenzeichen. Nur bezüglich dieses syntaktischen Unterschiedes zwischen Prädikats- und Konstantenzeichen ist eine Interpretation dieses Satzes eingeschränkt. Das heißt, es ist prädikatenlogisch völlig legitim — mag es zunächst auch unnatürlich erscheinen —, diese syntaktische Aussage etwa als "Charlie Chaplin ist ein Genie" zu interpretieren. Bei dieser Interpretation wird das Konstantenzeichen *Nürnberg* als Charlie Chaplin und das Prädikatszeichen *ist_eine_Stadt* als die Eigenschaft, Genie zu sein, interpretiert.

Um diese Neutralität bezüglich möglicher Interpretationen hervorzuheben, verwendet man in der Prädikatenlogik üblicherweise neutralere Zeichen wie zB. P statt *ist_eine_Stadt* und a statt *Nürnberg*, insgesamt also $P(a)$ oder auch kurz Pa. Von dieser Neutralität geht man nur dann ab, wenn mit der syntaktischen Aussage auch gleich eine *bestimmte* Interpretation suggeriert werden soll, wie eben im obigen Beispiel, wo die Aussage sinnvollerweise nur durch die Interpretation, daß Nürnberg halt eine Stadt sei, belegt werden sollte, auch wenn die Prädikatenlogik formal andere Interpretationen zulassen würde.

Was also wird durch die obige atomare Aussage eigentlich repräsentiert? Im Grunde nicht mehr als eben die logische Beziehung zwischen dem Prädikatszeichen und der Konstanten. Der semantische Gehalt einer solchen Beschreibung, wie wir als Menschen sie verstehen, ergibt sich erst durch das komplexe Geflecht vieler solcher Beziehungen, in dem Gleiches mit gleichem Namen bezeichnet wird. Zum Stichwort "ist_eine_Stadt" als auch zu "Nürnberg" weiß ich so viel, daß ich leicht ein ganzes Buch darüber schreiben könnte. Vieles davon klingt an, wenn ich die obige Beschreibung lese. Darin allein liegt der Grund, daß sie so viel mehr semantischen Gehalt zu haben scheint, als

2.3 Fregesche Repräsentation

die bloße syntaktische Beziehung. Für einen Chinesen würde der Satz dagegen nicht allzu viel mehr aussagen als für einen Computer, da er schon mit den Buchstaben nichts anfangen könnte.[3]

Was einem auf den ersten Blick als Mangel an der Fregeschen Darstellung erscheinen könnte, entpuppt sich daher als ein Charakteristikum einer jeglichen semantischen Maschine (vgl. Abschnitt 1.3). Es besteht in einer semantisch konsistenten Verwendung von sprachlichen Bezeichnungen, worauf schon Wittgenstein eingehend hingewiesen hat [Wit58].

Allgemein bestehen *atomare Grundaussagen* aus einem n-stelligen Prädikatszeichen und n Grundtermen, die aus Konstantenzeichen (also nullstelligen Funktionszeichen) und Funktionszeichen irgendwelcher Stelligkeit (also aus Funktionszeichen insgesamt) aufgebaut sind. Insbesondere enthalten sie also keine Variablen. Dabei ist n eine beliebige Zahl größer oder gleich Null. *Grundaussagen* sind atomare Grundaussagen oder sind aus diesen mittels der aussagenlogischen Verknüpfungen aufgebaut, wie die folgenden abstrakten Beispiele zeigen.

$$P(a,b,c) \wedge Q(a,c) \rightarrow Q(a,b) \vee Q(b,c)$$

$$(R \vee Q(f(a),b)) \leftrightarrow (R \wedge (P(a,b,c) \vee \neg P(a,b,c)) \vee Q(f(a),b))$$

Grundaussagen lassen sich gänzlich in der Sprache der Aussagenlogik darstellen, indem man für jede atomare Grundaussage ein neues Zeichen einführt, was jedoch ihre Struktur verwischt. So ließe sich für die Grundaussage Pab zB. das Zeichen Q, für Pbb das Zeichen R usw. einführen.

Beliebige *Formeln* der Prädikatenlogik erster Stufe lassen bei dem Formelaufbau zusätzlich (zu den in den Grundaussagen verwendeten) Konstanten noch Variablen und zusätzlich zu den aussagenlogischen Verknüpfungen noch Quantoren zu, mit denen diese Variablen gebunden werden können. Eine Formel dieser Art ist das folgende Beispiel.

$$\forall x \, (Hx \rightarrow \exists y \, (My \wedge Ryx))$$

was man als "jeder Hund hat seinen Herrn" lesen (dh. interpretieren) könnte. Wenn alle in der Formel auftretenden Variablen gebunden sind, wie es in diesem Beispiel der Fall ist, dann spricht man auch von einer geschlossenen Formel oder einer (allgemeinen) Aussage.

2.3.2 Varianten der Repräsentation von Formeln

Die bislang hier verwendete lineare Darstellung von Formeln hat sich für Logiker zur Handhabung ihrer Untersuchungen bewährt. Beiläufig bemerkt, weicht sie weit ab von der ursprünglich von Frege verwendeten 2-dimensionalen Darstellung. Man kann nicht von vornherein erwarten, daß für Computeranwendungen eine dieser beiden Darstellungen in gleicher Weise geeignet wäre, hatten doch weder Frege noch die Logiker nach

---
[3]Vergleiche zu dieser Diskussion auch das in Abschnitt 2.4 im Zusammenhang mit Quillian Gesagte.

ihm Gelegenheit, sich mit Computern zu beschäftigen. Für Implementierungen sind daher verschiedene Datenstrukturen zur Darstellung von Formeln verwendet worden, die wir hier nicht alle besprechen können.

Aus der Sicht der Wissensrepräsentation ist die Wahl einer geeigneten Repräsentation der Logik von großer Bedeutung, wie wir in den folgenden Abschnitten im Vergleich mit anderen Formalismen noch sehen werden. Viele Mißverständnisse über die Rolle der Logik beruhen tatsächlich auf der mangelnden Beachtung der Möglichkeit solcher verschiedenartigen Logikrepräsentationen.

Entscheidend für die Auswahl einer bestimmten Repräsentation können ontologische Gesichtspunkte im Hinblick auf die zu modellierende Wirklichkeit sein; vor allem sind es aber die vorherrschenden Operationen und die Kosten, die bei der gewählten Darstellung zur Durchführung der Operationen anfallen. Als wichtiges Beispiel illustrieren wir hier nur die sogenannte gaG-Darstellung als *gerichteter azyklischer Graph* (engl. dag), von dem wir in der Regel zusätzlich annehmen, daß er geordnet sei.

Die erste und letzte der drei obigen Beispielformeln sind in den Abbildungen 2.1 und 2.2 als ein solcher gaG dargestellt. Dabei ist jede Unterformel als Knoten des Graphen repräsentiert. Ein solcher Knoten hat eine geordnete Menge von Nachfolgern. Der erste darunter ist jeweils ein markierte Knoten, der die Art seines Vaterknotens bestimmt, die entweder durch eine logische Operation oder ein (möglicherweise negiertes) Prädikatszeichen charakterisiert ist. Die weiteren Nachfolger bilden die Operanden oder Argumente. Konstanten oder Variablen als Argumente sind wiederum markierte Knoten. Komplexere Terme als Argumente können ebenfalls als gaG oder auch einfach als markierter Knoten dargestellt werden, je nach den Erfordernissen.

Wir nennen einen gaG, der eine Formel darstellt, *zeichenminimal*, wenn jedes Prädikats-, Funktions-, Konstanten- oder Variablenzeichen höchstens einmal auftritt, und *minimal*, wenn es keinen gaG mit einer geringeren Knotenzahl für die gleiche Formel gibt. Minimale gaGs sind notwendig auch zeichenminimal. Umgekehrt gibt es zeichenminimale gaGs, die nicht minimal sind, da ja Teil–gaGs mehrfach auftreten können. Die gaGs in den Abbildungen 2.1 und 2.2 sind minimal.

Hinter der Eigenschaft der Zeichenminimalität verbirgt sich der wesentliche Vorteil der gaG-Darstellung für Operationen, deren Ausgangspunkt ein Name ist. Zum Beispiel ist eine Operation "Finde alle Aussagen über Objekt a" bei dieser Darstellung besonders bevorzugt, weil man nur von a aus alle eingehenden Verweise rückverfolgen muß. In dieser Weise sind um jedes Objekt alle zugehörigen Aussagen *assoziiert*. In diesem Sinne ist diese Darstellung einer Formel *objektorientiert* (vgl. Abschnitt 2.8.2).

Man beachte, daß selbst mit der Wahl eines gaG als Darstellungsform Einzelheiten der Implementierung noch völlig offen sind. Beispielsweise würde man zur Ausführung der ebengenannten Operation tunlichst jede gerichtete Kante des Graphen auch mit einem Rückverweis zur raschen Auffindung des Vorgängers versehen. Auf die in Abschnitt 1.5.3 genannten Operationen gehen wir im Zusammenhang mit gaGs im einzelnen in den Abschnitten 2.4 und 2.6 ein.

Die gaGs sind nur eine Variante von möglichen syntaktischen Darstellungen logischer Formeln. Zunächst erwähnen wir weiter, daß zur Vereinfachung der Formelstruk-

2.3 Fregesche Repräsentation

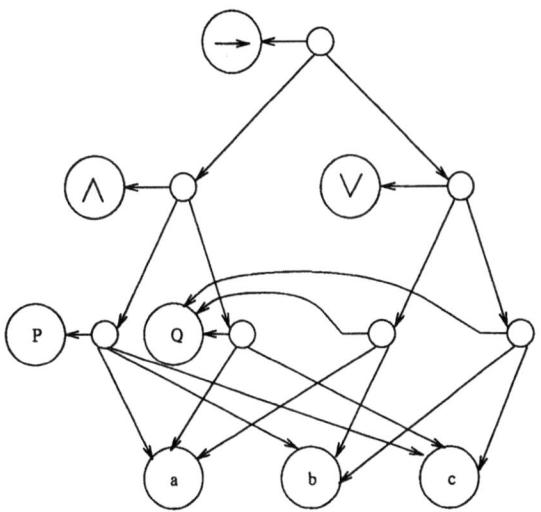

Abbildung 2.1   Der gaG der Formel $Pabc \land Qac \rightarrow Qab \lor Qbc$

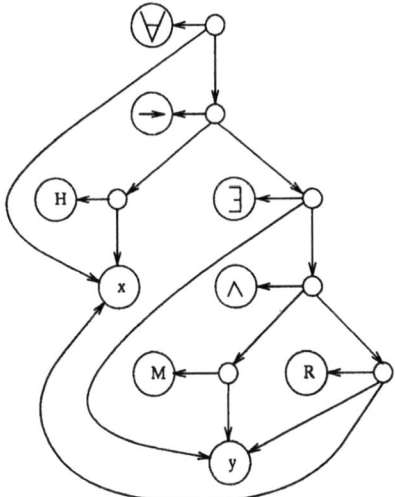

Abbildung 2.2   Der gaG der Formel $\forall x\,(Hx \rightarrow \exists y\,(My \land Ryx))$

tur meist auf Normalformen zurückgegriffen wird. So enthält die Skolemnormalform nur eine Sorte von Quantoren, die alle am Beginn der Formel stehen. Für jede auftretende Variable ist dann im wesentlichen eindeutig bestimmt, durch welchen Quantor sie gebunden ist und wo dieser steht, so daß sich die Nennung der Quantoren überhaupt erübrigt. Der restliche Formelteil wird dann auch Matrix genannt.

Die logische Struktur der Matrix einer solchen Formel ist bestimmt durch aussagenlogische Operatoren, so daß wir uns im Moment mit rein aussagenlogischen Matrizen befassen, ohne dem allgemeinen Fall Abbruch zu tun. Insbesondere ist die Transformation solcher Matrizen in (aussagenlogische) Normalform wohlbekannt. Solche Normalform–Formeln werden dann auch oft als Matrizen in der Form von Mengen von Klauseln, dh. von Mengen von Literalen, repräsentiert. Dabei wird von einer positiven und negativen Repräsentation gesprochen, je nachdem ob die Formel selbst oder deren Negation (im Hinblick auf "Beweis durch Widerspruch") repräsentiert wird. So repräsentiert die Matrix

$$\{\{\neg P, Q, R\}, \{\neg Q, \neg R\}, \{P, Q\}\}$$

positiv die Formel[4]

$$\neg P \wedge Q \wedge R \vee \neg Q \wedge \neg R \vee P \wedge Q$$

In der von der linearen Algebra gewohnten zweidimensionalen Matrixform stellt sich diese Formel wie folgt dar.

$$\begin{array}{ccc} \neg P & \neg Q & P \\ Q & \neg R & Q \\ R & & \end{array}$$

Sie hat drei Spalten, die die drei Klauseln repräsentieren. Die gleiche Matrix repräsentiert negativ die Formel

$$(P \vee \neg Q \vee \neg R) \wedge (Q \vee R) \wedge (\neg P \vee \neg Q)$$

Sie ist die Negation der vorangegangenen Formel. In Matrixform lautet sie wie folgt.

$$\begin{array}{ccc} \neg P & \neg Q & \\ Q & R & \\ P & \neg Q & \neg R \end{array}$$

---

[4]Zur Klammerersparnis bedienen wir uns der üblichen Vereinbarung, daß die logischen Operatoren durch die Folge $\neg, \wedge, \vee, \rightarrow, \leftarrow, \leftrightarrow$ nach abnehmender Präzedenz geordnet sind.

2.3 Fregesche Repräsentation

Es sind hier die drei Zeilen, die die drei Klauseln repräsentieren. Man beachte, daß die erste in die zweite Matrixdarstellung durch eine 90° Drehung gegen den Uhrzeigersinn sowie durch eine Vertauschung aller Vorzeichen übergeht. Wegen dieses einfachen Zusammenhangs ist es leicht, von der einen in die andere Darstellung überzuwechseln. Im folgenden bevorzugen wir in der Regel die positive Darstellung.

Wegen des einfachen Zusammenhangs von Formeln und Matrizen verwenden wir die beiden Begriffe synonym. Sehr oft haben wir es mit Hornformeln zu tun, deren Klauseln in positiver Repräsentation höchstens ein negiertes Atom enthalten. Die obige Matrix ist nicht Horn, da sie die Klausel $\{\neg Q, \neg R\}$ mit zwei negierten Atomen enthält. Die Matrix

$$\{\{P\}, \{\neg P, Q\}, \{\neg Q, R\}, \{\neg R\}\}$$

ist dagegen Horn. In Matrixform lautet sie

$$\begin{array}{cccc} & \neg P & \neg Q & \neg R \\ P & Q & R & \end{array}$$

Wählt man die negative Repräsentation, so lautet die Matrixform

$$\begin{array}{cc} R & \\ Q & \neg R \\ P & \neg Q \\ & \neg P \end{array}$$

Setzt man zur Vermeidung von Negationen in diese letztere Form die Implikation ein, so ergibt sich die in der Programmiersprache PROLOG so (oder ähnlich) verwendete Form.

$$\begin{array}{ccc} R\,. & & \\ Q & \leftarrow & R\,. \\ P & \leftarrow & Q\,. \\ & \leftarrow & P? \end{array}$$

2.3.3 Deduktion

Die Konnektionsmethode legt den Grundstein für Deduktionsmechanismen in der Prädikatenlogik. Der entscheidende Begriff hierfür ist der eines Pfades durch eine Matrix. So hat die Matrix

$$\begin{array}{cccc} & \neg P & \neg Q & \neg R \\ P & Q & R & \end{array}$$

die vier Pfade $\{P, \neg P, \neg Q, \neg R\}, \{P, \neg P, R, \neg R\}, \{P, Q, \neg Q, \neg R\}, \{P, Q, R, \neg R\}$. Man kann sie sich anschaulich als Pfade vorstellen, die die Matrix von links nach rechts über die Literale durchlaufen. Eine Formel ist gültig, wenn jeder Pfad ein komplementäres Paar von Literalen, dh. eine Konnektion, enthält, wie es in unserem Beispiel der Fall ist.

Man nennt die Menge von komplementären Konnektionen auch eine *aufspannende Paarung*. Im allgemeinen Fall der Prädikatenlogik tritt hierzu noch das Kriterium der Unifizierbarkeit der konnektierten Terme sowie die Möglichkeit, mehrere Instanzen jeder Klausel in Betracht ziehen zu können.

2.3.4 Sprache und Logik

Die Prädikatenlogik stellt einen sprachlichen Rahmen zur Verfügung, der von sich aus nicht zwingend vorschreibt, wie eine natürlichsprachliche Aussage darin dargestellt werden soll. Es ist daher von Vorteil, durch eine Reihe von Beispielen darin einige Übung zu erlangen. Aus diesem Grunde geben wir in der Tabelle 2.1 eine Reihe solcher Sätze samt ihrer prädikatenlogischen Darstellungen an.

Selbstverständlich sind solche Zuordnungen nicht eindeutig. Ja, es ist nicht einmal klar, ob ein bestimmtes Konzept als Objekt, Funktion oder als Prädikat repräsentiert werden sollte. Die Liste illustriert dies durch die verschiedenartigen Konzeptualisierungen des Attributs "Farbe" und seines Wertes "rot". Hierbei wurde "Farbe" einmal als Funktionszeichen f repräsentiert. Genausogut hätten wir statt $f(w) = r$ auch die Konzeptualisierung $F(w,r)$ wählen können, in der Farbe als Prädikatszeichen repräsentiert ist. Schließlich gäbe es auch noch die Möglichkeit, Farbe als Objekt in *Eigenschaft(w,farbe,r)* aufzufassen. Diese letztere Möglichkeit ist als generelle Alternative der Form *Eigenschaft(Objekt,Attribut,Wert)* immer gegeben. Auch der Wert "rot" kommt in der Liste in zwei verschiedenen Varianten vor. Welche der Alternativen im Einzelfall bevorzugt wird, hängt von den Operationen ab, die auf dem so dargestellten Wissen ausgeführt werden sollen. Die Entscheidung hierüber ist oft keineswegs einfach.

Die natürliche Sprache ist so kompakt und vielgestaltig, daß umständliche Beschreibungen meist vermieden werden können, wie die ersten beiden Beispiele zeigen. Dies kann in der Prädikatenlogik natürlich leicht nachvollzogen werden. So lassen sich Ausdrücke der Art $L(jn \vee jm \vee je, m)$ bzw. $f(w) = (r \vee b)$ in ihrer Bedeutung mittels der Standardnotation eindeutig definieren, in diesem Fall jeweils als die in der Tabelle angegebenen Formel. Dies läßt sich dann natürlich auch in der gaG-Notation nachvollziehen. Formal erlauben wir also in einer der Argumentstellen des Auftretens einer atomaren Formel das Vorkommen eines verallgemeinerten Terms der wie folgt beschriebenen Gestalt. Er bildet formal eine aussagenlogische Formel, dessen Atome

2.3 Fregesche Repräsentation

Natürlichsprachlicher Satz	Prädikatenlogische Formel
John, Jim oder Joe lieben Mimi.	$L(jn, m) \vee L(jm, m) \vee L(je, m)$
Die Farbe seines Wagens ist rot oder blau.	$f(w) = r \vee f(w) = b$
Jim glaubt, daß Mimi glücklich ist.	$G[j, H(m)]$
Jim glaubt, daß Mimi glücklich ist, und sie ist es.	$G[j, H(m)] \wedge H(m)$
Jim glaubt, daß Mimi glücklich ist, aber sie ist es nicht.	$G[j, H(m)] \wedge \neg H(m)$
Jim glaubt, daß Mimi nicht glücklich ist, aber sie ist es.	$G[j, \neg H(m)] \wedge H(m)$
Jeder liebt Mimi.	$\forall x\, (Px \to Lxm)$
Kinder lieben Süßigkeiten.	$\forall xy\, (Kx \wedge Sy \to Lxy)$
Hunde jagen manche Katzen.	$\forall x\, (Hx \to \exists y\, (Ky \wedge Jxy))$
Mimi bekommt ein Stipendium, vorausgesetzt, sie schafft alle ihre Examina.	$\exists x\, (Sx \wedge Bmx) \leftrightarrow$ $\forall y\, (y \in e \to Fmy)$
Jims Auto ist rot.	$R(a(j))$ $\exists x\, [\forall y\, (Bjy \wedge Ay \to x = y) \wedge Rx]$
Jim hat ein rotes Auto.	$\exists x (Bjx \wedge Ax \wedge Rx)$
Die Bayern unter den Deutschen lieben Bier.	$\exists M\, [\forall x\, (x \in M \leftrightarrow Bx \wedge Dx)$ $\wedge \forall y\, (y \in M \to Lyb)]$
Theos einzige Tugend ist seine Ehrlichkeit.	$\forall P\, (Pt \wedge TP \leftrightarrow P = E)$
Napoleon hatte alle Eigenschaften eines großen Generals.	$\forall E\, (\forall x\, (Gx \to Ex) \to En)$
Der Mensch ist das einzig rationale Tier.	$M = \lambda x\, (Rx \wedge Tx)$
Es ist eine Tugend, seine Nachbarn zu lieben.	$T[\lambda x\, (\forall y\, (Nxy \to Lxy))]$
x ist unter y, wenn y über x ist.	Unter $= \lambda xy\, \text{Über}(y, x)$

Tabelle 2.1 Logische Formeln zu natürlichsprachlichen Sätzen

jedoch Terme sind. Die Bedeutung einer solchen Formel ist definiert durch eine aussagenlogische Formel der gleichen Struktur, nur enthält sie als Atome jene atomare Formel mit regulären Termen, wie an den gegebenen Beispielen illustriert. Verallgemeinerungen hiervon sind denkbar, zB. auf den Fall des Auftretens von verallgemeinerten Termen an mehr als einer Argumentstelle; sie mögen jedoch nicht praktikabel sein.

Wir haben in diesem Unterabschnitt die Sprache der Prädikatenlogik als Formalismus zur Präzisierung der natürlichen Sprache erläutert und an Beispielen illustriert. Anstelle der natürlichen Sprache hätten wir auch künstlichere Sprachen mit dem gleichen Zweck ins Auge fassen können, allen voran die Sprache der Mathematik. Tatsächlich haben sich die Logiker seit Frege zunächst stärker darauf konzentriert, die Mathematik in der Logik zu formalisieren, nicht zuletzt weil sich dies als einfacher als bei der natürlichen Sprache erwies. Diese Aufgabe kann für die Zwecke dieses Buches als vollständig gelöst angesehen werden, dh. jeder mathematische Formalismus kann zugleich als spezieller logischer Formalismus betrachtet werden. Dies heißt sodann, daß wir die Sprache der Mathematik als Formalismus zur Repräsentation von Wissen unter die der Logik subsumieren können und nicht eigens behandeln müssen.

2.4 Assoziative Netze

Assoziative oder semantische Netze stellen einen Repräsentationsformalismus dar, der besonders auf dem Gebiet der Verarbeitung natürlicher Sprache weite Verbreitung gefunden hat. Während die Idee, die dieser Darstellungsform zugrundeliegt, recht einfach ist, läßt sich eine präzise Definition des zugrundeliegenden Formalismus zur Klärung von komplizierteren Fällen in der Literatur nicht finden. Vielmehr gibt es eine Reihe von unterschiedlichen Varianten, so daß nicht einmal eindeutig feststeht, was unter semantischen Netzen genau zu verstehen ist (weder allgemein noch innerhalb der einzelnen Varianten). Wir folgen zunächst weitgehend dem Verständnis, das in [Sch76] zu erkennen ist (siehe auch die tiefreichende Analyse von [Woo75]). Eine Relativierung wird dann anschließend vorgenommen.

Mit Schubert fassen wir assoziative Netze als eine graphische Darstellung einer Datenstruktur auf, mit der sich Sachverhalte illustrieren lassen. In Abbildung 2.3 ist die Aussage "mein rotes Auto ist auf dein weißes Auto aufgefahren" als ein solches Netz graphisch dargestellt. Der Graph besteht aus einer Reihe von markierten Knoten, die auch *Konzeptknoten*[5] genannt werden. Diese sind mit markierten, gerichteten Kanten verbunden. In diesem einfachen Fall entspricht jeder Kante zusammen mit den verbundenen Knoten eine Elementaraussage, die in der Gesamtaussage mitenthalten ist. "die Farbe meines Autos ist rot", "mein Auto gehört zur Menge der Autos" usw. sind im vorliegenden Beispiel solche Teilaussagen.

---

[5]Wir sprechen hier von Konzepten im Sinne von Begriffen, da sich sowohl im englisch- wie auch im deutschsprachigen Raum (siehe zB. [BBH+92]) die Bezeichnung "Konzept" durchgesetzt zu haben scheint.

2.4 Assoziative Netze

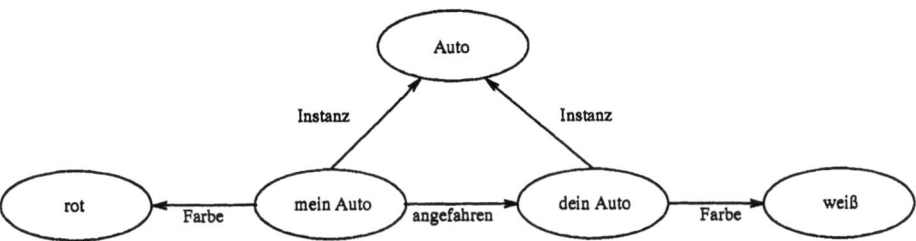

Abbildung 2.3   Ein assoziatives Netz

Was ist die allgemeine Struktur eines solchen Graphen, was bedeutet er, wofür stehen die Knoten, wofür die Kanten, wie bestimmt sich ihre Richtung? Um diesen Fragen auf die Spur zu kommen, hat Schubert eine geringfügige Darstellungsänderung vorgenommen, die anhand von Abbildung 2.4 erläutert ist. Dort findet sich eine der Teilaussagen aus unserem vorangegangenen Beispiel in einer ausführlicheren Form und in der verkürzten Form, wie sie bereits in Abbildung 2.3 verwendet wurde. Anhand dieser Darstellung wollen wir nun die obigen Fragen beantworten.

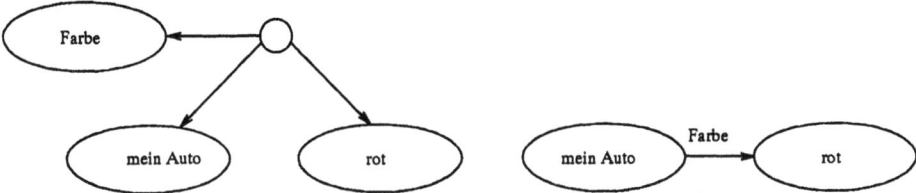

Abbildung 2.4   Aussagediagramm in ausführlicher und verkürzter Form

Die kleinste Informationseinheit in einem assoziativen Netz ist ein *atomares Netzstück* wie das in Abbildung 2.4 dargestellte Netz. Es besteht aus einem (unmarkierten) *Aussageknoten* (jeweils als ein kleiner Kreis dargestellt) und einer (geordneten) Folge von markierten Nachfolgeknoten (jeweils als Oval dargestellt, das die Markierung umschließt). Die markierten Knoten heißen auch *Konzeptknoten*. Die Markierungen von Konzeptknoten sind Namen von Individuen, Objekten (wie "mein Auto", "das Rot meines Autos" etc.), Mengen von solchen Individuen oder Objekten sowie von prädikativen Konzepten (wie "Farbe" etc.). Der erste Knoten in der Folge ist immer mit einem prädikativen Konzept markiert. Die Ordnung unter den Nachfolgeknoten kann auch durch zusätzliche Markierungen (zB. mit den Ziffern 1, 2 usw.) bewerkstelligt werden, wovon wir bei den einfachen Beispielen in unseren Abbildungen absehen.

Abbildung 2.5 zeigt ein atomares Netzstück mit zwei, Abbildung 2.6 ein solches mit vier Konzeptknoten, jeweils in der vollen sowie in der verkürzten Darstellung.

Damit ist auch die eineindeutige Beziehung der beiden Formen untereinander illustriert. Die Markierung des ersten Knotens geht über in die Markierung der Kante (und umgekehrt), wobei der Aussageknoten verschwindet.[6] Die Kantenrichtung in der verkürzten Darstellung hängt von der Anzahl der Knoten in der illustrierten Weise ab. Bei einem einzigen Knoten weist die Kante immer in Richtung des Knotens, bei zwei Knoten vom ersten hin zum zweiten, und bei mehr als zwei Knoten hin zu jedem Knoten, wobei im letzteren Fall die Reihenfolge der Kanten durch Markierungen oder durch Konventionen (zB. im Uhrzeigersinn links vom Prädikat beginnend) festzulegen ist. So ist immer eindeutig zu erkennen, welches die Reihenfolge der Knoten ist, auch wenn im (häufigsten) Fall von zwei Knoten eine Ordnung aus der geometrischen Darstellung allein nicht ablesbar wäre.

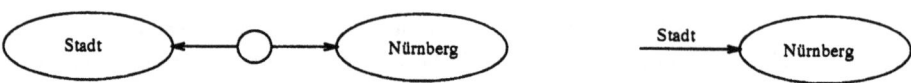

Abbildung 2.5   Atomares Netzstück mit zwei Konzeptknoten

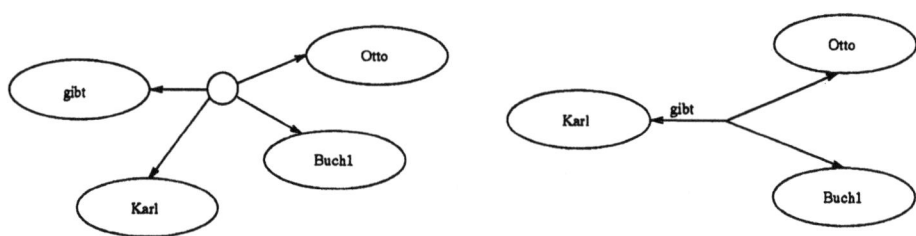

Abbildung 2.6   Atomares Netzstück mit vier Konzeptknoten

Unsere Darstellung ist sehr stark geprägt vom Verständnis, das sich ergibt, wenn man semantische Netze als Darstellungen logischer Formeln auffaßt. Nur so erscheint es möglich, aus der Vielfalt der in der Literatur vorhandenen Netzvarianten ein einheitliches Konzept zu extrahieren. Dies führt aber zum Beispiel dazu, daß die verkürzte Netzdarstellung der Abbildung 2.5 unüblich ist. Man hat sich in der Wissensrepräsentation nämlich weitgehend auf die Verwendung zweistelliger Prädikate eingeschworen. Konzeptuell ist das sehr fragwürdig, mag die daraus resultierende Einfachheit auch noch so bestechen.

---

[6] Genaugenommen muß beim mehrfachen Auftreten eines Prädikats im verkürzten Netz das Auftreten in der Kantenmarkierung mit berücksichtigt werden, um so verschiedene Aussagen zu einem Prädikat formal unterscheiden zu können. Wir helfen uns mit der Vereinbarung, daß Prädikatsnamen an verschiedenen Stellen auch dann als verschieden zu betrachten sind, wenn sie dem Namen nach gleich sind.

2.4 Assoziative Netze

Aus logischer Sicht macht uns dies jedoch keine Probleme, läßt uns doch die Prädikatenlogik bei der Wahl des Prädikats große Freiheit. Insbesondere können wir hier entweder *ist_eine_Stadt* (wie geschehen) oder lediglich *ist* als Prädikat wählen. Im letzteren Fall ergibt sich *ist(Nürnberg,Stadt)*, dessen Diagramm (vgl. Abbildung 2.4) für diesen Fall gebräuchlicher ist.

Die Darstellung eines drei- oder mehrstelligen Prädikats mittels ausschließlich zweistelligen Prädikaten läßt sich auf verschiedenste Weisen bewerkstelligen. Eine simple Lösung besteht darin, zB. das Objekt "Buch" in unserem Beispiel mit in das Prädikat zu ziehen, also *Gibt_Buch(john,mary)*. Eine weitere besteht in der Vorstellung einer solchen atomaren Aussage als ein Ereignis e, im vorliegenden Fall ein Geben–Ereignis [Nil80], und der Verknüpfung dieses Ereignisses mit den einzelnen Objekten in der Weise *Geber(e,john)* $\wedge$ *Nehmer(e,mary)* $\wedge$ *Objekt(e,buch)*. Eine weitere Möglichkeit besteht in der Einführung von Knoten, die zwei Objekte oder einen neueingeführten Knoten mit einem weiteren Objekt verbinden, wobei sich die Frage nach der Bedeutung der neuen Knoten ergibt, der wir an dieser Stelle nicht mehr nachgehen werden. Spätere Beispiele werden illustrieren, welche Lösungen in der Wissensrepräsentation hierfür heute gebräuchlich sind.

Stellt man die durch das Netz der Abbildung 2.4 repräsentierte prädikatenlogische Aussage *Farbe(mein_Auto,rot)* als gaG dar wie im vorigen Abschnitt besprochen, so erhält man exakt die gleiche graphische Darstellung wie das Netz in der ausführlichen Fassung. Das Gleiche gilt für die Beispiele der Abbildungen 2.5 und 2.6, ja es gilt ganz allgemein. Mit anderen Worten, *assoziative Netze können als die gaG-Darstellungen der entsprechenden logischen Formeln aufgefaßt werden*. Im Sinne von Brachman (siehe Abschnitt 1.5.3) ist dies die Sicht auf der logischen Ebene. Diese Aussage läßt sich als eine erneute Bestätigung für die große Tragweite der Prädikatenlogik interpretieren. Sie bestätigt aber auch die Wichtigkeit der gewählten Formelrepräsentation, auf die wir in Abschnitt 2.3 bereits hingewiesen haben und auf die wir in Abschnitt 2.11.13 nochmals zu sprechen kommen.

Nach dieser allgemeinen Feststellung scheint es sich nicht zu lohnen, assoziative Netze noch weiter in allen Einzelheiten zu erörtern, da sich über die nunmehr vorausgesetzte Kenntnis der Prädikatenlogik keine wesentlichen Gesichtspunkte mehr ergeben dürften. Leider ist diese Darstellung zu simplifizierend, um einen allumfassenden Eindruck zu vermitteln. Da uns hierfür der Raum fehlt, wollen wir versuchen, den Eindruck durch die folgende Sammlung von weiteren Anmerkungen abzurunden.

Wie wir für diesen speziellen Fall kurz vorher gesehen haben, wird in der verkürzten Darstellung die Kantenrichtung vom ersten zum zweiten Argument gelegt. In aller Regel findet diese Unsymmetrie ihren Niederschlag in einer dadurch suggerierten Interpretation einer funktionalen Abhängigkeit des zweiten vom ersten Argument. So gibt es im Beispiel der Abbildung 2.3 zu jedem Auto eine Farbe (aber nicht notwendigerweise zu jeder Farbe auch ein Auto). So gesehen entspricht der mit "Farbe" markierte Knoten im Netz der Abbildung 2.3 eigentlich einem Funktionszeichen statt des verwendeten Prädikatszeichens. In dieser Lesart stellt die Abbildung 2.3 die Aussage *Farbe(mein_Auto) = rot* dar; oder, um es datenbanktechnisch auszudrücken, das erste Argument fungiert als ein Schlüssel. In dieser funktionalen Interpretation zweistelliger Prädikate dürfte auch der Grund liegen, warum Terme in semantischen Netzen selten ([Cer75] ist eine der Ausnahmen) explizit dargestellt werden.

Weiter bemerken wir noch einmal explizit, daß unsere Darstellung in einem trivialen Punkt von der Schuberts abweicht, da wir einen geordneten Graphen vorweg vorausgesetzt haben, während Schubert diese Ordnung durch Markierungen (*PRED, A, B, C* usw.) bewerkstelligt hat.

Es gibt noch einen wichtigeren Unterschied zwischen den gaG-Darstellungen auf der einen Seite und den verkürzten Netzen auf der anderen. Betrachten wir zum Beispiel die Aussage $Pab \wedge Pbc$. Sowohl in dieser linearen (eindimensionalen) Darstellung als auch in der gaG-Darstellung ist eine Reihenfolge der beiden Teilaussagen festgelegt (auch dann, wenn man formal die Nachfolgerknotenmenge als ungeordnet betrachtet). Eine solche Reihenfolge ist in der verkürzten Darstellung dagegen nicht bestimmt.[7] Die letztere realisiert daher implizit die Kommutativität der Konjunktion. Darin mag mit ein Grund für das leichtere kognitive Erfassen liegen (denn auch in der Welt sind verschiedene Eigenschaften eines Objekts nicht nach einer ersichtlichen Reihenfolge angeordnet). Im Hinblick auf die Effizienz der Implementierung ist damit noch nichts ausgesagt, da in einer konkreten Datenstruktur für solche Netze dieser Vorteil in aller Regel wieder verloren geht, weil dort meist wieder Eindimensionalität herrscht.

Andererseits wird in der verkürzten Darstellung des Beispiels das Prädikat zweimal repräsentiert (als Markierung zu jeder der beiden Kanten). Dies *kann* in der gaG-Darstellung in gleicher Weise der Fall sein, darüber hinaus erlaubt die gaG-Darstellung jedoch auch diese Redundanz zu eliminieren und das P nur einmal zu repräsentieren, wie es in Abbildung 2.1 geschehen ist.

Wie in Abschnitt 1.5.3 betont, entscheidet über die Qualität eines Formalismus das Komplexitätsverhalten bei der Ausführung der erforderlichen Operationen. Objektnetze aller Art (also natürlich auch Logikformeln in gaG-Darstellung) erlauben einen optimalen Zugriff auf die Objekte und damit auch auf ihre (angehängten) Eigenschaften (zB. mit konstantem Aufwand, dh. $\mathcal{O}(1)$, bei Verwendung von "hashing" Techniken). Damit ergibt sich auch ein leichtes Einfügen neuer Objekte samt ihrer Eigenschaften in das Netz, da irgendwelche in diesen Eigenschaften vorkommenden Objekte sofort lokalisiert (und konnektiert) werden können. Das Entfernen ist entsprechend noch einfacher. Wegen der (Fast-) Ununterscheidbarkeit von assoziativen Netzen und gaG-Formeln gilt für beide das gleiche Verhalten hinsichtlich logischer Inferenz. Bezüglich des modus ponens werden wir das in Abschnitt 2.6 demonstrieren.

Assoziative Netze haben mannigfache historische Wurzeln, unter anderem in der Gestaltpsychologie. Innerhalb der Intellektik wird die Dissertation von Quillian (vgl. [Qui67]) als der Ausgangspunkt anerkannt. Seine Idee war, mit semantischen Netzen praktisch den Inhalt eines Wörterbuchs zu repräsentieren (vgl. die linguistische Ebene des Abschnitts 1.5.3). So zeigt die Abbildung 2.7 drei solcher "Wörterbucheinträge". Die Ovale stellen die *Typknoten* dar, die übrigen Knoten (engl. tokens) sind über Verweise mit den entsprechenden Typknoten verbunden, wo deren eigentliche Definition

---

[7]Ganz überzeugend ist auch dieses Argument nicht, da der Mensch auch in eine zweidimensionalen Darstellung Ordnungsstrukturen hineinliest, wie zB. links-rechts, Uhrzeigersinn usw.

2.4 Assoziative Netze

gegeben ist. Die volle Bedeutung eines durch einen Typknoten dargestellten Konzeptes ist nach Quillian in der Menge der von ihm aus erreichbaren Knoten dargestellt. Sowohl diese Darstellung als auch eine spätere Variante von Quillian ist durch die Schubertsche Analyse abgedeckt.

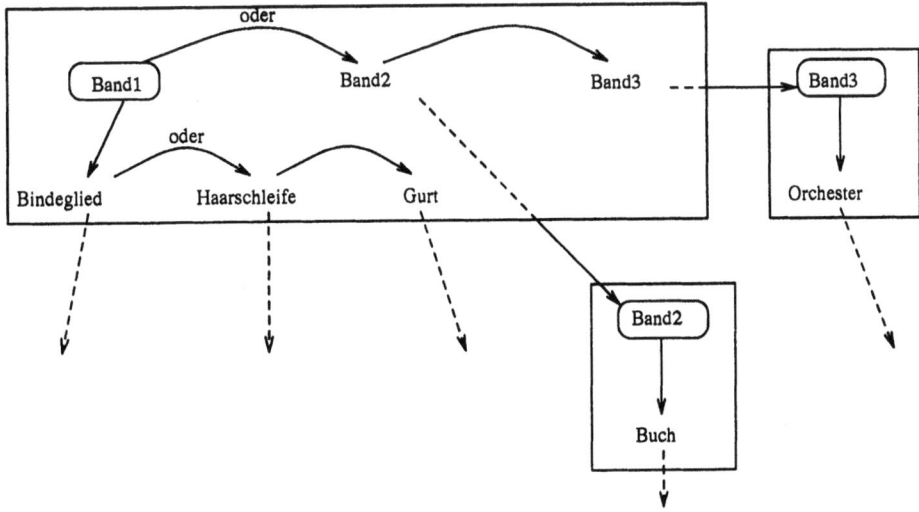

Abbildung 2.7 Drei Bedeutungen von "Band" laut Duden.

In den Siebziger Jahren hatte man innerhalb einer bestimmten Schule die Hoffnung, daß sich atomare Aussagen mittels einer höheren konzeptuellen Struktur besser verstehen lassen als mit der prädikatenlogisch-syntaktischen. Diese Hoffnung wurde durch die Beobachtung genährt, daß in vielen atomaren Aussagen die Rollen der Prädikate und Argumente untereinander trotz inhaltlicher Unterschiede recht ähnlich sind (vgl. zB. die Aktionsprädikate "geben" und "sagen"). Ein herausragender Vertreter dieser Schule war R. Schank, der bereits in die Struktur atomarer Netzstücke einen stärkeren semantischen Gehalt im Sinne von Abschnitt 2.1 zu verlagern versuchte [Sch72, SR74].

Eine solche konzeptuell als primitiv angesehene Relation ist in Abbildung 2.8 in Schanks eigener Notation zu dem Beispiel aus Abbildung 2.6 (jedoch hier mit fünf Konzeptknoten) dargestellt (O darin steht für *Objekt*, N für *Nehmer*). Schank spricht von einer Darstellung der konzeptuellen Abhängigkeiten (engl. conceptual dependency representation). Allgemeiner spricht man hier auch von einer *Kasusstruktur* (engl. case structure). Als Kasus wird dabei der Name einer bestimmten Rolle verstanden, die eine Substantivphrase im Zustand oder in der Aktivität spielt, der oder die durch das Verb eines Satzes ausgedrückt wird (im nächsten Abschnitt werden wir dieser Idee unter dem Namen "Schlitz" oder "slot" wiederbegegnen). Man spricht bei den zugehörigen Kanten von strukturellen (im Gegensatz zu Aussage-) Kanten.

Zum Vergleich einer solchen Struktur mit der bisherigen Netzdarstellung ist das entsprechende atomare Netzstück, zur Verdeutlichung der geometrischen Analogie mit Schuberts Ordnungsmarkierungen, mit angegeben. Der Unterschied erweist sich offensichtlich als syntaktischer Puderzucker.

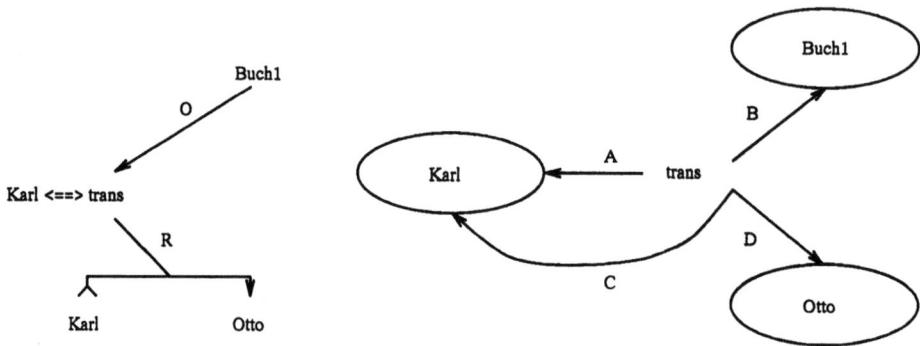

Abbildung 2.8   Konzeptuelle Abhängigkeiten

Damit sei jedoch nicht in Abrede gestellt, daß in der natürlichen Sprache verschiedene Aussagen mit einer gewissen Ähnlichkeit strukturell ähnlich behandelt werden, wodurch das Sprachverständnis unterstützt werden könnte. Prädikatenlogisch ausgedrückt hieße das, daß gewisse Stelligkeiten bei Prädikaten (evtl. einer bestimmten Klasse) bevorzugt werden und die einzelnen Stellen in stereotyper Weise behandelt werden, so daß schon von der syntaktischen Struktur her eine semantische Interpretation zum Teil dispositioniert ist. Ob es sich dabei wirklich, wie behauptet, um *primitive* Relationen handelt, sei dahingestellt. Unterstellt man dies, so würde man die Schubertschen Kantenmarkierungen nicht als bloße Ordnungsmarkierungen, sondern als echte relationale Konzepte auffassen, wie es in [Sim73] geschieht. Zum Beispiel hätte man anstelle der Markierung A eine prädikative Beziehung $Akteur(a,b)$, dh. a (im Beispiel *Karl*) ist der Akteur in der Aktion b, was impliziert, daß a belebt und b eine Aktion ist. Ähnliches gilt für die weiteren Kanten.

Wir wollen hier über den soeben beschriebenen Ansatz (der in anderem Gewand im folgenden Abschnitt über Konzeptrahmen wieder auftaucht) kein abschließendes Urteil fällen. Wer sich jedoch an die erbitterten Wortgefechte jener Zeit noch erinnert, die auch in der Literatur ihren Niederschlag gefunden haben, wird nunmehr erkennen, daß sie meist an der Sache vorbeigingen, indem sie sich für oder gegen einen bestimmten Formalismus (etwa die Prädikatenlogik) gerichtet haben. Insbesondere mußte man erkennen, daß diese Netze nicht mehr semantischen Gehalt vermitteln, als es die entsprechenden prädikatenlogischen Formeln (in einer bestimmten Repräsentation und gegebenenfalls durch Kasusstrukturen angereichert) tun. Genau aus diesem Grunde ist man heute zur Bezeichnung "assoziative Netze" übergegangen.

2.4 Assoziative Netze

Einer der wesentlichen Gründe für die Popularität der assoziativen Netze ist zweifelsohne ihre Anschaulichkeit in Verbindung mit einer besonders für die Zwecke der Verarbeitung natürlicher Sprache (dh. die dafür erforderlichen Operationen) geeigneten Datenstruktur. Leider reicht die Anschaulichkeit nur bis zu den bisher illustrierten Beschreibungen. Integriert man den gesamten logischen Apparat, wie es Schubert getan hat, so geht diese Anschaulichkeit sofort verloren. Ein Blick auf die gaGs der Abbildungen 2.1 und 2.2 kann dies bestätigen. Die so dargestellten Formeln sind bei weitem nicht mehr so gut lesbar wie in der logischen Standardnotation. Wie wir oben gesehen haben, sind diese gaGs im wesentlichen identisch mit den entsprechenden assoziativen Netzen. Um diesen Standpunkt jedoch noch explizit zu verdeutlichen, geben wir in Abbildung 2.9 das assoziative Netz von Abbildung 14 aus [Sch76] ohne weitere Erläuterung, nur zur Illustration, wieder, so daß sich der Leser selbst ein Bild von der verbliebenen Anschaulichkeit zu machen vermag.

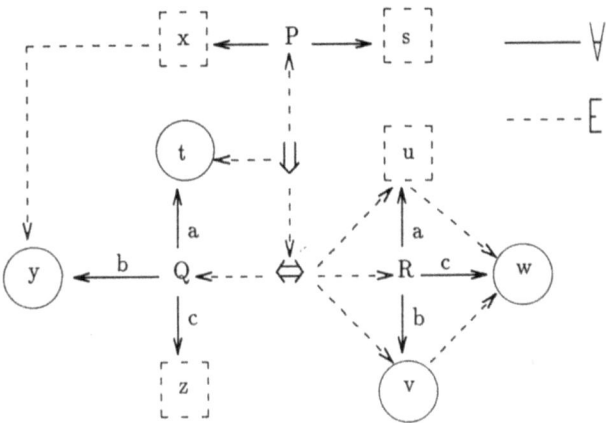

Abbildung 2.9 $\forall x \exists y \forall z \,[\forall s\, Psx \rightarrow \exists t\, (Qtyz \leftrightarrow \forall u \forall v \exists w\, Ruvw)]$ als Netz

Für seinen Teil zieht der Autor selbst hieraus den Schluß, daß es nach wie vor besser ist, die logische Standardnotation als allgemeinen Referenzpunkt auf der Ebene des Experten beizubehalten, die assoziativen Netze ausschließlich im Sinne der gaG-Darstellung von logischen Formeln aufzufassen (wodurch insbesondere ihre Semantik mitgeliefert wird) und daher, außer in einfachsten Ausnahmefällen, nur auf der Ebene des Wissensingenieurs in Betracht zu ziehen. Diese klare Trennung von syntaktisch präziser Darstellung als logische Formel und Kompaktierung im Sinne einer effizienten Behandlung erscheint mir überzeugender als die in assoziativen Netzen angestrebte, aber nicht überzeugend gelungene Mischung beider (ja sogar weiterer in Abschnitt 1.5.3 genannter) Ziele. Die konzeptuelle Strukturierung ist dann nochmal etwas von dieser Sprachstruktur Verschiedenes, worauf wir im folgenden Abschnitt weiter eingehen.

2.5 Konzeptrahmen

Situationen des täglichen Lebens sind oft von einer stereotypen Struktur. Man denke zum Beispiel an einen Autounfall. Sofort assoziiert man damit eine Situation, in der ein Auto mit einem weiteren kollidierte, wobei es möglicherweise Verletzte gab; die Polizei wurde herbeigerufen und so weiter und so fort. In [Min75] wurde diese Beobachtung (sein Beispiel ist ein Kindergeburtstag) als Konzept für eine strukturierte Wissensrepräsentation unter dem Stichwort *Konzeptrahmen* oder kurz *Rahmen* (engl. frames) herangezogen.

Minsky kritisiert in dieser Arbeit die minutiöse, lokale und unstrukturierte Art der Wissensrepräsentationsansätze in der Intellektik und Psychologie und schlägt stattdessen vor, größere und strukturierte "Brocken" beim Schließen, bei der Sprache, dem Gedächtnis und der Wahrnehmung zu verarbeiten. Er wendet sich insbesondere gegen die Logik als geeignetem Wissensrepräsentationsformalismus (siehe den Anhang in [Min75]). Präzise Details zu seinem Ansatz bleibt er allerdings schuldig. Diese haben andere ausgearbeitet. Insbesondere zeigt [Hay85a] in überzeugender Weise, daß bei genauem Hinsehen wenig wirklich Originelles übrigbleibt: "most of 'frames' is just a new syntax for first-order logic". Dies wollen wir uns nun genau ansehen und mit der Frage "Was sind Konzeptrahmen?" beginnen.

Ein Konzeptrahmen ist eine Datenstruktur oder, aus logischer Sicht besser, ein Ausdruck zur Repräsentation von stereotypen Situationen. Der Ausdruck trägt einen Namen. Weiter besteht er aus *Schlitzen* (engl. slots;[8] andere Übersetzungsversuche sind "Fächer", "Rubriken", "Sparten", "Eigenschaften", "Attribute", "Merkmale" usw.). Die Schlitze selbst bestehen wiederum aus Unterteilen, die man *Facetten* nennt. In sie werden sogenannte *Füllsel* (engl. fillers; andere Übersetzungsversuche sind "Werte", "Einträge", "Rollen", "Deskriptoren" usw.) eingetragen. Die Schlitze enthalten mindestens eine Facette für den Namen (die *Namensfacette*) und eine Facette für den Wert (die *Wertfacette*); sie können aber noch weitere Facetten aufweisen, worauf wir weiter unten zu sprechen kommen. In der Namensfacette steht der Name des Schlitzes, in der Wertfacette im einfachsten Fall ein Bezeichner des Wertes, andernfalls der Name eines weiteren Konzeptrahmens. Es ist aber auch erlaubt, die Wertfacette leer zu lassen.

Betrachten wir (mit Hayes [Hay85a]) zum Beispiel den Konzeptrahmen, der ein typisches Haus repräsentiert. Sein Name sei Haus. Die Namen seiner Schlitze wären etwa Küche, Bad, Wohnzimmer, Schlafzimmer, Kinderzimmer, Besitzer, Adresse usw. Um ein bestimmtes Haus, nennen wir es R032, in seinen Details zu bezeichnen, muß man im einfachsten Fall Bezeichner als Füllsel für die Wertfacetten angeben. Nennen wir die Küche des Hauses F005 und das Bad F012, dann kämen diese als

---

[8]Man beachte den gleichen Wortstamm im originalen englischen Wort und der deutschen Übersetzung.

2.5 Konzeptrahmen

Füllsel in die Wertfacetten der entsprechenden Schlitze, was man auch als Instantiierung bezeichnet. Die genannte Instantiierung ist nachfolgend in der Weise dargestellt, wie sie für Konzeptrahmen gebräuchlich ist.

Haus	
Küche	F005
Bad	F012
Wohnzimmer	
usw...	

Logisch entspricht diesem teilweise instantiierten Konzeptrahmen die folgende Formel.

$$ist\_ein\_Haus(\text{R032}) \leftrightarrow ist\_die\_Küche\_von(\text{F005,R032}) \wedge$$
$$ist\_ein\_Bad\_von(\text{F012,R032}) \wedge$$
$$\exists y \; ist\_das\_Wohnzimmer\_von(y,\text{R032}) \wedge \ldots$$

Mit anderen Worten, einem Konzeptrahmen entspricht eine Definitionsformel, in der die linke Seite durch die rechte definiert ist. Sie stellt die Beziehung der einzelnen Schlitze mit dem Gesamtrahmen her, der durch sie festgelegt ist. Die einzelnen Schlitze sind konjunktiv miteinander verknüpft. Jeder Schlitz erweist sich als ein zweistelliges Prädikat Pxy, das eine Beziehung zwischen dem Rahmenobjekt x und dem Füllsel y des Schlitzes herstellt; so wird im Beispiel das durch den Rahmen bezeichnete Objekt, für das wir irgendeine beliebige Bezeichnung, nämlich R032, gewählt haben, mit dem durch F005 bezeichneten Objekt in die Beziehung "F005 ist die Küche von R032" oder $ist\_die\_Küche\_von(\text{F005,R032})$ gesetzt.

Allgemein gilt für ein durch einen Konzeptrahmen definiertes Konzept K (im Beispiel ist es das Konzept ist_ein_Haus) in unserem einfachen Fall einer einzigen Wertfacette, deren Füllsel ein einfacher Bezeichner ist, vor der Instantiierung die folgende Beziehung.

$$Kx \leftrightarrow \exists y_1 y_2 \ldots y_n \, [P_1(y_1,x) \wedge P_2(y_2,x) \wedge \ldots \wedge P_n(y_n,x)]$$

Freie Variablen, wie hier das x, sind als allquantifiziert zu betrachten, dh. man hat sich den Allabschluß zu denken. Äquivalent läßt sich diese Formel in zwei verschiedenen Varianten auch wie folgt schreiben.

$$K = \lambda x \exists y_1 y_2 \ldots y_n \, [P_1(y_1,x) \wedge P_2(y_2,x) \wedge \ldots \wedge P_n(y_n,x)]$$
$$= \lambda x y_1 y_2 \ldots y_n \, [P_1(y_1,x) \wedge P_2(y_2,x) \wedge \ldots \wedge P_n(y_n,x)]$$

Jede der beiden rechten Seiten dieser Gleichung, welche auch immer wir vorziehen, heißt eine *Beschreibung* des auf der linken Seite benannten *Konzeptes*. Anstelle von Konzept ist auch der Begriff *strukturiertes Objekt* gebräuchlich. K wird auch ein *generisches* Konzept genannt, weil durch Instantiierung von $y_1, \ldots, y_n$ eine Menge von *individuellen* Konzepten bestimmt ist.

Die Bezeichnung R032 tritt offensichtlich im Rahmenkonzept selbst überhaupt nicht auf. Vielmehr wird bei Rahmenkonzepten der sogenannte *kriteriale* (engl. criterial) Schluß erlaubt, daß nach Angabe aller Füllsel ein Ding dieser Struktur tatsächlich existiert und mit irgendeinem Namen versehen werden kann. Auch hierfür hat die Logik seit langem eine Ausdrucksform mittels des bekannten ι-Operators anstelle des bei generischen Konzepten verwendeten λ-Operators. In diesem Fall eines voll instantiierten Konzeptes spricht man dann, wie bereits erwähnt, von einem *individuellen* Konzept.

Ein wichtiger Punkt bei der Idee der Konzeptrahmen ist die Möglichkeit, daß die angegebenen charakteristischen Merkmale eines Konzeptes wie "Haus" nicht vollständig zu sein brauchen. Mit anderen Worten, sie sind notwendige Bedingungen, aber nicht unbedingt vollständig. Logisch bedeutet dies, daß in der ersten Definitionsformel nur der Pfeil von links nach rechts zu lesen bzw. in der zweiten Formel das Gleichheitszeichen durch eine Inklusion zu ersetzen ist. Eigentlich ist das aber eine Angelegenheit des auf-den-neuesten-Stand-Bringens der Wissensbank und nicht eine der Logik, so daß wir hier bei den angegebenen Formeln bleiben. Es sei an dieser Stelle nur erwähnt, daß man bei Wissensrepräsentationssprachen wie KL-ONE (siehe Abschnitt 2.8.1) zwischen primitiven Konzepten, wo der Pfeil nur in der einen angegebenen Richtung gilt, und definierten Konzepten, wo dann die Äquivalenz gilt, unterscheidet.

Transformiert man die erstere der beiden obigen Definitionsformeln in Hornklauselform, so ergeben sich die folgenden Klauseln. Man beachte dabei, daß die Funktionszeichen durch die in dieser Transformation miteingebaute Skolemisierung entstehen.

$$\begin{aligned}
P_1(f_1(x),x) &:- Kx\,. \\
P_2(f_2(x),x) &:- Kx\,. \\
&\vdots \\
P_n(f_n(x),x) &:- Kx\,. \\
Kx &:- P_1(y_1,x), P_2(y_2,x), \ldots, P_n(y_n,x)\,.
\end{aligned}$$

Im Beispiel wäre etwa die Skolemfunktion f_1 die Funktion *Küche_von*. Wie aus der Hornklauseltheorie bekannt ist, kann man die eine Richtung einer solchen Äquivalenz in den Interpreter verlagern, so daß der Rahmen im wesentlichen durch die letzte Klausel charakterisiert ist, die, im Sprachgebrauch von PROLOG, das Prädikat K definiert.

Wie bei den assoziativen Netzen sind die zweistelligen Prädikate in der Definitionsklausel von K in aller Regel funktional zu verstehen, dh. zu jedem Rahmenobjekt und jedem seiner Schlitze gibt es genau einen Wert. Die Definitionsklausel für K kann in diesem Fall dann auch in folgender Weise formuliert werden.

$$Kx :- f_1(x) = y_1, f_2(x) = y_2, \ldots, f_n(x) = y_n\,.$$

Bis hierher haben wir uns auf den einfachsten Fall beschränkt, daß es nur zwei Facetten zu jedem Schlitz gibt und die Wertfacette jeweils mit einem einfachen Bezeichner gefüllt wird. Anstelle eines einfachen Bezeichners kann man auch den Namen eines weiteren Konzeptrahmens als Füllsel für die Wertfacette wählen. So könnte etwa das

2.5 Konzeptrahmen

Füllsel für den Küchenschlitz im Konzeptrahmen Haus der Name moderne_Küche eines Konzeptrahmens sein, dessen Schlitze die Namen Herd, Bodenbelag, Kühlschrank, Spüle, Kacheln usw. tragen. Jeder dieser Schlitze kann wiederum den Namen eines weiteren Konzeptrahmens als Füllsel in seiner Wertfacette enthalten, zB. Elektroherd_mit_Backröhre im Schlitz Herd oder PVC-Belag im Schlitz Bodenbelag; oder das Füllsel kann aus einer einfachen Bezeichnung (wie oben das F005) bestehen. Ein Teil des so beschriebenen Beispiels ist durch die beiden folgenden Konzeptrahmen wiedergegeben.

Haus		
Küche	moderne_Küche	
Bad	modernes_Bad	
Wohnzimmer		Standard_Wohnzimmer
usw...		

moderne_Küche		
Herd	Elektroherd_mit_Backröhre	
Bodenbelag	PVC-Belag	
usw...		

Bei einer solchen hierarchischen Beschreibung eines Konzeptes wie unser Haus ergibt sich das individuelle Konzept eines eindeutig bestimmten Hauses erst nach der Instantiierung *aller* darunter liegenden Konzepte, wodurch sich für diese individuelle Konzepte aufgrund des kriterialen Schlusses ergeben. Die logische Bedeutung des Konzeptrahmens Haus ergibt sich dann natürlicherweise wie folgt.

$ist\_ein\_Haus(R032) \leftrightarrow$
$ist\_die\_Küche\_von(F005,R032) \wedge ist\_moderne\_Küche(F005) \wedge$
$ist\_ein\_Bad\_von(F012,R032) \wedge ist\_modernes\_Bad(F012) \wedge$
$ist\_das\_Wohnzimmer\_von(F131,R032) \wedge ist\_Standard\_Wohnzimmer(F131) \wedge \ldots$

Zu den hierin auftretenden Unterkonzepten müssen entsprechende Formeln angegeben werden, was dem Leser überlassen sei.

Der Konzeptrahmen Haus enthielt in seiner soeben angegebenen Fassung eine weitere Facette, in der im Schlitz Wohnzimmer das Füllsel Standard_Wohnzimmer angegeben ist. Damit haben wir ein weiteres Merkmal von Konzeptrahmen illustriert. Man kann in ihnen für jeden Schlitz Standardwerte angeben, die als aktuelle Werte herangezogen werden, wenn keine anderen explizit spezifiziert wurden. So ist in unserem Beispiel kein Eintrag in der Wertfacette des Schlitzes Wohnzimmer, so daß hier diese Regelung automatisch greift und eine Instanz eines Standardwohnzimmers als Wert herangezogen wird.

Die allgemeine Struktur eines Konzeptrahmens (bei diesem ersten Ansatz mit drei Facetten) ist also die folgende.

Name_des_Rahmens		
Name von Schlitz_1	Füllsel_1	Standard_Füllsel_1
Name_von_Schlitz_2	Füllsel_2	Standard_Füllsel_2
usw...		

Eine der sprachlichen Varianten ist die folgende.

(Haus
    WITH_A **Name_von_Schlitz_1** IS_A Füllsel_1 (Standard_Füllsel_1) *AND*
    WITH_A **Name_von_Schlitz_2** IS_A Füllsel_2 (Standard_Füllsel_2) *AND*
    usw.)

Wenn man von dem geometrischen Arrangement der Darstellung absieht, so wird dem geübten Auge sofort deutlich, daß es sich hier um eine Verfeinerung der Ideen handelt, die bereits bei den assoziativen Netzen behandelt wurden. Alles was zu einem Konzeptknoten wie Haus gehört, soll möglichst unmittelbar um ihn herum angeordnet werden, was Rahmen dieser Art genau bewerkstelligen. Die Schlitze übernehmen hier die Aufgabe der Kanten dort. Abbildung 2.10 verdeutlicht diesen Zusammenhang durch Angabe des assoziativen Netzes zu unserem Hausbeispiel. Die Verfeinerung besteht in der Angabe des Standardfüllsels und in weiteren Details, die wir im folgenden besprechen. Wegen dieses engen Zusammenhangs ist es auch nicht überraschend, daß sich Rahmen ebenso wie die assoziativen Netze leicht in prädikatenlogische Formeln übertragen lassen, was wir bereits erläutert haben. Der Vorteil einer solchen Übertragung, um dies auch hier wieder zu betonen, besteht darin, daß der dadurch gewonnene Anschluß an einen ausgefeilten Formalismus vieles frei Haus mitliefert, ua. eine klare Semantik der sprachlichen Konzepte.

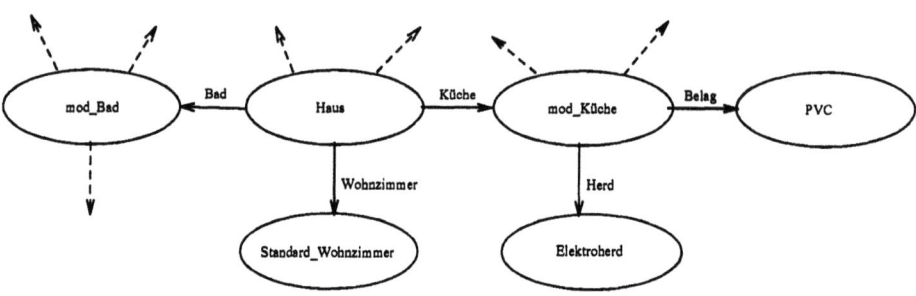

Abbildung 2.10   Das zum Konzeptrahmen Haus gehörige assoziative Netz

Es ist nicht geklärt, inwieweit Beschreibungen allgemeinerer als der hier illustrierten Struktur in der Praxis erforderlich sind. Syntaktisch sind eine Reihe solcher Verallgemeinerungen denkbar, wie mehrstellige Prädikate, Formeln anstelle von Literalen in den Konjunkten und gemeinsames Auftreten von y's in mehreren Konjunkten.

2.5 Konzeptrahmen

Die Möglichkeit der Angabe von Standardwerten in Konzeptrahmen führt zu einem *nichtmonotonen* Verhalten beim Schließen mit einem derartigen System. Eine genaue Definition dieses Begriffes wird erst in Abschnitt 3.1 gegeben. Grob gesprochen heißt dies, daß neue Informationen (zB. eine genauere Angabe des Wohnzimmers im obigen Beispiel) möglicherweise die Revision von bereits getroffenen Schlußfolgerungen nach sich ziehen können (zB. das Vorhandensein eines Parkettbodens, was man in einem Standardwohnzimmer nicht angenommen hätte). Das gesamte Kapitel 3 ist dann der Behandlung dieser Form des Schließens gewidmet.

Auch wird man in Ermangelung genauerer Informationen aufgrund der Standardannahmen, aber auch beim Vorliegen von Ausnahmen, zu Schlußfolgerungen gelangen, die sich gegenseitig widersprechen (zB. könnte der Rahmen, der den Hausbewohner charakterisiert, als Standardannahme eine Abneigung gegen Teppichboden im Wohnzimmer enthalten, das Standardwohnzimmer aber Teppichboden suggerieren). Manche solcher Konflikte lassen sich aufgrund von Überlegungen hinsichtlich der Spezifizität solcher Schlußfolgerungen treffen. Solche Konfliktlösungen werden im nächsten Abschnitt 2.6, und in anderer Form im Kapitel 3, ausführlich besprochen. Aus diesen Darstellungen ergibt sich dann auch die logische Bedeutung von Standardwerten, so daß wir an dieser Stelle auf eine ausführlichere Erörterung verzichten können.

Wir haben bereits erwähnt, daß Schlitze auch aus mehr als drei Facetten bestehen können. Bisher kennen wir die Facetten für den Namen des Schlitzes, den Wert und den Standardwert. Eine weitere Facette kann den *Typ* des Wertes festlegen wie zB. den Typ "natürliche Zahl" oder "Zeichenreihe". Auch für die Einschränkung des *Wertebereichs* zum Beispiel durch Angabe des kleinsten und größten Wertes kann eine Facette vorgesehen werden. Logisch bedeuten zwei solche Facetten die Hinzufügung je eines Literals, in der die entsprechende Bedingung zum Ausdruck kommt, wie zB. des Literals $20 \leq x \leq 65$ zur Einschränkung des Alters x eines Angestellten in einem Rahmen für die Mitarbeiter einer Firma. Weiter kann eine Facette einen *Kommentar* aufnehmen; logisch bedeutet dies die Hinzufügung eines Literals $K(x, <text>)$, das entweder als immer wahr betrachtet wird oder als Axiom mit in die Wissensbasis aufgenommen wird. Zwei weitere mögliche Facetten können Informationen tragen, die der Akquisitionskomponente Hinweise geben, inwieweit ein eingetragener Wert auch auf andere Konzepte im Sinne des nachfolgenden Abschnitts zu *vererben* oder übertragen ist, bzw. ob er selbst von einem anderen Rahmen *ererbt* ist. Die logische Bedeutung dieser Vererbungsbeziehung wird im folgenden Abschnitt beschrieben. Eine Facette kann einen Parameterwert aufnehmen, in dem die *Unsicherheit* des so gespeicherten Wissens zahlenmäßig erfaßt wird (vgl. hierzu Abschnitt 4.4).

Schließlich gibt es noch eine ganz besondere Art von Facetten, die manchmal auch *Dämonen* oder angehängte Prozeduren genannt werden. Wann immer der Interpreter eine solche Facette im Rahmen einer Abarbeitung in Betracht zieht, wird die Abarbeitung eines kleinen Programmes ausgelöst. Dieses Programm kann eine Reihe von verschiedenen Funktionen erfüllen. Zum Beispiel kann es zusätzliche Bedingungen auf deren Erfülltsein beim Eintrag eines Wertes in die Wertfacette des Schlitzes abprüfen. Auch kann hierbei ein weiterer Wert berechnet und in die Wertfacette eines anderen Schlitzes eingetragen werden. Man denke etwa an die Berechnung des Alters einer Person aus der Angabe der Geburtsdaten. Diese Berechnung kann aber auch erst beim Zugriff auf die Daten ausgelöst werden. Eine solche Prozedur sprengt den bisher ins Auge gefaßten logischen Rahmen. In diesem engeren logischen Rahmen wird die Welt als unveränderlich aufgefaßt. Eine solche Prozedur verändert aber die Welt. Verallgemeinerte Logiken sind in der Lage, auch solche Veränderungen zu modellieren, was wir hier aber nicht im einzelnen behandeln wollen. Wir werden der Thematik wieder in Abschnitt 2.9 bei den Produktionssystemen begegnen und sie in Abschnitt 4.7 ausführlich besprechen.

Der Konzeptrahmenidee wohnt zweifelsohne eine große Attraktivität inne. Sie realisiert ein wichtiges Merkmal der menschlichen Art und Weise, Wissen um Konzepte herum zu organisieren. Bezeichnen wir dies als den *kognitiven* Aspekt von Konzeptrahmen. Diese Form der Organisation unterstützt aber auch die Effizienz der Verarbeitung, was wir als den *implementatorischen* Aspekt ansehen. Schließlich bietet diese Idee einen Repräsentationsformalismus, der im übrigen jedermann in der Ausprägung von Formularen wohlbekannt ist. Das letztere ist der *repräsentatorische* Aspekt, in dem eine bestimmte ontologische Sicht der Welt zum Ausdruck gebracht werden kann. Die Idee der Konzeptrahmen wurde daher inzwischen in mannigfachen Repräsentationssprachen realisiert, worauf wir in Abschnitt 2.8 noch ausführlicher zu sprechen kommen werden.

Während also die Idee der Rahmenkonzepte für die menschliche Organisation von Wissen in der Tat von großer Bedeutung ist (man denke nur noch einmal an die unentbehrlichen Formulare als eine Form der Rahmen), kann aus logischer und algorithmischer Sicht ein origineller Beitrag zur Repräsentation von Wissen nicht wirklich erkannt werden. Denn wie wir (bisher erst zum Teil) gesehen haben (und noch weiter sehen werden), läßt sich genau die gleiche Organisation mit logischen Operatoren erreichen, die schon Jahrzehnte früher, und zwar genau für solche Zwecke, in der Logik eingeführt worden sind.[9] Hierzu müßte man in einer vollständigen Abhandlung natürlich noch weitere Details ausführen, wie etwa die Verwendung gleicher Prädikatsnamen in verschiedenen Rahmen mit unterschiedlicher Bedeutung, was etwa mit einer All-Quantifizierung über diese Prädikate logisch bewerkstelligt werden kann. Insoweit bietet die Konzeptrahmenidee unter dem kognitiven und dem repräsentatorischen Aspekt keine wirkliche Neuerung. Umgekehrt muß man feststellen, daß Rahmen nur einen Teil der Ausdrucksfähigkeit von logischen Grundformeln haben; insbesondere gibt es bei ihnen nichts Vergleichbares zur Disjunktion, um nur ein Beispiel zu nennen.

Es ist offensichtlich, daß auch die Abarbeitung in einer geeigneten logischen Realisierung keiner wie immer auch gearteten anderen Darstellung unterlegen ist, so daß auch dieser dritte Aspekt nicht zu einem besonderen Vorteil der Rahmenkonzepte herhalten kann. Warum auch sollte man bei so eng verwandten Darstellungen irgendeine Implementationstechnik der einen Darstellung nicht auch in der anderen verwirklichen können. In diesem Zusammenhang weisen wir darauf hin, daß Hayes zB. das "matching" in KRL, einer der ersten auf Konzeptrahmen aufgebauten Repräsentationssprachen, als ganz normales logisches Schließen analysiert hat [Hay85a].

---

[9] Konzeptdefinitionen durch Beschreibungen, wie sie hier besprochen wurden, finden sich bereits in Freges berühmter Arbeit aus dem Jahre 1879.

Autoren wie Brachman [Bra79] würden diese Behauptung der technischen Gleichwertigkeit wohl akzeptieren, aber dagegen halten, daß es um diesen Punkt gar nicht gehe. Entscheidend sei vielmehr die konzeptuell überzeugende Organisation von Wissen auf der epistemologischen Ebene. Logisch kann das nur heißen, daß man von syntaktischen Gebilden wie den oben definierten Beschreibungen halt Gebrauch machen soll. Beabsichtigt ist jedoch zudem, daß die Menge dieser syntaktischen Gebilde epistemologisch irgendwie eingeschränkt wird, was überzeugend bisher nicht gelungen ist. Ein Versuch in diese Richtung ist in KL-ONE gemacht worden, eine Sprache, die wir in Abschnitt 2.8.1 kurz besprechen werden.

Mit der Rahmenidee von Minsky und anderen sind Anstöße noch in weitere Richtungen als die bisher besprochenen gegeben worden. Einer ist bereits in Form der Standardwerte angeklungen. Dies wird im nächsten Kapitel unter dem Stichwort Ermangelungsschließen weiter ausgeführt. Ein weiterer Anstoß ist in Richtung Analogievergleiche gegeben worden ("der sieht aus wie ein Schwein"), was in [Hay85a] eingehend aus logischer Sicht analysiert wurde. Schließlich nennen wir das reflexive Schließen, das aus dieser Ecke neue Impulse gewonnen hat. Kurz, die eigentlich wichtigen Beiträge dieser Idee liegen in den von ihr hervorgerufenen Seiteneffekten.

2.6 Vererbungssysteme

Im letzten Abschnitt haben wir auf den Zusammenhang zwischen assoziativen Netzen und Konzeptrahmen hingewiesen. Auch die sogenannten Vererbungssysteme (engl. inheritance systems) sind aus den assoziativen Netzen hervorgegangen. Sie sind spezielle assoziative Netze und beschäftigen sich gewissermaßen ausschließlich mit nur einer Art von Kanten innerhalb dieser Netze, nämlich derjenigen, mit der Teilklassen- oder Elementbeziehungen beschrieben werden.

Abbildung 2.11 zeigt die einfachste Form eines solchen Vererbungsnetzes. Objekte sind dabei als Kreisknoten, Klassen als Kreisscheibenknoten illustriert. Wir sprechen von Klassen im Sinne der extensionalen Bedeutung der annotierten Prädikate (dh. im Sinne von $P \leftrightarrow \lambda x\, Px$ für solch ein annotiertes P). Dementsprechend gibt es Kanten, die die Elementbeziehung $\in$ repräsentieren (wie zB. in "Fred ist ein Mensch") und als *IS-A*–Kanten (von engl. "is a") bezeichnet werden, und solche, die die Teilmengenbeziehung repräsentieren (wie zB. in "Menschen sind Säuger") und als *AKO*- ("a kind of") oder *superC*- ("super class", dh. Oberklasse) Kanten bezeichnet werden. Oft werden beide auch nicht explizit unterschieden; dies kann man so auffassen, daß die Elementknoten a als Einermengen im Sinne von $a = \iota x\, Ax$ für ein a charakterisierendes Prädikat A aufgefaßt werden.

Die logische Bedeutung solch einfacher hierarchischer Netze ist offensichtlich. Eine Elementseinskante involviert ein Prädikat, das wir als einstelliges oder zweistelliges wählen können. Als einstelliges Prädikat bezeichnet es die Klasse und wird auf das Element angewandt, wie in *Elefant(clyde)* und *Mensch(fred)* im obigen Beispiel. Im zweistelligen Fall, der mit unserer logischen Interpretation assoziativer Netze besser

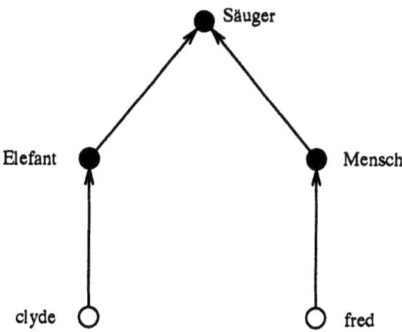

Abbildung 2.11   Ein einfaches Vererbungsnetz

im Einklang steht, aber (geringfügig) über die Logik erster Stufe hinausgeht, haben wir dagegen *Ist(clyde,Elefant)* und *Ist(fred,Mensch)*. Eine Teilklassenkante repräsentiert eine Implikationsformel, im Beispiel die Formel $\forall x(\textit{Elefant } x \rightarrow \textit{Säuger } x)$ und $\forall x(\textit{Mensch } x \rightarrow \textit{Säuger } x)$. Man nennt allquantifizierte Aussagen dieses Typs *generische* Aussagen [Car82], weil sie für eine Menge von Grundaussagen stehen, die aus ihnen durch Instantiierung erzeugt werden können. Auf den hiermit angedeuteten Zusammenhang von Vererbungsnetzen mit der Logik werden wir in Abschnitt 2.6.4 wieder zu sprechen kommen.

Die Darstellung von Wissen in der Form solcher Vererbungsnetze hat gegenüber einer logischen Darstellung potentiell den folgenden operationellen Vorteil. Abgeleitete Aussagen, wie zB. "Clyde ist ein Säuger", lassen sich mit einfachsten Graphalgorithmen ableiten, die auf Schlußketten wie "Clyde ist ein Elefant, Elefanten sind Säuger, also ist Clyde auch ein Säuger" beruhen. Dieser Vorteil gilt aber nur dann, wenn der entsprechende logische Deduktionsmechanismus in dieser Hinsicht von einfachster Natur ist und etwa auf einer unverfeinerten Resolution beruht. Denn selbstverständlich läßt sich der Deduktionsmechanismus so optimieren, daß für diese spezielle Form der Deduktion ein dem Graphenmechanismus gleichwertiges Verhalten erzielt wird, worauf wir hier nicht im einzelnen eingehen können. In jedem Fall ergibt sich jedoch ein kognitiver Vorteil, da solche abgeleiteten Beziehungen vom Menschen in der graphischen Form schneller abgelesen werden können als von den entsprechenden unverkürzten Formeln. Diese (zum Teil vermeintlichen) Vorteile übertragen sich von den Vererbungsnetzen auf allgemeine assoziative Netze.

Vererbungsnetze sind dadurch komplizierter als es bis hierher den Anschein hat, weil erstens Vererbungen aus mehreren Quellen herrühren können, in welchem Fall wir von *multiplen Vererbungen* sprechen, und weil zweitens in der Praxis fast alle Regeln Ausnahmen haben. Abbildung 2.12 zeigt ein multiples Netz, in dem drei Ausnahmen durch gestrichene Kanten, die die Negation andeuten, gezeigt sind. Zum Beispiel sind Königselefanten im Gegensatz zu allen anderen Elefanten nicht grau. In

2.6 Vererbungssysteme

solchen Netzen werden Fragen nicht mehr eindeutig beantwortbar. So ist nicht klar, ob man Clyde aufgrund der Beziehungen der Abbildung 2.12 als scheu oder nicht scheu einstufen soll. Als Elefant ist er scheu, als Akteur nicht scheu.

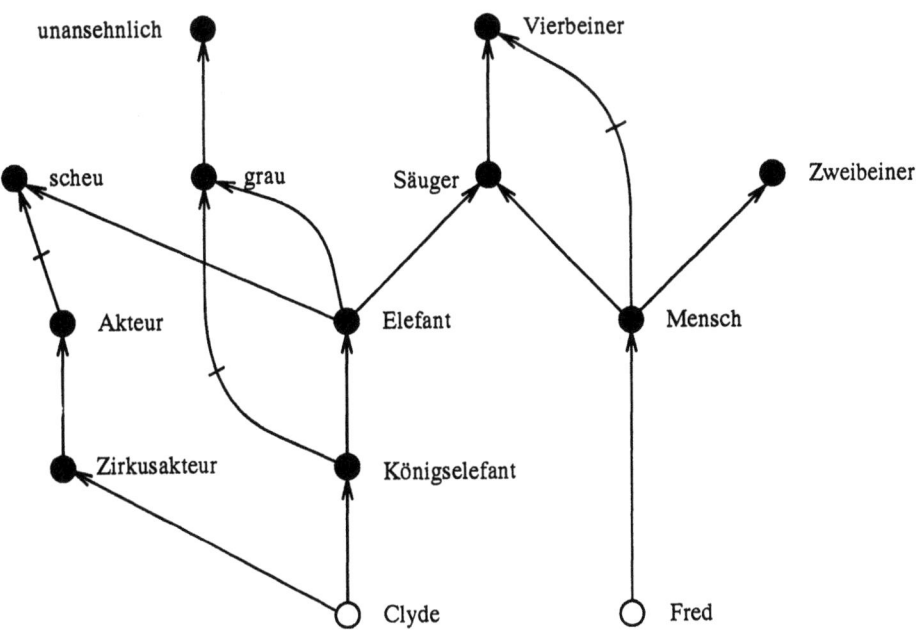

Abbildung 2.12 Multiple Vererbungen

Netze mit multiplen Vererbungen entsprechen nicht mehr ohne weiteres den oben gegebenen logischen Interpretationen, worauf wir am Ende nochmals zu sprechen kommen. Insbesondere können wir die All-Aussagen nicht ohne Vorsichtsmaßregel im üblichen logischen Sinne auffassen, da sie eben nicht ausnahmslos für alle Elemente gelten.

Eine eindeutige und unbestrittene Lösung der hiermit illustrierten Problematik gibt es wohl nicht. Vielmehr werden wir im folgenden Beispiele kennenlernen, bei denen die Intuition verschiedener Autoren zu verschiedenen Lösungen führt. Man kann hier zunächst grob zwischen *skeptischen* und *leichtgläubigen* Intuitionen unterscheiden. Skeptiker beziehen hier bei unklaren Fällen keine Position in die eine oder andere Richtung, während Leichtgläubige sich auch in solchen Fällen auf eine Seite schlagen. Diese Unterscheidung wird im Verlauf noch deutlicher werden. Insbesondere werden wir eine skeptische Lösung nach [HTT90] präsentieren.

Man beachte, daß die Lösung solcher Fragen, wie die, ob Clyde scheu ist, eines Inferenzprozesses bedarf. Da wir uns mit Inferenz erst im nächsten Kapitel eingehend befassen wollten, mag die Behandlung solcher Fragen an dieser Stelle etwas deplaziert erscheinen. Wie wir in Abschnitt 1.5.3 betont haben, ist die Frage nach geeigneten Repräsentationsformalismen nicht wirklich von der nach der Operationsausführung, also insbesondere nach der Inferenz, zu trennen. Da mit der Darstellung als Vererbungsnetz das unmittelbare Ablesen einer abgeleiteten Aussage angestrebt ist, also der Darstellungsaspekt überwiegt, wollen wir diese Fragen schon hier angehen. Dies ist zugleich eine gute Einstimmung auf die Problematik des nächsten Kapitels.

2.6.1 Begriffliche Grundlagen

Objekte werden wir wie immer mit a, b, c bezeichnen, die Objektarten oder –klassen jedoch nun mit kleinen Buchstaben p, q, r. Variable u, v, w, x, y, z bezeichnen Objekte oder Klassen. *Aussagen* sind hier von der Form $x \to p$ oder $x \not\to p$ (wobei p wie vereinbart eine Klasse bezeichnet). Bei der ersteren sprechen wir von einer *positiven*, bei der zweiten von einer *negativen* Aussage. Ist x ein Objekt, so spricht man auch von einer *atomaren*, andernfalls, wie bereits erwähnt, von einer generischen Aussage. $x \to p$ und $x \not\to p$ heißen *widersprüchliche* Aussagen. Ein *(Vererbungs–) Netz* besteht aus einer Menge O von Objekten, einer Menge K von Klassen und einer endlichen Menge von positiven oder negativen Kanten, die Elemente von $(O \times K) \cup (K \times K)$ sind. Positive bzw. negative Kanten identifizieren wir mit den dadurch repräsentierten positiven bzw. negativen Aussagen. Netze werden als widerspruchsfrei bezüglich ihrer Kanten vorausgesetzt, dh. ist $x \to y$ eine Kante im Netz, dann ist das Auftreten von $x \not\to y$ nicht zugelassen und umgekehrt.[10] Netze werden mit großen griechischen Buchstaben, meist mit Γ, bezeichnet. Da die Menge der Kanten implizit auch die Menge der Knoten bestimmt, identifizieren wir ein Netz Γ oft auch mit der Menge seiner Kanten. In diesem Sinne drücken wir mit Formeln wie $x \to y \in \Gamma$ (etwas lax) aus, daß die so bezeichnete Kante in der Kantenmenge des Netzes enthalten ist.

Pfade (eines Netzes Γ) sind induktiv wie folgt definiert. Jede Aussage von Γ ist ein Pfad. Weiter, ist $\sigma \to p$ ein positiver Pfad, so sind auch $\sigma \to p \to q$ und $\sigma \to p \not\to q$ Pfade, wenn $p \to q$ bzw. $p \not\to q$ Kanten im Netz sind. Im ersteren Fall sprechen wir von einem *positiven*, im zweiten von einem *negativen* Pfad. Pfade, die nicht Aussagen sind, nennen wir auch *zusammengesetzte* Pfade. Pfade bezeichnen wir mit kleinen griechischen Buchstaben. Man beachte, daß nach dieser Definition Pfade Objekte nur am Anfang und negative Aussagen nur am Ende haben können. $a \not\to p \to q$ und $p \to a \not\to q$ sind also keine Pfade. *Verallgemeinerte* Pfade erlauben das Auftreten der negativen Aussage auch an anderer Stelle als am Ende. Das erste (aber nicht das zweite) dieser beiden Beispiele ist also ein verallgemeinerter Pfad. Die *Länge* eines Pfades ist die Anzahl der Kanten. (Verallgemeinerte) Pfade sind insbesondere auch Netze. Für einen Pfad $x_1 \to \cdots \to x_n$ schreiben wir, wie üblich, auch $x_1 \overset{*}{\to} x_n$ im Falle $n \geq 0$ bzw. $x_1 \overset{+}{\to} x_n$ im Falle $n \geq 1$.

Wir sagen, daß Pfade Aussagen *ermöglichen* (engl. enable). Und zwar ermöglicht der Pfad $x \overset{*}{\to} p$ die Aussage $x \to p$ und der Pfad $x \overset{*}{\to} q \not\to p$ die Aussage $x \not\to p$. Wir sprechen von zwei *widersprüchlichen* Pfaden, wenn sie, wie in diesem

---

[10][HTT90] haben solche sich widersprechenden Kanten zugelassen.

2.6 Vererbungssysteme

Fall, widersprüchliche Aussagen ermöglichen.

Die Menge der durch ein Netz repräsentierten Aussagen kann man als eine Menge von Axiomen auffassen, die eine *Theorie* charakterisieren. Die Menge der in der Theorie gültigen Aussagen ist entsprechend dem Verständnis der multiplen Vererbungsnetze offensichtlich eine Teilmenge derjenigen Aussagen, die durch Pfade ermöglicht sind. Da widersprüchliche Pfade (also auch widersprüchliche Aussagen) möglich (aber natürlich unerwünscht) sind, wie wir eingangs illustriert haben, müssen wir zusehen, diese auszuschließen, indem wir in der Menge aller Pfade eines Netzes Γ *erlaubte* Pfade von unerlaubten so unterscheiden, daß es unter den erlaubten Pfaden keine widersprüchlichen gibt. Daß ein Pfad σ im Netz Γ erlaubt ist, drücken wir formal durch $\Gamma \triangleright \sigma$ aus.

Unsere Problematik reduziert sich also auf eine geeignete Definition der Menge aller erlaubten Pfade, die wir auch als die *Extension* des Netzes bezeichnen (und dafür nach [Tou86] gelegentlich die Bezeichnung Φ wählen, wenn sich das zugehörige Netz von selbst versteht). Ist dies erreicht, so werden wir sagen, daß ein Netz eine Aussage *stützt*, wenn es einen erlaubten Pfad gibt, der diese Aussage ermöglicht. Die durch das Netz repräsentierte Theorie ist dann die Menge der vom Netz gestützten Aussagen ($K(\Phi)$ in der Notation von [Tou86]). Diese Menge sollte möglichst unserer Intuition entsprechen. Da, wie oben ausgeführt, diese Intuition variieren kann, kann es auch zu verschiedenen Lösungen kommen. Eine solche Lösung, die aus einer skeptischen Intuition hervorgeht werden wir im folgenden Unterabschnitt angeben.

2.6.2 Eine skeptische Lösung des Vererbungsproblems

Die im weiteren Verlauf dieses Abschnitts angegebene formale Definition ist nur dann in ihren Details einzusehen, wenn wir diese Details vorweg motivieren, was wir nun tun wollen. Wir werden den Leser dabei aber öfter auf die entsprechenden Details der nachfolgenden Definition 2.6.1 hinweisen.

Betrachten wir zunächst den denkbar einfachsten Fall eines Netzes, nämlich ein lineares Netz, wie es unter der Bezeichnung Γ_1 in der Abbildung 2.13 dargestellt ist. Zur Veranschaulichung denke man an die folgende Interpretation: $a = $ *Zwitschi*, $p = $ *Kanarienvögel*, $q = $ *Vögel*, $r = $ *fliegende Dinge*. Explizit repräsentiert Γ_1 also die Aussagen, daß Zwitschi ein Kanarienvogel ist, daß Kanarienvögel Vögel sind und daß Vögel fliegen. Unter den von Γ_1 gestützten Aussagen sollten intuitiv natürlich all diese Aussagen sein (was in Definition 2.6.1 in Form der Gleichung $EP_0 = \Gamma$ auch verlangt wird). Zusätzlich möchten wir aber auch etwa eine Aussage wie "Zwitschi fliegt" darunter finden, ermöglicht durch den Pfad $a \to p \to q \to r$ ("Zwitschi ist ein Kanarienvogel, also ein Vogel; da Vögel fliegen, kann Zwitschi also fliegen"), der also zu den erlaubten Pfaden zu zählen wäre. In gleicher Weise sollte das in Abbildung 2.14 gezeigte Netz Γ_2 mit der Interpretation $b = $ *Jumbo*, $s = $ *Königselefanten*, $t = $ *Elefanten* und $u = $ *fliegende Dinge* die Aussage "Jumbo kann nicht fliegen" gestützt werden, ermöglicht durch den Pfad $b \to s \to t \not\to u$.

Wie diese Beispiele illustrieren, entstehen erlaubte Pfade durch Aneinanderfügen

Abbildung 2.13 Γ_1

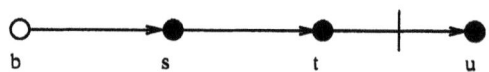

Abbildung 2.14 Γ_2

von vorgegebenen Kanten. Zunächst ist aber offen, in welcher Reihenfolge dieses Aneinanderfügen erfolgen soll. Grundsätzlich gibt es hier zwei Möglichkeiten, nämlich in der Richtung vom Allgemeinen zum Spezielleren, dh. *von oben nach unten* (engl. top-down), oder umgekehrt (engl. bottom-up). Wie unsere bereits gegebene Pfaddefinition zeigt, haben wir hier im Gefolge von [HTT90] die Richtung *von unten nach oben* bevorzugt. Dies steht im Gegensatz zu den meisten früheren Ansätzen [RG77, Fah79, Tou86], was auch zu unterschiedlichen Ergebnissen führt, wie wir noch sehen werden. Die hier gewählte Richtung paßt sich der Vorstellung an, daß Pfade deduktive Schlußketten repräsentieren, wie sie weiter oben illustriert wurden. Auch Beweise schreibt man in diesem Sinne von unten nach oben auf (nachdem man sie gefunden hat).

Nicht alle so zusammengesetzten Pfade können erlaubt sein, wie wir schon weiter oben gesehen haben. Betrachten wir das in Abbildung 2.15 dargestellte Netz als ein weiteres Beispiel, das unter der Bezeichnung "Nixon Raute" (engl. "Nixon diamond") bekanntgeworden ist. Sie spielt auf die Interpretation $a = Nixon$, $q = Quäker$, $r = Republikaner$, $p = Pazifist$ [Rei80] an. Auch hier würden ohne irgendwelche Beschränkungen die widersprüchlichen Pfade $a \rightarrow q \rightarrow p$ und $a \rightarrow r \not\rightarrow p$ entstehen, die nicht beide erlaubt werden können. Wegen der dem Beispiel innewohnenden Symmetrie, läßt sich schwerlich ein syntaktisches Argument für eine Bevorzugung des einen oder anderen Pfades finden. Unsere skeptische Lösung verwirft daher in diesem Fall jeden der beiden Pfade als unerlaubt. Damit bleibt unklar, ob Nixon ein Pazifist ist oder nicht.

Hinter dieser Entscheidung steht das folgende allgemeine Neutralisierungsprinzip: *Ein (zusammengesetzter) Pfad wird von einem widersprüchlichen Pfad neutralisiert, es sei denn, dieser ist selbst neutralisiert.* Man beachte die beiden in diesem Prinzip enthaltenen Einschränkungen. Zum einen wird die Neutralisierung nur bei zusammengesetzten Pfaden bewirkt, zum anderen kann ein anderwärts neutralisierter Pfad keine Neutralisierung bewirken.

Zur ersteren Einschränkung betrachten wir das in der Abbildung 2.16 gezeigte Netz Γ_4 zB. mit der gleichen Interpretation wie soeben. Da es sich hier nicht um

2.6 Vererbungssysteme

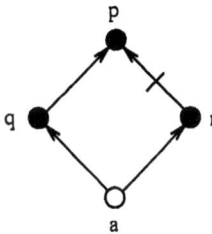

Abbildung 2.15 Γ_3

gesetzte Pfade handelt, würde also die Neutralisierung in diesem Beispiel nicht greifen. Jedoch kann dieser Fall nach unserer Definition eines Netzes nicht auftreten, so daß die Einschränkung tatsächlich nicht nötig ist, sondern nur zur Verdeutlichung nochmals erwähnt ist.

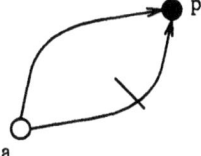

Abbildung 2.16 Γ_4

Zur weiteren Illustration der ersten Einschränkung betrachten wir das in der Abbildung 2.17 gezeigte Netz Γ_5 mit der Interpretation $a = \mathit{Zwitschi}$, $p = \mathit{Pinguine}$, $q = \mathit{Vögel}$, $r = \mathit{fliegende\ Dinge}$, die sich von der zur Abbildung 2.13 gewählten Interpretation nur dadurch unterscheidet, daß wir jetzt Pinguine statt Kanarienvögel betrachten. Damit gewinnt dann auch die zusätzliche Kante einen Sinn. Mit dieser Interpretation sagt uns die Intuition, daß Zwitschi als Pinguin nicht fliegen kann, weil Pinguine eben nicht fliegen können. Die Aussage, daß aber Pinguine Vögel sind und diese fliegen können, tritt hier deshalb in den Hintergrund, weil die Aussage über das Nichtfliegen der Pinguine von spezifischerem Charakter ist. Mit anderen Worten, eine spezifischere Aussage kann eine allgemeinere Aussage neutralisieren, aber nicht umgekehrt.

Dies wirft aber die nächste Frage nach einer präzisen Festlegung auf, wann wir hier von spezifischeren bzw. allgemeineren Aussagen sprechen können. Um es am Beispiel zu illustrieren, p ist deswegen spezifischer als q im Hinblick auf Aussagen bezüglich a, weil es einen Pfad von a nach q durch p gibt. In diesem Sinne liegt also p dem a näher als q. Daher vereinbaren wir im Hinblick auf die zweite der beiden oben

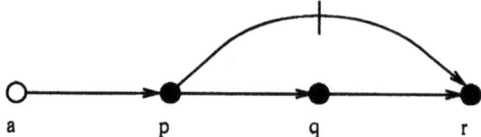

Abbildung 2.17 Γ_5

genannten Einschränkungen, daß ein Pfad der Form $x \stackrel{*}{\to} v \to y$ genau dann in einem Netz Γ *neutralisiert* (engl. preempted) wird, wenn es einen Knoten z so gibt, daß $z \not\to y \in \Gamma$ und Γ einen Pfad der Form $x \stackrel{*}{\to} z \to v$ erlaubt. Genau dies ist durch die jeweils letzte Bedingung in den rekursiven Gleichungen für EPP_i und für ENP_i in der Definition 2.6.1 weiter unten so spezifiziert.

Man beachte, daß mit dieser Festlegung nun auch nicht völlig symmetrische Netze wie das in Abbildung 2.18 dargestellte Γ_6 keine Lösung der widersprüchlichen Aussagen ermöglichen. Das stimmt mit unserer Intuition auch überein, wenn wir an das Nixon Beispiel mit der zusätzlichen Interpretation s = Elefantenpartei'ler denken. Die Verlängerung des einen Pfades mittels einer eingeschobenen Kante ist offenbar völlig irrelevant bezüglich der hier diskutierten Problematik.

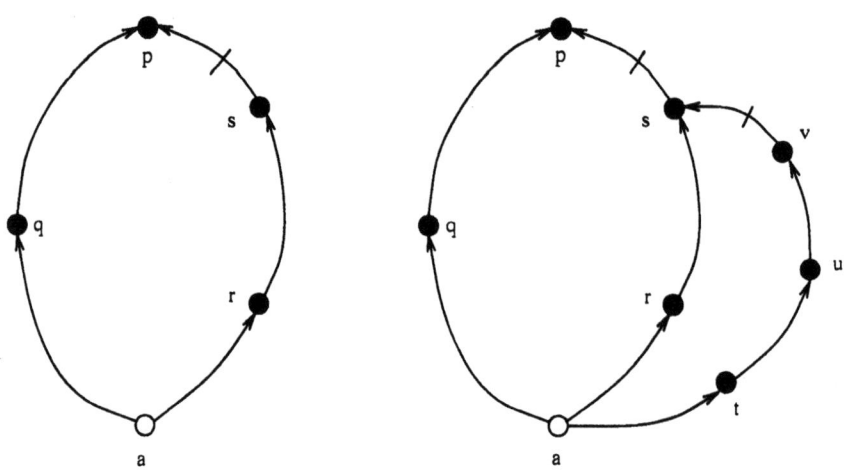

Abbildung 2.18 Γ_6 und Γ_7

Dieses Beispiel illustriert auch den letzten Punkt, den es vor der eigentlichen Definition zu besprechen gibt. Er betrifft die Vermeidung einer zyklischen Definition. Dazu müssen wir Pfaden innerhalb eines gegebenen Netzes irgendwie in ihrer Komplexität messen, was uns dann zu einer induktiven Definition befähigen wird. Wie Γ_6 (eine

2.6 Vererbungssysteme

Verallgemeinerung von Γ_3), aber auch das in der Abbildung 2.6.2 gegebene Netz Γ_7 illustriert, taugt die einfachste Idee hierzu nicht, nämlich die Länge der Pfade als ihre Komplexität festzulegen. Denn ob der Pfad $a \to q \to p$ erlaubt werden soll, hängt von dem längeren Pfad $a \to r \to s \not\to p$ und dieser von dem noch längeren Pfad $a \to t \to u \to v \not\to s$ ab. Deshalb liegt die folgende, nächsteinfachere Festlegung nahe. Danach hat jeder Pfad σ in einem azyklischen Netz Γ einen *Grad* $\mathrm{grd}_\Gamma(\sigma)$, der sich als die Länge des längsten Pfades zwischen dem Anfangs- und Endpunkt von σ bestimmt. Zum Beispiel gilt $\mathrm{grd}_{\Gamma_7}(a \to q \to p) = 5$. Damit kommen wir nun endlich zu der folgenden Definition.

Definition 2.6.1 *Gegeben sei ein azyklisches Netz Γ. Dann seien die Mengen*

- EP_i *der erlaubten Pfade,*
- EPP_i *der erlaubten positiven Pfade und*
- ENP_i *der erlaubten negativen Pfade*

jeweils vom Grade $\leq i$ induktiv wie folgt definiert.

$$
\begin{aligned}
EP_0 &= \Gamma \\
EPP_i &= \{x \overset{*}{\to} u \to y \mid x \overset{*}{\to} u \in EP_{i-1} \land u \to y \in \Gamma \land x \not\to y \notin \Gamma \land \\
&\quad \forall v (x \overset{*}{\to} v \in EP_{i-1} \land v \not\to y \in \Gamma \Rightarrow \\
&\quad \exists z (z \to y \in \Gamma \land x \overset{*}{\to} z \overset{\pm}{\to} v \in EP_{i-1}))\} \\
ENP_i &= \{x \overset{*}{\to} u \not\to y \mid x \overset{*}{\to} u \in EP_{i-1} \land u \not\to y \in \Gamma \land x \to y \notin \Gamma \land \\
&\quad \forall v (x \overset{*}{\to} v \in EP_{i-1} \land v \to y \in \Gamma \Rightarrow \\
&\quad \exists z (z \not\to y \in \Gamma \land x \overset{*}{\to} z \overset{\pm}{\to} v \in EP_{i-1}))\} \\
EP_i &= EP_{i-1} \cup EPP_i \cup ENP_i
\end{aligned}
$$

Die Menge EP *der erlaubten Pfade von* Γ *ergibt sich damit als die Vereinigung* $\bigcup_{i \geq 0} EP_i$ *aller erlaubten Pfade vom Grad i, für alle i. Statt $\sigma \in EP$ schreiben wir auch $\Gamma \triangleright \sigma$.*

In dieser induktiven Definition ist unsere vorangegangene Diskussion zusammengefaßt. Der Induktionsanfang behandelt die gegebenen Aussagen wie besprochen. Die Definition von EPP_i ist zu der von ENP_i völlig analog; es vertauschen sich nur die positiven und negativen Kanten. Wir besprechen daher nur die erstere der beiden. Die erste Bedingung in dieser Definition fordert von dem um die letzte Kante verkürzten Pfad die Erlaubtheit nach Induktionsvoraussetzung. Die zweite Bedingung garantiert die Pfadeigenschaft. Die dritte Bedingung verhindert eine neutralisierende (oder widersprüchliche) Kante. Schließlich drückt die letzte Bedingung aus, daß im Fall einer negativen Kante zum Endknoten diese neutralisiert wird. Der Leser möge sich noch einmal davon überzeugen, daß sich aufgrund dieser Definition für die Netze Γ_1 bis Γ_5 genau die erwartete Extension bzw. Theorie ergibt.

2.6.3 Eigenschaften der skeptischen Lösung

Mit einer Lösung des Vererbungsproblems, wie wir sie im letzten Abschnitt vorgestellt haben, lassen sich die erlaubten Pfade eines Netzes gegebenenfalls vorweg bestimmen, so daß Anfragen dann einfach durch Ablesen beantwortbar sind. Insofern paßt diese Technik durchaus in den Rahmen dieses Kapitels. Andererseits haben wir schon darauf hingewiesen, daß wir hier ein Inferenzproblem zu lösen hatten und insofern Fragen des nächsten Kapitels bereits vorweggenommen haben. Wenn wir nun einige Eigenschaften unserer gefundenen Lösung nennen, so stoßen wir damit zum ersten Male auf Begriffe, die uns im nächsten Kapitel noch mehrfach beschäftigen werden.

Einer dieser Begriffe ist die Nichtmonotonie. Die klassische Logik hat die folgende Eigenschaft der *Monotonie*.

$$\mathcal{T} \vdash A \quad \text{impliziert} \quad \mathcal{T} \cup \{F\} \vdash A$$

Mit anderen Worten, wenn eine Aussage aus einer Axiomenmenge logisch folgt, dann auch aus jeder Obermenge. Durch Hinzufügen von neuen Axiomen müssen vorher abgeleitete Aussagen also nicht mehr überprüft werden, da sie weiterhin gültig sind. Alltagsschließen ist dagegen in der Regel *nichtmonoton*. Erfährt man neues Wissen, so müssen oft alte Schlüsse revidiert werden.

Auch die im letzten Unterabschnitt präsentierte Lösung des Vererbungsproblems ist nichtmonoton, wie das in Abbildung 2.19 gezeigte Beispiel demonstriert. Als Interpretation denke man wieder an die der Nixon Raute. Das linke Netz Γ_8 erlaubt den Pfad $a \to q \to p$, stützt also die Aussage $a \to p$, dh. Nixon ist Pazifist. Das rechte Netz Γ_9 unterscheidet sich davon durch eine zusätzliche Kante. Diese neutralisiert den genannten Pfad, so daß nun Nixon kein Pazifist mehr ist. Die Hinzunahme eines weiteren Faktums hat also eine vorher ableitbare Aussage hinfällig gemacht, womit die Nichtmonotonie gezeigt ist. Ein weiteres Beispiel hierzu sind die Netze Γ_1 in Abbildung 2.13 und Γ_5 in Abbildung 2.17, das ebenfalls eine Erweiterung von Γ_1 darstellt. Während aber Γ_1 die Aussage $a \to r$ stützt, ist dies für Γ_5 nicht mehr der Fall.

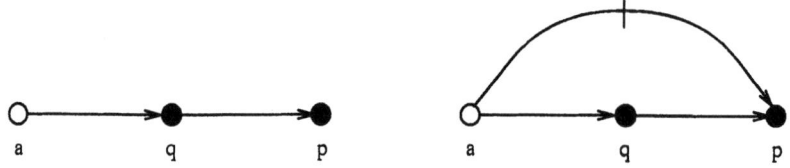

Abbildung 2.19 Γ_8 und Γ_9

Von einem Kalkül wie dem hier besprochenen verlangt man, daß er konsistent ist. Der folgende Satz garantiert dies für den hier eingeführten Kalkül.

2.6 Vererbungssysteme

Theorem 2.6.1 *Ein Netz Γ stützt nicht gleichzeitig zwei sich widersprechende Aussagen $x \to y$ und $x \not\to y$.*

Den Beweis findet man in [HTT90].

Eine weitere Eigenschaft, die uns im folgenden Kapitel wieder begegnen wird, ist die der *Stabilität* (in [Mak89] auch *Kumulativität* genannt). Grob gesagt ist ein Kalkül stabil, wenn sein Verhalten sich bei der Hinzufügung von redundanter Information nicht ändert. Für unseren Kalkül läßt sich das folgende Stabilitätstheorem beweisen.[11]

Theorem 2.6.2 *Wenn ein Netz Γ eine atomare Aussage $a \to p$ stützt, dann gilt für jede Aussage B: $\Gamma \cup \{a \to p\}$ stützt B genau dann, wenn Γ allein B stützt.*

Für den Beweis sei wiederum auf [HTT90] verwiesen. Dort werden auch Beispiele von Kalkülen gezeigt, die in diesem Sinne nicht stabil sind. Der hier vorgeführte Kalkül ist jedoch auch nicht stabil in bezug auf generische Aussagen, dh. das Theorem gilt tatsächlich nur für atomare Aussagen. Die Abbildung 2.20 zeigt hierzu ein Gegenbeispiel. Daß dies nicht unbedingt als Mangel aufgefaßt werden muß, demonstriert die folgende Interpretation hierzu [San86]: $a = Moby$, $p = Wale$, $q = Säuger$, $r = Landbewohner$, $s = Luftatmer$. Aus diesem Netz ergäbe sich nämlich die auch intuitiv richtige Aussage, daß Moby (als Wal) kein Landbewohner ist. Dieses Netz sagt jedoch nichts darüber aus, ob er Luftatmer ist oder nicht. Nähme man aber die abgeleitete generische Aussage $q \to s$ im Sinne der Stabilität ins Netz mit auf, so ergäbe sich die (unnatürliche) Aussage, daß Moby der Wal definitiv Luftatmer ist. Für Details und weitere Beispiele sei auf [HTT90] verwiesen.

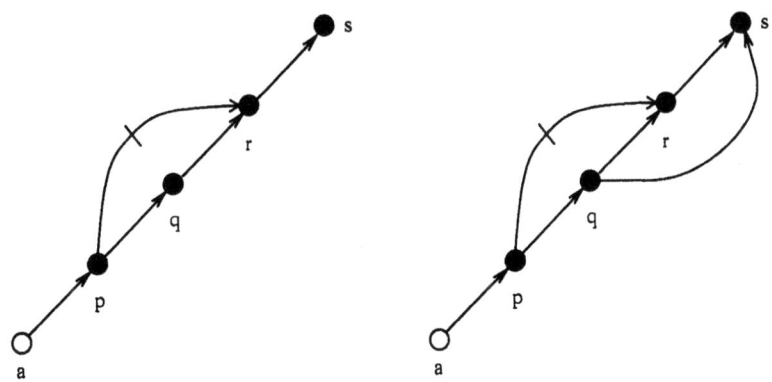

Abbildung 2.20 Γ_{10} und Γ_{11}

---

[11] Wie die im Theorem gegebene Präzisierung der Stabilität zeigt, handelt es sich um das, was in der Logik ein *Schnitt* genannt wird. Mit dieser Sprechweise ist ein Kalkül stabil, wenn die Schnittregel eine zulässige Regel im Kalkül ist.

Die hier vorgeführte skeptische Lösung des Vererbungsproblems produziert immer eindeutige Lösungen, die mit unserer Intuition übereinstimmen. Das Gleiche läßt sich auch von weiteren interessanten Ansätzen wie den in [Tou86, Eth87, Ste92] präsentierten sagen, nicht jedoch für die in [RG77, Fah79] dargestellten Ansätze. In jedem Fall führen all diese Alternativen in Einzelfällen zu Lösungen, die sich von den durch den hier gezeigten Kalkül produzierten Lösungen unterscheiden. Zum Beispiel wird meist die Nixon Raute in anderer Weise gelöst. Hierzu sowie für eine algorithmische Lösung, sei nochmals auf [HTT90] verwiesen.

Taxonomien sind spezielle Vererbungsnetze, in denen nur Klassen (also keine Objekte) zugelassen und keine Widersprüche erlaubt sind. Sie lassen sich auch als (aus der Mathematik vertraute) *Verbände* auffassen. In Verbänden gibt es bekanntlich die Operationen "größte untere Schranke" (GUS), "kleinste obere Schranke" (KOS) und relatives Komplement ("aber nicht"). In [AKBLN89] wurde für diese Operationen eine außerordentlich effiziente Implementierung angegeben, die auf einer speziellen Kodierungsmethode beruht. Sie läßt sich natürlich auch in ein allgemeineres logisches System für diesen Spezialfall einbetten.

Taxonomien lassen sich auch als ein Netz von Begriffen auffassen, indem jeder Begriff als eine ihn charakterisierende Klasse interpretiert wird. Eine eingehende Untersuchung von solchen Begriffsverbänden findet sich in [Wil87], die wir in Abschnitt 2.11.3 (siehe auch Abschnitt 4.3.4) kurz erwähnen werden. Auch auf den Begriff der Taxonomie werden wir im Abschnitt 2.7 nochmals zu sprechen kommen. All solche Ansätze über Verbände enthalten von sich aus natürlich noch nicht den hier vorgestellten Vererbungsmechanismus, der auch mit Inkonsistenzen umzugehen vermag. Vielmehr stellen sie lediglich eine Repräsentation dar, die in diesem Spezialfall als Alternative zur logischen Darstellung fungiert. Tatsächlich ist auch innerhalb eines logischen Formalismus dieser Spezialfall als *Sortenlogik* untersucht worden, worauf wir in Abschnitt 2.11.5 kurz zu sprechen kommen werden.

2.6.4 Das logische Analogon zur Vererbung

"There is nothing in ordinary logic very close in meaning to generic statements [...]. In particular, 'Birds fly' cannot be interpreted through a universally quantified formula of the form $\forall x (Px \rightarrow Qx)$, and 'Mammals don't fly' does not mean anything like $\forall x (Rx \rightarrow \neg Qx)$", stellen die Autoren von [HTT90] fest. Hier wollen wir zeigen, daß generische Aussagen nach unserer Auffassung quantifizierte Aussagen[12] genau der in diesem Zitat wiedergegebenen Form sind. Insoweit stimmen wir mit der zitierten Aussage nicht überein. Im Falle des Auftretens von Widersprüchen während der Durchführung des Inferenzmechanismus müssen wir diesen allerdings zu einem "nichtklassischen" Verhalten veranlassen, das wir im folgenden erläutern werden. Das Zitat ist also insoweit richtig, als die klassische Inferenz nicht blind übertragen werden kann.

---

[12]Man kann generische Aussagen (im Sinne einer eingeschränkten Interpretation des Allquantors) auch als eine Menge von Instanzen eines Formelschemas auffassen; vgl. Abschnitt 3.6.

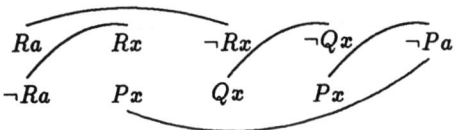

Abbildung 2.21 Nichtfliegende Pinguine als Formel

Betrachten wir hierzu nochmals das in Abbildung 2.17 wiedergegebene Netz zusammen mit der dort gegebenen Interpretation des nichtfliegenden Pinguins Zwitschi. Nach unserer Auffassung repräsentiert es die folgende Formel, in der wir die selbstverständlichen Allquantoren der Einfachheit halber weglassen.

$$(Px \to \neg Rx) \land (Qx \to Rx) \land (Px \to Qx) \land Pa$$

In der Tat führt diese Theorie zu Widersprüchen, da ohne weitere Vorkehrungen die Aussage $\neg Ra \land Ra$ ableitbar ist, wie der in Abbildung 2.21 gezeigte Konnektionsbeweis (vgl. Abschnitt 2.3) demonstriert.

In dieser Situation standen wir aber in genau der gleichen Weise am Beginn der Behandlung der Vererbungsnetze. Dort haben wir schließlich einen Mechanismus angeben können, der es uns erlaubte, eine der beiden möglichen widersprüchlichen Schlußketten auszuschließen. Exakt der gleiche Mechanismus läßt sich in die logische Repräsentation in naheliegender Weise übersetzen. Denn offensichtlich entsprechen grob den Klassenknoten des Netzes dort die Konnektionen hier, während die Kanten dort hier durch die Klauseln repräsentiert sind. Die Gegenüberstellung ist durch die Abbildung 2.22 illustriert.

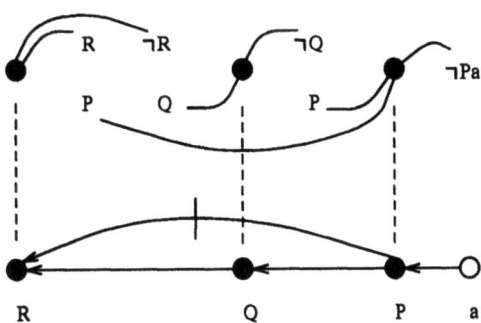

Abbildung 2.22 Eine Matrix und ihr zugehöriges Vererbungsnetz

In der Abbildung ist die gleiche Matrix des vorangegangenen Beispiels dargestellt. Da wir es in der Sprache der Vererbungsnetze jedoch ausschließlich mit einstelligen

Prädikaten zu tun haben, verstehen sich die variablen Argumente von selbst und wurden daher in der Darstellung nicht mehr explizit gezeigt. Außerdem unterscheidet sich die abgemagerte Matrix von der in Abbildung 2.21 durch einen Knoten in jeder Konnektion. Im einzelnen entsprechen also den Kanten $P \leftarrow a$, $Q \leftarrow P$, $R \leftarrow Q$ und $R \not\leftarrow P$ die Matrixstücke

Schließlich ist hier die Zielklausel nicht explizit aufgeführt, da auch sie aus dem Kontext erschlossen werden kann. Die Gegenüberstellung macht deutlich, daß Netze die gleiche Information wesentlich komprimierter kodieren als Formeln oder Matrizen.

Um die Kompaktheit der Netze im Vergleich zu Formeln noch augenfälliger zu illustrieren, sind in Abbildung 2.23 der in Abschnitt 2.3 erklärte gaG einer Formel und das entsprechende Netz einander gegenübergestellt.

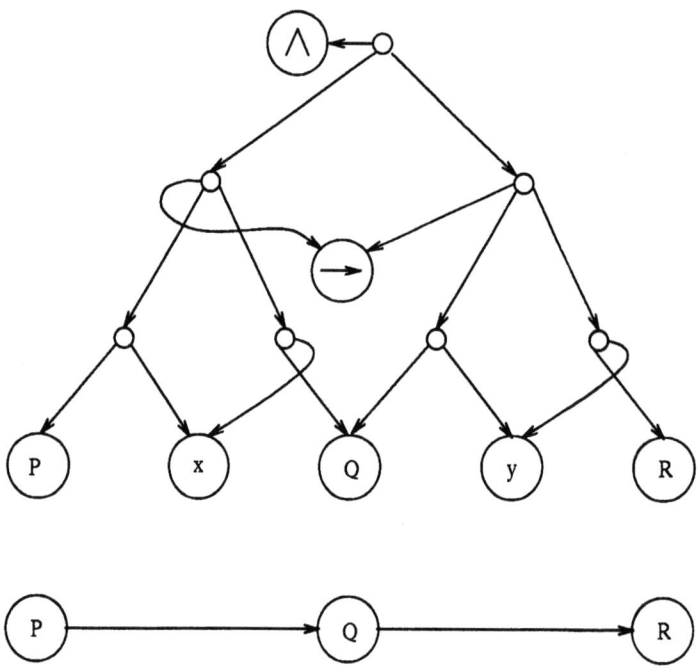

Abbildung 2.23 Der gaG einer Formel und das zugehörige Netz

Nachdem hiermit die Entsprechung der logischen Formel mit dem Netz geklärt ist, mag sich der Leser die Frage stellen, warum logische Formeln nicht immer so vereinfacht dargestellt werden, wie es durch Netze ganz offensichtlich geschieht. Der Grund liegt natürlich in den radikal einschränkenden Annahmen, auf denen Netze beruhen und die in komplizierteren Fällen leider nicht mehr erfüllt sind. Netze behandeln nämlich ausschließlich einstellige Prädikate sowie Regeln mit lediglich einer Prämisse und einer Konklusion, ein extrem spezieller Fall. Formeln dagegen sind auch für den allgemeinsten Fall zu dessen Darstellung gewappnet und genau aus diesem Grunde verständlicherweise komplexer in ihrer Repräsentation.

Mit dieser Diskussion haben wir das von Frege eingeführte Formelkonzept nicht wirklich ins rechte Licht gerückt. Viel zu wenig wird nämlich daran gedacht, das Werkzeug des bereits von Frege selbst ins Auge gefaßten Definitionsmechanismus bei der Formelbildung mit einzusetzen. So läßt sich $P \to Q$ als Abkürzung für $\forall x(Px \to Qx)$ definieren. Alternativ läßt sich diese verallgemeinerte Implikation mit Hilfe des λ-Mechanismus in der Form $\to = \lambda X, Y. \forall x(Xx \to Yx)$ zusammen mit $\to(P,Q) = P \to Q$ definieren. In gleicher Weise ergeben sich die Definitionen für den Fall mehrerer Implikationsglieder. Diese Definitionen vorausgesetzt, reduziert sich die verbleibende Formel ebenfalls auf $P \to Q \to R$ wie im Falle des Netzes.

Man mag einwenden, daß hier der Ballast nur in die Definition verschoben wird, die ja als Prämisse ein für allemal in die Gesamtformel miteinbezogen werden muß. Das ist zwar richtig, gilt aber für den Netzmechanismus in gleicher Weise. Nur ist dieser Teil der formalen Beschreibung der Netzstruktur üblicherweise als informelle Erklärung im kursiven Text zu finden, während man mit dem logischen Apparat die Formalisierung mit großem Gewinn meist ein Stück weitertreibt. Kurz und bündig, der vermeintliche Vorteil der Netzdarstellung hat sich in nichts aufgelöst; wir haben nur das wichtige, von der Logik gebotene Mittel der Definition ignoriert.

Mit der gegebenen Entsprechung sind nun auch die im Zusammenhang der Netze eingeführten Begriffe unmittelbar und wortwörtlich auf logische Formeln übertragbar, allen voran der Begriff eines Pfades. Auf diese Weise macht es dann einen Sinn, davon zu sprechen, daß ein Pfad in einer Matrix *erlaubt* ist. Danach ist der Pfad, der die Aussage Ra stützen würde, eben nicht erlaubt, genausowenig wie im Fall der Netzdarstellung. Diese Lösung hat demnach im Licht der Logik die folgende Erklärung.

Eine Formel oder Matrix, die wie die obige logisch gesehen widersprüchlich ist, stellt eigentlich eine Kombination mehrerer Formeln dar, die Teile gemeinsam haben. In unserem Beispiel der Abbildung 2.21 handelt es sich um zwei solche Formeln, deren Matrizen in der Abbildung 2.24 gezeigt sind. Man beachte, daß die Überlagerung der beiden Matrizen wieder die ursprüngliche Matrix ergibt. Jede der beiden Matrizen ist in sich widerspruchsfrei, erst ihre Kombination führt zum Widerspruch. Zum Beweis einer gegebenen Anfrage wird nun immer nur eine der beiden Matrizen herangezogen. Um in Konfliktfällen entscheiden zu können, welche der beiden zu wählen ist, haben wir in diesem Abschnitt die Technik der erlaubten Pfade entwickelt.

Zusammenfassend können wir also das Folgende sagen. Vererbungsnetze sind kompakte Darstellungen von Formeln einer sehr eingeschränkten Klasse. Überdies erlauben sie die Überlagerung mehrerer Formeln, die einzeln konsistent sind, überlagert jedoch zu Widersprüchen führen. Der in diesem Abschnitt entwickelte Mechanismus erlaubt. bei einer gegebenen deduktiven Problemstellung eindeutig eine dieser konsistenten Teilformeln zu bestimmen, mittels der sich die Lösung dann in der in der

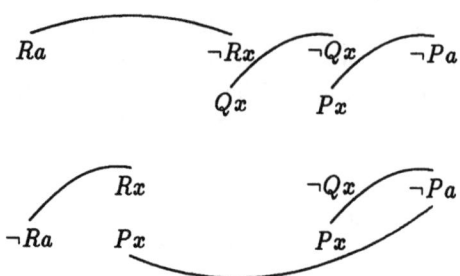

Abbildung 2.24 Die Überlagerungsmatrizen der Abbildung 2.21

Logik üblichen Weise ergibt. Durch den so mit der Logik hergestellten Zusammenhang ist es möglich, den Vererbungsmechanismus auch innerhalb komplizierterer Problemklassen, als sie durch Netze gegeben sind, einzubetten, wobei die in diesem Abschnitt besprochenen Techniken der Konfliktauflösung dann natürlich nur auf der Teilklasse von Formeln anwendbar sind, für die sie theoretisch gesichert sind. Andere Inferenzformen (wie die der klassischen Inferenz) sind dann aber auf die gesamte Problemklasse anwendbar.

2.7 Terminologische Systeme

Die bislang besprochenen Formalismen, nämliche assoziative Netze, Konzeptrahmen und Vererbungssysteme, haben sich allesamt als in einem gewissen Sinne äquivalent mit eingeschränkten logischen Formeln erwiesen, wenn diese in bestimmter Weise repräsentiert sind und von bekannten logischen Mechanismen (wie zB. Definitionen) Gebrauch machen. Eine völlige Äquivalenz konnte schon deswegen nicht erreicht werden, weil wir nun auch Phänomene der Inkonsistenz sowie der Nichtmonotonie in Betracht gezogen haben. Diese Einschränkungen haben sich als zu stark erwiesen, so daß man sich um Erweiterungen bemüht hat, die zwar immer noch nicht die ganze Logik umfassen, um weiterhin die Vereinfachungen in der Darstellung zu ermöglichen, die wir bei den genannten Formalismen kennengelernt haben. Eine der erfolgreichsten Erweiterungen dieser Art sind die terminologischen Systeme, die aus den Bemühungen um die Entwicklung von KL-ONE (siehe Abschnitt 2.8.1) hervorgegangen sind.

Diesen Systemen liegt noch die weitere Idee der Trennung der Terminologie zur Beschreibung eines Sachverhalts von der Beschreibung des Sachverhalts selbst zugrunde. Terminologische Logiken stellen in diesem Sinne einen sprachlichen Rahmen zur Fest-

2.7 Terminologische Systeme

legung von Terminologien zur Verfügung. Ausgehend von atomaren Konzepten,[13] dh. einstelligen Prädikaten, erlauben sie in einem logischen Rahmen, komplexere Konzepte zu definieren und Beziehungen zwischen Konzepten festzulegen. Dabei wird jedes komplexe Konzept durch ein terminologisches Axiom (su.) definiert, wodurch das neue Konzept mittels einer Konzeptbeschreibung (su.) in Beziehung zu schon bekannten Konzepten gesetzt wird.

Wollen wir beispielsweise über Personen sprechen, so benötigen wir ua. die Konzepte *Person*, *Erwachsener*, *Mann* und *Frau* sowie die Eigenschaft *Geschlecht* mit den Ausprägungen *männlich* und *weiblich*.

$$
\begin{aligned}
Person(x) &\rightarrow geschlecht(x) = m\ddot{a}nnlich \lor geschlecht(x) = weiblich\,. \\
Erwachsen(x) &\rightarrow Person(x)\,. \\
Frau(x) &\leftrightarrow Erwachsen(x) \land geschlecht(x) = weiblich\,. \\
Mann(x) &\leftrightarrow Erwachsen(x) \land geschlecht(x) = m\ddot{a}nnlich\,.
\end{aligned}
$$

Dabei sind freie Variablen wieder als allquantifiziert zu betrachten. Wie schon in früheren Formalismen (zB. bei den Konzeptrahmen im Abschnitt 2.5) sind die Konzepte *Person* und *Erwachsen* nicht vollständig definiert, sondern die Konklusionen der entsprechenden Implikationen definieren lediglich notwendige Bedingungen für die Konzeptzugehörigkeit. So legt die erste Implikation zwar fest, daß Personen entweder männlich oder weiblich sind, aber Personen können sehr wohl auch noch andere Eigenschaften haben. Auch beachte man die Verwendung des "oder" im Sinne von "vel", also nicht im Sinne eines ausschließlichen Oders.

Wollen wir des weiteren auch über Kinder, Eltern und Großeltern reden, dann benötigen wir zB. die Konzepte *Elternteil*, *Mutter*, *Großelternteil* und *Großmutter* sowie die Rolle *Kind*.

$$
\begin{aligned}
Elternteil(x) &\leftrightarrow Person(x) \land \exists y\,[kind(x) = y \land Person(y)]\,. \\
Mutter(x) &\leftrightarrow Elternteil(x) \land geschlecht(x) = weiblich\,. \\
Großelternteil(x) &\leftrightarrow Person(x) \land \exists y\,[kind(x) = y \land Elternteil(y)]\,. \\
Großmutter(x) &\leftrightarrow Großelternteil(x) \land geschlecht(x) = weiblich\,.
\end{aligned}
$$

Solche Axiome, die wir im folgenden auch als *terminologische Axiome* bezeichnen wollen, lassen sich äquivalent wie folgt schreiben.

$$
\begin{aligned}
Person &\subseteq \lambda x\,[geschlecht(x) = m\ddot{a}nnlich \lor geschlecht(x) = weiblich]\,. \\
Erwachsen &\subseteq \lambda x\,Person(x)\,. \\
Frau &= \lambda x\,[Erwachsen(x) \land geschlecht(x) = weiblich]\,. \\
Mann &= \lambda x\,[Erwachsen(x) \land geschlecht(x) = m\ddot{a}nnlich]\,. \\
Elternteil &= \lambda x\,[Person(x) \land \exists y\,[kind(x) = y \land Person(y)]]\,. \\
Mutter &= \lambda x\,[Elternteil(x) \land geschlecht(x) = weiblich]\,. \\
Großelternteil &= \lambda x\,[Person(x) \land \exists y\,[kind(x) = y \land Elternteil(y)]]\,. \\
Großmutter &= \lambda x\,[Großelternteil(x) \land geschlecht(x) = weiblich]\,.
\end{aligned}
$$

---

[13] Wir sprechen hier von Konzepten im Sinne von Begriffen, da sich sowohl im englisch- wie auch im deutschsprachigen Raum (siehe zB. [BBH+92]) die Bezeichnung "Konzept" durchgesetzt zu haben scheint.

In der Literatur [NS90] wird diese Form noch weiter abgekürzt.[14]

$$
\begin{aligned}
Person &\subseteq geschlecht : (weiblich \cup männlich)\,. \\
Erwachsen &\subseteq Person\,. \\
Frau &= Erwachsen \cap geschlecht : weiblich\,. \\
Mann &= Erwachsen \cap geschlecht : männlich\,. \\
Elternteil &= Person \cap \exists kind : Person\,. \\
Mutter &= Elternteil \cap geschlecht : weiblich\,. \\
Großelternteil &= Person \cap \exists kind : Elternteil\,. \\
Großmutter &= Großelternteil \cap geschlecht : weiblich\,.
\end{aligned}
$$

Im ersten dieser Axiome wird eine Formelverkürzung ähnlich wie in Abschnitt 2.3.4 verwendet; nämlich statt $\lambda x\,[geschlecht(x) = männlich \lor geschlecht(x) = weiblich]$ schreiben wir kürzer $geschlecht : weiblich \cup geschlecht : männlich$, was noch weiter zu $geschlecht : (weiblich \cup männlich)$ verkürzt wird. Eine ähnliche Verkürzung betrifft die auftretenden Quantoren.

Formal definiert ist jedes *terminologische Axiom* entweder von der Form $K \subseteq KB$ oder von der Form $K = KB$, wobei K ein Konzept und KB eine Konzeptbeschreibung ist. Ein *Konzept* ist ein einstelliges Prädikatszeichen (wie zB. *Person*). Bevor wir den Begriff Konzeptbeschreibung formal einführen, wollen wir zuerst Eigenschaften, deren Werte sowie Rollen in terminologischen Logiken definieren. Eine *Eigenschaft* ist ein einstelliges Funktionszeichen (wie zB. *geschlecht*). Ein *Wert* ist eine Konstante (wie zB. *weiblich*). Die Interpretation einer Eigenschaft wird einem Individuum einen Wert zuordnen. Eine *Rolle* ist ein einstelliges Funktionszeichen (wie zB. *kind*). Die Interpretation einer Rolle wird jedem Individuum eine Menge von Individuen zuordnen, von denen zusätzlich eine gewisse Eigenschaft gefordert ist. Eine *Konzeptbeschreibung* ist induktiv wie folgt definiert.

1. Jedes Konzept K (oder ausführlich $\lambda x\,Kx$) ist eine Konzeptbeschreibung.

2. Wenn e eine Eigenschaft und c ein Wert ist, dann ist $e : c$ (oder ausführlich $\lambda x\,[e(x) = c]$) eine Konzeptbeschreibung.

3. Wenn KB_1 und KB_2 (oder ausführlich $\lambda x\,KB_1 x$ und $\lambda x\,KB_2 x$)[15] Konzeptbeschreibungen sind, dann sind $KB_1 \cap KB_2$, $KB_1 \cup KB_2$ und $\neg KB_1$ (oder ausführlich $\lambda x\,[KB_1 x \land KB_2 x]$, $\lambda x\,[KB_1 x \lor KB_2 x]$ und $\lambda x\,[\neg KB_1 x]$) Konzeptbeschreibungen.

4. Wenn KB (oder ausführlich $\lambda y\,KBy$) eine Konzeptbeschreibung und r eine Rolle ist, dann sind $\exists r : KB$ und $\forall r : KB$ (oder ausführlich $\lambda x\,\exists y\,[r(x) = y \land KBy]$ und $\lambda x\,\forall y\,[r(x) = y \to KBy]$) Konzeptbeschreibungen.

---

[14]Oft werden in diesem Zusammenhang die Symbole $\sqsubseteq, \sqcup, \sqcap$ anstelle der hier verwendeten üblichen Mengennotation verwendet.

[15]Ein Ausdruck der Form $\lambda y\,KBy$ kann unter Beachtung der entsprechenden Substitutionsbedingungen immer in einen äquivalenten Ausdruck der Form $\lambda x\,KBx$ umbenannt werden.

2.7 Terminologische Systeme

Terminologische Axiome sind allgemeiner als die Axiome, die wir für Konzeptrahmen in Abschnitt 2.5 definiert haben. Hier nämlich sind als Konzeptbeschreibungen auch Disjunktionen und Negationen sowie allquantifizierte Beschreibungen erlaubt. Allerdings ist die Form von Konzeptbeschreibungen im Vergleich zu der Form allgemeiner prädikatenlogischer Ausdrücke immer noch stark eingeschränkt, wie bereits am Beginn des Abschnitts gesagt wurde. Diese Einschränkung führen dazu, daß die mit Hilfe einer Terminologie zu lösenden Inferenzprobleme immer noch entscheidbar sind.

Eine *Terminologie* ist eine Konjunktion von terminologischen Axiomen, wobei jedes Konzept höchstens einmal auf der linken Seite eines Konjunkts (dh. eines der terminologischen Axiome) vorkommt. Wir wollen in diesem Abschnitt nur *azyklische* Terminologien betrachten, dh. solche Terminologien, in denen kein Konzept rekursiv von sich selbst abhängt. Jedoch lassen sich die meisten hier zusammengestellten Aussagen auf zyklische Terminologien erweitern [Neb90a, Neb91, Baa90].

Um einer Terminologie eine Bedeutung zuordnen zu können, müssen wir — wie bei jeder logischen Theorie — eine Interpretation $\mathcal{I}$, bestehend aus einer nichtleeren Menge $\mathcal{D}$, dem *Interpretationsbereich*, und einer Abbildung[16] $\cdot^{\mathcal{I}}$ angeben. Interpretationen sind aus dem Bereich der mathematischen Logik bestens bekannt, und wir würden an dieser Stelle nicht näher darauf eingehen, wenn nicht die besondere syntaktische Struktur einer Terminologie eine spezielle, besonders anschauliche Darstellung einer Interpretation ermöglichen würde.

Eine Interpretation ordnet jeder Formel einen Wahrheitswert zu. Wollen wir demnach ein Konzept K unter einer Interpretation $\mathcal{I} = (\mathcal{D}, \cdot^{\mathcal{I}})$ auswerten, so interessieren wir uns für den Wert von $K^{\mathcal{I}}(d)$, wobei d ein beliebiges Element aus dem Interpretationsbereich $\mathcal{D}$ ist. Offensichtlich ist die dabei verwendete Abbildung $\cdot^{\mathcal{I}}$ bezüglich des Konzeptes K eindeutig durch Angabe der Menge

$$K^{\mathcal{I}} = \{d \in \mathcal{D} \mid K^{\mathcal{I}}(d) = wahr\}$$

definiert, wenn wir voraussetzen[17], daß $K^{\mathcal{I}}(d) = falsch$ gilt, wenn $d \notin K^{\mathcal{I}}$. Offensichtlich ist ein Konzept K genau dann *erfüllbar*, wenn es eine Interpretation $\mathcal{I}$ mit $K^{\mathcal{I}} \neq \emptyset$ gibt. Würden wir beispielsweise das terminologische Axiom

$$Kinderloses\_Elternteil = Elternteil \cap \neg \exists kind$$

definieren, dann ist das Konzept *Kinderloses_Elternteil* nicht erfüllbar, da *Elternteil* nach Definition stets eine Rolle *kind* besitzt, während $\neg \exists kind$ dies gerade ausschließt.

Die hier verwendete Darstellung der Interpretationsabbildung läßt sich unmittelbar auf Konzeptbeschreibungen erweitern. Dann müssen wir jedoch zuerst die Interpretation von Eigenschaften, deren Werte sowie von Rollen festlegen. Eine Eigenschaft wird als partielle Funktion über $\mathcal{D}$ interpretiert, die einem Element aus ihrem Definitionsbereich als Funktionswert ein Element aus $\mathcal{D}$ zuordnet. Ein Wert wird als Element von $\mathcal{D}$ interpretiert. Wenn nun e eine Eigenschaft und c ein Wert ist, dann gilt

---

[16] Oft wird die Abbildung einer Interpretation auch mit ι bezeichnet.
[17] im hier betrachteten monotonen Fall

$$e : c^{\mathcal{I}} = \{d \in \mathcal{D} \mid e^{\mathcal{I}}(d) = c^{\mathcal{I}}\}.$$

Wenn KB_1 und KB_2 Konzeptbeschreibungen sind, dann erhalten wir

$$[KB_1 \cap KB_2]^{\mathcal{I}} = KB_1^{\mathcal{I}} \cap KB_2^{\mathcal{I}},$$
$$[KB_1 \cup KB_2]^{\mathcal{I}} = KB_1^{\mathcal{I}} \cup KB_2^{\mathcal{I}},$$
$$[\neg KB_1]^{\mathcal{I}} = \mathcal{D} \setminus KB_1^{\mathcal{I}}.$$

Eine Rolle wird als totale Funktion interpretiert, die Elemente aus $\mathcal{D}$ Teilmengen von $\mathcal{D}$ zuordnet. Die Elemente der Teilmenge sind die möglichen *Füllsel* im Sinne von Konzeptrahmen (siehe Abschnitt 2.5). Wenn KB eine Konzeptbeschreibung und r eine Rolle ist, dann erhalten wir

$$[\exists r : KB]^{\mathcal{I}} = \{d \in \mathcal{D} \mid r^{\mathcal{I}}(d) \cap KB^{\mathcal{I}}\},$$
$$[\forall r : KB]^{\mathcal{I}} = \{d \in \mathcal{D} \mid r^{\mathcal{I}}(d) \subseteq KB^{\mathcal{I}}\}.$$

Mit Hilfe der soeben eingeführten Darstellung von Interpretationen für Konzepte und Konzeptbeschreibungen lassen sich nun die Erfüllbarkeit eines terminologischen Axioms und die Modelleigenschaft einer Interpretation auf die Gleichheit bzw. Teilmengenbeziehung zweier Teilmengen des Interpretationsbereiches zurückführen. Seien KB_1 und KB_2 Konzeptbeschreibungen. Eine Interpretation $\mathcal{I}$ *erfüllt* eine Formel τ der Form $KB_1 \subseteq KB_2$ bzw. $KB_1 = KB_2$ (in Zeichen $\models_{\mathcal{I}} \tau$) genau dann, wenn $KB_1^{\mathcal{I}} \subseteq KB_2^{\mathcal{I}}$ bzw. $KB_1^{\mathcal{I}} = KB_2^{\mathcal{I}}$. Eine Interpretation $\mathcal{I}$ ist ein *Modell* einer Terminologie T genau dann, wenn $\mathcal{I}$ alle Axiome von T erfüllt.

Bevor wir uns der Frage zuwenden, welche Art von Aufgaben sich mit Hilfe einer Terminologie besonders gut lösen lassen, wollen wir noch die beiden syntaktischen Konstrukte $\top$ (engl. *top*) und $\bot$ (engl. *bottom*) einführen. $\top$ ist ein Abkürzung für eine Formel der Form $KB \vee \neg KB$ und somit erhalten wir $\top^{\mathcal{I}} = \mathcal{D}$ für jede Interpretation $\mathcal{I} = (\mathcal{D}, \cdot^{\mathcal{I}})$. Demgegenüber ist $\bot$ eine Abkürzung für $KB \wedge \neg KB$, und es gilt $\bot^{\mathcal{I}} = \emptyset$.

Als erstes interessieren wir uns für die logischen Konsequenzen einer Terminologie. Dabei betrachten wir wie eben Formeln der Form $KB_1 \subseteq KB_2$ und $KB_1 = KB_2$, wobei KB_1 und KB_2 Konzeptbeschreibungen sind. Eine Formel τ *folgt logisch* aus einer Terminologie T (in Zeichen $T \models \tau$) genau dann, wenn jedes Modell für T auch τ erfüllt. So folgt beispielsweise die Formel $Mann \subseteq Person$ aus der zu Beginn des Abschnitts gegebenen Terminologie.

Mit Hilfe des logischen Folgerungsbegriffs läßt sich nun die von einer Terminologie T bestimmte *Subsumtionsrelation* $\preceq_T$ als

$$KB_1 \preceq_T KB_2 \text{ gdw. } T \models KB_1 \subseteq KB_2$$

definieren. Offensichtlich ist die Relation $\preceq_T$ auf der Menge $KB(T)$ der durch T definierten Konzeptbeschreibungen reflexiv und transitiv. Die Relation $\approx_T$ definiert durch

$$KB_1 \approx_T KB_2 \text{ gdw. } T \models KB_1 = KB_2$$

2.7 Terminologische Systeme

charakterisiert die Gleichheit zweier Konzeptbeschreibungen. Man beachte, daß $\preceq_T$ auf dem Quotienten von $KB(T)$ bzgl. $\approx_T$ nicht nur reflexiv und transitiv, sondern auch antisymmetrisch ist, dh. $\preceq_T$ ist eine partielle Ordnung.

Terminologische Repräsentationssysteme wie KL-ONE unterstützen die Berechnung der durch eine Terminologie definierten Taxonomie der Konzepte (siehe Abschnitt 2.6.3), dh. sie berechnen eine Klassifikation. Eine *Klassifikation* ist bestimmt durch eine minimale Relation $\triangleright_T$, so daß $\preceq_T$ die reflexive und transitive Hülle von $\triangleright_T$ ist. Mit anderen Worten, $\triangleright_T$ ist die Basis der Subsumtionsrelation auf dem Quotient von $KB(T)$ bzgl. $\approx_T$. Da die Basis einer endlichen partiellen Ordnung immer eindeutig bestimmbar ist, gibt es zu jeder Terminologie eine eindeutige Klassifikation der Konzepte. Für das Eingangsbeispiel ist ein Teil dieser Taxonomie in Abbildung 2.25 dargestellt.

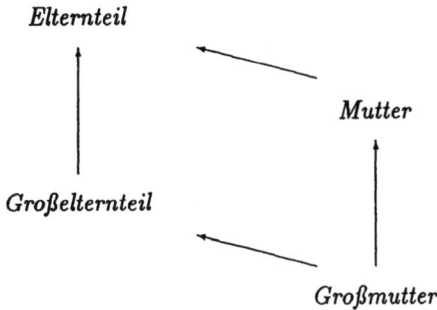

Abbildung 2.25 Ein Teil der Taxonomie der Konzepte im Personenbeispiel.

Ist eine solche Taxonomie einmal erstellt, dann läßt sich die Subsumtionsbeziehung zweier Konzepte unmittelbar ablesen. Auf der anderen Seite wird die Subsumtionsrelation benötigt, um die durch eine Terminologie definierte Taxonomie zu generieren. Daß die Berechnung der Subsumtionsrelation durchaus aufwendig sein kann, vermittelt schon das Beispiel in Abbildung 2.25. Die in der Abbildung gezeigte Beziehung zwischen *Elternteil* und *Großelternteil* ist in der Terminologie für dieses Beispiel nicht explizit angegeben, sondern muß durch einen Vergleich der Füllsel für die Rolle *kind* berechnet werden. Die Relation $KB_1 \preceq KB_2$ ist zwar für azyklische Terminologien entscheidbar [NS90], aber co-NP-vollständig [Neb90b].

Wir haben eingangs erwähnt, daß ein wichtiger Aspekt der terminologischen Systeme die Trennung der Terminologie von der eigentlichen Weltbeschreibung ist. Wir wollen nun noch darstellen, wie mittels einer gegebenen Terminologie eine Menge von Objekten mit ihren Beziehungen beschrieben werden kann. Dazu müssen wir den bisher aufgezeigten Formalismus erweitern. Wir erlauben nun zusätzlich die Angabe von sogenannten *Weltaxiomen* der Form $KB(a)$, $e(a) = b$ und $r(a) = b$, wobei a und

b Konstanten, KB eine Konzeptbeschreibung, e eine Eigenschaft und r eine Rolle sind. Eine *Weltbeschreibung* ist eine Menge von Weltaxiomen. In ihr wird ein Welt unter Zuhilfenahme der in der Terminologie festgelegten Begriffe modelliert.

Unter Verwendung der oben gegebenen Repräsentation von Interpretationen läßt sich nun die *Erfüllbarkeit* eines Weltaxioms ω durch eine Interpretation $\mathcal{I}$ (in Zeichen $\models_{\mathcal{I}} \omega$) wie folgt definieren.

$$\models_{\mathcal{I}} KB(a) \quad \text{gdw.} \quad a^{\mathcal{I}} \in KB^{\mathcal{I}}$$
$$\models_{\mathcal{I}} e(a) = b \quad \text{gdw.} \quad e^{\mathcal{I}}(a^{\mathcal{I}}) = b^{\mathcal{I}}$$
$$\models_{\mathcal{I}} r(a) = b \quad \text{gdw.} \quad b^{\mathcal{I}} \in r^{\mathcal{I}}(a^{\mathcal{I}})$$

Wie vorher ist eine Interpretation $\mathcal{I}$ dann ein *Modell einer Weltbeschreibung* W bzw. ein *Modell einer Weltbeschreibung* W *und einer Terminologie* T genau dann, wenn $\mathcal{I}$ alle Axiome in W bzw. alle Axiome in $W \cup T$ erfüllt. Analog ist natürlich auch der Begriff der logischen Konsequenz aus W bzw. $W \cup T$ definiert. Des weiteren wollen wir eine Konstante a als eine *Instanz* des Konzeptes K bzgl. $T \cup W$ genau dann bezeichnen, wenn $T \cup W \models K(a)$ gilt.

Natürlich ist die Frage, ob ein Individuum eine Instanz eines bestimmten Konzeptes ist, nur dann interessant, wenn die Terminologie T zusammen mit der Weltbeschreibung W *konsistent* bzw. erfüllbar ist, dh. wenn es mindestens ein Modell für $T \cup W$ gibt. Sonst kann — den Gesetzen der Logik folgend — alles abgeleitet werden. Ein Test, mit dem die Konsistenz von $T \cup W$ entschieden werden kann, ist auch deshalb besonders wichtig, da die Frage, ob $T \cup W \models K(a)$ gilt, gleichbedeutend zu der Frage nach der Inkonsistenz bzw. Unerfüllbarkeit von $T \cup W \cup \{\neg K(a)\}$ ist.

Wie bereits gesagt, können wir mit Hilfe des so erweiterten Formalismus jetzt Objekte und Beziehungen mittels einer Weltbeschreibung angeben und dabei natürlich alle in einer Terminologie festgelegten Konzepte und Beziehungen benutzen. So benutzen wir die Personenterminologie vom Beginn dieses Abschnitts, um eine bestimmte Familie mittels der folgenden Weltbeschreibung zu repräsentieren.

Elternteil(Hans).
Elternteil(Anna).
Frau(Anna).
kind(Anna) = Fritz.
kind(Anna) = Hans.

Aus der Terminologie folgt unmittelbar, daß *Anna* eine Großmutter und *Hans* eine Person ist.

Man beachte, daß terminologische Repräsentationssysteme nicht von der Annahme ausgehen, daß eine gegebene Terminologie und Weltbeschreibung vollständig sind (engl. closed world assumption). Betrachten wir dazu noch einmal das Familienbeispiel und erweitern die Weltbeschreibung um die folgenden Axiome.

geschlecht(Fritz) = männlich.
geschlecht(Hans) = männlich.

2.7 Terminologische Systeme

Obwohl Anna jetzt nur männliche Kinder hat, wird das System nicht folgern, daß Anna keine weiblichen Kinder hat.

Terminologische Repräsentationssysteme sind im allgemeinen auch in der Lage, für eine vorgegebene Konstante a eine Menge von Konzepten $MSK(a)$ anzugeben, so daß a eine Instanz jedes Konzepts in $MSK(a)$ und $MSK(a)$ sowohl vollständig als auch minimal im nachfolgenden Sinne ist.

1. Wenn $K \in MSK(a)$, dann $T \cup W \models K(a)$.

2. Wenn $T \cup W \models K'(a)$, dann gibt es ein $K \in MSK(a)$, so daß $K \preceq_T K'$.[18]

3. Wenn $\{K, K'\} \subseteq MSK(a)$ und $K \preceq_T K'$, dann $K \approx_T K'$.

$MSK(a)$ wird als die *Menge der spezifischsten Konzepte*, die a als Instanz haben, bezeichnet. Ist die Menge $MSK(a)$ einmal berechnet, dann lassen sich alle Konzepte, von denen a eine Instanz ist, unmittelbar mittels der durch T definierten Taxonomie bestimmen.

Auch zur Berechnung der Menge $MSK(a)$ für ein gegebenes a spielen die Subsumtionsrelation $\preceq_T$ und der Konsistenztest für $T \cup W$ die zentralen Rolle. Überhaupt sind die Berechnung der Subsumtionsrelation und der Konsistenztest die zentralen Operationen in einem terminologischen Wissensrepräsentationssystem. Dies wird auch dadurch deutlich, daß sich alle wesentlichen Beziehungen auf Subsumtion oder Konsistenz zurückführen lassen. Dies gilt beispielsweise für die Äquivalenz von Konzeptbeschreibungen ($KB_1 \approx_T KB_2$) und die Frage des leeren Durchschnitts zweier Konzeptbeschreibungen ($KB_1 \cap KB_2 \approx_T \bot$), die sich beide auf die Subsumtion reduzieren lassen, oder — wie oben schon erwähnt — auf die Frage, ob eine Individuum a Instanz eines bestimmten Konzeptes K ist ($T \cup W \models K(a)$), das sich auf den Konsistenztest reduzieren läßt. Wir wollen an dieser Stelle jedoch keine Subsumtionsalgorithmen und Konsistenztests angeben, sondern verweisen dazu auf die entsprechende Literatur [LB87, Neb90a, DLNN91]. Jedoch sei noch einmal daran erinnert, daß Subsumtion in terminologischen Logiken entscheidbar und co-NP-vollständig ist. Allerdings gibt es eingeschränkte Terminologien, für die polynomielle Subsumtionsalgorithmen existieren [BL84, DLNN91]. Ein hervorragender Überblick über terminologische Wissensrepräsentationsformalismen und ihre Eigenschaften findet sich in [Neb90a]. [BBH+92] ist eine sehr gute deutsche Einführung in terminologische Logiken. Die formalen Bezüge terminologischer Formalismen mit anderen Formalismen sind in [NS91] ausführlich behandelt.

Zum Ende dieses Abschnitts sei noch darauf hingewiesen, daß existierende terminologische Repräsentationssysteme im allgemeinen ein reichhaltigeres Repertoire an Konzeptbeschreibungsmöglichkeiten anbieten. So wird neben existentieller und universeller Quantifizierung häufig auch numerische Quantifizierung angeboten. Beispielsweise läßt sich dann die Beschränkung "höchstens zwei Kinder" angeben. Jedoch ist dies keine substantielle Erweiterung der zugrunde liegenden Logik. Das Gleiche gilt

---

[18]Formal müssen wir hier voraussetzen, daß die Mengen der in T und W vorkommenden Konstanten disjunkt sind.

für die Möglichkeit, komplexere Rollen anzugeben. ZB. kann erlaubt sein, eine Rolle als Beschränkung einer schon bekannten Rolle zu definieren, oder es können Bedingungen für die Wertemengen verschiedener Rollen definiert werden.

Insgesamt haben wir aber auch in diesem Abschnitt wieder die Erfahrung gemacht, daß ein bekannter Wissensrepräsentationsformalismus, in diesem Falle die terminologischen Systeme, in natürlicher Weise als Teilsystem der üblichen Logik aufgefaßt werden kann. Der wichtige Beitrag dieser Systeme besteht demnach in der Identifikation dieser Teilklasse von Logikformeln als einem für die Praxis besonders wichtigen Spezialfall sowie in der speziellen Behandlung der Subsumtionsrelation und des Konsistenztests. Dabei wurde die Rolle der Logik ursprünglich als Hilfsmittel bei der Definition der Semantik terminologischer Systeme angesehen, wobei sich viele der eingesetzten Algorithmen zwar als korrekt, aber als nicht vollständig erwiesen. Die Verwendung der Logik führte nun nicht nur zu korrekten und vollständigen Algorithmen, sondern eine geschickte Implementierung des gesamten Kalküls zeigt auch ein Laufzeitverhalten, das den besten "konventionellen" terminologischen Systemen entspricht [BFH+92].

2.8 Gebräuchliche Repräsentationssprachen

In den vier vorangegangenen Abschnitten haben wir vier der besonders wichtigen Repräsentationsformalismen eingeführt, die einen wesentlichen Einfluß auf die Entwicklung von Wissensrepräsentationssprachen hatten, die in der Praxis der Wissensverarbeitung tatsächlich Verwendung finden. Obwohl noch weitere bedeutende Formalismen in den nachfolgenden Abschnitten zu behandeln sind, wollen wir schon an dieser Stelle eine Reihe dieser Sprachen erläutern, mit einer besonderen Behandlung von KL-ONE.

2.8.1 KL-ONE

Die Wissensrepräsentationssprache KL-ONE [BS85] vereinigt in sich die Ideen, auf denen assoziative Netze und Konzeptrahmen fußen. Sie übt bis heute einen starken Einfluß auf die Entwicklung von Wissensrepräsentationssprachen aus. Als Ziel ihrer Entwicklung sollten Begriffe wie "Beschreibung", "Attribute", "Konzept", "Rolle", "Vererbung" und "Instantiierung" im Rahmen eines allgemeinen Formalismus präzisiert werden, der unabhängig von einer speziellen Anwendung ist und sich besser den Bedürfnissen der Intellektik anpaßt, als dies nach der Meinung der Autoren die Logik tut. Die Ebene, auf der dies geschieht, wurde die "epistemologische" Ebene genannt, die wir bereits in Abschnitt 1.5.3 eingeführt haben.

Zunächst wird in KL-ONE unterschieden zwischen *Beschreibungen* von Objekten oder Konzepten auf der einen Seite und *Aussagen* über so beschriebene Strukturen. Bevor wir hierauf eingehen, werden wir insbesondere die Struktur von Beschreibungen

2.8 Gebräuchliche Repräsentationssprachen

erläutern, die hier die Rolle der Konzeptrahmen des Abschnitts 2.4 spielen. Wir werden dabei auf die wohlbekannten Begriffe der Prädikatenlogik zurückgreifen, mag dies auch der (leider meist verschwommenen) Intention vieler Autoren in diesem Gebiet zuwider sein.

Der sprachliche Baustein von KL-ONE ist der eines strukturierten konzeptuellen Objektes, kurz eines *Konzeptes*. Man kann sich sehr wohl darunter einstellige Prädikatszeichen vorstellen, zusammen mit λ-Ausdrücken der in Abschnitt 2.5 gezeigten Art, die diese Prädikate (mehr oder weniger vollständig) definieren sowie mit Vererbungsregeln. Wir wollen das an dem in der Abbildung 2.26 in KL-ONE Notation gezeigten Beispiel nun im einzelnen besprechen.

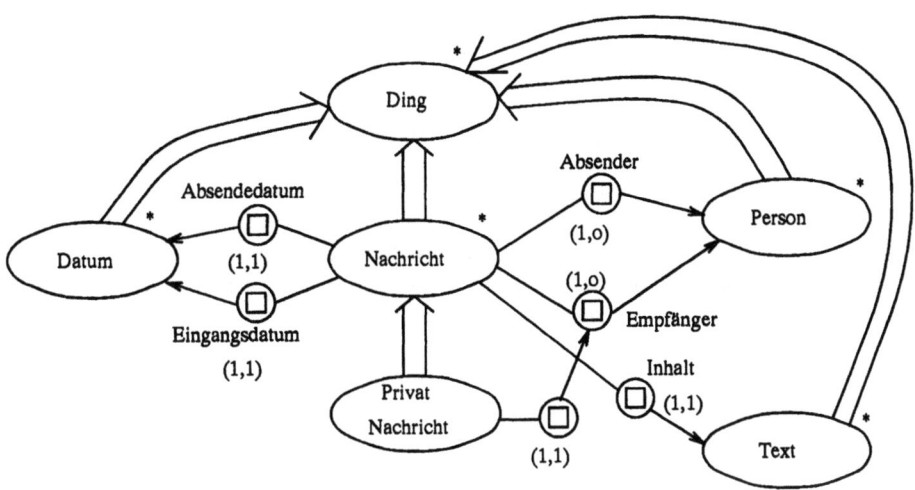

Abbildung 2.26 Die Konzepte "Nachricht" und "Privatnachricht"

Die Abbildung zeigt ein *strukturiertes Vererbungsnetz* mit fünf Konzeptknoten der Art wie sie uns aus den Abschnitten 2.4 und 2.6 vertraut sind. Wie bisher betrachten wir diese Knoten als einstellige Prädikatszeichen, PN, N, D, P, T, U. Das hierdurch dargestellte Vererbungsnetz ist durch die Doppelpfeile und die damit verknüpften Knoten aufgebaut. Alle mit einem Stern markierten Knoten bzw. die durch sie repräsentierten Konzepte werden als *primitiv* in dem Sinne eingestuft, daß ihre Definition durch die in dem strukturierten Netz gegebene Beschreibung nicht vollständig (nämlich notwendig, jedoch nicht hinreichend) ist. Die übrigen Konzepte, wie hier das Konzept "Privatnachricht", heißen *definiert*, weil ihre Bedeutung mittels anderer Konzepte eindeutig festgelegt ist. Alle Konzepte der Abbildung sind im übrigen *generische* Konzepte, die erst durch Instantiierung konkrete Sachverhalte beschreiben. Betrachten wir zunächst nur die primitiven Konzepte.

Der Doppelpfeil zwischen zwei Knoten hat die Bedeutung einer generischen Regel wie bei den Vererbungsnetzen: "Nachrichten sind Dinge", oder formal $\forall x\,(Nx \to Ux)$.

Entsprechendes gilt für die anderen Paare von primitiven Knoten. KL-ONE kennt jedoch keine Ausnahmen der Form wie sie in Abschnitt 2.5 beschrieben wurden. Mit anderen Worten, hier handelt es sich lediglich um taxonomische Netze.

Über das primitive Konzept "Nachricht" erfahren wir aber durch die gegebene Beschreibung noch mehr. Insbesondere erfüllen Nachrichten fünf zweistellige Prädikate, in denen wir einer Variante der bereits aus Abschnitt 2.4 bekannten Schlitze wiederbegegnen. So haben Nachrichten einen Absender, dh. formal $\forall x [Nx \rightarrow \exists y(Py \wedge Axy)]$. Das Netz sagt in einer *Zahlbeschränkung* (engl. number restriction) zusätzlich noch etwas über die Anzahl der Absender aus, nämlich daß es beliebig viele[19], aber mindestens einen geben muß. Genauer heißt also die entsprechende Formel $\forall x [Nx \rightarrow \exists y(Py \wedge Axy) \wedge \text{card}(\lambda z(Pz \wedge Axz)) \geq 1]$. Formeln dieser Struktur werden (generische) *Rollen* (engl. Role Sets), die durch P eingeschränkte Art auch eine *Wert-* oder *Sortenbeschränkung* (engl. value restriction) genannt.[20] Insgesamt entspricht dem Konzept "Nachricht" also eine Formel der folgenden Gestalt.

$$\forall x [Nx \rightarrow Ux \wedge \exists y(Py \wedge Axy) \wedge \text{card}(\lambda z(Pz \wedge Axz)) \geq 1 \wedge \ldots]$$

In ihr sind die weiteren Rollen nur mit Punkten angedeutet, und im allgemeinen könnte auch mehr als eine Oberklasse wie hier Ux auftreten. card bezeichnet eine eingebaute Funktion mit der Bedeutung der Kardinalität einer Menge. Entsprechende Formeln gibt es für die anderen drei primitiven Konzepte, die aber mangels spezifizierter Rollen in zwei Fällen nur aus einer generischen Regel bestehen und im Falle der Dinge überhaupt leer ist, da über sie in der Beschreibung (über die Aussagen hinsichtlich der anderen Konzepte hinaus) nichts ausgesagt ist.[21]

Wie wir anhand dieser Formel sehen können, werden primitive Konzepte nur durch notwendige und nicht durch hinreichende Bedingungen umschrieben. Genau in diesem Punkt unterscheiden sie sich von den definierten Konzepten wie der Privatnachricht. Der fehlende Stern als Markierung bedeutet also genau, daß in der folgenden Definitionsformel im Gegensatz zu der vorangegangenen Formel ein Äquivalenzzeichen auftritt.

$$\forall x [PNx \leftrightarrow Nx \wedge \exists y(PNy \wedge Axy) \wedge \text{card}(\lambda z(PNz \wedge Axz)) = 1]$$

Diese Formeln sind von genau der gleichen Art wie diejenigen in Abschnitt 2.5 zur Definition von Konzeptrahmen. Die Beschränkung auf notwendige Bedingungen bei den primitiven Knoten hier ist in gleicher Weise fragwürdig wie dort, wo wir die Unvollständigkeit einer Beschreibung in das Aufgabengebiet des Mechanismus, der die Wissensbank jeweils auf den neuesten Stand bringt, und nicht in das der Logik verwiesen haben. Weil dieser Punkt bei KL-ONE aber explizit herausgestellt wird, sind wir hier dieser Vorstellung gefolgt, ohne sie zu teilen.

---

[19]Original verwendet KL-ONE hierfür NIL.
[20]Hiervon kann es ia. auch mehr als eine geben, die dann alle konjunktiv verknüpft werden.
[21]Man könnte natürlich auch die Formel $\forall x Ux$ als Beschreibung für die Dinge hinzufügen.

2.8 Gebräuchliche Repräsentationssprachen

Man beachte, daß das Konzept "Privatnachricht" über das Konzept "Nachricht" logisch wie faktisch all dessen Komponenten erbt mit Ausnahme des neu spezifizierten Anzahlwertes. Bei einer Privatnachricht gibt es also genauso Empfänger, die Personen sind usw. Wie bereits oben erwähnt, stellt KL-ONE hinsichtlich der Vererbungsstruktur ein taxonomisches Netz dar, kann also keine Inkonsistenzen wie bei den im letzten Abschnitt besprochenen Vererbungsnetzen verarbeiten. Gerade die Möglichkeit, die Vererbungen unmittelbar aus der Struktur des repräsentierten Wissens ablesen zu können, macht die Attraktivität der strukturierten Netze aus. Im vergangenen Abschnitt haben wir aber gezeigt, daß dies keine netzspezifische Eigenschaft ist, sondern in gleicher Weise für logische Repräsentationen gilt, wenn sie nur geeignet kodiert werden.

Wie in früheren Diskussionen über die Beziehung mit logischen Konstrukten mag hier aber trotzdem wieder der Hinweis kommen, daß die KL-ONE Konstruktion eben doch um so vieles einfacher ist. Insbesondere muß hier in einer logischen Behandlung die gesamte Definition der Rolle in der spezialisierten Weise wiederholt werden. Ja, muß sie es wirklich? Natürlich nicht; denn wie in Abschnitt 2.6 können wir Rollen eines Konzeptes x eigens wie folgt definieren.

$$Rx = \lambda X, Y, u, v \, [\exists y (Yy \wedge Xxy) \wedge u \leq \text{card} \, (\lambda z(Yz \wedge Xxz)) \leq v]$$

Das heißt, allgemein ausgedrückt, alle Rollen irgendeines Konzeptes sind von einer derartigen Formelstruktur. Eine spezielle Rolle ergibt sich durch Anwendung des λ-Ausdrucks auf spezielle Parameter. Dabei müssen nicht notwendigerweise alle Parameter eingesetzt werden. Es genügt also, zB. im Fall der Privatnachricht, lediglich den Parameter für den Namen der Rolle (was im Bild dem senkrechten Pfeil nach oben entspricht, der oft noch mit "Beschränkung" oder "restricts" markiert wird) und den Wert 1 für die spezialisierte obere Schranke der Empfängeranzahl anzugeben, was wir als $Rx(E,.,.,1)$ andeuten. Damit erhalten wir wieder genau die gleiche sparsame Repräsentationsstruktur wie im strukturierten Vererbungsnetz.

Darüber hinaus läßt sich auch erkennen, daß bei solcherart definierten Konzepten auch die verbleibenden beiden Argumente neu durch Parameter instantiiert werden können. ZB. könnten wir unter einer "Schmidtschen Nachricht" eine Nachricht verstehen, deren Absender die Person "Schmidt" ist, was die Instantiierung der zweiten Argumentstelle des λ-Ausdrucks durch das Konzept "Schmidt" bedeuten würde. Im Netz hieße dies, daß der Rollenknoten zum Konzept "Schmidtsche Nachricht" eine Kante hin zum Knoten der Absenderrolle und zu einem neuen Konzeptknoten "Schmidt" hätte, der wiederum mit einem Doppelpfeil hin zum Konzeptknoten "Person" verbunden wäre.

Eine Rolle läßt sich auch *differenzieren* (in welchem Fall die entsprechenden Kanten die Markierung "differ" erhält). Zum Beispiel können bei einer cc-Nachricht (für "carbon-copy") die Empfänger in den Adressaten und die Empfänger einer Kopie unterteilt werden. Logisch entspricht dies einer Definitionsformel für das Rollenprädikat mittels der differenzierenden Prädikate, die dann nach einer λ-Abstraktion als Parameter eingesetzt werden.

Die gegebene Struktur einer beliebigen Rolle ist der Beitrag von KL-ONE auf der epistemologischen Ebene. Nach dem vorangegangenen können wir nun darunter spezielle λ-Ausdrücke ohne instantiierte Prädikatszeichen auffassen. Auch für Konzepte läßt sich ein solcher Ausdruck formulieren, was dem Leser überlassen sei. Ein Netz, wie das soeben besprochene, wird auf der konzeptuellen Ebene angesiedelt; hier sind die Parameter nun eingesetzt.

Primitive und definierte Konzepte der bis hierher beschriebenen Form machen schon den Großteil der KL-ONE Sprache aus. Hinzu kommen noch die *individuellen* Konzepte. Bezüglich der Vererbungshierarchie werden sie wie die generischen Konzepte in der von den Vererbungsnetzen bekannten Weise behandelt. Hinsichtlich des deskriptiven Teils, der die Rollen, Wertbeschränkungen etc. umfaßt, gilt dies auch, insoweit es die äußere Form betrifft. Nur die Bedeutung ist hier nun entsprechend anzupassen. So hat eine bestimmte Nachricht n mit dem Absender "Müller" eine (individuelle) Rolle (eine "IRole"), die die Absenderrolle von Nachrichten *erfüllt*. Hier begegnen wir dem Analogon der Füllsel von den Konzeptrahmen.

Weiter spielen noch Rollenwertabbildungen (engl. Role Value Map) eine Rolle, mittels derer die Werte zweier Rollen identifiziert werden können, ohne den Wert explizit anzugeben. Mit strukturellen Beschreibungen lassen sich auch allgemeinere Beziehungen zwischen Rollen (außer der eben erwähnten Gleichheit ihrer Werte) ausdrücken.

Die Einfügung neuer Konzepte in ein gegebenes Netz, die in allen bislang besprochenen Formalismen recht einfach war, erfordert hier eine detaillierte Analyse der logischen Beziehungen, um die richtigen Kanten angeben zu können. In [Neb90b] wurde gezeigt, daß diese Operation der *Klassifizierung*, bei der sich das Problem der Subsumtion (siehe Abschnitt 2.7) stellt, ein NP-vollständiges Problem ist. Dies ist nicht verwunderlich, werden doch durch die Klassifizierung Teile der zur Beantwortung von Anfragen erforderlichen Inferenzen schon zur Zeit des Netzaufbaus vorweggenommen. Dies bedeutet logisch den Einsatz von (bereits vorher bewiesenen) Lemmata, ein bekanntlich äußerst vorteilhaftes Verfahren.

Der Teil von KL-ONE, der die Aussagen über die Beschreibungen betrifft, ist relativ arm im Vergleich mit den logischen Möglichkeiten. Es lassen sich einerseits Existenzaussagen bilden wie "die Privatnachricht an Peter vom 14.12.90" (man beachte, daß die natürliche Sprache Existenzquantoren oft nicht explizit erwähnt); anderseits läßt sich die Identität zweier Beschreibungen aussagen, zB. daß die eben erwähnte Nachricht an Peter diejenige Nachricht ist, die ihm die Prüfungstermine mitteilte. KL-ONE sieht auch angehängte Prozeduren vor, die wir als Dämonen bei den Konzeptrahmen bezeichnet haben.

Der Beitrag von KL-ONE sind die unbestritten wichtigen Strukturtypen wie Konzept, Rolle usw. sowie die zugehörigen strukturierenden Operationen wie Spezialisierung, Beschränkung, Differenzierung, Subsumtion und Klassifikation. Andererseits ist aus logischer Sicht dieser Beitrag relativ bescheiden, sagt er doch gemäß den gezeigten Formeln im wesentlichen nichts anderes aus, als daß bei der Definition eines einstelligen Prädikates einerseits eine Reihe anderer einstelliger Prädikate und anderseits zweistellige Prädikate auftreten können, die jeweils eine Variable mit dem definierten Prädikat gemeinsam haben. Alles andere in KL-ONE ist eine Folge von bekannten

2.8 Gebräuchliche Repräsentationssprachen

logischen Eigenschaften. Man könnte vielleicht sagen, daß diese Sprache deswegen so erfolgreich geworden ist, weil sie wenigstens keine logischen Fehler enthält und einigermaßen verständlich definiert ist.

Bis zu einem gewissen Grad mag diese Vorstrukturierung von Wissen für dessen Darstellung genauso hilfreich sein, wie es Formulare sind, worauf wir schon früher hingewiesen haben. Ebenso wie Formulare selten alle Fälle abdecken, so daß die Möglichkeit der "freien" Repräsentation (Platz für "weitere Mitteilungen") immer auch bestehen muß, so sollte eine Sprache wie KL-ONE auch Strukturen, die über den ausgeklügelten Apparat hinausgehen (wie etwa 3-stellige Prädikate), zulassen. Dies ist dann möglich, wenn intern die hier gezeigte logische Form repräsentiert ist, weil dann auch jede andere logische, und damit freie Form mitverarbeitet werden kann.

2.8.2 Weitere Sprachen

Wir haben KL-ONE deswegen einen so breiten Raum eingeräumt, weil die dort entwickelten Strukturen in vielen anderen Sprachen in variierter Form wieder auftreten. Das gilt insbesondere für die Sprache KRYPTON [BGL85], die eine direkte Fortentwicklung von KL-ONE darstellt. Im Sinne von KL-ONE ist der deskriptive Teil, hier *TBox* (die "terminologische" Box) genannt, wieder klar vom Aussagenteil, *ABox*, getrennt. Während der deskriptive Teil bei KRYPTON im wesentlichen von KL-ONE übernommen ist, wurde dem Aussagenteil nun wesentlich mehr Beachtung geschenkt. Insbesondere wurden den oben besprochenen Operationen der TBox ein ausgereifter Beweismechanismus zur Seite gestellt. Das in der TBox repräsentierte Wissen wird dabei in der ABox als Theorie im logischen Sinne verwandt, bezüglich derer in der ABox die deduktive Operation der Theorieresolution ausgeführt wird.

Wegen dieser Zweiteilung spricht man auch von einem *hybriden* System. Aus logischer Sicht ist die Zweiteilung ein Konzeptionsfehler, der auf dem Mißverständnis beruht, die Operationen der TBox, wie zB. die Vererbung, seien etwas grundsätzlich anderes und vererbungsmäßig effizienter verarbeitbar als diejenigen der ABox, also den logischen Deduktionen. Hierdurch entsteht eine unnötig aufwendige Schnittstelle, in der die in der TBox erarbeitete Optimierung wieder verbraucht wird. Die Lösung kann nach Meinung der Autoren nur in einer homogenen Integration aller Operationen innerhalb eines logischen Formalismus liegen. Allerdings ist ein experimenteller Beweis für die hiermit vertretene These bislang nirgends wirklich überzeugend geführt.

BACK kann als eine deutsche Re-Implementierung von KRYPTON angesehen werden, bei der die Nachteile der Zweiteilung durch den Versuch einer größeren Ausgewogenheit der Arbeitsteilung minimiert werden sollten. Als Beweismechanismus für die ABox wurde dabei derjenige von der gewählten Implementierungssprache PROLOG herangezogen. Auch SB-ONE [AF89] ist ein deutscher Nachbau von KL-ONE, der aber zunächst wieder weniger Gewicht auf den deduktiven Teil legt.

Während die KL-ONE Sprachfamilie von den Ideen der assoziativen Netze geprägt ist, hat sich unabhängig davon eine analoge Entwicklung von rahmenbasierten Sprachen vollzogen. Genauer spricht man hier von *rahmenbasierten Vererbungssystemen* (engl. frame-based — oder auch class/property — inheritance systems), bei denen jeder Knoten eine Klasse (Konzept) oder ein Objekt repräsentiert, ihm aber zusätzlich noch Eigenschaften bzw. ein Konzeptrahmen zugeordnet wird. Ausnahmen in dem im letzten Abschnitt behandelten Sinne gibt es dabei hinsichtlich der Vererbung von Eigenschaften. FRL [RG77] ist eine typische rahmenbasierte Vererbungssprache. Auch KRL [BW77a] kann in diesem Zusammenhang erwähnt werden.

Eine weitere Klasse von Repräsentationssprachen ist durch den Begriff der Produktionssysteme charakterisiert, dem der nächste Abschnitt gewidmet ist. Die bekannteste Sprache hieraus ist OPS5 [Bro85], die wir dort auch im einzelnen besprechen wollen. In diese Klasse fällt auch EMYCIN [Sho76] sowie die deutsche (in PROLOG realisierte) Nachempfindung TWAICE [Sav85].

DOMINO-EXPERT [BES89b] (ursprünglich PRINCESS genannt) ist eine Weiterentwicklung dieser Richtung. Sie bietet in jedem Schlitz eines Rahmens bis zu zehn Facetten der in Abschnitt 2.5 beschriebenen Art an. Anders als bei KL-ONE sind in der Vererbungsstruktur auch Ausnahmen der in Abschnitt 2.6 beschriebenen Art erlaubt. Im Ansatz verfolgt DOMINO-EXPERT ein weitergestecktes Ziel, da diese Sprache dem Benutzer nicht einen vorgefertigten Formalismus bieten möchte, sondern einen *Werkzeugkasten* (engl. toolbox), aus dem er sich den seinen Bedürfnissen angepaßten heraussuchen und noch weiter modellieren kann. DOMINO-EXPERT stellt daher neben dem Rahmen- und Vererbungskonzept auch den logischen Formalismus von PROLOG (worin die Sprache auch implementiert ist), aber auch die in Abschnitt 2.9 behandelten Produktionsregeln zur Verfügung. Dabei ist in der Konzeption der Sprache die interne Vereinheitlichung dieser verschiedenen Konzepte im Rahmen der Logik in der Weise angestrebt, wie es auch in der Darstellung hier versucht wird. Es handelt sich hier also um ein hybrides System.

Weitere hybride Systeme dieser Art mit anderen Gewichtungen sind LOOPS [SBMC83], BABYLON [CdV89] und LUIGI [LK91]. Insbesondere ist aber auch das kommerziell erfolgreiche System KEE [KC84] hier zu nennen. Die neueren dieser Systeme (LUIGI, KEE) zeichnen sich insbesondere auch dadurch aus, daß sie ein sogenanntes ATMS (siehe Abschnitt 3.10.2) mitenthalten.

Da hierarchisch strukturierte Klassen innerhalb der Logik schon vor Jahrzehnten als Sortenlogik eingeführt und, angeregt durch die Bedeutung in der Wissensrepräsentation, in jüngster Zeit wieder in den Blickpunkt des Interesses gerückt sind, versucht man heute, auch Sorten und Sortenstrukturen innerhalb eines logischen Formalismus zur Grundlage von Wissensrepräsentationssprachen zu machen. Wir erwähnen in diesem Zusammenhang insbesondere LILOG [Pv90]. Aus der Sicht der Autoren ist dieser Ansatz nicht unattraktiv, könnte aber noch homogener innerhalb der unsortierten Logik mit gleicher Effizienz und Ausdrucksstärke realisiert werden [Bib88a].

Alle bislang genannten Sprachen fallen auch unter das Stichwort "objektorientierte Sprachen". Schon in Abschnitt 2.3 haben wir festgestellt, daß es sich aus logischer Sicht dabei lediglich um eine andere Sicht auf Formeln handelt. Bei gebräuchlichen Sprachen dieser Familie tritt jedoch ein weiteres wichtiges Charakteristikum hinzu, das wir als "Dämonen" oder angehängte Prozeduren im Ansatz schon bei den Konzeptrahmen kennengelernt haben. Ein Objekt besteht hier nämlich aus einem Bündel von (vererbbaren) "Methoden", die sich dadurch von angehängten Prozeduren unterscheiden, daß sie durch Nachrichten anderer Objekte und nicht durch Wertänderungen oder Anfragen aktiviert werden. Da wir dies als einen Aspekt außerhalb der Wissensrepräsentation ansehen, wollen wir hierauf nicht genauer eingehen, sondern nur die herausragendsten Vertreter SMALLTALK [Gol84], LOOPS [SBMC83, BS83] und CLOS (Common LISP object system) [Kee89, Ste84] erwähnen.

Abschließend erwähnen wir zum einen noch NETL [Fah79], eine netzorientierte Sprache, deren Besonderheit darin liegt, daß sie eine parallele Abarbeitung unterstützt. Zum anderen verweisen wir an dieser Stelle auf das Großprojekt Cyc [GL90], das sich die Repräsentation einer enzyklopädischen Wissenbasis zum Ziel gesetzt hat. Auch hier wird das Wissen in einer rahmenartigen Weise repräsentiert.

2.9 Produktionssysteme

Einige der erfolgreichsten Expertensysteme wie MYCIN [BS84] oder R1 [McD80] benutzen zur Wissensdarstellung einen Formalismus, der auf sogenannten *Produktionsregeln* beruht. Sie sind von der Form

wenn <Bedingungen> **dann** <Aktionen>

Eine Aktion ist hierbei ein Übergang von einem zu einem anderen Zustand des Systems innerhalb eines Raumes von Systemzuständen. Die Idee hinter dieser Form der Wissensrepräsentation beruht auf der Beobachtung, daß Menschen (auch — aber nicht nur — als Experten) ihr Wissen oft in dieser Form beschreiben: "*Wenn* die Außentemperatur unter Null ist, *dann* vor dem Anlassen das Gaspedal voll durchdrücken". Ist eine Problemstellung gegeben, so wendet man die Regeln unter jeweiliger Prüfung der Bedingungen solange an, bis sich eine Lösung ergibt. Eine der bekanntesten Programmiersprachen, die auf dem Produktionssystemmodell beruht, ist OPS5 ("Official Production System") [Bro85]. Wir werden sie zur Illustration im folgenden mit heranziehen.

Der Zustandsraum wird durch den sogenannten *Arbeitsspeicher* repräsentiert, in dem die Beschreibung der Welt niedergelegt ist. Im Prinzip lassen sich hier alle bisher besprochenen Repräsentationsformalismen verwenden, nicht zuletzt also auch der Logikformalismus. OPS5 verwendet eine rahmenartige Form, mit der Konzepte durch Schlitze mit Namens- und Wertfacette ("Attribut"/"Wert") beschrieben werden. Die Facettennamen oder Attribute werden mit einem Hochpfeil gekennzeichnet. Ein Beispiel eines solchen OPS5 Attribut-Wert-Elements ist das folgende.

```
(Person
    ↑ name     Thomas
    ↑ mutter   Erna
    ↑ alter    10
    ↑ straße   Schloßstraße 7
    ↑ wohnort  6100 Darmstadt)
```

Es genügt zum Verständnis, sich den Arbeitsspeicher als eine Menge (genauer eine Konjunktion) logischer Grundaussagen vorzustellen. Abbildung 2.27 zeigt die Illustration der Ausgangs- und Zielsituation in einer Klötzchenwelt sowie die Beschreibung dieser Problemstellung sowohl in der logischen als auch in der OPS5-Form. Der *Produktionsspeicher* enthält die Produktionsregeln, deren globale Form wir bereits beschrieben haben. <Bedingungen> ist eine Folge (oder Konjunktion) von einzelnen Bedingungselementen. Ein solches Element kann aus einem (durch Weglassen von Attribut-Wert-Paaren entstehenden) Teil eines Attribut-Wert-Elementes bestehen. Dabei können anstelle von konkreten Werten auch Variablen auftreten. Auch logische Operationen wie Negation, Konjunktion und Disjunktion sind in einer OPS5-spezifischen Form erlaubt (— die Bemerkung "warum einfach logische Formeln verwenden, wenn es auch komplizierter geht" drängt sich einem beim genaueren Studium dieser OPS5-spezifischen Form auf).

Der Teil <Aktionen> in einer Produktionsregel besteht aus einer Folge von Aktionen, die jeweils aus dem Namen der jeweiligen Aktion und den zugehörigen Argumenten bestehen. Eine Aktion kann neue Elemente in den Arbeitsspeicher eintragen, alte löschen, in bestehenden Werte ändern, hinzufügen usw. Sie kann auch Werte an Variablen in der betreffenden Regel binden, so daß die gleiche Regel im weiteren Verlauf ein anderes Verhalten zeigen würde. Sie kann schließlich in den Kontrollablauf des Programmes eingreifen, diesen zum Beispiel abbrechen, einen Ausdruck veranlassen usw. Wie eben geschehen werden wir statt Produktionsregel im folgenden oft auch kurz *Regel* sagen. Man beachte jedoch, daß Regel im Sinne einer Produktionsregel zunächst verschieden von der üblichen Bedeutung einer logischen (Hornklausel-) Regel ist, bei welcher zunächst keinerlei Aktion intendiert ist. Zusammen mit einer prozeduralen Semantik verhält sich eine Hornklausel eines PROLOG Programmes jedoch schließlich doch genau so wie Produktionsregeln, so daß dann der Unterschied verschwindet.

Die beiden Regeln der Abbildung 2.27 illustrieren diese Sprachbeschreibung. Die erste beschreibt die Aktion, ein oberstes Klötzchen, das nicht auf dem Tisch liegt, dorthin zu legen, die zweite es, hier gegebenfalls auch vom Tisch aus, auf ein anderes freies Klötzchen zu legen. Man beachte, daß die Operation $\Rightarrow$ in der logischen Darstellung keine logische Implikation darstellt. Auf diese Beziehung werden wir in Abschnitt 4.7 zu sprechen kommen.

Der Programmablauf schließlich gestaltet sich zu jedem Zeitpunkt (auch am Beginn) durch die zyklisch wiederkehrende Abfolge: Bedingungsprüfung oder Musterung (engl. matching), Regelselektion und Aktionsausführung. Sie ist in Abbildung 2.28 schematisch dargestellt. In der Bedingungsprüfung wird diejenige Teilmenge der Regeln im Produktionsspeicher durch eine Art Musterung (siehe unten) bestimmt, deren Bedingungen aufgrund der Einträge im Arbeitsspeicher erfüllt sind und die daher *ausführbar* sind. Diese Teilmenge wird etwas mißverständlich als *Konfliktmenge* bezeichnet.

Die Prüfung auf das Erfülltsein der Bedingungen ist eine rein deduktive Operation, in der festgestellt wird, ob die betreffende Bedingung logisch aus den Einträgen im Arbeitsspeicher folgt oder, anders ausgedrückt, ob sie zusammen mit einem Ein-

2.9 Produktionssysteme

	Logische Darstellung	OPS5-Darstellung	Illustration
Ausgangs-situation	$A12 \land A23 \land A3t$	(Klotz ↑ name 1 ↑ auf 2) (Klotz ↑ name 2 ↑ auf 3) (Klotz ↑ name 3 ↑ auf t)	1 2 3 t
Regeln	$Axy \land y \neq t \land \neg Azx \Rightarrow$ $zu\,(Axt),\ weg(Axy)$	(p Zug-T (Klotz ↑ name $\langle x \rangle$ ↑ auf $\langle y \rangle \neq t$) –(Klotz ↑ auf $\langle x \rangle$) → (make Klotz ↑ name $\langle x \rangle$ ↑ auf t) (remove Klotz !name $\langle x \rangle$!auf $\langle y \rangle$)))	
	$Axy \land \neg Awx \land \neg Avz \land$ $x \neq z \Rightarrow$ $zu(Axz),\ weg(Axy)$	(p Zug-K (Klotz ↑ name $\langle x \rangle$ ↑ auf $\langle y \rangle$) –(Klotz ↑ auf $\langle x \rangle$) –(Klotz ↑ auf $\langle z \rangle \neq \langle x \rangle$) →(modify $\langle x \rangle$ ↑ auf $\langle z \rangle$))	
Ziel-situation	$A32 \land A21 \land A1t$	(p Halt (Klotz ↑ name3 ↑ auf 2) (Klotz ↑ name 2 ↑ auf 1) (Klotz ↑ name 1 ↑ auf t) → halt)	3 2 1 t

Abbildung 2.27 Ein Klötzchenweltproblem in logischer und OPS5-Darstellung

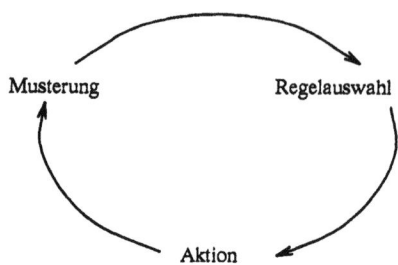

Abbildung 2.28   Der Ausführungszyklus von OPS5

trag im Arbeitsspeicher eine unifizierbare Konnektion ergibt. Hierbei legen wir das Verständnis zugrunde, daß sowohl die Einträge im Arbeitsspeicher als auch die Bedingungen Repräsentationen logischer Formeln sind. Da der Arbeitsspeicher jedoch nur Grundaussagen enthält, benötigt man bei dieser deduktiven Operation nur eine eingeschränkte Form des Unifizierens, das wir *Mustern* (engl. matching) nennen. Eine erfolgreiche Musterung einer Bedingung besteht dabei in einer Belegung ihrer Variablen so, daß die Bedingung mit einer Aussage im Arbeitsspeicher identisch übereinstimmt. Im Gegensatz zur vollen Unifikation sind hier also Substitutionen von Termen für Variablen nur in *einer* der beiden konnektierten Formeln nötig.

Im Prinzip kann jede Regel in der Konfliktmenge nun zur Ausführung ausgewählt werden. Man wird jedoch versuchen, solchen Regeln den Vorzug zu geben, die das erstrebte Ziel eher zu erreichen versprechen. *Konfliktlösungsstrategien* sollen solche Versuche realisieren. Es sind die verschiedensten solcher Strategien zum Einsatz gebracht worden. Die wichtigsten sind die folgenden samt deren Kombinationen.

- Auswahl nach einer inhärenten Reihenfolge, zB.
  - nach der Reihenfolge der Regeln im Produktionsspeicher oder
  - nach der Reihenfolge der Änderungen im Arbeitsspeicher, so daß zB. diejenige Regel ausgewählt wird, deren Bedingung mit einem neuestmöglichen Eintrag erfüllt wurde.

- Auswahl nach der syntaktischen Struktur der Regel, zB.
  - Bevorzugung solcher Regeln, deren Bedingungen nicht von den Bedingungen anderer Regeln in der Konfliktmenge subsumiert werden und in diesem Sinne so spezifisch wie möglich sind, oder
  - Auswahl derjenigen Regel mit den meisten Bedingungselementen, also der in diesem Sinne größten Regel.

- Auswahl aufgrund von Meta-Wissen, zB.

- aufgrund von vorhandenen Prioritäten, die den einzelnen Regeln möglicherweise von Experten oder in anderer Weise (zB. über Abstandsmaße von der Lösung innerhalb des Zustandsraumes) zugeordnet wurden, oder

- aufgrund von vorhandenen Meta-Regeln (zB. "wende nie eine Regel an, die einen früheren Zustand wieder herstellt", "wende Regeln an, die Zielbedingungen erfüllen"), die die Anwendung durch Bevorzugung steuern.

Ist schließlich eine Regel ausgewählt, wird sie *gefeuert*, dh. die Aktionen der Regel werden in der eingetragenen Reihenfolge zur Ausführung gebracht. Wenn unter diesen Aktionen sich nicht der Stopp-Befehl befindet, dann beginnt der Zyklus in gleicher Weise von neuem. Im Beispiel der Abbildung 2.27 sind anfangs nur die Bedingungen der ersten Regel mit $x = 1$ erfüllt. Nach ihrer Ausführung könnten im zweiten Durchgang jedoch beide Regeln gefeuert werden. Schon dieses einfache Beispiel illustriert, daß eine Auswahl nach einer Reihenfolge oder nach syntaktischen Kriterien wenig Sinn macht. In diesem Fall ist es allein die genannte antizyklische Meta-Regel, die die zweite Regel mit $x = 1$ ausschließt, und die gewünschte Erfüllung von Zielbedingungen, die der zweiten Regel mit $x = 2$ den Vorzug gibt. Das Gleiche gilt im letzten Zug. Bei OPS5 wird die Zielsituation explizit als Regel realisiert.

Wir haben die Abarbeitung der Regeln bisher in unserer Beschreibung nach der Methode der *Vorwärtsverkettung* (engl. forward-chaining oder forward-reasoning) durchgeführt. Ausgehend von dem Ausgangszustand des Arbeitsspeichers werden Regeln so lange angewandt, bis der Zielzustand erreicht ist. Man kann natürlich auch umgekehrt vom Zielzustand ausgehen und rückwärts verfolgen, welche Regeln diesen Zustand hergestellt haben könnten, solange bis der Ausgangszustand erreicht ist. Man spricht dann von einer *Rückwärtsverkettung* (engl. backward-chaining oder backward-reasoning). Auch Mischformen sind möglich. In unserem Beispiel würde die Ausführung der einzig möglichen Regel im Ausgangszustand sowie unabhängig davon die rückwärtige Ausführung der einzig möglichen Regel, die in den Endzustand führt, die beiden entstehenden Zustände einen Zug voneinander entfernt nahebringen, der dann leicht bestimmt werden kann.

Das Mustern der Regeln ist insbesondere bei größeren Systemen ein aufwendiger Prozeß; tatsächlich ist seine Lösung ein NP-vollständiges Problem ("multiple objects/multiple patterns matching problem". Bisher haben wir diesen Prozess so beschrieben, daß er in jedem Zyklus voll durchgeführt wird. Dies ist ein äußerst redundantes Vorgehen. In [For82] wurde ein Algorithmus, genannt Rete, entwickelt, der sich dieser Redundanz weitestgehend entledigt. Rete hat offensichtlich auch für logische Inferenz für den Teil eine große Bedeutung, wo Inferenzschritte die Faktenbasis tangieren.

Rete macht sich einerseits zunutze, daß Teile der Bedingungen verschiedener Regeln ähnlich auftreten. Zum Beispiel können bei Nichterfülltsein einer Bedingung *alle* Regeln ausgeschlossen werden, die diese Bedingung mitenthalten. Die optimale Ausnutzung dieser Idee führt zu einer Darstellung der Regeln in Form eines Netzwerkes ineinander verschachtelter Bäume, deren innere Knoten Bedingungselemente der Regeln sind. Ein Zweig von der Wurzel zu einem Blatt listet hierbei genau alle Bedingungen einer Regel auf.

Eine zweite offensichtliche Verbesserung liegt in dem naheliegenden Gedanken, nach jedem Zyklus nur solche Regeln neu zu mustern, bezüglich derer sich im vorangegangenen Zyklus Änderungen im Arbeitsspeicher ergeben haben. Dies wird durch die eben beschriebene Netzstruktur in optimaler Weise unterstützt.

Produktionssysteme konzentrieren sich auf einen besonders wichtigen Aspekt bei der Wissensrepräsentation, bei dem es um die Darstellung von sich ändernden Situationen geht. Von Seiten der Logik wurde diese Problematik in [MH69] zum ersten Male (mittels eines zusätzlichen Zeitparameters) behandelt, worauf wir in Abschnitt 4.7 zurückkommen werden. Dort werden wir auch erweiterte Logiken kennenlernen, in denen Zeit und Veränderungen behandelt werden können. Auch in PROLOG ist mit dessen außerlogischen Sprachanteilen ein Produktionssystem leicht repräsentierbar. Danach werden die Produktionsregeln als PROLOG Regeln repräsentiert. Eine Aktion ist dann eine PROLOG Prozedur, dh. ein mittels weiterer Regeln definiertes Prädikat. Dem Arbeitsspeicher von OPS5 entsprechen dann die Fakten im PROLOG Programm und der aktuellen Bindungsumgebung, dh. den zu einem bestimmten Zeitpunkt vorhandenen Bindungen von Termen an Variable.

Ein weiterer Beitrag der Produktionssysteme ist der eben beschriebene Rete–Algorithmus. Die übrigen Details eines Systems wie OPS5 sind eher dazu geeignet, Verwirrung zu stiften, statt mehr Klarheit zu schaffen. Bezüglich eines Vergleichs von Produktionen als Berechnungsmodell mit dem der Rahmen sei erwähnt, daß in [Per88a] gezeigt worden ist, daß Konzeptrahmen und Produktionssysteme gegenseitig mit linearem Aufwand simulierbar sind, so daß von hier kein Argument für oder gegen beide Ansätze zu holen ist. Bei beiden spricht man übrigens von "datengesteuerter Programmierung", weil der Kontrollfluß durch die Struktur des Wissens bzw. der Daten gesteuert wird. Als historische Anmerkung sei noch erwähnt, daß Produktionssysteme ursprünglich in [Pos43] als allgemeinste Form eines Berechnungsmodelles eingeführt worden sind.

2.10 Neuronale Netze

In der Neurologie hat man schon vor mehr als hundert Jahren Modelle entworfen, die die Funktionsweise des menschlichen Nervensystems zu erklären versuchen. Erst mit der genaueren Kenntnis der Struktur und des Aufbaus des Nervensystems [Ecc75] haben diese Modelle ab der Mitte dieses Jahrhunderts präzisere Formen angenommen. Abbildung 2.29 zeigt ein Neuron, den Grundbaustein des Nervensystems. Es besteht aus dem Hauptkörper, genannt das Soma, und aus kurzen Fortsätzen, den Dendriten, sowie aus dem sogenannten Axon mit mehreren Terminalen. Diese Terminale sind über Synapsen mit Dendriten anderer Neurone verbunden. Signale, die ein Neuron an seinen Dendriten empfängt, werden an das Soma weitergeleitet. An der Stelle, an der das Axon aus dem Hauptkörper heraustritt, baut sich das sogenannte Aktionspotential auf. Ist dieses Potential groß genug, dann wird es durch das Axon an die

2.10 Neuronale Netze 83

Terminale propagiert und über Synapsen an andere Neuronen weitergeleitet. Dabei unterscheidet man zwei Arten von Synapsen. Erregende (engl. excitatory) Synapsen verstärken das Aktionspotential des postsynaptischen Neurons, während es von hemmenden (engl. inhibitory) Synapsen vermindert wird. Gleichzeitig mit der Mo-

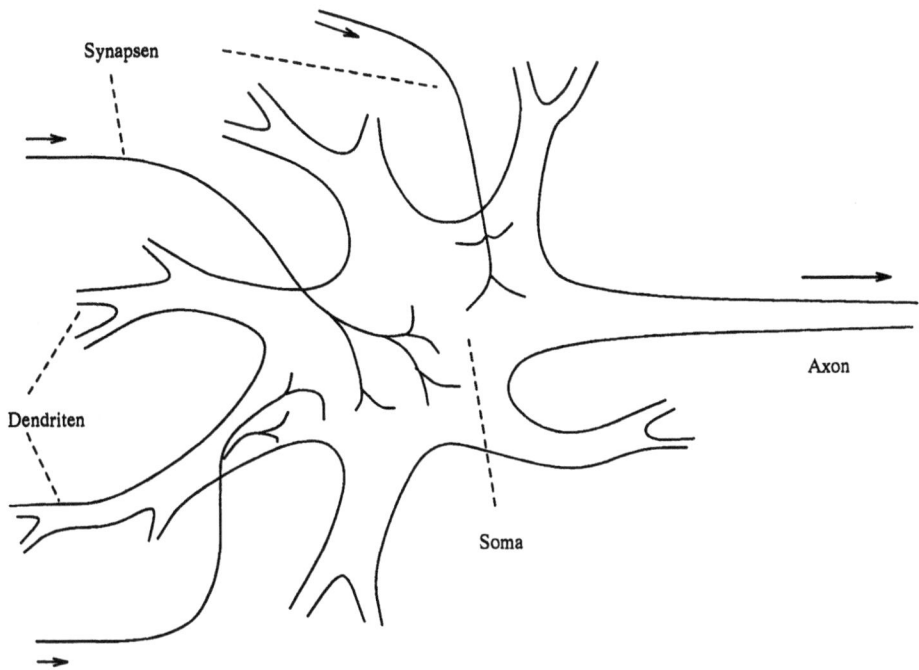

Abbildung 2.29 Schematische Darstellung eines Neurons

dellentwicklung hat man damit begonnen, derartige Modelle mit den damals neuen technischen Möglichkeiten des Computereinsatzes experimentell zu erproben. Bevor wir uns den verschiedenen Modellen zuwenden, wollen wir zunächst einen gemeinsamen konzeptuellen Rahmen festlegen [FB82, RMt86]. Man kann in allen von ihnen die folgenden Aspekte unterscheiden, die dann im Verlauf dieses Abschnitts weiter besprochen werden.

- Eine Menge von (künstlichen neuronalen) Einheiten.

- Ein Potential p je Einheit.

- Ein Vektor $\mathbf{i} = (w_1 v_1, \ldots, w_k v_k)$ von gewichteten Eingaben je Einheit.

- Eine Ausgabe v je Einheit.

- Eine Aktivierungsfunktion $f(p, \mathbf{i})$ je Einheit.

- Eine Ausgabefunktion $g(p, \mathbf{i})$ je Einheit.

- Eine Vernetzungsstruktur unter den Einheiten.

- Eine Lernregel zur Modifikation der Vernetzungsstruktur aufgrund von Erfahrung.

- Eine Systemumgebung.

Die Modelle arbeiten synchron oder asynchron. In einem synchronen Modell berechnen die Einheiten ihr Potential und ihre Ausgabe zu jedem Takt einer globalen Uhr. Dies wird angezeigt, indem die bestimmenden Größen wie Potential oder Eingabevektor mit dem Parameter t versehen werden. In einem asynchronen Modell hingegen wird in jedem Zeitschritt eine Einheit ausgewählt, die dann ihr Potential und ihre Ausgabe neu bestimmt.

Eines der ersten künstlichen neuronalen Modelle wurde von W. S. McCulloch und W. Pitts entwickelt [MP43]. Sie zeigten, daß ein synchrones Netzwerk, bestehend aus einfachen logischen Schwellenwerteinheiten, jede endliche logische Aussage realisieren kann (siehe Aufgabe 30). Das heißt unter anderem, daß ein solches Netzwerk auch alle Fähigkeiten eines klassischen Rechners aufweist.

In diesem Netzmodell summiert eine logische Schwellenwerteinheit in jedem Zeitschritt ihre gewichteten Eingaben auf und vergleicht die so erhaltene Summe mit einem vordefinierten Schwellenwert θ, dh. Aktivierungs- und Ausgabefunktion sind definiert als

$$p(t+1) = \sum_{j=1}^{k} w_j(t) v_j(t)$$
$$v(t+1) = \text{ if } p(t+1) \geq \theta \text{ then } 1 \text{ else } 0.$$

Eine McCulloch–Pitts–Einheit "feuert" also, wenn die Summe der gewichteten Eingaben den Schwellenwert übersteigt. Schon an diesem Modell werden drei Grundprinzipien künstlicher neuronaler Netze deutlich.

- Die Einheiten führen nur einfache Funktionen aus.

- Die Einheiten kommunizieren nur mittels einfacher Signale.

- Die Berechnungsmächtigkeit des Modells entsteht durch das Verknüpfungsmuster zwischen den Einheiten.

Allerdings müssen in einem McCulloch–Pitts–Netz noch sämtliche Verbindungen von Hand geknüpft und deren Gewichte vom Anwender festgelegt werden. Diese Verbindungen und Gewichte verändern sich dann auch während des Arbeitens mit dem Netz nicht. Das Netz ist nicht lernfähig.

Die Aufgabe, ein lernfähiges System zu entwickeln, stellten sich F. Rosenblatt und seine Kollegen in den 50er Jahren [Ros62]. Mit ihrem *Perzeptron* genannten Modell versuchten sie, Muster zu erkennen. Allerdings wurde dem Perzeptron nicht gesagt, welche Muster es erkennen soll. Vielmehr soll es diese Muster aus der Erfahrung heraus erlernen. Abbildung 2.30 zeigt ein einfaches Perzeptron. Lichtempfindliche Photorezeptoren propagieren Bits hin zu d sogenannten Assoziationseinheiten. Letztere sind

2.10 Neuronale Netze

logische Schwellenwerteinheiten, wie sie auch schon von McCulloch und Pitts verwendet wurden. Ein der Retina gezeigtes Muster erzeugt einen Vektor $\mathbf{y} = (v_1, \ldots, v_d)$ von aktiven ($v_i = 1$) und passiven ($v_i = 0$) Assoziationseinheiten. Die Verbindungsstruktur zwischen der Retina und den Assoziationseinheiten ist als völlig beliebig angenommen. Jede Assoziationseinheit propagiert nun über eine gerichtete und mit w_i gewichtete Verbindung ihre Ausgabe v_i zu der Ausgabeeinheit. Die Ausgabeeinheit ist wiederum eine logische Schwellenwerteinheit und ist somit aktiv, sobald die Summe der gewichteten Eingaben den vorgegebenen Schwellenwert übersteigt.

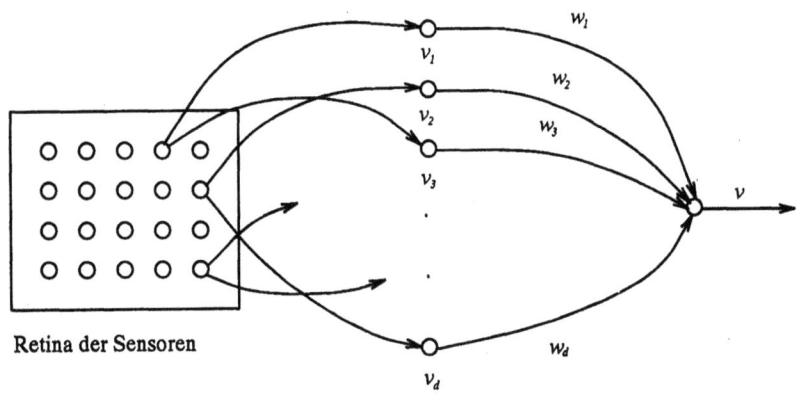

Abbildung 2.30 Ein einfaches Perzeptron mit d Assoziationseinheiten und einer Ausgabeeinheit

Ein solches einfaches Perzeptron soll nun Klassifikationsprobleme lösen, indem es der Retina vorgelegte Muster zwei verschiedenen Klassen zuordnet. Als Beispiel sei $d = 2$. Somit haben wir als mögliche von den Assoziationseinheiten erkannte Muster die Vektoren $(0,0)$, $(1,0)$, $(0,1)$ und $(1,1)$. Sollen nun die ersten drei Muster eine Klasse bilden, bei der die Ausgabeeinheit passiv bleibt, und das letzte Muster eine Klasse bilden, bei der die Ausgabeeinheit aktiv wird, dann realisiert das Perzeptron die Konjunktion von v_1 und v_2. Abbildung 2.31 zeigt ein solches Perzeptron. Die Zahlen an den Verbindungen von den Assoziationseinheiten zu der Ausgabeeinheit dort sind die Gewichte dieser Konnektionen, und die Zahl in der Ausgabeeinheit ist der Schwellenwert der Einheit.

In Abbildung 2.31 sind die Gewichte noch vorgegeben. Das Perzeptron soll aber die Gewichte erlernen. Dazu legt man dem Perzeptron Muster vor und verändert die Gewichte nach einer bestimmten Regel, wenn das Muster falsch klassifiziert wurde. Rosenblatt konnte nun im sogenannten Konvergenztheorem für Perzeptronen zeigen, daß seine Modelle die korrekten Gewichte auf diese Weise erlernen konnten, wenn solche Gewichte überhaupt existierten. Minsky und Papert [MP72] fragten daraufhin, wann solche Gewichte existieren. In ihren Untersuchungen fanden sie dann viele einfache Beispiele, die ein Perzeptron prinzipiell nicht erlernen kann. Ein Perzeptron

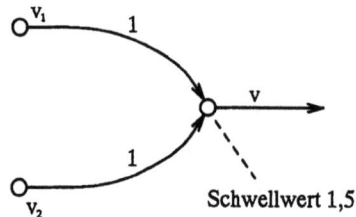

Abbildung 2.31   Das Perzeptron berechnet die Konjunktion von v_1 und v_2.

besteht ja nur aus einer Eingabe– und einer Ausgabeebene. Es kann also keine interne Repräsentation der vorgelegten Muster aufbauen. Vielmehr muß eine Klasse von Mustern eindeutig durch die Ähnlichkeit der Muster festgelegt sein. Das ist bei der Konjunktion gegeben, weil alle Elemente der einen Klasse mindestens eine Null enthalten. Beim "ausschließlichen oder" (XOR) aber bilden gerade die Muster (0,0) und (1,1) bzw. (1,0) und (0,1) je eine Klasse, und hier sind die Muster jeder Klasse gerade maximal verschieden.

Die Ergebnisse von Minsky und Papert führten zu einem schwindenden Interesse an künstlichen neuronalen Netzen. Erst gegen Ende der Siebziger Jahre hat das Gebiet eine Renaissance erlebt. Dies ist auf mehrere Gründe zurückzuführen.

Neuronen reagieren im Bereich weniger Millisekunden. Der Mensch reagiert im Bereich einiger hundert Millisekunden mit durchaus komplexen Verhaltensweisen. Das bedeutet, daß das komplexe Verhalten innerhalb von 100 Zeitschritten generiert werden muß. Heute existierende KI–Programme benötigen für vergleichbare Aktionen Millionen von Schritten. Nach Feldman und Ballard [FB82] kann daraus nur folgen, daß das menschliche Gehirn massiv parallel arbeiten muß.[22] Ende der siebziger Jahre war es nun gelungen, Rechner mit zigtausenden von Prozessoren zu bauen, so daß eine massiv parallele Realisierung künstlicher neuronaler Netze in den Bereich des Möglichen rückte.

Zudem konnte J. J. Hopfield aus einfachen Schwellenwerteinheiten Netze konstruieren, die sich als assoziative Speicher einsetzen ließen, die Fehler bei der Eingabe korrigierten und die in VLSI–Technik realisiert werden konnten [Hop82]. Hopfields Idee war der Physik entliehen. Er betrachtete Systeme, deren Zustände durch Punkte eines n–dimensionalen Raumes repräsentiert, also durch Vektoren $\mathbf{x}$ mit den Koordinaten $x_1,\ldots,x_n$ gegeben sind. Bestimmte dieser Zustände (zB. Minima) werden als stabile Zustände betrachtet.

Seien $\mathbf{x}_a$, $\mathbf{x}_b$, ... die stabilen Zustände eines solchen Systems. Würde sich das System ausgehend von einem initialen Zustand, der nahe zu einem dieser stabilen Zustände liegt (zB. $\mathbf{x}_0 = \mathbf{x}_a + \Delta$), in einem gewissen Zeitraum zu dem stabilen

---

[22]Diese Parallelität kann natürlich auch zur Erhöhung der Performanz klassischer Inferenzmaschinen genutzt werden, so daß diese 100–Schrittregel nicht eindeutig für konnektionistische Systeme spricht.

2.10 Neuronale Netze

Zustand (hier x_a) "hinbewegen", dann könnte man davon sprechen, daß es die Information x_a speichert und in dieser Weise reproduzieren kann. Insgesamt würde ein solches System zur Speicherung der Informationen $x_a, x_b, \ldots$ in der Lage sein. Jedes physikalische System, dessen zeitliche Dynamik durch derartige stabile Zustände, die das System anziehen, bestimmt wird, kann somit als inhaltsadressierbarer Speicher aufgefaßt werden. Hopfield konstruierte für eine Menge M von Vektoren ein neuronales Netz und assoziierte mit dem Netz eine Energiefunktion E in der Weise, daß jedem Vektor aus M ein lokales Minimum von E entspricht. Sodann definierte er ein Verfahren (das *Gradientenverfahren*), bei dem eine Einheit ihren Zustand dann ändert, wenn dadurch die Energie des Gesamtnetzes verringert werden kann. Das Netz konnte somit, ausgehend von einer partiellen und fehlerhaften Eingabe, die lokalen Minima der Energiefunktion und damit die gespeicherten Vektoren finden.

Als letzter Grund für die Renaissance künstlicher neuronaler Netze sei angefügt, daß es mehreren Gruppen gelungen war, eines der Hauptprobleme zu lösen, mit denen Perzeptronen nicht fertig werden konnten. Ein Perzeptron besteht ja nur aus zwei Ebenen von Einheiten, den Assoziations- oder Eingabeeinheiten und den Ausgabeeinheiten. Mit Hilfe der von Rosenblatt definierten Lernregel war es möglich, die Gewichte zwischen Ein- und Ausgabeeinheiten zu adaptieren. Um aber komplexere Funktionen wie etwa das XOR realisieren zu können, benötigt man weitere, sogenannte innere oder versteckte Ebenen zwischen der Ein- und Ausgabeebene. Dies ermöglicht eine Art Zwischenspeicherung, so daß keine direkte Ähnlichkeit mehr, wie oben erklärt, vorhanden sein muß. Ende der Sechziger Jahre kam niemand darauf, wie man die Gewichte zwischen den inneren Ebenen adaptieren sollte. Erst Hinton und Sejnowski lösten dieses Problem mit dem sogenannten Rückpropagierungs-Algorithmus [HS86]. Im Verlauf des Abschnitts wird darauf noch kurz eingegangen.

Zusammenfassend zeichnen sich künstliche neuronale Netze neben den oben genannten drei Prinzipien noch durch folgende Merkmale aus.

- Sie sind biologisch motiviert.

- Sie arbeiten massiv parallel.

- Sie sind lernfähig.

- Das gelernte (Langzeit-) Wissen wird in Form von Gewichten speichert.

Innerhalb der Intellektik lassen sich heute zwei Richtungen für die Untersuchung künstlicher neuronaler Netze ausmachen. In der kognitiven Richtung spielt die biologische Modelltreue im Vergleich mit dem Gehirn die entscheidende Rolle. Ziel ist es zu verstehen, wie der Mensch oder auch Tiere wahrnehmen und reagieren. In der anderen — der Informatik zugeordneten — Richtung spielt die technische Realisierbarkeit und Leistungsfähigkeit der Modelle die entscheidende Rolle. Zur Unterscheidung von den eher biologisch orientierten *künstlichen neuronalen* Netzen spricht man in der Informatik daher meist von *konnektionistischen* Modellen.[23]

---
[23]Ein etwas ausführlicher Überblick über konnektionistische Systeme findet sich in [Kem88].

Jedes parallele, verteilte Prozessormodell (kurz PVP-Modell, engl. PDP model) beruht auf einer (großen) Menge von Einheiten. Die Bedeutung dieser Einheiten variiert zwischen den einzelnen Modellen. In einigen können sie Zeichen, Worte und Konzepte repräsentieren, in anderen handelt es sich um abstrakte Elemente, aus denen sich solche Strukturen zusammensetzen. Sei N die Anzahl der Einheiten, die sich in beliebiger Weise als $u_1, \ldots, u_N$ anordnen lassen. In den folgenden Diagrammen werden dabei Einheiten als Kreise mit mehreren Eingängen sowie einem Ausgang dargestellt. Jede Einheit u_j besitzt ein Potential p_j, dessen Werte unter den verschiedenen Modellen variieren. Es kann sich dabei um kontinuierliche (zB. reelle Zahlen) oder diskrete (zB. binäre, natürliche Zahlen), um beschränkte oder unbeschränkte Werte eines eindimensionalen geordneten Zustandsraumes handeln. Der Zustand des gesamten Systems wird durch einen Vektor $\mathbf{p} = (p_1, \ldots, p_N)$ dargestellt. Wie oben schon ausgeführt, verfügt jede Einheit über eine endliche Anzahl von gewichteten Eingängen und über einen Ausgang. Abbildung 2.32 zeigt eine Einheit mit drei Eingängen, einem Ausgang und ihrem Potential.

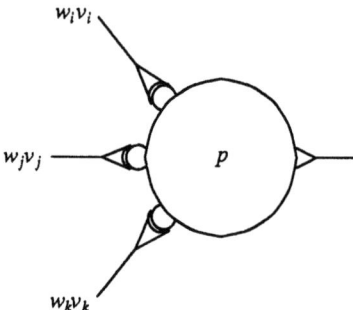

Abbildung 2.32 Eine Einheit u erzeugt in Abhängigkeit der gewichteten Eingaben $\mathbf{i} = (w_1 v_1, \ldots, w_k v_k)$ und Potentials p eine Ausgabe v

Die Einheiten sind über ein Geflecht von (gerichteten) Verbindungen miteinander verkoppelt, was in Abbildung 2.33 illustriert ist. Ein solches Geflecht entsteht, indem man den Ausgang einer Einheit mit den Eingängen anderer Einheiten verknüpft, dh. der Ausgabewert v einer Einheit wird zum Eingabewert anderer Einheiten. Je nachdem, ob die Eingaben mit einem positiven oder negativen Gewicht versehen sind, erhält man erregende oder hemmende Verbindungen. Der absolute Wert eines Gewichtes gibt die Stärke an, mit der eine Einheit über die zugehörige gerichtete Verbindung auf eine andere Einheit einwirkt. Empfängt eine Einheit Eingaben, die nicht Ausgaben anderer Einheiten sind, dann spricht man von einer Eingabeeinheit. Erzeugt eine Einheit Ausgaben, die nicht Eingaben für andere Einheiten sind, dann spricht man von Ausgabeeinheiten. Alle anderen Einheiten heißen interne oder versteckte Einheiten.

2.10 Neuronale Netze

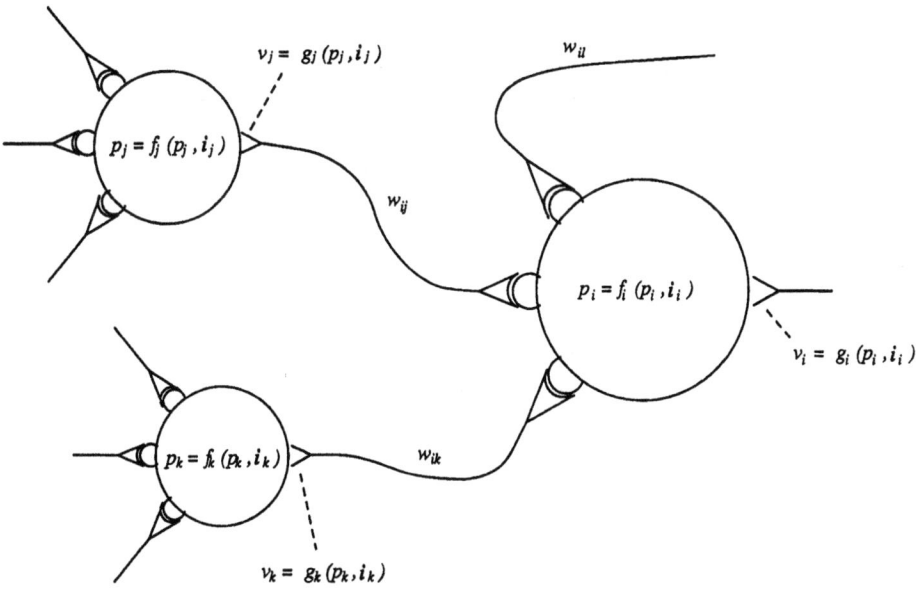

Abbildung 2.33 Ein Geflecht von drei Einheiten ($i_i = (w_{i1}v_1, \ldots, w_{ik}v_k)$)

Die Einheiten agieren nun (synchron oder asynchron), indem sie ihr Potential gemäß ihrer Aktivierungsfunktion f und ihre Ausgabe gemäß ihrer Ausgabefunktion g berechnen. Dabei sind f und g, wie bereits gesagt, einfache Funktionen. Als Beispiel haben wir schon die logischen Schwellenwerteinheiten kennengelernt, bei denen f einfach die gewichtete Summe der Eingaben berechnet und g eine Ausgabe erzeugt, wenn das Potential einen vorgegebenen Schwellenwert übersteigt. Andere typische Funktionen sind zB. die Identitätsfunktion, sigmoide Funktionen (dh. differenzierbare und stufenartige Funktionen) oder stochastische Funktionen.

Neuronale Netze sind wesentlich mit der Vorstellung verknüpft, Wissen in einer Weise zu adaptieren, die uns beim Menschen wohlvertraut ist, nämlich mittels Lernen und Erfahrung. Wie anders wäre es auch möglich, zigtausende von Einheiten zu programmieren, dh. mit Initialwerten, -funktionen und -verbindungen zu besetzen. Üblicherweise erfolgt das Lernen über eine Veränderung der Verbindungsstruktur durch Hinzufügen, Entfernen und Gewichtsveränderung von Verbindungen. Insbesondere die letzte der drei Varianten, die ja die anderen beiden als Spezialfälle umfaßt, findet viele Anwendungen. Die meisten davon folgen in der einen oder anderen Weise der sogenannten Hebbschen Regel [Heb49]: *Empfängt eine Einheit u_i Signale von u_j über eine mit w_{ij} gewichtete Verbindung und sind beide Einheit aktiviert, so wird das Gewicht w_{ij} um $\Delta w_{ij} = \eta v_i v_j$ verstärkt*. Die Konstante η wird als Lernrate bezeichnet; je größer sie ist, umso größer ist die Veränderung. Ebenso wie die gesamte Modellfamilie mit den im vorangegangenen beschriebenen Merkmalen beruht auch diese Regel auf neurophysiologischen Einsichten. So weiß man, daß Synapsen in der Tat je nach Beanspruchung wachsen oder degenerieren können, was als "synaptische Plastizität" bezeichnet wird.

Von der Hebbschen Regel gibt es eine Reihe von Varianten [RMt86]. Eine der bekanntesten ist die Delta-Regel, die für den folgenden Spezialfall eines zweistufigen Netzwerks, bestehend aus einer Eingabe- und einer Ausgabeebene, definiert ist. Die Einheiten werden dabei als linear angenommen, dh. $v_i = \sum_{j=1}^{k} w_{ij} v_j$. Ein solches Netz läßt sich nach dem folgenden Algorithmus trainieren.

(a) Wähle beliebige Gewichte für alle Verbindungen zwischen Eingabe- und Ausgabeebene.

(b) Präsentiere den Eingabeeinheiten ein Muster.

(c) Warte, bis das Netz die Ausgabe produziert hat.

(d) Vergleiche die vom Netz produzierte Ausgabe mit der gewünschten Ausgabe.

(e) Berechne für alle Verbindungen zwischen Ein- und Ausgabeebene

$$\Delta w_{ij} = \eta(t_i - v_i)v_j$$

und subtrahiere Δw_{ij} von w_{ij}, wobei v_i die von der i-ten Ausgabeeinheit produzierte Ausgabe, t_i die von der i-ten Ausgabeeinheit gewünschte Ausgabe, v_j die Ausgabe der j-ten Eingabeeinheit und η die Lernrate sind.

2.10 Neuronale Netze

(f) Gehe zu (b).

Das Verfahren bricht ab, wenn für alle Muster die gewünschte Ausgabe produziert wird. Es läßt sich zeigen, daß die in Schritt (e) angewendete Delta-Regel

$$\Delta w_{ij} = \eta(t_i - v_i)v_j = \eta \delta_i v_j$$

den Fehler

$$E = \sum_i (t_i - v_i)^2$$

für jedes vorgelegt Muster minimiert, wobei $\delta_i = t_i - v_i$ als Fehlerrate bezeichnet wird. Für eine exakte Herleitung siehe [RHW86].

Diese Regel war schon in den Sechziger Jahren bekannt, und auch das schon vorgestellte Perzeptron hat mit Hilfe einer vergleichbaren Regel gelernt. Das Problem war nur, daß niemand wußte, wie die Delta-Regel erweitert werden muß, damit die an der Ausgabeebene festgestellten Fehler in die internen Ebenen eines mehrstufigen Netzes propagiert werden können. Dies aber gelang zu Beginn der Achtziger Jahre mit Hilfe der verallgemeinerten Delta- oder auch Rückpropagierungsregel (engl. backpropagation) [RMt86]. Grundlage ist ein mehrstufiges gerichtetes Netz ohne Rückkopplungen (engl. feedforward net) und eine differenzierbare, monoton steigende Ausgabefunktion g. Hier wollen wir eine logistische Ausgabefunktion betrachten, dh.

$$v_i = \frac{1}{1 + e^{-\sum_j w_{ij} v_j + \theta_j}},$$

wobei θ_j eine einem Schwellenwert vergleichbare Größe ist. Man beachte, daß v_i hier seine Extremwerte 1 und 0 nur annehmen kann, wenn die Gewichte unendlich groß werden. Daher ist man bei dieser Ausgabefunktion zufrieden, wenn v_i die Werte 0.1 bzw. 0.9 annimmt. Wie bei den zweistufigen Netzen wird ein Muster als Eingabe vorgelegt und gewartet, bis das Netz eine Ausgabe produziert. Erneut vergleicht man die gewünschte mit der erzeugten Ausgabe und berechnet

$$\Delta w_{ij} = \eta \delta_i v_j.$$

Je nachdem wie die Fehlerrate δ_i aussieht, unterscheidet man zwei Fälle. Wenn die i-te Einheit eine Ausgabeeinheit ist, dann erhält man

$$\delta_i = v_i(1 - v_i)(t_i - v_i).$$

Für jede interne Einheit u_i berechnen wir das Fehlersignal rekursiv aus den Fehlersignalen der Einheiten u_k, zu denen u_i propagiert, dh.

$$\delta_i = v_i(1 - v_i) \sum_k \delta_k w_{ki}.$$

Somit wird der Fehler, der an den Ausgabeeinheiten festgestellt wird, zu den Eingabeeinheiten zurückpropagiert. Für eine formale Herleitung sei erneut auf [RHW86] verwiesen. Obwohl ein Konvergenztheorem, wie für das Perzeptron und allgemeine zweistufige Netze, nicht bewiesen werden kann, zeigten Rumelhart, Hinton und Williams experimentell, daß viele der von Minsky und Papert in ihrer Kritik am Perzeptron vorgelegten Beispiele von einem mehrstufigen Netz durch Rückpropagierung gelernt werden können.

Die entscheidende Frage bei diesen Netzen, neben derjenigen der Lernmechanismen, ist die nach der Art der Repräsentation von Wissen. Die einfachste Form der Repräsentation ist die *lokale*, bei der jede Einheit grob gesprochen die Rolle eines Konzeptknotens eines assoziativen Netzes übernimmt. Offensichtlich läßt sich so jedes assoziative Netz durch Aktivierung einer entsprechenden Anzahl von Einheiten und durch Setzen der geeigneten Gewichte bei den vorhandenen Verbindungen repräsentieren.

Ein sehr stark vereinfachtes Beispiel entnehmen wir [Sha88]. In Abbildung 2.34 sind hierarchisch angeordnete Konzepte und ihre Eigenschaften als Rechtecke repräsentiert. Die dort dargestellten Dreiecke sind zusätzliche Einheiten, die aktiv werden, sobald sie auf zwei ihrer drei Eingabeverbindungen erregt werden. Das System soll aufgrund einer vorgegebenen Menubestellung den passenden Wein dazu bestimmen. Dazu nehmen wir an, daß Schinken bestellt wurde, dh. daß die mit SCHINKEN markierte rechteckige Einheit (extern) aktiviert wurde. Wird nun die mit BESTELLE_WEIN markierte ovale Einheit aktiviert und dessen Aktivierung entlang der eingezeichneten Kanten durch das Netz propagiert, dann werden nacheinander die mit BESTIMME_GESCHMACK und HAT_GESCHMACK bezeichneten Einheiten aktiv. Da nun sowohl die mit SCHINKEN als auch die mit HAT_GESCHMACK bezeichnete Einheit aktiv ist, wird die mit $b1$ bezeichnete dreieckige Einheit aktiv werden. Dies wiederum aktiviert die mit SALZIG und salzig bezeichneten Einheiten. Die mit salzig, süß und weiß_nicht bezeichneten Einheiten sind in einem sogenannten "Alles-dem-Gewinner"- (engl. winner-take-all) oder kurz WTA-Netz verknüpft. In einem solchen Netz "gewinnt" die Einheit, die initial die größte Erregung erfährt, dh. diese Einheit bleibt aktiv, während alle anderen Einheiten passiv werden. In dem hier betrachteten Beispiel erfährt die mit salzig bezeichnete Einheit die größte intiale Erregung. Als Folge davon schlägt das Netz einen Rotwein vor.

Es ist wenig wahrscheinlich, daß sich bei einer solchen Repräsentation ein signifikanter Unterschied zu konventionellen Modellen ergibt. Obwohl die Frage nach einem solchen Unterschied auch generell bis heute unbeantwortet ist, ließe sich doch denken, daß konnektionistische Maschinen in der folgenden Weise gegenüber konventionellen Maschinen in erster Näherung Vorteile aufweisen könnten, falls sich die vielen praktischen Schwierigkeiten überwinden ließen.

Logische Darstellungen werden oft als zu präzise kritisiert (und sind wahrscheinlich bei dem menschlichen Hang zur Ungenauigkeit genau deswegen so relativ unpopulär). Wenn wir Pab als Faktum in der Wissensbasis haben und Rab anfragen, so scheitert die Musterung, weil P und R halt verschieden sind. Präzision kann dann preisgegeben werden, wenn Raum für erhebliche Redundanz verfügbar ist. Betrachten wir

2.10 Neuronale Netze

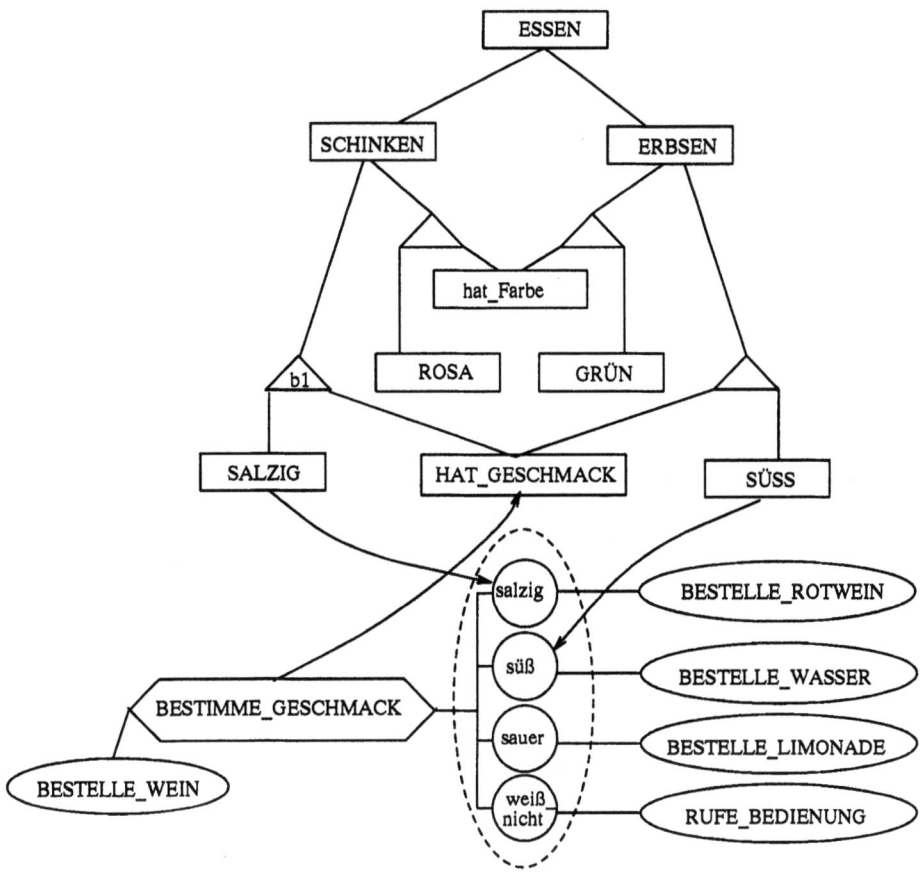

Abbildung 2.34 Ein einfaches semantisches Netzwerk

das Zeichen P als aus I und einem Halbkreis bestehend und R noch zusätzlich aus einem angehängten Strich, so sind bei Verwendung etwa dreier Einheiten zur *verteilten* Darstellung von R (hier aufgrund eines simplen syntaktischen Kriteriums) zwei bereits durch das Zeichen P aktiviert, was zu einem Musterungserfolg zwischen Pab und Rab führen kann. Entscheidend für den Erfolg ist bei dieser Sichtweise die Überschreitung eines Schwellenwertes anstatt der Übereinstimmung in ausnahmslos *allen* Merkmalen, was wiederum je nach Modell verschieden realisiert wird.

Wäre es möglich, solche Schwellenwerte zudem empirisch durch geeignete Lernmechanismen festzulegen, so könnte sich eine konnektionistische Maschine möglicherweise eher zur Repräsentation und zur Verarbeitung von Wissen dieser Art eignen als eine konventionelle. Dies heißt aber immer noch nicht, daß man eine konnektionistische Maschine nicht durch eine konventionelle Maschine unter relativ wenig Effizienzverlust simulieren könnte. Schon das eben gegebene Beispiel läßt sich natürlich in gleicher Weise auch logisch formulieren, indem ein Axiom die Gleichheit von Prädikaten festlegt, die in mehr Merkmalen übereinstimmen, als ein vorgegebener Schwellenwert festlegt.

Ob in einem konnektionistischen Netz eine verteilte oder eine lokale Repräsentation von Wissen besser geeignet ist, muß derzeit als offenes Problem des Konnektionismus angesehen werden. Insbesondere hat man bislang keine überzeugende Lösung dafür angeben können, wie komplexe Wissensstrukturen repräsentiert und verarbeitet werden können [FP88]. Dies ist eine Frage, zu deren Lösung es auch von Seiten der Hirnforschung derzeit keinen hilfreichen Hinweis gibt. Deshalb werden eine Reihe von Ansätzen auf ihre Tauglichkeit hin untersucht [Hin90]. Solange es hier nicht zu einer Abklärung kommt, wird das Gebiet der Wissensrepräsentation nicht wirklich von diesen Ansätzen profitieren können.

2.11 Weitere Formalismen

Es ist wahrscheinlich richtig, daß es ebenso viele Wissensrepräsentationsformalismen wie Autoren gibt. Aber selbst wenn man einen gröberen Maßstab anlegt und zwei Formalismen dann nicht unterscheidet, wenn sie sich nur geringfügig unterscheiden, so bleiben noch immer eine stattliche Anzahl übrig. Es ist daher selbstverständlich, daß die bisher behandelten Formalismen noch bei weitem nicht die Palette der Möglichkeiten auch nur einigermaßen abdecken. Wir können beim gegenwärtigen Stand auf diesem Gebiet nicht einmal mit Sicherheit prognostizieren, daß die wichtigsten Züge eines vielleicht einmal vorherrschenden Formalismus in den bisher besprochenen Ansätzen schon überwiegend vorhanden sind. Wir sind allerdings davon überzeugt, daß die in allen bisherigen Formalismen erkannten logischen Grundstrukturen auch in künftigen Formalismen explizit oder implizit vorhanden sein werden.

In einer solchen Situation der Vielfalt bleibt uns angesichts selbstverständlicher Beschränkungen über die getroffene Auswahl hinaus nur die Möglichkeit, eine Reihe weiterer Formalismen kurz zu skizzieren oder auch nur zu erwähnen, was in diesem

Abschnitt erfolgt. Selbst hier streben wir keine vollständige Liste an. Die gewählte Reihenfolge folgt zu einem gewissen Grad der zunehmenden Ausdrucksmächtigkeit des jeweiligen Formalismus.

2.11.1 Datenbanken

Wie wir in den vorangegangenen Abschnitten gesehen haben, spielen die in Abschnitt 2.3 definierten Grundaussagen in vielen Bereichen der Wissensrepräsentation eine wesentliche Rolle. Eine wichtige Teilmenge solcher Grundaussagen, nämlich die der atomaren Grundaussagen, läßt sich auch mit dem Formalismus der relationalen Datenbanken (siehe zB. [Bib87b]) in natürlicher Weise darstellen und effizient behandeln. Prädikatenlogisch ausgedrückt handelt es sich um diejenigen Formeln unter den Grundformeln, die insbesondere keine Disjunktionen (oder damit äquivalente Operationen wie die Implikation) enthalten. Wir erinnern daran, daß diese Operationen auch nicht in Sprachen wie KL-ONE zur Verfügung gestellt werden. Es ist daher nicht allzu verwunderlich, daß sich enge Beziehungen der bisher besprochenen Formalismen auch mit Datenbankformalismen auffinden lassen.

Wenn wir zB. das KL-ONE Konzept Nachricht der Abbildung 2.26 aus der Sicht von Datenbanken beleuchten, so zeigt sich, daß es zunächst ohne weiteres möglich ist, das Konzept Nachricht einfach als Datenbankprädikat etwa mit fünf Argumenten aufzufassen. Als Tabelle aufgefaßt hieße das, daß wir es mit fünf Spalten zu tun haben, deren erste zB. das Attribut "Sendedatum" repräsentiert, das, wenn es präzise genug angegeben ist, auch als Schlüsselspalte fungieren kann, die zweite das Attribut "Empfangsdatum", die dritte bis fünfte "Sender", "Empfänger" und "Text".

Nachdem die Datenbankspezialisten für ihren eingeschränkten Formalismus unschlagbar effiziente Abarbeitungsoperationen entwickelt hatten, ergab sich für sie ganz natürlich die Frage, ob sich diese Techniken nun auch über die Einschränkungen hinaustragen ließen. So hat sich in den vergangenen Jahren innerhalb des Gebiets der Datenbanken ein großes Interesse an Fragen entwickelt, die von den in den bisherigen Abschnitten besprochenen nur wenig verschieden sind. Gerade auf diesem Sektor könnte man von einer gewissen Konvergenz verschiedener Wissenschaftsgebiete sprechen, wovon etwa die Bände [BM86, ST88] zeugen.

Ein besonderes Interesse hat man in diesem Zusammenhang an taxonomischen Hierarchien gezeigt, also an der IS-A-Relation (Untermengen- und Enthaltenseinsrelation), aber auch an der TEIL-VON-Relation (die Beziehung der einzelnen Attribute zum Ganzen) und an Gruppierungsrelationen (engl. aggregation), mit denen Mengen von Teilklassen von Objekten eines Konzeptes mit diesem in Beziehung gesetzt werden. So wichtig diese sind, so muß man sich jedoch ihrer Grenzen bewußt sein, über die das Interesse der Intellektik weit hinaus geht. Man denke etwa an die in Abschnitt 2.6 besprochenen Ausnahmen bei Vererbungen, die in der Praxis leider allzu häufig sind und nicht unter diesen eingeschränkten Apparat fallen.

In diesem Zusammenhang sollte auch das sogenannte "Entity Relationship Modell" [Che76, Teo90] erwähnt werden. Als objektorientierter Formalismus konzentriert es sich wie KL–ONE auf Objekte (oder Entitäten), Attribute (oder einstellige Prädikatszeichen) und zwei- oder dreistellige Relationen, die netzartig dargestellt werden. Als wesentlicher Unterschied zu den Wissensrepräsentationssprachen wird in diesem Modell jedoch die Vererbungshierarchie nicht zu einer Effizienzsteigerung bei der Beantwortung von Anfragen ausgenutzt. Insoweit handelt es sich lediglich um einen relativ einfachen Teil der in diesem Kapitel behandelten Thematik. Während dies nicht als Schwäche interpretiert werden sollte, da ein genaues Studium dieses Spezialfalls sicher nützliche Einsichten bringt, ist es allerdings bedauerlich, daß die meisten Autoren innerhalb der Datenbankliteratur diese engen Beziehungen und die inhaltliche Konvergenz noch nicht zur Kenntnis genommen haben. So ist in dem Buch [Teo90] keine der in diesem Kapitel genannten Arbeiten zitiert. Auch ist das Wort "Logik" den meisten Datenbänklern offenbar nach wie vor ein Fremdwort, ungeachtet der Tatsache, daß das Objekt ihres Studiums einen eingeschränkten Logikkalkül darstellt.

Wir werden in Abschnitt 4.2.4 noch einmal auf eine wichtige Erweiterung von Datenbanken zu sprechen kommen, in der das Wissen der Datenbank über ihr gespeichertes Wissen formalisiert wird.

2.11.2 Bedingungsnetze

Wir haben zu Beginn dieses Abschnitts die Ausdrucksmächtigkeit des jeweiligen Formalismus als unser vorherrschendes Ordnungskriterium erklärt. Der einfachste Formalismus in dieser Hinsicht ist die Termlogik. In ihr betrachten wir logische Probleme der Form $Pt \rightarrow Px$ (dh. das auftretende Prädikat spielt eine triviale Rolle, die man ignorieren kann) bzw. Varianten hiervon. Das sieht trivialer aus, als es wirklich ist, kann doch t ein außerordentlich komplexer Term sein, der ein kompliziertes funktionales (zB. LISP) Programm repräsentiert. Wegen der in Abschnitt 1.3 genannten Wissensrepräsentationshypothese haben wir diesen funktionalen Teil nicht als eigenständigen Formalismus innerhalb unserer Diskussion zugelassen (obwohl er natürlich immer Bestandteil über die auftretenden Terme ist).

Datenbankformalismen sind aus logischer Sicht in etwa von der Form $A_1 \wedge \ldots \wedge A_n \rightarrow A_i\{c \setminus x\}$, wobei die A_i Grundatome sind. Anfragen sind Atome, die Variablen enthalten und in der Liste der Grundatome in instantiierter Form auftreten können (in welchem Fall die Instantiierung die Antwort liefert).[24] *Bedingungsnetze* sind aus syntaktischer Sicht nur geringfügig komplizierter als Datenbanken, indem sie als Anfragen Konjunktionen von Atomen (und nicht nur Atome allein) enthalten können, in denen gemeinsame Variable auftreten können. Diese formulieren gewissermaßen die (Rand-)Bedingungen, unter denen eine Lösung gesucht wird. Trotz dieser scheinbar einfachen Gestalt stellt das Lösen von Bedingungsnetzen bereits ein NP-vollständiges Problem dar.

---

[24]Erweiterungen von dieser klassischen Struktur einer Datenbank, etwa hin zu dem, was manche auch "deduktive Datenbanken" nennen, sind nichts weiter als ein Schritt hin zu Hornklausellogiken.

2.11 Weitere Formalismen

Bei dem Studium dieses Problemtyps hat sich eine netzartige Darstellung eingebürgert, die in Abbildung 2.36 anhand des in Abbildung 2.35 gezeigten Bedingungsproblems eines Kreuzworträtsels illustriert wird. Die Knoten repräsentieren je eine Variable und ihren Datenbereich, während die Kanten je eine Bedingung zwischen zwei Variablen darstellen. [Ric89] stellt diese Netze allerdings dual dar, dh. die Variablen werden den Kanten und die Knoten den Prädikaten zugeordnet, was ebenfalls möglich, aber ungebräuchlich ist.

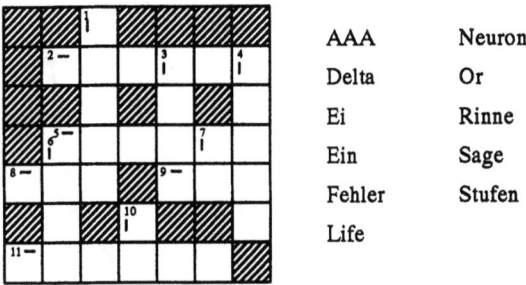

AAA	Neuron
Delta	Or
Ei	Rinne
Ein	Sage
Fehler	Stufen
Life	

Abbildung 2.35   Ein Kreuzworträtsel

Da wir in Abschnitt 1.5.3 gewissermaßen die These aufgestellt haben, daß die Darstellungsform sich aus den durchzuführenden Operationen ergibt, wäre eine diesbezügliche Untersuchung der Bedingungsnetze sehr aufschlußreich, die aber nach Kenntnis des Autors bislang nicht vorliegt. Über die Netze selbst gibt es eine äußerst umfangreiche Literatur, deren Inhalt wir eher zur Deduktion im engeren Sinne rechnen, weshalb wir in diesem Buch nicht ausführlicher darauf eingehen, vielmehr diesbezüglich auf den Abschnitt 4.4.1 in [Bib92] sowie auf den Sonderband [FM92] über "Constraint-Based Reasoning" des Artificial Intelligence Journal verweisen wollen.

2.11.3 Begriffsverbände

Wir sind in diesem Kapitel mehrfach Sprachkonzepten begegnet, die die Repräsentation begrifflicher Hierarchien erlauben (siehe zB. die Abschnitte 2.4, 2.5, 2.6 und 2.7). Im Idealfall haben diese Hierarchien die Struktur eines mathematischen Verbandes. Das mathematische Studium solcher *Begriffsverbände* ist daher eine auch für unsere Zwecke wichtige Aufgabe. Eine eingehende Untersuchung dieser Art findet sich zB. in [Wil87].

2.11.4 Hornlogik

In Abschnitt 2.3 haben wir die Prädikatenlogik als Wissensrepräsentationsformalismus eingestuft. In ihrer vollen Ausdrucksstärke stellt sie uns hinsichtlich der kom-

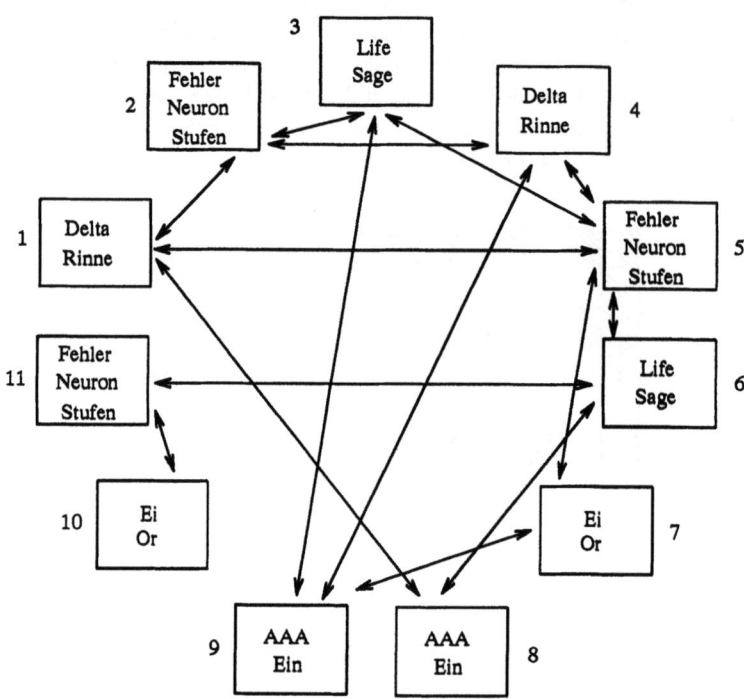

Abbildung 2.36 Ein Bedingungsnetz zum Kreuzworträtsel der Abbildung 2.35

plexitätsmäßigen Berechenbarkeit vor möglicherweise unlösbare Probleme. Natürlich braucht man die volle Ausdrucksstärke nie wirklich ganz, so daß sich die Frage nach einer Teillogik ergibt, die einen Kompromiß zwischen Ausdrucksstärke einerseits und Berechenbarkeit andererseits darstellt. Eine solche Teillogik ist bis heute nicht gefunden. Allerdings gibt es Teillogiken, die bei der Suche nach *der* Teillogik (wenn es denn eine solche gibt) wichtige Hinweise geben.

Eine von diesen Teillogiken ist die *Hornlogik*, die (neben anderem — siehe zB. Abschnitt 3.4) der Programmiersprache PROLOG zugrundeliegt und dadurch indirekt eine große Bedeutung in der Wissensrepräsentation erlangt hat; wir dürfen sie hier als bekannt voraussetzen [Llo84]. Es ist unbestritten, daß die Ausdrucksstärke der Hornlogik nicht ausreicht, da sie zB. eine natürliche Verwendung von Disjunktion, Negation und Quantoren nicht oder nur bedingt ermöglicht. Andererseits ist bereits sie selbst berechnungsmäßig derzeit in aller Allgemeinheit unlösbar, so daß die Kompromißlinie, die eine Teillogik eingrenzt, offenbar anders gezogen werden muß.

2.11.5 Sortenlogik

Eine Variable in einer prädikatenlogischen Formel kann innerhalb eines Beweises mit jedem Term substituiert werden. Entscheidend ist allein die Unifizierbarkeit. Dahinter verbirgt sich eine der großen Flexibilitäten bezüglich der Wissensrepräsentation aus der Sicht des menschlichen Benutzers. Ein ungeschicktes Vorgehen bei der Abarbeitung kann hier jedoch andererseits einen großen unnötigen Berechnungsaufwand verursachen. Tatsächlich ist man auf dieses Phänomen erst in jüngerer Zeit gestoßen, als sich herausstellte, daß vermeintlich leistungsfähige Deduktionssysteme an relativ einfachen Problemen genau aus dem gerade geschilderten Grunde scheiterten. Dies hat zu einer Verfeinerung der Systeme geführt. Dabei ist man zwei verschiedene Wege gegangen.

Der eine Weg besteht darin, daß man jedem Term in einer Formel eine Klasse zuordnet, die man in diesem Zusammenhang *Sorte* nennt, und die Unifikation nur dann zuläßt, wenn beide Terme von der gleichen Sorte sind. Aus dem Blickwinkel der Prädikatenlogik (ohne Sorten) sind solche Sorten einstellige Prädikate (wie zB. Vogel). Die Sortenlogik [Wal87] stellt für diese Prädikate, die in Formeln ohne Sorten in der Form $\forall x\,(\textit{Vogel}\,x \rightarrow \ldots)$ oder $\exists x\,(\textit{Vogel}\,x \wedge \ldots)$ auftreten würden, eine Spezialbehandlung der eben erwähnten Form zur Verfügung. Da viele Deduktionsschritte hierbei wegen der Sortenunverträglichkeit überhaupt nicht in Betracht gezogen werden, verringert sich der Suchaufwand nach einem Beweis beträchtlich, wie die Praxis zeigt.

Sorten haben daher in jüngerer Zeit eine große Popularität erworben. Als Typen waren sie in Programmiersprachen ohnehin schon lange im Gebrauch. Aber auch in Wissensrepräsentationssprachen (wie KRL, wo sie mit "Kategorien" bezeichnet werden) bilden sie meist einen wichtigen Sprachaspekt, den wir in Abschnitt 2.6 bei den Vererbungssystemen im einzelnen studiert haben. Von daher wissen wir, daß die Sorten untereinander in Beziehungen stehen, wobei es sich im Spezialfall der hierarchischen Taxonomien um partielle Ordnungen handelt. In der Sortenterminologie spricht man in diesem Spezialfall von einer Sortenlogik mit Ordnung (engl. order-sorted logic) [BHP+92].

Der andere von den beiden oben genannten Wegen besteht in einer Kontrollstruktur für Beweissysteme, die sich an der Syntax der Formel orientiert und dabei Besonderheiten wie die stereotype Deduktionsstruktur bei Sortendefinitionen der oben illustrierten Form erkennt und zur Effizienzsteigerung (in einer kostenmäßig vernachlässigbaren Vorverarbeitung) ausnützt. Dieser Zugang, der in [Bib87b, BLS87] genauer beschrieben ist, resultiert in der Hauptverarbeitung in einem mit der Sortenlogik vergleichbaren Suchverhalten (vgl. auch [LSBB92]). Es ist allgemeiner als die Sortenlogik, da die genannten Besonderheiten auch bei mehrstelligen Prädikaten auftreten, reduziert den Suchraum also auch da, wo die Sortenlogik überhaupt nicht greift. Schließlich erspart es dem Benutzer, sich mit dem Ballast der Sorten auseinanderzusetzen, wenn er dies nicht will. Wegen des letzteren Arguments sind jüngst Systeme entwickelt worden, die die Sortierung automatisch besorgen. De facto realisieren sie nichts anderes als diesen soeben beschriebenen syntaktischen Zugang. Die Autoren beurteilt all diese Argumente als eindeutig für diesen zweiten Weg sprechend.

2.11.6 Logik höherer Stufe

Wir haben zwei Unterabschnitte vorher von einer Teillogik gesprochen, die zugleich ausdrucksstark und berechenbar ist. Tatsächlich spricht alles dafür, daß eine solche Teillogik sogar einen Teil der Logik höherer Stufe [And86] umfassen sollte, da in der Wissensrepräsentation sehr oft höherstufige Begriffsbildungen die natürlichste Form der Darstellung finden. Einem Beispiel hierzu sind wir bereits in Abschnitt 2.5 begegnet, wo Konzepte (wie das dortige Beispiel eines Hauses) als λ-Ausdruck eingeführt wurden, was einen ersten, wenn auch noch geringfügigen Schritt über die erste Stufe hinaus darstellt.

Wegen der Komplexität der Typenlogik, wie man sie auch nennt (Typen hier nicht im Sinne von Sorten wie im vorangegangenen Unterabschnitt), und der daraus resultierenden Unvertrautheit dürfte es noch einige Zeit dauern, bis eine kritische Masse von Forschern sich so heimisch in dieser Logik fühlt, um hier Fortschritte zu erzielen.

Wir werden nicht umhin können, vom Leser ein Stück Verständnis für die Typenlogik abzuverlangen, zB. wenn wir die Zirkumskription im nächsten Kapitel behandeln.

2.11.7 Modallogik

Während die Typenlogik die Prädikatenlogik erster Stufe dadurch erweitert, daß Objekte höherer Ordnung in dem zugrundeliegenden Universum (wie zum Beispiel Mengen von Objekten) mitbetrachtet werden, besteht die Modallogik [HC68] in einer Erweiterung der Prädikatenlogik um einen neuen Operator $\Box$, dem gewisse logische Eigenschaften zugeschrieben werden. Auch diese Erweiterung hat in der Wissensrepräsentation mannigfache Anwendungen gefunden. Einer davon werden wir

2.11 Weitere Formalismen

im nächsten Kapitel bei der Behandlung der autoepistemischen Logik (siehe Abschnitt 3.8) begegnen.

Formeln der Modallogik sind also wie die der Prädikatenlogik aufgebaut, nur ist $\Box$ als zusätzlicher einstelliger Operator beim Aufbau beteiligt. Die intendierte Bedeutung einer Formel der Gestalt $\Box F$ variiert je nach Anwendung. Man liest sie zB. als "notwendigerweise F".

Zu $\Box$ gibt es einen dualen Operator $\Diamond$, der sich in definitorischer Weise als $\Diamond F = \neg \Box \neg F$ einführen läßt, was dann als "möglicherweise F" gelesen werden kann.

Die Semantik der Modallogik läßt sich mittels *möglicher Welten* charakterisieren [Kri59, Kri63]. Eine mögliche Welt ist eine Interpretation im Sinne der Prädikatenlogik, mittels derer den Formeln Wahrheitswerte zugewiesen werden. Eine Menge möglicher Welten hat im Vergleich zu einer Menge von Interpretationen jedoch eine zusätzliche Struktur, und zwar in Form von Beziehungen unter den Welten.

Man denke etwa an die uns umgebende Welt als eine solche mögliche Welt, die sich jedoch im Verlauf einer Minute in vieler Hinsicht ändert (zB. sind die Wolken ein Stück weitergezogen, das vorbeifahrende Auto ist inzwischen einen Kilometer entfernt, der Vogel sitzt in einem anderen Baum usw.). Wir könnten also im Verlauf von zehn Minuten zehn verschiedene mögliche Welten voneinander unterscheiden. Dabei besteht die Beziehung unter diesen zehn Welten darin, daß die zweite Welt W_2 aus der ersten W_1, die dritte W_3 aus der zweiten W_2 usw. hervorgegangen bzw. *erreichbar* ist.

Die Beziehungen unter den möglichen Welten wird mathematisch als eine Relation R, der *Erreichbarkeitsrelation*, formal repräsentiert. Im Beispiel ergäbe sich also $w_i R w_{i+1}$ für $i = 1, \ldots, 9$. Wenn wir bedenken, daß in diesem Beispiel w_3 ebenfalls aus w_1 (über w_2) hervorgegangen ist, so macht es hier Sinn, den *transitiven Abschluß* von R zu bilden, so daß $w_i R w_j$ für $i < j$ gilt.

Formal ergibt sich die Semantik einer Modallogik nun als ein Tupel $(\mathcal{W}, w_0, \iota, R)$, genannt eine *Kripkestruktur*. $\mathcal{W}$ ist die Menge der Welten, $w_0 \in \mathcal{W}$ ist die sogenannte *aktuelle* Welt, ι ist eine Funktion, die jeder Welt w_i eine Interpretation $\iota(w_i)$ (im üblichen Sinne) zuordnet, und R ist die besprochene Relation. Dann erhält $\Box F$ den Wert wahr, wenn F in allen aus w_0 erreichbaren Welten wahr ist, wie es die Abbildung 2.37 (für den Fall einer transitiven Erreichbarkeitsrelation) illustriert. $\Diamond F$ erhält den Wert wahr, wenn F in mindestens einer erreichbaren Welt wahr ist, was die Abbildung 2.38 (wieder für den Fall einer transitiven Erreichbarkeitsrelation) illustriert. Hierbei sprechen wir kurz von dem Wahrheitswert einer Formel in einer Welt w, obwohl wir eigentlich den Wahrheitswert in der Interpretation $\iota(w)$ meinen. Da letztere aber vermöge ι durch die Welt eindeutig bestimmt ist, erweist sich diese Sprechweise als gerechtfertigt. Eine Kripkestruktur heißt ein *Kripkemodell* für eine modallogische Formel F, wenn sie in dieser Struktur den Wert wahr erhält.

Wie wir vorher gesehen haben, macht es Sinn, für R bestimmte Eigenschaften, wie in dem genannten Beispiel die Transitivität, zu verlangen. Je nach den hierbei geforderten Eigenschaften ergeben sich dann verschiedene Modallogiken. Die Tabelle 2.2 zeigt einige der gebräuchlichsten Eigenschaften. Die Tabelle 2.3 listet die gebräuchlichsten Modallogiken zusammen mit den für ihre jeweilige Erreichbarkeitsrelation geforderten Eigenschaften. Diese Eigenschaften lassen sich auch syntaktisch mit Axio-

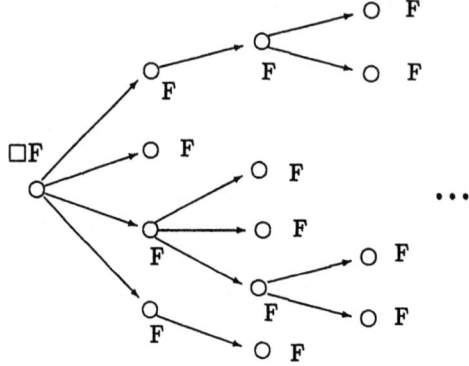

Abbildung 2.37 F gilt in allen von der Welt w_0 aus erreichbaren Welten

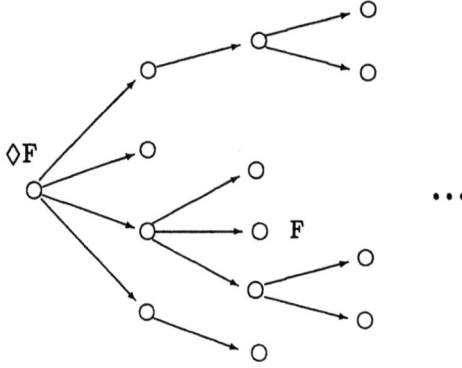

Abbildung 2.38 F gilt in einer von der Welt w_0 aus erreichbaren Welt

2.11 Weitere Formalismen

Tabelle 2.2 Die gebräuchlichsten Eigenschaften der Erreichbarkeitsrelation R

R ist reflexiv	wRw
R ist symmetrisch	$w_1 R w_2$ impliziert $w_2 R w_1$
R ist transitiv	$w_1 R w_2$ und $w_2 R w_3$ implizieren $w_1 R w_3$
R ist euklidisch	$w_1 R w_2$ und $w_1 R w_3$ implizieren $w_2 R w_3$ oder $w_3 R w_2$
R ist seriell	zu jedem w_1 gibt es w_2 mit $w_1 R w_2$

Tabelle 2.3 Modallogiken, ihre Eigenschaften und Axiome

Name der Modallogik	Eigenschaften von R	Axiome
K	keine	A2
T	reflexiv	A1, A2
S4	reflexiv, transitiv	A1, A2, A3
S5	reflexiv, transitiv, symmetrisch	A1, A2, A3, A4
Schwaches S4	transitiv	A2, A3
Schwaches S5	transitiv, euklidisch	A2, A3, A4

men charakterisieren, die bei den entsprechenden Logiken zusätzlich gefordert werden. Tabelle 2.4 zeigt vier solcher Axiome, mit denen die in Tabelle 2.3 aufgeführten Modallogiken auf die in der letzten Spalte angegebenen Weise charakterisiert werden können. In jedem dieser Fälle tritt neben diesen zusätzlichen Axiomen noch die zusätzliche Schlußregel

$$\text{wenn } \vdash F \text{ dann } \vdash \Box F$$

So besteht etwa S4 aus den Axiomen und Schlußregeln der klassischen Prädikatenlogik, dieser zusätzlichen Regel und den zusätzlichen Axiomen A1, A2 und A3.

Die Modallogiken S4 und S5 spielen besonders bei der Formalisierung des Schließens über das Wissen und das schwache S4 und S5 bei der Formalisierung des Schließens über das Glauben eine wichtige Rolle (siehe Abschnitt 4.2.3). In beiden und anderen Fällen ist es zudem möglich, den modalen Operator $\Box$ als zweistelligen Operator aufzufassen, wobei die erste Stelle ein Term ist, der etwa einen Akteur bezeichnet, der etwas weiß oder glaubt. Anstelle von $\Box(a, F)$ schreibt man dann auch oft $[a]F$. In

Tabelle 2.4 Axiome für $\Box$

A1	Notwendigkeit	$\Box F \to F$
A2	Distributivität	$\Box(F \to G) \to (\Box F \to \Box G)$
A3	Positive Introspektion	$\Box F \to \Box \Box F$
A4	Negative Introspektion	$\neg \Box F \to \Box \neg \Box F$

diesem Fall muß auch die Erreichbarkeitsrelation dieses zusätzliche Argument berücksichtigen, so daß wir für jeden Akteur ein eigenes R_a erhalten.

In der zuletzt beschriebenen Form spielt die Modallogik auch eine große Rolle als Formalismus für Beweise über Programme in der Informatik, genannt dynamische Logik. In dieser Anwendung steht a für ein Programm und R_a beschreibt die Relation, mit der Welten, dh. in diesem Fall Zustände einer abstrakten Maschine, mittels dem Programm a in Beziehung gesetzt werden.

Für Modallogiken sind eine Reihe von Deduktionsmechanismen entwickelt worden. Wir nennen insbesondere den auf der Konnektionsmethode basierenden Ansatz [Wal90] sowie die Technik der Transformation in die klassische Prädikatenlogik [Ohl91].

2.11.8 Markierte Deduktionsformalismen

Im vorangegangenen Unterabschnitt haben wir Erweiterungen der Prädikatenlogik betrachtet. Im folgenden Kapitel werden wir andere Erweiterungen der Prädikatenlogik besprechen. Damit ist die Vielfalt möglicher Logiken noch bei weitem nicht erschöpft. Wenn man das Ziel eines allgemeinen intelligenten Systems ernsthaft weiterverfolgen möchte, so ergibt sich durch diese Vielfalt das Problem der Integration verschiedener Logiken innerhalb eines einzigen Systems.

Eine mögliche Lösung dieses Integrationsproblems ergibt sich, wenn es gelingt, einen allgemeinen Deduktionsformalismus anzugeben, von dem all die genannten Logikvarianten Instanzen sind. Ein solch allgemeiner Formalismus ist der von Dov Gabbay in [Gaben] entwickelter *markierter Deduktionsformalismus* (engl. labelled deductive systems, kurz LDS). Er ist so allgemein, daß wohl alle in diesem Buch genannten Logikformalismen als Instanz eines LDS angesehen werden können. In einem LDS wird eine Ableitbarkeitsrelation ⊢ nicht wie üblich zwischen (Mengen von) Formeln, sondern zwischen markierten Formeln definiert. Die verschiedenen Ausprägungen solcher Markierungen ergeben dann die verschiedenen Logikvarianten.

Die Idee eines markierten Deduktionssystems wurde wohl zum ersten Mal in der Konnektionsmethode [Bib87a] realisiert, wo als Markierung eine Struktur auf der Formel gegeben ist und wo sich die Formel selbst bei jedem Ableitungsschritt überhaupt nicht ändert.

2.11.9 Probabilistisches Wissen

Menschliches Handeln muß sich notwendigerweise auf Überzeugungen stützen, von denen wir nicht sicher wissen, ob sie korrekt sind. Oft nämlich würde eine Absicherung der Richtigkeit dieser Überzeugungen viel mehr Zeit in Anspruch nehmen (wenn sie überhaupt möglich ist), als im täglichen Überlebenskampf für die anstehenden Entscheidungen zulässig ist. Der Mensch behilft sich in diesen Fällen damit, daß er die Richtigkeit grob einschätzt und dann bei einem hinreichenden Grad von Überzeugtheit die Richtigkeit einfach annimmt.

2.11 Weitere Formalismen

Solche Einschätzungen sind in der Regel von qualitativer Natur. Jedoch stehen wir dabei immer wieder vor der Aufgabe, Einschätzungen von verschiedenen Überzeugungen miteinander zu vergleichen, etwa in der Form "A ist wohl eher richtig als B". Um diese Vergleiche für beliebige Aussagen durchführen zu können, ergibt sich so die Notwendigkeit einer (totalen) Ordnung auf den Einschätzungen verschiedener Aussagen. Da sich jede total geordnete Menge isomorph auf eine Teilmenge der Zahlen abbilden läßt, ist es nicht verwunderlich, daß sich zur Quantifizierung solcher Einschätzungen daher die Zahlen als Maße anbieten. Dabei ist das feinste Maß mit den reellen Zahlen möglich. Schließlich ist das Intervall [0,1] isomorph mit der Menge aller reellen Zahlen, so daß man ohne Einschränkung üblicherweise die Zahlen dieses Intervalls für diesen Zweck heranzieht. Danach kann man davon sprechen, daß eine Aussage A vom Grade μ richtig ist, wobei $0 \leq \mu \leq 1$ gilt.

Für die Behandlung von Einschätzungen dieser Art bietet sich die Wahrscheinlichkeitstheorie natürlicherweise an, die genau für diese Art Maße entwickelt worden ist. Wir werden daher in Abschnitt 4.4 unter anderem wahrscheinlichkeitstheoretische Ansätze zum Schließen besprechen. Dabei werden wir auch verschiedene Formen der formalen Repräsentation solcher Einschätzungswerte innerhalb verschiedener Formalismen kennenlernen. Es erübrigt sich daher an dieser Stelle, auf solche Darstellungsformen näher einzugehen. Zum Abschluß dieses Unterabschnitts wollen wir daher nur noch die folgenden möglichen Vorbehalte bezüglich dieser Art von Wissensrepräsentation erwähnen.

Im Vergleich zum alltäglichen Schließen handelt es sich bei der Quantifizierung des Grades der Zuverlässigkeit von Aussagen mittels reeller Zahlen natürlich um eine extreme Überpräzisierung. Es ist daher aus dem Gebiet der Expertensysteme eine bekannte Problematik, daß es schwer ist, vernünftige Zahlen im Einzelfall einer gegebenen Aussage festzulegen. Vielmehr geht es im alltäglichen Schließen zum einen lediglich um den relativen Vergleich der Einschätzung von einer kleinen Menge von Aussagen und zum anderen um eine Reihe von zusätzlichen Gesichtspunkten, wie etwa den Hypothesen, unter denen die Aussagen getroffen wurden. Kurz, es ist nicht zu erwarten, daß eine Modellierung des alltäglichen Schließens sich allein auf der Grundlage der Wahrscheinlichkeitstheorie verwirklichen ließe. Umso wichtiger halten wir eine Integration von probabilistischen Maßen im Rahmen eines logischen Formalismus, worauf wir im Abschnitt 4.4 ausführlich zu sprechen kommen.

2.11.10 Vage Beschreibungen

Wie in Abschnitt 2.1 hervorgehoben, ist die Modellierung der natürlichen Sprache eines der Hauptanliegen in der Wissensrepräsentation. Bisher hatten wir eine solche Modellierung (mit Ausnahme der neuronalen Netze) mit Formalismen versucht, die eine präzise Semantik haben. Eine solch präzise Semantik ist in der natürlichen Sprache nicht immer gegeben. Attribute wie "jung", "intelligent", "blond", "groß" usw. sind in diesem Sinne *vage* hinsichtlich ihrer Bedeutung. Man ist eben mehr oder weniger jung, und ob dieses Prädikat auf ein Objekt zutrifft oder nicht, ist zu einem erheblichen Maße Ermessenssache. Nicht nur Attribute, auch Relationen und insbesondere eine Reihe von natürlichsprachlichen Quantoren sind vage in ihrer Bedeutung. Beispiele für die letzteren sind etwa "die meisten", "einige", "nicht sehr viel", "manche", "etwas mehr als die Hälfte" und viele andere mehr.

Wir kommen auf Formalismen zur Repräsentation und Verarbeitung solch vagen Wissens im Abschnitt 4.5 ausführlicher zu sprechen, weswegen dieser Unterabschnitt hier nur der (relativen) Vollständigkeit dieser Aufzählung halber eingefügt ist.

2.11.11 Analoge Repräsentation

Eine Darstellung eines Objektes (oder einer Szene) nennt man *analog*, wenn signifikante Eigenschaften, die auf das Objekt oder seine Teile zutreffen, in gleicher Weise auch auf das repräsentierte Objekt zutreffen. Wenn dies auch keine mathematisch exakte Definition ist, so weist sie doch auf die entscheidenden Merkmale von analogen Repräsentationen hin. Insbesondere erkennt man, daß analog immer "analog in bezug auf eine gegebene Menge von Eigenschaften" (nämlich die als signifikant eingestuften) bedeutet. Betrachten wir zum Beispiel als Objekt eine weiße Flagge aus Leinen mit einem blauen Quadrat, dessen Diagonale horizontal steht. Wenn wir die zuletzt genannte Eigenschaft zusammen mit der relativen geometrischen Form der Flagge als die einzig signifikanten Eigenschaften betrachten, dann ist zB. die folgende Darstellung der Flagge in diesem Sinne eine analoge Darstellung.

```
0 0 0 0 0 0 0 0
0 0 0 0 1 0 0 0
0 0 0 1 1 1 0 0
0 0 1 1 1 1 1 0
0 1 1 1 1 1 1 0
0 0 1 1 1 1 0 0
0 0 0 1 1 1 0 0
0 0 0 0 1 0 0 0
0 0 0 0 0 0 0 0
```

Man beachte, daß die Analogie sich nicht auf alle Eigenschaften bezieht; zB. geht der Stoff, die Farbe ua. verloren. Man beachte auch, daß wir hier von Eigenschaften innerhalb einer Welt sprechen, der sowohl die Flagge als auch die repräsentierte Form angehören. Wir kommen auf solche Gesichtspunkte im Abschnitt 5.3.1 noch ausführlicher zu sprechen. Beschreibt man diese Flagge in der Prädikatenlogik, so bleibt wenig Analogie mit dem Original übrig.

Für den Menschen sind analoge Darstellungen von unermeßlicher Bedeutung, weil offenbar der kognitive Apparat gerade hierauf spezialisiert ist. ZB. erkennen wir einen bekannten Menschen mit einem Blick auf einer Photographie wieder. Ein weiteres verbreitetes Beispiel sind Landkarten. Aus dieser Einsicht heraus wurden analoge Repräsentationen auch für die Wissensverarbeitung propagiert [Slo75], erspart sie doch viele Verarbeitungs- und Deduktionsprozesse. Fragt man etwa in dem obigen Beispiel, ob die Flaggenmitte im Quadrat liegt oder nicht, so ist bei der analogen

2.11 Weitere Formalismen

Darstellung die Antwort unmittelbar ablesbar, während in einer logischen Darstellung erst eine Menge zusätzlichen Wissens mit in den Deduktionsprozess eingebracht werden müßte, um eine solche Antwort zu geben.

Solche Forderungen nach analogen Darstellungen haben jedoch erst durch die Realisierung von Rechnern mit Zigtausenden von Prozessoren (siehe Abschnitt 2.10) eine praktische Bedeutung erlangt, ist es doch jetzt in der Tat möglich, eine Flagge in der durch das Bild illustrierten Weise im Rechner zu realisieren, während jeder Monoprozessor dazu wohl kaum in der Lage sein dürfte. Da solche neuartigen Rechner noch nicht sehr verbreitet sind, wird die Frage der analogen Repräsentationen erst in naher Zukunft so recht in den Blickpunkt des Interesses rücken.

Noch anspruchsvoller ist die Forderung nach einer analogen Repräsentation bezüglich Eigenschaften in der Zeit. Man denke etwa an die Repräsentation von Meereswellen. Ein Film leistet eine derartige Repräsentation. Für die Lösung dieser Aufgabe mit heutigen Rechnern stehen wir aber noch vor riesigen Problemen.

2.11.12 Programmiersprachen

Es gibt Autoren [Sto89], die den Begriff der Wissensrepräsentation mit Programmierung gleichsetzen. Dem könnte man nur dann folgen, wenn Programmierung so weit gefaßt würde, daß selbst natürliche Sprache darunter fällt, weil Sprache unser paradigmatisches Modell von Wissensrepräsentation ist. Dies ist nicht völlig abwegig, da jeder Sprachtext im weitesten Sinne auch als Programm für denjenigen aufgefaßt werden könnte, der ihn aufnimmt und verarbeitet. Im Sinne der Informatiker ist ein solch weitgefaßtes Verständnis von Programmierung jedoch keineswegs. Wir wollen diese Identifizierung daher nicht mitvollziehen, ohne abzustreiten, daß die Grenzen in der Tat unscharf sind. Insbesondere fällt es sicher schwer, alle bisherigen Wissensrepräsentationsformalismen, soweit sie implementiert sind, nicht auch als Programmiersprachen einzustufen. Vielleicht könnte man sagen, daß die Wissensrepräsentation dann einmal voll mit der Programmierung zusammenfallen wird, wenn ihr in Abschnitt 1.3 als Hypothese formuliertes Fernziel voll erreicht ist.

Die in diesem Gebiet vorherrschenden Programmiersprachen wie LISP und PROLOG jedenfalls sind im Sinne dieser Hypothese keine Wissensrepräsentationsformalismen, wenn sie auch den meisten Implementierungen von solchen Formalismen zugrundeliegen. Mit solchen Implementierungen kommen wir jedoch dem Fernziel ein Stück näher.

An dieser Stelle wollen wir abschließend noch auf die erste Programmiersprache hinweisen, deren Ziel der Einsatz für Anwendungen der in diesem Buch behandelten Natur ist. Es handelt sich um den *Plankalkül* von dem großen Computerpionier Konrad Zuse [Zus49, Zus59, Zus70], der jedoch als Vorläufer der späteren Entwicklung so gut wie keine Beachtung gefunden hat.

2.11.13 Die Überwindung von Babel

Erfinden von Sprache gehört zu den tiefeingeprägten Fähigkeiten des Menschen, wie man an Kindern beobachten kann. Im Erfinden einer individuellen Sprache schafft sich das Individuum einen esoterischen Bereich, den er ganz sein eigen nennen kann. Mag dieser Drang des Menschen für seine Psyche von noch so großer Bedeutung sein, für den Bereich der Wissenschaft ist er zweifelsohne einer kreativen Zusammenarbeit nicht immer dienlich.

Leider haben viele Forscher der Wissensrepräsentation noch nicht durch Selbstreflexion erkannt, daß sie an einer babylonischen Sprachverwirrung eifrig beteiligt sind. Täglich werden neue Sprachkonstrukte erfunden, deren Bedeutung nur den Erfindern vertraut ist. Wie sollen wir diese babylonische Sprachverwirrung überwinden?

Was wir nicht können oder sollten, ist quasi durch Dekret einen der heutigen oder künftigen Formalismen als den allein selig machenden zu erklären und fürderhin ausschließlich zu gebrauchen. Damit würden wir uns wahrscheinlich jedes weiteren Fortschritts auf diesem Gebiet berauben. Was man aber ohne Behinderung der Forschungsarbeit fordern könnte und sollte, ist die präzise Definition der Bedeutung eines jeden neuen Sprachkonstrukts mittels bereits definierter Sprachkonstrukte (etwa mittels prädikatenlogischer Konstrukte) oder in Form einer mathematisch präzise definierten Semantik. Wieviel Arbeit hätte man sich in den letzten beiden Jahrzehnten ersparen können, hätte man sich an diese Maxime gehalten.

Nicht ohne Grund nennen wir die Prädikatenlogik in diesem Zusammenhang. Im Vergleich mit allen in diesem Kapitel besprochenen Formalismen ist sie diesen an Ausdrucksstärke zumindest gleichwertig, meistens jedoch echt überlegen. Zudem hat sie eine präzise definierte Semantik in dem soeben geforderten Sinne [Hay77]. Wir möchten daher eine *Hypothese zur Rolle der Logik* als kanonischer Wissensrepräsentationsform wie folgt formulieren.

Die Prädikatenlogik (nicht notwendig erster Stufe) enthält alle strukturellen Ausdrucksmöglichkeiten, die erforderlich sind, um rationales Wissen adäquat zu formulieren. Ihre Semantik liefert zu jeder solchen Formulierung einen Sinn, an dem wir als externe Beobachter ua. prüfen können, ob die Formulierung dem Gemeinten entspricht. Jeder andere Repräsentationsformalismus, der eine solche Semantik ebenfalls bereitstellt, läßt sich eineindeutig auf die Prädikatenlogik abbilden. Darüber hinaus ist kein Formalismus komplexitätsmäßig leistungsfähiger in bezug auf die erforderlichen (ggf. nicht rein klassischen) Inferenzprozesse als sein prädikatenlogisches Äquivalent (vorausgesetzt natürlich, die Inferenzprozesse sind mit "gleich" leistungsfähigen Techniken implementiert, deren Existenz diese These in bezug auf die Prädikatenlogik postuliert).

Diese These hat sich bis heute trotz mannigfacher gegenteiliger Versuche stets bewährt. Sie steht im Widerspruch zu einer in [LB85] vertretenen Auffassung, wonach die Prädikatenlogik deswegen keine kanonische Rolle spielen kann, weil sie in aller Allgemeinheit mit heute bekannten Algorithmen aus Komplexitätsgründen nicht realisierbar ist. Unsere These sagt zu diesem Einwand, daß jede Berechnung in einem anderen Formalismus auch in seinem prädikatenlogischen Äquivalent durchführ-

2.11 Weitere Formalismen

bar ist. Wenn ein solcher daher komplexitätsmäßig akzeptable Eigenschaften hat, dann kann dies nur heißen, daß er entweder mit einem genau definierten Teil der Logik zusammenfällt oder das P-NP-Problem positiv gelöst hat. Niemand aus der Logik"gemeinde" hat natürlich etwas gegen die Einführung von eingeschränkten Formalismen. Ärgerlich ist nur, wenn die Ansprüche irreführend sind, und schön wäre es, wenn im Falle eines jeweils neuen Vorschlages an der Logik als kanonischem Formalismus genau angegeben würde, mit welchem Teil in ihr er gleichwertig ist; dann könnte ihn jeder direkt einordnen.

In [DSS93] wird auf S. 30 die Relevanz der Äquivalenz verschiedener Formalismen aus der Sicht der Wissensrepräsentation in Frage gestellt. Mag die Frage in aller Allgemeinheit auch berechtigt sein, so greift sie in den Fällen dieses Kapitels nicht. Wählt man nämlich für die Logik die jeweils geeignete Repräsentation (vgl. Abschnitt 2.3), so gelten diese Äquivalenzen in einem so starken Sinne, daß die Unterschiede auch aus der Sicht der Wissensrepräsentation irrelevant werden. Als Beispiel erinnern wir an die im Abschnitt 2.4 gezeigte Äquivalenz der Logik mit gaG-Repräsentation und der assoziativen Netze.

Unsere These steht auch im Widerspruch zu der in [BW77a], S. 7, geäußerten Erwartung, daß die Verwendung natürlichsprachlicher Notation die Aufgabe erleichtern würde, leistungsfähige Abarbeitungsstrategien zu entwickeln. Natürlich kann man Ideen für solche Strategien daraus ableiten, die Notation jedoch ist nach unserer These irrelevant zur Realisierung der Strategien.

Man beachte, daß wir keinem Sprachdespotismus das Wort reden. Im Gegenteil ermöglicht diese Forderung eine Vielfalt von Sprachkonzepten in hybriden Systeme wie KRYPTON, BABYLON und PRINCESS, ohne jegliche Verwirrung zu realisieren, ist es doch möglich die Vielfalt, wenn gewünscht, innerhalb der kanonischen Sprache einheitlich zusammenzuführen.

Eines der zentralen Anliegen der Wissensrepräsentation ist eine den menschlichen Kognitionsmechanismen angepaßte Darstellung. ZB. erweisen Rahmendarstellungen ihre Vorteile im *menschlichen* Gebrauch. Es ist der Mensch, der sich solche Strukturierungen schaffen muß, um sein Wissen organisiert einsetzen zu können. In vielen Fällen erweisen sich solche Darstellungen sehr deutlich im Sinne ihrer Bezeichnung, nämlich als Zwänge innerhalb des vorgegebenen Rahmens. Jeder weiß, wovon wir reden, wenn er sich nur an das Ausfüllen von Formularen erinnert, die so oft auf den Einzelfall nicht anwendbar sind. Oder man denke an den stupiden Rahmen bei der Reservierung eines Flugplatzes: "Raucher oder Nichtraucher", als ob es nicht im Einzelfall eine Fülle von anderen situationsbedingten Merkmalen gäbe, die einem Passagier viel bedeutsamer als das genannte sein könnten (wie zum Beispiel die Alternative "Fensterplatz oder hübsches Mädchen neben dem (männlichen) Passagier").

Eine Stewardeß wäre natürlich überfordert, auf solche Sonderwünsche einzugehen. Gerade deswegen entwickeln wir doch solche Maschinen, um diese menschlichen Unzulänglichkeiten überwinden zu helfen. In der Maschine nämlich kann diese Verflechtung ruhig wesentlich unübersichtlicher sein. Entscheidend sind hier nur technische Merkmale, wie die Zugriffszeit etc., oder allgemeiner die Berechenbarkeit.

Wir möchten daher die Brachmansche Ebene der epistemologischen Adäquatheit

[Bra79] in Zweifel ziehen, insoweit sie verschieden ist von der in [Bib84] aufgestellten Schichtung.

Inferenzsteuerung
Globalsteuerung
Beurteilung und Bewertung
deduktives Wissen
Fakten- und Regelwissen

Man beachte, daß hier über der Wissensebene die deduktive Ebene vorgesehen ist. Das stimmt mit Brachmans Einbeziehung von "class-instance" Beziehungen auf dieser Ebene mit überein, die nach unserer in diesem Kapitel dargestellten Einsicht rein deduktiver Natur sind. Diese Bemerkungen erstrecken sich insgesamt auf die Versuche von Schank und anderen, "knowledge primitives" aufzudecken. Nach der hier vertretenen These fallen sie mit Deduktionsstrukturen zusammen.

3 Nichtmonotone Inferenz

Im vorangegangenen Kapitel haben wir uns mit verschiedenen Formen der Repräsentation von Wissen auseinandergesetzt. Wir haben dabei immer wieder betont, daß ein wesentliches Kriterium für oder gegen die eine oder andere Form der Darstellung durch die Operationen gegeben ist, die auf dem Wissen durchzuführen sind. In Abschnitt 1.5.3 haben wir das Hinzufügen, Auffinden, Entfernen und Schlußfolgern als die wesentlichsten Operationen in diesem Zusammenhang genannt und dann in Abschnitt 1.5.4 die herausragende Bedeutung der Inferenz betont. Diese soll uns daher in den nun folgenden beiden Kapiteln überwiegend beschäftigen.

Noch stärker, als dies im letzten Kapitel der Fall war, kommt nun unsere in Abschnitt 1.6 getroffene Maßgabe zum Tragen, daß wir vom Leser grundlegende Kenntnisse der Logik voraussetzen. Wir werden uns nämlich, unter Voraussetzung der klassischen Inferenz, wie sie etwa in [Bib92] dargestellt ist, mit den verschiedensten Ausprägungen und Aspekten der Inferenz allgemein befassen. Eine besonders wichtige Frage dabei ist, wie das alltägliche Schließen am geeignetsten zu formalisieren sei. Im Zusammenhang mit dieser Frage spielt insbesondere die im natürlichen Schließen beobachtete Eigenschaft der Nichtmonotonie eine herausragende Rolle, die wir im nachfolgenden Abschnitt definieren werden. Grobgesprochen handelt es sich darum, daß man früher gezogene logische Schlüsse aufgrund von hinzugetretenem Wissen zurücknehmen muß.

Die Nichtmonotonie ist eng verknüpft mit dem, was McCarthy das *Qualifikationsproblem* genannt hat [McC80]. Wenn wir zB. jemandem die bekannte Denksportaufgabe stellen, wie drei Missionare und drei Kannibalen so mit einem zwei Personen fassenden Boot einen Fluß überqueren können, daß die Kannibalen keine Gelegenheit haben, über eine Minderheit von Missionaren herzufallen, dann würden wir alle die folgende "Lösung" als unzulässigen Witz auffassen: "Sie gehen einfach hundert Meter flußaufwärts und überqueren dort gemeinsam den Fluß über die dortige Brücke." Von einer Brücke war nämlich in der Aufgabe überhaupt keine Rede. Unser Witzbold könnte dem aber entgegnen, daß ja auch niemand ausdrücklich erwähnte, daß es dort *keine* Brücke gäbe. Obgleich er mit diesem Hinweis recht hätte, empfinden wir doch alle, daß eine solche Antwort disqualifiziert werden muß, weil wir in der Regel von einer gewissen *Normalität* der Weltbeschreibung ausgehen, ohne die unsere Aufgabenstellung ja unendlich lang werden müßte, indem sie zumindest alles explizit ausschlösse, was nicht der Fall ist. Wie aber *qualifiziert* man die zulässigen Antworten in einer möglichst formalen und präzisen Weise? Genau auf derartige Fragen werden wir in diesem Kapitel eine Reihe von alternativen Antworten geben.

Auf die Bedeutung des nichtmonotonen Schließens in der Intellektik ist schon lange vor der Entwicklung der in diesem Kapitel besprochenen formalen Ansätzen zum nichtmonotonen Schließen hingewiesen worden. Insbesondere argumentierte Minsky in [Min75], daß die Nichtmonotonie eine unabdingbare Eigenschaft des alltäglichen (oder natürlichen) Schließens sei. Andere Vorläufer in Form erster Ideen sowie partielle Formalisierungen sind [MH69, San72, Hay73a]. Auch gab es in den Siebziger Jahren schon Wissensrepräsentationssprachen, wie PLANNER [Hew72] oder KRL [BW77a], die das Ziehen nichtmonotoner Schlüsse erlaubten. Auf diese historisch interessanten Aspekte werden wir im Verlauf dieses Kapitels weiter nicht mehr eingehen können.

Das vorliegende Kapitel ist eigentlich Bestandteil des darauf folgenden Kapitels, in dem das Spektrum der verschiedenen Inferenzformen ausgebreitet wird. Wegen der besonderen Bedeutung der Nichtmonotonie und dem daraus resultierenden Umfang wurde ihr ein eigenes, vorgezogenes Kapitel gewidmet.

3.1 Inferenz und Nichtmonotonie

Es gehört sicher zu den entscheidendsten Merkmalen menschlicher Intelligenz, daß wir die Fähigkeit haben, aus Wissen Schlußfolgerungen zu ziehen, die zu neuem Wissen führen, das uns vorher nicht bekannt war. So wissen wir zum Beispiel, daß Vögel fliegen können und daß Spatzen Vögel sind. Wenn wir nun einen Spatz auf der Straße sehen, schließen wir aus dem genannten Wissen über Vögel und Spatzen auch dann auf seine Flugfähigkeit, wenn wir ihn vorher nie haben fliegen sehen. Inferenz ermöglicht in diesem Sinne eine Erweiterung unseres Wissens über die Welt.

Wissen ist unabdingbar für Intelligenz. Es ist aber insbesondere das Merkmal der Inferenz, das intelligente Systeme zu charakterisieren scheint. Vielleicht wäre eine speziellere Form der in Abschnitt 1.3 genannten Wissensrepräsentationshypothese die folgende Hypothese, die Inferenz explizit mit aufnimmt. Dabei sei der Leser allerdings darauf hingewiesen, daß ihm diese Formulierung nur im Kontext des Abschnitt 1.3 verständlich sein kann.

Jedes sich auf mechanische Weise intelligent verhaltende Gebilde besteht aus strukturellen Teilen,
a) die durch einen wohldefinierten Interpretationsmechanismus für uns externe Beobachter als Wissen identifizierbar sind;
b) das Gebilde kann Folgerungen aus diesem Wissen nachvollziehen und verfügt über ein in diesem Sinne erweitertes Wissen, das in gleicher Weise für uns zugänglich ist;
c) das gesamte Wissen spielt eine zwar formale, aber kausale und essentielle Rolle bei der Erzeugung des Systemverhaltens.

Diese unter (b) zusätzlich genannte Fähigkeit zum Schließen wird vom Menschen in verschiedenster Weise eingesetzt, etwa zur *Erklärung* von Beobachtungen, aber auch zur *Voraussage* von künftigen Ereignissen oder Sachverhalten bzw. solchen, die zwar nicht in der Zukunft liegen, uns aber dennoch nicht bekannt sind. So können wir im obigen Beispiel voraussagen, daß der Spatz wegfliegt, bevor er unter die Räder des herannahenden Wagens kommt. Umgekehrt, wenn wir den Spatzen dann tatsächlich wegfliegen sehen, können wir dieses Verhalten mit dem vorhandenen Wissen erklären.

Dies läßt sich formal wie folgt präzisieren. Bezeichnen wir das gegebene Wissen etwa

3.1 Inferenz und Nichtmonotonie

mit W (im Beispiel das Wissen über Vögel und Spatzen) und die Beobachtungen bzw. das schlußgefolgerte Wissen mit B, so gibt es eine Beziehung $\models$, die uns Menschen offenbar eigen und teilweise als Wissen zugänglich ist und die W mit B in der Weise

$$W \models B$$

verknüpft. Ist W gegeben, so ermöglicht $\models$ die Prognose von B. Ist B gegeben, so dient W zur Erklärung von B. Sind W und B gegeben, so dient $\models$ zum Test, ob sie in einer derartigen logischen Beziehung miteinander stehen.

Die Relation $\models$ ist experimentell beobachtbar, und es besteht die Aufgabe, aus solchen einzelnen Beobachtungen eine allgemeine Charakterisierung dieser Relation zu abstrahieren. Ist dies gelungen, stellt sich die anschließende Aufgabe, algorithmische Verfahren anzugeben, die bei gegebenem Wissen die Richtigkeit von Schlüssen testen bzw. Prognosen und Erklärungen inferieren. Mit anderen Worten, eines dieser Verfahren soll zu gegebenem W und B testen, ob $W \models B$ gilt; ein anderes soll zu W solche B bzw. zu B solche W ableiten, daß $W \models B$ gilt; auch Mischformen zwischen diesen Alternativen sind zu behandeln. Die semantische Beziehung $\models$ wird in einer *syntaktischen* Realisierung mittels eines solchen Verfahrens dann mit $\vdash$ bezeichnet.

Die Tarskische Semantik der Prädikatenlogik erster Stufe [Tar36] stellt eine solche Relation $\models$ zur Diskussion.[1] Jeder Kalkül der klassischen Prädikatenlogik erster Stufe (wie etwa eine der Ausprägungen der Konnektionsmethode [Bib87a]) liefert hierzu das syntaktische Äquivalent $\vdash$ (dh. ein Äquivalent im Sinne der Vollständigkeit und Korrektheit). Die Menge aller in diesem Tarskischen (oder klassischem) Sinne aus W folgerbaren Aussagen bezeichnet man als die *Theorie* $\mathcal{T}(W)$, bzw. genauer $\mathcal{T}_\models(W)$. Formal,

$$\mathcal{T}(W) = \{F \mid W \models F\}$$

Es wird nun aber von vielen angezweifelt, ob diese klassische Semantik tatsächlich die natürliche Beziehung $\models$ adäquat repräsentiert. Insbesondere scheint die Monotonie der klassischen Folgerungsbeziehung der beobachteten Beziehung zu widersprechen. Gilt nämlich unter dieser klassischen Folgerungsbeziehung $\models$ die Folgerung $W \models B$ und fügt man zu W noch weiteres Wissen W' hinzu, so gilt in jedem Fall noch $W, W' \models B$, was wir in Abschnitt 2.6 als die *Monotonieeigenschaft* von $\models$ bezeichnet haben. Vermehrt man also das Wissen auf der linken Seite der Beziehung, so kann sich das auf der rechten nicht verringern, sondern nur vermehren oder gleichbleiben; es verhält sich also monoton im üblichen Sinne.

Natürliches Schließen scheint dagegen nicht monoton zu sein. Wenn wir zum Beispiel bei unserem Spatzen einen gebrochenen Flügel entdeckten, so würden wir die vorangegangene Prognose der Flugfähigkeit zurücknehmen oder zumindest in Zweifel ziehen. Zusätzliches Wissen W' kann also eine vorherige Beziehung $W \models B$ annullieren, womit sich das natürliche Schließen in diesem Sinne als *nichtmonoton* zu erweisen

---

[1] Genaugenommen sollten wir besser von der Relation $\models_t$ sprechen, um damit zu betonen, daß die natürliche Relation $\models$ nicht unbedingt damit übereinstimmen muß. Wir wollen es aber in dieser Hinsicht bei dieser Bemerkung belassen.

scheint. Dieses Phänomen der Nichtmonotonie wird uns im vorliegenden Kapitel wesentlich beschäftigen, und zwar besonders im Zusammenhang mit der Vorstellung, daß eine gegebene Weltbeschreibung zwar unvollständig ist, daß aber Normalität herrscht, weshalb eine Form von standardmäßiger Vervollständigung der Beschreibung möglich ist.

Wir wollen aber gleich hier vor voreiligen Schlüssen warnen. Ein solch voreiliger Schluß läge zum Beispiel darin, mit der eben beschriebenen Beobachtung die klassische Inferenzbeziehung $\models$ als untauglich abzutun, wie es unkritisch von vielen (wenn nicht fast allen) über Jahre hin geschehen ist. Vielmehr ist dies nur eine unter vielen möglichen Überlegungen. Eine andere besteht in einer kritischen Hinterfragung, was beim natürlichen Schließen W (und B) in Wirklichkeit ist, und gegebenenfalls so eine Erklärung für die Nichtmonotonie ohne Aufgabe der klassischen Inferenzbeziehung zu erreichen. Eine dritte Möglichkeit besteht in der Einführung eines neuen logischen Implikationsoperators. Wer weiß, ob es über diese drei genannten nicht noch weitere Denkansätze gibt? Für alle drei Ansätze werden wir im vorliegenden Kapitel eine Reihe von Lösungsansätzen kennenlernen, die dann in Abschnitt 3.11 noch einmal im Überblick dargestellt sind.

Eine abschließende Bemerkung sei zur Sprechweise angefügt. Es gibt im Deutschen ja eine Reihe von Bezeichnungen für das Schließen. Es macht daher Sinn, diese nicht synonym, sondern spezifischer auszunutzen. Wir werden daher "Schließen" oder "Schlußfolgern" immer im Zusammenhang mit der von der Natur im Menschen realisierten Beziehung verwenden und mit "Inferenz" besonders die vom Menschen erdachten mechanischen Formen dieser Beziehung bezeichnen. Bei Vorlage eines formalen Kalküls wandelt sich die "Inferenz" in unserem Sprachgebrauch dann in "Deduktion".

3.2 Annahme der Weltabgeschlossenheit

Beginnen wir mit der (logisch) einfachen Welt einer Datenbank. Als Beispiel betrachten wir das folgende Fragment eines Fahrplans der Bundesbahn.

$$W = \{ \ \textit{Zugverbindung}(11^{30}, \textit{Buxtehude}, 12^{05}),$$
$$\textit{Zugverbindung}(11^{32}, \textit{Hintertupfingen}, 13^{50}),$$
$$\textit{Zugverbindung}(11^{35}, \textit{Dotch City}, 21^{00}) \ \}$$

Wie wir bereits wissen, handelt es sich logisch hier um drei Fakten in der Form von Grundatomen. Die Theorie $T(W)$ dieser drei Fakten besteht aus diesen selbst (und allen Tautologien sowie daraus gebildeten logischen Zusammensetzungen). Von einem Fahrplan bzw. einer entsprechenden Datenbank wird aber mehr erwartet. Fragt nämlich ein Kunde, ob es um 11^{32} einen Zug nach Buxtehude gibt, so wird bei diesem Sachverhalt die Antwort "nein", dh. logisch die Ableitung von $\neg \textit{Zugverbindung}(11^{32}, \textit{Buxtehude}, x)$ erwartet. "Stillschweigend" oder "vereinbarungsgemäß" interpretieren wir einen solchen Fahrplan (und andere Datenbanken) so, daß in gewissem Umfang Aussagen, die nicht explizit genannt sind, als nichtgeltend zusätzlich angenommen werden. Die *Annahme der Weltabgeschlossenheit* (engl. closed world assumption)

3.2 Annahme der Weltabgeschlossenheit

[Rei77][2] , kurz AWA, präzisiert diesen Umfang in der folgenden Weise.

Definition 3.2.1 *Sei W eine Menge von Formeln der Prädikatenlogik erster Stufe über einem Alphabet $\mathcal{A}$. Die unter der Annahme der Weltabgeschlossenheit erhaltene Theorie $T_{AWA}(W)$ ist definiert durch*

$$T_{AWA}(W) = T(W \cup \overline{W}),$$

wobei

$$\overline{W} = \{\neg G \mid G \text{ Grundatom über } \mathcal{A}, W \not\models G\}.$$

Wenn W, wie in unserem Beispiel, nur aus Grundatomen besteht, dann besteht also $\overline{W}$ aus allen bildbaren negierten Fakten, die unnegiert nicht in der Datenbank stehen. Nun ist es also möglich, $\neg Zugverbindung\,(11^{32}, Buxtehude, x)$ auch logisch abzuleiten. Diese Lösung ist in Abbildung 3.1 veranschaulicht. Zwar behalten wir den klassischen Theorie- und Ableitungsbegriff bei, aber zu der Menge der gegebenen Aussagen wird eine davon abhängige Menge von Annahmen (wie die eben beschriebene negierte Faktenmenge) vereinbarungsgemäß hinzugenommen, bevor der Ableitungsmechanismus in Gang gesetzt wird. Eine Theorie T heißt *vollständig*, wenn für

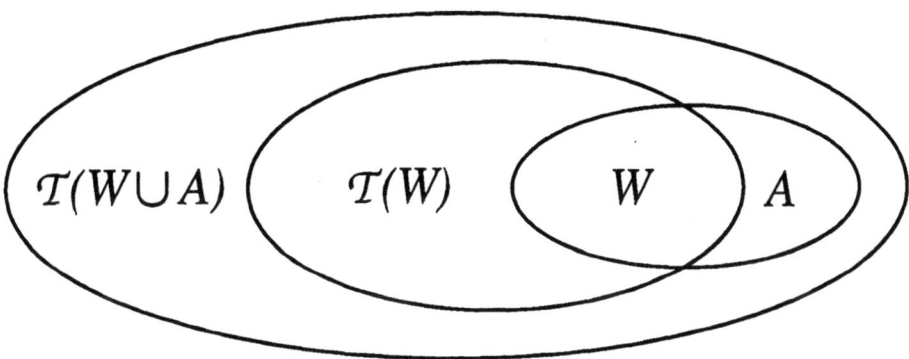

Abbildung 3.1 Die Hinzunahme von Annahmen

jedes Grundatom G über der gegebenen Sprache entweder $G \in T$ oder $\neg G \in T$ gilt. Die Annahme der Weltabgeschlossenheit macht jede Datenbanktheorie zu einer vollständigen Theorie. Sie führt insgesamt zu einem nichtmonotonen Verhalten, denn die Hinzunahme eines weiteren Atoms erfordert die Entfernung einer impliziten Annahme, die dann nicht mehr zur Theorie gehört.

---

[2] Die der klassischen Logik zugrunde liegende Vorstellung, daß nichts gilt, was nicht explizit genannt oder ableitbar ist, wird demgegenüber manchmal auch die *Annahme der Weltoffenheit* (engl. open world assumption) genannt.

Wir haben schon in Abschnitt 3.1 erwähnt, daß die Inferenzrelation selbst als Wissen aufgefaßt werden kann. Genauer würde man hier von Meta-Wissen sprechen. Bei gegebenem W (und $\mathcal{A}$) ist die Menge A der durch die AWA gemachten Annahmen eindeutig bestimmt, und zwar durch Wissen, das man ebenfalls der Meta-Ebene zuordnen würde. Es ist daher nicht überraschend, daß man die AWA nicht nur durch die bislang besprochene Erweiterung der Weltbeschreibung durch zusätzliche Annahmen, sondern äquivalent auch durch eine Modifikation von $\models$ beschreiben kann.

Definition 3.2.2 *Für beliebige Formeln F, H, Grundatome G und für jede beliebige Menge W von Formeln der Prädikatenlogik erster Stufe über einem Alphabet $\mathcal{A}$ sei die Relation $W \models_a F$ induktiv wie folgt definiert.*

1. *Gilt $W \models F$, so auch $W \models_a F$.*
2. *Gilt $W \not\models G$, so gelte $W \models_a \neg G$.*
3. *Gilt $W \models_a F$ und $W \cup \{F\} \models H$, so auch $W \models_a H$.*

Dann nennen wir

$$\mathcal{T}_{\models_a}(W) = \{F \mid W \models_a F\}$$

die unter der AWA erhaltene Theorie.

Nur die zweite dieser drei Regeln zur Definition von $\models_a$ geht über das hinaus, was für die Tarskische Semantik gilt. In ihr wird offensichtlich genau die durch die AWA getroffene Maßgabe beschrieben. Offensichtlich gilt daher

$$\mathcal{T}_{\text{AWA}}(W) = \mathcal{T}_{\models_a}(W).$$

In einem entsprechenden Kalkül für die Prädikatenlogik ergibt sich eine zusätzliche Kalkülregel, die der zweiten Regel entspricht und von der folgenden Gestalt ist.[3]

$$\frac{\not\vdash G}{\neg G} \qquad G \text{ Grundatomformel.}$$

Kalkülregeln dieser Gestalt werden uns in Abschnitt 3.7 im Zusammenhang mit der Reiterschen Ermangelungslogik in verallgemeinerter Form wieder begegnen.

---

[3]Wie Gentzen schreiben wir in diesem Fall Prämisse und Konklusion übereinander. Auch beachte man, daß die mit der folgenden Regel definierte Ableitbarkeit nicht identisch ist mit der durch $\vdash$ gegebenen Ableitbarkeit.

3.2 Annahme der Weltabgeschlossenheit

Die AWA ist zwar einfach und scheint in einfachen Fällen genau den gewünschten Effekt zu haben. Leider löst sie das Phänomen des nichtmonotonen Schließens nicht in der gewünschten umfassenden Weise. Zunächst erkennen wir, daß wegen der Unentscheidbarkeit der Prädikatenlogik die Anwendbarkeit der oben gezeigten zweiten Regel unentscheidbar ist. Es ergibt sich also ein Problem im Hinblick auf ein mögliches Berechnungsverfahren; jedoch stoßen wir bei allen Ansätzen zur Nichtmonotonie auf Probleme von dieser Natur, durch die Grenzen der Berechenbarkeit sichtbar werden; sie besagen uns, daß wir nur innerhalb solcher Grenzen auf Erfolg hoffen können. Weiter ist die AWA von der Wahl der Prädikatsbezeichnungen abhängig; benennt man zB. ein Prädikat P zu $\neg Q$ um, so ergibt sich offensichtlich ein anderes Verhalten der AWA. Darüber hinaus ergeben sich bei der AWA die durch die folgenden beiden Beispiele illustrierten Konsistenzprobleme.

Angenommen, unsere Welt W sei allein durch die Formel $Pa \lor Pb$ beschrieben. Dann läßt sich hieraus klassisch weder Pa noch Pb folgern. Also besteht $\overline{W}$ aus den Literalen $\neg Pa, \neg Pb$. Die so entstehende Theorie ist nun offensichtlich widersprüchlich, während die ursprüngliche Welt konsistent ist. Die AWA kann also ausgehend von konsistenten Formelmengen zu inkonsistenten Theorien führen. Ein Verfahren, das Widersprüche generiert, die vorher nicht vorhanden waren, kann nicht als tauglich angesehen werden.

Beispiel 3.2.1

$$W = \left\{ \begin{array}{l} Kind(Larissa) \\ Kind(x) \land \neg Abnormal(x) \;\;\rightarrow\;\; Liebt\_Eiscreme(x) \end{array} \right\}$$

Auch in diesem Beispiel, das nur eine Variante des vorangegangenen Beispiels darstellt, führt die AWA zu einem Widerspruch. $\overline{W}$ ergibt sich nämlich zu

$$\{\neg Abnormal(Larissa), \neg Liebt\_Eiscreme(Larissa)\}.$$

Dann aber wird die Regel des Beispiels anwendbar und $Liebt\_Eiscreme(Larissa)$ also ableitbar, so daß der Widerspruch offensichtlich ist.

Man beachte in diesem Beispiel, das wir oft auch kurz als $Kx \land \neg Ax \rightarrow Lx$ formulieren werden, die hier mit einem Abnormalitätsprädikat realisierte Technik, Regeln mit Ausnahmen logisch korrekt darzustellen, die wir in diesem und den nächsten beiden Abschnitten immer einsetzen werden. Natürlichsprachlich sind solche Regeln dadurch charakterisiert, daß sie in der Form "*normalerweise* lieben Kinder Eiscreme" formuliert (oder zumindest gedacht) werden. Semantisch läßt sich eine solche Regel wie in Abbildung 3.2 dargestellt illustrieren. Die meisten Elemente der Extension von K, also der Kinder, liegen in der Extension von L, lieben also Eiscreme. Nur ein kleiner Teil der Kinder ist abnormal[4], auf den also die Regel nicht zutrifft.

---

[4] Niemand nehme bitte unsere Beispiele inhaltlich allzu wörtlich; nach ernährungswissenschaftlichen Erkenntnissen wären ja sonst genau die abnormalen Kinder die vernünftigen.

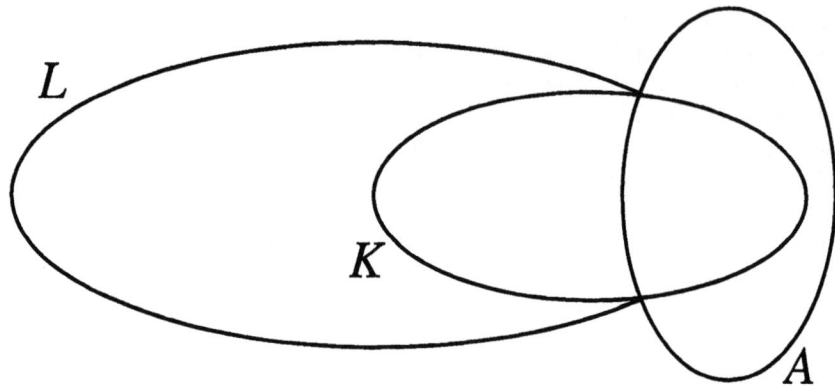

Abbildung 3.2 Die Interpretation einer Regel mit Ausnahmen

Nach den enttäuschenden Einsichten, die sich aus diesen beiden Beispielen ergeben, stellt sich die Frage, ob es vielleicht Teilklassen von Formeln gibt, bei denen sich durch die AWA keine derartigen Widersprüche einschleichen. Eine solche Teilklasse werden wir nun angeben. Dies erfordert einige Vorbereitungen, wobei wir den Modellbegriff der Prädikatenlogik entsprechend unserer generellen Verabredung in Abschnitt 1.6 als bekannt voraussetzen.

Definition 3.2.3 *Seien W eine Formelmenge der Prädikatenlogik erster Stufe und $M = (D, \mathcal{I})$ sowie $M' = (D', \mathcal{I}')$ Modelle von W. Dann ist M ein* Untermodell *von M' bezüglich des Prädikats P, geschrieben $M \preceq_P M'$, genau dann, wenn die folgenden Bedingungen erfüllt sind:*

1. $D = D'$,

2. $\mathcal{I}(P) \subseteq \mathcal{I}'(P)$,

3. $\mathcal{I}$ und $\mathcal{I}'$ stimmen im übrigen überein.

M heißt ein Untermodell *von M' bezüglich einer Menge $\mathcal{P}$ von im zugrundegelegten Alphabet enthaltenen Prädikatszeichen, $M \preceq_\mathcal{P} M'$, wenn die Bedingung (2) für alle $P \in \mathcal{P}$ gilt.*
Besteht $\mathcal{P}$ aus allen im Alphabet enthaltenen Prädikatszeichen oder ist die Prädikatsmenge eindeutig aus dem Kontext klar, so schreiben wir auch kurz $M \preceq M'$.
Ein Modell M einer Formelmenge W wird als minimal *bezeichnet genau dann, wenn für alle Modelle M' von W gilt*

$$M' \preceq M \implies M' = M.$$

Ein Modell M einer Formelmenge W wird als das kleinste *Modell von W bezeichnet genau dann, wenn für alle Modelle M' von W mit $M' \neq M$ gilt*

3.2 Annahme der Weltabgeschlossenheit

$$M \prec M'.$$

Die letzten beiden Begriffe sind für Teilmengen der Prädikatszeichen entsprechend definiert.

In den meisten Anwendungsfällen lassen sich prädikatenlogische Formeln ohne wesentliche Einschränkung der Allgemeinheit auf Klauselform bringen. Klauselmengen haben die besonders angenehme Eigenschaft, daß eine Klauselmenge genau dann ein Modell hat, wenn sie ein Herbrandmodell hat. Ein *Herbrandmodell* ist dabei bekanntlich über den Zeichen des Alphabets der zugrundeliegenden Sprache gebildet. Es wird als eine Menge von Grundatomformeln repräsentiert. Dadurch reduziert sich die in der voranstehenden Definition eingeführte Untermodellbeziehung auf die Teilmengenbeziehung zwischen zwei Grundatomformelmengen. Für die nachfolgende Aussage 3.2.1 müssen wir uns auf diesen Fall von Herbrandmodellen beschränken (da er im allgemeinen nicht gilt).

Betrachtet man eine Formelmenge W unter der AWA, so eliminiert man damit eine große Anzahl von Modellen — nämlich all jene Modelle, die Grundatome aus der Menge $\overline{W}$ der negierten nichtfolgerbaren Grundatome erfüllen. Tatsächlich besitzt eine konsistente Formelmenge unter der AWA dann nur noch ein einziges Herbrandmodell. Wenn die Formelmenge ein kleinstes Herbrandmodell besitzt, so kann man allgemein beweisen,[5] daß dieses auch das einzige Herbrandmodell unter der AWA ist, was wir im folgenden Satz festhalten.

Theorem 3.2.1 *Ist W eine konsistente Formelmenge, so ist $T_{\mathrm{AWA}}(W)$ konsistent genau dann, wenn W ein kleinstes Herbrandmodell hat.*

Eine syntaktische Variante dieses Satzes ist die folgende Aussage [GN89].

Theorem 3.2.2 *Ist W eine konsistente Formelmenge, so ist $T_{\mathrm{AWA}}(W)$ konsistent genau dann, wenn es für jede Disjunktion $A_1 \vee \ldots \vee A_n$ von Grundatomen A_i mit $W \models A_1 \vee \ldots \vee A_n$ mindestens ein A_j mit $W \models A_j$ gibt, $1 \leq i,j \leq n$.*

Hornformeln zeichnen sich genau durch die Eigenschaft aus, immer ein kleinstes Herbrandmodell zu haben [Llo84]. Somit ergibt sich aus dem vorletzten Satz das erstmals in [Rei77] erzielte Ergebnis.

Folgerung 3.2.1 *Ist W eine konsistente Menge von Hornformeln, so ist $T_{\mathrm{AWA}}(W)$ konsistent.*

In der Tat sind die beiden Beispiele oben, die zu Widersprüchen geführt haben, eben keine Hornformeln, ebensowenig wie sie die Aussage des vorangegangenen Satzes erfüllen. Auch haben sie kein kleinstes Modell. So hat zB. $Pa \vee Pb$ zwei verschiedene minimale Modelle; im einen besteht die Interpretation von P genau aus der von a, im anderen aus der von b, also sind beide Einermengen disjunkt.

---
[5]Viele der im folgenden nicht ausgeführten Beweise finden sich zB. in [Sch90].

Wir stehen natürlich nun immer noch vor der Frage, wie Nicht-Hornformeln hinsichtlich der AWA zu behandeln sind. Eine Möglichkeit, auch in diesem Fall Inkonsistenzen zu vermeiden, besteht in einer Anwendung der AWA nur auf eine Teilmenge $\mathcal{P}$ der auftretenden Prädikatszeichen, so daß eine Theorie $\mathcal{T}_{AWA}(W;\mathcal{P})$ resultiert.

Denken wir zur Illustration hierfür nochmal an das oben geschilderte Beispiel mit der Eiscreme. Wir haben ja nun gesehen, daß die AWA die Minimierung der Interpretationsbereiche (im mengentheoretischen Sinne) der auftretenden Prädikate zum Ziel hat. Das Beispiel illustriert aber, daß es einem oft nur um die Minimierung (in diesem Sinne) von einigen der Prädikate geht. Hier ist es das Prädikat "Abnormal", das es zu minimieren gilt, weil wir grundsätzlich zunächst von normalen Dingen ausgehen und Abnormalität nur annehmen, wenn sie zwingend erforderlich ist, also in diesem Sinne Abnormalität minimieren. Beim Prädikat "Liebt_Eiscreme" hingegen gibt es (abgesehen von gesundheitlichen Bedenken) keine Veranlassung zu einer Minimierung. In der Tat ergibt sich in diesem Beispiel kein Widerspruch mehr, wenn die AWA nur auf Grundformeln mit dem Prädikat "Abnormal" angewendet wird.

Dieses Beispiel mag die Idee nahelegen, man müsse nur eine Untermenge der auftretenden Prädikate derart bestimmen und minimieren, daß dann die Formel ohne diese minimierten Atome Horn wird. Leider gibt es aber auch hierfür Gegenbeispiele [Sch90].

Wir haben bislang noch nicht darüber gesprochen, wie bei gegebener Wissensbank W die Berücksichtigung der AWA tatsächlich realisiert wird. In [Rei77] hat Reiter ein Verfahren angegeben, das im Falle einer quantorenfreien Anfrage an die Wissensbank W nur die in W selbst enthaltenen Formeln berücksichtigt (vorausgesetzt $W \cup \overline{W}$ ist konsistent). Es muß also die Menge der negierten nichtfolgerbaren Grundatomformeln $\overline{W}$ nicht explizit aufgezählt werden. Besteht die Wissensbank nur aus Hornformeln, dann haben negative Klauseln (wie die Elemente von $\overline{W}$) keinen Einfluß auf den Ableitungsprozeß unter der Annahme der Weltabgeschlossenheit.

Die diskutierten Probleme des ursprünglichen Formalismus zur Modellierung der Annahme der Weltabgeschlossenheit haben zu etlichen Weiterentwicklungen geführt. Einer der ersten Ansätze wurde von Minker in [Min82] vorgestellt. Sein Ansatz wird als generalisierte Annahme der Weltabgeschlossenheit bezeichnet. Dieser Ansatz wurde in Form der vorsichtigen Annahme der Weltabgeschlossenheit von Gelfond und Przymusinska in [GP86] verallgemeinert. Die bisher allgemeinste Form der AWA stellt die von Gelfond, Przymusinska und Przymusinski in [GPP89] entwickelte erweiterte Annahme der Weltabgeschlossenheit dar. Insbesondere subsumiert diese die drei zuvor entwickelten Ansätze. In [Kat90] werden Modifikationen der AWA betrachtet, bei denen unter den Prädikatszeichen eine Präzedenzordnung angenommen wird. Dies führt zu einer partiellen, einer hierarchischen und einer schrittweisen AWA.

Wir erwähnen abschließend, daß die Annahme der Namenseindeutigkeit (engl. unique name assumption) als derjenige Spezialfall der AWA angesehen werden kann, bei der das Gleichheitsprädikat minimiert wird [Lif85a]. In den folgenden Abschnitten wird sich nun zeigen, daß die hier besprochenen Ideen und Konzepte in variierter, meist komplizierterer Form immer wieder auftauchen. Es ist besonders auch aus diesem Grunde, daß wir der AWA einen solch breiten Raum gewidmet haben.

3.3 Prädikatsvervollständigung

Die im vorangegangenen Abschnitt behandelte Annahme der Weltabgeschlossenheit ist ein Beispiel der dort ebenfalls beschriebenen allgemeineren Idee, zu einer gegebenen Weltbeschreibung W noch eine Reihe A von zusätzlichen Annahmen hinzuzunehmen, wie es die Abbildung 3.1 bereits illustriert hat. In diesem Fall bestehen diese Annahmen nur aus negierten Grundatomen. Im vorliegenden Abschnitt werden wir ein weiteres Beispiel dieser allgemeinen Idee kennenlernen, in dem auch allgemeinere Formeln als Annahmen zur Weltbeschreibung hinzugefügt werden.

Betrachten wir zur Illustration zunächst als einfachstes Beispiel eine Welt, die allein durch die Formel Pa charakterisiert ist. Unser Alphabet dagegen enthalte noch zusätzlich die Konstante b. Als Universum bei der Modellierung dieser Formel betrachten wir die Menge $\{a,b\}$. Wie bei der AWA bereits illustriert, möchte man in diesen Ansätzen bei dem so gewählten Universum nur solche Modelle zulassen, die all diejenigen (und keine weiteren) Konstanten in der Interpretation von P enthalten, für die die entsprechende Atomformel (wie hier Pa) auch ableitbar ist. Rein logisch wäre dagegen auch $\{a,b\}$ als Interpretation für unser P möglich. In diesem Sinne strebt man also eine Minimierung der Menge der möglichen Modelle an. Dies läßt sich außer mit der AWA auch wie folgt realisieren.

Wir formen Pa äquivalent zu $x = a \rightarrow Px$ um.[6] Diese Implikation betrachten wir als den "wenn"-Teil einer Definition des Prädikats P. Um nun andere Objekte als a aus einer Interpretation von P auszuschließen, müssen wir nur den "nur-wenn"-Teil dieser Definition, also die Formel $x = a \leftarrow Px$ als Annahme hinzufügen, so daß sich insgesamt $x = a \leftrightarrow Px$ ergibt. Wir nennen diese Erweiterungsoperation *Prädikatsvervollständigung* und die hinzugefügte Formel die *Vervollständigungsformel*. Sie ist in [Cla78] eingeführt worden.

Würde unsere Welt noch zusätzlich durch Pb charakterisiert sein, so ergäbe sich die Vervollständigungsformel $x = a \vee x = b \leftarrow Px$. Ist in dieser Weise ein Prädikat nur durch Grundatome definiert, so hat die Prädikatsvervollständigung genau den gleichen Effekt wie die AWA. Wie wir gleich sehen werden, ist das im allgemeinen nicht mehr der Fall. Wieder müssen wir auf Konsistenzprobleme achten. Betrachten wir zB. die sehr einfache Formel $\neg P(x) \rightarrow P(x)$, die äquivalent zu $P(x)$ ist, so erhält man mit der Prädikatsvervollständigung die inkonsistente Formel $\neg P(x) \leftrightarrow P(x)$ [She84]. Wie bei der AWA müssen wir uns auf die Suche nach einer Formelklasse machen, bei der sich durch diese Operation keine Inkonsistenzen einschleichen. Diesem Ziel dient die folgende Definition.

Definition 3.3.1 *Eine Menge von Klauseln heißt* solitär *in* P, *wenn jede Klausel mit einem (in negativer Repräsentation) positiven Auftreten von* P *kein weiteres Auftreten von* P *enthält.*

Die Klausel $\neg Qa \vee \neg Qb \vee \neg Pb \vee Pa$ ist in diesem Sinne nicht solitär in P, weil neben dem positiven Auftreten in Pa noch zusätzlich das negative Auftreten in $\neg Pb$

---

[6]Beim Auftreten freier Variablen, wie hier dem x, denke man sich immer den Allabschluß, dh. die Allquantifizierung von x vor der Formel hinzugefügt.

vorhanden ist. Sie ist aber solitär in Q, weil es überhaupt kein positives Auftreten von Q gibt. Im übrigen handelt es sich um eine Hornklausel, wie auch allgemein solitäre Klauseln Horn (in den betreffenden Prädikaten) sind. Auch die obige Formel, die bei der Prädikatsvervollständigung eine Inkonsistenz erzeugte, ist nicht solitär. Nur für solitäre Klauselmengen werden wir nun die Prädikatsvervollständigung definieren, bei denen sich dann keine Inkonsistenzen ergeben können. Dies geschieht wie folgt.

Sei W also eine Klauselmenge, die solitär in P ist. Diejenigen unter diesen Klauseln, die ein positives Auftreten von P enthalten, lassen sich in der folgenden Form schreiben.

$$L_1 \wedge \ldots \wedge L_m \to P(t_1, \ldots, t_n)$$

Wie oben bereits im speziellen Fall illustriert, gehen wir von dieser Form über zu der folgenden äquivalenten Form.

$$x_1 = t_1 \wedge \ldots \wedge x_n = t_n \wedge L_1 \wedge \ldots \wedge L_m \to P(x_1, \ldots, x_n)$$

Nehmen wir an, in der Prämisse treten außer den x_i noch die Variablen $y_1, \ldots, y_k$ auf. Dann ist der Allabschluß dieser Formel äquivalent mit der folgenden Formel.

$$\forall x_1 \ldots x_n \, [\exists y_1 \ldots y_k \, (x_1 = t_1 \wedge \ldots \wedge x_n = t_n \wedge L_1 \wedge \ldots \wedge L_m) \to P(x_1, \ldots, x_n)]$$

Auf diese Gestalt bringen wir nun alle Klauseln mit einem positiven Auftreten von P. Nehmen wir an, es gibt ℓ Stück hiervon. Jede hat also die Gestalt

$$\forall x_1 \ldots x_n \, [E_j \to P(x_1, \ldots, x_n)]$$

$j = 1, \ldots, \ell$. Ihre Konjunktion ist wiederum äquivalent mit

$$\forall x_1 \ldots x_n \, [E_1 \vee \ldots \vee E_\ell \to P(x_1, \ldots, x_n)]$$

Die *Vervollständigungsformel* $V_{W;P}$ hierzu ist gegeben durch

$$\forall x_1 \ldots x_n \, [E_1 \vee \ldots \vee E_\ell \leftarrow P(x_1, \ldots, x_n)]$$

Definition 3.3.2 *Zu einer in P solitären Klauselmenge W ist die unter der Prädikatsvervollständigung bezüglich P erhaltene Theorie definiert durch*

$$\mathcal{T}_p(W; P) = \{F \mid W \cup \{V_{W;P}\} \models F\}$$

Aus [GN89] übernehmen wir den folgenden Satz.

Theorem 3.3.1 *Ist W konsistent, so auch $\mathcal{T}_p(W; P)$.*

Die Prädikatsvervollständigung führt ebenfalls zu einem nichtmonotonen Verhalten; denn ergänzt man eine Weltbeschreibung mit neuen Klauseln, die solitär in P sind, dann erweitert man im allgemeinen damit auch den Interpretationsbereich von P. Ein einfaches Beispiel ist die Welt Pa erweitert mit Pb.

Die Prädikatsvervollständigung läßt sich natürlich auch auf den Fall mehrerer Prädikate anwenden. Wir betrachten hierzu das folgende Beispiel.

3.3 Prädikatsvervollständigung

$$W = \left\{ \begin{array}{l} Kind(Larissa), \\ Hat\_Zahnschmerzen(Larissa), \\ Kind(x) \wedge \neg Abnormal_1(x) \rightarrow Liebt\_Eiscreme(x), \\ Hat\_Zahnschmerzen(x) \wedge \neg Abnormal_2(x) \rightarrow \neg Liebt\_Eiscreme(x) \end{array} \right\}$$

Wendet man nun die Prädikatsvervollständigung auf die Prädikate $Abnormal_1$ und $Abnormal_2$ an, so erhält man die beiden Vervollständigungsformeln

$$Kind(x) \wedge \neg Liebt\_Eiscreme(x) \quad \leftarrow \quad Abnormal_1(x)$$
$$Hat\_Zahnschmerzen(x) \wedge Liebt\_Eiscreme(x) \quad \leftarrow \quad Abnormal_2(x)$$

in denen mit den Regeln von W der Pfeil auch in die andere Richtung hinzugefügt werden kann. Über irgendwelche Abnormalitäten von Larissa verrät uns die Prädikatsvervollständigung nichts; somit ist weder Liebt_Eiscreme(Larissa) noch ¬ Liebt_Eiscreme(Larissa) ableitbar (was durchaus Sinn in dieser Situation macht). Im Gegensatz dazu führt die AWA in diesem Beispiel zu einem Widerspruch, da mit ihr beide Literale ableitbar werden. Die beiden Vervollständigungsmechanismen zeigen also tatsächlich ein unterschiedliches Verhalten. Alle Beispiele, die wir aber im vorangegangenen Abschnitt mit der AWA erfolgreich behandelt haben, führen auch mit der Prädikatsvervollständigung zum gleichen Ergebnis.

Damit die Zusammenhänge nicht übersehen werden, weisen wir anhand dieses Beispiels auf den Bezug zu den in Abschnitt 2.6 behandelten Vererbungsnetzen hin. Unser Beispiel ist offensichtlich von genau der dort behandelten Form. Um Widersprüche beim Vorliegen von Ausnahmen zu vermeiden, wurde hier in die Regeln jeweils ein Abnormalitäts–Prädikat eingeführt. Diese Technik ist als Alternative zu der dort besprochenen Lösung anzusehen. Über die Beziehung unter diesen beiden Alternativen ist wenig bekannt. Nur sieht man, daß hier die Regeln nicht wie dort immer nur auf eine Prämisse beschränkt sein müssen. Andererseits gewährleistet die Einführung von Abnormalitätsprädikaten für sich allein nicht die Bevorzugung von spezifischerer Information.

Die Vervollständigung in bezug auf mehr als ein Prädikat ist nicht immer so problemlos wie in dem gegebenen Beispiel. Die jeweiligen Klauseln können sich zB. überlappen, dh. eine Klausel kann je ein positives Literal zweier verschiedener Prädikate enthalten; oder die Vervollständigung bezüglich der einen Klausel kann sich auf die der anderen auswirken (in möglicherweise zirkulärer Weise). Mit einigen Vorsichtsmaßnahmen, wie parallele Vervollständigung und Ordnung der Prädikate $P_1, \ldots, P_n$, so daß in den Definitionsklauseln für P_i nur Prädikate P_j mit $j < i$ auftreten, läßt sich unsere Definition auch im allgemeinen auf mehrere Prädikate erweitern [GN89]. In dieser verallgemeinerten Form wurde die Prädikatsvervollständigung von Clark auf die PROLOG Programmierung zur Rechtfertigung der Negation als Mißerfolg angewandt, die wir im folgenden Abschnitt 3.4 behandeln.

3.4 Negation als Mißerfolg

PROLOG ist eine Programmiersprache, die auf der Hornklausellogik basiert. In erster Näherung kann man PROLOG als ein Beweissystem für diese Teillogik ansehen. Während jedoch ein Hornklauselbeweiser aus der Welt Pa die Aussage $\neg Pb$ nicht ableiten könnte, ist PROLOG hierzu in der Lage. Der über die Technik eines Hornklauselbeweisers hinausgehende Mechanismus, der PROLOG hierzu befähigt, basiert auf der in Abschnitt 3.3 behandelten Prädikatsvervollständigung. Sie ermöglicht eine (nichtklassische) Form der Negation, nämlich die *Negation als Mißerfolg* [Cla78].

Die folgende PROLOG-Klausel zur Berechnung eines Elementes der Differenzmenge zweier Mengen illustriert diese Form der Negation in PROLOG.

```
elem_diff(M,N,X) :- member(X,M), not member(X,N).
```

not hierbei ist keine logische Negation, die ja diese Klausel zu einer Nicht-Hornklausel machen würde, während PROLOG ja nur Hornklauseln wirklich behandeln kann. Vielmehr ist es als Meta-Prädikat anzusehen, das wie folgt definiert ist.

```
not(X) :- call(X), !, fail.
not(X).
```

call ist dabei ein eingebauter Mechanismus, der das Programm mit dem gegebenen Argument als Anfrageliteral aufruft. Dieser Form der Behandlung entspricht formal eine zusätzliche Kalkülregel auf der Meta-Ebene der Form

$$\frac{\not\vdash P(t_1,\ldots,t_n)}{\neg P(t_1,\ldots,t_n)}$$

wie wir sie zuerst in Abschnitt 3.1 im Zusammenhang mit der Annahme der Weltabgeschlossenheit eingeführt haben (wobei wie dort $\vdash$ die Ableitbarkeit auf der Objektebene bezeichnet).

Wie die Prädikatsvervollständigung ist die Negation-als-Mißerfolg ein nichtmonotoner Mechanismus, was wir anhand unseres Beispiels 3.2.1 illustrieren.

```
kind(larissa).
liebt-eiscreme(X) :- kind(X), not abnormal(x).
?- liebt-eiscreme(larissa).
yes.
```

Die Anfrage führt zur Instantiierung der Regel des Programms. Deren zweites Unterziel löst den Negationsmechanismus, also einen Aufruf von abnormal(larissa) aus. Da das Programm diese Anfrage nicht lösen kann, verläuft der Aufruf also erfolgreich, so daß das Hauptprogramm mit yes terminiert. Würde man jetzt zusätzlich das Faktum abnormal(larissa) mit in das Programm aufnehmen, so ergäbe sich no als Antwort.

Damit leistet PROLOG offenbar in diesem Beispiel genau das gewünschte Verhalten. Von manchen Autoren wird daher argumentiert, daß diese Programmiersprache für die Zwecke der Formalisierung des alltäglichen Schließens voll ausreicht [Kow91]. Obwohl diese Programmiersprache von großer Ausdruckskraft und deduktiver Stärke ist, bezweifeln die Autoren, daß all die anderen in diesem Buch besprochenen Inferenzformalismen dadurch obsolet werden.

In [Cla78, Llo84] wird die Korrektheit der Negation-als-Mißerfolg relativ zur Prädikatsvervollständigung gezeigt. Da diese jedoch zu Inkonsistenzen Anlaß geben kann, wie wir im letzten Abschnitt gesehen haben, ist die Korrektheit nur für die in Abschnitt 3.3 behandelten solitären Klauselmengen gesichert. Für diese findet man in den eben angegebenen Quellen, wo sie als *hierarchische Programme* eingeführt werden, auch einen Vollständigkeitssatz, nach dem dieses Verfahren jede Antwort auf eine zulässige Anfrage finden kann. In Abschnitt 3.10.3 werden wir eine Semantik dieser hier besprochenen Negation kurz behandeln. Sie ist eng verwandt mit der in [vRS91] angegebenen Semantik. Technisch gesprochen besteht das Problem einer semantischen Behandlung der Negation-als-Mißerfolg in einer Bewältigung der durch Zyklen (siehe Abschnitt 4.4.4 in [Bib92]), wie zB. $P \leftarrow P$, verursachten Problematik.

3.5 Zirkumskription

Die Annahme der Weltabgeschlossenheit und die Prädikatsvervollständigung, die wir in den beiden Abschnitten 3.2 und 3.3 kennengelernt haben, lösen das in der Einleitung zu diesem Kapitel genannte Qualifikationsproblem auf eine relativ einfache Weise. Zu einer gegebenen (unvollständigen) Weltbeschreibung W wird nach einem festen Verfahren aus Teilen von W eine neue Formel A bestehend aus einer Reihe von Einzelteilen gebildet, die zusammen mit W als neue, vollständigere Weltbeschreibung angenommen wird.

Wenn wir uns an das zu Beginn dieses Kapitels gegebene Beispiel der Missionare und Kannibalen erinnern, so erscheint ein solches Vorgehen allerdings nicht allzu natürlich. Kein Mensch käme nämlich auf die Idee, im einzelnen durch eine solche Geschichte zu gehen und daraus noch weitere Aussagen zu extrahieren, um so zu einem vollständigeren Bild von der dargestellten Situation zu gelangen. Natürlicher wäre es, wenn derjenige, der die Aufgabe stellt, die Erzählung mit der Bemerkung "und das ist alles" (oder so ähnlich) schließt. Mit einer solchen Floskel pflegen wir auszudrücken, daß nun alles für die Geschichte Relevante gesagt sei, dem für die Lösung eben nichts mehr hinzugefügt werden dürfe. Könnte man eine solche pauschale Floskel nicht als logische Formel präzisieren und wie das A vorher dem W einfach hinzufügen? Nach dem, was wir in den vorangegangenen beiden Abschnitten bereits gelernt haben, müßte eine solche zusätzliche Formel alle Modelle mit Ausnahme von minimalen Modellen ausschließen.

Nicht nur wäre ein solcher Ansatz natürlicher als die beiden vorherigen Versuche, sondern er verspräche auch in Fällen anwendbar zu sein, in denen die bisherigen

Techniken versagen. Denken wir zB. an eine Geschichte, die beginnt mit "Stellt Euch irgend etwas Grünes vor". Logisch entspricht dem "irgend etwas Grünes" eine Formel der Form $\exists x\, Px$. Auch hier macht es einen Sinn, nur das minimale Modell ins Auge zu fassen, das aus einem einzigen Objekt besteht, auf das P zutrifft, während die gegebene Formel natürlich auch Modelle mit beliebig vielen solchen Objekten hat. Keiner unserer bisherigen Ansätze ist hierauf aber anwendbar. Für den speziellen Einzelfall ist es natürlich nicht schwer, eine entsprechende Formel, nämlich $\exists x \forall y\, (y = x \leftrightarrow Py)$ in diesem Fall, anzugeben. Gesucht ist jedoch ein Mechanismus für alle in dieser Weise lösbaren Fälle.

Darüber hinaus muß von einer tragfähigen Methode auch die Möglichkeit der Behandlung von Weltbeschreibungen verlangt werden, die inkonsistent sind, wozu unsere bisherigen Verfahren ebenfalls nichts beigetragen haben. Die Methode der Zirkumskription [McC80, McC86] (dh. Umschreibung, engl. circumscription) bietet Mechanismen, die all dies leisten können. Einige davon werden wir in diesem Abschnitt behandeln.

3.5.1 Prädikatszirkumskription

In diesem ersten Unterabschnitt betrachten wir die natürlichste und einfachste Form der Zirkumskription, in der die Extension eines der auftretenden Prädikate mittels einer pauschalen Formel minimiert wird. Schon dieser einfache Fall wird das Prinzip der Zirkumskription als einer *logischen Minimierung* verdeutlichen. Zur besseren Lesbarkeit beginnen wir mit ein paar notationellen Vereinbarungen.

Im folgenden werden immer Prädikatszeichen mit beliebig vielen Stellen zugelassen. Wir fassen jedoch alle Argumente zu einem einzigen (Vektor-) Argument zusammen und schreiben also zB. Px anstelle von $Px_1 \ldots x_n$. In Abschnitt 2.6.4 haben wir bereits $P \to Q$ als Abkürzung für $\forall x(Px \to Qx)$ eingeführt, die bei den Vererbungsnetzen gebräuchlich ist. Bei der Zirkumskription hat sich für genau das Gleiche die Schreibweise $P \leq Q$ eingebürgert. Der Grund für diese Notation liegt in der semantischen Überlegung, daß nämlich beim Vorliegen dieser Formel die Extension von P in der von Q in jedem Modell enthalten sein muß. $P < Q$ ist eine Abkürzung für $P \leq Q \wedge \neg(Q \leq P)$, und $P = Q$ eine für $P \leq Q \wedge Q \leq P$. $W\{P \setminus P^*\}$ bezeichnet diejenige Formel, die aus (der endlichen Formel) W durch Substitution von P durch P^* hervorgeht. In solchen Fällen nehmen wir immer stillschweigend an, daß der resultierende Ausdruck wieder eine Formel ist, was insbesondere die gleiche Stelligkeit beider Prädikatszeichen erforderlich macht. Mit dieser Notation ergibt sich nun die entscheidende Definition [McC80].

Definition 3.5.1 *Zu einer gegebenen Weltbeschreibung W und einem Prädikatszeichen P sei die Zirkumskriptionsformel für P in W definiert als*

$$Z[W;P] = W \wedge \neg \exists P^* (W\{P \setminus P^*\} \wedge P^* < P)$$

Die zugehörige Theorie ergibt sich dann als

3.5 Zirkumskription

$$\mathcal{T}_Z(W; P) = \mathcal{T}(Z[W; P])$$

Die in der Zirkumskriptionsformel zu W hinzugefügte Formel drückt wörtlich aus, daß es kein Prädikat geben soll, für das alles in W Gesagte gilt und dessen Extension jedoch noch echt kleiner ist als die von P. Mit anderen Worten, P erfüllt die Vorgaben von W auf die denkbar sparsamste Weise. Dies entspricht, hier eingeschränkt auf ein einziges Prädikat, genau der im Vorspann dieses Abschnitts ausgeführten Motivation. Das, was über P in W gesagt ist, umfaßt alles Relevante und sollte durch nichts ergänzt werden. Die dabei erforderliche Quantifizierung über Prädikatszeichen führt uns in die Logik zweiter Stufe (siehe [Bib92]).

Im weiteren Verlauf werden wir noch weitere Zirkumskriptionsformeln kennenlernen. Im Vergleich werden wir eine dann als *stärker* als die andere ansehen, wenn sie noch mehr minimiert. Sie führen alle zu einem nichtmonotonen Verhalten, da die Hinzufügung weiterer Informationen bezüglich der auftretenden Prädikate natürlich auch einen Einfluß auf den durch die (sich mitverändernde) Zirkumskriptionsformel verursachten Minimierungsprozeß haben können.

Damit haben wir die Grundidee der Zirkumskription kennengelernt. Neben den uns bereits aus den letzten beiden Abschnitten vertrauten Fragestellungen, wie der nach der Behandlung von mehr als einem Prädikat sowie nach der Konsistenz, werden wir uns hier auch mit der Frage befassen müssen, inwieweit sich die hier auftauchende Formel zweiter Stufe im Rahmen eines Deduktionsverfahrens behandeln läßt. Zunächst jedoch geben wir zwei alternative, äquivalente Formulierungen an.

$$Z[W; P] = W \wedge \forall P^*(W\{P \setminus P^*\} \wedge P^* \leq P \to P \leq P^*)$$

$$Z[W; P] = W \wedge \forall P^*(W\{P \setminus P^*\} \to P^* \not< P)$$

Die Äquivalenz der somit drei verschiedenen Formulierungen der Zirkumskription eines Prädikats sieht man leicht über die semantische Bedeutung dieser Formeln ein. Sie läßt sich natürlich auch syntaktisch beweisen.

Um den Leser nicht allzusehr mit Manipulationen an Formeln zweiter Stufe zu traktieren, steuern wir als erstes zwei Ergebnisse an, mit denen die Zirkumskription in wichtigen Fällen zu einer Formel der Logik erster Stufe führt. Dazu erinnern wir an die Definition 3.3.1 einer in P solitären Klauselmenge. Eine solch solitäre Klausel läßt sich mit unserer Notation jetzt in der Form $E \leq P$ schreiben. Wir verallgemeinern diese Definition unter Verwendung dieser Form auf beliebige Formeln (also nicht nur Klauseln).

Definition 3.5.2 *Eine Formel heißt* solitär *in* P, *wenn sie sich in der Form* $N[P] \wedge (E \leq P)$ *schreiben läßt.* $N[P]$ *ist hierbei eine beliebige Formel mit nur negativem Auftreten*[7] *von* P, *während* E *kein Auftreten von* P *enthält.*

---

[7] Ein Zeichen in einer Formel tritt negativ auf, wenn es nach Transformation in die Negationsnormalform im Bereich von einer ungeraden Anzahl von Negationszeichen steht; andernfalls tritt es positiv auf [Bib87a].

Für solche solitären Formeln erhalten wir das folgende Resultat [Lif85b].

Theorem 3.5.1 *Es gilt* $Z[N[P] \wedge (E \leq P); P] \leftrightarrow N[E] \wedge (E = P)$, *wobei* $N[E] = N[P]\{P \setminus E\}$.

Wenn E aus einer Konjunktion von Literalen besteht, dann läßt sich $E \leq P$ auch als eine Klausel lesen (im Sinne von PROLOG ist es sogar eine Klausel). Diese Klausel ist dann auch solitär im Sinne der Definition 3.3.2. Hat man mehrere Klauseln dieser Gestalt, so lassen sie sich durch Faktorisierung des Kopfes zu einer Formel der Gestalt $E \leq P$ zusammenfassen. Solitäre Klauseln können also als Spezialfall der solitären Formeln aufgefaßt werden. In diesem Spezialfall von solitären Klauseln stimmt die Zirkumskription mit der Prädikatsvervollständigung offensichtlich voll überein. Insbesondere *kollabiert* hier die Zirkumskriptionsformel also zu einer Formel erster Stufe. Die Anwendung dieses Satzes auf die zu Beginn dieses Abschnitts genannte Formel $\exists x\, Px$, die sich äquivalent auch als $\exists x \forall y\, (y = x \rightarrow Py)$ schreiben läßt, ergibt $\exists x \forall y\, (y = x \leftrightarrow Py)$. Dies ist genau das gewünschte Resultat. Es wird aber nur mit dem Trick erzielt, daß die Zirkumskription ohne den Existenzquantor durchgeführt wird; ein stärkeres Verfahren, das auch ohne einen solchen Trick auskommt, werden wir in Abschnitt 3.5.3 kennenlernen.

Daß wir mit der Prädikatszirkumskription noch nicht in allen Fällen das gewünschte Ergebnis erzielen, zeigt die Anwendung auf unser vertrautes Beipiel 3.2.1 der Eiscreme–liebenden Kinder. Die Zirkumskription des Prädikats "Abnormal" darin ergibt aufgrund unseres Satzes das Ergebnis $\forall x\, (Abnormal(x) \leftrightarrow Kind(x) \wedge \neg Liebt\text{-}Eiscreme(x))$, aber nicht die gewünschte Aussage über Larissa. Hieraus können wir schließen, daß die Prädikatszirkumskription in der bis jetzt besprochenen Form noch keine befriedigende Lösung offeriert. Eine in dieser Hinsicht verbesserte Form werden wir im nächsten Unterabschnitt kennenlernen. Zunächst jedoch verallgemeinern wir unser Resultat auf die folgende Formelklasse.

Definition 3.5.3 *Eine bezüglich P separable Formel W ist induktiv wie folgt definiert.*

1. *Enthält W kein positives Auftreten von P, dann ist sie separabel.*

2. *Eine Formel der Gestalt $E \leq P$ ist separabel, wenn E kein Auftreten von P enthält.*

3. *Die Konjunktion und Disjunktion von separablen Teilformeln ist separabel.*

Insbesondere sind solitäre Formeln also auch separabel bezüglich P. Man kann leicht zeigen, daß sich, unter Benutzung der oben eingeführten Notation, jede separable Formel in der Form

$$\bigvee_{i=1}^{n} (N_i[P] \wedge (E_i \leq P))$$

schreiben läßt. Auch für separable Formeln reduziert sich die Zirkumskription auf die Prädikatenlogik erster Stufe [Lif85b].

3.5 Zirkumskription

Theorem 3.5.2 *Sei $W = \bigvee_{i=1}^{n}(N_i[P] \wedge (E_i \leq P))$ eine separable Formel, dann gilt für die Zirkumskription von P*

$$Z[W; P] = \bigvee_{i=1}^{n}(D_i \wedge (E_i = P)),$$

wobei

$$D_i = N_i[E_i] \wedge \bigwedge_{j \neq i} \neg(N_j[E_j] \wedge (E_j < E_i)).$$

In [Lif87, Rab89] werden noch allgemeinere Klassen von Formeln angegeben, für die das Zirkumskriptionsproblem in dieser Weise auf die erste Stufe reduzierbar ist.

Nicht für alle Formeln läßt sich die Prädikatszirkumskription auf die erste Stufe reduzieren. Ein Beispiel ist die Formel

$$\forall vw (Qvw \rightarrow Pvw) \wedge \forall xyz (Pxy \wedge Pyz \rightarrow Pxz)$$

Die Formel besagt, daß P den transitiven Abschluß von Q umfaßt. Die Zirkumskription von P würde also besagen, daß P sogar genau diesen Abschluß darstellt, was beweisbar nicht in der Logik erster Stufe formuliert werden kann.

Wir kommen nun zu der Frage der Konsistenz der aus der Zirkumskription resultierenden Theorie. Wieder (wie in den beiden vorangegangenen Abschnitten) ist dies nicht trivial. Betrachten wir nämlich die Definition der natürlichen Zahlen (worin x' den Nachfolger von x bezeichnet),

$$\exists x (Nx \wedge \forall y(Ny \rightarrow x \neq y')) \wedge \forall x (Nx \rightarrow Nx') \wedge \forall xy (x' = y' \rightarrow x = y)$$

so führt die Zirkumskription von N zu einer inkonsistenten Theorie. Dies hängt damit zusammen, daß es keine N-minimalen Modelle (dh. Modelle, bei denen die Extension von N minimal ist) für die natürlichen Zahlen gibt [Dav80]. Es sind aber eine Reihe von hinreichenden Bedingungen bekannt, die die Konsistenz garantieren [Lif86a]. Wir nennen daraus das folgende Resultat, das unsere bisherigen Ergebnisse abrundet.

Theorem 3.5.3 *Ist W konsistent und bezüglich P separabel, so ist $Z[W; P]$ konsistent.*

Im folgenden Unterabschnitt werden wir dann noch ein allgemeineres Resultat nennen.

Die Zirkumskription ist verwandt mit der impliziten Definierbarkeit, wie sie aus der mathematischen Logik seit langem bekannt ist [Doy85], die besagt, daß eine Formel W eine eindeutige Interpretation für ein Prädikat P erzwingt. Formal definiert W dieses Prädikat implizit, wenn die Formel $W\{P \setminus \Phi\} \rightarrow \forall x (Px \leftrightarrow \Phi x)$ für jeden Ausdruck Φ gültig ist. Es gilt: Wenn eine Formel ein Prädikat implizit definiert, so auch explizit [Bet53].

3.5.2 Allgemeinere Formen der Prädikatszirkumskription

Die erste Verallgemeinerung der Prädikatszirkumskription besteht in der *parallelen* Umschreibung von mehr als einem Prädikat. Sie ist gegeben durch exakt dieselbe Formel wie oben.

$$Z[W; P] = W \wedge \neg \exists P^*(W\{P \setminus P^*\} \wedge P^* < P)$$

Nur steht P hier nun für ein Tupel $\{P_1, \ldots, P_n\}$, $P^* < P$ für $P^* \leq P \wedge \neg(P \leq P^*)$ und $P^* \leq P$ für die Konjunktion dieser Ausdrücke in den einzelnen Komponenten, dh. für $\bigwedge_{i=1}^{n} P_i^* \leq P_i$. Bevor wir auf die Bedeutung dieser Verallgemeinerung zu sprechen kommen, betrachten wir noch eine weitere Variante. Für sie gilt die folgende Zirkumskriptionsformel.

$$Z[W; P; X] = W \wedge \neg \exists P^* X^*(W\{P \setminus P^*, X \setminus X^*\} \wedge P^* < P)$$

Wir wollen hier gleich den allgemeinsten Fall annehmen, daß sowohl P als auch X für Tupel von Prädikatszeichen stehen. Man beachte, daß im Vergleich mit der vorangegangenen Formel noch mehr verlangt wird. Nicht nur soll es kein minimaleres P^* wie vorher geben, sondern dies auch dann nicht, wenn in W dabei auch die Ersetzung der Prädikatszeichen X durch andere Zeichen X^* erlaubt ist. Man spricht daher hier von der Zirkumskription von P in W *mit variablem X* oder kurz von der *variablen (Prädikaten-)Zirkumskription*. Während vorher nur diejenigen Prädikate verändert werden konnten, über die minimiert wird, können hier noch weitere Prädikate variieren.

Daß diese letztere Verallgemeinerung in der Tat eine stärkere Form der Zirkumskription ergibt, läßt sich an unserem Beipiel 3.2.1 illustrieren. Wie wir im letzten Unterabschnitt gesehen haben, liefert die einfach Prädikatszirkumskription von "Abnormal" nicht das gewünschte Ergebnis. Wir lassen nun aber noch zusätzlich das Prädikat "Liebt-Eiscreme" variieren und erhalten dann in der Tat das gewünschte Ergebnis, daß nämlich Larissa Eiscreme liebt.

Warum variieren wir "Liebt-Eiscreme" und nicht "Kind"? Semantisch leuchtet das sofort ein, denn an dem Kindsein von Larissa kann ja kein Zweifel bestehen; nur ihre Liebe zur Eiscreme ist unklar. Wir sehen also schon hier, daß bei der syntaktischen Formulierung der Aufgabe wichtige semantische Information dieser Art erforderlich ist, die syntaktisch in der beschriebenen Weise eingebracht wird.

Wir wollen zur Illustration die Ableitung in diesem einfachen Beispiel einmal direkt, dh. ohne Verwendung eines der Reduktionssätze skizzieren. Zur Abkürzung der Formeln wird nun jedoch nur mehr der erste Buchstabe eines jeden konstanten Zeichens verwendet. Unsere Ausgangsformel W lautet also in diesem Fall wie folgt.

$$K\ell \wedge (Kx \wedge \neg Ax \rightarrow Lx)$$

Hieraus ergibt sich die folgende Zirkumskriptionsformel $Z[W; A; L]$.

$$W \wedge \neg[K\ell \wedge (Kx \wedge \neg A^*x \rightarrow L^*x) \wedge (A^*y \rightarrow Ay) \wedge \neg(Az \rightarrow A^*z)]$$

3.5 Zirkumskription

Wie immer haben wir so viel Quantoren wie möglich eingespart, da sie bei Bedarf unmißverständlich nachgetragen werden können (und erfahrungsgemäß den "normalen" Leser eher abschrecken). Wie in der Prädikatenlogik erster Stufe ist auch in der zweiter und höherer Stufe die Instantiierung der existenzquantifizierten Variablen eines der entscheidenden Probleme. Während es dort die Unifikation in relativ einfacher Weise ermöglicht, ist ein solch einfaches Verfahren hier im allgemeinen nicht mehr möglich. In diesem Beispiel sieht man allerdings schnell, daß die Substitution von A^* durch $\lambda v \perp$ und von L durch $\lambda w\, Kw$ die Fortsetzung der Ableitung so ermöglicht, daß sich schließlich $Az \to \perp$ ergibt. $\perp$ bedeutet hierin das logische *falsum*, also die immer falsche Aussage. Das Ergebnis besagt also, daß niemand abnormal ist. Dies in W eingesetzt, ergibt $L\ell$, dh. Larissa liebt tatsächlich Eiscreme.

Wir erwähnen an dieser Stelle ausnahmsweise noch ein anderes Beispiel, das einige Berühmtheit erlangt hat. Es ist das sogenannte *Yale shooting problem* [HM87] und besteht aus den folgenden Formeln.

1. $T(Lebt, s_0)$
2. $\forall s\, [T(Geladen, r(Lade, s))]$
3. $\forall s\, [T(Geladen, s) \to A(Lebt, Schieß, s) \wedge T(Tot, r(Schieß, s))]$
4. $\forall f, e, s\, [T(f, s) \wedge \neg A(f, e, s) \to T(f, r(e, s))]$

Es soll etwa besagen, daß eine Person namens Fred zum Zeitpunkt s_0 lebt. Dann wird ein Gewehr geladen, wodurch wir in einen Zeitpunkt s_1 weiterrücken. Dann warten wir einen Moment und kommen so zu dem Zeitpunkt s_2, ohne daß sich dazwischen etwas anderes aufgrund der Formeln ereignet hätte. Schließlich wird geschossen, so daß zum Zeitpunkt s_3 Fred normalerweise tot ist.

Hank und McDermott haben in Ihrer Arbeit gezeigt, daß eine Zirkumskription des Prädikats A unter variablem T nicht zu dem erwarteten Ergebnis führt. Sie zeigen außerdem, daß auch andere nichtmonotone Formalismen, die wir in diesem Kapitel noch behandeln werden, mit diesem Beispiel ihre Probleme haben.

Das Beispiel kann als eines der produktivsten Beispiele dieses Gebietes angesehen werden, weil es die Entwicklung einer Reihe von verbesserten Varianten der in diesem Kapitel besprochenen Formalismen ausgelöst hat. Es hat allerdings nicht den nichtmonotonen Ansatz als ganzes erschüttert, wie es ursprünglich den Anschein hatte. Eine der einfachsten Lösungen dieses Problems wird in [Bak91] dadurch gegeben, daß anstelle von T das Funktionszeichen r variiert wird, so daß am Formalismus der Zirkumskription selbst nichts geändert werden muß. Die Arbeit enthält auch eine Referenz auf die vielen anderen Lösungsvorschläge in der Literatur, unter denen sich auch die im nächsten Unterabschnitt besprochene punktweise Zirkumskription befindet.

Während nach dem Vorangegangenen die variable Zirkumskription also eine echte Verallgemeinerung ergibt, werden wir nun feststellen, daß die erstere Verallgemeinerung von einem auf mehrere Prädikate in einem wichtigen Spezialfall nicht wirklich eine echte Verallgemeinerung darstellt. Zuächst gilt der folgende Satz [Lif87].

Theorem 3.5.4 $Z[W; P; X]$ *impliziert* $Z[W; P_i; X]$, $i = 1, \ldots, n$.

In dem angekündigten Spezialfall haben wir dann die Umkehrung [Lif87].

Theorem 3.5.5 *Sind alle Vorkommen von $P_1, \ldots, P_n$ in W positiv, so ist $Z[W; P; X]$ äquivalent mit $\bigwedge_{i=1}^{n} Z[W; P_i; X]$.*

In diesem Fall positiven Auftretens der Zirkumskriptionsprädikate läßt sich die Berechnung also auf den im letzten Unterabschnitt behandelten einfachen Fall zurückführen, wobei sich die dortigen Begriffe wie 'solitär' und 'separabel' in natürlicher Weise auf den vorliegenden Fall mehrerer Prädikate verallgemeinern. Zur Bewertung der Wichtigkeit des Spezialfalles sei erwähnt, daß in der Praxis die zu minimierenden Prädikate in der Tat so gut wie immer positiv auftreten. Die parallele Zirkumskription erweist sich in diesem Sinne von minderem Interesse. Auf ein in Theorem 6.11 von [GN89] formuliertes Ergebnis der Zurückführung der parallelen Zirkumskription im Spezialfall sogenannter geordneter Formeln auf eine Formel der Prädikatenlogik erster Stufe sei hier daher nur hingewiesen.

Der Beweis für das folgende auf Lifschitz zurückgehende Resultat findet sich in [GN89].

Theorem 3.5.6 *Enthält N kein positives Auftreten von X und tritt X in E nicht auf, so ist $Z[N \wedge (E \leq X); P; X]$ äquivalent mit $N \wedge (E \leq X) \wedge Z[N\{X \setminus E\}; P]$.*

Zur Illustration wenden wir dieses Ergebnis auf unser Standardbeispiel mit der Eiscreme an. Die Formel

$$K\ell \wedge (Kx \wedge \neg Ax \rightarrow Lx) \wedge (Sx \rightarrow Ax)$$

besagt neben dem Kindsein von Larissa und dem Eiscremelieben von normalen Kindern, daß (Zahn-)Schmerzen zur Abnormalität führen. Die Anwendung des Satzes auf diese Formel W ergibt

$$Z[W; A; L] \leftrightarrow W \wedge Z[Sx \rightarrow Ax; A] \leftrightarrow W \wedge (Ax \leftrightarrow Sx)$$

Hat daher Larissa Zahnschmerzen, dann läßt sich nicht ableiten, daß sie Eiscreme mag, ganz wie es der Aufgabenstellung entspricht.

In vielen Fällen einer Weltbeschreibung ergeben sich eine Reihe von Regeln, die normalerweise gelten, deren Ausnahmen jedoch miteinander in einer hierarchischen Beziehung stehen. Betrachten wir zur Illustration nochmals unser Eiscremebeispiel mit der Zahnschmerzregel $Sx \wedge \neg A_2 x \rightarrow \neg Lx$ in der bereits am Ende des Abschnitts 3.3 betrachteten Fassung. Die Zahnschmerzen verleiden in der Regel den Appetit auf Eiscreme, so daß das Prädikat A_2 mit oberster Priorität minimiert werden muß, während A nur für die verbleibenden Fälle, also mit niedrigerer Priorität, zu minimieren ist. Um dies formal zu realisieren, ist in der Zirkumskriptionsformel lediglich der Anteil $P^* < P$ in der lexikographischer Weise zu interpretieren, die uns aus vielen Anwendungen (wie zB. der Namensanordnung in Telefonbüchern) vertraut ist. Im Falle zweier Prädikate P_1, P_2 ergibt sich also in diesem Sinne für $P^* < P$ die folgende Formel.

$$P_1^* \leq P_1 \wedge (P_1 \leq P_1^* \rightarrow P_2^* < P_2)$$

3.5 Zirkumskription

In Worten, ist $P_1^* < P_1$, dann ist das erste Konjunktionsglied in jedem Fall erfüllt, da es ja eine schwächere Aussage darstellt, während das zweite Konjunktionsglied gilt, weil die Prämisse seiner Implikation falsch ist; ist andernfalls $P_1^* = P_1$, dann muß $P_2^* < P_2$ gelten, um die Formel wahr zu machen, während die Formel sonst immer falsch ist. Die Verallgemeinerung dieser Definition von $P^* < P$ auf mehr als zwei Prädikate ist nun einfach.

$$\bigwedge_{i=1}^{n}\left[\left(\bigwedge_{j=1}^{i-1} P_j \leq P_j^*\right) \rightarrow P_i^* < P_i\right]$$

Hierin lassen sich die P_k's auch noch zusätzlich wie oben als Mengen von Prädikaten auffassen. Interpretiert man $P^* < P$ in unserer bisherigen Zirkumskriptionsformel durch diese Formel, so erhält man also die *Prioritätszirkumskription* $Z[W; P_1 > \ldots > P_n; X]$,[8] wobei P_1 die höchste Priorität hat. Sie läßt sich vermöge der folgenden Formel [Lif87] auf die bisherige Form der Zirkumskription zurückführen.

$$Z[W; P_1 > \ldots > P_n; X] = \bigwedge_{i=1}^{n} Z[W; P_i; P_{i+1}, \ldots, P_n; X]$$

Es handelt sich also nicht wirklich um eine Verallgemeinerung der bisherigen Form.

Auch für die verallgemeinerten Formen der Zirkumskription sind die Fragen nach der Konsistenz untersucht worden. Wie schon am Ende des letzten Unterabschnitts erwähnt, spielen hierbei (P, X)-minimale Modelle eine wichtige Rolle, also Modelle, die minimal bezüglich (P, X) sind, ein Begriff, für dessen exakte Definition wir zB. auf [Eth88] (S. 133) verweisen. Hiermit ergibt sich der folgende Konsistenzsatz [Eth88].

Theorem 3.5.7 *$Z[W;P;X]$ ist in jedem (P,X)-minimalen Modell von W erfüllt.*

Unter welchen Bedingungen ist die Voraussetzung des Satzes erfüllt? Hierzu führen wir den folgenden Begriff ein.

Definition 3.5.4 *Eine Theorie W heißt wohlfundiert bezüglich (P,X), wenn jedes Modell von W ein (P,X)-minimales Untermodell hat.*

Hiermit ergibt sich nun der auch praktisch anwendbare Konsistenzsatz [Eth88].

Theorem 3.5.8 *Ist W konsistent und bezüglich (P,X) wohlfundiert, so ist auch $W \wedge Z[W; P; X]$ konsistent.*

Universelle Theorien (die in pränexer Normalform keine Existenzquantoren haben) zB. sind immer wohlfundiert. Für weitere Klassen siehe [Lif86a, MR90].

---

[8] Das Prioritätszeichen $>$ hat nichts mit dem Zeichen $<$ zu tun, das zur Abkürzung von Formeln hier ebenfalls verwandt wird.

3.5.3 Punktweise Zirkumskription

Während die bisher behandelten Formen der Zirkumskription von der Vorstellung der Prädikate als Mengen von Objekttupeln ausgehen, ist die in diesem Unterabschnitt betrachtete Variante aus der Vorstellung von Prädikaten als booleschen Funktionen entstanden, die in jedem Punkt eines Universums von Tupeln definiert ist. Demnach ist die *punktweise* Zirkumskription des Prädikats P wie folgt definiert.

$$Z^{\bullet}[W; P; X] = W \land \neg \exists x\, X^{*}[Px \land W\{P \setminus \lambda y\,(Py \land x \neq y), X \setminus X^{*}\}]$$

In diesem Fall betrachten wir also nur ein einziges Prädikat P, während X wie bisher ein Tupel von Prädikaten repräsentieren kann. Die Formel besagt also, daß es unter Variation von X kein kleineres Prädikat P' geben kann, das sich von P nur in einem einzigen Punkt unterscheidet (während wir in dieser Hinsicht bisher keinerlei Einschränkungen getroffen haben). Da diese Minimalitätsbedingung deshalb offensichtlich ein Spezialfall derjenigen bei der variablen Zirkumskription ist, folgt (zB. mit der Kontraposition) sofort der folgende Satz [Lif87].

Theorem 3.5.9 $Z[W; P; X]$ *impliziert* $Z^{\bullet}[W; P; X]$.

Damit ist die Konsistenzfrage auf die der bisherigen Zirkumskription reduziert. In dem folgenden, in der Praxis besonders wichtigen Spezialfall gilt auch die Umkehrung [Lif87].

Theorem 3.5.10 *Wenn alle Vorkommen von P in W positiv sind, dann ist $Z[W; P; X]$ äquivalent mit $Z^{\bullet}[W; P; X]$.*

Wie bereits erwähnt, ist die Voraussetzung des Satzes in der Praxis so gut wie immer erfüllt. Wenn keine variablen Prädikate auftreten, dann kollabiert die Formel der punktweisen Zirkumskription zu einer Formel der ersten Stufe. Unter der Voraussetzung des letzten Satzes ergibt sich in diesem Fall also ein weiterer Fall, in dem die Zirkumskription innerhalb der ersten Stufe durchgeführt werden kann. Insbesondere fällt unsere Formel $\exists x\,Px$ aus der Einleitung zu diesem Abschnitt in diese Klasse; die dort gegebene logische Minimierung läßt sich jetzt mit der punktweisen Zirkumskription leicht streng formal herleiten. In [Lif87] wird diese kollabierende Formelklasse noch so erweitert, daß zu W konjunktiv noch eine Formel mit ausschließlich negativ auftretendem P zugelassen wird.

Zusammen mit dem folgenden Resultat [Lif87] ergibt sich aus diesem Satz nun noch, daß die punktweise Zirkumskription mindestens ebenso stark ist wie die variable Prädikatszirkumskription.

Theorem 3.5.11 *Ist Q ein neues Prädikat gleicher Stelligkeit wie P, dann ist $Z[W \land \forall x\,(Px \rightarrow Qx); Q; P, X]$ äquivalent mit $Z[W; P; X)] \land \forall x\,(Px \leftrightarrow Qx)$.*

In der ersteren Formel tritt nämlich Q nur positiv auf, so daß der vorherige Satz anwendbar ist, während die zweite Formel den allgemeinen Fall der variablen Zirkumskription (und eine triviale Definition) enthält.

3.5 Zirkumskription

Praktische Anwendungen, insbesondere auf dem Gebiet der Planung, haben eine noch weitergehende Verallgemeinerung der punktweisen Zirkumskription als erforderlich erwiesen. Ohne auf die Details noch im einzelnen eingehen zu wollen, zeigen wir im folgenden die entsprechende Formel [Lif87].

$$Z^*[W; P_i; P/V] = W \wedge \neg \exists x\, P^* \left[P_i x \wedge \neg P_i^* x \wedge \bigwedge_{j=1}^{n} EQ_{V_j x}(P_j^*, P_j) \wedge W\{P \setminus P^*\} \right]$$

Hierin steht P wie bisher für einen Vektor $P_1, \ldots, P_n$ von Prädikats- und (hier auch von) Funktionszeichen. Minimiert wird allerdings nur über ein Prädikatszeichen, nämlich P_i, und zwar durch punktweise Zirkumskription. Dabei können die übrigen Prädikate oder Funktionen wie bisher variieren, nun aber in explizit vorgegebenen Bereichen, dh. Prädikaten V_j, die nicht ihren gesamten Gültigkeitsbereich umfassen müssen. Die Stelligkeit von V_j ist die Summe der Stelligkeiten von P_i und von P_j. $EQ_{V_i x}(P_i^*, P_i)$ ist eine Abkürzung für $\forall y\, [\neg(\lambda z\, V_i x z)y \to (P_i^* \leftrightarrow P_i)]$ oder kürzer

$$\forall y\, [\neg V_i x y \to (P_i^* \leftrightarrow P_i)]$$

Mit anderen Worten, außerhalb des durch V_i markierten Bereiches müssen die Prädikate P_i und P_i^* übereinstimmen. Sind alle diese Bereiche durch das konstante Prädikat true charakterisiert, dann geht diese verallgemeinerte Formel in die der normalen punktweisen Zirkumskription über, wie man leicht sehen kann.

Um wenigstens eine Idee von der Brauchbarkeit dieser zusätzlichen Möglichkeit zu geben, die Variationsbereiche einschränken zu können, denke man an Prädikate, unter deren Argumenten sich eines für die Zeit findet. Wie man an Beispielen leicht illustrieren kann, macht es nun durchaus einen Sinn, eine Minimierung mit Priorität für möglichst frühe (oder umgekehrt möglichst späte) Zeiten anzustreben. Genau solche argumentweisen Prioritäten, die nicht wie im vorangegangenen Unterabschnitt global die Prädikate als Ganzes betreffen, lassen sich mit diesen Bereichseinschränkungen ermöglichen.

3.5.4 Vergleichende Anmerkungen

Das Verwirrende für den Anwender sind derzeit die vielen verschiedenen verfügbaren Ansätze zum nichtmonotonen Schließen. Allein für die Zirkumskription haben wir nun eine ganze Reihe kennengelernt. Deshalb ist es wichtig, sich nochmals einige der vergleichenden Aussagen vor Augen zu führen. Zunächst haben wir in Satz 3.5.11 gesehen, daß die punktweise Zirkumskription mindestens ebenso stark wie die variable Zirkumskription ist. Nach Satz 3.5.10 fallen beide Definitionen in den meisten praktischen Fällen ohnehin zusammen. Mit der verallgemeinerten punktweisen Zirkumskription des letzten Unterabschnitts sollten also keine Wünsche offenbleiben.

Dabei bietet die punktweise Zirkumskription gegenüber der variablen Zirkumskription neben der größeren Flexibilität eine Reihe von weiteren Vorteilen. So ist ihr einfachster Fall von vornherein eine Formel der ersten Stufe. Zudem genügt die Definition zur Minimierung eines einzigen Prädikats. Prioritäten lassen sich bei ihr mittels der Bereiche axiomatisch fassen anstatt in einer metamathematischen Weise.

Damit sei jedoch keine abschließende Beurteilung suggeriert. Vielmehr ist erst jüngst in [EGG92] die Schwäche der Zirkumskription bei der Behandlung von (inklusiven) Disjunktionen diskutiert worden. Disjunktive Information hat allen Ansätzen zum nichtmonotonen Schließen Schwierigkeiten bereitet. Im Zusammenhang mit der Ermangelungslogik werden wir deren diesbezügliche Schwäche in Abschnitt 3.7.3 mit einem Beispiel dort illustrieren und auf eine diesbezügliche Lösung hinweisen. Ein anderes Beispiel soll diese Schwäche im Fall der Zirkumskription hier illustrieren.

Wir wissen über einen Mann, daß er Hammer oder Nagel, $H \vee N$, in Händen hält und ein Bild aufhängen möchte, B. Offenbar braucht er dazu beides, dh. $H \wedge N \rightarrow B$. Eine Vervollständigung dieses unvollständig beschriebenen Szenarios würde im alltäglichen Schließen drei mögliche Fälle in Betracht ziehen, nämlich daß H, N oder $H \wedge N \wedge B$ gilt, letzteres weil $H \vee N$ ja $H \wedge N$ nicht ausschließt und die Regel daraus B zu erschließen erlaubt. Zirkumskription behandelt die darin auftretende Disjunktion dagegen ausschließlich exklusiv, so daß nur H und N als minimale Modelle erschlossen werden können.

Die Autoren von [EGG92] schlagen daher eine verallgemeinerte Form der Modellminimierung vor. Mit minimalen Modellen M_1, M_2 wird auch die kleinste obere Schranke M im Verband der Modelle in diesem verallgemeinerten Sinne der Minimierung als minimales Modell zugelassen. Im Beispiel würde das bedeuten, daß mit H und N auch das Modell H, N, B in diesem Sinne als minimal betrachtet wird, wodurch die intuitiv wünschenswerte Lösung auch tatsächlich erreicht wird. Dieser Minimierungsprozeß muß natürlich in allgemeineren Fällen iteriert werden, was in der angegebenen Arbeit formal berücksichtigt wird. Auch wird dort die daraus resultierende Komplexität untersucht.

Noch immer gibt es nicht allzu viel praktische Erfahrung im Einsatz der Zirkumskription. Bei den genannten kollabierenden Fällen sollten klassische Beweissysteme auf keine besonderen Schwierigkeiten stoßen. In [Rab89] werden zudem noch weitere solche Fälle angegeben. [Prz89, Gin89b, HIP91] befassen sich explizit mit dem Problem, die Zirkumskription zu berechnen, dh. Spezialbeweiser auf sie anzusetzen. [GL89] geben sogar eine Kompilierung in Logikprogramme an. Angesichts dieser Vorarbeiten scheint nur eine gewisse Hemmschwelle überwunden werden zu müssen, bis diese Technik in der Praxis Fuß faßt.

Die nächste Frage hinsichtlich des Vergleichs der Ansätze zum nichtmonotonen Schließen bezieht sich auf Vergleiche mit den vorangegangenen Methoden (siehe auch Abschnitt 3.11). Der Satz 3.5.1 hat uns zB. gezeigt, daß in dem Fall einer in P solitären Menge W von Klauseln sich bei der Prädikatszirkumskription das gleiche Ergebnis wie bei der Prädikatsvervollständigung ergibt. Die Beziehung der Zirkumskription mit den in Abschnitt 2.6 behandelten Vererbungsnetzen ist oberflächlich leicht herzustellen. Jede Inkonsistenz wird hier durch die Einfügung eines Abnormalitätsprädikats in die Regeln mit Ausnahmen behoben, über das dann minimiert wird. Die bei den Vererbungsnetzen erreichte Bevorzugung spezifischerer Information ist in der Zirkumskription selbst noch nicht eingebaut; insoweit führen die beiden Ansätze zu unterschiedlichem Verhalten.

3.6 Ermangelungsschließen durch Theoriebildung

In Abschnitt 3.1 haben wir die klassische Beziehung $W \models S$ erläutert und auf die Schwierigkeiten zur Modellierung von Phänomenen menschlichen Schließens hingewiesen. Bisher haben wir drei verschiedene Ansätze zur Überwindung dieser Schwierigkeiten vorgestellt. Sie alle gehen von der Vorstellung aus, daß unsere Weltbeschreibung in der Regel mangelhaft ist. In *Ermangelung* besseren Wissens wenden sie in pauschaler Weise Vervollständigungsmechanismen an, die sich in allen drei Fällen an dem Ziel minimaler Modelle für die gegebene Weltbeschreibung orientieren.

Der Ansatz, den wir in diesem Abschnitt vorstellen und der in [Poo88] von Poole erstmalig ausgearbeitet, aber schon in [Bib87b] angeregt wurde, ist mit den vorangegangenen Ansätzen insofern eng verwandt, als auch hier die Ursache für die Schwierigkeiten in der Weltbeschreibung und nicht in der Logik angenommen wird. Die vorgeschlagene Lösung unterscheidet sich aber darin von den bisherigen, daß hier die gegebene Weltbeschreibung nicht notwendigerweise als konsistent vorausgesetzt wird. Dies hängt damit zusammen, daß Faustregeln (oder Ermangelungsregeln), die durch das Wort "normalerweise" in ihrer natürlichsprachlichen Form charakterisiert sind, hier ohne die Technik eines zusätzlichen Abnormalitätsprädikats in die Logik übersetzt werden, so daß das "normalerweise" in der Regel selbst überhaupt nicht direkt zum Ausdruck gebracht wird. Vielmehr wird zur Vermeidung von Inkonsistenzen die Menge dieser Ermangelungsregeln anders als der restliche Teil der Weltbeschreibung im Inferenzprozess behandelt. Um dies genauer erläutern zu können, führen wir zunächst die folgenden Begriffe ein.

Definition 3.6.1 *Sei F eine konsistente Menge (bzw. eine Konjunktion) von geschlossenen Formeln, genannt* Fakten, *H eine Menge von Formeln, genannt mögliche* Hypothesen *oder (Standard-)* Annahmen, *und C eine Menge geschlossener Formeln, genannt* Einschränkungen. *Ein Szenario von F, H und C ist eine Menge $F \cup D$, wobei D eine Menge von Grundinstanzen von Elementen aus H so ist, daß $F \cup D \cup C$ (bzw. $F \wedge D \wedge C$) konsistent ist. Die Menge aller Grundinstanzen von H über dem vorgegebenen Alphabet bezeichnen wir mit $g(H)$.*

Eine Erklärung für eine abgeschlossene Formel A aufgrund von F, H und C ist ein Szenario S von F, H und C, das A impliziert, dh. $S \models A$.

Ein Szenario $F \cup D$ von F, H, C heißt maximal, *wenn für alle I mit $I \in g(H)$ (und $I \notin D$) die Menge $F \cup D \cup \{I\} \cup C$ inkonsistent ist.*

Ist S ein maximales Szenario von F, H und C, so heißt die Menge $\mathcal{E}$ aller daraus implizierten Formeln, dh. $\mathcal{E} = \{A \mid S \models A\}$, eine Extension *von F, H und C.*

Betrachten wir wieder einmal unser Eiscreme-Beispiel 3.2.1 zusammen mit der Zahnschmerzenregel, also insgesamt die folgende Formel.

$$K\ell \wedge (Kx \to Lx) \wedge (Sx \to \neg Lx)$$

Das Literal $K\ell$ darin bildet die Menge F der unumstößlichen Fakten. Die beiden Regeln bilden die Menge der möglichen Hypothesen H. Die Menge der Einschränkungen ist hier leer. Das Beispiel illustriert auch unsere in der Notation zum Ausdruck kommende Ambivalenz zwischen Konjunktionen und Mengen von Formeln, was logisch keinen Unterschied macht.

Liebt Larissa Eiscreme? Da das Szenario $\{K\ell, K\ell \rightarrow L\ell, S\ell \rightarrow \neg L\ell\}$ konsistent ist und $L\ell$ impliziert, ist die Antwort 'ja'. Weiß man nun zusätzlich noch, daß Larissa Zahnschmerzen hat, dh. $S\ell$, dann kann dieses Szenario nicht durch dieses Faktum erweitert werden, weil das Ergebnis inkonsistent wäre. Vielmehr ergeben sich zwei verschiedene konsistente Szenarios $\{K\ell, S\ell, K\ell \rightarrow L\ell\}$ und $\{K\ell, S\ell, S\ell \rightarrow \neg L\ell\}$, die zwei unterschiedliche Antworten erklären. Das Beispiel illustriert die zugrundeliegende Idee, wonach die gegebene Weltbeschreibung nicht wörtlich genommen, sondern als eine Menge verschiedener möglicher Weltbeschreibungen aufgefaßt wird, die erst aus der gegebenen Beschreibung in einer Art Theoriebildungsprozeß extrahiert werden müssen. In diesem Sinne ist das hier beschriebene Vorgehen auch eng mit dem in Abschnitt 4.3.1 beschriebenen abduktiven Schließen verwandt.

Das in diesem Beispiel resultierende Ergebnis ist nicht anders als bei der Zirkumskription, wo erst mit einer Priorität unter den Abnormalitätsprädikaten eine befriedigendere Lösung erreicht wird. Eine Priorität dieser Art wird hier im Falle der Abwesenheit von Einschränkungen in der folgenden Weise erreicht.

Für jede Hypothese führen wir die Möglichkeit ein, sie mit einem Namen zu benennen. Sei etwa $B \in H$ eine solche Hypothese, deren freie Variable $x_1, \ldots, x_n$ sind; dann führen wir zB. das n-stellige Prädikatszeichen P_B ein (von dem natürlich angenommen wird, daß es sonst bisher nicht aufgetreten ist) und verwenden $P_B x_1 \ldots x_n$ als Name für die Hypothese. Statt $P_B x_1 \ldots x_n$ schreiben wir wie bisher auch kurz $P_B x$, indem wir x als Abkürzung für $x_1 \ldots x_n$ auffassen. Unser System $F, H, \emptyset$ (also ohne Einschränkungen) läßt sich damit alternativ wie folgt formulieren.

$$F' = F \cup \{\forall x (P_B x \rightarrow Bx) \mid Bx \in H\}$$
$$H' = \{P_B x \mid Bx \in H\}$$

Daß dies wirklich nur ein Spiel mit Namen ist und keine für unsere Zwecke relevante Veränderung mit sich bringt, zeigt der folgende Satz [Poo88].

Theorem 3.6.1 *Sind alle in H' verwendeten Prädikatszeichen in F, H, D nicht aufgetreten, so ist D in $F, H, \emptyset$ genau dann erklärbar, wenn D in $F', H', \emptyset$ erklärbar ist.*

Der Verzicht auf die Berücksichtigung von Einschränkungen ist notwendig. Der Satz gilt nämlich nicht mehr, wenn $C \neq \emptyset$ gilt und C' durch Einsetzen von Namen für Hypothesen aus C hervorgeht, also die beiden insbesondere nicht identisch sind. Wie in [DJS92] näher erläutert, läßt beispielsweise das Tripel

$$\{B \rightarrow A, B \rightarrow F\}, \{B, A\}, \{F \rightarrow \neg A\}$$

nur ein einziges Szenario zu, $\{B \rightarrow A, B \rightarrow F, A\}$, wohingegen das nach dem eben beschriebenen Verfahren benamte Pendant

$$\{B \to A, B \to F, P_B \to B, P_A \to A\}, \{P_B, P_A\}, \{F \to \neg P_A\}$$

zwei Szenarios besitzt, nämlich $\{B \to A, B \to F, P_A, A\}$ und $\{B \to A, B \to F, P_B, B\}$.

In unserem Eiscreme-Beispiel, das keine Einschränkungen enthält, könnte man etwa für die beiden Hypothesen die neuen Namen K_Lx und S_nLx einführen. Sind diese in dem aufgrund des Satzes 3.6.1 äquivalenten System verfügbar, dann lassen sich (unter Änderung des Systemverhaltens) nun auch Prioritäten leicht formulieren. So ist es sehr natürlich festzulegen, daß beim Vorliegen von Zahnschmerzen die erstere Hypothese außer Kraft zu setzen sei, dh. formal $Sx \to \neg K\_Lx$. Die Priorität dieser Regel gegenüber den anderen beiden wird jedoch erst dann in der gewünschten Weise wirksam, wenn sie nicht als Hypothese, sondern als Einschränkung eingesetzt wird. Bei der Konsistenzprüfung wird sie dann ja in jedem Fall herangezogen (was als Hypothese nicht der Fall wäre, weshalb sich schon in unserem einfachen Beispiel dann der gewünschte Effekt nicht einstellen würde). Es ist leicht zu sehen, daß die Hinzunahme dieser zusätzlichen Regel als Einschränkung für unser Beispiel genau die erwarteten Resultate liefert. Insbesondere ist $\neg L\ell$ erklärbar, wenn $S\ell$ zu den Fakten gehört, während $L\ell$ nicht erklärbar ist.

Neben der Erklärung von Sachverhalten geht es uns hier auch um das Vorhersagen oder Prognostizieren möglichen künftigen Verhaltens [Poo87a]. Während in der klassischen Form der Logik beides in gleicher Weise durch den Ableitbarkeitsoperator behandelt wird, ergibt sich hier eine gesonderte Definition.

Definition 3.6.2 *Eine (geschlossene) Formel A heißt prognostizierbar in F, H, C, wenn A in allen Extensionen von F, H, C enthalten ist.*

Da es in dem eben beschriebenen Beispiel nur eine einzige konsistente Extension gibt, ist $\neg L\ell$ nicht nur erklärbar, sondern auch prognostizierbar.

Nach dieser Einführung der wichtigsten Definitionen zu dem in diesem Abschnitt behandelten Ansatz zum nichtmonotonen Schließen werden wir nun einige der wichtigsten Eigenschaften dieser Begriffe in diesem Unterabschnitt zusammentragen. So ergibt sich aus dem bekannten Kompaktheitssatz der Prädikatenlogik unmittelbar die folgende Aussage.

Lemma 3.6.1 *Jede in F, H, C erklärbare Formel A ist in einem endlichen Szenario von F, H, C erklärbar.*

Es ist offensichtlich, daß der hier eingeführte Formalismus (ebenso wie die früher besprochenen) nichtmonoton ist. Innerhalb ein und derselben Extension jedoch handelt es sich um ein rein klassisches Schließen, so daß unter anderem auch die Monotonie gegeben ist, was wir wie folgt festhalten.

Lemma 3.6.2 *Gilt (mit den Notationen wie bisher) $F \cup D_1 \models A$, $D_1 \subset D_2$ und ist $F \cup D_2$ konsistent, so gilt auch $F \cup D_2 \models A$.*

Die Begriffe 'Erklärbarkeit' und 'Extension' stehen in der folgenden engen Beziehung [Poo88].

Theorem 3.6.2 *A ist erklärbar in F, H, C genau dann, wenn A in einer Extension von F, H, C liegt.*

Zur Erklärung einer gegebenen Formel A ist jedoch nicht die Bildung der vollständigen Extension erforderlich. Vielmehr geht man hierzu von A aus und sucht nach einem Beweis mittels eines der bekannten Verfahren für die klassische Logik [Bib92], wobei von $F \cup H$ als Axiome ausgegangen wird. Immer wenn hierbei ein neues Element aus H herangezogen wird, wird die erforderliche Konsistenzprüfung unter Einbeziehung der Einschränkungen ausgeführt. Im Fall, daß diese Prüfung ein negatives Resultat ergibt, muß die Suche nach dem Beweis an dieser Stelle abgebrochen und müssen frühere Alternativen zur Fortsetzung herangezogen werden. Ein erfolgreich gefundener Beweis, bei dem diese Konsistenzprüfungen immer positiv verlaufen sind, liefert dann eine Erklärung, denn die dabei verwendeten Fakten und instantiierten Hypothesen bilden das gesuchte Szenario.

Soll A dagegen prognostiziert werden, so ist die Aufgabenstellung wesentlich komplizierter, da ja nun alle Szenarien ins Spiel kommen. Ein Verfahren hierfür ergibt sich aus den folgenden beiden Lemmata und dem aus ihnen folgenden anschließenden Satz, die auf [Poo87b] zurückgehen, in der vorliegenden, korrigierten Fassung jedoch aus [Thi93] entnommen sind.

Lemma 3.6.3 *Wenn (zu F, H, C, D wie bisher) die Negation $\neg A$ einer Grundinstanz $A \in g(H)$ nicht in der Extension eines maximalen Szenarios $S = F \cup C \cup D$ von $F \cup C, H, \emptyset$ liegt, dann ist A bereits Element dieses Szenarios, also $A \in D$.*

Lemma 3.6.4 *Zu F, H, C wie bisher ist eine abgeschlossene Formel A genau dann in jeder Erweiterung von F, H, C, wenn es in jedem Szenario von F, H, C eine Erklärung für A gibt.*

Theorem 3.6.3 *Zu F, H, C wie bisher ist eine abgeschlossene Formel A genau dann in jeder Erweiterung von F, H, C, wenn für jede Erklärung $F \cup D$ für A aufgrund von F, H, C gilt: Gibt es für die Negation $\neg d_i$ eines Elementes $d_i \in D$ eine Erklärung $F \cup D_i$ aufgrund von $F \cup C, H, \emptyset$, dann ist A in jeder Erweiterung von $F \cup D_i, H, C$.*

Auf der Grundlage der in diesem Abschnitt besprochenen Theorie ist ein auf Logikprogrammierung basierendes System THEORIST entwickelt worden [Poo88].

3.7 Eine Ermangelungslogik

Zu Beginn dieses Kapitels haben wir in Abschnitt 3.1 von der grundlegenden Beziehung $W \models S$, aber auch von der mit ihr zusammenhängenden Problematik gesprochen. Diese Problematik haben wir in den Abschnitten bisher dadurch zu lösen versucht, daß wir in verschiedener Weise an der Weltbeschreibung W "gedreht" haben. Die Alternative hierzu ist, stattdessen (zusätzlich) an $\models$ (oder an $\vdash$) zu "drehen". In dem vorliegenden Abschnitt werden wir uns nun mit einer Variante dieser letzteren Alternative beschäftigen. Es handelt sich um die Variante der *Ermangelungslogik* [Rei80] (engl. default logic).

3.7 Eine Ermangelungslogik

3.7.1 Die Syntax der Ermangelungslogik

Wie beim Ansatz mittels Theoriebildung, den wir im letzten Abschnitt besprochen haben, werden auch in der Ermangelungslogik die Faust- oder Ermangelungsregeln innerhalb der gegebenen Weltbeschreibung W gesondert behandelt. Auch hier unterscheiden wir also zwischen den Fakten F, einer Menge geschlossener Formeln, und dem, was wir im vorangegangenen Abschnitt als die möglichen Hypothesen bezeichnet haben. Dieser letztere Teil wird nun hier aber zur Definition einer veränderten Logik herangezogen, und nicht, wie dort, zur Bildung einer konsistenten Theorie.

Betrachten wir unser altes Beispiel der Eiscreme-liebenden Kinder $Kx \to Lx$, wobei das "normalerweise" in dieser Fassung der Regel noch nicht zum Ausdruck kommt. In der Ermangelungslogik erhält diese Regel unter Berücksichtigung des "normalerweise" die folgende Gestalt.

$$\frac{Kx \; : \; Lx}{Lx}$$

In Worten, wenn ableitbar ist, daß x Kind ist, und nichts gegen die Annahme, x liebt Eiscreme, spricht (dh. logisch, daß diese Annahme mit dem übrigen Wissen konsistent ist), dann läßt sich auch schlüssig folgern, daß x Eiscreme liebt.

In dieser Gestalt ist (wie bei Gentzen) die Regel als Kalkülregel aufzufassen. Das heißt, wir gehen aus von irgendeinem (vollständigen) Kalkül der Prädikatenlogik erster Stufe und erweitern dessen Ableitungsregeln um diese zusätzliche Regel. Insbesondere ändern wir also den Kalkül, indem wir einen Teil unseres Wissens in $\vdash$ stecken, während wir in allen bisherigen Ansätzen (mit Ausnahme der Annahme der Weltabgeschlossenheit AWA, die sich jetzt auch als Vorläufer der Ermangelungslogik auffassen läßt) die Logik selbst unangetastet ließen. Diese Kalküländerung hat eine irrelevante und eine relevante Komponente.

Aufgrund des Deduktionstheorems [Bib87a] ist $\vdash A \to B$ äquivalent mit $A \vdash B$. Daß wir also eine in Form einer Implikationsregel im Wissen enthaltene Regel als Kalkülregel repräsentieren, macht noch keinen relevanten Unterschied; dies ist also die irrelevante Komponente. Der entscheidende Unterschied besteht in einer ganz neuartigen Form von Kalkülregeln. So muß zur Prüfung der Anwendbarkeit der obigen Regel erst die Menge aller aus F in der bisherigen Weise ableitbaren Formeln daraufhin untersucht werden, ob sie $\neg Lx$ enthält. Nur wenn das nicht der Fall ist, darf die Regel angewendet werden. Da die Ableitbarkeit in der Prädikatenlogik nicht entscheidbar ist, kann also auch die Anwendbarkeit einer solchen Regel im allgemeinen gar nicht entschieden werden, während die Anwendbarkeit von üblichen Kalkülregeln immer entscheidbar ist und sich auf die Prüfung der Prämissen reduziert.

Der soeben beschriebene relevante Anteil bildet das Gegenstück in der Ermangelungslogik zur Einführung von Abnormalitätsprädikaten und deren Minimierung, wie es bei der Zirkumskription erfolgt. Bei letzterer bleibt alles unter der expliziten Kontrolle des Logikprogrammierers, während hier nun die Zügel dem Inferenzmechanismus überlassen bleiben, dessen einzige Schranken durch die geforderte Konsistenz gegeben werden. Hier handelt es sich also um ein wesentlich anderes Vorgehen. Es ist daher nicht verwunderlich, daß es einige Zeit gedauert hat, bis die Zusammenhänge zwischen diesen beiden Sichtweisen zur Nichtmonotonie weitgehend geklärt werden konnten [Kon88].

Wir werden nun diesen neuen Ansatz im einzelnen entwickeln. Insbesondere können die Regeln allgemeiner sein, als durch unser bisheriges Beispiel illustriert ist [Rei80].

Definition 3.7.1 *Eine* Ermangelungsregel *(oder auch Faustregel; engl. default rule) ist eine Kalkülregel der Gestalt*

$$\frac{A \ : \ B_1, \ldots, B_n}{C}$$

wobei $A, B_1, \ldots, B_n$ und C Formeln der Prädikatenlogik erster Stufe sind. A heißt die Voraussetzung, *C die* Folgerung, *und jedes B_i heißt eine* Rechtfertigung *der Regel. Die Regel heißt* abgeschlossen, *wenn alle diese auftretenden Formeln keine freien Variablen enthalten.*

Im gegenwärtigen Kontext werden wir oft kurz von Regel sprechen, wenn Mißverständnisse ausgeschlossen sind. In der ursprünglichen Fassung hat Reiter vor die B_i noch jeweils einen Möglichkeitsoperator in der Form MB_i geschrieben (vgl. hierzu den nachfolgenden Abschnitt), was sich aber erübrigt. Eine *Ermangelungstheorie* ist dann in der oben beschriebenen Weise durch ein Paar $(F, \mathcal{D})$ gegeben, wobei F eine Menge von geschlossenen Formeln, den Fakten, und $\mathcal{D}$ eine Menge von Ermangelungsregeln sind, wobei die Mengen immer als höchstens abzählbar unendlich angenommen werden. Die Theorie heißt abgeschlossen, wenn dies alle Regeln sind. Eine offene Ermangelungsregel wird üblicherweise als Schema angesehen und repräsentiert daher die Menge aller ihrer Grundinstanzen.

Bei den so eingeführten Regeln gibt es eine Reihe von wichtigen Spezialfällen, die wir jetzt besprechen. So kann A leer sein, was auch als die Formel true (bzw. als irgendeine Tautologie) angesehen werden kann. Der Fall $n = 0$ ist in unserem Zusammenhang uninteressant, da es sich dann um eine herkömmliche Regel handelt. Im Falle $n = 1$ unterscheiden wir die folgenden beiden Spezialfälle. Ist nämlich dann $B_1 = C$, so heißt die Regel *normal*, bzw. ist $B_1 = C \wedge D$ für irgendein D, so heißt die Regel *semi-normal*. Praktisch fallen alle Beispiele in diese beiden Kategorien.

In der klassischen Logik wird sowohl eine Menge W von Axiomen als auch die Menge der ableitbaren Formeln $\{G \mid W \vdash G\}$ als Theorie bezeichnet, weil der Bezug fixiert und eindeutig ist. Da wir nun einen veränderten Ableitungsbegriff haben und die Eindeutigkeit der Menge der ableitbaren Formeln nicht mehr gegeben ist (wie wir unten noch sehen werden), reservieren wir für die Menge der ableitbaren Formeln den Begriff einer Extension (oder Erweiterung). Man sei sich dabei der Problematik einer möglichen Zirkularität bewußt, denn die Ableitbarkeit ist über die Ermangelungsregel durch die Nicht-Ableitbarkeit und diese natürlich wieder durch die Ableitbarkeit selbst bedingt. Die folgende Fixpunktdefinition vermeidet den Zirkel.

Definition 3.7.2 *Sei $\Delta = (F, \mathcal{D})$ eine Ermangelungstheorie. Zu einer gegebenen Menge $\mathcal{E}$ von Sätzen (dh. geschlossenen Formeln) betrachten wir die kleinste Menge $\mathcal{E}'$ von Sätzen, für die die folgenden drei Bedingungen erfüllt sind.*

3.7 Eine Ermangelungslogik

1. $F \subseteq \mathcal{E}'$.

2. $\mathcal{T}(\mathcal{E}') = \mathcal{E}'$.

3. Für jede Regel $\frac{A : B_1,...,B_n}{C} \in \mathcal{D}$ gilt, wenn $A \in \mathcal{E}'$ und $\neg B_1, ..., \neg B_n \notin \mathcal{E}$, dann $C \in \mathcal{E}'$.

Bezeichnen wir diese Menge $\mathcal{E}'$ als $\Gamma(\mathcal{E})$. Dann heißt $\mathcal{E}$ eine Extension von Δ, wenn $\mathcal{E}'$ ein Fixpunkt von Γ ist, dh. $\Gamma(\mathcal{E}) = \mathcal{E}$. Für jede Formel $F \in \mathcal{E}$ schreiben wir $\Delta \vdash F$.

In Worten bedeutet die Operation Γ: Die gegebene Faktenmenge muß in der Extension enthalten sein, und die Extension muß abgeschlossen sein gegenüber der Ableitbarkeitsoperation im klassischen Sinne (siehe Abschnitt 3.1) ebenso wie gegenüber den Ermangelungsregeln. Im allgemeinen wird eine Extension umfassender sein als die über der Faktenmenge gebildete Theorie, aber kleiner als die über der Fakten- und Regelmenge im klassischen Sinne gebildete Theorie, also insbesondere ohne Beachtung der Rechtfertigungen. Anders ausgedrückt heißt dies, daß die Menge der Modelle von F größer ist als die von $\mathcal{E}$. Durch die Extensionsbildung wird also die Modellmenge eingeschränkt, eine Beobachtung, die wir uns im Hinblick auf die Semantik dieser Logik im Kopfe behalten sollten.

Eine intuitiv besser zu verstehende Charakterisierung von Extensionen ist die durch das folgende Theorem gegebene.

Theorem 3.7.1 *Sei $(F, \mathcal{D})$ eine Ermangelungstheorie, und sei $\mathcal{E}$ eine Menge von Sätzen. Wir definieren $\mathcal{E}_0 = F$ und für $i \geq 0$*

$$\mathcal{E}_{i+1} = \mathcal{T}(\mathcal{E}_i) \cup \left\{ C \, \bigg| \, \frac{A : B_1, ..., B_m}{C} \in D, A \in \mathcal{E}_i, \neg B_1, ..., \neg B_m \notin \mathcal{E} \right\}.$$

Dann ist $\mathcal{E}$ eine Extension für $(F, \mathcal{D})$ genau dann, wenn $\mathcal{E} = \bigcup_{i=0}^{\infty} \mathcal{E}_i$ gilt.

Die in diesem Theorem gegebene Charakterisierung der Extension einer Ermangelungstheorie ist von konstruktiverer Natur deswegen, weil die Extension in einer Reihe von Iterationsschritten gebildet wird. Die dem Problem innewohnende Zirkularität ist aber nicht verschwunden, sondern äußert sich in der Konsistenzprüfung der Rechtfertigungen bezüglich der *gesamten* (noch zu findenden) Extension bei jedem Iterationsschritt.

Wir können uns nun allerdings diese "Konstruktion" einer Extension anhand eines Übergangsgraphen verdeutlichen. Dieser hat die Form eines azyklischen, gerichteten Graphen, dessen Knoten Mengen von Formeln repräsentieren. Die (einzige) Wurzel des Graphen repräsentiert die deduktive Hülle $\mathcal{T}(F)$ der zugrundeliegende Faktenmenge F. Jede Kante ist mit einer Ermangelungsregel $\frac{A : B_1, ..., B_m}{C}$ markiert. Sie verbindet den Knoten zur Formelmenge $\mathcal{E}'$ mit einem Knoten zur Formelmenge $\mathcal{T}(\mathcal{E}' \cup \{C\})$ genau dann, wenn die Voraussetzung A in $\mathcal{E}'$ enthalten ist und die Rechtfertigungen $B_1, ..., B_m$ mit $\mathcal{E}'$ konsistent sind, dh. wenn $\neg B_1, ..., \neg B_m \notin \mathcal{E}'$ gilt. In diesem Sinne wird der Graph "zu groß". Seine Blätter *können* nämlich Extensionen repräsentieren, *müssen* es aber nicht.

Um nun zu überprüfen, ob eine ein Blatt markierende Formelmenge eine Extension darstellt, betrachten wir die Pfade von der Wurzel bis zu dem betreffenden Blatt. Unter ihnen muß im positiven Fall ein Pfad sein, so daß jede Rechtfertigung B_i einer eine Kante des Pfades markierenden Ermangelungsregel konsistent bzgl. der Formelmenge des Blattes ist. Praktisch ist dieses Verfahren jedoch nur bei endlichen Graphen dieser Art durchführbar. Ein weiteres Verfahren zur Konstruktion von Extensionen findet sich in Abschnitt 3.4 von [Eth88].

Mit der Angabe der obigen Definition einer Extension ist natürlich nicht geklärt, ob es zu einer Ermangelungstheorie überhaupt eine Extension gibt. Bevor wir dieser Frage nachgehen, wollen wir aber den Begriff durch Beispiele veranschaulichen.

Wie immer betrachten wir das Eiscreme-Beispiel, zu dem wir die Ermangelungsregel

$$\frac{Kx \; : \; Lx}{Lx}$$

oben schon einmal angegeben haben. Zu ihr fügen wir jetzt die Faktenmenge hinzu, die nur aus $K\ell$ besteht. $L\ell$ ist hiermit offensichtlich konsistent, so daß $L\ell$ abgeleitet werden kann. Damit sind jedoch schon alle deduktiven Möglichkeiten erschöpft, so daß wir die Extension $\mathcal{E} = \{K\ell, L\ell\}$ erhalten.[9]

Erweitern wir die Faktenmenge nun durch $S\ell$ und die Regelmenge durch

$$\frac{Sx \; : \; \neg Lx}{\neg Lx}$$

so ergeben sich zwei verschiedene Extensionen, $\mathcal{E}_1 = \{K\ell, S\ell, L\ell\}$ und $\mathcal{E}_2 = \{K\ell, S\ell, \neg L\ell\}$. Wie wir sehen, ist die Situation wie bei früheren Ansätzen; erst durch irgendeine Form von Hierarchie läßt sich auch hier das gewünschte Resultat erzielen. Wir wollen uns nun aber wieder den grundlegenden theoretischen Fragestellungen, insbesondere der nach der semantischen Bedeutung und damit zusammenhängend nach der Existenz der Extension im allgemeinen Fall, zuwenden.

3.7.2 Die Semantik der Ermangelungslogik

Der Ableitbarkeitsbegriff in der Ermangelungslogik weicht so stark von dem der klassischen Logik ab, daß die "Bedeutung" der Ableitbarkeit einer Formel keineswegs mehr offensichtlich ist. Die Frage nach der Semantik der Ermangelungslogik ist daher alles andere als trivial und hat mehr als ein Jahrzehnt eine Reihe von Forschern intensiv beschäftigt. In diesem Unterabschnitt wollen wir daher eine solche Semantik angeben.

---

[9]Genauer ergibt sich hier (und auch in den beiden folgenden Extensionen) der deduktive Abschluß $\mathcal{E} = \mathcal{T}(\{K\ell, L\ell\})$, der sich aber von der angegebenen Menge *inhaltlich* so gut wie nicht unterscheidet.

3.7 Eine Ermangelungslogik

Beginnen wir zunächst damit, an die Semantik der Prädikatenlogik (siehe Abschnitt 2.3) zu erinnern [Bib87a, Sho67]. Sie gründet sich auf den Begriff der Interpretation. Mittels einer Interpretation wird jeder Formel über dem betrachteten Alphabet ein Wahrheitswert zugeordnet. Betrachten wir zB. die Menge F der Fakten einer Ermangelungstheorie, so erhält jedes dieser Fakten in einer solchen Interpretation den Wert wahr oder falsch. Wenn unter einer gegebenen Interpretation alle Fakten den Wert wahr erhalten, dann nennt man diese Interpretation ein Modell der Faktenmenge. Hat man ein solches Modell der Faktenmenge, so ist auch jede aus F klassisch ableitbare Formel in dieser Interpretation wahr; die Interpretation ist also auch ein Modell der abgeleiteten Formel. Jedes Modell der Faktenmenge ist daher ebenso ein Modell aller aus ihr klassisch ableitbaren Formeln.

Genau diese zuletzt genannte Eigenschaft geht in der Ermangelungslogik verloren. Denken wir wieder an unser Standardbeispiel, und nehmen wir also an, daß die Menge der Fakten nur aus $K\ell$ besteht und

$$\frac{Kx : Lx}{Lx}$$

als einzige Regel gegeben ist. Durch Anwendung der Ermangelungsregel können wir auf die Formel $L\ell$ schließen. Die Modelle unserer Faktenmenge sind dadurch charakterisiert, daß sie alle die Formel $K\ell$ erfüllen, dh. wahr machen. Unter ihnen sind daher auch solche, die die abgeleitete Formel $L\ell$ falsch machen, dh. diese Modelle sind, anders als in der klassischen Logik, keine Modelle dieser abgeleiteten Formel. Durch die Anwendung der Ermangelungsregel wird die Menge der Modelle der Faktenmenge offensichtlich eingeschränkt, dh. es werden weniger Modelle, als ohne die Anwendung der Regel vorhanden sind.

In einer ersten Näherung kann man also sagen, daß die in einer Ermangelungstheorie ableitbaren Formeln semantisch durch eine Teilmenge der Modellmenge zur Faktenmenge bestimmt ist. Unser Ziel ist es, die Teilmenge so zu bestimmen, daß jedes Modell dieser Teilmenge auch ein Modell einer Extension der Ermangelungstheorie in dem Sinne ist, daß alle Formeln der Extension unter der zugrundeliegenden Interpretation wahr sind. Wir haben bereits im vorangegangenen Unterabschnitt gesehen, daß es mehrere Extensionen geben kann. Es kann daher auch sein, daß eine solche Teilmenge nicht eindeutig bestimmt ist; vielmehr kann es also auch mehr als eine derartige Teilmenge geben, und zwar zu jeder Extension genau eine.

Damit stehen wir nun vor der entscheidenden Frage, wie nämlich diese Teilmengen semantisch charakterisierbar sind. Die Antwort auf diese Frage fußt auf zwei entscheidenden Ideen. Die eine Idee beruht auf der Einführung einer Präferenzrelation auf Modellmengen, die durch die Ermangelungsregeln bestimmt ist. Auf sie werden wir weiter unten zu sprechen kommen. Die andere Idee fußt auf der Betrachtung von Kripke-Modellen anstelle von prädikatenlogischen Modellen. Diese Idee wurde zuerst in [BS92] realisiert und soll uns nun beschäftigen.

Hierzu erinnern wir zunächst an den in Abschnitt 2.11.7 eingeführten Begriff eines Kripke-Modells. Es besteht aus einer Menge möglicher Welten, unter denen eine aktuelle Welt ausgezeichnet ist. Zu jeder dieser Welten gibt es eine (prädikatenlogische) Interpretation, so daß wir vom Wahrheitswert einer Formel in einer Welt sprechen

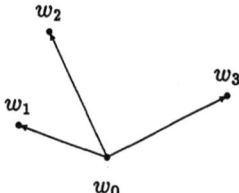

Abbildung 3.3 Ein Kripke-Modell bestehend aus vier Welten.

können. Schließlich ist die Menge der Welten durch eine Erreichbarkeitsrelation strukturiert, so daß man von einer Welt eine andere erreichen bzw. nicht erreichen kann. Eine Formel der Gestalt $\Box F$ ist dann in der aktuellen Welt wahr, wenn F in allen von ihr aus erreichbaren Welten wahr ist, während $\Diamond F$ dann wahr ist, wenn es eine erreichbare Welt gibt, in der F wahr ist; F selbst ist wahr, wenn F in der aktuellen Welt wahr ist.

Zum Verständnis der Idee der Verwendung von Kripke-Modellen stellen wir uns die Erreichbarkeitsrelation zunächst wie folgt vor: Eine Welt w_1 ist dann aus einer Welt w_0 erreichbar, wenn in w_1 alles gilt, was in w_0 gilt. Intuitiver können wir das auch so formulieren, daß w_0 die aktuelle Welt darstellt, die alle meine Überzeugungen widerspiegelt (zB. daß Larissa ein Kind ist), während w_1 eine vorgestellte Welt ist, in der über mir unklare Sachverhalte zusätzliche Annahmen getroffen sind (zB. daß Larissa blond ist). Betrachten wir dazu die in Abbildung 3.3 gezeigte Kripke-Struktur, die aus vier Welten besteht. In der aktuellen Welt w_0 sei C wahr. Weiter nehmen wir nun an, daß C auch in w_1, w_2 und w_3 wahr ist. Deshalb sind unter der eben beschriebenen Vorstellung der Erreichbarkeit diese drei Welten aus der aktuellen Welt erreichbar, genau wie es die Abbildung zeigt. Tatsächlich ist in dieser Vorstellung auch noch w_0 aus w_0 erreichbar, was in der Abbildung nicht explizit gezeigt ist. Wir nehmen nun zusätzlich an, daß die Formel B in w_2 und w_3 wahr und in w_0 und w_1 falsch ist.

Nach diesen Vorbemerkungen kommen wir nun zur Motivation, warum sich Kripke-Modelle zur Beschreibung der Semantik einer Ermangelungstheorie besonders eignen. Denken wir uns nämlich C als die Konklusion einer erfolgreich angewendeten Ermangelungsregel mit der Rechtfertigung B. Dann ist C in der aktuellen Welt wahr, da wir ja immer annehmen, daß die Fakten in der aktuellen Welt w_0 gelten und erfolgreiche Anwendungen von Ermangelungsregeln zu wahren Aussagen über die aktuelle Welt führen. Dann muß aber C auch in allen Welten wahr sein, die wir uns vorstellen können, dh. die von w_0 aus erreichbar sind; modallogisch besagt dies, daß auch $\Box C$ wahr ist. Zudem muß die Rechtfertigung B der Regel als Annahme möglich sein; mit anderen Worten, B muß mit den Überzeugungen, die w_0 prägen, vereinbar sein in dem Sinne, daß wir uns eine Welt vorstellen können (dh. die erreichbar ist)

3.7 Eine Ermangelungslogik

in der (nicht nur C, sondern auch) B gilt; dieses wiederum besagt modallogisch $\Diamond B$. Insgesamt ergibt sich also, daß die angenommene Kripke-Struktur (wie die in Abbildung 3.3 gezeigte) ein Kripke-Modell der Formeln C, $\Box C$ und $\Diamond B$, also auch von $C \wedge \Box C \wedge \Diamond B$ ist. Tatsächlich ist diese Formel auch in der Struktur der Abbildung 3.3 mit den oben beschriebenen Interpretationen wahr. Genau diese Formel wird ein entscheidender Baustein der unten stehenden Definition sein.

Diese Überlegungen zeigen, in welch natürlicher Weise sich eine ermangelungslogisch abgeleitete Formel C mittels eines Kripke-Modells semantisch fassen läßt. Dies wollen wir nun formal für eine beliebige Ermangelungstheorie $(F, \mathcal{D})$ durchführen.

Wir beginnen mit den Fakten F. Eingangs sind wir von der Menge von Modellen von F ausgegangen. Wie wir jetzt gesehen haben, ist es nötig, anstelle klassischer Modelle nun die Menge von Kripke-Modellen von F ins Auge zu fassen, was in der folgenden Definition zum Ausdruck kommt.

Definition 3.7.3 *Sei $(F, \mathcal{D})$ eine Ermangelungstheorie und $\mathcal{K}$ die Menge der Kripke-Strukturen (W, w_0, ι, R), wobei von R keine speziellen Eigenschaften verlangt werden (die zugrundeliegende Modallogik also das modallogische System K ist — siehe Abschnitt 2.11.7). Dann ist die mit F assoziierte Klasse von Kripke-Modellen definiert als $\mathfrak{M}_F = \{ \mathrm{m} \in \mathcal{K} \mid \mathrm{m} \models C \wedge \Box C \text{ für alle } C \in F \}$.*

Mit den folgenden Bemerkungen wollen wir diese Definition noch vertrauter machen. In ihr verwenden wir, wie üblich, die Bezeichnung $\mathrm{m} \models E$, um auszudrücken, daß E unter dem Kripke-Modell m wahr ist. $\mathrm{m} \models C \wedge \Box C$ besagt dann, wie oben ausführlich erläutert, daß ein Fakt C sowohl in der aktuellen Welt, als auch in allen erreichbaren (oder vorstellbaren) Welten[10] wahr ist. Wie ersichtlich, handelt es sich hier um die oben besprochene Formel $C \wedge \Box C \wedge \Diamond B$, nur daß bei den Fakten irgendwelche Rechtfertigungen B natürlich noch keine Rolle spielen.

Wie bei einer klassischen Formel gehen wir auch hier von der Menge *aller* Kripke-Modelle zur semantischen Charakterisierung von F aus. Dabei schränken wir R in keiner Weise ein; dh. insbesondere, daß die oben suggerierte Vorstellung von R nur eine von vielen ist. Um den Vergleich mit dem klassischen Fall noch weiter zu vertiefen, sei darauf hingewiesen, daß es zu jedem klassischen Modell M von F eine ganze Menge von Kripke-Modellen gibt, die sich in der Menge W der Welten, in der Interpretationsfunktion oder in der Erreichbarkeitsrelation R unterscheiden und nur in der aktuellen Welt übereinstimmen, dh. es gilt $\iota(w_0) = M$ für jede der Strukturen.

Wir sprachen oben davon, daß die Antwort auf die Frage der Charakterisierung der zu einer Extension gehörigen Teilmenge von (Kripke-) Modellen auf zwei Ideen fußt, von denen wir die der Kripke-Modelle nun ausführlich besprochen haben. Die zweite Idee beruht auf der Einführung einer Präferenzrelation zwischen verschiedenen Kripke-Modellmengen, die für den Fall klassischer Modelle zum erstenmal in [Eth88] verwendet wurde. Wir geben zunächst die formale Definition und dann eine Reihe von Erläuterungen dazu.

---

[10]Man kann sich hier auch nur auf die *unmittelbar* erreichbaren Welten beschränken [BS92].

Definition 3.7.4 *Sei $(F, \mathcal{D})$ eine Ermangelungstheorie und $\delta = \frac{A:B}{C} \in \mathcal{D}$. Zu zwei verschiedenen Klassen $\mathfrak{M}$ und $\mathfrak{M}'$ von Kripke-Strukturen, für die*

1. $\mathfrak{M} \models A$

2. $\exists m \in \mathfrak{M}.\ m \models \Diamond B$

erfüllt ist, gelte $\mathfrak{M}' >_\delta \mathfrak{M}$ genau dann, wenn

$$\mathfrak{M}' = \{m \in \mathfrak{M} \mid m \models C \wedge \Box C \wedge \Diamond B\}$$

Für eine Menge $\mathcal{D}$ von Ermangelungsregeln definieren wir die strikte partielle Ordnung $>_\mathcal{D}$ als die transitive Hülle der Vereinigung aller $>_\delta$ mit $\delta \in \mathcal{D}$. Wir bezeichnen dann die $>_\mathcal{D}$-maximalen Klassen von Kripke-Modellen über $\mathfrak{M}_F$ als die präferierten Klassen von Kripke-Modellen *zu $(F, \mathcal{D})$.*

Zur Erläuterung dieser Definition bedienen wir uns wieder des Standardbeispiels mit der Faktenmenge Kl und der Regel $d_l = \frac{Kl:Ll}{Ll}$, die wir der Einfachheit halber gleich in instantiierter Form angegeben haben. Entsprechend der vorangegangenen Definition 3.7.3 gehen wir aus von der zu Kl assoziierten Menge von Kripke-Modellen.

$$\mathfrak{M}_{Kl} = \{M \mid M \models Kl \wedge \Box Kl\}$$

Voraussetzung für die Ermittlung einer Menge $\mathfrak{M}'$, für die $\mathfrak{M}' > \mathfrak{M}_{Kl}$, nach Definition 3.7.4 gilt, ist das Erfülltsein der beiden in der Definition genannten Bedingungen. Erstens muß die Voraussetzung Kl der Regel in allen Modellen von $\mathfrak{M}_{Kl}$ gelten, dh. $\mathfrak{M}_{Kl} \models Kl$, was nach Definition von $\mathfrak{M}_{Kl}$ gegeben ist. Zweitens muß Ll möglich sein, dh. unter den Modellen von $\mathfrak{M}_{Kl}$ muß es eines geben, in dem es eine erreichbare (vorstellbare) Welt gibt, in der Ll wahr ist. Da die Definition von $\mathfrak{M}_{Kl}$ alle denkbaren Kripke-Modelle umfaßt, ist in $\mathfrak{M}_{Kl}$ auch dasjenige Modell M_0, das aus den beiden Welten w_0 und w_1 besteht, wobei in diesen beiden Welten die Literale Kl und Ll wahr sind und w_1 aus w_0 erreichbar ist; denn für dieses Modell gilt offensichtlich $M_0 \models Kl \wedge \Box Kl$, wie es Definition 3.7.3 vorschreibt. Nach Konstruktion gilt nun aber auch $M_0 \models Ll$.

Um es nochmals allgemein zu formulieren, kann es zu einer Regel δ und einer Kripke-Modellmenge $\mathfrak{M}$ nur dann eine Menge $\mathfrak{M}'$ mit $\mathfrak{M}' >_\delta \mathfrak{M}$ geben, wenn die Voraussetzung A von δ in allen Modellen von $\mathfrak{M}$ gilt und wenn die Rechtfertigung B von δ möglich ist, dh. in mindestens einem Modell gilt.

Sind diese beiden Bedingungen erfüllt, dann präferiert δ bezüglich $\mathfrak{M}$ diejenige Teilmenge $\mathfrak{M}'$ von Modellen, dh. $\mathfrak{M}' >_\delta \mathfrak{M}$, in denen also A gilt und notwendigerweise gilt und B möglich ist, in denen nun aber zusätzlich auch die Folgerung C von δ gilt, und zwar auch notwendigerweise. Im Beispiel ergibt sich für

$$\begin{aligned}\mathfrak{M}'_{Kl} &= \{M \in \mathfrak{M}_{Kl} \mid M \models Kl \wedge Ll \wedge \Box(Kl \wedge Ll) \wedge \Diamond Ll\} \\ &= \{M \in \mathfrak{M}_{Kl} \mid M \models Kl \wedge Ll \wedge \Box(Kl \wedge Ll)\}\end{aligned}$$

also $\mathfrak{M}'_{Kl} >_{\delta_l} \mathfrak{M}_{Kl}$. In $\mathfrak{M}'$ gilt mehr als in $\mathfrak{M}$, in welchem Sinne das $>$-Zeichen zu lesen ist (denn als Menge ist $\mathfrak{M}'$ ja kleiner als $\mathfrak{M}$).

3.7 Eine Ermangelungslogik

Im allgemeinen gibt es nun mehr als eine Regel in der Regelmenge $\mathcal{D}$. Hierzu sagt die Definition 3.7.4, daß wir ignorieren, durch welches δ eine Menge $\mathfrak{M}'$ präferiert wurde; dh. wann immer $\mathfrak{M}' >_\delta \mathfrak{M}$, dann auch $\mathfrak{M}' >_\mathcal{D} \mathfrak{M}$. Außerdem verlangen wir von $>_\mathcal{D}$ die Eigenschaft der Transitivität.

Zur Bildung einer zu einer Ermangelungstheorie $(F, \mathcal{D})$ gehörigen präferierten Kripke-Modellmenge gehen wir schließlich aus von $\mathfrak{M}_F$, bilden $>_\mathcal{D}$ und wählen ein bezüglich dieser Relation maximales Modell. Eine solche präferierte Modellmenge charakterisiert die Menge $\mathcal{E}$ derjenigen Formeln, die in allen aktuellen Welten dieser Modelle wahr sind. Damit haben wir die gewünschte semantische Charakterisierung der Formelmenge gegeben, die unsere Überzeugungen formuliert und nach der wir am Beginn dieses Unterabschnitts gefragt haben.

In unserem Beispiel besteht $>_\mathcal{D}$ lediglich aus $>_{\delta_\ell}$ und dieses aus dem Paar $(\mathfrak{M}'_{K\ell}, \mathfrak{M}_{K\ell})$. $\mathfrak{M}'_{K\ell}$ ist also das einzige maximale Element und daher die präferierte Kripke-Modellmenge unseres Beispiels. In ihr gilt $K\ell \wedge L\ell$, die einzig mögliche Extension unseres Beispiels.

Darüber hinaus charakterisiert eine präferierte Kripke-Modellmenge nicht nur die Menge unserer Überzeugungen, sondern macht in den aus w_0 erreichbaren Welten der Modelle auch alle impliziten Annahmen B explizit, auf denen diese Überzeugungen beruhen.

In [Sch92] findet sich der formale Beweis dafür, daß es zu jeder Extension E einer Ermangelungstheorie $(F, \mathcal{D})$ eine präferierte Modellmenge $\mathfrak{M}$ gibt, in der E gilt, und daß es zu jeder präferierten Modellmenge $\mathfrak{M}$ eine Extension E gibt, die in $\mathfrak{M}$ gilt. Es handelt sich dabei also um eine Art Korrektheits- und Vollständigkeitssatz für die Ermangelungslogik, der wie folgt lautet.

Theorem 3.7.2 *Sei $(F, \mathcal{D})$ eine abgeschlossene Ermangelungstheorie. Sei $\mathfrak{M}$ eine Klasse von Kripke-Modellen und $\mathcal{E}$ eine deduktiv abgeschlossene Menge von Sätzen, so daß*

$$\mathfrak{M} = \left\{ m \;\middle|\; m \models \mathcal{E} \wedge \bigwedge_{C \in \mathcal{E}} \Box C \wedge \bigwedge_{B \in B_\mathcal{E}} \Diamond B \right\},$$

wobei

$$B_\mathcal{E} = \left\{ B \;\middle|\; \frac{A : B}{C} \in \mathcal{D}, A \in \mathcal{E}, \neg B \notin \mathcal{E} \right\}.$$

Dann ist $\mathcal{E}$ eine konsistente Extension von $(F, \mathcal{D})$ genau dann, wenn $\mathfrak{M}$ eine $>_\mathcal{D}$-maximale, nicht-leere Klasse über $\mathfrak{M}_F$ ist.

Neben der hier beschriebenen Semantik der Ermangelungslogik finden sich in der Literatur noch andere. Eine erste semantische Charakterisierung der Ermangelungslogik wurde in [Luk84] für normale Ermangelungstheorien angegeben. Die erste Semantik für allgemeine Ermangelungstheorien wurde in [Eth88] beschrieben. Wie bereits weiter oben erwähnt, führte Etherington dazu eine durch Ermangelungsregeln induzierte Präferenzrelation zwischen Klassen von Modellen einer betrachteten Faktenmenge F ein. Intuitiv gibt eine solche Präferenzrelation die Präferenz einer Ermangelungsregel für speziellere Weltbeschreibungen wieder. Semantisch gesehen verringert dabei die Anwendung einer jeden Ermangelungsregel die Klasse der möglichen Modelle (durch Eliminierung derjenigen, die die Folgerung der Regeln verletzen). Um auch alternativen Extensionen einer gegebenen Ermangelungstheorie gerecht zu werden, wird die Präferenzrelation hier zwischen Klassen von Modellen und nicht wie etwa bei der Zirkumskription zwischen Modellen an sich eingeführt. Extensionen von Ermangelungstheorien werden dann in [Eth88] durch maximale Modellklassen (bzgl. der Präferenzrelation) charakterisiert, die zudem noch eine Zusatzbedingung (die sog. Stabilitätsbedingung) erfüllen müssen. Diese Zusatzbedingung ist im Rahmen des in diesem Unterabschnitt beschriebenen Ansatzes nicht mehr nötig, weil die Stabilität bezüglich der Ableitbarkeit durch die Verwendung von Kripke-Modellen automatisch gewährleistet ist. In diesem Sinne ist die hier dargestellte Semantik natürlicher und formal eleganter.

Ein zusätzlicher Vorteil der hier präsentierten Semantik ist ihre Allgemeinheit. Tatsächlich stellt sie einen Rahmen dar, mit dem verschiedene in der Literatur betrachtete Ermangelungslogiken in einheitlicher Weise semantisch charakterisiert werden können. Neben der Reiterschen Ermangelungslogik sind hier zB. eine Variante von Lukaszewicz [Luk88], die kumulative Ermangelungslogik von Brewka [Bre91a] und die bedingten Ermangelungslogiken von Delgrande und Jackson [DJ91] sowie von Schaub [Sch92] zu nennen. Damit werden die Bezüge dieser unterschiedlichen Logiken aus semantischer Sicht verständlich und durchsichtig. Auch fügen sich alle bisher betrachteten Semantiken in diesen Rahmen ein, soweit sie auf der Idee einer Präferenzrelation beruhen. In diesem Sinne fällt die in [dGC90] betrachtete Semantik aus dem Rahmen.

3.7.3 Abschließende Bemerkungen

Zunächst kommen wir in diesem letzten Unterabschnitt auf einen Bezug der Ermangelungslogik mit der Zirkumskription 3.5 zu sprechen. Wie in [Eth88] gezeigt wurde, korrespondiert die variable Zirkumskription eines Prädikats P in W bei Variation aller anderen Prädikate zum skeptischen Schließen mittels Ermangelungstheorien, deren Regeln die Gestalt

$$\left(\left\{\frac{:\neg Px}{\neg Px}\right\}, W\right),$$

haben. Dieses Resultat gilt aber nur unter der Annahme der Bereichsabgeschlossenheit und eines vollständigen Wissens über das Gleichheitsprädikat. Im allgemeinen sind Zirkumskription und Ermangelungslogik nicht in der so skizzierten Weise ineinander überführbar. Zum einen ist es unmöglich, Gleichheit zu zirkumskribieren [EMR85], während dies mit Ermangelungstheorien ohne Probleme möglich ist. Dies hat zur Konsequenz, daß etwa die Annahme der Namenseindeutigkeit mit der Ermangelungslogik, aber nicht mit der Zirkumskription modelliert werden kann. Zum anderen gilt

$$Z[\{Qa \wedge Qb\}; P] \vdash \forall x. \neg Px,$$

was so auch erwünscht ist, wohingegen man mit Hilfe der Ermangelungstheorie

$$\left(\left\{ \frac{: \neg Px}{\neg Px} \right\}, \{Qa \wedge Qb\} \right)$$

lediglich[11] $\neg Pa$ und $\neg Pb$ ableiten kann. Dieser Mangel bei der Ermangelungslogik wird in [Lif90b] dadurch vermieden, daß man die einer Interpretation zugrundeliegenden Universen explizit macht. Die freien Variablen in Ermangelungsregeln stehen dann für Namen der jeweiligen Elemente eines Universums (und nicht für Terme über der zugrundeliegenden Sprache wie bei Reiter). Dadurch können wir dann auch aus obiger Ermangelungstheorie $\forall x. \neg Px$ ableiten. Der Trick dabei liegt in einer impliziten Kodierung der Annahme der Bereichsabgeschlossenheit. Lifschitz konnte dann zeigen, daß Zirkumskription ein echter Spezialfall seiner Variante der Ermangelungslogik ist. Dieser Ansatz ist allerdings als ein rein semantischer einzustufen, da die Einbeziehung von Elementen des Universums praktisch nicht realisierbar erscheint.

In [Poo89] wurde ein Beispiel gegeben, dessen Behandlung mit der Ermangelungslogik zu einem kontra-intuitiven Ergebnis führt. Die Faktenmenge besteht aus *Gebrochen(linker_Arm)* $\vee$ *Gebrochen(rechter_Arm)* und die einzige Regel lautet

$$\frac{: Brauchbar(x) \wedge \neg Gebrochen(x)}{Brauchbar(x)}$$

Auch hier begegnen wir wieder der bereits im Abschnitt 3.5.4 besprochenen Problematik mit der Disjunktion. Die einzige Extension dieser Ermangelungstheorie enthält beide Fakten *Brauchbar(linker_Arm)* und *Brauchbar(rechter_Arm)*, wohingegen der gebrochene Arm doch nicht einsatzfähig sein sollte. Darüber hinaus ist in [Mak89] festgestellt, daß die Ermangelungslogik nicht stabil bzw. kumulativ im Sinne der in Abschnitt 2.6.3 gegebenen Definition ist. Diese Mängel sind in [Bre91b] mit einer kumulativen Ermangelungslogik sowie in [Sch92] mit einer bedingten Ermangelungslogik behoben worden. Wie im vorangegangenen Unterabschnitt erwähnt, sind zu beiden Ansätzen in [Sch91, BS92] Semantiken angegeben worden. Mit einem Hinweis auf die ausführliche Behandlung der Ermangelungslogik in [Bes89a] wollen wir diesen Abschnitt beschließen.

3.8 Modale nichtmonotone Logiken

In den vorangehenden Abschnitten haben wir zur Modellierung der Phänomene des nichtmonotonen Schließens die grundlegende Folgerungsbeziehung $W \models S$ einerseits durch die Modifikationen in der Weltbeschreibung W, andererseits durch Abwandlungen der Folgerungsbeziehung $\models$ abgeändert. In diesem Abschnitt wollen wir uns nun mit Ansätzen beschäftigen, die die zugrundeliegende Sprache zur Beschreibung von W erweitern. Faust- oder Ermangelungsregeln werden hier also innerhalb der gegebenen Weltbeschreibung W zusammen mit den Fakten einheitlich behandelt. Dazu wird die zugrundeliegende Sprache erster Stufe um einen Modaloperator erweitert, der es erlaubt auszudrücken, daß eine Aussage konsistent ist oder geglaubt wird.

---

[11] Bei Beschränkung auf die in der Ermangelungstheorie vorkommenden Sprachelemente.

Dieser Übergang zu einer Modallogik hat dann auch eine Änderung von $\models$ zur Folge, so daß in diesen Ansätzen sowohl an W als auch an $\models$ "gedreht" wird.

Die erste dieser Varianten ist die sogenannte *nichtmonotone Logik* [MD80]. In diesem Ansatz wird eine Sprache erster Stufe um einen unären Modaloperator M erweitert. Ein Ausdruck der Gestalt MF soll die intuitive Bedeutung "F ist konsistent" haben.

Betrachten wir dazu wieder unser Beispiel der Eiscreme-liebenden Kinder. Unsere Faustregel formalisieren wir in der nichtmonotonen Logik mit Hilfe des Schemas

$$Kx \wedge \mathsf{M}Lx \to Lx.$$

In Worten, wenn x ein Kind ist und es konsistent ist anzunehmen, daß x Eiscreme liebt, dann liebt x Eiscreme. Fügen wir nun noch das Fakt $K\ell$ zu unserer Weltbeschreibung hinzu, erhalten wir das aus den vorangehenden Abschnitten bekannte Szenario. Allerdings können wir nun noch nicht $L\ell$, dh. Larissa liebt Eiscreme, ableiten. Dazu müssen wir zunächst noch festlegen, wie wir M$L\ell$ ableiten können, dh. unter welchen Umständen $L\ell$ konsistent ist.

Wie wir bereits im letzten Abschnitt gesehen haben, führt die Einbeziehung der Konsistenz von Formeln (bzw. die Nicht-Ableitbarkeit von deren Negate) zu zirkulären Definitionen. Aus diesem Grunde werden auch hier Extensionen mit Hilfe einer Fixpunktgleichung beschrieben.

Definition 3.8.1 *Seien F und $\mathcal{E}$ Mengen von Sätzen. Dann ist $\mathcal{E}$ eine Extension von F, wenn $\mathcal{E}$ ein Fixpunkt der Gleichung*

$$\mathcal{E} = \mathcal{T}(F \cup \{\mathsf{M}A \mid \neg A \notin \mathcal{E}\})$$

ist.

In unserem Beispiel besteht F also aus dem Fakt $K\ell$ und der Ermangelungsregel $Kx \wedge \mathsf{M}Lx \to Lx$. Da wir nun keine Möglichkeit haben, auf $\neg L\ell$ zu schließen, können wir die Annahme M$L\ell$ zu $\mathcal{E}$ hinzufügen. Da $\mathcal{E}$ (mittels des Theorieoperators $\mathcal{T}$) deduktiv abgeschlossen ist, erhalten wir dann mit Hilfe von Modus Ponens und der obigen Ermangelungsregel auch $L\ell$.

Obwohl die nichtmonotone Logik unser Larissa-Beispiel meistert, ist sie im allgemeinen zu schwach, um komplexere Beispiele richtig zu behandeln. Diese Schwäche wird durch eine mangelnde Beziehung zwischen Formeln mit und ohne Modaloperator verursacht. Insbesondere toleriert McDermotts und Doyles Ansatz Weltbeschreibungen, die einen nichtintuitiven Konsistenzbegriff reflektieren. Zum Beispiel kann eine Menge von Prämissen die Formeln MA und $\neg A$ enthalten, ohne eine inkonsistente Extension zu besitzen. Dies kommt der seltsam anmutenden Aussage gleich, daß sowohl $\neg A$ gilt als auch A in der modellierten Welt konsistent ist.

3.8 Modale nichtmonotone Logiken

Diese Schwäche hat zu diversen Variationen der nichtmonotonen Logik geführt. McDermott selbst versuchte in [McD82a] die Beziehung zwischen Formeln mit und ohne Modaloperator durch die Einbettung in verschiedene Modallogiken zu verstärken. Diese Vorgehensweise wurde in [MST91] auf das ganze Spektrum der verschiedenen Modallogiken ausgedehnt. In [Gab82] wurde eine Variante mit Hilfe der intuitionistischen Logik vorgestellt. Den bislang wohl erfolgreichsten Ansatz zur Vermeidung dieser Schwäche stellt Moores sogenannte *autoepistemische Logik* dar, die wir als nächstes besprechen wollen.

Moore sieht die Ursache für die Schwäche der nichtmonotonen Logik vor allem in einer falschen Sichtweise begründet. Daher zielt die autoepistemische Logik weniger auf eine Formalisierung des Konsistenzbegriffes ab, sondern versucht vielmehr, die Denkweise eines idealen rationalen Akteurs oder (nach Moore [Moo85b, Seite 75]) eines "...*ideally rational agent's reasoning about his own beliefs*..." zu formalisieren. Ein solcher Akteur weiß sowohl über sein Wissen als auch über sein Nichtwissen Bescheid. Zu letzterem wird gern das folgende Beispiel zitiert.

"Hätte ich einen älteren Bruder, so wüßte ich das. Da ich nichts über einen älteren Bruder weiß, gehe ich davon aus, daß ich keinen älteren Bruder habe."

Der Schluß wird also erst nach einer Introspektion in die eigenen Überzeugungen vollzogen.

Zur Formalisierung dieser Introspektion wird, wie in der nichtmonotonen Logik, auch in der autoepistemischen Logik die Sprache der Prädikatenlogik um einen unären Modaloperator L erweitert.[12] Allerdings wird ein Ausdruck der Form LF nun hier als "F wird gewußt" interpretiert. Grob gesprochen, handelt es sich bei L um den dualen Modaloperator zu dem in der Ermangelungslogik verwendeten Operator M. Formal läßt sich der erste Satz des Bruderbeispiels dann durch die Formel $B \to LB$ wiedergeben, aus der der zweite Satz $\neg LB \to \neg B$ mittels Kontraposition gefolgert wird.

Dementsprechend können wir unsere obige Ermangelungsregel in der autoepistemischen Logik mit Hilfe des Schemas

$$Kx \wedge \neg L(\neg Lx) \to Lx$$

formalisieren. Allerdings wird ein Literal wie $\neg L(\neg L\ell)$ nun als "es wird nicht gewußt, daß Larissa keine Eiscreme liebt" interpretiert. Die Herleitung solcher Annahmen wird wie in der nichtmonotonen Logik durch eine Fixpunktgleichung beschrieben. In der autoepistemischen Logik erhalten wir dann die folgende Definition für eine Extension.

Definition 3.8.2 *Seien F und $\mathcal{E}$ Mengen von Sätzen. Dann ist $\mathcal{E}$ eine Extension von F, wenn $\mathcal{E}$ ein Fixpunkt der Gleichung*

$$\mathcal{E} = \mathcal{T}(F \cup \{LA \mid A \in \mathcal{E}\} \cup \{\neg LA \mid A \notin \mathcal{E}\})$$

ist.

---

[12]In [Moo85b] wird nur der aussagenlogische Fall betrachtet. In [Lev90] wird dies auf den prädikatenlogischen Fall verallgemeinert.

Betrachten wir nun wieder unser Beispiel der Eiscreme-liebenden Kinder. Unsere Prämissenmenge F besteht aus dem Fakt $K\ell$ und der Ermangelungsregel $Kx \wedge \neg\mathsf{L}(\neg Lx) \to Lx$. Wie in der nichtmonotonen Logik haben wir nun keine Möglichkeit, auf $\neg L\ell$ zu schließen. Dadurch können wir die Annahme $\neg\mathsf{L}(\neg L\ell)$ zu $\mathcal{E}$ hinzufügen, und wir können erneut mit Hilfe von Modus Ponens und der Ermangelungsregel $L\ell$ ableiten.

Vergleichen wir die Definition einer Extension in der autoepistemischen Logik mit der von McDermott und Doyle so fällt auf, daß eine Extension $\mathcal{E}$ in der autoepistemischen Logik zusätzlich eine Formelmenge der Gestalt

$$\{\mathsf{L}A \mid A \in \mathcal{E}\}$$

enthält. Diese Menge soll der Introspektion eines idealen rationalen Akteurs entsprechen; er glaubt alle Aussagen A, dh. $\mathsf{L}A$, die sich in der Welt als wahr erweisen, dh. $A \in \mathcal{E}$. Dadurch wird insbesondere die in McDermotts und Doyles Ansatz auftretende Schwäche behoben. Enthält eine Prämissenmenge F nämlich die Formeln $\neg\mathsf{L}A$ und A, so besitzt diese Formelmenge in der autoepistemischen Logik keine konsistente Extension, wie leicht nachzuvollziehen ist.

Diese Formalisierung der Introspektion ermöglicht allerdings auch zirkuläre Schlußweisen. Betrachten wir dazu die Prämissenmenge

$$F = \{\mathsf{L}A \to A\}. \qquad (3.1)$$

Diese hat zwei alternative autoepistemische Extensionen. Eine Extension enthält $\neg\mathsf{L}A$, was der Tatsache entspricht, daß ein Akteur auf Grund der Prämissenmenge (3.1) keinen Grund hat, an A zu glauben. Die zweite autoepistemische Extension von (3.1) enthält kurioserweise sowohl $\mathsf{L}A$ als auch A. In diesem Fall kann der Akteur also zunächst A annehmen und dann mittels Introspektion auf $\mathsf{L}A$ schließen. Hat er einmal $\mathsf{L}A$, so kann er mit der in (3.1) vorhandenen Regel $\mathsf{L}A \to A$ mittels Modus Ponens seine eingangs getroffene Annahme, nämlich A, rechtfertigen. Konolige beschreibt dieses Phänomen in [Kon88, p. 352] sehr treffend wie folgt: "*This certainly seems to be an anomalous situation, since the agent can, simply by choosing to assume a belief or not, be justified in either believing or not believing a fact about the world.*" Auf diese Problematik werden wir im zusammenfassenden Überblick 3.11 dieses Kapitels nochmals zurückkommen.

Man kann die autoepistemische Logik auch als Logik erster Stufe behandeln, was in den Arbeiten [Per88b, Lif89] initiiert worden ist. Hierbei wird zum Prädikatszeichen P ein weiteres Prädikatszeichen $\mathcal{L}P$ in die Sprache eingeführt, das die Rolle von $\mathsf{L}P$ spielt, aber als normales Prädikatszeichen behandelt wird. Auch diese Idee ist bis heute in der Diskussion; zB. wird in [Li93] eine autoepistemische Logik erster Stufe vorgeschlagen, in der die positive Introspektion minimiert und die negative Introspektion maximiert werden.

Zum Schluß wollen wir noch einmal auf die Beziehung der autoepistemischen Logik zur Ermangelungslogik von Reiter eingehen. Diese Beziehung wurde zuerst in [Kon88] aufgedeckt und in [MT89] weiterverfolgt. Nach [Kon88] entspricht eine Ermangelungsregel $\frac{A:B}{C}$ einer modalen Formel der Gestalt

3.8 Modale nichtmonotone Logiken

$$\mathsf{L}A \land \neg \mathsf{L} \neg B \to C.$$

In unserem Beispiel entspricht daher die Ermangelungsregel

$$\frac{Kx \;:\; Lx}{Lx}$$

der Formel

$$\mathsf{L}Kx \land \neg \mathsf{L}(\neg Lx) \to Lx.$$

Dennoch weisen beide Ansätze über diese Entsprechung hinaus noch einige subtile Unterschiede auf. Wie wir oben anhand der Prämissenmenge (3.1) gesehen haben, ermöglicht die autoepistemische Logik zirkuläre Schlußweisen. Solche sind in der Ermangelungslogik nicht möglich. Betrachten wir dazu die der Prämissenmenge (3.1) entsprechende Ermangelungstheorie

$$\left(\left\{\frac{A\;:}{A}\right\}, \emptyset\right).$$

Wie man leicht sieht, hat diese nur eine Extension in der Ermangelungstheorie, welche lediglich die Menge aller Tautologien enthält, da die einzige Ermangelungsregel nicht anwendbar ist (da A ja als Element von F nicht vorausgesetzt ist). Diese Extension entspricht der oben genannten, $\neg \mathsf{L}A$ enthaltenden autoepistemischen Extension, die ohne die Verwendung zirkulärer Schlußweisen geformt worden ist. Zu der anderen autoepistemischen Extension gibt es keine Entsprechung in der Ermangelungslogik.

Ein weiterer Unterschied wird durch die unterschiedliche Repräsentation von Ermangelungsaussagen in beiden Ansätzen hervorgerufen. Betrachten wir dazu die Ermangelungstheorie

$$\left(\left\{\frac{A\;:}{A}, \frac{:\;\neg A}{A}\right\}, \emptyset\right)$$

und ihr autoepistemisches Gegenstück

$$\{\mathsf{L}A \to A, \neg \mathsf{L}A \to A\}.$$

Die betrachtete Ermangelungstheorie hat keine Extension, wohingegen es eine autoepistemische Extension gibt, die nur aus A besteht. Die Ursache hierfür liegt darin, daß die Voraussetzungen und Rechtfertigungen von Ermangelungsregeln in der Ermangelungslogik nicht in der Weise interagieren können, wie dies aufgrund der modalen Sprache in der autoepistemischen Logik möglich ist. Dies wird insbesondere dadurch deutlich, daß die modalen Regeln $\mathsf{L}A \to A$ und $\neg \mathsf{L}A \to A$ zur Aussage A vereinfacht werden können, was offensichtlich in der Ermangelungslogik durch deren Verwendung von Inferenzregeln zur Darstellung dieser beiden Aussagen nicht möglich ist.

3.9 Konditionale und Relevanz–Logiken

In Abschnitt 3.1 haben wir eine Reihe von Alternativen zur Behandlung des Nichtmonotonie-Phänomens diskutiert. Als dritte Alternative wurde dort die Möglichkeit der Einführung eines neuen logischen Implikationsoperators genannt. Genaugenommen besteht diese Möglichkeit mindestens aus den beiden Alternativen, entweder den neuen Operator, $\Rightarrow$, *zusätzlich zum* oder *anstelle des* klassischen Operators, $\rightarrow$, einzuführen. In diesem Abschnitt befassen wir uns mit Ansätzen, die diese beiden Alternativen verfolgen.

Als erstes behandeln wir konditionale Logiken [Lew73, Sta68, Ada75], die aus den Untersuchungen der Konditionalsätze in der natürlichen Sprache hervorgegangen sind. Ein repräsentatives Beispiel für einen solchen Satz ist "Würde ich ein Zündholz an der Schachtel anstreichen, würde es sich entzünden".

Äußerlich hat ein solcher Satz die Form $A \Rightarrow C$. Es kann sich bei dieser Form der Implikation nicht um die materiale Implikation $A \rightarrow C$ der klassischen Logik handeln, wie die folgende Erweiterung unseres Beispiels demonstriert. Denn sicher drückt auch der Satz "Würde ich ein nasses Zündholz an der Schachtel anreiben, würde es sich nicht entzünden" einen (normalerweise) wahren Sachverhalt aus. Dieser Satz hat aber die Form $A \wedge B \Rightarrow \neg C$. Würde nun A und B gelten, dh. würde ich ein nasses Zündholz über die Reibefläche der Schachtel streichen, so würde das Zündholz sich natürlich nicht entzünden. Der modus ponens der klassischen Logik hingegen würde sowohl den Schluß auf C (mit der ersten Regel) als auch auf $\neg C$ (mit der zweiten Regel) ermöglichen.

Konditionale Logiken können demnach nicht mit der klassischen Logik übereinstimmen. Zudem müssen sie nichtmonotoner Natur sein. Denn gilt A zusammen mit den beiden genannten Regeln, so läßt sich C ableiten, was auch der natürlichen Intuition entspricht. Erfährt man nun zusätzlich den Sachverhalt B, so sollte der Schluß auf C zurückgezogen werden, um den Widerspruch zu vermeiden und der Intuition entsprechend stattdessen auf $\neg C$ schließen zu können. Mit anderen Worten, eine Regel sollte dann anderen Regeln vorgezogen werden, wenn zur Erfüllung ihrer Vorbedingung spezifischeres Wissen notwendig ist.

Umgekehrt lassen sich unsere bisherigen Beispiele zur Nichtmonotonie auch konditional formulieren. So könnten wir die Regel in unserem Standardbeispiel 3.2.1 auch lesen "Wäre x ein Kind, so liebte es auch Eiscreme". Mit anderen Worten, es muß ein enger Zusammenhang zwischen konditionalen Logiken und den in diesem Kapitel besprochenen nichtmonotonen Logiken bestehen.

In [Del87, Del88, Del92] wird eine konditionale Logik, N, und in [GP92] ein weiterer konditionaler Formalismus zur Realisierung nichtmonotonen Schließens angegeben, die diesen Zusammenhang manifestieren, wenn auch Einzelheiten der Beziehungen noch nicht völlig geklärt sind. Wir wollen beide Ansätze hier kurz erläutern und damit diese Richtung des nichtmonotonen Schließens illustrieren.

Ein weiterer Vertreter einer Logik mit einer zusätzlichen, nichtklassischen Implikation ist die lineare Logik [Gir87]. Auf sie werden wir erst im Zusammenhang mit dem Planen in Abschnitt 4.7.5 zu sprechen kommen, da ihr Potential für das nichtmono-

3.9 Konditionale und Relevanz-Logiken

tone Schließen bis heute nicht ausgeschöpft worden ist.

Abschließend erwähnen wir in diesem Abschnitt Ansätze, die Widersprüche tolerieren, allen voran die sogenannten Relevanzlogiken.

3.9.1 Delgrandes konditionale Logik

In der Einleitung zu diesem Abschnitt sprachen wir von den beiden Alternativen hinsichtlich einer Modifikation der klassischen Implikation. In der Logik N wurde die erstere dieser beiden Alternativen, nämlich die Hinzunahme eines neuen Operators, $\Rightarrow$, zusätzlich zum klassischen Operator $\rightarrow$ gewählt. Mit anderen Worten, es gibt in N zwei Implikationen, die übliche klassische Implikation, $F \rightarrow L$, mit der üblichen Bedeutung und die konditionale Implikation, $F \Rightarrow L$, die zu lesen ist "Wenn F, dann normalerweise auch L"; zB. "Wenn x ein Kind ist, dann liebt x normalerweise auch Eiscreme".

Formeln in N sind wie prädikatenlogische Formeln definiert, nur ist zusätzlich der Operator $\Rightarrow$ zu deren Aufbau zugelassen, wobei (der syntaktischen Einfachheit halber) die logischen Operatoren $\wedge, \vee, \leftrightarrow, \exists$ definitorisch mit Hilfe der übrigen eingeführt werden. Für die so erweiterte Sprache stellen sich nun die üblichen Aufgaben. Es sind gegebenenfalls zusätzliche Axiome und Schlußregeln anzugeben, die den neuen logischen Operator im Kontext der übrigen Operatoren charakterisieren. Die Bedeutung der Formeln, dh. die Semantik der Sprache, ist zu präzisieren.

Eine Lösung dieser Aufgaben ist in [Del87] gegeben. Auf der Basis dieser Lösung ist in [Del92] eine Verbesserung angegeben, in der nichtmonotones Schließen letztlich auf klassisches Schließen zurückgeführt wird. Diese Verbesserung macht sich insbesondere in einem akzeptablen Komplexitätsverhalten des Formalismus bei Anfragen günstig bemerkbar. Die Idee dieser verbesserten Lösung wollen wir hier kurz skizzieren.

Ausgangspunkt ist eine Weltbeschreibung W. Wie immer können wir W als eine Konjunktion oder eine Menge von (Teil-) Formeln auffassen. Innerhalb von W unterscheiden wir in pragmatischer Weise zwei Teilmengen W_a und W_s, nämlich allgemeine und spezielle Aussagen. Die letzteren beschreiben die Umstände, die eine spezielle Situation betreffen (z.B. daß ein bestimmtes Kind den Namen Larissa trägt), während die ersteren auf verschiedene Umstände anwendbar sein sollen. Verglichen mit den in Abschnitt 2.7 betrachteten terminologischen Logiken entspricht W_a somit der Terminologie und W_s der Menge von Weltaxiomen.

Die Gestalt der Formeln in W schränken wir im Hinblick auf eine effizientere Berechnung wie folgt ein. Die Formeln in W_s seien von der Gestalt $A_1 \wedge \ldots \wedge A_n \rightarrow L$, W_a bestehe aus einer Menge $W_a^{\rightarrow}$ von Formeln der Gestalt $A_1 \wedge \ldots \wedge A_n \rightarrow L$ und einer Menge $W_a^{\Rightarrow}$ von Formeln der Gestalt $A_1 \wedge \ldots \wedge A_n \Rightarrow L$ oder $\neg(A_1 \wedge \ldots \wedge A_n \Rightarrow L)$, wobei $n \geq 0$, A_i, $1 \leq i \leq n$, Atome sind, und L ein Literal ist. Alle diese Formeln mögen freie Variable enthalten, in welchem Fall für Formeln in $W_a^{\rightarrow}$ ihr All-Abschluß gemeint ist, während Formeln in $W_a^{\Rightarrow}$ Schemata darstellen, die durch Grundterme instantiiert werden müssen.

Zum Beispiel bilden die Mengen $W_a^{\Rightarrow} = \{Kx \Rightarrow Lx, KSx \Rightarrow \neg Lx\}$, $W_a^{\rightarrow} = \{KSx \rightarrow Kx, BKx \rightarrow Kx\}$, $W_s = \{K\ell, KS\ell\}$ eine derartige Weltbeschreibung.

Sie möge besagen: Kinder lieben normalerweise Eiscreme; Kinder mit Zahnschmerzen mögen normalerweise keine Eiscreme; Kinder mit Zahnschmerzen sind Kinder; brave Kinder sind Kinder; Larissa ist ein Kind und hat Zahnschmerzen. Wie in allen bisherigen Ansätzen ist auch hier das Ziel die Beantwortung von Fragen wie etwa, ob Larissa Eiscreme liebt.

Zur Erreichung dieses zuletzt genannten Zieles wird in [Del92] ein vierstufiges Verfahren vorgeschlagen. Im ersten Schritt werden die konditionalen Implikationen in $W_a^{\Rightarrow}$ gemäß der Spezifizität ihrer Prämissen (partiell) geordnet, wobei wir hier jeweils Grundinstanzen der Implikationen betrachten werden. Im zweiten Schritt wird die spezielle Weltbeschreibung W_s in diese partielle Ordnung eingefügt, wobei wir hier annehmen wollen, daß W_s grundinstantiiert ist. Im dritten Schritt wird die Vereinigung der speziellen Weltbeschreibung W_s und der Menge der klassischen Implikationen $W_a^{\rightarrow}$ um (grundinstantiierte) Implikationen der Form $F \rightarrow L$ erweitert, wenn $F \Rightarrow L \in W_a^{\Rightarrow}$ und diese Erweiterung konsistent ist. Dabei werden die bezüglich W_s spezifischsten Implikationen zuerst berücksichtigt. Als Ergebnis dieses Schrittes erhalten wir somit Mengen klassischer Klauseln. Im vierten und letzten Schritt wird nun die Anfrage bezüglich der so erhaltenen Klauselmengen in der üblichen, rein deduktiven Weise beantwortet.

Bevor wir die einzelnen Schritte präzisieren, werden wir dieses Verfahren an einigen einfachen Beispielen illustrieren, um damit auch die Eigenschaften von Delgrandes konditionaler Logik darzulegen. In dem bereits erwähnten Kinderbeispiel ist die entsprechend instantiierte konditionale Implikation $K\ell \Rightarrow L\ell$ weniger spezifisch als $KS\ell \Rightarrow L\ell$, da $K\ell$ logisch aus $\{KS\ell\} \cup W_a^{\rightarrow} = \{KS\ell, KSx \rightarrow Kx, BKx \rightarrow Kx\}$ folgt. Die spezielle Weltbeschreibung $W_s = \{K\ell, KS\ell\}$ ist gleich spezifisch wie $KS\ell \Rightarrow L\ell$. Da $KS\ell \rightarrow L\ell$ außerdem konsistent mit $W_s \cup W_a^{\rightarrow} = \{K\ell, KS\ell, KSx \rightarrow Kx, BKx \rightarrow Kx\}$ ist, kann diese Implikation zu $W_s \cup W_a^{\rightarrow}$ hinzugefügt werden und wir erhalten die Extension

$$W_1 = \{K\ell, KS\ell, KSx \rightarrow Kx, BKx \rightarrow Kx, KS\ell \rightarrow \neg L\ell\}.$$

Diese Implikation würde auch dann hinzufügt werden, wenn die (bezüglich der Liebe zu Eiscreme irrelevante) Aussage $BK\ell$ in der speziellen Weltbeschreibung vorkommen würde. Im Beispiel bleibt dann nur noch die konditionale Implikation $K\ell \Rightarrow L\ell$ übrig. Da die Hinzunahme von $K\ell \rightarrow L\ell$ zu dem bislang erreichten W_1 zu einem Widerspruch führen würde (da dann $\neg L\ell$ und $L\ell$ ableitbar wären), unterbleibt die Hinzunahme dieser Regel. Die Frage, ob Larissa Eiscreme liebt kann nun unter Bezugnahme auf W_1 mit nein beantwortet werden.

Wir erhalten hier nur eine Extension, während in bisher betrachteten Ansätzen wie der im Abschitt 3.5 vorgestellten Zirkumskription oder der im Abschnitt 3.7 präsentierten Ermangelungslogik für dieses Beispiel noch eine zweite Extension berechnet wird, in der statt der konditionalen Implikation $KS\ell \Rightarrow \neg L\ell$ die Implikation $K\ell \Rightarrow L\ell$ berücksichtigt wird. In dieser zweiten Extension liebt Larissa folglich Eiscreme. Diese weitere Extension wird in Delgrandes Ansatz ausgeschlossen, da mittels der materiellen Implikation $KSx \rightarrow Kx$ zum Ausdruck gebracht wird, daß Kinder

3.9 Konditionale und Relevanz-Logiken

mit Zahnschmerzen spezifischer als Kinder sind, und spezifischere Informationen vorgezogen werden. Würden wir die Implikation $KSx \to Kx$ aus $W_a^{\to}$ entfernen, dann erhielten wir auch hier zwei Extensionen. Das weiter unten diskutierte Beispiel der "Nixon Raute" veranschaulicht diesen Fall.

Erweitern wir das Beispiel um die konditionale Implikation $Kx \Rightarrow Tx$, die ausdrücken soll, daß Kinder normalerweise Teddybären lieben, dann sollte die Frage, ob Larissa Teddybären mag, ebenfalls positiv beantwortet werden. Dies ist der Fall. Da die klassische Implikation $K\ell \to T\ell$ konsistent mit W_1 ist und die übrigen spezifischeren konditionalen Implikationen bereits "abgearbeitet" sind, wird sie zu W_1 hinzugefügt und wir erhalten die Extension

$$W_2 = \{K\ell, KS\ell, KSx \to Kx, BKx \to Kx, KS\ell \to \neg L\ell, K\ell \to T\ell\}.$$

Dieses Beispiel zeigt, daß durch das Zusammenspiel von Konsistenz und Spezifität nur solche konditionalen Implikationen blockiert werden, für die explizit spezifischere Implikationen bekannt sind.

Erweitern wir das Beispiel darüber hinaus um die konditionale Implikation $Tx \Rightarrow Bx$, die ausdrücken soll, daß Teddybären normalerweise braun sind, so können wir die Extension W_2 um die entsprechende klassische Implikation $T\ell \to B\ell$ zu

$$W_3 = \{K\ell, KS\ell, KSx \to Kx, BKx \to Kx, KS\ell \to \neg L\ell, K\ell \to T\ell, T\ell \to B\ell\}$$

erweitern. Mit anderen Worten, transitive Abhängigkeiten zwischen konditionalen Implikationen werden berücksichtigt.

Wir erweitern das Beispiel ein letztes Mal, indem wir der speziellen Weltbeschreibung W_s die Aussage Kh hinzufügen, die ausdrücken soll, daß Hannes ein Kind ist. In diesem Fall finden wir als maximale Extension die Menge

$$W_4 = \{\ K\ell, KS\ell, KSx \to Kx, BKx \to Kx, KS\ell \to \neg L\ell,$$
$$K\ell \to T\ell, T\ell \to B\ell, Kh, Kh \to Lh, Kh \to Th, Th \to Bh\ \}.$$

Mit anderen Worten, während Larissa aufgrund ihrer Zahnschmerzen keine Eiscreme mag, ist Hannes ganz wild auf Eiscreme; außerdem lieben beide braune Teddybären.

Als letztes Beispiel betrachten wir noch eine Version der schon im Abschnitt 2.6 vorgestellten "Nixon Raute". Dazu sei $W_s = \{Qn, Rn\}$, $W_a^{\to} = \emptyset$ und $W_a^{\Rightarrow} = \{Qx \Rightarrow BKx, Rx \Rightarrow \neg BKx\}$ mit den folgenden intendierten Interpretationen. Nixon ist sowohl ein Quäker als auch ein Republikaner; Quäker sind normalerweise Pazifisten; Republikaner sind normalerweise keine Pazifisten. Ausgehend von $W_s = \{Qn, Rn\}$ erhalten wir in diesem Fall genau zwei maximale Extensionen, nämlich

$$W_1 = \{Qn,\ Rn,\ Qn \to Pn\}$$

und

$$W_1' = \{Qn,\ Rn,\ Rn \to \neg Pn\}.$$

Nach diesen einführenden Beispielen wollen wir nun Delgrandes Vorgehen präzisieren. Vor allem steht dabei der Begriff der Spezifizität im Vordergrund. Zu dessen Präzisierung definiert Delgrande eine sogenannte kanonische Struktur $St(W_a)$, die aus einer partiell geordneten Menge S von "Punkten" $s_i = \langle s_{i1}, s_{i2} \rangle$ [13] besteht.

Definition 3.9.1 *Zur grundinstantiierten Menge $W_a^{\Rightarrow}$ von konditionalen Implikationen ist $St(W_a) = (S, \leq)$ durch die folgenden beiden Konstruktionsvorschriften definiert.*

1. *Initialisierung:*
$$S = \{\langle \{F\}, \{F \to L\}\rangle \mid F \Rightarrow L \in W_a^{\Rightarrow}\} \cup \{\langle \{F, F \wedge \neg L\}, \emptyset \rangle \mid \neg(F \Rightarrow L) \in W_a^{\Rightarrow}\}.$$

2. *Wenn zu $s_i, s_j \in S$ und $F \in s_{i1}$ gilt, daß $\{F\} \cup s_{i2} \cup W_a^{\to} \models C$ und $C \in s_{j1}$, dann setze $s_j \leq s_i$ fest; s_j ist weniger als (oder ebenso spezifisch wie) s_i. Gilt bereits $s_i \leq s_j$, so ersetze s_i und s_j durch den zusammengefaßten Punkt $\langle s_{i1} \cup s_{j1}, s_{i2} \cup s_{j2}\rangle$. Führe diese Berechnungen so lange aus, bis sich die Struktur nicht mehr verändert.*

Man beachte, daß die Mengen s_{i1} und s_{i2} eines zusammengesetzten Punktes s_i nicht notwendigerweise konsistent sein müssen. Ist s_{i2} inkonsistent, dann ist s_i ein maximales Element bezüglich der Spezifizität.

Im obigen Kinderbeispiel hatten wir zuletzt

$$W_a^{\Rightarrow} = \{Kx \Rightarrow Lx,\ KSx \Rightarrow \neg Lx,\ Kx \Rightarrow Tx,\ Tx \Rightarrow Bx\},$$

wobei wir für die Variable x entweder ℓ oder h einsetzen dürfen. Folglich besteht nach der Initialisierung die Menge S aus den folgenden acht Elementen.

$$\begin{aligned}
s_1 &= \langle \{K\ell\}, \{K\ell \to L\ell\}\rangle \\
s_2 &= \langle \{KS\ell\}, \{KS\ell \to \neg L\ell\}\rangle \\
s_3 &= \langle \{K\ell\}, \{K\ell \to T\ell\}\rangle \\
s_4 &= \langle \{T\ell\}, \{T\ell \to B\ell\}\rangle \\
s_5 &= \langle \{Kh\}, \{Kh \to Lh\}\rangle \\
s_6 &= \langle \{KSh\}, \{KSh \to \neg Lh\}\rangle \\
s_7 &= \langle \{Kh\}, \{Kh \to Th\}\rangle \\
s_8 &= \langle \{Th\}, \{Th \to Bh\}\rangle
\end{aligned}$$

Diese sind wie folgt partiell angeordnet.

$$s_1 \leq s_2,\ s_1 \leq s_3,\ s_3 \leq s_1,\ s_3 \leq s_2,\ s_4 \leq s_3,$$
$$s_5 \leq s_6,\ s_5 \leq s_7,\ s_7 \leq s_5,\ s_7 \leq s_6,\ s_8 \leq s_7.$$

---

[13] Delgrande benutzt in [Del92] dafür die Notation $s_i = \langle s_i(\exists), s_i(\forall)\rangle$, um damit anzudeuten, daß Punkte eine (uU. leere) Modellmenge definieren, die den folgenden Bedingungen genügen muß. Jede Formel in $s_i(\exists)$ muß in mindestens einem Modell, jede Formel in $s_i(\forall)$ in allen Modellen erfüllt sein. Da wir aber hier auf diese Interpretation der Punkte nicht eingehen werden, verwenden wir eine vereinfachte Notation.

3.9 Konditionale und Relevanz-Logiken

Da $s_1 \leq s_3$ und $s_3 \leq s_1$ gilt, können die Punkte s_1 und s_3 durch den zusammengefaßten Punkt $s_{1,3} = \langle \{K\ell\}, \{K\ell \rightarrow L\ell, K\ell \rightarrow T\ell\} \rangle$ ersetzt werden. Analog erhalten wir $s_{5,7} = \langle \{Kh\}, \{Kh \rightarrow Lh, Kh \rightarrow Th\} \rangle$. Somit definiert $W_a^{\rightarrow}$ die partielle Ordnung

$$s_4 \leq s_{1,3} \leq s_2, \; s_8 \leq s_{5,7} \leq s_6.$$

Kommen wir nun zur Einordnung der speziellen Weltbeschreibung in die Struktur $St(W_a)$. Dazu wird zu einer grundinstantiierten Beschreibung W_a der Punkt $s_0 = \langle \{\bigwedge(F_i) \mid F_i \in W_s\}, \emptyset \rangle$ generiert und entsprechend seiner Spezifizität in $St(W_a)$ eingefügt. In dem oben diskutierten Beispiel war $W_s = \{K\ell, KS\ell, Kh\}$ und somit erhalten wir $s_0 = \langle \{K\ell \wedge KS\ell \wedge Kh\}, \emptyset \rangle$. Offensichtlich gilt $s_2 \leq s_0$ und $s_{5,7} \leq s_0$ und es gibt keinen anderen Punkt s_i in $St(W_a)$ für den entweder $s_2 \leq s_i \leq s_0$ oder (exklusiv) $s_{5,7} \leq s_i \leq s_0$ gilt. Insbesondere ist s_6 nicht weniger oder ebenso spezifisch als s_0.

Der dritte Schritt des Verfahren sollte auch ohne eine weitere, formale Präzisierung effektiv ausführbar sein. Zu der Menge $W_s \cup W_a^{\rightarrow}$ werden nacheinander Elemente der Mengen s_{i2} hinzugefügt, wenn die so entstehenden Extension jeweils konsistent sind. Die dabei betrachteten Punkte s_i sind die jeweils spezifischsten Punkte in $St(W_a)$, die weniger als (oder ebenso spezifisch wie) s_0 sind und noch nicht betrachtet wurden. Auf diese Weise wird für das oben diskutierte Beispiel die maximale Extension W_4 generiert. Ausgehend von s_0 werden zunächst die Punkte s_2 und $s_{5,7}$ betrachtet und entsprechenden materialen Implikationen $KS\ell \rightarrow \neg L\ell$ bzw. $Kh \rightarrow Lh$ und $Kh \rightarrow Th$ zu $W_s \cup W_a^{\rightarrow} = \{K\ell, KS\ell, Kh, BKx \rightarrow Kx\}$ hinzugefügt. Anschließend werden die Punkte $s_{1,3}$ und s_8 betrachtet, usw.

Wie mit Hilfe der "Nixon Raute" gezeigt, können auf diese Art mehrere maximale Extensionen entstehen. Somit ist es in diesem Ansatz auch möglich sowohl skeptische als auch leichtgläubige Schlüsse zu modellieren, wobei ein Schluß dann als leichtgläubig bezeichnet wird, wenn er in mindestens einer Extension gilt, während ein Schluß als skeptisch eingestuft wird, wenn er in allen Extensionen gilt. So kann im Falle der "Nixon Raute" in allen Extensionen abgeleitet werden, daß Nixon ein Republikaner ist; aber nur in einer der beiden Extensionen gilt, daß Nixon ein Pazifist ist.

Delgrande zeigt in [Del92], daß das Schließen in der eingangs angesprochenen Logik N äquivalent mit dem Schließen unter Berücksichtigung der Spezifizität ist. Während in N die konditionale Implikation als zusätzlicher Operator eingeführt und behandelt wird, erlaubt die oben angegebene Konstruktion, das Ermangelungsschließen auf das Schließen in der klassischen Logik zu reduzieren. [Del88] zeigt zudem, daß auch der komplexitätsmäßige Berechnungsaufwand bei diesem Ansatz vergleichsweise günstig ist.

Abgesehen von dem eben genannten Vorteil in bezug auf die Berechnungskomplexität ergibt sich hier die Möglichkeit, Ermangelungsregeln in die Formeln einzubauen und so logische Beziehungen unter diesen Regeln zu beschreiben, was etwa im Reiterschen Ansatz der Ermangelungslogik (siehe Abschnitt 3.7) nicht möglich ist. Aus diesem Grunde erweisen sich Ansätze dieser Art als besonders aussichtsreich. Neben dem hier beschriebenen verweisen wir daher abschließend noch auf die hiermit verwandten, auf konditionalen Logiken basierenden Ansätze [Bou88, Bel90, KLM90, Bou92, Pol88], bevor wir einen im folgenden Unterabschnitt noch kurz beschreiben.

3.9.2 Konditionales Schließen

In [GP92] haben Geffner und Pearl jüngst einen Ansatz zum konditionalen Schließen (engl. conditional entailment) vorgeschlagen, der als Verallgemeinerung des ursprünglichen Ansatzes von Delgrande [Del87] angesehen werden kann und eine Reihe von Unzulänglichkeiten bisheriger Formalismen zu überwinden scheint (ohne neue hinzuzufügen). Er beruht auf ähnlichen Ideen wie die im letzten Unterabschnitt vorgestellte konditionale Logik: Spezifischere konditionale Implikationen werden bevorzugt, wobei sich die Spezifizität aus der Definition der Weltbeschreibung ergibt. Wir wollen in diesem Abschnitt das konditionale Schließen kurz vorstellen, uns dabei aber auf die modell-theoretischen Aspekte beschränken. Eine entsprechende vollständige und korrekte Beweistheorie ist in [GP92] entwickelt worden.

Wie schon Delgrande unterscheiden Geffner und Pearl in einer Weltbeschreibung $W = \langle W_a, W_s \rangle$ allgemeine und spezielle Aussagen, dargestellt durch die Mengen W_a bzw. W_s. Dabei verwenden wir aus Gründen der Einheitlichkeit die schon im letzten Unterabschnitt eingeführten Notationen. W_a ist wiederum in zwei Teilmengen aufgespalten, nämlich in eine Menge $W_a^{\rightarrow}$ von allgemein gültigen Aussagen und eine Menge $W_a^{\Rightarrow}$ von konditionalen Implikationen.[14] Die Form der Aussagen und der konditionalen Implikationen unterscheidet sich jedoch von der Delgrandes. Die Aussage, daß Kinder normalerweise Eiscreme lieben, wird in [GP92] durch die konditionale Implikation $Kx \Rightarrow N_1 x$ zusammen mit der materialen Implikation $Kx \wedge N_1 x \rightarrow Lx$ ausgedrückt. Informell besagt die konditionale Implikation, daß Kinder normal (bezüglich ihrer Liebe zu Eiscreme) sind, während die materiale Implikation zum Ausdruck bringt, daß normale Kinder Eiscreme lieben. Dabei erfüllt das Prädikatszeichen N_1 genau den gleichen Zweck, wie die Einführung von Namen für Hypothesen aus dem Abschnitt 3.6 oder wie das Abnormalitätsprädikat *Abnormal*, das wir schon im Beispiel 3.2.1, insbesondere aber in Abschnitt 3.5 im Zusammenhang mit der Zirkumskription verwandt haben. Wie üblich sind auch hier die klassischen Formeln universell abgeschlossen, während die konditionalen Implikationen Schemata definieren, die durch Ersetzen der darin auftretenden Variablen durch Grundterme enstehen. Die Menge der grundinstantiierten Normal-Prädikate N_i wollen wir als die *Hypothesen* einer Weltbeschreibung bezeichnen.

In dem aus dem letzten Unterabschnitt bekannten Beispiel erhalten wir damit die folgenden Formelmengen.

$$W_a^{\Rightarrow} = \{Kx \Rightarrow N_1 x, KSx \Rightarrow N_2 x\}.$$
$$W_a^{\rightarrow} = \{Kx \wedge N_1 x \rightarrow Lx, KSx \wedge N_2 x \rightarrow \neg Lx, KSx \rightarrow Kx, BKx \rightarrow Kx\}.$$

---

[14]Geffner und Pearl verwenden in [GP92] die Implikationszeichen gerade umgekehrt; mit $\rightarrow$ werden konditionale Implikationen und mit $\Rightarrow$ klassische Aussagen dargestellt.

3.9 Konditionale und Relevanz-Logiken 163

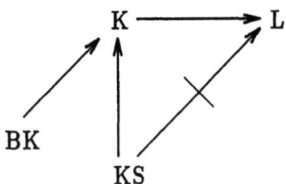

Abbildung 3.4 Das Abhängigkeitsnetz zum Kindbeispiel

Die Prädikatszeichen K, L, KS, BK können ähnlich wie bisher als "ist_Kind", "liebt_Eiscreme", "ist_ein_Kind_mit_Zahnschmerzen", "ist_ein_braves_Kind" gelesen werden. In Abbildung 3.4 ist die Abhängigkeit der Prädikate im Stile eines Vererbungsnetzes (siehe Abschnitt 2.6) gezeigt. Gilt nun außerdem $W_s = \{K\ell\}$, dann bestehen die Hypothesen dieser Weltbeschreibung aus den Atomen $N_1\ell$ und $N_2\ell$.

Was sind nun die bevorzugten Modelle einer solchen Weltbeschreibung? Würden wir der in Kapitel 3.5 vorgestellten Zirkumskription oder der in Kapitel 3.7 vorgestellten Ermangelungslogik folgen, dann müßten wir die Modelle von $W_s \cup W_a^{\rightarrow}$ auswählen, die die meisten Hypothesen enthalten. Solche Modelle maximieren die Anzahl der gemachten Standardannahmen und minimieren damit Abnormalität. Nun gibt es in unserem Beispiel Modelle für $W_s \cup W_a^{\rightarrow}$, die die beiden Hypothesen $N_1\ell$ und $N_2\ell$ wahr machen, indem sie unter anderem $KS\ell$ als falsch interpretieren. Wählen wir solche Modelle aus, dann können wir darin ableiten, daß $L\ell$ gilt, dh. daß Larissa Eiscreme liebt. Fügen wir unserer Weltbeschreibung die spezielle Aussage $BK\ell$ hinzu, so ändert sich daran offensichtlich nichts. Diese Aussage ist irrelevant bezogen auf Larissas Liebe zu Eiscreme. So weit, so gut.

Aber wie verhalten sich die oben betrachteten Formalismen, Zirkumskription und Ermangelungslogik, wenn wir außerdem wissen, daß Larissa Zahnschmerzen hat, dh. wenn $W_s = \{K\ell, BK\ell, KS\ell\}$ ist? In diesem Fall gibt es zwei maximale Modelle, nämlich

$$\{K\ell,\ BK\ell,\ KS\ell,\ N_1\ell,\ L\ell\}$$

und

$$\{K\ell,\ BK\ell,\ KS\ell,\ N_2\ell,\ \neg L\ell\}.$$

Im ersten liebt Larissa Eiscreme, im zweiten gerade nicht. Dies entspricht nicht unserer Erwartung, da hier das Modell, in dem Larissa keine Eiscreme mag, vorgezogen werden sollte. Wir könnten den gewünschten Effekt erzielen, indem wir die konditionale Implikation $KSx \Rightarrow \neg N_1 x$ zu der Weltbeschreibung hinzufügen, wie wir dies im Abschnitt 3.5.2 für die Zirkumskription oder in Abschnitt 3.6 für das Ermangelungsschließen mit Theoriebildung entsprechend beschrieben haben. Dies ist aber unnötig, wie wir im folgenden zeigen werden.

Dazu betrachten wir (ähnlich wie in Definition 3.7.4) sogenannte *präferierte Modellmengen* der Form $(\mathcal{M}, <)$, wobei $\mathcal{M}$ eine Menge von Interpretationen und $<$ eine irreflexive und transitive Ordnung auf $\mathcal{M}$ ist. Eine Interpretation $M \in \mathcal{M}$ ist ein *bevorzugtes* (oder *präferiertes*) *Modell* einer Formel F genau dann, wenn M ein Modell für F ist, und es keine Interpretation $M' \in \mathcal{M}$ gibt, die ebenfalls Modell für F ist und M vorzogen wird, dh. für die $M' < M$ gilt. Eine präferierte Modellmenge $(\mathcal{M}, <)$ wollen wir genau dann als *zulässig* bezüglich $W_a = \langle W_a^\rightarrow, W_a^\Rightarrow \rangle$ erachten, wenn sie wohlfundiert ist, jede Interpretation in $\mathcal{M}$ Modell für $W_a^\rightarrow$ ist, und es für jede Grundinstanz $F \Rightarrow L$ einer konditionalen Implikation in $W_a^\Rightarrow$ zum einen eine Interpretation in $\mathcal{M}$ gibt, die Modell für F ist, und zum anderen jedes präferierte Modell von F in $\mathcal{M}$ auch Modell für L ist. Eine Aussage A ist genau dann eine *präferierte* (oder *bevorzugte*) *Konsequenz* einer Weltbeschreibung $W = \langle W_a, W_s \rangle$, wenn alle präferierten Modelle von W_a in jeder bezüglich W_s zulässigen, präferierten Modellmenge auch Modelle für A sind.

Es läßt sich leicht zeigen, daß die beiden oben betrachteten maximalen und folglich präferierten Modelle nicht Elemente einer bezüglich der speziellen Weltbeschreibung zulässigen, präferierten Modellmenge sind. Erinnern wir uns, daß die dabei betrachtete spezielle Weltbeschreibung W_s die Atome $K\ell$ und $KS\ell$ enthält. In dem ersten maximalen Modell haben wir die Annahme $N_1\ell$ akzeptiert und die konditionale Implikation $KS\ell \Rightarrow N_2\ell$ verworfen. Da aber das Modell die spezielle Weltbeschreibung und damit insbesondere $KS\ell$ erfüllt, müßte es als bevorzugtes Modell einer zulässigen präferierten Modellmenge auch $N_2\ell$ erfüllen. Dies ist aber gerade nicht der Fall. In dem zweiten maximalen Modell wurde die Annahme $N_2\ell$ akzeptiert und die konditionale Implikation $K\ell \Rightarrow N_1\ell$ verworfen. Da aber das Modell $K\ell$ erfüllt, müßte es analog zum ersten Fall auch $N_1\ell$ erfüllen. Dies ist aber wiederum nicht der Fall.

Um nun solche Beispiele lösen zu können, betrachten Geffner und Pearl Ordnungen auf den Hypothesen einer Weltbeschreibung. Eine *präferierte Modellstruktur mit Prioritäten* $\langle \mathcal{M}, <, H, \prec \rangle$ besteht aus einer Modellmenge $\mathcal{M}$, einer irreflexiven und transitiven Ordnung $<$ auf $\mathcal{M}$ und einer irreflexive und transitive Ordnungen $\prec$ auf den Hypothesen H einer Weltbeschreibung, die die nachfolgende Bedingung erfüllen. Seien M und M' zwei Modelle aus $\mathcal{M}$. $M < M'$ gilt genau dann, wenn es für jede Hypothese $N \in H$, die von M', aber nicht von M erfüllt wird, eine Hypothese $N' \in H$ gibt, so daß $N' \succ N$ gilt (dh., N' ist *spezifischer* als N) und N' von M, aber nicht von M', erfüllt wird. Mit anderen Worten, eine Modell braucht eine Hypothese dann nicht zu erfüllen, wenn es dafür eine spezifischere Hypothese erfüllt. Ist die Ordnung $\prec$ auf H wohlfundiert, dann läßt sich zeigen, daß für jede präferierte Modellstruktur mit Prioritäten $\langle \mathcal{M}, <, H, \prec \rangle$, das Paar $(\mathcal{M}, <)$ eine präferierte Modellstruktur ist (siehe [GP92]). Außerdem konnten Geffner und Pearl zeigen, daß die bevorzugten Modelle einer präferierten Modellstruktur mit Prioritäten minimal bezüglich der Menge der Hypothesen sind, die sie nicht erfüllen. Mit anderen Worten, solche Modelle minimieren Abnormalität.

Aber leider sind nicht alle präferierten Modellmengen mit Prioritäten zulässig bezüglich der allgemeinen Weltbeschreibung. Ein solcher Fall kann dann eintreten, wenn ein Modell M existiert, das eine Menge von Hypothesen H erfüllt, $W_a^\Rightarrow$ eine kondi-

3.9 Konditionale und Relevanz-Logiken

tionale Implikation der Form $F \Rightarrow L$ enthält und $W_a^{\rightarrow} \cup H \cup \{F, L\}$ inkonsistent ist. In diesem Fall müssen wir ausschließen, daß ein solches M ein präferiertes Modell ist. Das erreichen wir, indem wir für solche Fälle fordern, daß H eine Hypothese enthält, die weniger spezifischer als L ist. Aufgrund dieser Forderung können wir dann gemäß der Bedingung, der präferierte Modelle mit Prioritäten genügen müssen, ein Modell $M' < M$ finden, das L erfüllt. Ordnungen auf H, die die oben genannte Forderung erfüllen, wollen wir als *zulässig* bezüglich W_a erachten. Des weiteren seien präferierte Modellmengen mit Prioritäten $\langle \mathcal{M}, <, H, \prec \rangle$ dann *zulässig* bezüglich W_a, wenn $\prec$ bezüglich W_a zulässig ist.

Diese Definition einer zulässigen, präferierten Modellmenge mit Prioritäten erzwingt eine Ordnung auf den Modellen einer Weltbeschreibung, die auch unserer Intuition entspricht. Um dieses zu veranschaulichen, bedienen wir uns erneut des schon bekannten Kinderbeispiels. Betrachten wir die Hypothese $N_1 \ell$ und die konditionale Implikation $KS\ell \Rightarrow N_2 \ell$. Offensichtlich ist die Menge $W_a^{\rightarrow} \cup \{N_1 \ell\} \cup \{N_2 \ell, KS\ell\}$ inkonsistent, da wir daraus sowohl $L\ell$ als auch $\neg L\ell$ ableiten können. Aufgrund der oben genannten Forderung muß demnach $N_1 \ell$ weniger spezifisch als $N_2 \ell$ sein. Betrachten wir dagegen die Hypothese $N_2 \ell$ und die konditionale Implikation $K\ell \Rightarrow N_1 \ell$, so stellen wir fest, daß die Menge $W_a^{\rightarrow} \cup \{N_2 \ell\} \cup \{N_1 \ell, K\ell\}$ konsistent ist. Folglich ist $N_1 \ell \prec N_2 \ell$. Verantwortlich für diese Ordnung der Hypothesen ist, wie auch schon in Delgrandes konditionaler Logik, die materiale Implikation $KSx \rightarrow Kx \in W_a^{\rightarrow}$, die — wie in Abbildung 3.4 verdeutlicht — ausdrückt, daß Kinder mit Zahnschmerzen spezifischer als Kinder sind.

Wir können nach diesen Vorüberlegungen jetzt den zentralen Begriff in [GP92], nämlich den einer konditionalen Konsequenz, definieren. Eine Aussage A ist genau dann eine *konditionale Konsequenz* einer Weltbeschreibung $W = \langle W_a, W_s \rangle$, wenn alle präferierten Modelle von W_s in jeder bezüglich W_a zulässigen, präferierten Modellmenge mit Prioritäten auch Modelle für A sind. Aus den vorangegangenen Bemerkungen ist nun leicht ersichtlich, daß in unserem Kinderbeispiel $L\ell$ konditionale Konsequenz der Weltbeschreibung $\langle W_a, \{K\ell\} \rangle$ und $\neg L\ell$ konditionale Konsequenz der Weltbeschreibungen $\langle W_a, \{K\ell, KS\ell\} \rangle$ und $\langle W_a, \{K\ell, KS\ell, BK\ell\} \rangle$ ist. Schon das letzte Beispiel verdeutlicht auch, daß bezüglich des Prädikats L irrelevantes Wissen, wie die Aussage $BK\ell$, die konditionalen Schlußfolgerungen bezüglich L nicht beeinflußt. Geffner und Pearl zeigen in [GP92] darüber hinaus, daß transitive Abhängigkeiten zwischen konditionalen Implikationen in ihrem Ansatz der Intuition entsprechend behandelt werden.

Wie schon in der Einführung zu diesem Abschnitt erwähnt, geben Geffner und Pearl auch eine Beweistheorie an, die vollständig und korrekt bezüglich konditionaler Konsequenzen ist. Darauf wollen wir hier aber nicht weiter eingehen. Wir erwähnen nur noch, daß dieser Formalismus jüngst in einem System angewandt wurde, das einen wichtigen Aspekt des juristischen Schließens modelliert [Gor93].

3.9.3 Widerspruchstolerante Systeme

Die klassische Logik hat die Eigenschaft, daß beim Vorliegen einer widersprüchlichen Wissensbank jede beliebige Aussage logisch ableitbar ist ("ex falso quodlibet"). Sie toleriert in diesem Sinne keinerlei Widersprüche. Diese Eigenschaft wird als sehr unnatürlich betrachtet, da wir Menschen offenbar mit widersprüchlichen Ansichten uns durchaus erfolgreich durchs Leben bringen können.

Der Grund für diese Fähigkeit des widerspruchstoleranten Schließens liegt wohl darin, daß der Mensch beim Schließen nur auf für die Problemstellung relevantes Wissen zurückgreift. Widersprüchliche Ansichten haben daher im menschlichen Schließen nur sehr lokale Auswirkungen. Es hat daher eine Reihe von Versuchen gegeben, diese Abkapselung von Widersprüchen in der Wissensbank auch in formalen Systemen zu realisieren. In [GH91] findet sich hierzu eine ausführliche Diskussion.

Einer der erfolgreichsten Ansätze, die aus diesen Überlegungen resultierten, sind die sogenannten *Relevanzlogiken*. Ihr Ausgangspunkt sind die folgenden Eigenschaften der klassischen Logik.

$$A \rightarrow (B \rightarrow A), \quad A \rightarrow (\neg A \rightarrow B), \quad \neg(A \rightarrow B) \rightarrow (B \rightarrow A)$$

Beschränken wir uns auf die erste dieser Eigenschaften, so besagt diese, daß A aus jeder beliebigen Aussage B folge, sofern man nur A annehme, auch wenn A mit B überhaupt nichts zu tun hat. Das Ziel der Relevanzlogiken ist, implikative Beziehungen auf solche Voraussetzungen B zu beschränken, die für die Folgerung A *relevant* sind.

Man geht dabei einen axiomatischen Weg und ersetzt in einer entsprechenden axiomatischen Charakterisierung der Eigenschaften der Implikation diese klassischen Eigenschaften durch alternative Eigenschaften. Die resultierenden Logiken erweisen sich als widerspruchstolerant oder *parakonsistent*, wie dies in diesem Zusammenhang genannt wird. Sie erlauben auch die Realisierung nichtmonotonen Schließens. Aus Platzgründen können wir auf die Einzelheiten hier leider im Detail nicht eingehen, sondern verweisen hierzu den Leser auf die einschlägige Literatur [AB75, Dun84, RB80]. Verwandte, aber alternative Ansätze zum widerspruchstoleranten Schließen finden sich in [CFM91, Wag91].

3.10 Begründungsverwaltungssysteme

Alle Ansätze zum nichtmonotonen Schließen, die wir in diesem Kapitel behandelt haben, gehen von der Vorstellung aus, alles zur Lösung eines gegebenen Problems nötige Wissen sei dem System bekannt. Beim alltäglichen Schließen ist die Situation jedoch oft so, daß zum Beispiel erst eine sich ergebende Inkonsistenz dazu führt, daß einer der Beteiligten weiteres Wissen "auspackt", das zur Vermeidung der Inkonsistenz beiträgt, indem es zum Beispiel einer von zwei sich widersprechenden Regeln eine höhere Priorität verleiht.

3.10 Begründungsverwaltungssysteme

Dieser beim nichtmonotonen Schließen zusätzlich auftretende dynamische Aspekt steht im Mittelpunkt der sogenannten *Begründungsverwaltungssysteme, BVS* (engl. reason maintenance systems, RMS). Von ihnen wird nicht nur die Fähigkeit der Ableitung von Folgerungen aus dem vorliegenden Wissen erwartet, sondern sie sollen darüber hinaus in effizienter Weise die Revision des Wissens ermöglichen. Betrachten wir zur Illustration wieder unser vertrautes Beispiel in der Fassung des Abschnitts 3.3, dh. in Kurzfassung die folgende Formel.

$$K\ell \wedge S\ell \wedge (Kx \wedge \neg A_1 x \to Lx) \wedge (Sx \wedge \neg A_2 x \to \neg Lx)$$

Diese Formel bezeichnen wir wieder mit W. Wie üblich stellen wir die Frage, ob Larissa Eiscreme liebt. Ein Versuch, die Frage mit einem klassischen Deduktionsverfahren zu beantworten, stellt sich im Falle der Konnektionsmethode aus Abschnitt 2.3.3 wie folgt dar.

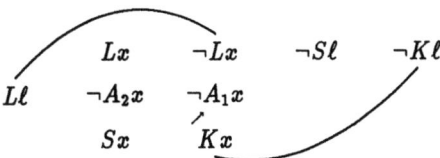

Der Versuch gelingt nicht vollständig, da ein Teilziel, $\neg A_1 x \{x \backslash \ell\}$, also nach Substitution $\neg A_1 \ell$, das in der Abbildung durch einen Pfeil markiert ist, nicht gelöst werden kann. Ein System zur Verarbeitung derartiger Situationen kann nun in zweifacher Weise eingerichtet werden. Es kann einerseits die Meldung ausgeben, daß die Anfrage aufgrund des formalisierten Wissens nicht beweisbar ist. Andererseits liegen dem System auch Informationen darüber vor, wie ein Beweis durch Hinzunahme weiterer Annahmen doch vervollständigt werden könnte, worauf es den Benutzer hinweisen oder was es gleich eigenmächtig realisieren könnte. In unserem Beispiel würde es sich um die Hinzunahme der Annahme $\neg A_1 \ell$[15] als zusätzlichem Faktum handeln, die die Anfrage stützt.

Der Übergang von W mit $W \not\vdash F$ zu $W \wedge \neg V$ mit $W \wedge \neg V \vdash F$ wird als *Abduktion* bezeichnet, wobei in unserem Beispiel F die gegebene Anfrage und $\neg V$ das hinzugenommene Faktum darstellt. Aufgrund des Deduktionstheorems [Bib87a] läßt sich die Beziehung $W \wedge \neg V \vdash F$ äquivalent auch in der Form $W \vdash \neg V \to F$ einsetzen, von der wir weiter unten ausgehen werden. Die positive Beantwortung der Anfrage gelingt also nach Durchführung eines solchen Abduktionsschlusses. Da ein Abduktionsschluß jedoch nicht auf sicherem Wissen beruht, kann weiteres Wissen bzw. weitere deduktive Einsicht den Schluß als voreilig entlarven. Dann stellt sich die Aufgabe, alle Folgerungen rückgängig zu machen, die von ihm abhängen, alle anderen jedoch beizubehalten. *Begründungsverwaltungssysteme* lösen genau die so gestellte Aufgabe. In unserem Beispiel könnte das so geschehen, daß wir die Anfrage $L\ell$ und das Literal $\neg A_1 x$ in der obigen Matrix mit der Annahme $\neg A_1 \ell$ als Begründung markieren.

---

[15]Bei der von uns bevorzugten positiven Klauselrepräsentation erscheint das Literal dann als $A_1 \ell$ in der Matrix.

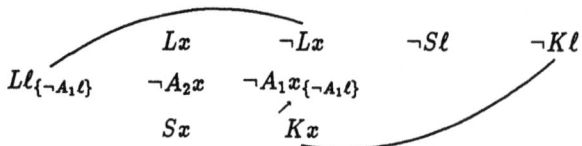

In analoger Weise könnten wir nun auch noch $\neg L\ell$ zu beantworten versuchen, was in der folgenden Matrix gezeigt ist.

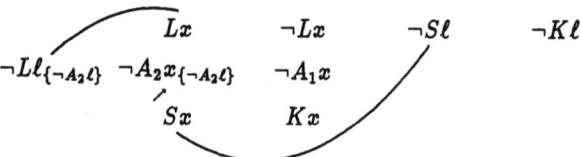

Dies führt in analoger Weise zu der Annahme $\neg A_2 \ell$ und deren Verwendung als Markierung. Die beiden Annahmen führen damit zu einer widersprüchlichen Lösung, so daß der Benutzer (oder ein anderer Systemteil) aufgerufen ist zu entscheiden, welche der beiden Annahmen er als die richtigere ansieht.

3.10.1 Klauselverwaltungssysteme

Wir haben im vorangegangenen zweimal gesehen, daß der deduktive Mechanismus in natürlicher Weise auf Problemstellungen stößt, die seine Kompetenz überschreiten. Dabei sind wir von der Vorstellung ausgegangen, daß an dieser Stelle der Benutzer gefragt wird. Wenn man an ein Gesamtsystem denkt, das sich ähnlich intelligent wie ein Benutzer verhalten soll, dann tritt an die Stelle des Benutzers eben das System selbst, was bei einer strukturierten Architektur eine spezielle Systemkomponente bedeuten würde. Und in der Tat geht man bei einem BVS-basierten System von zwei grundsätzlich voneinander getrennten Komponenten aus, dem eigentlichen BVS, das die deduktive und abduktive Arbeit leistet, wie sie am Beispiel soeben beschrieben wurde, und dem Problemlöser, der das BVS mit dem Wissen und der Auswahl der Annahmen versorgt. Diese Architektur ist in Abbildung 3.5 dargestellt. Die Problemlöserkomponente versorgt die BVS-Komponente mit einer Weltbeschreibung W. Wie immer können wir annehmen, daß W aus einer Menge von Klauseln besteht. Da es bei der Abhängigkeit von Annahmen um eine Abhängigkeit rein aussagenlogischer Struktur geht, können wir der Einfachheit halber zudem annehmen, daß nur Grundliterale auftreten, die gesamte Problemstellung also aussagenlogischer Natur ist. In dieser Form werden wir die Problemstellung nun präzisieren [RdK87].

Definition 3.10.1 *Wir sagen, die Klausel V stützt die Klausel F auf der Basis einer Klauselmenge W, wenn $W \not\models V$ (d.h. $W \wedge \neg V$ ist erfüllbar) und $W \models \neg V \rightarrow F$ (bzw. $W \models V \cup F$). Weiter heißt V eine minimale Stütze von F auf der Basis von W, wenn es keine echte Untermenge V' von V gibt, so daß V' die Klausel F in bezug auf W stützt.*

3.10 Begründungsverwaltungssysteme

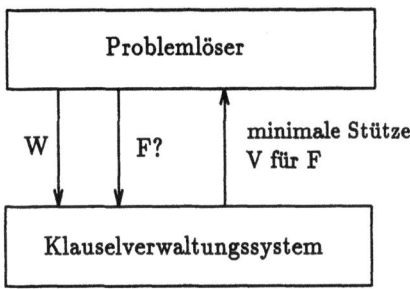

Abbildung 3.5 Eine Problemlöserarchitektur

Die erste der beiden Eigenschaften einer Stütze gewährleistet die Konsistenz, da sonst alles ableitbar wäre; die zweite besteht in der Eigenschaft, die wir oben bei der Abduktion bereits kennengelernt und erläutert haben. Der Begriff einer Stütze ist eng verwandt mit dem eines Primimplikanten [RdK87], der bei der Minimierung von Booleschen Schaltungsfunktionen eine wichtige Rolle spielt, was wir kurz erläutern wollen.

Definition 3.10.2 *Ein* Primimplikant[16] *einer Menge W von Klauseln ist eine Klausel C, die die folgenden beiden Eigenschaften erfüllt.*

1. $W \models C$.

2. *Es gibt keine echte Teilmenge C' von C, für die $W \models C'$ gilt.*

Als Beispiel sei $W = \{\{P_1, Q_1\}, \{P_1, P_2, Q_2\}\}$. Die Primimplikanten sind in diesem Fall die beiden gegebenen Klauseln sowie die vier tautologischen Klauseln in den vier Variablen wie zB. $\{P_1, \neg P_1\}$.

Theorem 3.10.1 *Sei W eine Klauselmenge und F eine Klausel. Ist V eine minimale Stütze für F auf der Basis von W, dann gibt es einen Primimplikanten C von W, so daß $C \cap F \neq \emptyset$ und $V = C - F$ gilt.*

Die Umkehrung gilt nicht ohne Einschränkung, wie unser eben gegebenes Beispiel zusammen mit der Klausel $F = \{Q_1, Q_2\}$ zeigt. Der Primimplikant $C = \{P_1, P_2, Q_2\}$ hat zwar einen nichtleeren Durchschnitt mit F, jedoch ist $C - F = \{P_1, P_2\}$ keine minimale Stütze für F auf der Basis von W, da $\{P_1\} \subset \{P_1, P_2\}$ bereits F auf der Basis von W stützt. Jedoch gilt die Umkehrung in einem wichtigen eingeschränkten Fall.

Theorem 3.10.2 *Sei W eine Menge von Klauseln und F eine nichtleere Klausel. Ist C ein Primimplikant von W mit $F \subseteq C$, dann ist $C - F$ eine minimale Stütze für F auf der Basis von W.*

---

[16]Genaugenommen handelt es sich hier um den dualen Begriff (im Sinne der $\wedge, \vee$-Dualität) zu dem in der Schaltwerkstheorie verwendeten.

Als einfache Folgerung ergibt sich eine vollständige Charakterisierung der minimalen Stützklauseln für den Spezialfall von Einerklauseln als Anfragen.

Folgerung 3.10.1 *Sei W eine Klauselmenge und $F = \{L\}$ eine Einerklausel. Dann ist V eine minimale Stütze für F auf der Basis von W genau dann, wenn es einen Primimplikanten C von W gibt, so daß $L \in C$ und $V = C - \{L\}$ gilt.*

3.10.2 ATMS

Nach diesen theoretischen Vorbereitungen kommen wir nun zurück zu unserer eigentlichen Fragestellung eines Begründungsverwaltungssystems. Im folgenden werden wir nun zwei solcher Systeme kurz besprechen. Sie unterscheiden sich in den folgenden drei wesentlichen Merkmalen. Das erste Merkmal eines BVS ist die durch das System realisierte Logik. Das zweite Merkmal ist die bei der Repräsentiation der Information verwendete Datenstruktur. Schließlich geht es auch jeweils um eine spezielle Strategie.

Das erste hier zu besprechende System wurde unter dem Akronym ATMS (engl. assumption-based truth maintenance system) bekannt [dK86]. Es stellt einen eingeschränkten Spezialfall des vorweg besprochenen allgemeinen Klauselverwaltungssystems insofern dar, als es nur Hornklauseln zuläßt, im übrigen jedoch klassische Aussagenlogik realisiert. Die Idee eines solchen annahmebasierten Begründungsverwaltungssystems ist, für jede aussagenlogische Variable P, (ob Annahme oder nicht), etwa einer Anfrage im Sinne des eingangs erläuterten Beispiels, eine minimale Begründung, dh. eine minimale Stützklausel auf der Basis des jeweiligen W, zu berechnen und in die Datenstruktur mit aufzunehmen, genauso wie es in den beiden Matrizen am Ende der Einleitung zu diesem Abschnitt illustriert wurde. Dies ermöglicht eine explizite Darstellung der Abhängigkeit einer solchen Aussage von den getroffenen Annahmen und erleichtert so die Modifikation im Falle von Revisionen der Annahmemenge in der gewünschten Weise. Was wir dort im Rahmen der Matrixdarstellung durch den einfachen Mechanismus der Indizierung realisiert haben, wird hier durch eine Menge von *Knoten* γ realisiert, die die folgende Struktur aufweisen.

$$\gamma_P : \; < P \,;\, \text{Markierung}\,;\, \text{Begründungen} >$$

P ist die genannte Aussage, deren Abhängigkeit von den Annahmen durch den Knoten charakterisiert werden soll. Als *(ATMS-) Begründungen* werden alle Regeln in W bezeichnet, deren Konklusion P ist. Durch sie wird eine Vorgängerstruktur auf der Knotenmenge implizit festgelegt. Praktisch genügt es, für jede Regel die Liste seiner Prämissen hier anzugeben. Eine *Markierung* (unser Index $\neg A_1 \ell$ bzw. $\neg A_2 \ell$ in den oben dargestellten Matrizen) ist eine Menge von *Kontexten*, wobei diese Menge gegeben ist durch

$$\{C_1, \ldots, C_k \;\; | \;\; k \geq 0 \text{ und } \{\neg C_1, \ldots, \neg C_k\} \text{ ist eine minimale Stütze}$$
$$\text{für } P \text{ auf der Basis von } W\}$$

3.10 Begründungsverwaltungssysteme

De Kleer nannte diese Menge eine widerspruchsfreie, konsistente, vollständige und minimale Markierung für P. Aus ihr sind widersprüchliche Stützklauseln, sogenannte "Nieten" (engl. nogoods), bereits eliminiert (werden aber im System gesondert mitgespeichert). Nach der obigen Folgerung sind die Kontexte wie folgt durch Primimplikanten charakterisiert.

$$\{C_1,\ldots,C_k \mid k \geq 0 \text{ und } \neg C_1 \vee \ldots \vee \neg C_k \vee P \text{ ist ein Primimplikant von } W\}$$

Die Menge der Kontexte wächst exponentiell mit der Zahl der Annahmen, so daß die Berechnung bald an Grenzen stößt. Verfahren zur Berechnung von Markierungen auf dem Wege über Primimplikanten wurden in [JP90] auf der Grundlage der Konnektionsmethode in der oben illustrierten Weise entwickelt. Hat man die Markierungen, so beschleunigen sich die in verschiedenen Kontexten erforderlichen Berechnungen jedoch in signifikanter Weise, was zB. auch für das Problem der Erfüllung von Randbedingungen [Bib88b] (engl. constraint satisfaction) von Bedeutung ist.

Wie die oben besprochenen allgemeineren Klauselverwaltungssysteme zeigen, kann ein ATMS ohne weiteres in zweifacher Weise verallgemeinert werden. Zum einen können auch Nicht-Hornklauseln, zum anderen Anfragen in Form von Klauseln statt nur Aussagenvariablen zugelassen werden.

3.10.3 TMS

Die zweite Gattung von Begründungsverwaltungssystemen, die wir hier nennen, ist TMS [Doy79, McA80] (engl. truth maintenance system). Das Vorgehen ist durch das alltägliche Schließen basierend auf Annahmen inspiriert. Es sind daher Einflüsse von Gentzens Kalkül des natürlichen Schließens [Gen35] unverkennbar. Wie bei ATMS (das sich aus TMS entwickelt hat) werden auch hier Knoten mit einer Struktur verwandt, die der oben angegebenen ähnlich ist, jedoch mit den beiden folgenden Unterschieden. Erstens geht es nicht um die Kodierung des gesamten zu einem Knoten gehörenden Abhängigkeitsgeflechtes; die Markierung der oben beschriebenen Art entfällt daher. Zweitens werden de facto Ermangelungsregeln (statt Hornregeln) in Betracht gezogen, wie sie im Abschnitt 3.7 beschrieben sind. Dies tritt in TMS in Gestalt der "outlist" in Erscheinung, einer Liste von Prämissen, von denen zur Folgerung auf die Aussage des Knotens vorausgesetzt wird, daß sie nicht gelten. Die Negationen dieser Prämissen stellen im Sinne der Ermangelungsregeln die Rechtfertigungen dar, deren Konsistenz gewährleistet sein muß. Kurz, die Struktur eines Knotens ist hier die folgende.

$$\gamma_P : <P\,;\,\textit{inlist, outlist}>$$

Die Elemente der "inlist" entsprechen den Begründungen von ATMS. Wir haben uns dabei nicht an die Originalsyntax gehalten, sondern uns an die bereits oben eingeführte Form angelehnt. Der deduktive Zusammenhang, der durch eine solche Menge von Knoten repräsentiert wird, läßt sich anschaulich durch ein Abhängigkeitsnetz [Goo87] darstellen, wie es für den Fall des folgenden Beispiels in Abbildung 3.6

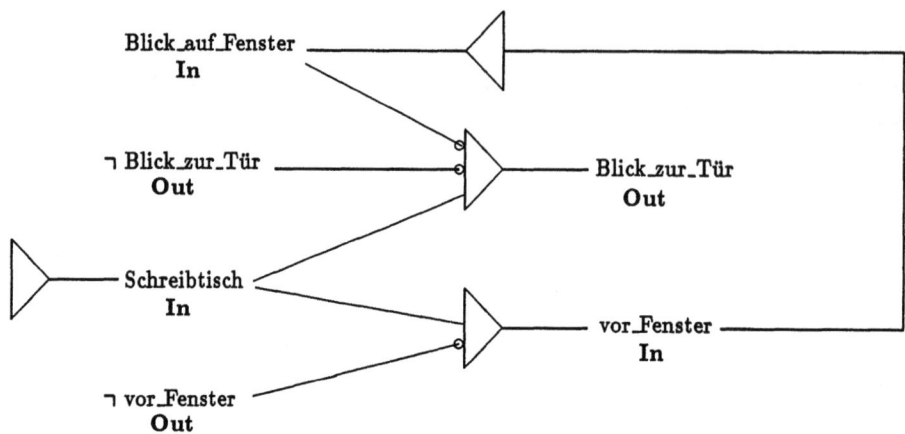

Abbildung 3.6 Ein Abhängigkeitsnetz

gezeigt ist. Das Beispiel bezieht sich auf die Einrichtung eines Zimmers. Seine Faktenmenge besteht aus {*Schreibtisch, vor_Fenster* → *Blick_auf_Fenster*}. Weiter enthält es die folgenden beiden Ermangelungsregeln.

$$\frac{Schreibtisch \ : \ vor\_Fenster}{vor\_Fenster} \qquad \frac{Schreibtisch \ : \ Blick\_zur\_Tür \land \neg Blick\_auf\_Fenster}{Blick\_zur\_Tür}$$

Die Regeln sind in der Abbildung als Schaltungen mit Prämissen und einer Konklusion dargestellt, deren Bedeutung selbsterklärend ist. Der Bezug mit der TMS Darstellung ist der folgende. Die Konklusion ist der Wert des zugehörigen Knotens, dh. das P in γ_P. Auf die in der Schaltung mit "Out" markierten Prämissen wird in der Knotendarstellung durch das Auftreten ihres Knotennamens in der "outlist" verwiesen, während das Gleiche für die mit "In" markierten Aussagen bezüglich der "inlist" gilt. In dem Beispiel ergibt sich als Lösung die Aufstellung des Schreibtisches mit Blick auf das Fenster als einzige Lösung.

Damit haben wir die einem TMS zugrundeliegende Datenstruktur beschrieben, seine Logik aber nur vage angedeutet. Letzteres soll nun präzisiert werden [Elk90].

Definition 3.10.3 *Eine* (TMS-) Begründung *(engl. justification) ist eine gerichtete aussagenlogische Regel der Form* $P \leftarrow A \land B$, *wobei* A *eine Konjunktion von Atomen und* B *eine Konjunktion negierter Atome ist.*

Hierbei sind natürlich auch leere Konjunktionen zugelassen. Man beachte, daß ohne die genannte Richtung in einer solchen Regel das P mit jedem Atom in B vertauscht werden könnte. Genau eine solche Vertauschung ist aber durch die Richtung ausgeschlossen.

3.10 Begründungsverwaltungssysteme

Wie in der Einleitung erläutert, besteht eine der Aufgaben eines BVS darin, eine Menge von Annahmen abduktiv zu erschließen, aus denen sich die gestellten Anfragen widerspruchsfrei ableiten lassen. Da in der Aussagenlogik jede Menge von Atomen (also auch der genannten Annahmen) eine Interpretation darstellt, läßt sich diese Aufgabe daher auch als die nach der Suche einer solchen Interpretation auffassen, die gewisse Eigenschaften hat. Eine dieser Eigenschaften muß sein, daß das Wahrsein unter der Interpretation von den Prämissen zur Konklusion der gerichteten Regeln weitergereicht wird, was in der folgenden Definition ausgedrückt wird.

Definition 3.10.4 *Eine Begründung* $P \leftarrow A \wedge B$ *stützt den Knoten* P *relativ zu einer Interpretation* $\mathcal{I}$, *wenn* $A \wedge B$ *in* $\mathcal{I}$ *wahr ist.*

Wie in der Ermangelungslogik läuft man aber mit Regeln, die negative Prämissen enthalten, in die Gefahr einer zirkulären Schlußkette, die durch die folgende Definition ausgeschaltet wird.

Definition 3.10.5 *Ein Modell* $M = \{P_1, \ldots, P_n\}$ *einer Menge* $\mathcal{B}$ *von Begründungen heißt* fundiert, *wenn es zu jedem* P_i *mindestens eine Begründung* $P_i \leftarrow A \wedge B$ *gibt, die* P_i *stützt und deren Atome in* A *eine Teilmenge von* $\{P_1, \ldots, P_{i-1}\}$ *bilden.*

Die Gerichtetheit der Regeln geht in diese Definition ganz wesentlich mit ein, wie das folgende Beispiel zeigt. Es seien $\mathcal{B}_1 = \{P \leftarrow \neg Q\}$ und $\mathcal{B}_2 = \{Q \leftarrow \neg P\}$. Klassisch sind beide äquivalent mit $P \vee Q$; dennoch haben sie verschiedene fundierte Modelle (und zwar je genau eines), nämlich P im Falle von $\mathcal{B}_1$ und Q im Falle von $\mathcal{B}_2$. Das einzige fundierte Modell der Menge $\{P \leftarrow \neg R, P \leftarrow \neg Q, Q \leftarrow P, R \leftarrow \neg S, S \leftarrow \neg R\}$ ist $\{P, Q, S\}$. Es ist leicht nachzuprüfen, daß in dieser alphabetischen Reihenfolge die erforderlichen Bedingungen erfüllt sind. Aus dem nachfolgenden Satz folgt außerdem, daß es kein weiteres Modell mehr gibt. Für diesen Satz benötigen wir noch die folgenden Begriffe [GL88].

Definition 3.10.6 *Zu einer Menge* $\mathcal{B}$ *von Begründungen und einer Interpretation* $\mathcal{I}$ *sei* $\mathcal{B}_\mathcal{I}$ *die Menge derjenigen Begründungen, die man aus* $\mathcal{B}$ *erhält durch (i) Streichung aller Begründungen mit einer negativen Prämisse* $\neg P$, *wenn* P *in* $\mathcal{I}$ *wahr ist, und (ii) Entfernung aller negativen Prämissen in allen verbleibenden Regeln.*

Weiter heißt ein Modell von $\mathcal{B}$ inklusionsminimal, *wenn es keine echte Teilmenge gibt, die Modell von* $\mathcal{B}$ *ist.*

Schließlich heißt $\mathcal{I}$ *eine* stabile Menge *von* $\mathcal{B}$, *wenn sie ein inklusionsminimales Modell von* $\mathcal{B}_\mathcal{I}$ *ist.*

Mit diesen Begriffen sind wir unversehens in die Semantik der in Abschnitt 3.4 bereits besprochenen Logikprogramme geraten. Auch Logikprogramme bestehen aus gerichteten Regeln der durch die TMS-Begründungen gegebenen Form. Wie wir aus Abschnitt 3.4 wissen, ist in ihnen die Negation zugelassen, wird aber nicht als klassische Negation interpretiert. Vielmehr sprechen wir von der *Negation als Mißerfolg* (engl. negation as failure), wobei der Mißerfolg eines Versuches gemeint ist, die unnegierte Aussage zu beweisen. Offensichtlich sind daher Logikprogramme auch nichtmonoton, denn durch die Hinzunahme neuer Aussagen kann ein solcher Mißerfolg ja aufgehoben werden. Stabile Mengen bilden also eine Semantik für Logikprogramme. Hier sind wir nun insbesondere an der Beziehung mit den TMS-Begründungen interessiert.

Theorem 3.10.3 *Ein Modell einer Menge von Begründungen ist stabil genau dann, wenn es fundiert ist.*

Man sieht leicht, daß die schon oben betrachtete Menge $\{P \leftarrow \neg R, P \leftarrow \neg Q, Q \leftarrow P, R \leftarrow \neg S, S \leftarrow \neg R\}$ ein zweites inklusionsminimales Modell, nämlich $\{P, Q, R\}$, besitzt. Allerdings ist es nicht stabil und folglich auch nicht fundiert.

Die soeben dargestellte Sicht von TMS-Begründungen als Logikprogramme ist nicht die einzig mögliche. Liest man nämlich jede negative Prämisse $\neg Q$ einer Begründung als $\neg \Box Q$, so erhält man eine ähnliche Charakterisierung mittels der autoepistemischen Logik, was wir im einzelnen hier nicht mehr durchführen wollen [Elk90]. Man beachte jedoch, daß diese Charakterisierungen die Logikprogrammierung als gleichwertig mit TMS ebenso wie mit der autoepistemischen Logik, und umgekehrt, erweisen.

Bis hierher haben wir das Augenmerk auf die Logik und die Datenstruktur der BVS gerichtet und den algorithmischen Aspekt außer acht gelassen. Um dies nachzuholen, erinnern wir noch einmal an das in Abschnitt 3.10.1 angegebene Modell, bestehend aus den zwei Komponenten Problemlöser und Klauselverwaltungssystem. Aus verschiedenen Gründen kann der Problemlöser eine vom Klauselverwalter erarbeitete Annahmemenge (bzw. ein fundiertes Modell) als untauglich erklären. Der häufigste Grund ist eine sich ergebende Widersprüchlichkeit. Wir sprechen dann von einer *Niete* (engl. nogood). Ist $\{P_1, \ldots, P_n\}$ eine solche Niete, so heißt dies, daß alle akzeptablen Modelle auch $\neg(P_1 \wedge \ldots \wedge P_n)$ wahr machen müssen, da alle getroffenen Annahmen in ihnen wahr sein müssen. Durch Einführung eines neuen Atoms R als Niete und der Begründung $(P_1 \wedge \ldots \wedge P_n) \rightarrow R$ können wir immer Nieten als Atome annehmen, weil dann offensichtlich die zusätzliche Begründung äquivalent mit $\neg(P_1 \wedge \ldots \wedge P_n)$ ist. Um Nieten auszuschalten, müssen die Begründungen abgeändert werden, die zu ihnen führten. Diese Idee erfaßt die folgende Definition.

Definition 3.10.7 *Eine* Nietenstrategie *ist ein Algorithmus, der zu einer Niete R und einer Begründungsmenge $\mathcal{B}_1$ als Eingabe eine Begründungsmenge $\mathcal{B}_2$ mit möglicherweise neuen Knoten so erzeugt, daß kein fundiertes Modell von $\mathcal{B}_1 \cup \mathcal{B}_2$ die Niete erfüllt.*

Die in diesem Gebiet bekanntgewordenen abhängigkeitsgesteuerten Rücksetzalgorithmen (engl. dependency-directed backtracking) [CRM80, Doy79] stellen Nietenstrategien dar. Sie verfolgen all die Begründungen rückwärts, die zu der Niete geführt haben, und ändern durch Hinzunahme einer neuen Begründung den Wahrheitswert einer der Ausgangsaussagen so ab, daß sich die Niete nicht mehr herleiten läßt. Diese theoretisch nicht umfassend durchdachten Verfahren weisen aber Mängel auf, die von dem folgenden Vorgehen vermieden werden.

Definition 3.10.8 *Eine Nietenstrategie, die $\mathcal{B}_1$ und R auf $\mathcal{B}_1 \cup \mathcal{B}_2$ abbildet, heißt* korrekt, *wenn*

1. *jedes Modell von B_1, das R falsifiziert, sich zu einem fundierten Modell von $B_1 \cup B_2$ erweitern läßt, und wenn*

2. *jedes auf die in B_1 auftretenden Knoten beschränkte fundierte Modell von $B_1 \cup B_2$ ein fundiertes Modell von B_1 ist, das R falsifiziert.*

[Elk90] gibt eine denkbar einfache Nietenstrategie an, die das folgende Lemma formuliert.

Lemma 3.10.1 *Seien P und Q neue Knoten bezüglich einer Begründungsmenge B_1. Dann ist die Nietenstrategie, die B_1 und R auf $B_1 \cup \{P \leftarrow \neg R, P \leftarrow \neg Q, Q \leftarrow P\}$ abbildet, korrekt.*

Zur Ausschaltung einer Niete braucht man also nur drei Begründungen dieser Gestalt hinzuzufügen, so daß sich ein Rücksetzverfahren zu diesem Zweck völlig erübrigt. Es kann allerdings zur Bestimmung der fundierten Menge nützlich sein. Diese Bestimmung kann sehr aufwendig sein, da sie ein NP-vollständiges Problem darstellt [Elk90].

Im übrigen wollen wir hinsichtlich der weiteren algorithmischen Behandlung eines TMS wegen des illustrierten Zusammenhanges mit den Ermangelungssystemen auf die Ergebnisse des letzten Abschnittes verwiesen werden. Eines der Verfahren wird in [JK90] vorgestellt. Auf ihm basiert ein an der GMD, St. Augustin, entwickeltes System, EXCEPT, das eine Ermangelungslogik mit Hilfe eines TMS realisiert. Weitere Details zu dem gesamten Komplex der Begründungsverwaltungssysteme findet man in [Sto88].

In [McD91] wird eine alternative Formalisierung von Begründungsverwaltungssystemen beschrieben, die hinsichtlich der möglichen deduktiven Folgerungen eingeschränkter ist und daher auch effizienter zu sein scheint.

3.11 Vergleichende Zusammenfassung

In diesem Kapitel haben wir eine Reihe verschiedener Ansätze zur Formalisierung nichtmonotoner Schlußweisen kennengelernt. Die damit verbundene Vielfalt ist für den Leser und Anwender eher verwirrend. Deshalb wollen wir in diesem letzten Teil des Kapitels eine vergleichende und ordnende Zusammenfassung der verschiedenen Ansätze versuchen. Alle diese Ansätze verfolgen mehr oder weniger das gleiche Ziel, der Formalisierung eines bestimmten Aspekts des alltäglichen Schließens. Statt einer minutiösen Beschreibung aller Details der Welt beschränken wir uns in der natürlichen Kommunikation auf die Beschreibung charakteristischer Merkmale in einer Situation und ersparen uns die Erwähnung von solchen Einzelheiten, die in gleicher Weise auch in anderen Situationen vorliegen. Dies erfordert von einem derartigen Formalismus die Fähigkeit, bei gegebener Weltbeschreibung W über die klassisch ableitbaren Aussagen hinaus Wissen abzuleiten, das "normalerweise" in W gilt.

Die Ansätze zum nichtmonotonen Schließen sind durch verschiedene Ausprägungen des alltäglichen Schließens motiviert. Diese haben zu den drei folgenden Hauptformen des nichtmonotonen Schließens geführt: Weltabgeschlossenheitsschließen, Ermangelungsschließen und autoepistemisches Schließen.

Das Weltabgeschlossenheitsschließen bedient sich festgelegter Konventionen, um von dem gegebenen W auch auf die nichtgenannten Details schließen zu können. Die reinste Form des Weltabgeschlossenheitsschließens findet sich bei der in Abschnitt 3.1 vorgestellten Annahme der Weltabgeschlossenheit (oder kurz AWA): jede nicht explizit gegebene Grundaussage wird kategorisch als falsch angenommen. Dem gegenüber wird bei der in Abschnitt 3.5 vorgestellten Zirkumskription diese Annahme immer nur für bestimmte Grundaussagen getroffen.

Beim Ermangelungsschließen wird versucht, unvollständiges Wissen mit Hilfe von Standardannahmen zu vervollständigen. Solche Standardannahmen resultieren aus Erfahrungswerten und beschreiben das typische oder gewöhnliche Verhalten von Objekten. Ermangelungsschlüsse sind daher Schlüsse, die in Ermangelung von Information gezogen werden. Die übliche Lesart einer Ermangelungsregel ist dabei: "*A's sind typischerweise* (oder *normalerweise*) *B's*". Die bislang wohl erfolgreichste Formalisierung des Ermangelungsschließens stellt die in Abschnitt 3.7 eingeführte Ermangelungslogik (oder kurz E-Logik) dar. Der Schluß von A auf B wird hier gezogen, falls sich durch die Hinzunahme von B zur Menge der Schlußfolgerungen kein Widerspruch ergibt. Dem gegenüber wird in den in Abschnitt 3.9 vorgestellten konditionalen Logiken (oder kurz K-Logiken) zusätzlich zu oder anstelle der klassischen Implikation noch die konditionale Implikation eingeführt und entweder als zusätzlicher Operator verwendet oder auf die klassische Implikation zurückgeführt.

Beim autoepistemischen Schließen wird versucht, die Schlüsse einer selbstreflektierenden Person zu formalisieren. In dieser Sicht schließt ein Akteur sowohl über die betrachtete Weltbeschreibung als auch — durch Introspektion — über sein eigenes Wissen darüber. In der in Abschnitt 3.8 vorgestellten autoepistemischen Logik (oder kurz AE-Logik) wird ein Schluß von A auf B gezogen, falls der Akteur nicht glaubt bzw. nicht weiß, daß $\neg B$ gilt.

Allen Ansätzen zum nichtmonotonen Schließen ist gemeinsam, daß sie eine Qualifizierung der gegebenen formalen Weltbeschreibung W durchführen. W wird dabei als der wesentliche Kern aufgefaßt, der durch geeignete Mechanismen noch zu vervollständigen ist. Die verschiedenen Ansätze unterscheiden sich in der Art dieser Vervollständigungsmechanismen und der entsprechenden, zugrundeliegenden Repräsentation von W. Wir führen nun den Vergleich der verschiedenen nichtmonotonen Ansätze anhand einer Reihe von Merkmalen aus, die solche Mechanismen charakterisieren. Die Quintessenz der nachfolgenden Diskussion sammeln wir in Tabelle 3.1 am Schluß dieses Abschnitts. Wir konzentrieren uns dabei auf die schon oben genannten Hauptvertreter, nämlich die AWA und die Zirkumskription für das Weltabgeschlossenheitsschließen, die E- und die K-Logik für das Ermangelungsschließen, sowie die AE-Logik für das autoepistemische Schließen. Weitere in diesem Kapitel präsentierte Ansätze lassen sich auf einen der Hauptvertreter zurückführen. So ist beispielsweise die in Abschnitt 3.6 vorgestellte Theoriebildung von Poole ein Spezialfall der E-Logik und die

3.11 Vergleichende Zusammenfassung

AE-Logik eine Weiterentwicklung der im Abschnitt 3.8 diskutierten nichtmonotonen Logik von McDermott und Doyle.

Alle Ansätze zum nichtmonotonen Schließen erweitern die klassische Prädikatenlogik und erlauben, Schlüsse zu ziehen, die über die klassischen Prädikatenlogik hinausgehen. In diesem Sinne können wir die den Ansätzen gemeinsame Idee wie folgt beschreiben. Ist W eine Weltbeschreibung und S eine Formel (die üblicherweise nicht aus W herleitbar ist), so stellt ein solcher Ansatz, auf eine für ihn spezifische Weise, eine Menge von Annahmen A zur Verfügung, so daß $W \cup A$ eine konsistente Erweiterung unseres Weltwissens darstellt und S aus $W \cup A$ herleitbar ist. Diese Sichtweise wurde auch schon in Abschnitt 3.2 zur Illustration der AWA verwendet und in Abbildung 3.1 veranschaulicht.

Wir führen uns nun noch einmal vor Augen, welche Formeln überhaupt sinnvoll als Annahmen verwendet und damit zu A hinzugenommen werden sollten. Zunächst stellen wir fest, daß durch das Hinzufügen von Formeln, die bereits in W enthalten oder aus W klassisch herleitbar sind, keinerlei Effekt hinsichtlich der Ableitbarkeit erzielt wird. Gleichwohl ist dies in manchen Ansätzen (wie etwa dem der E-Logik) nicht ausgeschlossen, da ja nur redundante Information hinzugenommen wird. Letzteres gilt natürlich nicht für Formeln, deren Negate in W enthalten oder aus W klassisch herleitbar sind, denn solche Annahmen würden der zugrundeliegenden Weltbeschreibung widersprechen. Also kommen als sinnvolle und nützliche Annahmen insgesamt nur solche Formeln in Frage, für die weder sie selbst noch ihre Negation aus W herleitbar sind. Formal ist damit eine sinnvolle Annahmenmenge A bezüglich W wie folgt eingeschränkt.

$$A \subseteq \{S \mid W \not\vdash S \text{ und } W \not\vdash \neg S\}.$$

Betrachten wir nun die jeweiligen Mechanismen zur Generierung der Annahmenmenge A. Häufig werden hier die Ansätze zum nichtmonotonen Schließen in zwei Klassen eingeteilt. Zum einen haben wir die *Minimierungsansätze*, zu denen das Weltabgeschlossenheitsschließen zählt, bei dem nur die klassisch aus der Weltbeschreibung ableitbaren Formeln als gültig und alle anderen Aussagen als falsch betrachtet werden. Zum anderen haben wir die *konsistenzbasierten Ansätze*, zu denen das Ermangelungsschließen und das autoepistemische Schließen zählt, bei denen Annahmen aufgrund der Konsistenz von Formeln und damit der Nichtableitbarkeit der jeweiligen Negation generiert werden.

Bei den in den ersten Abschnitten dieses Kapitels behandelten nichtmonotonen Formalismen handelt es sich durchweg um Minimierungsansätze. Diese zeichnen sich dadurch aus, daß nur die in einem gewissen Sinne minimalen oder sogar kleinsten Modelle betrachtet werden. Während bei der klassischen Inferenz — Vollständigkeit vorausgesetzt — jede Formel ableitbar ist, die in *allen* Modellen gilt, betrachtet man hier eine Art *Minimalinferenz* [Bib87a] in dem Sinne, daß eine Formel dann ableitbar ist, wenn sie in *allen minimalen* Modellen gilt. Durch die Eliminierung nichtminimaler Modelle werden dann mehr und insbesondere auch *negative* Formeln ableitbar. Wie dies im einzelnen technisch realisiert wird, wurde in den jeweiligen Abschnitten dieses Kapitels gezeigt. Wir erinnern lediglich noch einmal an die Vorgehensweise bei der AWA (vgl. Abschnitt 3.2) und bei der Zirkumskription (vgl. Abschnitt 3.5). Bei der AWA werden negative Grundatome zur Weltbeschreibung W hinzugefügt, falls die Grundatome selbst nicht aus der Weltbeschreibung ableitbar sind. Man erhält dadurch eine vollständige Theorie, die jedoch nur dann konsistent ist, wenn W ein kleinstes Modell besitzt. Dies ist insbesondere bei Hornformeln der Fall. Bei der Zirkumskription beschränkt man die Folgerbarkeitsbeziehung $\models$ auf diejenigen Modelle der Weltbeschreibung W, in welchen die wenigsten Objekte (oder Tupel von Objekten) das zirkumskribierte Prädikat erfüllen.

In den konsistensbasierten Ansätzen wird, wie oben schon erwähnt, eine Annahme dann zur Weltbeschreibung W hinzugefügt, wenn die Negation bestimmter Formeln nicht aus W ableitbar ist. Dabei wird in der E–Logik die Konsequenz C einer Ermangelungsregel

$$\frac{A \; : \; B}{C} \qquad (3.2)$$

nur dann zu einer Extension von W hinzugefügt, wenn A bereits in der Extension enthalten ist und B mit der Extension konsistent ist. In den modalen Ansätzen werden Annahmemengen aufgrund von Konsistenzbedingungen spezifiziert und explizit in die Weltbeschreibung aufgenommen. So wird in der AE–Logik die Menge $\{\neg LB \mid B \notin \mathcal{E}\}$ (neben der zur Introspektion verwendeten Annahmenmenge $\{LB \mid B \in \mathcal{E}\}$) als Konsistenzannahmen zur Weltbeschreibung hinzugefügt, bevor der Ableitungsmechanismus in Gang gesetzt wird. Eine modale Propositionen der Form $\neg LB$ wird also nur dann hinzugefügt, wenn B nicht schon ein der Extension $\mathcal{E}$. In der K–Logik von Delgrande wird eine konditionale Implikation $A \Rightarrow L$ dann als materiale Implikation $A \rightarrow L$ zur speziellen Weltbeschreibung hinzugefügt, wenn die so erhaltene Menge konsistent ist (und $A \rightarrow L$ die im Abschnitt 3.9.1 genannten Spezifizitätskriterien erfüllt).

Bei der Unterscheidung zwischen konsistenz- und minimierungsbasierten Ansätzen handelt es sich allerdings lediglich um eine mögliche Sichtweise. In der Literatur finden sich auch andere Klassifikationen (siehe zB. [Rei87a, Bre87]). Auch ist die Trennung in konsistenz- und minimierungsbariente Ansätze nicht so strikt, wie sie vielleicht auf den ersten Blick aussieht. Betrachten wir beispielsweise die in Abschnitt 3.3 vorgestellte Prädikatsvervollständigung, ein zur Klasse des Weltabgeschlossenheitsschließens gehörender und damit minimierungsbasierter Ansatz. Für die (semantische) Prädikatsvervollständigung existiert ein für solitäre Klauselmengen korrekter, syntaktischer Mechanismus, nämlich die in Abschnitt 3.4 präsentierte Negation als Mißerfolg (oder kurz NaM). Dabei wird das Negat eines Grundatoms dann als ableitbar angenommen, wenn der Versuch das Atom selbst zu beweisen in endlicher Zeit fehlschlägt. Wie in [GL91] gezeigt, ist die NaM ein Spezialfall der E–Logik und somit auch konsistenzbasiert. Deshalb führen wir die NaM in der Tabelle 3.1 auch unter der E–Logik an. Aber auch die AWA und die Zirkumskription können als konsistenzbasierte Ansätze angesehen werden. Dies ist bei der AWA noch offensichtlicher, da hier die Negation eines Grundatoms hinzugenommen wird, falls das Atom selbst nicht ableitbar ist, was als Konsistenzbedingung angesehen werden kann. Bei der Zirkumskription ist die Möglichkeit einer Sicht als Konsistenzansatz hingegen nicht ganz so

3.11 Vergleichende Zusammenfassung

offensichtlich. Betrachten wir dazu die Zirkumskriptionsformel für ein Prädikat P in W

$$Z[W; P] = W \wedge \forall P^*(W\{P \setminus P^*\} \rightarrow P^* \not< P), \tag{3.3}$$

so beobachten wir, daß $P^* \not< P$ nur für solche Prädikatsausdrücke P^* gefordert wird, die auch W erfüllen, dh. für die $W\{P \setminus P^*\}$ gilt. Interpretieren wir diese Bedingung als eine Art Konsistenztest, dann wird damit die Minimalitätsforderung $P^* \not< P$ nur auf solche Prädikatsausdrücke P^* angewendet, die mit der Weltbeschreibung W (in diesem Sinne) konsistent sind.

Auf der anderen Seite aber unterscheiden sich minimierungs- und konsistenzbasierte Ansätze in der Frage, ob die durch die Anwendung des zugrundeliegenden Mechanismus auf eine konsistente Weltbeschreibung W erhaltenen Extensionen selbst wieder konsistent sind. Für alle konsistenzbasierten Ansätze kann diese Frage positiv beantwortet werden, während dies für Minimierungsansätze nicht der Fall ist. So haben wir bereits in Abschnitt 3.1 festgestellt, daß die AWA zu einer inkonsistenten Theorie führen kann, falls die ihr zugrundeliegende Weltbeschreibung kein kleinstes Modell besitzt. Dasselbe Problem taucht auch in der Zirkumskription auf. Besitzt eine Weltbeschreibung keine minimalen Modelle, so führt die Zirkumskription zu einer inkonsistenten Theorie.

In den letzten Absätzen haben wir Möglichkeiten zur Klassifizierung der Ansätze zum nichtmonotonen Schließen aufgezeigt. Im folgenden wollen wir anhand einiger Kriterien weitere Unterschiede zwischen den einzelnen Ansätzen herausarbeiten und in der Tabelle 3.1 festhalten. Zunächst wenden wir uns der Repräsentation sowie der Behandlung von Ermangelungswissen zu.

In der E-Logik werden Ermangelungsregeln als Kalkülregeln der Gestalt (3.2) formalisiert. In unserem Beispiel der Eiscreme-liebenden Kinder haben wir in Abschnitt 3.7 die (normale) Ermangelungsregel

$$\frac{Kx \; : \; Lx}{Lx}$$

verwendet. Ist eine solche Kalkülregel anwendbar, so wird ihre Folgerung Lx als Annahme zur Extension der Weltbeschreibung hinzugefügt.

In der K-Logik von Delgrande werden Ermangelungsregeln als konditionale Implikationen repräsentiert, wie dies durch unser Beispiel

$$Kx \Rightarrow Lx$$

veranschaulicht wird. Grundinstantiierte materiale Implikationen der Form $K\ell \rightarrow L\ell$ werden dann zur speziellen Weltbeschreibung hinzugenommen, wenn sie mit ihr konsistent sind und die in Abschnitt 3.9.1 genannten Spezifizitätskriterien erfüllen.

In der AE-Logik werden Ermangelungsregeln mittels modaler Formeln formalisiert. So lautet die Ermangelungsregel in unserem Eiscreme-Beispiel 3.2.1 hier

$$Kx \wedge \neg\mathsf{L}\neg Lx \rightarrow Lx.$$

Modale Formeln der Gestalt $\neg L \neg L \ell$ werden als Annahmen zur Extension der Weltbeschreibung dann hinzugefügt, wenn (wie oben bereits angesprochen) $\neg L \ell$ nicht schon in der Extension enthalten ist.

Ein ähnliches Vorgehen ist auch bei der AWA gegeben. Ist ein Grundatom $L\ell$ nicht aus der Weltbeschreibung W ableitbar, so wird deren Negat, nämlich $\neg L\ell$, als Annahme hinzugefügt, bevor der Ableitungsmechanismus in Gang gesetzt wird. Bei dieser Vorgehensweise werden also nur Formeln der Prädikatenlogik erster Stufe betrachtet.

Dagegen wird zur Zirkumskription eine Sprache der Prädikatenlogik zweiter Stufe verwendet. Ermangelungsregeln selbst werden allerdings weiterhin in der Prädikatenlogik erster Stufe formuliert. So haben wir in Abschnitt 3.5 die Ermangelungsregel unseres Eiscreme-Beispiel 3.2.1 mittels der Formel

$$Kx \wedge \neg Ax \to Lx$$

formalisiert, wobei das Prädikat A das Attribut "abnormal" bezeichnet. Durch die Hinzunahme des Axioms der Form (3.3) wird dann die Zugehörigkeit von Objekten zu bestimmten ausgezeichneten Prädikaten, den sogenannten zirkumskribierten Prädikaten, minimiert. Beispielsweise kann man so durch Zirkumskription des Prädikats A in der letzten Formel $\neg A\ell$ ableiten, also für ℓ zeigen, daß es "normal" ist.

Die Wahl des jeweils verwendeten Mechanismus hat zahlreiche Konsequenzen. Zunächst bestimmt der Mechanismus die syntaktische Gestalt der Annahmen, so daß mit seiner Wahl auch die Wahl der dem Ansatz zugrundeliegenden Sprache eng verknüpft ist. Bei der vorangegangenen Diskussion haben wir implizit die jeweils zugrundegelegte Sprache bereits mit besprochen. Bei der E–Logik handelt es sich hierbei um beliebige Formeln der Prädikatenlogik erster Stufe, die als Annahmen hinzugenommen werden. Auch bei der AWA wird eine Sprache der Prädikatenlogik erster Stufe zugrundegelegt. Allerdings werden hier als Annahmen nur negative Grundatome verwendet.

Obwohl eine Weltbeschreibung in der Zirkumskription üblicherweise auch in der Prädikatenlogik erster Stufe formuliert wird, muß prinzipiell eine Sprache der Prädikatenlogik zweiter Stufe betrachtet werden, da das Zirkumskriptionsaxiom (3.3) eine Formel zweiter Stufe darstellt. Wie wir allerdings in Abschnitt 3.5.1 gesehen haben, existieren große Formelklassen, für die man auch ein Zirkumskriptionsaxiom in der Prädikatenlogik erster Stufe angeben kann, so daß für diese Klassen die gesamte Behandlung in der Sprache erster Stufe durchführbar ist. Wie bei der AWA ist auch bei der Zirkumskription die Gestalt der Annahmen beschränkt. Es können nur neue negative Grundatome von zirkumskribierten Prädikaten (wie A in unserem obigen Beispiel) abgeleitet werden. Dies wird bei der variablen Zirkumskription insoweit verallgemeinert, als dort auch beliebige Literale von variierten Prädikaten abgeleitet werden können (vgl. Abschnitt 3.5.2).

Die AE–Logik bedient sich als modale Logik einer modalen Sprache erster Stufe. Auch hier ist diese Erweiterung auf die Gestalt der hinzuzufügenden Annahmenmenge A zurückzuführen, die wir — wie oben gezeigt — für eine gegebene Extension $\mathcal{E}$ auch exakt angeben können.

3.11 Vergleichende Zusammenfassung

Weitere Kriterien zum Vergleich der nichtmonotonen Formalismen sind die Möglichkeit zur Revision einer Weltbeschreibung und die Frage, inwieweit ein Ansatz die Widerspruchsfreiheit der Weltbeschreibung gewährleistet. Die im Kontext der nichtmonotonen Logiken wohl interessanteste Revisionsoperation ist das Hinzufügen neuer Information, wie sie etwa durch Beobachtungen auftreten kann. Trivialerweise erlauben alle Ansätze die Hinzunahme von bereits mit oder ohne Hilfe von Ermangelungswissen abgeleiteten Aussagen. In den meisten Ansätzen wird eine solche Operation ganz einfach durch eine Erweiterung der Weltbeschreibung W bzw. der darin ausgezeichneten Menge von Fakten realisiert. Eine Ausnahme bildet hierbei die Zirkumskription, bei der das Zirkumskriptionsaxiom (3.3) und darin insbesondere die Teilformel $W\{P \setminus P^*\}$ geeignet modifiziert werden müssen. Ein interessanter Fall tritt ein, wenn etwa eine Beobachtung einer zuvor getroffenen Annahme widerspricht. Eine solche Situation führt jedoch in keinem der betrachteten Ansätze zu Problemen. Widerspricht eine Beobachtung einer getroffenen Annahme, so wird letztere zurückgenommen, was sich formal in der Eigenschaft der Nichtmonotonie widerspiegelt.

Ein weiterer Unterschied der verschiedenen Ansätze ist durch die Möglichkeit zur Bildung alternativer Extensionen einer gegebenen Weltbeschreibung gegeben. Die Bildung alternativer Extensionen ist insbesondere in allen konsistenzbasierten Ansätzen möglich. Man hat daher die Möglichkeit, zwischen einem skeptischen und einem leichtgläubigen Theoriebegriff zu wählen. Im ersteren Fall akzeptiert man eine Aussage nur dann, wenn sie in allen alternativen Extensionen der Weltbeschreibung enthalten ist, wohingegen man im zweiten Fall eine Aussage schon dann als herleitbar betrachtet, wenn sie in mindestens einer solchen Extension vorkommt. Dagegen ermöglichen die Minimierungsansätze, wie die AWA oder die Zirkumskription, nur einen skeptischen Theoriebegriff. Semantisch gesehen ist dies auch sinnvoll, da man sich bei diesen Ansätzen auf die Folgerbarkeit in allen minimalen Modellen oder sogar in einem kleinsten Modell beschränkt. Damit ist die Menge der ableitbaren Formeln eindeutig durch die in den minimalen Modellen gültigen Formeln gegeben.

Die K-Logiken von Delgrande und von Geffner und Pearl erlauben ebenfalls mehrere Extensionen. Jedoch werden hier spezifischere Informationen ausgenutzt, um Präferenzen zwischen Extensionen auszurechnen. Sind bei einer gegebenen Weltbeschreibung mehrere konditionale Implikationen anwendbar, dann wird die Implikation bevorzugt, deren Prämissen am spezifischsten sind. Die Spezifität folgt dabei aus der Weltbeschreibung. Im Gegensatz dazu können solche Präferenzen in der E-Logik oder der Zirkumskription erst dann bestimmt werden, wenn weitere Standardannahmen bzw. Ordnungen auf den zirkumskribierten Prädikaten explizit zur Weltbeschreibung hinzugefügt werden.

Ein komplexitätstheoretischer Vergleich der auf Fixpunktkonstruktionen beruhenden Ansätze zum nichtmonotonen Schließen (Ermangelungslogik, nichtmonotone Logik und autoepistemische Logik) findet sich in [Got92a], auf den wir hier nicht mehr eingehen können. Wir erwähnen lediglich in diesem Zusammenhang, daß die konditionalen Ansätze besonders aus komplexitätstheoretischen Gründen Vorteile zu bieten scheinen.

Auch wollen wir an dieser Stelle nicht unerwähnt lassen, daß alle in den vorangegangenen Abschnitten vorgestellten Ansätze zur Formalisierung nichtmonotoner Schlußweisen im allgemeinen Fall nicht entscheidbar sind. Die Prädikatenlogik erster Stufe ist semi-entscheidbar, dh. nur die gültigen Formeln einer betrachteten Theorie sind rekursiv aufzählbar, dh. der Nachweis der Gültigkeit kann für jede gültige Formel in endlicher Zeit mechanisch erbracht werden. Ein Nachweis der Falsifizierbarkeit ist dagegen im allgemeinen nicht durchführbar, da dieser nicht terminieren muß. Bezieht man sich nun beim Ableiten von Formeln auf die Konsistenz von Aussagen und damit auf die Nichtableitbarkeit der Negation dieser Aussagen, so muß dieser Nachweis nicht terminieren. Damit verlieren alle Logiken, die sich beim Inferenzprozeß auf die Konsistenz von Aussagen berufen, die Eigenschaft der Semi-Entscheidbarkeit. Es ist folglich nicht einmal mehr entscheidbar, ob eine in einer nichtmonotonen Logik gültige Aussage auch ableitbar ist.

Beschränkt man sich allerdings auf entscheidbare Theorien, etwa solche mit endlichem Herbranduniversum, so verursacht eine Konsistenzprüfung grundsätzlich keine Probleme. Denn ist eine Formel falsifizierbar, dann kann auch der Nachweis dafür nach endlich vielen Schritten erbracht werden. Demnach ist es dann auch für eine konsistenzbasierte nichtmonotone Logik entscheidbar, ob eine Aussage zur Theorie gehört oder nicht.

Aber auch bei anderen nichtmonotonen Logiken, die wie die Zirkumskription ohne explizite Konsistenzbedingungen arbeiten, ist die Semi-Entscheidbarkeit oder gar die Entscheidbarkeit nur durch die Einschränkung auf spezielle Formelklassen gewährleistet. Bei der Zirkumskription ist man durch die Verwendung von Formeln der Prädikatenlogik zweiter Stufe vor etliche Probleme gestellt. Da die Prädikatenlogik zweiter Stufe nicht mehr semi-entscheidbar ist, ist es auch nicht möglich, den Nachweis der Gültigkeit einer gültigen Formel mechanisch zu erbringen. Die hieraus erwachsenden Probleme sind vielfältig. Zum einen stimmen in der Prädikatenlogik zweiter Stufe die Begriffe der Erfüllbarkeit und Konsistenz nicht mehr überein, und zum anderen gilt der Kompaktheitssatz nicht mehr. Der letztere ist unter anderem sehr wichtig für das Erbringen von mechanischen Beweisen, denn er besagt, daß eine Theorie genau dann erfüllbar ist, wenn jede ihrer endlichen Teilmengen erfüllbar ist. Bei Widerspruchsbeweisen genügt es dann zu zeigen, daß eine endliche Teilmenge unerfüllbar ist, um die Unerfüllbarkeit der gesamten Menge nachzuweisen. In der Prädikatenlogik zweiter Stufe ist die Existenz einer endlichen inkonsistenten Teilmenge zwar eine hinreichende, aber nicht notwendige Bedingung für die Inkonsistenz. Aber auch bei Vernachlässigung dieser Probleme bleibt die Schwierigkeit, die geeigneten Formeln für die Substitution der Variablen zweiter Stufe in der Formel (3.3) anzugeben. Die meisten in den vorigen Abschnitten angegebenen Beispiele ermöglichten es, durch eine geschickte Wahl der Substitution der Prädikatsvariablen auch die gewünschten Resultate zu erhalten. Doch verbirgt sich dahinter im allgemeinen eine vielschichtige Heuristik, die in den Inferenzprozeß eingeht und dementsprechend auch formuliert werden muß.

Das Problem der Unentscheidbarkeit ist darauf zurückzuführen, daß auf ganze Theorien Bezug genommen wird. Ob man die Konsistenz einer Aussage bezüglich einer Theorie fordert oder versucht, sich auf die klassisch ableitbaren und damit auch

3.11 Vergleichende Zusammenfassung

folgerbaren Aussagen einer Theorie zu beschränken, immer muß man sich dabei auf die Theorie als Ganzes beziehen. Die Zirkumskription verwendet dazu ein Axiom der Prädikatenlogik zweiter Stufe, wodurch hier die Semi-Entscheidbarkeit verloren wird. Die konsistenzbasierten Ansätze fordern explizit die Konsistenz einer Theorie.

Das Problem der mangelnden Entscheidbarkeitseigenschaften ist zwar schwerwiegend, doch sollte es nicht dazu führen, die nichtmonotonen Logiken pauschal zu disqualifizieren. Zum Vergleich erwähnen wir, daß auch die Nichtentscheidbarkeit der Prädikatenlogik erster Stufe zunächst als ein schwerwiegender Nachteil angesehen wurde, ohne der erfolgreichen Entwicklung von Beweissystemen Abbruch zu tun. Ist man sich des Problems bewußt und lernt damit umzugehen, so können die damit verbundenen Probleme durchaus bis zu einem gewissen Grade gemeistert werden.

Abschließend weisen wir darauf hin, daß im letzten Teil des Abschnittes 4.2.4 weitere Vergleiche nichtmonotoner Logiken gezogen werden, die in diesem Sinne auch als Fortsetzung des vorliegenden Abschnittes angesehen werden können. Auch erwähnen wir noch, daß sich in der Literatur eine Reihe von Arbeiten über paarweise Vergleiche nichtmonotoner Ansätze finden, die wir hier im einzelnen nicht mehr berücksichtigen konnten [Lif85a, GPP89, Rei82, Lif89, QI91, Kon88, Tru91].

Tabelle 3.1 Vergleich der Ansätze zum Nichtmonotonen Schließen

	AWA	Zirkumskription	E-Logik [NaM]	K-Logik	AE-Logik
Klassifikation	minimierungsbasiert	minimierungsbasiert	konsistenzbasiert	konsistenzbasiert	konsistenzbasiert
Regelform	—	$A \wedge \neg Abnormal \to B$	$\dfrac{A : \neg C}{B}$ [B :- A, not C]	$A \Rightarrow B$	$A \wedge \neg LC \to B$
Lesart	—	A's sind B's, falls nicht abnormal	A's sind B's, falls konsistent mit $\neg C$ [B, wenn A und C nicht endlich beweisbar]	A's sind normalerweise B's	A's sind B's, falls C nicht geglaubt wird
Sprachebene	erste Stufe	zweite Stufe	erste Stufe	erste Stufe	erste Stufe
Logik	Prädikatenlogik erster Stufe	Prädikatenlogik zweiter Stufe	Prädikatenlogik erster Stufe [A,B,C Grundatomformeln]	Konditionale Logik erster Stufe	Modallogik erster Stufe
Annahmen	Negative Grundatomformeln	Negative Literale der zirkumskribierten Prädikate, sowie beliebige Literale der variierten Prädikate (bei variabler Zirkumskription)	Beliebige Formeln der Prädikatlogik erster Stufe, die als Konsequenzen von Ermangelungsregeln gegeben sind.	Klassische Varianten der Konditionalsätze	Modale Propositionen der Gestalt LA und $\neg LA$
Mechanismus	Metaaussage	Axiom zweiter Stufe	Fixpunktberechnung mittels Kalkülregeln	Vorberechnung der intendierten Formeln	Fixpunktberechnung mittels modaler Propositionen
Revision	Ja	Ja, bei Modifikation des Zirkumskriptionsaxioms	Ja	Ja	Ja
Widerspruchsfreiheit	Nein	Nein	Ja	Ja	Ja
Alternative Extensionen	Nein	Nein	Ja	Ja	Ja
Spezifizität	Nein	Nein	Nein	Ja	Nein

4 Dimensionen der Inferenz

Wir erinnern nochmals an die herausragende Bedeutung der Inferenz für eine intelligente Verarbeitung von Wissen, auf die wir in Abschnitt 1.5.4 hingewiesen haben. Inferenz manifestiert sich aber sowohl in seiner natürlichen Ausprägung beim Menschen als auch in formalen Modellierungen in den mannigfachsten Formen. Es ist das Ziel dieses Kapitels, einen Überblick über die wichtigsten Inferenzformen zu verschaffen.

Unter dieser Zielsetzung reiht sich auch der Inhalt des vorhergehenden Kapitels ein. Dort haben wir uns mit einem zentralen Phänomen, nämlich der Nichtmonotonie, innerhalb der Inferenz beschäftigt und die vielfältigen Ansätze zu seiner Formalisierung für den Fall diskutiert, daß die gegebene Weltbeschreibung W zwar unvollständig, aber in einem gewissen Sinne die "normalen" Verhältnisse beschreibt und daher global vervollständigbar ist. Demgegenüber steht die Inferenz in ihrer Gesamtheit im Mittelpunkt des vorliegenden Kapitels. Nichtmonotonie und Normalität ist einer unter vielen Gesichtspunkten. Nur wegen des Umfanges an Material wurde der Inhalt des vorangegangenen Kapitels ausgegliedert.

Wenn wir von der Inferenz in ihrer Gesamtheit sprechen, so heißt das beim gegenwärtigen Stand der Kunst leider nicht, daß wir hier Inferenz in einer einheitlichen Ausprägung präsentieren könnten. Vielmehr stellt sie sich als ein vieldimensionaler Raum dar, dessen Dimensionen den verschiedenen Aspekten des Gesamtphänomens entsprechen. Es wird uns daher nur gelingen, die einzelnen Dimensionen zu beschreiben. Die Integration zu einem einheitlichen Raum ist derzeit noch nicht in voller Klarheit erkennbar.

Wir beginnen mit dem Versuch einer Orientierung im nächsten Abschnitt (was in absehbarer Zeit einmal zu der gewünschten Integration führen könnte) und behandeln dann die Dimensionen im einzelnen.

4.1 Orientierung

Das Phänomen des menschlichen Schließens besteht darin, aus vorhandenem Wissen W weiteres Wissen B nach einem bestimmten logischen Mechanismus $\mathcal{L}$ schlußfolgern zu können.[1] Der Versuch, dieses Phänomen mit einem System zu reproduzieren, muß also in einer Bestimmung von W, B und $\mathcal{L}$ bestehen. Dies beinhaltet zunächst

---

[1] Oft unterscheidet man bei L noch die Kalkülanteile (dh. die *erlaubten* Schlüsse) von den strategischen Anteilen (dh. die unter den erlaubten Schlüssen besonders *geeigneten*). Im folgenden stehen die Kalkülanteile im Vordergrund der Diskussion, ohne damit der Bedeutung der strategischen Teile Abbruch tun zu wollen.

die Aufgabe, eine Sprache zur Repräsentation von W und B zur Verfügung zu stellen. Ein wesentlicher Aspekt von Kapitel 2 war die Einsicht, daß sich zur Repräsentation von Wissen die logische Sprache hinsichtlich der Ausdruckstärke mindestens ebenso eignet wie alle anderen dort besprochenen Formalismen. Wir können demzufolge davon ausgehen, daß W ebenso wie B eine logische Formel ist.[2]

Das vorhandene Wissen läßt sich nun als Interpretation $\iota(W)$ der Formel W auffassen. Das Gleiche gilt für das erschlossene Wissen $\iota(B)$. Der Mechanismus $\mathcal{L}$ verknüpft mit diesen Bezeichnungen also $\iota(W)$ mit $\iota(B)$, und zwar handelt es sich mathematisch gesehen hierbei um eine Relation.

Vor mehr als zweitausend Jahren haben Aristoteles und andere bereits die Entdeckung gemacht, daß es bei der Relation $\mathcal{L}$ nur auf die syntaktische Struktur von W und B und nicht auf die Interpretation ι ankommt. Da sich diese These von der syntaktischen Natur der Logik über zweitausend Jahre gehalten hat, gehen wir auch hier von ihrer Richtigkeit aus und fassen daher $\mathcal{L}$ als Relation von Formeln auf.

Unsere Aufgabe der Modellierung des Schließens in einem System läßt sich nach diesen Vorbemerkungen wie folgt formulieren. Gesucht ist eine Relation $\mathcal{L}$, so daß Formeln W und B genau dann in der Relation $\mathcal{L}$ stehen, dh. $(W, B) \in \mathcal{L}$, wenn der Mensch $\iota(B)$ aus $\iota(W)$ erschließt, wobei ι beliebig ist. Diese Aufgabe liest sich in dieser Formulierung einfacher als sie in Wirklichkeit ist. Einige der Schwierigkeiten seien im folgenden erwähnt. Dabei stecken wir gleichzeitig den Rahmen und Aufbau des vorliegenden Kapitels ab.

Da sich alles menschliche Wissen bezweifeln läßt, liegt die erste Schwierigkeit bereits in den getroffenen Annahmen der Repräsentation von W und B als logischen Formeln sowie der Richtigkeit der These der syntaktischen Natur der Logik. An diesen Annahmen werden wir, wie gesagt, jedoch im Rahmen dieses Buches festhalten.

Die zweite wichtige Schwierigkeit liegt in der vollständigen Bestimmung von W bei der Formulierung einer Aufgabenstellung jeglicher Art. Wir haben diese Schwierigkeit als Qualifikationsproblem bereits am Beginn des letzten Kapitels kennengelernt, dessen gesamter Inhalt durch dieses Problem zu einem großen Teil motiviert ist. Das dort besprochene nichtmonotone Schließen entsteht gerade dadurch, daß W nicht vollständig bekannt ist und aufgrund von Annahmen über normale Sachverhalte pauschal vervollständigt wird.

Die dritte wichtige Schwierigkeit liegt in der Charakterisierung der Relation $\mathcal{L}$. Dabei wirkt sich umso erschwerender die zweite Schwierigkeit aus, da die Schwierigkeiten ja alle miteinander verknüpft sind und daher nicht unabhängig voneinander gelöst werden können.

Ein zusätzliches Problem bei der dritten Schwierigkeit ist die Vielfältigkeit der Inferenzrelation. So hat [Pei31] drei Formen von Inferenz unterschieden, nämlich *Deduktion*, *Abduktion* und *Induktion*, die wir im folgenden kurz diskutieren; wir verweisen den Leser schon an dieser Stelle auf die Tabelle 4.1, in der die verschiedenen, in diesem Buch behandelten Inferenzformen tabellarisch gelistet sind.

Nach heutiger Vorstellung läßt sich die erstere wie folgt charakterisieren.

---

[2]Ohne Einschränkung kann man von einer einzigen Formel W sprechen, da man bei mehreren Formeln durch Konjunktion zu einer einzigen übergehen kann.

4.1 Orientierung

Deduktion ist die Ableitung eines (oder mehrerer) Ausdrücke einer formalen Sprache aus einer Menge von Ausdrücken dieser Sprache mittels der Anwendung generischer Regeln.

Peirce schränkte bei der Deduktion die Ausgangsausdrücke auf Beschreibungen von Sachverhalten (engl. cases) ein, so daß nach seiner Meinung Deduktion Resultate aus Sachverhalten mittels Regeln erzielt. Deduktive Mechanismen werden jedoch heute nicht nur in diesem eingeschränkten Sinne entwickelt. Charakteristischer ist zum einen die Vorstellung, daß die Regeln gerichtet sind und die linke Seite der jeweils angewandten Regel durch Ausgangsausdrücke oder bereits abgeleitete Ausdrücke instantiiert wird, woraus sich dann die rechte Seite eindeutig ergibt. Zum anderen ist Deduktion mit der Vorstellung verbunden, daß sie vom Allgemeinen zum Speziellen führt und dabei eine bestimmte Eigenschaft invariant läßt, wie zB. die Wahrheit der Ausdrücke im Falle von Aussagen oder den Wert der Ausdrücke im Falle von Termen. Wir sehen diese beiden Vorstellungen als nicht inhärent mit dem Begriff Deduktion verbunden, den wir im Sinne der obigen Definition allgemeiner verstehen. Deduktion wird im vorliegenden Buch jedoch nicht explizit behandelt. Der Leser wird hierzu auf [Bib92] verwiesen.

Nach Peirce ist Abduktion das Erschließen eines (Ausgangs-) Sachverhalts aus einem Resultat aufgrund generischer Regeln (siehe Tabelle 4.1). In kausalen Zusammenhängen ist es das Erschließen der Ursachen aus beobachteten Wirkungen, dh. der Erklärung von Beobachtungen. Technisch ist Abduktion eine Form der Deduktion, wie sie oben charakterisiert ist. Das eine von zwei Merkmalen, die intuitiv Abduktion von der Deduktion unterscheiden, ist die Instantiierung der rechten Seiten der Regeln und das Erschließen der linken Seiten. Bei genauerem Hinsehen verflüchtigt sich der Unterschied jedoch. Regeln charakterisieren Relationen unter Ausdrücken. Ihre Richtung ist technisch somit von untergeordneter Bedeutung; sie kann beliebig gewählt werden. Insbesondere unter Einbeziehung der Metaebene läßt sich die Abduktion explizit als Deduktion formulieren [CDT91], was wir im Zusammenhang mit der Induktion in Abschnitt 4.3.2 genauer ausführen.

Das andere Unterscheidungsmerkmal betrifft die bei der Deduktion genannte Invarianz der Wahrheit von Aussagen. Werden alle Ausgangsaussagen als wahr angenommen, so ist auch jedes deduktiv abgeleitete Theorem (bei korrekter Wahl der Deduktionsregeln) wahr. Eine Beobachtung (wie zB. nasses Gras) kann verschiedene Ursachen (zB. Regen, laufender Sprenger) haben. Der abduktive Schluß auf eine dieser möglichen Ursachen kann also falsch sein. Dies ist aber ein semantisches Argument, das der These von der syntaktischen Natur der Logik widerspricht. Zudem unterstellt das Argument eine inkorrekte Regelumkehr (bzw. Handhabung der durch die Regeln gegebenen Relation). Im genannten Beispiel heißt die korrekte Umkehr nämlich, daß die Ursache nassen Grases Regen *oder* der Sprenger ist: bei einem abduktiven Schluß auf diese Disjunktion bleibt die Wahrheit offensichtlich erhalten wie auch sonst bei der Deduktion.

In [EG93] ist gezeigt, daß Abduktion komplexitätstheoretisch aufwendiger als Deduktion ist. Dabei wird Deduktion jedoch in einem engeren Sinne als oben definiert betrachtet, so daß sich auch aus diesem Ergebnis nicht wirklich ein signifikanter Unterschied dingfest machen läßt.

Wenn wir entsprechend dieser Überlegungen auch an der begrifflichen Festlegung, daß Abduktion eine Form der Deduktion sei, festhalten, so sollen einige pragmatische Gesichtspunkte zur Abduktion dennoch im Abschnitt 4.3.1 kurz erläutert werden.

Nach Peirce ist Induktion das Erschließen der Regel aus dem Sachverhalt und dem Resultat, man könnte auch grob sagen, das Erschließen des Allgemeinen aus dem Speziellen (siehe Tabelle 4.1). Technisch erweist sich auch die Induktion als eine Form der Deduktion. Sachverhalt und Resultat bilden dabei die Ausgangsausdrücke, aus denen mittels bestimmter Generalisierungsregeln auf allgemeine Gesetzmäßigkeiten (dh. Regeln) geschlossen wird. Bezüglich vermeintlicher Unterscheidungsmerkmale gilt im wesentlichen das bei der Abduktion Gesagte. Jedoch sind auch hier pragmatische Gesichtspunkte sowie insbesondere die Frage nach den Generalisierungsregeln von Interesse. Es ist auch nicht ganz leicht, formal Sachverhalte von Regeln zu unterscheiden, weshalb auch der Unterschied zwischen Abduktion und Induktion fließend ist. Wir fassen deshalb Abduktion als einen Spezialfall der Induktion auf und behandeln sie dementsprechend innerhalb eines Abschnittes 4.3 über hypothetisches und induktives Schließen. Insgesamt wird in diesem Abschnitt eine Reihe verschiedener Aspekte des hypothetischen Schließens bis hin zum Analogieschließen (siehe Tabelle 4.1) und fallbasierten Schließen behandelt.

Die Unvollständigkeit und Unsicherheit unseres Wissens über die Welt läßt sich auch dadurch berücksichtigen, daß wir den Aussagen einen Grad von Sicherheit beilegen und diese Wahrscheinlichkeitsmaße beim Schließen mit berücksichtigen (siehe Tabelle 4.1). Dies führt wiederum zu einem nichtmonotonen Verhalten des Schließens, da zusätzliche Informationen die Sicherheit des Wissens beeinflussen können. Zum Teil gehört also derartiges probabilistisches Schließen zum Inhalt des vorangegangenen Kapitels, ist aber auch von eigenständiger Bedeutung, weshalb es im vorliegenden Kapitel mit einem eigenen Abschnitt 4.4 berücksichtigt ist. Dabei interessiert uns insbesondere die Einbeziehung in einen logischen Rahmen, um damit auf die Vision eines Gesamtsystems hinzuarbeiten, das all diese Formen des Schließens in sich vereinte und sich so als wahrhaft intelligent erweisen könnte.

Wir können drei verschiedene Quellen stochastischen Verhaltens unterscheiden. Die eine Quelle ist der Akteur des Geschehens, dh. ich selbst oder der Roboter. Sie speist sich aus dessen Intentionen und seiner Wissensbasis. Wenn man von Aspekten wie Intentionen, Wünschen etc. absieht, so kann man sagen, daß sich ein überwiegender Teil des Buches mit den diesbezüglichen Aspekten beschäftigt. Die zweite Quelle ist die Natur, die wir Menschen nicht voll durchschauen, so daß uns das Geschehen oft nur mit wahrscheinlichkeitstheoretischen Mitteln zugänglich wird, bzw. die im quantenmechanischen Bereich den Zufall offenbar eingebaut hat. Die Berücksichtigung sowohl des Akteurs als auch dieser Wahrscheinlichkeiten der Außenwelt macht das aus, was in der Entscheidungstheorie erfaßt werden soll. Die Formalismen dieses Buches sowie insbesondere die Integration der in Abschnitt 4.4 besprochenen probabilistischen Ansätze liefern daher potentiell eine formale Grundlage der Entscheidungstheorie. Nimmt man noch die dritte Quelle hinzu, die aus dem Gegner oder Partner, dh. dem

4.1 Orientierung

Tabelle 4.1 Inferentielle Problemstellungen

Deduktion	W vollständig bekannt, B gesucht (oder getestet)
Normalität	W unvollständig, aber "normal", also vervollständigbar
Abduktion	W im faktischen Teil unvollständig
Induktion	W im Regelteil unvollständig
Analogie	W zu B unvollständig, aber W' zu analogem B' bekannt
Probabilistik	W unsicher, probabilistische Information verfügbar
Vagheit	W und B unpräzise
Diagnose	W zu B unbekannt, aber korrektes W' zu normalem B' bekannt
Planen	ressourcensensitives W
Raum, Zeit	bereichsspezifisches W

oder den anderen Akteuren, besteht und integriert sie in gleicher Weise, so ergibt sich potentiell insgesamt eine formale Basis der Spieltheorie [RSZ79], die wiederum als Modell der Wirtschafts- und Gesellschaftstheorie betrachtet werden kann. Wir erwähnen diese von David Poole (in persönlicher Diskussion) gemachten Perspektiven, um die Tragweite der Formalismen dieses Buches auch über den zunächst enger gesteckten Anwendungsrahmen hinaus anzudeuten.

Die Ungenauigkeit der Weltbeschreibung kann sich schon in den verwendeten Grundbegriffen äußern, die wegen ihrer Vagheit keine präzisen Lösungen zuläßt. Vages Schließen ist daher eine weitere Dimension im Raum der Inferenz, das wir in Abschnitt 4.5 behandeln.

Diagnose ist seiner grundsätzlichen Natur nach eine Form des hypothetischen Schliessens. Einerseits ist es aber von sehr spezieller Gestalt, weil über die gesuchte Weltbeschreibung nur ein Detail unbekannt ist, wie die Tabelle 4.1 zeigt. In der Praxis ist Diagnose jedoch von allgemeinerer Natur, wobei durchaus auch andere Formen des Schließens, wie etwa das probabilistische Schließen, eine wichtige Rolle spielen können. Aus diesem Grunde ist die Behandlung erst an der Stelle 4.6 des Buches plaziert.

Alle bis dahin behandelten Inferenzformen sind insoweit abstrakter Natur, als die betrachteten Regeln am Zustand der Welt nichts ändern. Beim Planen ist demgegenüber eine neue Qualität dahingehend zu berücksichtigen, daß Regeln, die Aktionen beschreiben, die Welt bei ihrer Ausführung verändern. Dies erfordert eine ressourcensensitive logische Behandlung. Auf diesem Gebiet sind in den letzten Jahren wichtige Einblicke erzielt worden, die wir in Abschnitt 4.7 ausführlich besprechen.

Der verbleibende Rest dieses Kapitels widmet sich bereichsspezifischem Schließen. Allem voran ist der Parameter "Zeit" von so fundamentaler Bedeutung, daß dieser spezielle Bereich des zeitlichen Schließens eine eigene Behandlung verdient, die zusammen mit einer kurzen Behandlung des räumlichen Schließens in Abschnitt 4.8 erfolgt. Daran schließt sich abschließend eine kurze Diskussion zur qualitativen Behandlung physikalischer Systeme an.

Wir beginnen dieses Kapitel im nachfolgenden Abschnitt mit dem Metaschließen, bei dem es sich eigentlich um ein Thema des rein klassischen Schließens handelt. Nur sind hier die Objekte der Betrachtung nicht Gegenstände in der Welt, sondern die syntaktischen Konstrukte all unserer Formalismen selbst. Für ein wahrhaft intelligentes System ist es unerläßlich, daß dieses Kenntnisse über seinen eigenen Wissensstand hat und hieraus Schlüsse zu ziehen imstande ist. Wegen der besonderen Bedeutung enthält dieser Abschnitt eine ausführliche Behandlung von Wissensbasen, die um ihr Wissen wissen.

Bei der unglaublichen Vielfalt der existierenden Inferenzformen versteht es sich von selbst, daß wir keinerlei Anspruch auf eine erschöpfende Behandlung des gesamten Themenkomplexes erheben können. So sind insbesondere die sich aus der Beschränktheit der menschlichen Ressourcen ergebenden Aspekte überhaupt nicht berücksichtigt. Das schlägt sich in den formalen Systemen als die mit *Allwissenheit* (engl. omniscience) treffend bezeichnete Eigenschaft nieder, die dem Menschen nie zu eigen ist. Sie besagt, daß alles im betreffenden formalen System Ableitbare dem System auch tatsächlich verfügbar ist. Es gibt eine Reihe von Ansätzen, in denen diese Eigenschaft der Allwissenheit bewußt vermieden wird; sie konnten im Buch nicht behandelt werden.

Ebenso sind die Intentionen, die das Handeln des Menschen wesentlich mitbestimmen, ein Gesichtspunkt, der im ganzen Buch keine Beachtung findet. Wir verweisen daher an dieser Stelle ersatzweise auf eine interessante Arbeit [CL90] zu diesem Thema.[3] Hier berühren wir auch erste Ansätze einer Formalisierung argumentativen, kommunikativen, sozialen und politischen Verhaltens; ein paar Bemerkungen hierzu finden sich noch in Abschnitt 4.2.5. Auch deontisches Schließen ist hier zu nennen, bei dem normative Vorgaben unser inferentielles Verhalten bestimmen. Da eine Formalisierung unserer menschlichen Gesellschaft reine Zukunftsmusik ist, erscheint den Autoren die Nichtbehandlung dieser Themen als ein akzeptabler Mangel dieses Buches.

4.2 Metaschließen

Die zentrale in diesem Buch behandelte Aufgabe besteht darin, Wissen in einer Maschine formal zu repräsentieren und weiteres Wissen inferentiell daraus abzuleiten. Dies haben wir im bisherigen Teil des Buches in einer Reihe von Ansätzen ausführlich behandelt. Alle diese Ansätze waren mit der Vorstellung verbunden, daß das gespeicherte Wissen einen Ausschnitt aus der realen Welt repräsentiert. In diesem Sinne "weiß" die Maschine über diesen Ausschnitt der Welt Bescheid.

Diese Art des Wissens erscheint als eine notwendige Voraussetzung für intelligentes Verhalten; sie ist aber keinesfalls hinreichend dafür. Es fehlt zumindest der fundamentale Aspekt der *Selbstreflexivität* von menschlichem Wissen. Das soll heißen, daß der

---

[3]Interessanterweise sind intensionale Logiken neuerdings auch im Zusammenhang mit der Programmierung von aktuellem Interesse [FP92].

4.2 Metaschließen

gewußte "Ausschnitt aus der realen Welt", wie wir oben sagten, auch das repräsentierte Wissen selbst sein kann. Um dies an unserem üblichen Beispiel zu erläutern, wenn ich weiß "Larissa ist ein Kind", dh. $K\ell$, dann weiß ich auch "Ich weiß, Larissa ist ein Kind", kurz $W(K\ell)$.

Es stellt sich daher die Frage, wie man in einer Maschine das Wissen darüber repräsentieren kann, was diese Maschine weiß. Der eben gemachte naive Versuch mit $W(K\ell)$ ist in dieser oder ähnlicher Form in keiner der bisher in diesem Buch betrachteten Repräsentationssprachen zulässig, insbesondere nicht in der Prädikatenlogik erster Stufe. Wir werden daher in diesem Abschnitt zunächst eine geeignete Repräsentation von Wissen über Wissen besprechen. Statt vom "Wissen über Wissen" sprechen wir auch von *Metawissen* oder auch von Wissen auf der *Metaebene* zur Unterscheidung vom bisher betrachteten Wissen auf der *Objektebene*.

In der natürlichen Sprache unterscheiden wir das *Wissen* vom *Glauben*. "Ich weiß, daß Larissa ein Kind ist" drückt etwas anderes aus als "ich glaube, daß Larissa ein Kind ist"; beides sind jedoch Metaaussagen, dh. Aussagen auf der Metaebene. Wir werden daher in diesem Abschnitt auch den Unterschied dieser beiden *Metaprädikate* charakterisieren. Auf weitere Metaprädikate dieser Art wie "vermuten", "hoffen", "fürchten", "wünschen", "beabsichtigen" usw., die propositionale Einstellungen (engl. propositional attitudes) repräsentieren, können wir jedoch nicht im einzelnen eingehen.

Der Mensch kann nicht nur wissen, was er weiß, sondern er kann auch mit Wissen über seine Fähigkeit zum logischen Schließen umgehen. Wie beim Wissen übers Wissen stellt sich auch hier die Frage nach dem *Metaschließen*, dh. dem Schließen auf der Metaebene, die wir ebenfalls in diesem Abschnitt besprechen wollen. Als Anwendung dieser Technik behandeln wir etwas ausführlicher die Frage, inwieweit Wissensbasen über das in ihnen gespeicherte Wissen selbst reflektieren und entsprechende Anfragen beantworten können.

Schließlich treten zusätzlich Fragestellungen hinsichtlich Repräsentation und Inferenz dann auf, wenn nicht nur ein, sondern mehrere Akteure im Spiel sind. Wie kann der eine Akteur über das Wissen und die Inferenz eines anderen Schlüsse ziehen? Mit dieser Problematik wird sich der letzte Teil in diesem Abschnitt beschäftigen.

4.2.1 Metawissen

Wir haben in der Einleitung zu diesem Abschnitt bereits die Notwendigkeit zur Repräsentation von propositionalen Einstellungen wie "wissen" oder "glauben" deutlich gemacht. In diesem Unterabschnitt wollen wir die Alternativen einer Repräsentation solcher Metaprädikate erläutern und uns dabei auf das "glauben" beschränken. Eine erste Alternative ist uns bereits bestens vertraut, ohne daß sich der Leser dessen vielleicht bewußt ist. Wir haben nämlich schon im Verlauf des ganzen Buches über formal repräsentiertes Wissen diskutiert. Diese gesamte Diskussion findet auf der Metaebene statt, und sie ist auch repräsentiert, und zwar in natürlicher Sprache. Das mag für die Formalisierung der Metaebene zwar im Moment wenig hilfreich erscheinen. Es ist für die Illustration jedoch wichtig zu sehen, daß der Unterschied zwischen Objekt- und Metaebene auch in natürlichem Kontext ständig präsent ist.

Wenden wir uns nun den formalen Repräsentationsmöglichkeiten zu, so gibt es hier grundsätzlich die folgenden drei Alternativen.

1. Reifikation der Aussagen auf der Objektebene durch Zitierung und Repräsentation in der Prädikatenlogik erster Stufe.

2. Axiomatische Charakterisierung des Metaprädikats als Prädikat höherer Stufe in der Typentheorie.

3. Einführung eines logischen Operators zur Repräsentation der jeweiligen propositionalen Einstellung.

Wir wollen diese drei Alternativen nun der Reihe nach besprechen. Die erste Möglichkeit des *Zitierens* ist jedermann aus natürlichen Texten bestens vertraut. "Fritz sagte, 'Logik hat mein Verständnis der natürlichen Sprache vertieft' " ist ein Beispiel, das sogar auf drei Ebenen spielt. Die unterste Objektebene ist Fritzens Aussage über die Logik, die Metaebene ist die der Feststellung, daß Fritz eine Äußerung machte, und die Meta-Metaebene ist die unseres Textes, in dem dieses Beispiel zitiert wird.

Logisch betrachtet besteht der Mechanismus des Zitierens mittels Anführungszeichen in der Bildung eines *Namens* für den Text der Aussage auf der Objektebene. Dieser Text bildet aus der Sicht der Metaebene ein Objekt, das durch eine Konstante, eben diesem Namen, in der Sprache der Metaebene repräsentiert wird. Eben deshalb haben wir von einer *Reifikation* (dh. "Dingmachung") im Zusammenhang mit diesem Ansatz gesprochen. Logisch hat das obige Zitat daher die folgende atomare Struktur.

$$Sagte(\textit{fritz}, \textit{"Logik hat mein Verständnis ... vertieft"})$$

In einer derartigen formalen Repräsentation sind wir natürlich weniger an Zitaten natürlicher Aussagen, sondern an Zitaten von logischen Aussagen der Objektebene interessiert. Wie wir aus Abschnitt 2.3.4 wissen, ist der diesbezügliche Unterschied jedoch marginal. Im Beispiel ergäbe sich etwa die folgende Struktur.

$$Sagte(\textit{fritz}, \textit{"Vertieft(logik, nat\_Sprache)"})$$

Bei der Namensbildung für Formeln wie das Literal *Vertieft(logik, nat_Sprache)* haben wir völlige Freiheit. Es erweist sich jedoch als vorteilhaft, im Namen die Formelstruktur so beizubehalten, daß man aus dem Namen auch die Namen von Unterausdrücken, dh. von Unterformeln oder Termen, erschließen kann. Wir lösen dies dadurch, daß wir den Namen eines Ausdrucks als Folge der Namen seiner unmittelbaren Unterausdrücke bilden. Der Name unseres Beispielliterals lautet daher [*"Vertieft"*, *"logik"*, *"nat_Sprache"*]. Der bisher verwandte Name *"Vertieft(logik, nat_Sprache)"* wird dabei weiterhin zugelassen, und zwar quasi als Abkürzung (besser gesagt, als natürlichere Form) des eigentlichen, durch die Liste gegebenen Namens. Besteht einer der unmittelbaren Unterausdrücke nicht aus einer konstanten Bezeichnung (wie in unserem Beispiel), so bilden wir in rekursiver Weise zuerst den Namen dieses Unterausdrucks und setzen ihn in die Liste des Gesamtausdrucks ein.

4.2 Metaschließen

Diese Konstruktion der Namensbildung hat die erforderliche Flexibilität, um auch Aussagen wie "Hans und Maria nannten eine übereinstimmende Telephonnummer von Fritz" formal repräsentieren zu können. Als Formel lautet diese Aussage

$$\exists x \, (\mathit{Nannte}(\mathit{hans},\, [\text{``=''},\, \text{``}\mathit{tel\_nr}(\mathit{fritz})\text{''},\, x]) \wedge \mathit{Nannte}(\mathit{maria},\, [\text{``=''},\, \text{``}\mathit{tel\_nr}(\mathit{fritz})\text{''},\, x]))$$

Dieses Beispiel illustriert zum einen das Auftreten eines nicht-konstanten Unterausdrucks, nämlich von *tel_nr(fritz)*. Wir haben den Namen dieses Terms in der natürlicheren Form geschrieben, die, wie gesagt, nur als Abkürzung für den Namen [*"tel_nr"*, *"fritz"*] zu verstehen ist. Zum anderen zeigt das Beispiel die Möglichkeit des Auftretens einer Variablen im Namen. Schließlich sehen wir auch an diesem Beispiel, daß sich auf diese Weise in jedem Fall eine Formel erster Stufe ergibt.

Erst in der Prädikatenlogik höherer Stufe (oder Typentheorie) ist es möglich, daß eine Formel als Argument eines Prädikats auftritt. Dadurch ergibt sich die zweite Möglichkeit der Repräsentation von Aussagen auf der Metaebene in der Typentheorie. Unser erstes Beispiel lautet dann einfach wie folgt.

$$\mathit{Sagte}(\mathit{fritz},\, \mathit{Vertieft}(\mathit{logik},\, \mathit{nat\_Sprache}))$$

"Sagte" ist in dieser Formel ein Prädikat höheren Typs (genauer gesagt, des Typs (0,1) - siehe Abschnitt V.6 in [Bib87a]). Die Eigenschaften eines solchen Prädikats charakterisiert man wie in der Prädikatenlogik in einer axiomatischen Weise durch Angabe entsprechender Formeln.

Wie man sieht, erweist sich dieser Zugang über die Typentheorie sogar als einfacher als der Reifikationsansatz; dabei ist er auch noch wesentlich flexibler. Die Typentheorie schreckt potentielle Anwender nur dann durch ihre Komplexität ab, wenn man sie in voller Allgemeinheit in Betracht zieht. Leider hat bislang niemand sich die Mühe gemacht, einen für die Praxis ausreichenden Teil der Typentheorie zu erarbeiten, so daß dieser Abschreckungseffekt bislang zu einem gewissen Schattendasein dieser zweiten Möglichkeit geführt hat.

Damit kommen wir zur dritten Möglichkeit der Verwendung eines neuen logischen Operators zur Repräsentation einer propositionalen Einstellung. Diese Möglichkeit ergibt sich tatsächlich nur deshalb, weil die hier betrachteten Einstellungen von *propositionaler* Natur sind, dh. zur Bildung von Aussagen auf Objekte angewandt werden, die selbst Aussagen sind, was logische Operatoren in gleicher Weise auszeichnet.

Wie oben erwähnt, wollen wir uns im wesentlichen auf die Einstellungen *Glauben* und *Wissen* beschränken und dafür die Operatoren B (von engl. belief) und K (von engl. knowledge) einführen. Beide Operatoren sind zweistellig; das erste Argument bezeichnet das Individuum, das glaubt oder weiß, das zweite Argument bezeichnet die geglaubte oder gewußte Ausage. Die Formel K(ich, $\mathit{Rund}(\mathit{erde})$) bringt demnach die Aussage "ich weiß, daß die Erde rund ist" zum Ausdruck. Der Einfachheit halber schreiben wir oft $B_t(A)$ und $K_t(A)$ anstelle von $B(t, A)$ und $K(t, A)$.

B und K sind modale Operatoren. In Abschnitt 2.11.7 haben wir hierfür □ geschrieben. Ansonsten bilden wir mit jedem der beiden je eine modale Sprache in der in Abschnitt 2.11.7 beschriebenen Weise. Auf die in dieser Logik geltenden Axiome und Regeln kommen wir im nächsten Unterabschnitt zu sprechen.

4.2.2 Wissen und Glauben

Im vorangegangenen Unterabschnitt haben wir drei verschiedene Möglichkeiten zur formalen Repräsentation von propositionalen Einstellungen kennengelernt. In diesem Unterabschnitt wollen wir uns nun mit den beiden wichtigsten Attributen Wissen und Glauben und deren Gesetzmäßigkeiten beschäftigen.[4] Für die Formulierung dieser Gesetzmäßigkeiten können wir uns auf eine der drei Repräsentationsvarianten beschränken, da eine Übertragung auf die anderen beiden Varianten keine größeren Schwierigkeiten bereitet. Und zwar wählen wir die gebräuchlichste der drei Varianten, nämlich diejenige innerhalb der Modallogik unter Verwendung der zwei modalen Operatoren K und B.

Wir wollen die Gesetzmäßigkeiten dieser beiden Operatoren so bestimmen, daß sie möglichst den intuitiven Vorstellungen von diesen beiden Attributen entsprechen. Welches sind diese Vorstellungen? Die Aussagen über die Welt in unserem Kopf sind in der Regel *Überzeugungen* (engl. beliefs), die wir glauben. Demgegenüber hat *Wissen* noch zusätzlich irgendetwas mit Wahrheit zu tun. So könnte man irgendein Wissen als eine Überzeugung auffassen, die zudem im objektiven Sinne *wahr* ist. Dies ist sicherlich eine zu weite Definition von Wissen, da ja eine Überzeugung auch nur zufällig wahr sein könnte. So mag jemand fest daran glauben bzw. davon überzeugt sein, daß er an diesem Wochenende die sechs richtigen Zahlen im Lotto angekreuzt hat. Man würde wohl auch dann nicht sagen, er hätte die sechs richtigen Zahlen schon vorher "gewußt", wenn sich die von ihm angekreuzten Zahlen tatsächlich als die richtigen herausstellen würden; er hat dann einfach Glück gehabt. Die Beziehung zwischen Wissen und Glauben ist daher offenbar nicht einfach zu präzisieren, so daß wir beide unabhängig voneinander charakterisieren wollen. Wir beginnen dies mit der Logik des Wissens.

Wie bei jeder Logik haben wir auch hier die beiden Möglichkeiten der (axiomatisch) syntaktischen und der semantischen Charakterisierung. Da es sich um eine Modallogik handelt, haben wir es im letzteren Fall mit einer Kripkesemantik zu tun, die in Abschnitt 2.11.7 besprochen worden ist. Insbesondere gehen wir daher von einer Menge W möglicher (oder vorstellbarer) Welten aus, unter denen eine als aktuelle Welt w_0 ausgezeichnet ist und die in irgendeiner Weise untereinander erreichbar sind, was durch eine Erreichbarkeitsrelation R_K bestimmbar ist. Dabei interpretieren wir $w_1 R_K w_2$ damit, daß sich ein angenommener Akteur (der sich von nun an von selbst verstehen soll) ausgehend von der Vorstellung der Welt w_1 auch die Welt w_2 vorstellen kann.

Wenn ein Akteur eine Aussage A, zB. die Aussage "die Erde ist rund", weiß, dann wird er in allen seinen Vorstellungen vom Universum, die seinen Überzeugungen entsprechenden, also in allen von der aktuellen Welt erreichbaren Welten, von dieser Aussage A, also etwa einer runden Erde ausgehen, und umgekehrt. Der Akteur weiß dementsprechend A nicht, wenn er sich eine mit seinen Überzeugungen vereinbare Welt vorstellen kann, in der A nicht gilt. Mit anderen, formaleren Worten, KA ist

---

[4] Eine Diskussion über den Begriff des Wissens aus philosophischer Sicht findet sich in Abschnitt 5.1.

Tabelle 4.2 Mögliche Axiome für K und Eigenschaften von R_K

#	Name	Axiom	R_K
1	Distributionsaxiom	$KA \wedge K(A \rightarrow B) \rightarrow KB$	keine
2	Wissensaxiom	$KA \rightarrow A$	reflexiv
3	Positive Introspektion	$KA \rightarrow KKA$	transitiv
4	Negative Introspektion	$\neg KA \rightarrow K\neg KA$	euklidisch
5		$\neg K\bot$	seriell
6	Notwendigkeitsregel	$\vdash A$ impliziert $\vdash KA$	keine
7	logische Allwissenheit	$\vdash A \rightarrow B$ impliziert $\vdash KA \rightarrow KB$	keine

wahr genau dann, wenn A in allen aus der aktuellen Welt erreichbaren Welten wahr ist. K hat damit genau die in Abschnitt 2.11.7 besprochene semantische Eigenschaft des Notwendigkeitsoperators $\Box$. Eine semantische Charakterisierung der Logik des Wissens besteht danach nur noch in einer Festlegung der Eigenschaften von R_K. Diese wollen wir nun im folgenden jeweils zusammen mit den zugehörigen axiomatisch syntaktischen Eigenschaften besprechen. Wir tun dies anhand von Tabelle 4.2 (vgl. auch Tabelle 2.4), wo mögliche Wissensaxiome zusammen mit den zugehörigen Eigenschaften von R_K gespeichert sind.

Das erste Axiom der Tabelle ist das *Distributionsaxiom*, dessen Name aus der äquivalenten Fassung $K(A \rightarrow B) \rightarrow (KA \rightarrow KB)$ verständlich wird, in der der Operator K über die Implikation distributiert wird. Diese syntaktische Eigenschaft von K gilt für jeden Notwendigkeitsoperator einer jeden Modallogik und erfordert daher keine speziellen Eigenschaften von R_K.

Nummer 2 in der Tabelle 4.2 ist das *Wissensaxiom* (oder Notwendigkeitsaxiom). Wenn wir davon sprechen, daß unser Akteur weiß, daß die Erde rund ist, dann verbinden wir damit wohl immer auch die Vorstellung, daß sie tatsächlich rund ist, was dieses Axiom zum Ausdruck bringt. Dieses Axiom ist genau dann erfüllt, wenn R_K reflexiv ist, weil dann die aktuelle Welt selbst erreichbar ist und die Aussage ua. dann dort gelten muß.

Nummer 3 in der Tabelle, das Axiom der *positiven Introspektion*, besagt, daß man es weiß, wenn man etwas weiß. Dieses Axiom gilt, wenn R_K transitiv ist (siehe Übungsaufgabe 1).

Das Axiom der *negativen Introspektion* besagt, daß man es weiß, wenn man etwas nicht weiß. Dies ist offensichtlich eine sehr weitgehende Forderung an einen Wissensbegriff, die man nur in bestimmten Kontexten stellen wird. Die zugehörige (siehe Aufgabe 2) Eigenschaft an R_K ist die Euklidizität ($w_0 R w_1$ und $w_0 R w_2$ impliziert $w_1 R w_2$). Bezüglich Axiom 5 siehe Übungsaufgabe 4.

Die *Notwendigkeitsregel* (engl. rule of necessitation) besagt, daß man alle logisch gültigen Formeln weiß, was wiederum eine sehr weitreichende Forderung ist. Sie hat nämlich die *Allwissenheit* in bezug auf logische Folgerungen aus dem gegebenen Wissen, dh. die Regel 7, zur Folge. Ist nämlich A das gegebene Wissen, also KA aufgrund

Tabelle 4.3 Mögliche Axiome für den Glaubensoperator

Positive Introspektion	$BA \to BBA$
	$BA \to KBA$
Umkehrung der positiven Introspektion	$BBA \to BA$
Vertrauensaxiom	$B_a B_b A \to B_a A$

von 6, und ist $A \to B$ logisch gültig, also in allen Welten wahr und damit $K(A \to B)$ wieder wegen 6 wahr, dann gilt nach dem Distributivitätsaxiom auch KB.

Es ist in der Literatur viel darüber diskutiert worden, welche der in Tabelle 4.2 aufgeführten Axiome K adäquat charakterisieren [Len78]. Ein Vergleich mit Tabelle 2.3 zeigt, daß das Axiom 1 das modallogische System **K** charakterisiert, 1 - 2 ist **T**, 1 - 3 ist **S4**, 1 - 4 ist **S5** und 1,3,4,5 ist **KD45**. In [HM92] werden die Konsequenzen dieser Wahl für die Komplexität der Entscheidungsprozeduren angegeben. Ein komplexitätsmäßig praktikabler Ansatz findet sich in [Lak91]. Erwähnen möchten wir schließlich noch die klassischen Arbeiten [Hin55, Moo85a] auf diesem Gebiet.

Auf den ebenfalls nicht einfachen Zusammenhang zwischen Wissen und Glauben haben wir bereits hingewiesen. In [SM93] wird Glauben zB. als widerlegbares Wissen definiert, das auf unsicheren Annahmen beruht, wie wir es im letzten Kapitel ausführlich besprochen haben. Für sich allein könnte man für den Glaubensoperator B (unter Zuhilfenahme von K) die in der Tabelle 4.3 aufgeführten Axiome fordern.

4.2.3 Schließen über Wissen und Glauben

Im letzten Unterabschnitt haben wir die Axiome einer Logik des Wissens und des Glaubens besprochen. Damit ist es möglich, Aussagen über den Wissenstand eines Akteurs in einer solchen Logik abzuleiten und damit als gültig nachzuweisen.

In einer Reihe von Anwendungen möchte man nicht nur Aussagen über den Wissensstand, sondern auch Aussagen über logische Beziehungen verschiedenen Wissens, dh. über Ableitungen in einem logischen Kalkül treffen. So könnte beim Bau eines Deduktionssystems eine Option erwünscht sein, die verschiedene Ableitungen einer Aussage auf ihre Länge hin prüft und ggf. dem Anwender nur den kürzesten Beweis liefert. Die Länge ist nur das einfachste von einer Vielfalt von Vergleichsmaßen, die hierbei Verwendung finden könnten. So können in einem deduktiven Planungssystem (siehe Abschnitt 4.7) die einzelnen Aktionen unterschiedliche Kosten verursachen, die sich zudem möglicherweise aus verschiedensten Komponenten zusammensetzen. Gesucht ist dann der kostengünstigste Plan unter einer Reihe alternativer Pläne.

Ableitungen in einem Kalkül sind, aus der Sicht der Metaebene, Objekte, über die man (Meta-) Aussagen treffen, voraussetzen und erschließen kann. Hierzu muß man den Begriff einer Ableitung und alle damit zusammenhängenden Begriffe in der formalen Sprache der Metaebene definieren. Jedem Programmierer ist geläufig, wovon wir hier sprechen. Denn jedes Programm, das irgendein System realisiert, ist eine

4.2 Metaschließen

Beschreibung dieses Systems und seines Verhaltens in einer formalen Sprache auf der Metaebene, nämlich der betreffenden Programmiersprache. Statt einer Programmiersprache wollen wir als Metasprache entsprechend der in diesem Buch verfolgten Philosophie die Prädikatenlogik ins Auge fassen.

Betrachten wir der Einfachheit halber einen (Gentzen-Hilbert) Kalkül, der aus einer Menge logischer Axiome und dem modus ponens als einziger Regel besteht. Daß α eine Ableitung der Formel C ist, läßt sich mit einem zweistelligen Prädikatszeichen Abl als $Abl(\alpha, C)$ auf der Metaebene beschreiben. Wie in jeder Theorie muß auch in dieser Metatheorie des betrachteten Kalküls das Prädikat Abl mittels entsprechender Axiome charakterisiert werden, die hier wie folgt lauten.

$$Ax(C) \to Abl(C,C), \quad Abl(\alpha, A) \land Abl(\beta, [A, \text{``}\to\text{''}, B]) \to Abl([\alpha, \beta, B], B)$$

Diese beiden Axiomen genügen allerdings nicht für eine vollständige Charakterisierung, da wir weiter festlegen müssen, wann $Ax(C)$ zutreffen soll. Dessen Charakterisierung erfordert zudem eine axiomatische Charakterisierung des Formelbegriffs und also auch der dafür erforderlichen Begriffe Term, Variable, Funktions- und Prädikatszeichen. Wir wollen die entsprechenden Axiome nicht im einzelnen aufschreiben. Die beiden angegebenen Axiome sollten dem Leser deutlich gemacht haben, wie man hier im Detail vorzugehen hat. Sie sollten auch illustriert haben, daß eine solche Formalisierung reine Routinearbeit darstellt, da wir dabei nichts anderes tun, als die üblichen, von Logiklehrbüchern bekannten Definitionen von deren Formulierung in halbnatürlicher Form in logische Form zu übertragen, was wegen der Natürlichkeit des Logikformalismus nach einiger Übung spielerisch von der Hand geht.

Wir gehen nun also davon aus, daß das Prädikat Abl vollständig axiomatisch charakterisiert sei. In gleicher Weise können wir annehmen, daß zB. der Begriff der Länge einer Ableitung α, sagen wir, in Form einer Funktion $\ell(\alpha)$ definiert sei. Dann ist es in einfacher Weise möglich, die eingangs erwähnte Option für ein Beweisverfahren wie folgt zu verwirklichen.

$$Abl(\alpha, A) \land Abl(\beta, A) \land \ell(\alpha) \leq \ell(\beta) \to Print(\alpha)$$

Hierbei haben wir $Print$ als ein eingebautes Prädikat angenommen. Dieses kleine Beispiel sollte lediglich demonstrieren, in welch einfacher Weise es möglich ist, auf der Metaebene über Ableitungen Aussagen zu formulieren und daraus Schlüsse zu ziehen.

Es gibt mehrere Anwendungen für das soeben eingeführte Prädikat Abl. In [KK91] wird dieses Prädikat als Wissens- und Glaubensoperator innerhalb von PROLOG verwandt. Die wichtigste Anwendung des so demonstrierten Schließens auf der Metaebene ist jedoch die zur Verwirklichung der bereits in der Einleitung zu diesem Abschnitt genannten Selbstreflexivität. Sie besagt, daß man im Denken und Handeln von Zeit zu Zeit innehält und über das bisher Erreichte reflektiert. In diesem Sinne möchte man auch ein Inferenzsystem so konzipieren, daß es sein eigenes Verhalten beobachtet und für das weitere Vorgehen daraus Schlüsse zieht.

Ein solches System wird auf zwei Ebenen operieren. Einerseits ist es ein System, das in der üblichen Weise Schlüsse aus dem gegebenen Wissen zieht. Systeme von dieser Art haben wir, jedenfalls im Hinblick auf ihre zugrundeliegenden Mechanismen, in diesem Buch eine ganze Reihe kennengelernt. Zusätzlich nehmen wir nach dem eben Gesagten nun noch an, daß das System auch Aussagen über die von ihm gemachten Ableitungen machen und diese dann im weiteren Verlauf entsprechend steuern kann. Mit anderen Worten, es muß die vorher demonstrierte Formalisierung von Ableitungen auf der Metaebene im System integriert sein.

Ein Ableitungsschritt auf der Objektebene und die entsprechende Instantiierung der Axiomatisierung des gleichen Schrittes auf der Metaebene, wie wir sie vorher für den Fall des modus ponens gezeigt haben, sind natürlich zwei verschiedene Beschreibungen ein und derselben Sache. Da Maschinen nichts von selbst wissen können, muß auch dies einem solchen System explizit gesagt werden, was unter der Bezeichnung *Reflexionsprinizip* bekannt ist. Hinsichtlich der Formalisierung dieses Prinzips verweisen wir auf die entsprechende Spezialliteratur [Wey80, BK82, Kow91].

Bei dieser Form der Reflexion muß man einige Sorgfalt walten lassen, um nicht in widersprüchliche Systeme zu geraten. Betrachten wir zB. ein Literal, sagen wir Pc, dann ließe sich der dadurch zum Ausdruck gebrachte Sachverhalt auf der Metaebene auch als $hat\_die\_Eigenschaft(c, "P")$ zum Ausdruck bringen. Das genannte Reflexionsprinzip erfordert hierzu den folgenden Zusammenhang.

$$hat\_die\_Eigenschaft(c, "P") \leftrightarrow Pc$$

In dieser Form spricht man auch vom *Komprehensionsaxiom*. Dieser Zusammenhang erscheint so natürlich, daß er schon von G. Frege vor über hundert Jahren formuliert worden ist. Erst Jahrzehnte später ist von B. Russel gezeigt worden, daß ein unkontrollierter Ansatz dieser Art zu Widersprüchen führt. Grob gesagt, definierte er ein Prädikat R durch $Rx \leftrightarrow \neg hat\_die\_Eigenschaft(x, x)$ und instantiierte die Variable x mit "R". Dies besagt dann, daß $R("R")$ genau dann gilt, wenn es nicht gilt, wodurch der Widerspruch auf der Hand liegt. In jüngerer Zeit ist jedoch gezeigt worden, daß nur eine unerhebliche Einschränkung genügt, um einen solchen Widerspruch zu vermeiden [Fef84, Per85].

Die soeben besprochene *Amalgamierung* von Objekt- und Metaebene ist zur Realisierung des Ziels der Selbstreflexivität nicht zwingend erforderlich. Die Alternative hierzu ist, alles gleich auf der Metaebene zu beschreiben (und diese dadurch zur Objektebene zu machen). Ein solcher Ansatz ist bislang als in bezug auf Effizienz wenig aussichtsreich eingeschätzt worden. Mit Techniken wie der partiellen Vorauswertung (engl. partial evaluation) kann solchen Bedenken aber begegnet werden, so daß reine Metasysteme in letzter Zeit im Kommen zu sein scheinen [GT91, Pau89, CAB+86].

4.2.4 Deduktive Wissensbasen und epistemische Anfragen

Auf Datenbanken und deren Verallgemeinerung, den deduktiven Wissensbasen, sind wir in diesem Buch schon mehrfach zu sprechen gekommen (zB. in den Abschnitten 2.11.1 und 3.2). Wegen ihrer herausragenden Bedeutung wollen wir in diesem

4.2 Metaschließen

Abschnitt zwei Ansätze zur Behandlung metasprachlicher Anfragen an deduktive Wissensbasen vorstellen, die als Anwendung der in den vorangegangenen Teilen dieses Abschnittes diskutierten Methoden der Formalisierung der Metaebene angesehen werden können. Inbesondere beschäftigen wir uns dabei mit der Frage, wie man Wissen über das Vorhandensein von Information in einer Wissensbasis formalisieren kann. Wir beginnen mit einer Motivation anhand von Beispielen.

Beispiele

Herkömmliche relationale Datenbanken bestehen aus logischer Sicht aus einer Menge von Grundatomformeln. Eine Anfrage an eine solche Datenbank ist dann ein Test, ob eine gegebene Grundatomformel in der Datenbank vorhanden ist oder nicht. Dagegen wollen wir unter einer deduktiven Wissensbasis eine Menge von Sätzen (also nicht nur Grundatomen) der Prädikatenlogik erster Stufe verstehen. In diesem Sinne handelt es sich also um eine klassische Weltbeschreibung, wie wir sie bisher in diesem Buch auch schon verwendet haben. Im Unterschied zu einer herkömmlichen Datenbank enthält eine deduktive Wissensbasis also auch generisches Wissen, etwa in Form von Regeln, sowie einen Inferenzmechanismus, mit dessen Hilfe man weiteres Wissen ableiten kann. Andererseits wird im Unterschied zu allgemeinen Theorien der Prädikatenlogik erster Stufe die einer Wissensbasis zugrunde liegende Sprache oft eingeschränkt. Sie enthält, wie wir weiter unten noch sehen werden, oft keine Funktionssymbole und nur endlich viele Konstantensymbole. Eine Anfrage an eine deduktive Wissensbasis ist dann ein Test, ob eine gegebene Formel aus der Wissensbasis ableitbar ist oder nicht. Insbesondere werden wir weiter unten einen Ansatz vorstellen, in dem Anfragen mit epistemischen Modaloperatoren versehen werden, um auch Metaanfragen formulieren zu können (vgl. Abschnitt 4.2.1).

Betrachten wir zunächst das folgende Beispiel von Studenten in Vorlesungen. Jeder Student, der eine Vorlesung besucht, ist soweit wie möglich in der Wissensbasis mittels des zweistelligen Prädikats $Hört$ erfaßt. Betrachten wir dazu die folgende Wissensbasis W:

$$W = \left\{ \begin{array}{l} Hört(mat, antje) \\ Hört(inf, eva) \\ Hört(inf, stefan) \vee Hört(psy, stefan) \\ \exists x\ Hört(psy, x) \\ \forall x\ (Hört(inf, x) \rightarrow Hört(mat, x)) \end{array} \right\}$$

Die ersten beiden Fakten dieser Wissensbasis entsprechen einer herkömmlichen Datenbank, da sie jeweils Grundatomformeln sind. Die drei letzten Einträge der Wissensbasis übersteigen allerdings die Ausdrucksmöglichkeiten herkömmlicher Datenbanken. Der dritte und vierte Eintrag stellen unbestimmtes Wissen dar. Die Disjunktion sagt uns, daß Stefan entweder die Vorlesung zur Informatik oder zur Psychologie oder sogar beide besucht. Es liegt also keine bestimmte Information über die von Stefan besuchte Vorlesung vor. Der vierte Eintrag wird im Datenbankjargon als "Nullwert" bezeichnet. Er besagt, daß die Vorlesung Psychologie zwar Zuhörer hat, diese aber nicht erfaßt worden sind. Der letzte Eintrag unserer Wissensbasis ist eine Regel, die aussagt, daß jeder Student, der eine Vorlesung zur Informatik besucht, auch eine Vorlesung zur Mathematik besucht, aber nicht notwendigerweise auch umgekehrt.

Wir können nun diverse Anfragen an diese Wissensbasis stellen. Eine Anfrage wird dabei mit Ja beantwortet, falls sie aus der Wissensbasis W herleitbar ist, mit Nein, falls ihr Negat aus W herleitbar ist. Ansonsten wird mit Unbekannt geantwortet.

1. Anfrage: *Hört*(*mat,antje*)
   Antwort: Ja.

2. Anfrage: *Hört*(*inf,antje*)
   Antwort: Unbekannt.

3. Anfrage: *Hört*(*inf,eva*)
   Antwort: Ja.

4. Anfrage: *Hört*(*mat,eva*)
   Antwort: Ja.

5. Anfrage: *Hört*(*inf,stefan*)
   Antwort: Unbekannt.

6. Anfrage: *Hört*(*psy,stefan*)
   Antwort: Unbekannt.

7. Anfrage: $\exists x$ *Hört*(x, *stefan*)
   Antwort: Ja, Informatik oder Psychologie.

Die Beantwortung der ersten drei Anfragen entspricht der in herkömmlichen Datenbanken. Die vier restlichen Anfragen gehen jedoch wieder über herkömmliche Datenbanken hinaus.

Die Anfrage 4, ob Eva die Vorlesung zur Mathematik besucht, ist nicht direkt aus der Wissensbasis abrufbar. Um diese Anfrage zu beantworten, muß der der Wissensbasis zugrundeliegende Inferenzmechanismus verwendet werden. Konkret wird dabei aus dem zweiten Fakt der Wissensbasis *Hört*(*inf,eva*) sowie der Regel

$$\forall x \ (Hört(inf, x) \rightarrow Hört(mat, x))$$

mittels modus ponens geschlossen, daß Eva auch die Vorlesung zur Mathematik besucht, nämlich *Hört*(*mat,eva*).

Die letzten drei Anfragen zeigen, wie unbestimmtes Wissen in deduktiven Wissensbasen behandelt wird. Es ist weder bekannt, daß Stefan die Informatik-Vorlesung, noch daß er die Psychologie-Vorlesung hört. Allerdings kann man ableiten, daß er zumindest eine von beiden Vorlesungen besucht (Anfrage 7 — natürlicherweise würde man jedoch eher mit Vielleicht antworten).

4.2 Metaschließen

Üblicherweise werden deduktive Wissensbasen allerdings gegenüber allgemeinen Theorien der Prädikatenlogik erster Stufe noch etwas eingeschränkt. Zunächst unterscheidet sich eine deduktive Wissensbasis von einer allgemeinen Theorie durch eine eingeschränkte Sprache, die insbesondere keine Funktionssymbole und oft nur endlich viele Konstantensymbole enthält. Auch wir wollen uns im folgenden dieser Einschränkung anschließen und nur eine Sprache mit endlich vielen Konstantensymbolen betrachten.

Zudem werden für deduktive Wissensbasen häufig, wie etwa in [GMN84], die Namenseindeutigkeit, die Bereichsabgeschlossenheit sowie die Annahme der Weltabgeschlossenheit gefordert, auf die wir im folgenden zu sprechen kommen. Die Annahme der Weltabgeschlossenheit haben wir bereits in Abschnitt 3.2 kennengelernt und dort anhand von Datenbanken erläutert: Ist eine Grundatomformel nicht in einer Datenbank enthalten, so wird unter Annahme der Weltabgeschlossenheit ihre Negation angenommen. Dementsprechend würden wir in unserem Beispiel unter Annahme der Weltabgeschlossenheit als Antwort auf unsere Anfrage 2, *Hört(inf,antje)*, ein Nein erhalten. Dagegen würde die Negation der Anfrage 2, nämlich ¬*Hört(inf, antje)*, unter der Annahme der Weltabgeschlossenheit mit Ja beantwortet werden.

Die Namenseindeutigkeit und die Bereichsabgeschlossenheit werden bei Wissensbasen axiomatisch beschrieben. Dazu muß eine Wissensbasis mit einem geeigneten Axiom versehen werden.

Das Axiom der Namenseindeutigkeit fordert, daß die Konstantensymbole unserer Sprache paarweise verschiedene Objekte (oder Universumselemente) bezeichnen. Sind $c_1, c_2, \ldots, c_n$ die in unserer Sprache auftretenden Konstantensymbole, so ist das Axiom der Namenseindeutigkeit durch die folgende Formel gegeben:

$$(c_1 \neq c_2) \wedge \ldots \wedge (c_1 \neq c_n) \wedge \ldots \wedge (c_n \neq c_1) \wedge \ldots \wedge (c_n \neq c_{n-1})$$

Das Axiom der Bereichsabgeschlossenheit fordert, daß die Konstantensymbole unserer Sprache sämtliche betrachteten Objekte (oder Universumselemente) bezeichnen. Sind $c_1, c_2, \ldots, c_n$ die in unser Sprache auftretenden Konstantensymbole, so ist das Axiom der Bereichsabgeschlossenheit durch die folgende Formel gegeben:

$$\forall x \, [(x = c_1) \vee (x = c_2) \vee \ldots \vee (x = c_n)]$$

Dem interessierten Leser wird an dieser Stelle die unterschiedliche Realisierung der Namenseindeutigkeit und der Bereichsabgeschlossenheit auf der einen Seite, und der Realisierung der Weltabgeschlossenheit in Abschnitt 3.2 auf der anderen Seite aufgefallen sein. In der Tat handelt es sich bei der Annahme der Weltabgeschlossenheit um eine Metaannahme, während die Namenseindeutigkeit und die Bereichsabgeschlossenheit axiomatisch und daher objektsprachlich beschrieben worden sind.

Wir wollen diesen Unterschied kurz anhand der Forderung nach Namenseindeutigkeit erläutern. In Abschnitt 3.2 haben wir die Namenseindeutigkeit als Metaannahme kennengelernt. Sie kann nämlich als ein Spezialfall der Annahme der Weltabgeschlossenheit angesehen werden, indem man unter ihr von der Ungleichheit zweier Terme ausgeht, solange nicht das Gegenteil bewiesen werden kann. Realisiert man dagegen die Nameneindeutigkeit objektsprachlich in Form des oben angegebenen Axioms, so wird explizit gefordert, daß alle in einer Wissensbasis auftretenden Terme paarweise verschieden sind.

Wir wollen uns im folgenden auf die Forderungen nach Namenseindeutigkeit und Bereichsabgeschlossenheit beschränken und diese als Axiome zu einer Wissensbasis hinzufügen.

In unserem Beispiel müssen wir also zur Formulierung der Namenseindeutigkeit und der Bereichsabgeschlossenheit die beiden folgenden Axiome zur Wissensbasis W hinzufügen.

$$antje \neq eva \land antje \neq stefan \land antje \neq mat \land antje \neq inf \land antje \neq psy \land$$
$$eva \neq antje \land eva \neq stefan \land eva \neq mat \land eva \neq inf \land eva \neq psy \land$$
$$stefan \neq antje \land stefan \neq eva \land stefan \neq mat \land stefan \neq inf \land stefan \neq psy \land$$
$$mat \neq antje \land mat \neq eva \land mat \neq stefan \land mat \neq inf \land mat \neq psy \land$$
$$inf \neq antje \land inf \neq eva \land inf \neq stefan \land inf \neq mat \land inf \neq psy \land$$
$$psy \neq antje \land psy \neq eva \land psy \neq stefan \land psy \neq inf \land psy \neq mat$$

$$\forall x \, (x = antje \lor x = eva \lor x = stefan \lor x = inf \lor x = mat \lor x = psy)$$

Wir wollen die so erhaltene Wissensbasis als W' bezeichnen.

Nun wenden wir uns Beispielen von Anfragen zu, die nicht nur nach dem Inhalt einer Wissensbasis, sondern auch nach dem Kenntnisstand der Wissensbasisfragen. Hierzu wird die Anfragesprache um einen epistemischen Modaloperator K erweitert (vgl. Abschnitt 4.2.1). Eine Formel der Gestalt KA wird dann als *"die Wissensbasis weiß A"* interpretiert. Der Modaloperator K erlaubt es daher, Aussagen über das Wissen, dh. metasprachliche Aussagen, auf der Objektebene zu formulieren.

Anstelle einer Aussage *"die Wissensbasis weiß, daß A gilt"*, können wir nun sagen, daß KA gilt, bzw. *"die Wissensbasis weiß A"* gilt. Dementsprechend werden Aussagen wie *"die Wissensbasis weiß nicht, daß A gilt"* zu objektsprachlichen Aussagen der Form ¬KA. Die Gültigkeit einer Metaaussage wird damit auf die in der Logik übliche Gültigkeit einer objektsprachlichen Aussage zurückgeführt.

Wollen wir nun an unsere obige Wissensbasis die Anfrage stellen, ob man weiß, daß *Hört(mat,antje)* wahr ist, dh. ob wir wissen, daß Antje die Mathematikvorlesung hört, so können wir dies mit Hilfe des epistemischen Modaloperators K in der Form

$$K\textit{Hört}(mat, antje)$$

als Anfrage formulieren. Als Antwort müssen wir dann ein klares Ja erhalten, da wir wissen, daß Antje die Mathematikvorlesung besucht, wie wir bereits in der Anfrage 1 gesehen haben. Allerdings wissen wir nicht, ob Antje auch die Informatikvorlesung besucht, was dazu führt, daß wir eine Anfrage der Gestalt

$$K\textit{Hört}(inf, antje)$$

verneinen müssen, aber die Anfrage

$$\neg K\textit{Hört}(inf, antje)$$

4.2 Metaschließen

bejahen können. In analoger Weise werden wir auch die Anfragen K*Hört*(*inf, eva*) und K*Hört*(*mat, eva*) mit Ja beantworten.

Nicht ganz so einfach ist die Fragestellung, wie wir Metaaussagen über unbestimmtes Wissen behandeln sollen. Dazu konzentrieren wir uns im folgenden auf Anfragen zum unbestimmten Wissen in unserer obigen Wissensbasis.

So können wir dann mit Hilfe des epistemischen Modaloperator K die folgenden Anfragen an unsere Wissensbasis stellen:

8. Anfrage: K*Hört*(*inf, stefan*)
   Antwort: Nein.

9. Anfrage: K¬*Hört*(*inf, stefan*)
   Antwort: Nein.

10. Anfrage: ¬K*Hört*(*inf, stefan*)
    Antwort: Ja.

11. Anfrage: K∃x *Hört*(x, *stefan*)
    Antwort: Ja.

12. Anfrage: ∃x K*Hört*(x, *stefan*)
    Antwort: Nein.

13. Anfrage: K∃x *Hört*(*psy*, x)
    Antwort: Ja.

14. Anfrage: ∃x K*Hört*(*psy*, x)
    Antwort: Nein.

15. Anfrage: ∃x (*Hört*(*inf*, x) ∧ ¬*Hört*(*psy*, x))
    Antwort: Unbekannt.

16. Anfrage: ∃x (*Hört*(*inf*, x) ∧ ¬K*Hört*(*psy*, x))
    Antwort: Ja, Eva.

Wir diskutieren diese Fragen zunächst weiter in informeller Weise. Die Anfragen 8 bis 12 beschäftigen sich mit Stefans Besuch der Vorlesungen. Da wir weder unbekannte noch falsche Aussagen zu unserem Wissen zählen möchten, müssen wir demnach Anfragen zum Wissen von unbekannten und falschen Aussagen verneinen. Weiß man insbesondere weder, ob eine Aussage, noch ob ihre Negation gilt, so müssen auch beide dazugehörigen Metaaussagen verneint werden. Eine solche Situation ist auch im Fall der Aussage über Stefans Besuch der Informatikvorlesung gegeben. Da weder *Hört*(*inf, stefan*) noch ¬*Hört*(*inf, stefan*) aus unserer Wissensbasis herleitbar ist, wissen wir weder, daß Stefan die Informatikvorlesung besucht, noch das Gegenteil hiervon. Dementsprechend werden die Anfragen 8, K*Hört*(*inf, stefan*), und 9, K¬*Hört*(*inf, stefan*), verneint. Dagegen wird die Anfrage 10, ob wir nicht wissen, daß Stefan die Informatikvorlesung hört, bejaht. Obwohl sich die Anfrage 10 von der

Anfrage 9 syntaktisch nur durch die Umstellung des Negationszeichens ¬ und des Modaloperators K unterscheidet, erhalten wir eine entgegengesetzte Antwort. Ein ähnliches Phänomen ist bei den Anfragen 11 und 12 sowie 13 und 14 zu beobachten. Hier wurde jeweils der Modaloperator K mit dem Existenzquantor der Variablen x vertauscht. In der Anfrage 11 fragen wir an, ob man weiß, daß Stefan eine Vorlesung hört. Dies wird auch bejaht; denn wir wissen, daß er die Psychologie- oder Informatikvorlesung besucht. Im Gegensatz zur Anfrage 8 haben wir nun also ein Ja erhalten, da wir uns bei unserer Anfrage nicht auf eine bestimmte Vorlesung festgelegt haben. Demgegenüber legen wir uns in der Anfrage 12 sozusagen zunächst auf eine Vorlesung fest, bevor wir unser Wissen reflektieren. Wir fragen, ob es eine Vorlesung gibt, von der wir wissen, daß Stefan sie besucht. Da wir dies von keiner bestimmten Vorlesung wissen, müssen wir dementsprechend mit Nein antworten. Die Behandlung der Anfragen 13 und 14 geschieht analog.

Auch die letzten beiden Anfragen sind interessant zu vergleichen. Müssen wir die vorletzte Anfrage, ob es jemanden gibt, der Informatik hört und nicht Psychologie, noch verneinen, so können wir die letzte Anfrage, ob es jemanden gibt, der Informatik hört und von dem wir nicht wissen, ob er Psychologie hört, bejahen und Eva nennen. Müssen wir also zur Beantwortung der Anfrage 15 noch beweisen, daß Eva nicht die Psychologievorlesung hört, so genügt es, in der Anfrage 16 festzustellen, daß wir nicht wissen, daß Eva die Psychologievorlesung besucht. Diese Vorgehensweise ist sehr stark mit dem in Abschnitt 3.4 vorgestellten Prinzip der Negation–als–Mißerfolg verwandt. Insbesondere wird nun klar, daß der betrachtete Ansatz nichtmonoton ist. Erfahren wir etwa, daß Eva die Psychologievorlesung besucht und fügen dazu das Faktum *Hört(psy, eva)* zu unserer Wissensbasis, so können wir nun die Anfrage 16 nicht mehr mit Ja beantworten.

Der Ansatz von Reiter und Levesque

Bisher haben wir lediglich an die Intuition des Lesers appelliert. Wir wollen nun das bisher Beschriebene präzisieren und formal definieren, wann eine Anfrage aus einer gegebenen Wissensbasis folgt. Wir beginnen mit einem Ansatz zur Behandlung von Metaaussagen und Metawissen, der von Levesque in [Lev81, Lev84] vorgeschlagen und von Reiter in [Rei90b, Rei90a] weiterentwickelt wurde. In diesem Ansatz werden Wissensbasen mit Hilfe einer Sprache der Prädikatenlogik erster Stufe beschrieben, während in Anfragen ein modaler Operator zugelassen ist.

Zunächst erinnern wir nochmals an die Semantik der Prädikatenlogik (vgl. Abschnitt 2.3). Eine Struktur zusammen mit einer Abbildung der Zeichen einer logischen Sprache auf die Elemente der Struktur heißt dort eine Interpretation. Wenn die Interpretation eine Formel wahr macht, dann heißt sie ein Modell der Formel. Weiter folgt eine Aussage aus einer Formelmenge, wenn sie in allen Modellen der Formelmenge gilt. Daher müssen wir für die nun anvisierte epistemische Logik zunächst ebenfalls erklären, wie sich der Wahrheitswert einer Aussage in einem Modell bestimmt.

Der Einfachheit halber wollen wir uns dabei, wie schon in Abschnitt 3.2 geschehen, auf sogenannte *Herbrandinterpretationen* beschränken. Wie dort auf Seite 119

4.2 Metaschließen

beschrieben, wird eine Herbrandinterpretation über den Zeichen des Alphabets der zugrundeliegenden Sprache gebildet und durch eine Menge von Grundatomformeln repräsentiert. Die Menge der mit den Zeichen des Alphabets bildbaren Terme wird dabei als *Herbranduniversum* bezeichnet. Eine Herbrandinterpretation wird dann ein Herbrandmodell für eine Formel genannt, wenn sie der Formel den Wahrheitswert *wahr* zuordnet.

Die Beschränkung auf Herbrandinterpretationen macht in unserem Fall auch Sinn, da infolge der mit der Namenseindeutigkeit und der Bereichsabgeschlossenheit gemachten Einschränkungen sowieso nur Modelle auftreten können, die isomorph zu Herbrandmodellen sind. Insbesondere wird durch das Bereichsabgeschlossenheitsaxiom erreicht, daß das Universum eines jeden Modells von der Kardinalität des Herbranduniversums ist. Das Namenseindeutigkeitsaxiom verhindert dabei, daß verschiedenen Konstantensymbolen gleiche Universumselemente zugeordnet werden.

Ein Herbrandmodell unserer obigen (mit den Axiomen der Namenseindeutigkeit und Bereichsabgeschlossenheit versehenen) Wissensbasis W' enthält daher unter anderem die Grundatomformeln *Hört(mat,antje)*, *Hört(inf,eva)*, *Hört(mat,eva)* sowie *antje = antje, stefan = stefan, eva = eva, mat = mat, inf = inf, psy = psy* als einzige Grundatomformeln für das Gleichheitsprädikat =.

Der Wahrheitswert eines Satzes A wird nun bezüglich einer Interpretation[5] M und einer Menge W von Interpretationen definiert, während der Wahrheitswert einer Formel der Prädikatenlogik erster Stufe bezüglich einer einzigen Interpretation definiert ist (vgl. Abschnitt 2.3). Das den Interpretationen gemeinsame Universum wollen wir mit U_H bezeichnen.

1. Ist A eine Grundatomformel, so ist A wahr in M und W genau dann, wenn $A \in M$.

2. $\neg A$ ist wahr in M und W genau dann, wenn A nicht in M und W wahr ist.

3. $A \wedge B$ ist wahr in M und W genau dann, wenn A und B in M und W wahr sind.

4. $\forall x\, A(x)$ ist wahr in M und W genau dann, wenn für jedes $t \in U_H$, $A(t)$ in M und W wahr ist.

5. KA ist wahr in M und W genau dann, wenn für jedes $M' \in W$, A in M' und W wahr ist.

Es ist zu beachten, daß auch nach dieser Definition der Wahrheitswert einer Formel der Prädikatenlogik erster Stufe, also eine ohne den Modaloperator K gebildete Formel, nur von der Interpretation M und nicht von der Menge der Interpretationen W bestimmt wird. Insbesondere genügen die ersten vier Bedingungen, um den Wahrheitswert einer Formel der Prädikatenlogik erster Stufe zu beschreiben. Die fünfte Bedingung beschreibt den Wahrheitwert von Formeln, die mit dem Modaloperator K versehen sind. Ihr Wahrheitswert wird ausschließlich von den Interpretationen in der Menge W bestimmt.

---

[5] Wir wollen im folgenden auf das Präfix Herbrand der Einfachheit halber verzichten.

Ein Paar $(M, \mathcal{W})$ von Interpretationen ist nun ein *Modell* einer Formel A genau dann, wenn A in M und $\mathcal{W}$ wahr ist.

Eine so gegebene Struktur kann auch als eine modallogische Interpretation im Sinne von Kripke (vgl. mit Tabelle 2.3 in Abschnitt 2.11.7) verstanden werden. Man kann dann zeigen (siehe Aufgabe 68 in Abschnitt 5.4), daß ein solches Paar $(M, \mathcal{W})$ von Interpretationen eine Interpretation der schwachen Variante der Modallogik S5 ist.

In der Prädikatenlogik wird der Folgerungsbegriff üblicherweise wie folgt definiert. Eine Aussage A folgt aus einer Formelmenge W genau dann, wenn A in allen Modellen von W wahr ist. Wie schon in der Zirkumskription oder der Ermangelungslogik (vgl. Abschnitt 3.5 und 3.7) geschehen, wird auch hier der Folgerungsbegriff auf bestimmte Modelle in der folgenden Weise eingeschränkt. Da wir nur Wissensbasen der Prädikatenlogik erster Stufe betrachten, definieren wir den Folgerungsbegriff zunächst nur zwischen Mengen von Formeln der Prädikatenlogik erster Stufe und Formeln, die zusätzlich den Modaloperator K enthalten dürfen. Sei $Mod(W)$ nun die Menge aller Modelle einer Formelmenge W (dh. $Mod(W)$ ist die Menge aller Interpretationen, die jede prädikatenlogische Formel in W wahr machen), so folge A aus W genau dann, wenn für alle $M \in Mod(W)$, A in M und $Mod(W)$ im Sinne der vorherigen Definition wahr ist. Damit wird also der Folgerungsbegriff auf Modelle der Form $(M, Mod(W))$ eingeschränkt.

Bevor wir die hinter dieser Konstruktion liegenden Idee erläutern, wollen wir zunächst formal definieren, was eine Antwort auf eine Anfrage an eine Wissensbasis ist.

Definition 4.2.1 *Sei W eine Menge von geschlossenen Formeln der Prädikatenlogik erster Stufe und A eine Formel, die den Modaloperator K enthalten darf und die freien Variablen $(x_1, \ldots, x_n)$ besitzt.*
Ein Tupel $(t_1, \ldots, t_n)$ von Termen ist dann eine Antwort auf A bezüglich W genau dann, wenn für alle $M \in Mod(W)$, $A\{(x_1, \ldots, x_n) \setminus (t_1, \ldots, t_n)\}$ in M und $Mod(W)$ wahr ist.
Wir schreiben dann $W \models A\{(x_1, \ldots, x_n) \setminus (t_1, \ldots, t_n)\}$.
Besitzt A keine freien Variablen, so lautet die Antwort für A bezüglich W:

    Ja   *wenn für alle $M \in Mod(W)$, A in M und $Mod(W)$ wahr ist, dh. $W \models A$ gilt.*
    Nein   *wenn für alle $M \in Mod(W)$, $\neg A$ in M und $Mod(W)$ wahr ist, dh. $W \models \neg A$ gilt.*
    Unbekannt   *ansonsten.*

Mit der soeben betrachteten Beschränkung auf Modelle der Form $(M, Mod(W))$ mit $M \in Mod(W)$ beschränken wir uns auf maximale Mengen von Interpretationen, und zwar aus dem Blickwinkel einer jeden solchen Interpretation M. Dies hat den folgenden Grund. Die Menge der Interpretationen $\mathcal{W}$ in einem Modell $(M, \mathcal{W})$ dient zur Charakterisierung von Formeln der Gestalt KA und damit zur Beschreibung von Metaaussagen, dh. Aussagen über die betrachtete Wissensbasis. Je größer die Menge der Interpretationen $\mathcal{W}$ ist, desto weniger Aussagen werden von ihr erfüllt. Man beschränkt sich damit auf den absolut minimalen Wissensstand.

4.2 Metaschließen

Ist A eine Formel der Prädikatenlogik, so ist aufgrund der Definition eine Aussage der Gestalt KA genau dann aus einer Wissensbasis W folgerbar, wenn A "klassisch" aus W folgt, dh. daß A in allen (prädikatenlogischen) Interpretationen von W gilt. Ist dies nicht der Fall, dh. gilt A nicht in allen (prädikatenlogischen) Interpretationen von W, so können wir $\neg KA$ aus W folgern. Formal gelten daher die folgenden Beziehungen.

Ist W eine Menge von Formeln der Prädikatenlogik erster Stufe, die das Namenseindeutigkeits- und Bereichsabgeschlossenheitsaxiom enthalten, und A eine Formel der Prädikatenlogik erster Stufe, so gilt:

$$W \approx KA \; gdw. \; W \models A \quad \text{und} \quad W \approx \neg KA \; gdw. \; W \not\models A$$

Dabei bezeichnet $\models$ wie immer die Folgerungsbeziehung der Prädikatenlogik erster Stufe. Der obige Zusammenhang zeigt, daß sich der Modaloperator K bezüglich der Folgerungsbeziehung $\approx$ wie ein Beweisbarkeitsprädikat verhält.

Integritätsbedingungen

Wir wollen nun auf eine wichtige Anwendung des im Vorangegangenen besprochenen Ansatzes von Levesque und Reiter zu sprechen kommen. Sowohl in herkömmlichen Datenbanken als auch in deduktiven Wissensbasen spielt das Konzept von Integritätsbedingungen eine wichtige Rolle. Da sowohl Datenbanken als auch Wissensbasen häufig verändert werden, muß sichergestellt werden, daß sich jede nach einer Modifikation erhaltene Wissensbasis in einem "legalen" Zustand befindet. Dies wird mit Hilfe von Integritätsbedingungen gewährleistet.

Beispielsweise muß jeder Student eine Matrikelnummer haben. Eine solche Forderung kann man mit Hilfe eines einstelligen Prädikats *Student* und eines zweistelligen Prädikats *Mat#* wie folgt formalisieren:

$$\forall x \, (Student(x) \rightarrow \exists y \, Mat\#(x,y))$$

In der Literatur finden sich allerdings zwei unterschiedliche Behandlungsweisen solcher Integritätsbedingungen. Die erste derartige Definition stammt von Kowalski [Kow78]. Ist W eine Wissensbasis und IB eine Integritätsbedingung, dann sagt man,

W erfülle IB genau dann, wenn $W \cup \{IB\}$ konsistent ist.

Eine zweite Definition wurde von Reiter [Rei83] gegeben. Sind W und IB wie oben gegeben, dann sagt man,

W erfülle IB genau dann, wenn $W \models IB$.

Leider sind beide Definitionen im allgemeinen nicht zufriedenstellend, was wir an je einem Beispiel demonstrieren.

Betrachten wir dazu die obige Integritätsbedingung über die Matrikelnummern von Studenten, die wir mit IB_0 abkürzen wollen. Nehmen wir an, die Wissensbasis bestehe aus dem Fakt *student(stefan)*, dh.

$$W = \{student(stefan)\}.$$

Da W keine Aussage über Stefans Matrikelnummer enthält, müßte die Integritätsbedingung verletzt sein. $W \cup \{IB_0\}$ ist jedoch konsistent, so daß die Integritätsbedingung in der Version von Kowalski [Kow78] erfüllt ist. Also scheint diese Formulierung nicht adäquat zu sein.

Betrachten wir nun eine leere Wissensbasis

$$W = \emptyset$$

im Zusammenhang mit der Integritätsbedingung IB_0. In diesem Fall sollte IB_0 trivialerweise erfüllt sein. Es gilt jedoch $W \not\models IB_0$, so daß auch die Formulierung von Reiter in [Rei83] sich als nicht adäquat erweist.

Wie man leicht sieht, stellen Integritätsbedingungen Aussagen *über* den Inhalt eine Wissensbasis dar. Sie sind also Metaaussagen. Angesichts des von uns zuvor betrachteten Ansatzes liegt es daher nahe, die Erfüllbarkeit von Integritätsbedingungen auf die Beantwortung metasprachlicher Anfragen an eine Wissensbasis abzubilden. Insbesondere gibt uns der Modaloperator K ein weiteres Ausdrucksmittel zur Formulierung von Integritätsbedingungen an die Hand.

Eine sehr natürliche Lesart unserer Integritätsbedingung über die Matrikelnummern von Studenten ist die folgende: Jeder der Wissensbasis bekannte Student muß eine der Wissensbasis bekannte Matrikelnummer haben. Formal kann dies durch die folgende Formel ausgedrückt werden:

$$\forall x \, (K\,Student(x) \rightarrow \exists y \, K\,Mat\#(x,y))$$

Stellen wir nun diese Formel als Anfrage an die Wissensbasis

$$W = \{student(stefan)\},$$

so erhalten wir nach der weiter oben gegebenen Definition ein Nein als Antwort. Da $student(stefan)$ zu den Fakten unserer Wissensbasis zählt, läßt sich $K student(stefan)$ ableiten. Damit ist die Prämisse unserer Integritätsbedingung erfüllt, nicht aber deren Konklusion, ergo ist die Integritätsbedingung nicht erfüllt. Stellen wir nun dieselbe Anfrage an die leere Wissensbasis, so erhalten wir ein Ja als Antwort. Die Wissensbasis weiß von keinem Studenten. Die Prämisse der Integritätsbedingung ist daher nicht erfüllbar. Ergo ist unsere Integritätsbedingung erfüllt. In beiden Fällen erhalten wir also die erwarteten Resultate.

Die zuletzt gegebene Formulierung der Integritätsbedingung zu unserem Beispiel ist allerdings nicht die einzig mögliche. Wir können etwa auch die folgende schwächere Formulierung wählen: Jeder der Wissensbasis bekannte Student muß eine Matrikelnummer haben, ohne daß diese der Wissensbasis explizit bekannt ist. Formal kann dies durch eine Umstellung des Negationszeichens ¬ und des Modaloperators K erreicht werden:

$$\forall x \, (K\,Student(x) \rightarrow K \exists y \, Mat\#(x,y))$$

Der Leser möge sich davon überzeugen, daß diese Version immer noch das Gewünschte leistet. Formal läßt sich nun die Erfüllbarkeit von Integritätsbedingungen also wie folgt fassen.

4.2 Metaschließen

Definition 4.2.2 *Sei W eine Menge von geschlossenen Formeln der Prädikatenlogik erster Stufe und IB eine geschlossene Integritätsbedingung, die den Modaloperator K enthalten darf. Dann sagt man,*

W erfülle IB genau dann, wenn $W \mathrel{|\approx} IB$.

Der Ansatz von Lifschitz

Wir wollen nun eine Erweiterung des Ansatzes von Levesque und Reiter vorstellen. Bisher haben wir nur Wissensbasen betrachtet, die aus Formeln der Prädikatenlogik erster Stufe bestanden. In [Lif91, Lif92] wird diese Einschränkung fallen gelassen. Vielmehr darf eine Wissensbasis nun neben Formeln der Prädikatenlogik auch Formeln enthalten, die selbst wieder Modaloperatoren enthalten. Durch die Verwendung epistemischer oder metasprachlicher Operatoren in der Wissensbasis, können wir nun auch innerhalb der Wissensbasis zwischen objektsprachlichen und metasprachlichen Aussagen unterscheiden. Insbesondere kann eine Wissensbasis nun auch Aussagen über sich selbst enthalten.

Dazu werden nun zwei unabhängige Modaloperatoren B und not eingeführt. Der Modaloperator B ist eng verwandt mit dem von Levesque und Reiter verwendeten Modaloperator K, allerdings wird B eine etwas andere Intuition unterlegt, nämlich die des "Glaubens an eine Aussage". Finden wir daher eine Aussage der Gestalt BA in einer Wissensbasis, so können wir sie auch als "A wird geglaubt" oder "A zählt zu den Überzeugungen der Wissensbasis" interpretieren. Dadurch vermag die Wissensbasis zwischen wahren Aussagen, in Form von Sätzen der Prädikatenlogik erster Stufe, und geglaubten Aussagen, die mit dem Modaloperator B versehen sind, zu unterscheiden.

Der neue Modaloperator not dient der Formalisierung des schon in Abschnitt 3.4 vorgestellten Prinzips der Negation-als-Mißerfolg, während $\neg$ die klassische Negation bezeichnet. Dementsprechend wird dann eine Aussage der Form not$A$ als "$\neg A$ ist nicht beweisbar" oder "A ist konsistent" interpretiert.

Insbesondere können wir nun auch Ermangelungswissen mit Hilfe des Modaloperators not in einer Wissensbasis darstellen. Betrachten wir dazu wieder das Beispiel 3.2.1, das wir mit diesen neuen Operatoren nun in der folgenden Weise formulieren.

$$W = \left\{ \begin{array}{l} Kind(Larissa) \\ \forall x\ Kind(x) \land \mathsf{not}\neg Liebt\_Eiscreme(x) \rightarrow \mathsf{B}\,Liebt\_Eiscreme(x) \end{array} \right\}$$

Die Aussage *Kind(Larissa)* stellt gesichertes Wissen über den betrachteten Weltausschnitt dar. Sie ist deshalb als prädikatenlogische Formel formalisiert. Die zweite Formel in W stellt eine Ermangelungsregel dar. Sie beschreibt die Vorstellung, daß "wir glauben, daß Kinder Eiscreme lieben, solange nichts Gegenteiliges bekannt ist". Können wir also für ein Objekt x ableiten, daß es ein Kind ist, und ist es für dieses Objekt konsistent anzunehmen, daß es Eiscreme liebt, so glauben wir, daß es Eiscreme liebt.

Doch wie interpretieren wir nun solche Aussagen in formaler Weise? In Abschnitt 3.7 haben wir die Semantik der Ermangelungslogik mittels *möglicher Welten* beschrieben. Ein solches Modell besteht aus einer Menge möglicher Welten, unter denen eine aktuelle Welt ausgezeichnet ist. Auch die oben angegebene Semantik für Levesque und Reiters Ansatz kann als eine *mögliche Welten Semantik* verstanden werden. Ein Modell $(M, \mathcal{W})$ besteht in diesem Sinne aus einer aktuellen Welt M und einer Menge möglicher Welten $\mathcal{W}$.

Auch in Lifschitz' Ansatz werden Formeln mit Hilfe einer mögliche Welten Semantik interpretiert. Eine Aussage der Prädikatenlogik erster Stufe wie zB. *Kind(Larissa)* gilt dann, wie schon bei Levesque und Reiter, wenn sie in der aktuellen Welt gilt, dh. wenn Larissa in der aktuellen Welt ein Kind ist. Dagegen ist eine Aussage der Gestalt B*Kind(Larissa)* genau dann wahr, wenn Larissa in allen möglichen Welten ein Kind ist. Demgegenüber gilt eine Aussage not¬*Kind(Larissa)* schon, wenn Larissa in *einer* möglichen Welt ein Kind ist.

Wir wollen nun wieder definieren, wann eine Anfrage aus einer erweiterten Wissensbasis in diesem Ansatz folgt. Dazu müssen wir zunächst wieder beschreiben, was wir uns unter einem Modell einer Wissensbasis vorstellen.

Formal wird der Wahrheitswert einer Formel bezüglich eines Tripels $(M, \mathcal{W}_B, \mathcal{W}_N)$ definiert, wobei M wieder eine Herbrandinterpretation und $\mathcal{W}_B$ und $\mathcal{W}_N$ Mengen von Herbrandinterpretationen sind. Wie im Ansatz von Levesque und Reiter dient die einzelne Interpretation M zur Charakterisierung der Wahrheit von Formeln der Prädikatenlogik erster Stufe. Die Mengen von Interpretationen $\mathcal{W}_B$ und $\mathcal{W}_N$ bestimmen dagegen den Wahrheitswert von Formeln, die mit einem B bzw. einem not versehen sind.

Der Wahrheitswert eines Satzes A wird dann bezüglich einer Interpretation M und zweier Mengen von Interpretationen $\mathcal{W}_B$ und $\mathcal{W}_N$ wie folgt definiert, wobei das den Interpretationen gemeinsame Herbranduniversum wieder mit U_H bezeichnet wird.

1. Ist A eine Grundatomformel, so ist A wahr in $(M, \mathcal{W}_B, \mathcal{W}_N)$ genau dann, wenn $A \in M$.

2. $\neg A$ ist wahr in $(M, \mathcal{W}_B, \mathcal{W}_N)$ genau dann, wenn A nicht in $(M, \mathcal{W}_B, \mathcal{W}_N)$ wahr ist.

3. $A \wedge B$ ist wahr in $(M, \mathcal{W}_B, \mathcal{W}_N)$ genau dann, wenn A und B in $(M, \mathcal{W}_B, \mathcal{W}_N)$ wahr sind.

4. $\forall x\, A(x)$ ist wahr in $(M, \mathcal{W}_B, \mathcal{W}_N)$ genau dann, wenn für jedes $t \in U_H$ die Formel $A(t)$ in $(M, \mathcal{W}_B, \mathcal{W}_N)$ wahr ist.

5. BA ist wahr in $(M, \mathcal{W}_B, \mathcal{W}_N)$ genau dann, wenn für jedes $M' \in \mathcal{W}_B$ die Formel A in $(M', \mathcal{W}_B, \mathcal{W}_N)$ wahr ist.

6. not$A$ ist wahr in $(M, \mathcal{W}_B, \mathcal{W}_N)$ genau dann, wenn für ein $M' \in \mathcal{W}_N$, A nicht in $(M', \mathcal{W}_B, \mathcal{W}_N)$ wahr ist.

4.2 Metaschließen

Der Modellbegriff wird nun noch weiter eingeschränkt. Zunächst wird er nur für solche Tripel definiert, für die $W_B = W_N$ gilt. Dazu führt Lifschitz Strukturen der Form (M, W) ein, die syntaktisch den im Ansatz von Levesque und Reiter betrachteten Modellen entsprechen, dh. M ist eine Interpretation und W ist eine Menge von Interpretationen, die nun gleichzeitig für W_B und W_N steht. Des weiteren ist man wie zuvor an einer Minimierung des Wissens interessiert, was wieder durch eine Maximierung der betrachteten Menge von Interpretationen W erreicht wird. Eine Struktur (M, W) wird dabei als größer als eine Struktur (M', W') bezeichnet, wenn $W' \subset W$ gilt. Die so erhaltenen maximalen Modellstrukturen entsprechen dann dem Grundgedanken des "minimalen Wissens": Je größer die Menge der Interpretationen W ist, desto weniger Aussagen werden geglaubt.

Formal wird ein Modell in Lifschitz' Ansatz mit Hilfe eines Fixpunktoperators Γ beschrieben. Ist T eine Formelmenge und W eine Menge von Interpretationen, so ist $\Gamma(T, W)$ die Menge aller maximalen Modellstrukturen (M, W'), so daß T in (M, W', W) wahr ist. Eine Struktur (M, W) ist dann ein *Modell* von T genau dann, wenn $(M, W) \in \Gamma(T, W)$.

Die sich zunächst aufdrängende Frage ist: Warum werden Modelle einer Wissensbasis mittels einer Fixpunktdefinition beschrieben? In Abschnitt 3 wurden Fixpunktdefinitionen zur Beschreibung von Extensionen verschiedener nichtmonotoner Logiken verwendet. Der Grund hierfür war eine zirkuläre Definition der Ableitbarkeit. Etwa ist die Ableitbarkeit über Ermangelungsregeln (vgl. 3.7) durch die Nicht-Ableitbarkeit und diese natürlich wieder durch die Ableitbarkeit selbst bedingt. Ein solcher Zirkel wird mit Hilfe einer Fixpunktgleichung gelöst. Dieselbe Zirkularität tritt nun auch in Wissensbasen auf, da diese durch die Verwendung der Modaloperatoren B und not nun auch Aussagen über sich selbst enthalten können. Insbesondere können wir auch Ermangelungswissen in Wissensbasen modellieren, was zwangsläufig zu den aus den Ermangelungslogiken bekannten Problemen führt.

Bevor wir allerdings einen Folgerungsbegriff definieren, wollen wir noch einmal kurz den soeben eingeführten Modellbegriff illustrieren. Ist W etwa eine Menge von Formeln der Prädikatenlogik erster Stufe, so erhalten wir in einem gewissen Sinne den klassischen Modellbegriff; denn die Modelle von W sind dann die Paare (M, W), wobei M ein Modell von W ist und W die Menge aller Interpretationen darstellt. Ist W eine Formel der Prädikatenlogik erster Stufe, so ist (M, W) ein Modell von BW genau dann, wenn $W = Mod(W)$, dh. W die Menge aller Modelle von W ist, und M eine beliebige Interpretation ist. Die beiden letzten Fälle zeigen, daß es keine notwendige Beziehung zwischen dem Wahrheitswert einer Formel der Prädikatenlogik erster Stufe und einer mit dem Modaloperator B versehenen Formel geben muß. Im ersten Fall haben wir eine Formel der Prädikatenlogik betrachtet, deren Wahrheitswerte nur von den jeweiligen aktuellen Welten M in der Struktur (M, W) abhängig ist. Im zweiten Fall haben wir eine mit dem Modaloperator B versehene Formel betrachtet, deren Wahrheitswert nur von der Menge der möglichen Welten W abhängig ist. Die Unabhängigkeit der Wahrheitswert von Formeln mit und ohne Modaloperator ist auch daraus ersichtlich, daß bei der Definition des Modellbegriffes für eine aktuelle Welt M nie gefordert wird, daß sie zu den möglichen Welten W, bzw. W_B oder W_N, gehören muß.

Betrachten wir noch die Formel $\text{not}\,A \to BC$, wobei A und C Formeln der Prädikatenlogik sind. Wie wir weiter unten noch sehen werden, sind Formeln dieser Gestalt von ganz besonderem Interesse, da sie in einem engen Zusammenhang mit der logischen Programmierung stehen. Die Formel $\text{not}\,A \to BC$ gilt in einem Tripel $(M, \mathcal{W}_B, \mathcal{W}_N)$ genau dann, wenn die folgende Bedingung gilt: Wenn es eine Interpretation $M_n \in \mathcal{W}_N$ gibt, so daß $A \notin M_n$, dann gilt $C \in M_b$ für alle $M_b \in \mathcal{W}_B$. Dies ist äquivalent zu: Wenn $\mathcal{W}_N \not\subseteq Mod(A)$, dann $\mathcal{W}_B \subseteq Mod(C)$. Demnach können wir die Menge $\Gamma(\{\text{not}\,A \to BC\}, \mathcal{W})$ wie folgt charakterisieren: Wenn $\mathcal{W} \subseteq Mod(A)$, dann besteht $\Gamma(\{\text{not}\,A \to BC\}, \mathcal{W})$ aus allen Strukturen der Form $(M, \mathcal{W})$, wobei $\mathcal{W}$ die Menge aller Interpretationen ist. Ansonsten besteht $\Gamma(\{\text{not}\,A \to BC\}, \mathcal{W})$ aus allen Strukturen der Form $(M, Mod(C))$. Damit können wir die Modelle der Formel $\text{not}\,A \to BC$ wie folgt charakterisieren.

- Ist A eine Tautologie, dann sind alle Modelle von der Form $(M, \mathcal{W})$, wobei $\mathcal{W}$ die Menge aller Interpretationen ist.

- Ist A keine Tautologie, aber eine logische Konsequenz von C, dann gibt es keine Modelle.

- Ist A keine logische Konsequenz von C, dann sind alle Modelle von der Form $(M, Mod(C))$, wobei M eine beliebige Interpretation ist.

Wann ist nun eine Anfrage aus einer Wissensbasis folgerbar? Da wir nun allgemeine Wissensbasen betrachten, definieren wir den Folgerungsbegriff zwischen Mengen von Formeln, die die Modaloperatoren B und not enthalten können, und Formeln, die mit Hilfe der Sprache der Prädikatenlogik und dem Modaloperator B gebildet worden sind. Sieht man einmal von der unterschiedlichen Bezeichnungsweise der Modaloperatoren B und K ab, so ist die Anfragesprache in Lifschitz' Ansatz dieselbe wie in dem von Levesque und Reiter. Eine Formel A folgt nun aus einer Wissensbasis W genau dann, wenn A in allen Modellen von W gilt.

Bestehen W und A lediglich aus Formeln der Prädikatenlogik, so erhalten wir den dort üblichen Folgerungsbegriff. Ist W eine Formelmenge der Prädikatenlogik und A eine Formel, die den Modaloperator B enthalten darf, so stehen wir vor derselben Ausgangssituation wie im Ansatz von Levesque und Reiter. Insbesondere ist die aus A durch Ersetzung aller Vorkommen des Modaloperators B durch K hervorgehende Anfrage A' nach Levesque und Reiters Definition 4.2.1 aus W folgerbar genau dann, wenn BA aus BW[6] nach Lifschitz' Definition folgt. Dementsprechend übertragen sich alle Anfragen 1 bis 16 an unsere obige Wissensbasis samt ihrer Beantwortung auf Lifschitz Ansatz.

Es ist im allgemeinen Fall interessant zu beobachten, daß, wenn eine Formel A aus W folgt, nicht jedes Modell von W auch ein Modell von A ist. Ist zum Beispiel

$$W = \{B(p \land q)\}$$

---

[6] BW steht dabei für die Formelmenge, die man erhält, wenn man alle Formeln in W mit einem B versieht.

4.2 Metaschließen

so ist Bp aus W folgerbar, da Bp in allen Modellen von W wahr ist. Jedoch ist kein Modell von W ein Modell von Bp, da keines von ihnen maximal ist unter den Modellen, die Bp erfüllen. Dieser Sachverhalt hat zur Folge, daß wir sehr sorgfältig zwischen Formeln unterscheiden müssen, die zu einer betrachteten Wissensbasis gehören, und solchen, die an diese Wissensbasis als Anfrage gestellt werden.

Einbettung nichtmonotoner Formalismen

Die Verwendung der Modaloperatoren B und not innerhalb einer Wissensbasis führt zu einer enormen Ausdrucksstärke. Insbesondere kann man zeigen, daß eine Reihe der in Kapitel 3 besprochenen nichtmonotonen Logiken mit Hilfe der Modaloperatoren B und not modellierbar sind, was wir für einige dieser Logiken nun noch kurz andeuten werden. Der Einfachheit halber betrachten wir dabei weiterhin Wissensbasen, die die Axiome der Namenseindeutigkeit und Bereichsabgeschlossenheit enthalten.

Als erstes wollen wir auf die schon weiter oben behandelte Annahme der Weltabgeschlossenheit (vgl. Abschnitt 3.2) zurückkommen, die eine häufig verwendete Metaannahme in Datenbanken darstellt: Ist eine Grundatomformel nicht aus einer Wissensbasis ableitbar, so wird aufgrund dieser Annahme ihre Negation hinzugenommen. Im Beispiel der in diesem Abschnitt betrachteten Wissensbasis W' läßt sich diese Annahme etwa für das Prädikat *Hört* durch Hinzufügen des Axioms

$$\forall xy\,(\text{not}\,H\ddot{o}rt(x,y) \rightarrow \neg H\ddot{o}rt(x,y))$$

modellieren. Für jede Instantiierung der Variablen x und y leiten wir so $\neg H\ddot{o}rt(x,y)$ ab, wann immer wir $H\ddot{o}rt(x,y)$ nicht ableiten können. Ein damit sehr eng verwandtes Konzept ist das Prinzip der Negation–als–Mißerfolg, das wir als nächstes diskutieren wollen.

Das Prinzip der Negation–als–Mißerfolg stellt eine (nichtklassische) Form der Negation dar, die zB. in der Programmiersprache PROLOG mit Hilfe des Metaprädikats not realisiert ist (vgl. Abschnitt 3.4). Ein logisches Programm besteht allgemein aus einer Menge von Implikationen der Gestalt

$$A_0 \leftarrow A_1,\ldots,A_m,\text{not}\,A_{m+1},\ldots,\text{not}\,A_n, \tag{4.1}$$

wobei jedes A_i eine Grundatomformel ist, $0 \le i, m \le n$. In [Lif92] wird nun gezeigt, daß ein solches Programm einer Wissensbasis entspricht, die nur aus Formeln der Gestalt

$$\text{B}A_1 \wedge \ldots \wedge \text{B}A_m \wedge \text{not}\,A_{m+1} \wedge \ldots \wedge \text{not}\,A_n \rightarrow \text{B}A_0$$

besteht. Haben wir etwa das Programm

$$\begin{aligned}P &\leftarrow Q.\\ R &\leftarrow S.\\ S &\leftarrow.\end{aligned}$$

so entspricht dies der Wissensbasis

$$W = \{BQ \to BP, BS \to BR, BS\}.$$

Die Modelle von W sind dann alle Strukturen der Form $(M, Mod(\{R, S\}))$, wobei M eine beliebige Interpretation darstellt.

Logische Programme können auch als ein Spezialfall der Ermangelungslogik (vgl. Abschnitt 3.7) angesehen werden. In der Ermangelungslogik werden zur Prädikatenlogik erster Stufe Ermangelungsregeln der Form

$$\frac{A \; : \; C_1, \ldots, C_k}{B}, \qquad (4.2)$$

hinzugefügt, wobei $A, C_1, \ldots, C_k$ und B Formeln der Prädikatenlogik erster Stufe sind. Wie in [GL91] gezeigt wurde, entspricht eine solche Ermangelungsregel einer Regel eines generellen logischen Programms der Gestalt (4.1) genau dann, wenn $B = A_0$, $A = A_1 \wedge \ldots \wedge A_m$ und $C_1 = \overline{A_{m+1}}, \ldots, C_k = \overline{A_n}$, wobei $\overline{L}$ für das zu L komplementäre Literal steht, dh. $\overline{A} = \neg A$ und $\overline{\overline{A}} = \neg A$.

Haben wir nun eine allgemeine Ermangelungsregel der Form (4.2), so entspricht diese dem (universellen Abschluß) der Formel

$$\mathsf{B}A \wedge \operatorname{not} \neg C_1 \wedge \ldots \wedge \operatorname{not} \neg C_k \to \mathsf{B}B. \qquad (4.3)$$

Betrachten wir nun eine Ermangelungstheorie $(F, \mathcal{D})$, wobei F eine Menge von geschlossenen Formeln ist, die mit den Axiomen der Namenseindeutigkeit und Bereichsabgeschlossenheit versehen ist, und $\mathcal{D}$ eine Menge von Ermangelungsregeln ist, so ergibt sich der folgende allgemeine Zusammenhang.

Zu $(F, \mathcal{D})$ wie oben beschrieben sei $\mathcal{D}'$ eine Menge von Formeln, die durch die oben beschriebene Transformation aus den Ermangelungsregeln der Gestalt (4.2) in $\mathcal{D}$ in Formeln der Gestalt (4.3) hervorgegangen ist, dann ist eine prädikatenlogische Formel A in allen Extensionen der Ermangelungstheorie $(F, \mathcal{D})$ genau dann, wenn $\mathsf{B}A$ aus $\mathcal{D}' \cup \mathsf{B}F$ folgt.

Des weiteren haben wir in Abschnitt 3.7 gezeigt, daß die Zirkumskription (vgl. Abschnitt 3.5) unter gewissen Bedingungen als ein Spezialfall der Ermangelungslogik angesehen werden kann. Grob gesprochen, entspricht die (variable) Zirkumskription eines Prädikats P in W bei Variation aller anderen Prädikate dem skeptischen Schließen mittels Ermangelungstheorien, die die Gestalt

$$\left(\left\{ \frac{: \neg Px}{\neg Px} \right\}, W \right)$$

haben. Dabei ist eine Formel skeptisch ableitbar, wenn sie in allen Extensionen der betrachteten Ermangelungstheorie gilt. Durch den soeben skizzierten Zusammenhang zwischen Lifschitz' Ansatz und der Ermangelungslogik reduziert sich die auf Seite 130 definierte variable Zirkumskription $Z[W; P; X]$, wobei X das Tupel aller in W vorkommenden Prädikatszeichen mit Ausnahme von P bezeichnet, auf die folgende Formel in Lifschitz Ansatz.

$$\mathsf{B}W \wedge \forall x \, (\operatorname{not} P(x) \to \mathsf{B} \neg P(x)), \qquad (4.4)$$

was äquivalent ist zu

$$B(W \wedge \forall x \, (\text{not} P(x) \rightarrow \neg P(x))).$$

Für eine prädikatenlogische Formel A gilt dann $Z[W; P; X] \vdash A$ genau dann, wenn BA aus (4.4) folgt.

4.2.5 Schließen verschiedener Akteure

Wir haben die Operatoren K und B im Abschnitt 4.2.3 als zweistellige Operatoren eingeführt, wobei die eine Stelle den Akteur spezifizieren soll. Damit sind bereits die formalen Voraussetzungen geschaffen, um auch über das Wissen anderer Akteure Schlüsse ziehen zu können. Beweissysteme für die Modallogik (wie etwa die in Abschnitt 2.11.7 erwähnten) erlauben auf dieser Grundlage unmittelbar eine Automatisierung. Insoweit bringt das Auftreten von mehr als einem Akteur im Hinblick auf eine Formalisierung keine wesentliche Komplizierung. Wir begnügen uns in diesem Unterabschnitt daher mit ein paar Randbemerkungen zu diesem Thema.

Bei der Formalisierung eines Weltausschnittes erhebt sich im Zusammenhang mit mehr als einem Akteur die Frage, inwieweit die zur Formalisierung gewählten Prädikate für alle Akteure in gleicher Weise zutreffen. Denken wir zB. an die Eigenschaft *warm*, die für verschiedene Menschen durchaus eine ganz verschiedene Bedeutung haben kann (worauf wir im Abschnitt 4.5 noch ausführlicher zu sprechen kommen). Genaugenommen müßte man daher für jeden Akteur a ein eigenes Prädikat W_a zur Formalisierung der Eigenschaft *warm* aus der Sicht des Akteurs a einführen. Dieses Beispiel demonstriert, daß es nicht völlig abwegig ist, eine solche Forderung sogar für jedes Prädikats- und Funktionszeichen, kurz für jedes Alphabetszeichen zu erheben. Ein solches Vorgehen reflektiert philosophische Ansätze wie den Solipsismus, auf die wir in Abschnitt 5.1 noch zu sprechen kommen. Es ist in [Bib84] genauer ausgeführt. Dort ist auch diskutiert, wie die unter uns Menschen bestehende Vereinbarung, gleichbezeichnete Eigenschaften auch als gleich zu verstehen, axiomatisch gefaßt werden kann.

Die Verschiedenheit der intendierten Extensionen von Prädikaten bei verschiedenen Akteuren ist nur eines der in diesem Fall auftretenden Probleme. Ein wesentlich herausragenderer Unterschied tritt beim Vergleich der von den einzelnen Akteuren vertretenen unterschiedlichen Meinungen, Überzeugungen und Intentionen zutage. Wie die alltägliche Erfahrung jedem Menschen nachhaltig erfahrbar macht, ist das Schließen unter solchen Gegebenheiten eine höchst komplexe Angelegenheit, weil wir in der Regel über die Absichten der anderen Akteure nicht zuverlässig informiert sind. Offensichtlich treten uns hier bei der Formalisierung nicht nur die Probleme des Wissens und Glaubens sowie des Schließens übers Schließen [CNS91], sondern auch die des nichtmonotonen Schließens aus dem letzten Kapitel voll entgegen. Mit diesen Anmerkungen berühren wir ein eigenständiges und weites Gebiet, hinsichtlich dessen wir wiederum nur auf die diesbezügliche Literatur (zB. [Gas91, Rai82], sowie Kapitel 10 in [Dav90]) verweisen können. Immerhin handelt es sich hier um so wichtige

Themen wie das Verhandeln unter Partnern, um soziales Verhalten in einer Gemeinschaft usw., aus deren Formalisierung man sich, wie immer in der Intellektik, auch Einsichten in die entsprechenden Mechanismen im Fall der Menschen erhofft. Zudem sind derartige Themen von großer Relevanz für die Entwicklung autonomer Roboter und deren Einsatz im natürlichen Umfeld.

4.3 Hypothetisches und induktives Schließen

Im vorangegangenen Kapitel dieses Buches sind wir von der Vorstellung ausgegangen, daß dem System eine weitgehend vollständige Beschreibung W des ins Auge gefaßten Weltausschnitts vorliegt. Das Ziel aller Mechanismen war, einem Systembenutzer über dieses Wissen W hinaus Zugang zu allem Wissen zu verschaffen, das sich "logisch" (unter normalen Umständen) aus W ergibt. Dies ist bei weitem nicht die einzige Form des Schließens, derer sich der Mensch zur Erweiterung seines Wissensschatzes bedient.

Eine der wichtigsten weiteren Schlußformen ist das hypothetische oder induktive Schließen, bei dem auch (hypothetisches) Wissen H erschlossen wird, das nicht logisch aus W folgt (auch nicht unter der Annahme "normaler" Umstände wie in Kapitel 3). Es handelt sich um Wissen, auf das es lediglich Hinweise in Form von (Einzel-) Beobachtungen B gibt, die aus W allein nicht logisch folgen. Hypothetisches Wissen H ist dann erfolgreich erschlossen, wenn es die Beobachtungen erklärt, dh. wenn B logisch aus W und H folgt.

Hypothetisches Schließen wird von uns Menschen im täglichen Leben ständig eingesetzt. Um ein beliebiges Beispiel zu nennen, stellen wir uns den täglichen Weg zur Arbeitsstätte vor, auf dem wir eine Reihe von Verkehrsampeln passieren. Nehmen wir dabei folgende Beobachtungen B an.

Wir kommen an die Ampel $A1$ bei Rot, fahren dann bei Grün mit normaler Geschwindigkeit g zur Ampel $A2$, die wiederum Rot zeigt. Aufgrund dieser Beobachtungen kommt uns der (hypothetische) Gedanke H_0, daß die Schaltung der beiden Ampeln korreliert ist, dh. daß die Grünphase von $A2$ in konstanter zeitlicher Verschiebung nach derjenigen von $A1$ einsetzt. Wenn H_0 tatsächlich wahr ist, so müßte es eine Geschwindigkeit g' geben, so daß man $A2$ immer während ihrer Grünphase erreicht. Wir machen daher am zweiten Tage den gleichen Versuch wie vorher, nur diesmal mit einer von g abweichenden Geschwindigkeit g'. Tatsächlich erreichen wir $A2$ bei deren Grünphase. Von nun an fügen wir H_0 zu unserem Wissen hinzu und wählen auf der genannten Strecke nun immer die Geschwindigkeit g'.

Ein solcher hypothetische Schluß muß nicht korrekt sein. Es kann uns in unserem Beispiel erst am fünften Tage die Erfahrung überraschen, daß wir trotz Geschwindigkeit g' die Ampel $A2$ bei Rot erreichen. Dies könnte dann zB. daran liegen, daß $A1$ und $A2$ doch nicht korreliert sind und wir an den Tagen zwei bis vier $A2$ nur zufälligerweise zur Grünphase erreicht haben. Dies würde uns dann veranlassen, H_0 aus unserem Wissen wieder zu entfernen.

4.3 Hypothetisches und induktives Schließen

Wie gesagt, hypothetisches Schließen ist so alltäglich, daß wir statt einer Verkehrssituation praktisch auch jeden anderen Lebensbereich zu seiner Illustration hätten wählen können. Um dies zu verdeutlichen, erwähnen wir einige weitere Beispiele.

Menschliche Kommunikation ist durchdrungen von hypothetischem Schließen. So ist jeder vom anderen gesprochene Satz nur dadurch für uns verständlich, daß wir zusätzliche hypothetische Annahmen über seinen Kontext machen, die sich im Verlauf eines Gespräches ständig verändern können. Es ist anzunehmen, daß Kinder die Sprache in derart hypothetischer Weise erlernen.

Auch reagieren wir auf Beobachtungen an unserem Körper mit hypothetischen Annahmen, da uns ja in der Regel das Wissen über sein Innenleben verschlossen ist. Eine gut entwickelte Fähigkeit zu hypothetischem Schließen ist daher auch unserer Gesundheit äußerst förderlich.

In der Wissenschaft findet das hypothetische Schließen eine systematische Anwendung. Man kann ohne Übertreibung behaupten, daß der Erfolg der modernen Wissenschaft seit Galileo Galilei ganz wesentlich auf dem systematischen Einsatz dieser Schlußweise beruht.

Während das hypothetische Schließen zunächst nur Annahmen macht, unter denen das Schließen erfolgt, könnte man das induktive Schließen bzw. das Lernen dadurch charakterisieren, daß die Annahmen nicht nur induktiv erschlossen oder gelernt werden, sondern auch als zusätzliches Wissen für das künftige Schließen nunmehr vorausgesetzt werden. Der formale Unterschied ist offensichtlich geringfügig, weshalb wir beide Formen im Rahmen eines einzigen Abschnitts abhandeln.

Wir geben zu, daß es bei der universellen Bedeutung des hypothetischen und induktiven Schließens fast vermessen ist, dieses Thema in einem einzigen Abschnitt in allen seinen Ausprägungen abzuhandeln. Es im Rahmen dieses Buches völlig zu ignorieren, erschiene uns aber als die bei weitem noch schlechtere Alternative.

Wir werden daher in diesem Abschnitt alle Formen des Schließens zusammenfassen, bei denen es um die Erweiterung des verfügbaren Wissens W geht. Grundsätzlich handelt es sich dabei um induktive Problemstellungen, die wir im Unterabschnitt 4.3.2 formal definieren. Abduktive Problemstellungen lassen sich als Spezialfall solcher induktiven Probleme auffassen. Sozusagen zur Einstimmung besprechen wir daher diesen Sonderfall vorweg im nachfolgenden Unterabschnitt.

Lernen und induktives Schließen ist unter verschiedenen Aspekten studiert worden. Einer davon ist der rein formale Aspekt des Erschließens von Konzepten, Begriffen oder Funktionen aus Beobachtungen, die alle formal repräsentiert vorausgesetzt werden. Diesen Ansätzen widmen wir die darauffolgenden Unterabschnitte 4.3.3 bis 4.3.5. Lernen wurde aber auch unter mehr psychologischen Aspekten einerseits und praktischen Aspekten anderseits behandelt, was wir im Unterabschnitt 4.3.6 kurz behandeln, wo wir auch über Möglichkeiten der Klassifizierung des gesamten, weiten Gebietes sprechen. Daran schließt sich das Analogieschließen als spezielle Form des induktiven Schließens an. Der Abschnitt wird mit einer Erörterung des fallbasierten Schließens beschlossen, welches als ein pragmatischer Versuch gewertet werden kann, die verschiedenen Formen des hypothetischen und induktiven Schließens in der Praxis konkret umzusetzen.

4.3.1 Abduktives Schließen

Wir haben bereits im vorangegangenen Abschnitt 4.1 die Abduktion als eine Form der Deduktion erkannt. Deduktion ist in [Bib92] ausführlich behandelt und daher bewußt aus dem Inhalt des vorliegenden Buches ausgeklammert. Hier sollen daher nur einige wenige, die Abduktion betreffende Gesichtspunkte kurz angerissen werden. Dabei legen wir in erster Näherung die folgende Präzisierung der Abduktion in der Logik zugrunde.

Zu einem gegebenen Satz W (dh. einer abgeschlossenen Formel, die die Welt beschreibt und die Theorie festlegt) und zu einem Satz S besteht die abduktive Aufgabe darin, einen Satz A als Erklärung für S so anzugeben, daß gilt:

1. $W \wedge A \models S$

2. $W \wedge A$ ist konsistent

Alternativ läßt sich die erste der beiden Bedingungen syntaktisch als $W \wedge A \vdash S$ formulieren. Weitere Bedingungen werden sich weiter unten während der Diskussion ergeben.

Betrachten wir das in Abschnitt 4.1 bereits erwähnte Beispiel, das [Pea87] entnommen ist.

$$Regen \rightarrow nasses\_Gras$$
$$Sprenger \rightarrow nasses\_Gras$$
$$nasses\_Gras \rightarrow nasse\_Schuhe$$

Mit offensichtlichen Abkürzungen ergibt sich aus dieser Weltbeschreibung der Satz

$$(R \rightarrow G) \wedge (S \rightarrow G) \wedge (G \rightarrow N)$$

als Instanz des oben mit W bezeichneten Satzes. Nehmen wir weiter an, wir beobachten nasse Schuhe, kurz also N (als Instanz des dem mit S bezeichneten Satzes). Gesucht ist also ein Satz A, so daß

$$A \wedge (R \rightarrow G) \wedge (S \rightarrow G) \wedge (G \rightarrow N) \vdash N$$

gilt oder alternativ, daß

$$A \wedge (R \rightarrow G) \wedge (S \rightarrow G) \wedge (G \rightarrow N) \rightarrow N$$

eine gültige Formel ist. Als Matrix (in positiver Repräsentation) lautet diese Formel

$$\begin{array}{cccc} & \neg N & \neg G & \neg G & \neg A \\ N & G & S & R & \end{array}$$

Zum Test der Gültigkeit müssen wir eine aufspannende Paarung von Konnektionen (siehe [Bib92]) bestimmen. Ohne Instantiierung von A ergeben sich die folgenden Konnektionen.

4.3 Hypothetisches und induktives Schließen

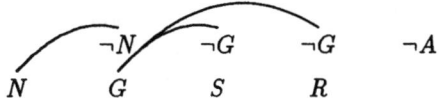

Diese Paarung ist nicht aufspannend, da der Pfad $N, G, S, R, \neg A$ zunächst keine Konnektionen enthält. Nun ist aber die Lösung für diese abduktive Aufgabe auch offensichtlich. A muß so durch eine Formel instantiiert werden, daß dieser Pfad mindestens eine Konnektion enthält. Es gibt hier mehrere, tatsächlich sogar unendlich viele Möglichkeiten. Die drei naheliegendsten Möglichkeiten sind in den drei folgenden Matrizen mit den entsprechenden aufspannenden Paarungen gezeigt.

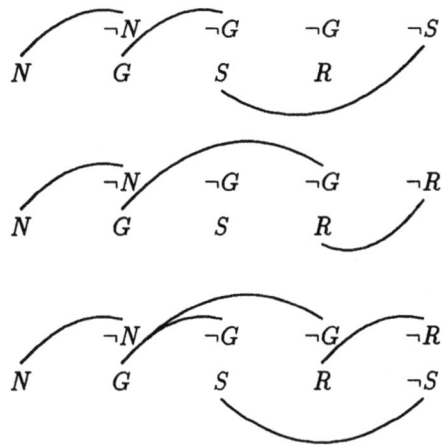

Bei der letzteren ist A durch $S \vee R$ ersetzt, was zu der gezeigten Klausel führt.

Jede inkonsistente Formel, wie zB. $L \wedge \neg L$, würde nach Einsetzung für A die (als Teil der Matrix auftretende) Formel $\neg A$ in sich selbst tautologisch machen. Diese unendlich vielen Lösungen erfüllen jedoch nicht die eingangs genannte Konsistenzforderung (2) und entfallen daher als Lösungen für das abduktive Problem.

Als weitere Lösung ergeben sich rein formal auch die Instantiierungen von A zu N oder zu G. Wenn man an die hinter der Abduktion stehenden Aufgaben denkt, eine Erklärung für einen Sachverhalt (im Beispiel N) zu finden, so verbietet sich N als Erklärung intuitiv sofort. Aber auch G (dh. *nasses_Gras*) ist in dem gegebenen Kontext nicht zufriedenstellend, weil man eben sofort weiterfragen würde, warum denn das Gras naß sei, da hier ja noch zusätzliches Wissen verfügbar ist. In [CP86] wurde daher für abduktive Lösungen noch die zusätzliche Forderung gestellt, daß A *grundlegend* (engl. basic) in dem Sinne sei, daß für A in W keine Regeln vorhanden seien, die noch grundlegendere Erklärungen zuließen, wie es in unserem Beispiel im Falle von G der Fall ist.

Weiter wird in der zitierten Arbeit das Kriterium der Minimalität gefordert. Danach entfallen unendlich viele Lösungen der Form $S \wedge B$ oder $R \wedge B$ für beliebiges B als Instantiierung für A, weil ja das minimalere S bzw. R bereits eine Lösung ist.

In praktischen Anwendungen läßt sich die Anzahl der möglichen Lösungen dadurch noch weiter einschränken, daß man die Menge der möglichen Lösungssätze von vornherein auf sogenannte *abduzible* Sätze einschränkt, wie es bereits in dem in Abschnitt 3.6 besprochenen Ansatz realisiert wurde (siehe dort die Menge H in Definition 3.6.1). Eine solche Einschränkung kann natürlich nur in einer anwendungsspezifischen Weise erfolgen. In diesem Fall kann man sich dann sogar ohne Einschränkung auf atomare Sätze in der Menge der abduziblen Sätze beschränken, wie das Theorem 3.6.1 in Abschnitt 3.6 gezeigt hat.

Mittels *Einschränkungen* (engl. constraints) erreicht man eine weitere Reduktion der möglichen Lösungen, wie es mit der Menge C der Definition 3.6.1 in Abschnitt 3.6 bereits demonstriert wurde.

Schließlich lassen sich mit zusätzlichen Informationen oder mit Präferenzkriterien verschiedene Lösungen unterscheiden, so daß eine als besser oder plausibler eingestuft wird als eine andere. In [Kow92] werden eine Reihe solcher Möglichkeiten aufgezählt.

Die wesentlichen Elemente im Rahmen einer abduktiven Problemstellung sind also der Satz W, mit dem die Welt beschrieben ist, eine Menge H von abduziblen Prädikaten sowie eine Einschränkung C. In [Kow92] wird das Tripel (W, H, C) als *abduktiver Rahmen* bezeichnet. Dort wird Abduktion innerhalb dieses Rahmens als Erweiterung der Logikprogrammierung mit der Negation als Mißerfolg (siehe Abschnitt 3.4) studiert und mit verschiedenen verwandten Ansätzen verglichen.

Einer der wichtigsten Ansätze, die mit der Abduktion eng verwandt sind, ist das in Kapitel 3 ausführlich behandelte nichtmonotone Schließen. Wie schon die obigen Verweise auf den Abschnitt 3.6 darin gezeigt haben, besteht das Ermangelungsschließen durch Theoriebildung von Poole explizit aus einem abduktiven Vorgehen, in dem im vorliegenden Abschnitt beschriebenen Sinne. Da jener wiederum sich dort als eng verwandt mit den anderen in Kapitel 3 beschriebenen erwiesen hat, ergibt sich insgesamt eine enge Beziehung der Abduktion mit dem nichtmonotonen Schließen schlechthin. Insbesondere enthält das nichtmonotone Schließen immer eine abduktive Komponente, wie durch den Ansatz von Poole explizit sichtbar wird.

Faßt man Abduktion als das Erschließen von möglichen Erklärungen für Beobachtungen auf, so ist umgekehrt Abduktion nichtmonoton, da mögliche Erklärungen durch zusätzliches Wissen hinfällig werden können. Wenn wir etwa in unserem Beispiel zusätzlich erfahren, daß das Wasser gesperrt war, der Sprenger also gar nicht laufen konnte, so entfällt der Sprenger als Erklärung für die nassen Schuhe.[7]

Abduktion ist in gewissem Sinne allgemeiner als das nichtmonotone Schließen. In letzterem geht es immer um eine Form von maximalem Schließen. Nur was in explizitem Widerspruch zu dem verfügbaren Wissen steht, wird verworfen, alles andere wird als Folgerung akzeptiert. Bei der Abduktion ergibt sich eine größere Vielfalt in dieser Hinsicht. Insoweit Abduktion Ermangelungsschließen ist, ist ebenfalls Maximalität angestrebt. Aber auch Diagnose ("Warum sind die Schuhe naß?") ist Abduktion und

---

[7]Genaugenommen konnte man abduktiv eigentlich nur $R \vee S$ erschließen, wie oben schon einmal bemerkt. Wenn sich nun $\neg R$ als wahr erweist, so gilt $R \vee S$ immer noch. In diesem strengen Sinne wäre Abduktion also eigentlich monoton. Im Bereich des nichtmonotonen Schließens argumentiert man aber üblicherweise nicht in diesem strengen Sinne.

4.3 Hypothetisches und induktives Schließen

hier ist das Ziel eher Minimalität, da man gerne die tatsächliche Ursache als Erklärung hätte und natürlich nicht Maximalität über alle nur erdenklichen Erklärungen anstrebt. Auf die Diagnose werden wir aber in Abschnitt 4.6 gesondert zu sprechen kommen.

4.3.2 Induktive Probleme

In diesem Unterabschnitt wollen wir die Aufgabenstellung des induktiven Schließens besprechen. Zur Erläuterung wählen wir uns ein einfaches Beispiel aus der Welt der Spiele, das dem Buch [GN89] entnommen ist. Es besteht aus einem Stoß von Spielkarten, die sich formal wie folgt charakterisieren lassen.

$$Kx \leftrightarrow \exists yz\,(\,x=(y,z) \wedge (1 \leq y \leq 10 \vee y \in \{b,d,k\}) \wedge z \in \{kr,p,h,c\})$$

In Worten, eine Karte ist ein Paar (y,z), wobei y den Wert und z die Farbe der Karte angibt. Als Werte gibt es die As, 2, 3, ..., 10, Bube, Dame und König, als Farben Kreuz, Pik, Herz und Karo. Unter den Karten unterscheiden wir Zahl (Z) und Bild (B); zwei der Farben sind schwarz (S), die anderen rot (R). In Formeln drückt sich dies wie folgt aus.

$$\begin{aligned}
K(y,z) &\rightarrow (Z(y,z) \leftrightarrow 1 \leq y \leq 10) \\
K(y,z) &\rightarrow (B(y,z) \leftrightarrow y \in \{b,d,k\}) \\
K(y,z) &\rightarrow (S(y,z) \leftrightarrow z = kr \vee z = p) \\
K(y,z) &\rightarrow (R(y,z) \leftrightarrow z = h \vee z = c)
\end{aligned}$$

In diesen Formeln treten noch die mathematischen Relationen $=, \leq, \in$ sowie der Mengenkonstruktor auf, deren axiomatische Charakterisierung wir uns systemseitig bereitgestellt vorstellen. Die dazugehörigen Formeln bilden zusammen mit den fünf oben gegebenen Formeln denjenigen Teil des Weltwissens W, den wir im Kontext des induktiven Schließens als *Hintergrundwissen* F bezeichnen.

Den anderen Teil des Weltwissens bilden die *Beobachtungen* B, die wir durch hypothetische Verallgemeinerung erklären wollen, wie das bereits mit unserer in der Einleitung zu diesem Abschnitt geschilderten Verkehrssituation illustriert wurde. In dem Kartenbeispiel gehe es jetzt darum, aus Beobachtungen in Form von Einzelbeispielen das Ziel des Spieles induktiv zu erschließen (oder zu lernen), das darin besteht, möglichst viele schwarze Zahlkarten für sich zu gewinnen. Wir bezeichnen diese als Gewinnkarten $G(y,z)$ und suchen also eine Charakterisierung des Prädikats G aus den folgenden Beobachtungen.

$$G(4,kr),\ G(7,kr),\ G(2,p),\ \neg G(5,h),\ \neg G(b,p)$$

Mit anderen Worten, einem neuen Spieler wird das Konzept der Gewinnkarte damit erklärt, daß ihm einige solcher Gewinnkarten, die *positiven* Beobachtungen B^+, ebenso wie einige Nichtgewinnkarten, die *negativen* Beobachtungen B^-, gezeigt werden. Die Aufgabe für ihn ist, aus diesen Beobachtungen die allgemeine Charakterisierung H der Gewinnkarte als schwarzer Zahlkarte, also die folgende Formel daraus zu erschließen.

$$Gyz \leftrightarrow Zyz \wedge Syz$$

Diese Aufgabe ist dann trivial, wenn ihm diese Charakterisierung bereits mit dem Hintergrundwissen explizit oder implizit zur Kenntnis gebracht wurde. Einen solchen trivialen Fall wollen wir daher bei einem induktiven Problem ausschließen, so daß sich die folgende Definition ergibt.

Definition 4.3.1 *Ein* induktives Problem *besteht aus einer Formel* F, *dem* Hintergrundwissen, *und einer Formel* B, *den (*positiven *und* negativen*) Beobachtungen, so daß*

$$F \not\models B$$

gilt. Eine induktive Hypothese *ist eine Formel* H, *für die die folgenden beiden Bedingungen gelten.*

1. $F \wedge B \not\models \neg H$

2. $F \wedge H \models B$

Die erste dieser beiden Bedingungen an eine induktive Hypothese bringt die Forderung zum Ausdruck, daß die Hypothese sowohl mit dem Hintergrundwissen als auch mit den Beobachtungen konsistent ist. Um es an unserem Verkehrsbeispiel zu illustrieren: die Hypothese einer Korrelation der beiden Ampeln wäre natürlich unsinnig, wenn man vorher in der Zeitung gelesen hätte, daß es in unserer Stadt an einer Korrelation aller Ampeln fehlte.

Die zweite Bedingung drückt das eigentliche Ziel des induktiven Schlusses aus. Die induktive Hypothese soll das in den Einzelbeobachtungen B gegebene Wissen so zu H generalisieren, daß sich B als deduktive Folge daraus ergibt. Durch H wird dann B in unserem Weltwissen W im Prinzip entbehrlich, da B nun ja jederzeit wieder abgeleitet werden kann.

Die beiden Bedingungen sind identisch mit den Bedingungen, die wir als Grundlage auch im vorangegangenen Unterabschnitt für das abduktive Schließen gefordert haben. Es ist daher offensichtlich, daß das abduktive und induktive Schließen eng miteinander verwandt sind. Beim induktiven Schließen gehen wir aber in der Regel von mehr als einer Beobachtung aus, um auf eine erklärende Gesetzmäßigkeit schließen zu können. Wir betrachten das abduktive Schließen daher als einen Spezialfall des induktiven Schließens, der sich mit einfacheren Mechanismen behandeln läßt.

Hinter der in der obigen Definition verwendeten semantischen Folgerungsrelation $\models$ wollen wir hier der Einfachheit halber diejenige der klassischen Logik verstehen. Natürlich könnten wir hier auch irgendeine andere der im letzten Kapitel besprochenen Folgerungsrelationen heranziehen.

Wir wollen an dieser Stelle nochmals auf die große Verbreitung des induktiven Schließens hinweisen und betonen, daß all unsere erwähnten Beispiele unter die hier gegebene Definition fallen. Dies gilt nicht zuletzt für das induktive Schließen, auf dem sich wissenschaftliche Forschung gründet. Die großen Entdeckungen der Wissenschaftsgeschichte, wie etwa die Entdeckung der Oxydation durch Lavoisier in den 1770er Jahren, lassen sich genau in der hier beschriebenen Weise formal nachvollziehen.

4.3 Hypothetisches und induktives Schließen

Durch das induktive Schließen wird, wie bereits erwähnt, nochmals der relationale Charakter von $\models$ hervorgehoben; während beim deduktiven Schließen mittels $\models$ aus W ableitbares Wissen B erschlossen wird, also W gegeben und B gesucht ist, ist hier beim induktiven Schließen, grob gesagt, umgekehrt B gegeben und W gesucht. Induktives Schließen ist jedoch letztlich auch wieder als deduktives Schließen anzusehen. Es beruht nämlich selbst auf Wissen über die Induktion, mit dem man die Hypothese H aus $\models$ und B erschließt. Formalisiert man dieses Wissen als Formel I (quasi auf der Metaebene), so gilt die folgende Beziehung.

$$F \wedge B \wedge I \models H$$

H wird (bei Integration des Wissens auf der Metaebene) letztlich also deduktiv aus F, B und I abgeleitet. Der nächste Unterabschnitt ist der Diskussion gewidmet, was für eine Art Wissen als I zu formalisieren wäre; die Formalisierung selbst werden wir jedoch nicht durchführen (vgl. hierzu den Abschnitt 4.2). Hier wollen wir noch auf zwei Punkte hinweisen.

Im allgemeinen wird H nicht ohne induktives Wissen I ableitbar sein, dh. in der Regel wird

$$F \wedge B \not\models H$$

gelten. In diesem Sinne ist ein induktiver Schluß von F und B auf H im allgemeinen kein logisch korrekter Schluß. Nur in Ausnahmen kann es vorkommen, daß die Summe aller Beobachtungen mit H äquivalent ist und daher

$$F \wedge B \models H$$

gilt. In diesem Fall sprechen wir von einer *summativen Induktion*, ein Begriff, der schon von Aristoteles herstammt. In unserem Beispiel denke man an die Situation, wo einem *alle* schwarzen Zahlkarten als Gewinnkarten gezeigt wurden.

Im Kartenbeispiel haben wir nach der Charakterisierung eines Konzepts mittels eines induktiven Schlusses gefragt. Wir hätten diese Aufgabe auch funktionell beschreiben können, so daß die Charakterisierung einer (Validierungs-) Funktion v gesucht wäre, von der Werte nur für einzelne Argumente bekannt sind, nämlich

$$v(4, kr) = j,\ v(7, kr) = j,\ v(2, p) = j,\ v(5, h) = n,\ v(b, p) = n$$

in unserem Beispiel. Auf diese funktionelle Form der Problemstellung werden wir im Unterabschnitt 4.3.5 zu sprechen kommen.

Die formalen Ansätze zur algorithmischen Realisierung des induktiven Schließens und Lernens lassen sich nach den folgenden beiden grundsätzlichen Lernparadigmen unterscheiden. Das erste Paradigma der *Identifikation im Limes* stammt von E. M. Gold [Gol67]. Das Paradigma ist für den Fall formuliert, daß die durch H charakterisierte Menge von Objekten in einem Universum (also diejenigen Objekte, auf die H zutrifft), bestimmt werden soll. Dann geht dieses Paradigma von der Vorstellung aus, daß dem Lernalgorithmus ein unendlicher Strom von Beispielen eines nach dem anderen eingegeben wird, jeweils markiert, ob das Beispiel in oder nicht in der zu lernenden Menge liegt. Nach jeder Eingabe trifft der Algorithmus eine Hypothese, was die für ihn unbekannte Menge sei. Dann sagt man, der Algorithmus *konvergiert im Limes*, wenn diese Hypothesen nach endlich vielen Eingaben zu der gesuchten Menge konvergieren. Man beachte, daß die Konvergenz nicht nur über einen, sondern über alle zulässigen Eingabeströme verlangt wird.

Das zweite Paradigma stammt von L. G. Valiant [Val84] und kann als eine Verallgemeinerung des ersteren angesehen werden. Es wird als das Paradigma der *wahrscheinlichen, approximativen Korrektheit* bezeichnet. Bei ihm werden die Eingabeströme von Beispielen durch deren statistische Eigenschaften charakterisiert und die Abweichung der getroffenen Hypothese von der gesuchten Menge bezüglich dieser statistischen Eigenschaften gemessen. Wir verweisen auf des Buch [Nat91], das eine umfassende Behandlung des induktiven Lernens gibt, soweit es sich auf dieses Paradigma stützt.

4.3.3 Induktive Konzeptbildung

Die Problematik des im letzten Unterabschnitt eingeführten induktiven Schließens beruht darin, daß als H unzählige Lösungen in Frage kommen. Wenn zB. Pyz zum Ausdruck bringt, daß die Karte (y, z) aus Papier ist, so würde in unserem Beispiel die Formel

$$Gyz \leftrightarrow Zyz \wedge Syz \wedge Pyz$$

alle gemäß der obigen Definition an eine induktive Hypothese gestellten Bedingungen erfüllen. Ja, dies gälte selbst für die Formel

$$Gyz \leftrightarrow Zyz \wedge Syz \wedge A$$

wobei A für eine x-beliebige Aussage, etwa für "heute ist der erste Advent", stehen könnte. Beide Lösungen entsprechen aber nicht der Intuition eines induktiven Schlusses. Es besteht daher die Aufgabe, die Wahl der Lösungen einzuschränken. Hierzu gibt es drei unterschiedliche Lösungsansätze, die unter den Stichworten *Deduktionsregelumkehrung*, *Modellmaximierung* und *Formeleinschränkung* bekannt sind. Diese Ansätze werden wir nun der Reihe nach kurz besprechen.

Der Ansatz der Umkehrung bekannter Deduktionsregeln wurde zuerst in [Bib88a] vorgeschlagen. Er beruht auf der Idee, daß sich H wegen der Beziehung $F \wedge H \models B$ durch Umkehrung von deduktiven Schlüssen aus B erschließen lassen müßte; genauer gesagt, nicht notwendigerweise aus B selbst, sondern aus den Formeln, die sich aus B aufgrund von F deduktiv ergeben.

So gilt in unserem Beispiel des letzten Unterabschnitts für die Karte $(4, kr)$ nicht nur $G(4, kr)$ (aufgrund von B), sondern aufgrund der Regel für das Prädikat Z auch $Z(4, kr)$. Analog ergibt sich $S(4, kr)$. Mehr jedoch läßt sich über die Karte $(4, kr)$ aufgrund von F nicht aussagen, was nicht schon durch diese beiden Literale ausgedrückt wäre. Zwar gilt nämlich zB. noch $\neg B(4, kr)$, was wegen $Z(y, z) \leftrightarrow \neg B(y, z)$ jedoch nichts Neues ausdrückt.

4.3 Hypothetisches und induktives Schließen

In analoger Weise erhalten wir $Z(5,h) \land R(5,h)$. Wegen $R(y,z) \leftrightarrow \neg S(y,z)$ ist dies äquivalent mit $Z(5,h) \land \neg S(5,h)$. Hieraus folgt $\neg(Z(5,h) \land S(5,h))$. Führt man die analogen Überlegungen für alle fünf in B aufgeführten Karten aus, so erhält man insgesamt die folgenden Eigenschaften.

$$\begin{aligned}
Z(4,kr) &\land S(4,kr) \\
Z(7,kr) &\land S(7,kr) \\
Z(2,p) &\land S(2,p) \\
\neg(Z(5,h) &\land S(5,h)) \\
\neg(Z(b,p) &\land S(b,p))
\end{aligned}$$

Es gilt nun die deduktive Regel

$$\forall x\, C \to C\{x\backslash t\},$$

worin x und t jeweils als Tupel zu lesen sind. Die Umkehrung dieser Regel

$$C\{x\backslash t\} \to \forall x\, C$$

ist logisch nicht korrekt (dh. gültig). Der Ansatz der Deduktionsregelumkehrung zum induktiven Schließen besteht aber nun gerade darin, die gesuchte Hypothese H durch Anwendung einer solchen Umkehrung zu erschließen. Wenden wir die obige Regelumkehrung auf eine der abgeleiteten Eigenschaften an, so ergibt sich zB. die folgende Formel.

$$Z(4,kr) \land S(4,kr) \to \forall yz\,(Zyz \land Syz)$$

Die Konklusion dieser Regel ist demnach ein Kandidat für die gesuchte Charakterisierung des Prädikats G, dh. wir erschließen induktiv die oben bereits genannte Formel.

$$Gyz \leftrightarrow Zyz \land Syz$$

Grundsätzlich wäre aufgrund dieser einzigen Karte nicht klar, welcher der vier Terme in $Z(4,kr) \land S(4,kr)$ in dieser Weise zu generalisieren ist. Wir wählen in einem solchen Fall die speziellste Generalisierung, die mit den Beobachtungen verträglich ist. Da sich das erste und dritte Beispiel hinsichtlich ihrer jeweiligen Eigenschaften sowohl im ersten, als auch im zweiten Argument unterscheiden, müssen beide Argumente verallgemeinert werden. Da andererseits das erste Argument von Z in allen fünf Beispielen gleich dem von S ist, erfolgt deren Verallgemeinerung nicht unabhängig voneinander; analoges gilt für das zweite Argument.

Zusammenfassend gehen wir im Regelumkehransatz von den in der Formel B auftretenden Grundtermen aus und leiten für sie aus $F \land B$ nach Möglichkeit weitere Eigenschaften ab. Auf so entstehende Formeln wenden wir die Umkehrung deduktiver Regeln, wie zB. $C\{x\backslash t\} \to \forall x\, C$ an. Die dadurch entstehenden Formeln sind induktive Hypothesen. Neben der genannten Umkehrregel nennen wir noch $A \to A \land B$ und $A \lor B \to A$, weisen aber nochmals darauf hin, daß eine detaillierte Ausarbeitung dieses Ansatzes bislang nicht vorliegt. Allerdings verfolgt [Mug91] mit seiner Umkehr der Resolutionsregel vom Ansatz her ein ähnliches Ziel.

Wir haben dem Ansatz der Deduktionsregelumkehrung deswegen so breiten Raum eingeräumt, weil sie in der Literatur bislang kaum Beachtung gefunden hat und dabei von hoher Attraktivität ist. Man beachte zB., daß bereits das erste und dritte Beispiel die richtige Hypothese in unserem Kartenbeispiel generiert, während nachfolgende Verfahren alle fünf Beispiele benötigen. Andererseits fehlt noch eine umfassendere Ausarbeitung dieses Ansatzes. Zu ihr gehört ua. eine Zusammenstellung aller Deduktionsregeln, deren Umkehrung für induktive Zwecke in Frage kommen.

Als zweiten Ansatz behandeln wir nun die Modellmaximierung. Die ihr zugrundeliegende Idee ist eine Ordnung auf der Menge der induktiven Hypothesen auf der Grundlage ihrer Modelle. Danach ist H_1 besser als H_2, wenn die Modelle von H_1 eine echte Obermenge derjenigen von H_2 bilden. In diesem Sinne ist zB. $Zyz \wedge Syz$ besser als $Zyz \wedge Syz \wedge A$.

Die Idee der Modellmaximierung lag auch dem Prinzip der Bildung der speziellsten Generalisierung bei der Deduktionsregelumkehr zugrunde. Als eigener Ansatz, also ohne Einbettung in die Deduktionsregelumkehr, ergibt sich jedoch die Schwierigkeit, daß die Modellmengen zweier Formeln nicht in der Teilmengenbeziehung stehen müssen und daher in diesem Sinne unvergleichbar sind. Dies trifft zB. für die beiden Formeln $x = (y, z) \wedge Zyz \wedge Syz$ und $x = (4, kr) \vee x = (7, kr) \vee x = (2, p)$ zu.

Kommen wir zum dritten und letzten Ansatz zur Einschränkung der Wahl von Hypothesen, der Formeleinschränkung. Es gibt hier mehrere Möglichkeiten. Eine der Möglichkeiten besteht in einer Restriktion hinsichtlich der in der Formel auftretenden Prädikatszeichen. Wir sprechen in diesem Fall von einer *konzeptuellen* Präferenz. Andere Möglichkeiten beruhen auf einer Einschränkung der Formelstruktur, in welchem Fall wir von einer *strukturellen* Präferenz sprechen.

In unserem Beispiel bieten sich die Prädikatszeichen Z, B, S, R als Basismenge $\mathcal{K}$ von Begriffen oder Konzepten für eine Präferenz an. Danach ist die Lösung

$$Gyz \leftrightarrow Zyz \wedge Syz$$

akzeptabel, jedoch nicht die Lösung

$$Gx \leftrightarrow (x = (4, kr) \vee x = (7, kr) \vee x = (2, p)).$$

Das Problem mit der konzeptionellen Präferenz ist die Auswahl der präferierten Prädikatszeichen. Man könnte sich zB. auf die in F auftretenden Prädikatszeichen beschränken. Wie das weiter oben genannte Beispiel mit Lavoisier zeigt, kann ein induktiver Schluß jedoch gegebenenfalls auch neue Prädikatszeichen erfordern (war doch der Begriff der Oxydation ua. zur Zeit der Entdeckung völlig unbekannt), so daß eine solche Einschränkung jedenfalls nicht immer möglich ist.

Kommen wir schließlich zu den strukturellen Präferenzen unter den Formeleinschränkungen. So kann man sich auf *konjunktive* Charakterisierungen der Gestalt

$$Px \leftrightarrow P_1 x \wedge \ldots \wedge P_n x$$

beschränken, unter die auch die Lösung unseres Kartenbeispiels fällt (P ist das zu charakterisierende Prädikat, P_i, $i = 1, \ldots, n$, sind weitere Prädikatszeichen). Eine solche Einschränkung würde jedoch eine Lösung der Form

4.3 Hypothetisches und induktives Schließen

$$Gx \leftrightarrow Zx \lor Rx$$

(in den Begriffen unseres Beispiels) ausschließen, die ja bei einer entsprechend gelagerten Problemstellung durchaus als Lösung in Frage kommen könnte. In [Mic83] wurde daher ein verallgemeinerter Begriff eines Atoms eingeführt, in dem disjunktiv verknüpfte Terme erlaubt sind. Beispiele hierzu sind in der Tabelle 2.1 angegeben. Hiermit ergibt sich die Möglichkeit von beschränkt zulässiger Disjunktion innerhalb konjunktiver Charakterisierungen.

Eine Verallgemeinerung hiervon sind die *existentiell konjunktiven* Charakterisierungen, bei denen zusätzlich Existenzquantoren im Definiens zugelassen sind, wie es die folgende Begriffsbildung eines Kartenpaares in der Hand H des Spielers s illustriert.

$$Ps \leftrightarrow \exists y z_1 z_2 \, [H(y, z_1, s) \land H(y, z_2, s) \land z_1 \neq z_2]$$

4.3.4 Begriffsbildung

Begriffe ermöglichen die Charakterisierung von Teilklassen in einem Universum U von Objekten. So charakterisiert der Begriff einer "schwarzen Zahlkarte" in unserem Kartenbeispiel genau eine bestimmte Teilmenge im Kartenstoß; auf alle anderen Karten des Stoßes trifft der Begriff nicht zu. Die Bildung von Begriffen ist eine (spezielle) induktive Problemstellung, wie unser Kartenbeispiel bereits illustriert.

Während wir diese Problemstellung in den voranstehenden beiden Unterabschnitten in einem logischen Rahmen prädikatenlogischer Formeln besprochen haben, wird Begriffsbildung oft innerhalb eines Raumes von Relationen, dem sogenannten Versionsraum behandelt [Mit78]. Wir wollen diesen Zugang in diesem Unterabschnitt kurz erläutern.

Ein *Begriffsbildungsproblem* ist ein Tupel $(B^+, B^-, \mathcal{K}, \mathcal{S})$. B^+ und B^- sind die vorher eingeführten positiven und negativen Beobachtungen zum Begriff, den wir bilden wollen. Der Einfachheit halber wollen wir $B^+ \cap B^- = \emptyset$ annehmen. $\mathcal{K}$ ist die im letzten Unterabschnitt eingeführte Basismenge von Begriffen. $\mathcal{S}$ ist die durch die ebenfalls im letzten Unterabschnitt besprochene Formeleinschränkung definierte Sprache, in der die Begriffsdefinition formuliert werden kann.

Ein Begriffsbildungsproblem heißt *akzeptabel*, wenn sich der Begriff mittels der Begriffe in $\mathcal{K}$ in der Sprache $\mathcal{S}$ bilden läßt. Eine Relation heißt *charakteristisch*, wenn sie von allen Beobachtungen in B^+ erfüllt wird; sie heißt *diskriminierend*, wenn sie von allen Beobachtungen in B^- nicht erfüllt wird; sie heißt *zulässig*, wenn sie charakteristisch und diskriminierend ist.

In unserem Kartenbeispiel ist die Relation Z charakteristisch, aber nicht diskriminierend, da sie alle positiven Beispiele, aber auch ein negatives Beispiel erfüllt. Die Relation, daß die Farbe Kreuz ist, ist diskriminierend, aber nicht charakteristisch, da sie keines der negativen Beispiele, aber auch ein positives Beispiel nicht erfüllt. Unsere Lösungsrelation $Z \cap S$ ist charakteristisch und diskriminierend, also zulässig.

Der *Versionsraum* eines Begriffsbildungsproblems ist die Menge aller zulässigen Relationen. Ein *Versionsgraph* ist ein gaG. Seine Knoten sind die Elemente des Versionsraumes. Vom Knoten P gibt es eine auf den Knoten Q gerichtete Kante, wenn die folgenden beiden Bedingungen erfüllt sind.

1. $P \subset Q$, dh. die Relation P ist spezieller als Q.

2. Es gibt keine Relation Q' mit $P \subset Q' \subset Q$.

Unter gewissen Bedingungen bildet der Versionsgraph einen Verband, den *Begriffsverband* [Wil87]. Die Abbildungen 4.1–4.5 zeigen die Versionsgraphen für unser Kartenproblem mit verschiedenen Beispielmengen. U steht dabei für die universelle

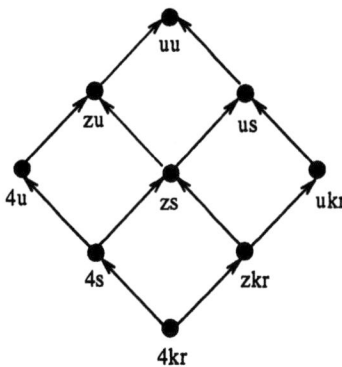

Abbildung 4.1 Der Versionsgraph für das Kartenproblem mit $B^+ = \{G(4, kr)\}$ und $B^- = \emptyset$

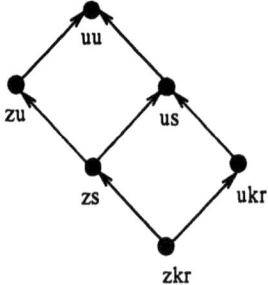

Abbildung 4.2 Der Versionsgraph für das Kartenproblem mit $B^+ = \{G(4, kr), G(7, kr)\}$ und $B^- = \emptyset$

4.3 Hypothetisches und induktives Schließen

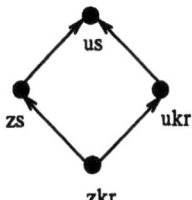

Abbildung 4.3 Der Versionsgraph für das Kartenproblem mit $B^+ = \{G(4, kr), G(7, kr)\}$ und $B^- = \{G(5, u)\}$

Abbildung 4.4 Der Versionsgraph für das Kartenproblem mit $B^+ = \{G(4, kr), G(7, kr), G(2, p)\}$ und $B^- = \{G(5, u)\}$

•
zs

Abbildung 4.5 Der Versionsgraph für das Kartenproblem mit $B^+ = \{G(4, kr), G(7, kr), G(2, p)\}$ und $B^- = \{G(5, u), G(b, p)\}$

Relation, während die übrigen Zeichen die bisherige Bedeutung haben. Wir sehen, wie mit jedem zusätzlichen Beispiel eine Reihe von Knoten des Graphen entfallen, bis schließlich nur ein einziger Knoten als zulässige Relation übrigbleibt.

Wenn man einen Einfluß auf die Auswahl der Beispiele ausüben kann, dann läßt sich mit einer geschickten Reihenfolge der Lösungsprozeß beschleunigen, wie man an den gezeigten Abbildungen auch sehen kann. Es handelt sich hierbei um die Generierung von *Experimenten*, wie sie auch in der Wissenschaft zur *Theoriebildung* in großem Maßstab durchgeführt wird. Zur Theoriebildung selbst und insbesondere ihre Anwendung auf die Programmierung siehe [Sha83].

Der Versionsgraph ist in praktischen Problemen außerordentlich groß. Man muß ihn jedoch zur Eingrenzung der Lösungsrelation nicht vollständig generieren. Vielmehr genügt die Fokussierung auf eine untere und obere Grenzmenge von Knoten. Beim Eintreffen neuer Beispiele werden dann nur diese Grenzmengen und nicht der gesamte Graph auf den diese zusätzlichen Beispiele berücksichtigenden, neuesten Stand gebracht.

4.3.5 Lernen von Funktionen aus Beispielen

Zur Motivation der in diesem Abschnitt besprochenen Aufgabenstellung denke man an die Situation in der Programmierung. Dort ergibt sich die Programmieraufgabe oft in der Form von Beispielen; zu einer Reihe gegebener Eingabewerte kennt man jeweils die Ergebniswerte, die ein gewünschtes Programm liefern sollte. Es liegt daher die Frage nahe, inwieweit es möglich wäre, das Programm aus solchen Paaren von Ein- und Ausgabewerten automatisch zu erschließen. Diese Frage wird in dem Gebiet der *rekursionstheoretischen, induktiven Inferenz* untersucht. Es handelt sich um eine spezielle Form des induktiven oder hypothetischen Schließens, mit der sich jedoch große Bereiche dieses Gesamtgebietes behandeln lassen.

Diese Untersuchungen betrachten allgemein rekursive oder partiell rekursive Funktionen. Programme realisieren solche (partiell) rekursiven Funktionen. Da die Programme syntaktisch über einer Programmiersprache definiert sind, kann man sich ein systematisches Verfahren Ψ vorstellen, das alle syntaktisch korrekten Programme (oder einen Teil davon) der Reihe nach generiert. Ein solches Verfahren liefert zugleich eine Numerierung der betreffenden Programmenge. Kennt man die Nummer oder den *Index* eines Programms, so läßt sich über das beschriebene Verfahren das Programm selbst leicht angeben. Mit diesen Begriffen besteht die Aufgabe der induktiven Inferenz nun in folgendem.

f bezeichne diejenige Funktion, zu der ein Programm angegeben werden soll. Gegeben sei hierzu eine Klasse von Funktionen, von der vorausgesetzt wird, daß sie f enthalte. Gegeben sei weiter eine Numerierung Ψ aller Funktionen dieser Klasse. Dann besteht die *Aufgabe der induktiven Inferenz* darin, den Index von f bezüglich der Numerierung Ψ aus einer Folge $((n, fn))_{n \in \mathbb{N}}$ von Paaren von Argument- und Funktionswerten zu der betrachteten Funktion f zu bestimmen.

Diese Aufgabe ist umfassend studiert worden. Lösungen zu dieser Aufgabe hängen von der betrachteten Funktionsklasse ebenso wie von der gewählten Paarfolge ab.

4.3 Hypothetisches und induktives Schließen

Eine der betrachteten Idealisierungen besteht in der Annahme, die Folge enthalte *alle* Paare von Ein-/Ausgabewerten. Die hierzu bekannten theoretischen Ergebnisse sind in der Arbeit [AS83] zusammengestellt. In neuerer Zeit hat man die realistischere Fragestellung untersucht, bei der angenommen wird, die Folge bestehe aus endlich vielen *guten* Beispielen [FKW92]. Intuitiv gesprochen ist ein Beispiel gut, wenn es ein bestimmtes Verhalten der Funktion in charakteristischer Weise exemplifiziert. Für präzise Definitionen dieser und weiterer Begriffe sei auf die angegebene Literatur (siehe auch [Bie86, Nat91]) verwiesen, wo sich der Leser einen Überblick der bislang erzielten Ergebnisse verschaffen kann.

4.3.6 Lernen

Der Begriff des Lernens umfaßt eine ganze Palette verschiedener Aspekte. Es wäre überraschend, könnte man ihn irgendwann einmal mit einer einheitlichen Definition präzisieren. Man könnte allerdings versucht sein, Lernen als eine generelle Strategie zur Zustands– oder Verhaltensmodifikation mit dem Ziel der Verbesserung der Überlebenschancen zu umschreiben, die vielen Lebewesen in der einen oder anderen Form eigen ist. Wir wollen uns zwar hauptsächlich mit den menschlichen Formen des Lernens befassen, die jedoch in ihrer Wurzel mit denen anderer Lebewesen weitgehend übereinstimmen.

In den vorangegangenen Unterabschnitten haben wir uns mit formalen Aspekten des Lernens beschäftigt. In diesem Unterabschnitt wollen wir zunächst einige psychologische Aspekte und dann Aspekte der Klassifizierung besonders im Hinblick auf eine Mechanisierung besprechen.

Einer der Aspekte von Lernen ist die Fähigkeit, bedingte Reflexe durch *klassische Konditionierung* zu erlernen. Formal könnte man darunter das Erlernen einer Assoziation zweier verschiedener Dinge verstehen. Ein Beispiel ist der bedingte Reflex des bekannten "Pawlowschen Hundes", der in folgendem Experiment besteht.

Jeder Hund hat von Natur aus den Reflex des Speichelflusses angesichts von Futter. Alle Lebewesen haben Reflexe dieser Art, die man auch *unkonditionierte Reaktionen* (oder Reflexe) nennt. Pawlow wies nun in einem am Beginn dieses Jahrhunderts durchgeführten Experiment nach, daß "Futter" mit dem Erklingen einer Stimmgabel (als einem ursprünglich neutralen Reiz) bei einem Hund dadurch assoziiert werden kann, daß man einige Male kurz vor der Verabreichung von Futter die Stimmgabel erklingen läßt. Nach einiger Wiederholung dieser Aktionsfolge genügt dann schon der Ton der Stimmgabel allein, um den Speichelfluß in Gang zu setzen. Der ursprünglich neutrale Reiz ist zu einem konditionierten Reiz geworden. Man könnte auch sagen, daß der Hund das Erklingen der Stimmgabel quasi als ein "Wort" für Futter gelernt hat. Spricht man das Wort aus, dh. ertönt die Stimmgabel, dann löst dies den *konditionierten* Reflex aus.

Es kann nicht bestritten werden, daß der Mensch während seines Lebens eine Fülle solcher konditionierter Reflexe erlernt. Auswendiglernen, besonders von Namen für Gegenstände oder Individuen, ist von dieser Art, aber auch das Verhalten im Verkehr (zB. Anhalten an der Ampel bei Rot) oder sonst im täglichen Leben.

Eine zweite Form des Lernens läßt sich mit der *operanten* Konditionierung erzielen. Sie wurde erstmals von Skinner in einem berühmten Experiment mit Ratten nachgewiesen [Ski38]. Es befindet sich dabei eine hungrige Ratte in einem geräuschisolierten Käfig (der "Skinner box"), in dem sich an einer Seite eine Futterstelle und darunter ein Hebel befindet. Die Ratte wird während einer Terrainerkundung erstmals zufällig den Hebel betätigen, was eine Futtergabe auslöst. Nach dem Verzehr wiederholt sich der Vorgang, bis die Ratte die Kausalkette "Hebel, dann Futter" gelernt hat und immer häufiger praktiziert. Das Futter dient als "Verstärker" der zu lernenden Aktion Hebeldrücken durch den Operanten (die Ratte).

Auch diese Form des Lernens ist beim Menschen weitverbreitet. So lassen sich auf diese Weise Menschen sogar zu häufigem Lächeln konditionieren [EG67]. Formal ist darunter das Erlernen einer Produktionsregel (siehe Abschnitt 2.9) zu verstehen, die einen kausalen Zusammenhang zum Ausdruck bringt. Je nach der experimentellen Prozedur unterscheidet man weitere Varianten der Konditionierung, wie etwa das experimentelle Lernen. Wir wollen auf diese psychologischen Aspekte und Begriffe hier nicht weiter eingehen, sondern verweisen den Leser auf die einschlägige Literatur aus der Psychologie [BW77b, BW77c].

Nicht nur der psychologische Teil des Lernens ist zu umfangreich, um hier auch nur andeutungsweise behandelt zu werden, sondern auch der intellektische Teil sprengt den Rahmen eines Abschnittes. Wir verweisen daher auf die Sammlungen [SD90, MCM83] und geben abschließend lediglich einen Überblick in Form von Versuchen der Klassifizierung des Gebietes, die wir weitgehend dem Kapitel 1 des zweitgenannten Buches entnehmen. Danach lassen sich die verschiedenen Lernstrategien als Kriterium für die Klassifizierung der Lernverfahren heranziehen, wobei wir eine Ordnung mittels des Anteils an beteiligter Inferenz erzielen können. In dieser Weise ergibt sich die folgende Liste.

1. Auswendiglernen und direkte Eingabe von Wissen in eine Wissensbank (vgl. auch die oben genannten Reflexe).

2. Unterrichtslernen (Vermittlung durch einen Lehrer oder ein Textbuch).

3. Lernen durch Analogie (siehe den nachfolgenden Unterabschnitt).

4. Lernen aus Beispielen (siehe die vorangegangenen drei Unterabschnitte).

5. Lernen aus Beobachtung und Entdecken (mit oder ohne gezielte Experimenten).

Eine andere Möglichkeit der Klassifizierung von Lernverfahren stützt sich auf die Art des gelernten Wissens. Unter diesem Aspekt ergeben sich mindestens die folgenden Möglichkeiten.

1. Lernen von Parametern in algebraischen Ausdrücken.

2. Lernen von Entscheidungsbäumen (auch zur Unterscheidung von Objektklassen).

3. Lernen von Grammatiken (bzw. von den dadurch charakterisierten Sprachen).

4.3 Hypothetisches und induktives Schließen

4. Lernen von Produktionsregeln (siehe die oben besprochene bedingte Konditionierung).

5. Lernen von logischen Ausdrücken (siehe das in Abschnitt 4.3.3 besprochene Beispiel mit den Spielkarten).

6. Lernen von Graphen, assoziativen Netzen 2.4 und Taxonomien (siehe Abschnitt 2.6.3).

7. Lernen von Konzeptrahmen (siehe Abschnitt 2.5).

8. Lernen von (Computer-) Programmen (vgl. den vorangegangenen Unterabschnitt und siehe [Sha83]).

9. Lernen von multipel repräsentiertem Wissen.

Wie wir in Kapitel 2 zu zeigen versuchten, sind alle dieser verschiedenen Repräsentationsformen Varianten der logischen Repräsentation. Hinsichtlich der Lernverfahren ergeben sich daher aufgrund dieses Kriteriums der Art des gelernten Wissens aus unserer Sicht keine entscheidenden Einblicke.

Lernen ist in einer Fülle von Systemen für mannigfaltige Anwendungen realisiert worden [WK84]. Die Art und Architektur der dabei verwendeten Systeme taugen als ein weiteres Kriterium. Eine dieser Systemarten haben wir in Abschnitt 2.10 in Form der neuronalen Netze ausführlich besprochen und sind dort auch auf die dabei verwendeten Lernmechanismen im einzelnen eingegangen. Eine auf klassischen Systemkonzepten beruhender umfassender Ansatz ist in dem Systemansatz *Soar* realisiert [LNR87].

Im Bemühen der Realisierung von Lernen in einer maschinengerechten Weise ist in jüngster Zeit das Gebiet der induktiven Logikprogrammierung [Mug91] entstanden, das die Gebiete Logikprogrammierung und Lernen zu vereinheitlichen versucht.

4.3.7 Analogieschließen

Deduktive ebenso wie die im letzten Kapitel beschriebenen nichtmonotonen Inferenzmethoden ermöglichen Schlüsse aus Weltbeschreibungen, die in logischer Sprache formalisiert sind. Relativ einfache Szenarien erfordern dabei schon recht umfangreiche Weltbeschreibungen, was die Effizienz des Inferenzprozesses erheblich beeinträchtigt. Es ist daher eher unwahrscheinlich, daß das menschliche Schließen allein auf einem derartigen Mechanismus basiert.

Die Erfahrung zeigt vielmehr, daß der Mensch häufig zu Analogien greift, um in einer gegebenen Problemstellung zu einer Lösung zu gelangen. Noch wichtiger als für das Finden deduktiver Lösungen ist die Anwendung von Analogien für das induktive Schließen, besonders bei der Theoriebildung. So läßt sich mutmaßen, daß der Erfindungsreichtum des Menschen ganz wesentlich von seiner Fähigkeit zum analogen Schließen geprägt wird. Die Einbeziehung von Analogien in inferentielle Systeme ist daher ein weiteres wichtiges Thema der Wissensrepräsentation, das wir in diesem Abschnitt kurz besprechen wollen.

Bei der Bildung von Analogien können wir zB. davon ausgehen, daß eine Weltbeschreibung W vorliegt, die einen Sachverhalt B erklärt. Weiter nehmen wir einen Sachverhalt B' an, der in gewisser Hinsicht mit B vergleichbar ist. Dies kann heißen, daß B' einige, aber nicht alle Merkmale von B aufweist. Es kann aber auch heißen, daß B' semantisch völlig verschieden von B ist, aber zB. die gleiche oder eine ähnliche syntaktische Struktur aufweist. Gesucht ist dann ein W', das in analoger Weise aufgrund des Bezuges von B' zu B aus W gebildet ist und das B' erklärt.

Das Verständnis der dem Analogieschließen zugrundeliegenden Mechanismen steckt noch in den Kinderschuhen. [Ari92] beschreibt die dem Analogieschließen zugrundeliegende logische Struktur. Weiter sind bislang Versuche gemacht worden, mittels Analogie das Finden von Beweisen für mathematische Aussagen zu formalisieren [BC87, BK92] sowie das Verhalten von Systemen beim Lernen und Planen zu verbessern [Car83].

4.3.8 Fallbasiertes Schließen

Wer noch nie eine Lampe aufgehängt und elektrisch angeschlossen hat, jedoch über physikalische und mechanische Kenntnisse verfügt, mag dennoch in der Lage sein, die konkrete Aufgabenstellung, eine Lampe aufzuhängen, ua. durch intensives Nachdenken lösen zu können. Er mag für diese Aufgabe viele Stunden benötigen, die ein erfahrener Elektriker in der Regel in Minuten erledigt. Es spricht viel für die Annahme, daß dem Elektriker bei der Lösung dieser Aufgabe die Erinnerung an früheres Lampenaufhängen ganz entscheidend zu Hilfe kommt und daß er bei diesem Vorgang daher kaum mehr nachdenken muß. Er hat sich die Handgriffe in der Regel durch *Beobachtungslernen* irgendwann einmal angeeignet und kann sie bei Bedarf nun immer wieder abrufen.

Die Idee des *fallbasierten Schließens* beruht auf dieser Einsicht. Es wird dabei versucht, die (inferentielle) Lösung der Problemstellung durch Zuhilfenahme von bereits vorliegenden Lösungen gleichartiger Probleme schneller zu erschließen, als es aufgrund der Weltbeschreibung allein möglich wäre.

Ganz offensichtlich handelt es sich hier um analoges Schließen der im letzten Unterabschnitt besprochenen Art, jedoch in einer spezielleren Ausprägung [Bur89, Sei89]. Beim fallbasierten Schließen beschränkt man sich nämlich in der Praxis auf eine enge und möglichst einheitliche Problemklasse (zB. das Aufhängen von Lampen), während Analogien im allgemeinen auch zwischen Problemstellungen sehr unterschiedlicher Natur hergestellt werden.

Die Situation beim fallbasierten Schließen ist also die folgende. Gegeben ist eine Problemstellung P und eine Fallbasis $\mathcal{F}$; gesucht ist eine Lösung von P, die in Analogie zu Lösungen von Fällen in der Fallbasis erbracht werden soll. Diese gesamte Aufgabenstellung untergliedert sich in eine Reihe von Teilaufgaben.

Eine dieser Teilaufgaben besteht in einer Auswahl von (möglichst wenigen) geeigneten Fällen in der Fallbasis, deren Lösung auf das gegebene Problem übertragen werden kann. Die Adaption der Lösung des ausgewählten Vergleichsfalles auf die aktuelle Problemstellung ist eine weitere dieser Teilaufgaben. Darüber hinaus werden in umfassenden Ansätzen noch weitere Teilaufgaben berücksichtigt. Dazu gehören die interne Überprüfung der Lösung, die externe Prüfung der Lösung in der realen Welt durch den Benutzer, ggf. mit Rückinformationen hinsichtlich des Erfolgs dieser Prüfung; aus diesen Rückinformationen kann schließlich das System in einer Lernphase Änderungen in der bisherigen Fallbasis bewirken, nicht zuletzt den neu gelösten Fall mit aufnehmen.

Eine volle theoretische Durchdringung des fallbasierten Schließens ist bislang nicht gelungen. Vermutlich spielen hier nicht nur Analogiemechanismen, sondern auch solche der Theoriebildung (siehe Abschnitt 3.6) und des Lernens (Abschnitt 4.3.6) eine Rolle. Wir beschränken uns hier daher auf die folgenden Schlußbemerkungen.

Fallbasiertes Schließen wird heute zunehmend in wissensbasierten Systemen mit Erfolg angewandt. Die Anwendungsgebiete sind von unterschiedlichster Natur. Als Beispiele nennen wir die Diagnostik, das Planen und die Jurisprudenz. Zu letzterer sei erwähnt, daß besonders die angelsächsische Rechtsprechung ganz wesentlich auf dem Rückgriff auf vergleichbare Fälle, also auf fallbasiertem Schließen fußt [Gor93]. Eine Übersicht verschiedener Systeme zum fallbasierten Schließen sowie der dabei verwendeten Methoden findet sich in [AWBS+92, Bar91, Kol92b, Kol92a, Sla91], wo der Leser jeweils auch auf eine umfangreiche Literatur verwiesen wird.

4.4 Probabilistisches Schließen

Die in den vergangenen beiden Kapiteln diskutierten Repräsentationsformen und Inferenzmethoden gehen von der Idealisierung einer exakten Beschreibung der Welt und ihrer Zusammenhänge aus. So können wir aus der Eigenschaft, daß Larissa ein Kind ist, auf eine Menge weiterer Dinge schließen. Es muß sich logischerweise um ein Mädchen handeln; dazu muß es ein Elternpaar geben, bestehend aus Mutter und Vater, die beide je mindestens zwölf Jahre älter sind als Larissa. Dieses und vieles andere mehr können wir mit ausreichender Sicherheit aus dieser einen Eigenschaft ableiten, weil uns noch zusätzlich eine Fülle von Wissen über die Welt, also von *Weltwissen*, zu Gebote steht. Man nennt diese Art von Wissen, auf dem rein logisches Schließen operiert, oft auch *kategoriales* Wissen.

Unser tägliches Handeln wird, jedenfalls dem Anschein nach, häufig von nichtkategorialem Wissen bestimmt. Dann verhalten wir uns nach der Art eines Spielers. Um es mit einem Beispiel zu verdeutlichen, wir tragen unser Geld zur Lottoannahmestelle, um es auf 6 von 49 Zahlen zu setzen, wohl wissend, daß bei der Ausspielung auch jede der übrigen Millionen von Zahlensechstupeln eine Chance hat zu gewinnen, in welchem Fall unser Geld verspielt ist.[8]

Leider bleibt uns in vielen Fällen gar keine andere Wahl als nach Art eines Spielers zu setzen. Die Welt ist zu komplex, um in einer Menge von Wissen so gefaßt werden zu können, daß es uns immer ein rein logisches Verhalten ermöglichen könnte. Wüßten wir (fast) alles, so müßten wir nicht spielen. Dann würden wir auch die Ausgangslage der 49 Kugeln vor der nächsten Ausspielung kennen und könnten aus der vollständigen Kenntnis der Mechanik der Lottomaschine die richtigen sechs Zahlen im vorneherein logisch erschließen (dann allerdings gäbe es auch kein Lotto mehr).

Lottospielen ist ein Extrem ebenso wie das rein logische Verhalten. In vielen Fällen bewegt sich der Mensch irgendwo zwischen diesen beiden Extremen. Wenn zB. ein Arzt einen Patienten untersucht und bei ihm Kurzatmigkeit feststellt, so weiß der Arzt eine Reihe von möglichen Ursachen dafür, wie zB. Lungenkrebs, Bronchitis oder Tuberkulose. Kein Mediziner auf der Welt kennt exakte Regeln, die ihm erlauben würden, ohne weitere Untersuchungen die richtige Diagnose zu stellen. Dennoch wird jeder vernünftige Mediziner nicht in beliebiger Reihenfolge Untersuchungen auf jede dieser möglichen Ursachen hin anstellen, sondern sein Handeln von einer Abwägung von Wahrscheinlichkeiten leiten lassen, die sich durch einige Fragen an den Patienten ergeben (wie zB. "Rauchen Sie?"). Insoweit er dies tut (und tun muß), verhält er sich ebenso wie ein Spieler.

Systeme, die Mediziner bei ihrer diagnostischen Arbeit unterstützen sollen, müssen daher wohl diesen probabilistischen Aspekt integrieren. Dieser Aspekt tritt naturgemäß in Gebieten besonders in Erscheinung, die sich wegen ihrer Komplexität einer exakt-logischen Behandlung entziehen. Die Medizin gehört ganz sicher dazu. Genaugenommen sind aber alle Gebiete mehr oder weniger von dieser Natur. Auch Mathematiker gehen bei der Problemlösung nicht rein logisch vor.

Da die menschlichen Spezialisten auf diesen verschiedenen Gebieten als "Experten" bezeichnet werden, hat sich für Systeme zur Unterstützung solcher Expertenarbeit der Begriff der "Expertensysteme" teilweise eingebürgert. Ihre Entwicklung wurde in den Sechziger Jahren begonnen und erreichte in den Siebziger Jahren ihren Höhepunkt. Sie sind charakterisiert durch eine relativ einfache Kombination der logischen Repräsentation und Verarbeitung von Wissen (in einer der vielen in Kapitel 2 behandelten Variationen) einerseits, mit probabilistischem Wissen andererseits.

Während wir den Leser für eine ausführliche Behandlung von Expertensystemen auf die Literatur verweisen [Jac86], wollen wir eine der probabilistischen Techniken und ihre Kombination mit deduktivem Schließen im ersten Unterabschnitt am berühmten Beispiel von MYCIN kurz illustrieren. Im Anschluß daran werden wir kurz einige Begriffe aus der Wahrscheinlichkeitstheorie vorstellen, dann den Ansatz von Dempster-Shafer illustrieren, der gegenüber der Wahrscheinlichkeitstheorie eine Verallgemeinerung darstellt, und uns dann einer fundierteren Einführung der sogenannten kausalen

---

[8]Insgeheim rechnet wohl jeder Lottospieler und jede Lottospielerin damit, einmal alle sechs Zahlen richtig getippt zu haben. Interessanterweise ist die Wahrscheinlichkeit, daß dies eintritt, vergleichbar mit der Wahrscheinlichkeit, daß im nächstgelegenen Kernkraftwerk ein massiver Störfall auftritt. Trotzdem rechnen wohl die wenigsten Lottospieler und -spielerinnen mit dem letzteren Ereignis.

4.4 Probabilistisches Schließen

Netze zuwenden, die heute als die adäquate Form der Repräsentation und Verarbeitung probabilistischen Wissens angesehen werden [Nea90], insbesondere wenn dieses Wissen auch kausale Zusammenhänge beinhaltet.

4.4.1 MYCIN und seine Zuverlässigkeitsfaktoren

MYCIN [BS84] ist eines der ältesten Expertensysteme. Das in ihm gespeicherte Wissen bezieht sich auf bakteriologische Infektionskrankheiten. Es ist in Form von Produktionsregeln (siehe Abschnitt 2.9) im System gespeichert. Eine typische MYCIN Regel hat die folgende Gestalt.

        IF   der Organismus wächst klumpenartig
        AND   der Organismus wächst kettenförmig
        AND   der Organismus wächst paarweise
        THEN der Organismus ist eine Streptokokke

Um weniger Platz zu verbrauchen, schreiben wir mit dem auch in den letzten beiden Kapiteln bevorzugten Logikformalismus für den Fall dieses Beispiels kurz $A \wedge B \wedge C \rightarrow F$.

Wie wir schon aus dem letzten Kapitel wissen, ist Wissen dieser Art aber erfahrungsgemäß nicht absolut zuverlässig. Um die dadurch entstehende Unsicherheit im Schließen zu rationalisieren, versucht man, den Grad der Zuverlässigkeit zu fixieren. Dies kann zB. numerisch durch Angabe einer reellen Zahl innerhalb eines vorgegebenen Intervalles geschehen. Meist wählt man hierfür das Intervall $[-1, +1]$. Dieser Grad der Zuverlässigkeit kann sich zum einen auf die Regel als Ganzes beziehen. Ein positiver Wert des Grades einer Regel wird unsere Überzeugung vom Zutreffen der Konklusion erhöhen, ein negativer Wert verringern, vorausgesetzt wir sind vom Zutreffen der Prämissen überzeugt. Nehmen wir zB. an, daß der als Beispiel gegebenen Regel ein relativ hoher Wert an Zuverlässigkeit, nämlich 0,8, zukommt.

Der Grad der Zuverlässigkeit kann sich aber auch auf die einzelnen Aussagen, insbesondere auf die Prämissen beziehen, deren Zutreffen aus ähnlich unsicheren Regeln erschlossen worden sein mag oder die von unzuverlässigen Beobachtungsquellen stammen können. Nehmen wir bezüglich der Prämissen unseres Beispiels die Zuverlässigkeitswerte 0,8 für A, 0,3 für B und 0,95 für C an.

Diese Werte gelten für die einzelnen Prämissen unabhängig voneinander. Die erste Aufgabe besteht darin, hieraus auf den Wert der Konjunktion aller drei Prämissen zu schließen. In MYCIN geschieht dies nach der Formel $max[0, min(0,8; 0,3; 0,95)]$, also 0,3 in diesem Fall. Das heißt, der unzuverlässigste Wert bestimmt den Gesamtwert, solange er positiv ist; andernfalls wird die Regel als nicht anwendbar betrachtet und der Wert 0 gesetzt.

Die nächste Aufgabe besteht in der Übertragung der Zuverlässigkeitswerte für die Prämisse (0,3) und die Gesamtregel (0,8) auf die Konklusion (serielle Kombination). In MYCIN ergibt sie sich als das Produkt, also $0,8 \cdot 0,3 = 0,24$.

Vom rein logischen Schließen her betrachtet wären wir jetzt gewappnet, für jede denkbare Ableitung auf diese Weise Zuverlässigkeitswerte für die abgeleitete Aussage zu berechnen. Im jetzigen Kontext macht es aber (im Gegensatz zur Logik) durchaus einen Unterschied, ob wir eine Aussage wie F gegebenenfalls noch durch weitere Evidenz in ähnlicher Weise untermauern können. Nehmen wir an, dies sei hier mit einem resultierenden Wert von 0,6 der Fall, der nun also mit dem vorherigen Wert von 0,24 geeignet zu kombinieren ist (parallele Kombination). In MYCIN ergibt sich hierfür der Wert $0{,}24 + 0{,}6 \cdot (1 - 0{,}24) = 0{,}696$, berechnet nach der Formel

$$b_{12} = \begin{cases} b_1 + b_2 \cdot (1 - |b_1|) & \text{wenn } b_1 \text{ und } b_2 \text{ gleiches Vorzeichen haben,} \\ \frac{b_1 + b_2}{1 - \min(|b_1|, |b_2|)} & \text{wenn } b_1 \text{ und } b_2 \text{ verschiedenes Vorzeichen haben.} \end{cases}$$

Zusammenfassend besteht MYCIN aus einer Menge von Regeln der angegebenen Form, denen jeweils Zuverlässigkeitswerte zugeordnet sind. Ausgehend von Beobachtungen oder Vermutungen, ebenfalls mit Zuverlässigkeitswerten behaftet, können Schlußketten zur Ableitung von Folgerungen gebildet werden, für die sich nach Maßgabe der angegebenen Formeln resultierende Zuverlässigkeitsregeln berechnen.

Hat dieser relativ einfache Mechanismus auch bemerkenswerte Erfolge gezeigt, so haben sich dennoch auch eine Reihe von Schwierigkeiten eingestellt, die schließlich zu den nachfolgend behandelten kausalen Netzen geführt haben. Als gemeinsame Ursache für die genannten Schwierigkeiten kann man die Tatsache ansehen, daß in der Realität Sachverhalte in ihrem Ursache-Wirkungs-Zusammenhang nicht adäquat durch einseitig gerichtete Regeln beschrieben werden können. So sind verschiedene Ursachen für ein Ereignis nicht unabhängig voneinander und folglich müssen ihre Beziehungen berücksichtigt werden. Auch geben MYCIN und vergleichbare Expertensysteme keine operationale Definition für den Grad der Zuverlässigkeit einer Regel.

4.4.2 Wahrscheinlichkeitstheoretische Begriffe

Probabilistisches Schließen setzt die Kenntnis der Grundbegriffe der Wahrscheinlichkeitstheorie voraus [Fin73, Nea90, Pea88]. Die folgende Zusammenstellung solcher Begriffe kann natürlich eine Einführung in die Wahrscheinlichkeitstheorie nicht ersetzen. Auch ist sie einseitig auf die Logik hin ausgerichtet [Cox79].

Definition 4.4.1 *Eine* Grundgesamtheit *oder* Ereignisraum *(engl. sample space)* Ω *ist eine (endliche oder abzählbare) Menge logisch voneinander unabhängiger Grundaussagen (der Prädikatenlogik).*

Die Elemente der Grundgesamtheit werden meist als Ergebnisse von Experimenten aufgefaßt. Zum Beispiel betrachte man das Experiment, aus einem Stoß mit 52 Spielkarten irgendeine Karte zu ziehen. Logisch können wir dieses Experiment durch das Literal Kyz repräsentieren, in dem z für die Farbe und y für den Wert stehen (vgl. Abschnitt 4.3.2). Zu diesem Experiment gibt es 52 Ergebnisse, zB. das Ergebnis, die Karte Herz-Sieben $K(7, herz)$ zu ziehen, die in diesem Fall die Grundgesamtheit bilden.

Definition 4.4.2 *Zu einer Grundgesamtheit* Ω *heißt jede Teilmenge* $\mathcal{F}$ *der Potenzmenge von* Ω *eine* Ereignismenge *(engl. set of events), wenn die folgenden Bedingungen erfüllt sind.*

4.4 Probabilistisches Schließen

1. $\Omega \in \mathcal{F}$.

2. $\mathcal{F}$ enthält mit je zwei seiner Elemente auch deren Vereinigung (bzw. Disjunktion).

3. $\mathcal{F}$ enthält zu jedem seiner Elemente auch dessen Komplement in Ω (bzw. seine Negation).

Mathematisch ausgedrückt heißt dies, $\mathcal{F}$ bildet eine Algebra. Ein Ereignis, dh. ein Element der Ereignismenge, besteht also aus einer Menge (oder Disjunktion) von (möglichen) Ergebnissen. Als einfaches Beispiel betrachten wir zu der Grundgesamtheit von 52 Spielkarten die Ereignismenge, die aus vier Ereignissen (und deren Vereinigungen) gebildet wird, von denen jedes alle Karten einer Farbe als Ergebnisse enthält. Die so entstehende Menge kann, wie in Abbildung 4.6 gezeigt, als Verband angeordnet werden und erfüllt offensichtlich die drei genannten Bedingungen einer Ereignismenge.

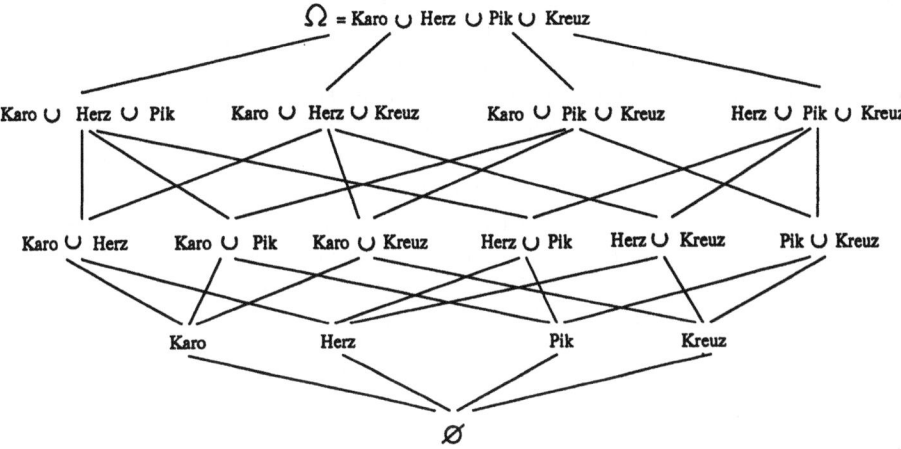

Abbildung 4.6 Die vier Ereignisse, eine Karo, Herz, Pik oder Kreuz zu ziehen, bilden eine Ereignismenge über der Grundgesamtheit der 52 Spielkarten, die sich als Verband darstellen läßt. Dabei wird *Karo*, *Herz* etc. als Abkürzung für $\lambda y K(y, karo)$, $\lambda y K(y, herz)$ etc. analog zu den in Abschnitt 2.7 eingeführten Abkürzungen verwendet.

Unsere Interpretation einer Grundgesamtheit als eine Menge von Aussagen führt zu den logischen Operationen anstelle der sonst in der Wahrscheinlichkeitstheorie meist verwandten mengentheoretischen Operationen. Wegen des offensichtlichen Zusammenhanges lassen wir hier beide nebeneinander zu. Die klassische Definition einer Wahrscheinlichkeit ergibt sich nun aus dem *Prinzip der Indifferenz*, welches besagt, daß verschiedene Alternativen als gleichwahrscheinlich anzusehen sind, solange es keinen Grund gibt, eine Alternative anderen vorzuziehen.

Definition 4.4.3 *Die* Wahrscheinlichkeit *(oder das* Wahrscheinlichkeitsmaß*)* $w(E)$ *für ein Ereignis* $E \in \mathcal{F}$ *ist der Quotient der Anzahl der Elemente der Grundgesamtheit, die* E *erfüllen, dividiert durch die Anzahl aller Elemente der Grundgesamtheit (deren Endlichkeit vorausgesetzt).*

So ist die Wahrscheinlichkeit, eine Karo zu ziehen, 13 dividiert durch 52, also 1/4 oder 25%. Aufgrund dieser Definition ist der folgende Satz offensichtlich.

Theorem 4.4.1

1. $w(E) \geq 0$ *für* $E \in \mathcal{F}$.

2. $w(\Omega) = 1$.

3. $w(E_1 \vee E_2) = w(E_1) + w(E_2)$, *vorausgesetzt* E_1 *und* E_2 *sind logisch voneinander unabhängig bzw. disjunkte Teilmengen von* $\mathcal{F}$.

Die Wahrscheinlichkeit, Herz oder Kreuz zu ziehen, ist in unserem Beispiel also $1/4 + 1/4 = 1/2$. Aber die Wahrscheinlichkeit Herz oder König zu ziehen ist 16/52 und nicht 17/52, da es im Kartenspiel ja auch einen Herz-König gibt. Das Tripel $(\Omega, \mathcal{F}, w)$ bestehend aus einer Grundgesamtheit, einer darauf definierten Ereignismenge und einer Wahrscheinlichkeit, die die drei Eigenschaften des Satzes erfüllt, nennt man auch einen *Wahrscheinlichkeitsraum*. In dieser Weise läßt sich die Wahrscheinlichkeitstheorie (nach Kolmogorov) auch axiomatisch begründen.

Die durch einen Wahrscheinlichkeitsraum festgelegten Beziehungen reichen aber nicht aus, um komplexere Probleme zu lösen. Betrachten wir dazu das Pokerspiel, das zwischen Max und Moritz im Gange ist. Max ist gerade im Begriff, die erste Karte des verdeckt liegenden Spielkartenstapels aufzuheben, als Moritz ihn ablenkt, um sich die oberste Karte anzusehen. Dabei erkennt Moritz, daß es sich um ein Herz handelt. Wenn wir nun fragen, wie groß die Wahrscheinlichkeit ist, daß die oberste Karte ein Herz-Bube ist, dann wird Max — da er mit Wahrscheinlichkeitsräumen vertraut ist — mit 1/52 antworten, während Moritz — auf Grund seines unfairen Spiels — diese Wahrscheinlichkeit als 1/13 kalkuliert. Die hier geschilderte Situation zeigt also, daß nicht objektive Wahrscheinlichkeiten, sondern subjektive oder bedingte Wahrscheinlichkeiten, die in bezug zu gegebener Information stehen, eine wesentliche Rolle spielen.

Thomas Bayes (1702–1761) hat als erster die Bedeutung der bedingten Wahrscheinlichkeit $w(E_2 \mid E_1)$ erkannt, die die Wahrscheinlichkeit für E_2 unter der Annahme zum Ausdruck bringt, daß E_1 sicher eingetreten ist. Für sie gilt

$$w(E_2 \mid E_1) = \frac{w(E_1 \wedge E_2)}{w(E_1)}$$

Zum Beispiel ist die Wahrscheinlichkeit, einen König gezogen zu haben, 1/13, wenn man bereits weiß, eine rote Karte gezogen zu haben. Im Grenzfall $w(E_1) = 0$ wird

4.4 Probabilistisches Schließen

$w(E_2 \mid E_1)$ natürlicherweise als $w(E_2 \mid E_1) = w(E_2)$ definiert.[9] In einer axiomatischen Begründung der Wahrscheinlichkeitstheorie ergibt sich mit dieser Definition auch die folgende Definition.

Definition 4.4.4 *In einem Wahrscheinlichkeitsraum heißt das Ereignis E_2 unabhängig von E_1, wenn die Gleichung $w(E_2 \mid E_1) = w(E_2)$ erfüllt ist.*

Aus der Definition der bedingten Wahrscheinlichkeit ergeben sich die Gleichungen

$$w(E_2 \mid E_1) \cdot w(E_1) = w(E_1 \wedge E_2) = w(E_1 \mid E_2) \cdot w(E_2),$$

sowie die *Bayessche Inversionsformel*

$$w(E_2 \mid E_1) = \frac{w(E_1 \mid E_2) \cdot w(E_2)}{w(E_1)}.$$

Eine Menge $A = \{E_1, \ldots, E_n\}$ von Ereignissen heißt *aufspannend*, wenn $w(E_1 \vee \ldots \vee E_n) = 1$ ist. A heißt *unabhängig*, wenn sich die Elemente von A paarweise ausschließen, dh. wenn $w(E_i \wedge E_j) = 0$ für alle $1 \leq i \neq j \leq n$ gilt. In unserem Spielkartenbeispiel ist zB. die Menge bestehend aus den vier Ereignissen, eine Karo, Herz, Pik oder Kreuz zu ziehen, aufspannend (siehe Abbildung 4.6) und unabhängig. Mit einer solchen aufspannenden und unabhängigen Menge, auch *(propositionale) Partition*[10] genannt, läßt sich jede Wahrscheinlichkeit als Linearkombination in der folgenden Weise darstellen.

$$w(E) = \sum_{i=1}^{n} w(E \mid E_i) \cdot w(E_i)$$

Zusammen mit der Inversionsformel ergibt sich hieraus das folgende *Bayessche Theorem*.

$$w(E_j \mid E) = \frac{w(E \mid E_j) \cdot w(E_j)}{\sum_{i=1}^{n} w(E \mid E_i) \cdot w(E_i)}$$

Das Bayessche Theorem erlaubt, bedingte Wahrscheinlichkeiten der Form $w(E_j \mid E)$ auszurechnen, wenn die Wahrscheinlichkeiten der Form $w(E \mid E_j)$ und $w(E_j)$ bekannt sind und die Ereignisse E_j eine vollständige und aufspannende Menge bilden. Dies entspricht genau den Fragestellungen, wie wir sie im Abschnitt 4.4.1 kennengelernt haben. Allerdings verwenden Expertensysteme wie beispielsweise PROSPECTOR [DHN76] nicht das Bayessche Theorem in der oben angegebenen Form, sondern eine dazu äquivalente Aussage, die wir im folgenden entwickeln wollen. Dazu definieren wir die *Chance* (engl. odds), daß ein bestimmtes Ereignis E eintritt, als

$$o(E) = \frac{w(E)}{1 - w(E)}.$$

---

[9] Alternativ kann man den Grenzfall auch so behandeln, daß der Nenner auf die andere Seite der Gleichung gebracht wird und dadurch jeder Wert für $w(E_2 \mid E_1)$ möglich wird.

[10] In [Nea90] wird von einer propositionalen Variablen gesprochen, was aber ein in der Logik bereits besetzter Begriff ist; zudem erscheint der hier gewählte Ausdruck wesentlich zutreffender.

Zweimalige Anwendung der Inversionsformel und Division ergibt

$$o(E_2 \mid E_1) := \frac{w(E_2 \mid E_1)}{w(\neg E_2 \mid E_1)} = \frac{w(E_1 \mid E_2)}{w(E_1 \mid \neg E_2)} \cdot \frac{w(E_2)}{w(\neg E_2)} =: l(E_1 \mid E_2) \cdot o(E_2).$$

In bezug auf die hierbei eingeführten Abkürzungen spricht man bei $o(E_2 \mid E_1)$ von den *a posteriori Chancen* für E_2, bei $o(E_2)$ von den *a priori Chancen* und bei $l(E_1 \mid E_2)$ vom *Wahrscheinlichkeitsverhältnis* (engl. likelihood ratio). In anderen Worten, wenn die Chance, daß ein bestimmtes Ereignis E_2 eintritt, anfangs $o(E_2)$ ist und — beispielsweise durch Expertenbefragung — das Wahrscheinlichkeitsverhältnis $l(E_1 \mid E_2)$ bekannt ist, dann läßt sich die Chance, daß E_2 eintritt, wenn E_1 schon eingetreten ist, gemäß der oben genannten Formel berechnen. Natürlich kann man aus den a posteriori Chancen auch wieder die entsprechenden bedingten Wahrscheinlichkeiten ausrechnen. Mit $w(\neg E_2 \mid E_1) = 1 - w(E_2 \mid E_1)$ ergibt sich durch eine einfache Rechnung aus der vorangegangenen Definition

$$w(E_2 \mid E_1) = \frac{o(E_2 \mid E_1)}{1 + o(E_2 \mid E_1)}.$$

Zur Illustration dieser Begriffe versetzen wir uns in die Lage des Hausbesitzers Sherlock Holmes, dessen Alarmanlage eines Nachts anspringt. Er könnte wie folgt argumentieren, um die Frage zu beantworten, ob wohl tatsächlich ein Einbrecher am Werk ist. (a) Aus dem Anlagenprospekt weiß er, daß im Falle eines Einbruches in 95% aller Fälle die Anlage anspringt, dh. $w(Alarm \mid Einbruch) = 0{,}95$. (b) Aus der bisherigen Häufigkeit einer fehlerhaften Auslösung eines Alarms ergibt sich weiter $w(Alarm \mid \neg Einbruch) = 0{,}01$ (dh. alle hundert Tage ein Fehlalarm). (c) Aus der Kriminalstatistik ergibt sich die Wahrscheinlichkeit eines Einbruchs, die wir als $w(Einbruch) = 10^{-4}$ annehmen. Aus diesen Informationen ergibt sich

$$\begin{align} o(Einbruch \mid Alarm) &= l(Alarm \mid Einbruch) \cdot o(Einbruch) \tag{4.5} \\ &= \frac{0{,}95}{0{,}01} \cdot \frac{10^{-4}}{1 - 10^{-4}} = 0{,}0095 \tag{4.6} \\ w(Einbruch \mid Alarm) &= \frac{0{,}0095}{1 + 0{,}0095} = 0{,}00941 \tag{4.7} \end{align}$$

Die Auslösung des Alarms hat daher die Wahrscheinlichkeit eines Einbruchs um das 94-fache erhöht; mit 1% ist sie aber wegen der relativ hohen Fehlerrate noch immer nicht allzu beunruhigend.

Neue Evidenz verändert also die Wahrscheinlichkeiten in einer Weise, wie sie durch die Bayesschen Gleichungen gegeben ist. Diese ermöglicht, wie bei MYCIN, die Berechnung solcher Wahrscheinlichkeitsmaße aufgrund von Ausgangsmaßen sowie von bedingten Wahrscheinlichkeiten, die den mit Zuverlässigkeitsfaktoren gewichteten Regeln bei MYCIN entsprechen.

Die im übernächsten Abschnitt behandelten Netze verbessern diese Form der Berechnung durch Zuhilfenahme von Informationen über die kausalen Abhängigkeitsbeziehungen in Form von Graphen. Zunächst wenden wir uns nun aber einer anderen Verallgemeinerung zu.

4.4.3 Die Dempster-Shafer Theorie

In diesem Unterabschnitt führen wir einen weiteren Formalismus zum probabilistischen Schließen ein, nämlich die Dempster-Shafer Theorie der Evidenz[Sha76], die sich als Verallgemeinerung des wahrscheinlichkeitstheoretischen Ansatzes erweisen wird. Wir betrachten zu ihrer Illustration eine Aussage D, etwa die vom Beginn dieses Abschnittes, "der Organismus ist eine Streptokokke" oder "die Straßen sind glatt", auf die wir weiter unten noch ausführlicher eingehen. Ähnlich — aber nicht identisch mit — dem Begriff der Grundgesamtheit des vorangegangenen Unterabschnitts wird auch hier eine Menge logisch voneinander unabhängiger Aussagen, Θ, angenommen. Sie besteht in diesem einfachen Beispiel lediglich aus der Menge $\{D, \neg D\}$. Es kann sich im allgemeinen um irgendeine Menge von Aussagen handeln.

Wie bisher nehmen wir an, daß eine solche Aussage mittels Regeln mit gewissen Zuverlässigkeitswerten erschlossen wird. Hier werden diese Werte *Basiswahrscheinlichkeitszuweisungen* (engl. basic probability assignment), kurz *Bwz*, genannt und durch eine Funktion m bezeichnet. Nehmen wir an, D würde durch zwei Regeln, $E_i \to D$, $i = 1, 2$, mit den Bwz's $m_1(\{D\}) = 0{,}8$ und $m_2(\{D\}) = 0{,}9$ gestützt. Von beiden Funktionen wird aber hier verlangt, daß sie auf der Potenzmenge von Θ definiert sind, also jeder ihrer Teilmengen einen Wert so zuweist, daß die leere Menge den Wert 0 erhält und sich die Summe all dieser Werte zu 1 ergibt. Im Beispiel lautet diese Bedingung für m_1

$$m_1(\{D\}) + m_1(\{\neg D\}) + m_1(\{D, \neg D\}) = 1$$

Bis auf diese Bedingung könnte m als Wahrscheinlichkeitsmaß aufgefaßt werden, bei dem als Bedingung jedoch $m_1(\{D\}) + m_1(\{\neg D\}) = 1$ gelten müßte. Setzen wir zusätzlich zu der bereits getroffenen Bwz noch $m_1(\{\neg D\}) = 0$ und $m_1(\{D, \neg D\}) = 0{,}2$, so besagt das, daß die erste Regel 80% unserer Überzeugung in D steckt, nichts jedoch in deren Negation und 20% unentschieden läßt.

Die Gesamtüberzeugung, die wir in eine Aussage (oder Menge) mit einer gegebenen Bwz gesteckt haben, errechnet sich als die Summe der Bwz's für alle möglichen Teilaussagen (oder Teilmengen) der gegebenen Aussage. Wir bezeichnen sie mit der Funktion u. Insbesondere ergibt sich also wegen der obigen Bedingung immer $u(\Theta) = 1$. Rechnen wir dies in unserem Beispiel einmal nach.

$$u_1(\{D, \neg D\}) = m_1(\{D\}) + m_1(\{\neg D\}) + m_1(\{D, \neg D\}) = 0{,}8 + 0 + 0{,}2 = 1$$

$$u_1(\{D\}) = m_1(\{D\}) = 0{,}8 \quad \text{und} \quad u_1(\{\neg D\}) = m_1(\{\neg D\}) = 0$$

Wie bereits gesagt und wie das Beispiel zeigt, müssen sich die Überzeugungen in eine Aussage und ihre Negation nicht zu 1 addieren. Es kann also über das Überzeugungsmaß hinaus hier einen Bereich geben, innerhalb dessen es noch immer plausibel ist, an eine Aussage zu glauben. Wir definieren daher noch zusätzlich eine Plausibilitätsfunktion p, deren Wert für eine Aussage als die Differenz von 1 und der Überzeugung in die Negation der Aussage ergibt. Im vorliegenden Fall ergibt sich also

$$p(\{D\}) = 1 - u(\{\neg D\}) = 1 - 0 = 1$$

Somit ergibt sich ein *Plausibilitätsintervall* $(u(\{D\}), p(\{D\}))$, das sich im vorliegenden Beispiel zu (0,8; 1) errechnet.

Bis hierher haben wir nur die Bwz aus einer Regel berücksichtigt. Wie in den vorangegangenen Ansätzen ist eine Rechenvorschrift für die parallele Kombination verschiedener Regeln mit der gleichen Konklusion anzugeben. Die bei der Dempster-Shafer Theorie verwendete Regel erläutern wir anhand der folgenden Tafel zur Berechnung der Kombination m_{12} in unserem Beispiel.

	m_{12}		$\{D\}$ 0,9	$\{\neg D\}$ 0	$\{D, \neg D\}$ 0,1
	$\{D\}$	0,8	$\{D\}$ 0,72	$\emptyset$ 0	$\{D\}$ 0,08
m_1	$\{\neg D\}$	0	$\emptyset$ 0	$\{\neg D\}$ 0	$\{\neg D\}$ 0
	$\{D, \neg D\}$	0,2	$\{D\}$ 0,18	$\{\neg D\}$ 0	$\{D, \neg D\}$ 0,02

(Spalten unter m_2)

Wie aus ihr ersichtlich, wird das Produkt der Bwz's von zwei Mengen deren Durchschnittsmenge als Anteil ihrer neuen Bwz zugewiesen. ZB. ist die Überzeugung in $\{D\}$ unter m_1 gleich 0,8 und in $\{D, \neg D\}$ unter m_2 gleich 0,1; deshalb ergibt sich der hieraus resultierende Anteil an der Überzeugung in den Durchschnitt $\{D\}$ unter m_{12} als $0,8 \cdot 0,1 = 0,08$. Die Gesamtüberzeugung in eine Teilmenge errechnet sich dann als die Summe aller Anteile. Zum Beispiel ergibt sich

$$m_{12}(\{D\}) = 0,72 + 0,18 + 0,08 = 0,98,$$

$$m_{12}(\{\neg D\}) = 0 \quad \text{und} \quad m_{12}(\{D, \neg D\}) = 0,02.$$

In diesem Fall ergibt sich die Bedingung, daß die Wertesumme für alle Teilmengen sich zu 1 addieren muß, von selbst. Es kann jedoch vorkommen, daß bei dieser Berechnung entgegen unseren obigen Festlegungen ein nicht verschwindender Wert auch für die leere Menge herauskommt, der dann in Form des üblichen Normierungsverfahrens anteilig auf die übrigen Mengen so verteilt werden muß, daß die Summe wie verlangt wieder 1 ergibt. Die kombinierte Überzeugungs- und Plausibilitätsfunktion sowie das Plausibilitätsintervall ergeben sich aus m unverändert wie oben erklärt.

Um nun abschließend den Zusammenhang der Dempster-Shafer Theorie mit dem wahrscheinlichkeitstheoretischen Ansatz zu erläutern, geben wir für D in unserem Beispiel die erwähnte Interpretation "die Straßen sind glatt". Wir wollen dies mit einer gewissen Zuverlässigkeit aus der Tatsache E schließen, daß eine Kollegin Eva gerade zur Tür hereinkam und diese Behauptung von sich gab. Da sie diese Behauptung zum ersten Mal aussprach, ist dem Problem mit einer Statistik nicht unmittelbar beizukommen.

Mittelbar kennen wir jedoch die Zuverlässigkeiten der Aussagen von Eva; sagen wir, man konnte sich in der Vergangenheit in 80% der Fälle auf ihre Aussagen voll verlassen, während sie in den verbleibenden 20% nicht auf ihre Worte achtete. Kurz, wenn C für die Aussage "was Eva sagt, hat sie sich recht überlegt" steht, so gilt $w(C) = 0,8$ und $w(\neg C) = 0,2$, wobei w für das im letzten Unterabschnitt eingeführte Wahrscheinlichkeitsmaß steht. E ist eine Aussage Evas, von der wir also mit 80-prozentiger Wahrscheinlichkeit annehmen können, daß sie überlegt und korrekt ist. Man beachte, daß die durch

4.4 Probabilistisches Schließen   245

$$(\{D, \neg D\}, \{\emptyset, \{D\}, \{\neg D\}, \{D, \neg D\}\}, w)$$

und

$$(\{C, \neg C\}, \{\emptyset, \{C\}, \{\neg C\}, \{C, \neg C\}\}, w)$$

definierten Wahrscheinlichkeitsräume verschieden sind. Wir betrachten nun Ereignisse in den verschiedenen Wahrscheinlichkeitsräumen, die miteinander verträglich sind. Mit C ist D, aber nicht $\neg D$ verträglich, weshalb wir von D zu 80% überzeugt sind, dh. $m_1(\{D\}) = w(C) = 0,8$. Mit $\neg C$ ist aber sowohl D, als auch $\neg D$ verträglich, da Eva den Satz zwar nur so dahinplapperte, er aber trotzdem zutreffen kann. Deshalb wird das verbleibende Wahrscheinlichkeitsmaß auf beide Alternativen zusammen gelegt, dh. $m_1(\{D, \neg D\}) = w(\neg C) = 0,2$.

Der Ansatz von Dempster-Shafer erlaubt also, über die Verträglichkeit von Aussagen Nutzen aus Wahrscheinlichkeiten zu ziehen, die nicht unmittelbar auf das gegebene Problem anwendbar sind. Auch die oben erläuterten Berechnungsverfahren sind mit dieser Interpretation kompatibel [Sha86] (siehe auch [Voo91]). Dieser Ansatz bildet also keine Alternative zum Wahrscheinlichkeitsformalismus, sondern er erweitert ihn.

4.4.4 Kausale Netze

Nach diesem Abstecher in die Dempster-Shafer Theorie setzen wir die im vorletzten Unterabschnitt begonnene Diskussion über Wahrscheinlichkeiten fort. Insbesondere werden wir unser Augenmerk auf den zusätzlichen Aspekt der kausalen Abhängigkeiten unter den verschiedenen Aussagen richten.

Erinnern wir uns noch einmal an die Aufgabe, vor der wir in diesem Buch praktisch immer stehen. Wir wollen einen Teil der Welt auf formale Weise modellieren; unter Berücksichtigung dieses nun neu hinzutretenden Aspektes heißt dies, daß wir nun auch Ursache und Wirkung verschiedener Sachverhalte darzustellen versuchen und dabei ein besonderes Augenmerk auf die Tatsache legen, daß unser Wissen über und unser Verständnis von der realen Welt unvollständig ist. Wie immer wollen wir dann ein solches Modell benutzen, um zum einen Vorhersagen treffen zu können und zum anderen die Ursachen für bestimmte tatsächlich eingetretene Effekte erklären zu können.

Betrachten wir als Beispiel eine Variante unseres vom vorletzten Unterabschnitt bereits vertrauten Beispiels mit der Alarmanlage von Sherlock Holmes [Pea86]. War die Anlage durch einen Einbrecher oder durch eine andere Ursache, etwa ein Erdbeben ausgelöst? Wir können ein solches Szenario mittels der Ereignismengen $E_1 = \{A, \neg A\}$ ("Alarm wird ausgelöst", "Alarm wird nicht ausgelöst"), $E_2 = \{B, \neg B\}$ ("Einbruch", "kein Einbruch") und $E_3 = \{C, \neg C\}$ ("Erdbeben", "kein Erdbeben") beschreiben, wobei wir den kausalen Zusammenhang annehmen, daß eben sowohl ein Einbruch wie auch ein Erdbeben die Alarmanlage in Sherlock Holmes' Haus auslösen kann. Wir interessieren uns in einem solchen Szenario nun beispielsweise für die Frage, mit welcher Wahrscheinlichkeit ein Alarm durch einen Einbruch ausgelöst wurde ($w(B \mid$

A)) oder für die Frage, wie sich dieser Wert verändert, wenn gerade die Erde gebebt hat ($w(B \mid A, C)$).

Diese Fragen lassen sich beantworten, wenn die sogenannte gemeinsame Wahrscheinlichkeitsverteilung für E_1, E_2 und E_3 bekannt ist, dh. wenn wir die Wahrscheinlichkeiten für alle Kombinationen von Ereignissen, im vorliegenden Fall also $w(A \wedge B \wedge C)$, $w(A \wedge B \wedge \neg C)$, ..., $w(\neg A \wedge \neg B \wedge \neg C)$, kennen. Wir wollen den Begriff einer gemeinsamen Wahrscheinlichkeitsverteilung formal einführen. Dazu ist zu beachten, daß die Ereignismengen E_1, E_2 und E_3 jeweils disjunkt sind und einen gemeinsamen Wahrscheinlichkeitsraum aufspannen, dh. jede der Mengen ist eine Partition. Das nachfolgende Lemma sagt uns, daß wir beim Vorliegen einer Menge derartiger Partitionen den Wahrscheinlichkeitsraum recht übersichtlich durch die Partitionen selbst repräsentieren können.

Lemma 4.4.1 *Zu m endlichen Partitionen E_i, $i = 1,\ldots,m$ über einem Wahrscheinlichkeitsraum $(\Omega, \mathcal{F}, w)$ gibt es einen Wahrscheinlichkeitsraum $(\Omega', \mathcal{F}', w')$, wobei*

$$\Omega' = \{P(x_1,\ldots,x_m) \mid x_i \in E_i,\ 1 \leq i \leq n\},$$

$\mathcal{F}'$ die Potenzmenge von Ω' und

1. *$w'(P(x_1,\ldots,x_m)) = w(x_1 \wedge \ldots \wedge x_m)$ ist.*

Wir nennen dann $(\Omega', \mathcal{F}', w')$ auch einen m-stelligen Wahrscheinlichkeitsraum mit den Partitionen $E_1,\ldots,E_m$ oder auch eine gemeinsame Wahrscheinlichkeitsverteilung (engl. joint probability distribution) der Partitionen $E_1,\ldots,E_m$.

Der Beweis des Lemmas folgt unmittelbar aus der Beobachtung, daß Ω' aufspannend und unabhängig ist.

In dem Sherlock Holmes Szenario haben wir die drei Partitionen E_1, E_2, E_3 betrachtet. Entsprechend diesem Lemma verwenden wir zur Darstellung des dreistelligen Wahrscheinlichkeitsraums daher ein dreistelliges Prädikat P und definieren $\Omega' = \{P(x_1, x_2, x_3) \mid x_1 \in \{A, \neg A\},\ x_2 \in \{B, \neg B\},\ x_3 \in \{C, \neg C\}\}$. Die erste Stelle von P repräsentiert den Alarm, die zweite den möglichen Einbruch und die dritte das mögliche Erbeben. Jedes dieser Ereignisse kann stattgefunden haben oder nicht.

Die Wahrscheinlichkeitsmaße dieser Verteilung müssen so bestimmt werden, daß sie sich zu 1 aufaddieren, dh. $\sum_{x_1,x_2,x_3} w'(P(x_1,x_2,x_3)) = 1$, weil der Ereignisraum Ω' ja alle möglichen Ereigniskombinationen umfaßt, dh. Ω' ist aufspannend, und diese sich wechselseitig ausschließen, dh. Ω' ist unabhängig. Nehmen wir daher unter Beachtung dieser Bedingung an, die folgenden Maße seien uns gegeben.

$w'(P(A,B,C)) = 0{,}0000099 \qquad w'(P(A,B,\neg C)) = 0{,}008991$
$w'(P(A,\neg B,C)) = 0{,}000495 \qquad w'(P(A,\neg B,\neg C)) = 0{,}0098901$
$w'(P(\neg A,B,C)) = 0{,}0000001 \qquad w'(P(\neg A,B,\neg C)) = 0{,}000999$
$w'(P(\neg A,\neg B,C)) = 0{,}000495 \qquad w'(P(\neg A,\neg B,\neg C)) = 0{,}9791199$

4.4 Probabilistisches Schließen

Dann ergibt sich mit

$$
\begin{aligned}
w(A) &= \sum_{x_1,x_2} w'(P(A,x_1,x_2)) &= 0{,}019386 \\
w(A \wedge B) &= \sum_{x_2} w'(P(A,B,x_2)) &= 0{,}0090009
\end{aligned}
$$

daß

$$w(B \mid A) = \frac{w(B \wedge A)}{w(A)} = 0{,}46429898$$

gilt, und mit

$$
\begin{aligned}
w(A \wedge C) &= \sum_{x_2} w'(P(A,x_2,C)) &= 0{,}0005049 \\
w(A \wedge B \wedge C) &= w'(P(A,B,C)) &= 0{,}0000099
\end{aligned}
$$

daß

$$w(B \mid A \wedge C) = \frac{w(A \wedge B \wedge C)}{w(A \wedge C)} = 0{,}019607843$$

gilt.

Wir wollen aufgrund dieses Lemmas im folgenden immer von einer gemeinsamen Wahrscheinlichkeitsverteilung ausgehen und ab jetzt statt $(\Omega', \mathcal{F}', w')$ wieder einfach $(\Omega, \mathcal{F}, w)$ schreiben. Entsprechend werden wir die Elemente einer Paritition von jetzt ab auch wieder mit Kleinbuchstaben bezeichnen.

Im Sherlock Holmes Szenario hatten wir zweielementige (oder binäre) Partitionen vorliegen. Der Ansatz ist aber nicht auf binäre Partitionen beschränkt, sondern erlaubt auch mehrelementige Partitionen. Dies mag das nachfolgende Beispiel verdeutlichen [Pea86].

In einem Mordprozeß werden drei unabhängige Personen, p_1, p_2, p_3, verdächtigt. Eine wichtige Rolle spielt dabei natürlicherweise der Gesichtspunkt, wer von ihnen die Mordwaffe, eine Schere, zuletzt hielt, s_1, s_2, s_3. Somit haben wir zwei Partitionen $E_1 = \{p_1, p_2, p_3\}$ und $E_2 = \{s_1, s_2, s_3\}$, die einen zweistelligen Wahrscheinlichkeitsraum mit der Grundgesamtheit $\Omega = \{M(p_i, s_j) \mid i, j = 1, 2, 3\}$ definieren. Nehmen wir an, die Indizien legen die folgenden Wahrscheinlichkeiten nahe.

$$
\begin{array}{lll}
w(M(p_1,s_1)) = 0{,}64 & w(M(p_1,s_2)) = 0{,}08 & w(M(p_1,s_3)) = 0{,}08 \\
w(M(p_2,s_1)) = 0{,}01 & w(M(p_2,s_2)) = 0{,}08 & w(M(p_2,s_3)) = 0{,}01 \\
w(M(p_3,s_1)) = 0{,}01 & w(M(p_3,s_2)) = 0{,}01 & w(M(p_3,s_3)) = 0{,}08
\end{array}
$$

Die Summe aller angegebenen Wahrscheinlichkeiten muß sich wieder zu 1 ergeben, da sich die Ereignisse gegenseitig ausschließen und zusammen den Raum aufspannen.

Als letztes erinnern wir an das Kartenbeispiel vom Beginn des vorletzten Abschnitts. Die Mengen $E_1 = \{kreuz, pik, herz, karo\}$ und $E_2 = \{2, 3, \ldots, könig, as\}$ bilden zwei Partitionen in dem zugehörigen zweistelligen Wahrscheinlichkeitsraum $\Omega = \{Kxy \mid x \in E_1, y \in E_2\}$, in dem zB. jede Karte gleiche Wahrscheinlichkeit, also 1/52, hat. Bei diesem Beispiel spielen jedoch keine kausalen Abhängigkeiten eine Rolle, um die es uns nun im folgenden gehen wird.

Das Sherlock Holmes Szenario hat veranschaulicht, daß sich alle bedingten Wahrscheinlichkeiten berechnen lassen, wenn die gemeinsame Wahrscheinlichkeitsverteilung vollständig bekannt ist. Allerdings taucht dabei das folgende Komplexitätsproblem auf. In einem Szenario mit m binären Paritionen, benötigen wir $2^m - 1$ Wahrscheinlichkeitswerte. Hinter den in der Folge eingeführten kausalen Netzen steht die Idee, diese Zahl zu verringern, indem man die konditionalen Abhängigkeiten bzw. Unabhängigkeiten der einzelnen Ereignisse so weit wie möglich ausnutzt. Mit diesen Vorbemerkungen kommen wir nun zur entscheidenden Definition dieses Unterabschnitts.

Definition 4.4.5 *Sei $(\Omega, \mathcal{F}, w)$ ein m-stelliger Wahrscheinlichkeitsraum mit der zugehörigen Menge $\mathcal{E}$ von m Partitionen, und sei $(\mathcal{E}, \mathcal{K})$ ein gerichteter azyklischer Graph (gaG) mit der Kantenmenge $\mathcal{K}$. Zu $E \in \mathcal{E}$ bezeichne $e(E) \subset \mathcal{E}$ die Menge der Eltern (dh. der unmittelbaren Vorgänger, hier auch Ursachen genannt) von E und $n(E) \subset \mathcal{E}$ die Menge der Nachfahren (dh. der Kinder und Kindeskinder) von E; weiter sei $r(E) = \mathcal{E} - (\{E\} \cup n(E)) \subset \mathcal{E}$, also die Partitionen in $\mathcal{E}$ mit Ausnahme von E und seinen Nachfolgern. Sind, für jede Teilmenge $\mathcal{R} \subseteq r(E)$, $\mathcal{R}$ und E konditional unter $e(E)$ unabhängig voneinander, dh. gilt $w(E \mid \mathcal{R} \cup e(E)) = w(E \mid e(E))$, dann heißt $(\mathcal{E}, \mathcal{K}, w)$ ein* kausales Netzwerk *oder* Netz.

Kurz, ein solches Netz besteht aus Partitionen als Knoten und aus Kanten, so daß höchstens die Eltern eines Knotens auf dessen Wahrscheinlichkeit konditional einen Einfluß haben. Wir wollen diese Definition an Hand sowohl des Mörder als auch des Sherlock Holmes Szenarios verdeutlichen. Im Mörder Szenario bildet der in Abbildung 4.7 dargestellte gaG zusammen mit der oben gegebenen Wahrscheinlichkeitsverteilung ein kausales Netzwerk, was sich durch Nachrechnen der hierzu geforderten konditionalen Unabhängigkeit wie folgt ergibt. Da offensichtlich $r(E_1) = e(E_1) = \emptyset$ gilt, folgt für $\mathcal{R} \subseteq r(E_1)$, also $\mathcal{R} = \emptyset$,

$$w(E_1 \mid \mathcal{R} \cup e(E_1)) = w(E_1 \mid e(E_1)).$$

Weiter ist offensichtlich $r(E_2) = e(E_2) = \{E_1\}$; daher gilt für $\mathcal{R} \subseteq r(E_2)$ wiederum

$$w(E_2 \mid \mathcal{R} \cup e(E_2)) = w(E_2 \mid e(E_2)).$$

Das in Abbildung 4.7 dargestellte Netz bringt offensichtlich den kausalen Zusammenhang zum Ausdruck, daß, wer die Mordwaffe zuletzt in Händen hielt, auch der Mörder ist.

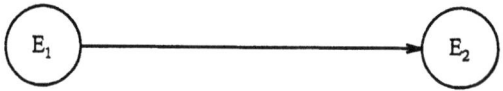

Abbildung 4.7 Das kausale Mordnetzwerk

4.4 Probabilistisches Schließen

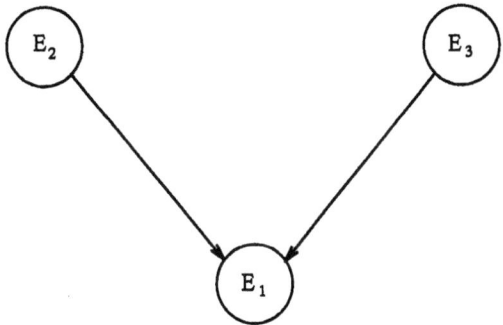

Abbildung 4.8 Das kausale Holmes-Netzwerk

Im Sherlock Holmes Szenario bildet der in Abbildung 4.8 dargestellte gaG zusammen mit der oben gegebenen gemeinsamen Wahrscheinlichkeitsverteilung ein kausales Netzwerk, was sich durch Nachrechnen der hierzu geforderten konditionalen Unabhängigkeit wie folgt ergibt. In diesem gaG finden wir $e(E_2) = \emptyset$ und $r(E_2) = \{E_3\}$. Für $\mathcal{R} \subseteq \{E_3\}$ ist $w(E_2 \mid \mathcal{R} \cup e(E_2)) = w(E_2 \mid e(E_2))$ zu zeigen, was sich wegen $w(E_2 \mid \emptyset) = w(E_2)$ hier also auf den Nachweis von $w(E_2 \mid E_3) = w(E_2)$ reduziert. Diese Gleichung repräsentiert vier verschiedene Gleichungen je nach Instantiierung der beiden darin auftretenden Variablen. Betrachten wir zunächst für E_2 den Fall B, dh. ein Einbruch hat stattgefunden, und für E_3 den Fall C, dh. ein Erdbeben hat stattgefunden. Dann ergibt sich durch Ausrechnen

$$w(B) = \sum_{x_1, x_3} w(P(x_1, B, x_3)) = 0{,}0000099 + 0{,}008991 + 0{,}0000001 + 0{,}000999 = 0{,}01$$

einerseits und

$$w(B \mid C) = \frac{w(B \wedge C)}{w(C)} = \frac{\sum_{x_1} w(P(x_1, B, C))}{\sum_{x_1, x_2} w(P(x_1, x_2, C))}$$
$$= \frac{0{,}0000099 + 0{,}0000001}{0{,}0000099 + 0{,}000495 + 0{,}0000001 + 0{,}000495} = 0{,}01$$

andererseits, so daß die Bedingung in diesem ersten Fall offensichtlich erfüllt ist. In gleicher Weise errechnen sich die anderen drei möglichen Fälle, von denen wir noch den mit $\neg B$ und C angeben und das Nachrechnen der restlichen dem interessierten Leser überlassen.

$$w(\neg B) = \sum_{x_1, x_3} w(P(x_1, \neg B, x_3))$$
$$= 0{,}000495 + 0{,}000495 + 0{,}0098901 + 0{,}9791199 = 0{,}99$$
$$w(\neg B \mid C) = \frac{w(\neg B \wedge C)}{w(C)} = \frac{0{,}00099}{0{,}001} = 0{,}99$$

Ähnliche Berechnungen für E_1 und E_3 zeigen, daß es sich in dem vorliegenden Fall erneut um ein kausales Netzwerk handelt. Man beachte, daß auch hier das Netz einen kausalen Zusammenhang zum Ausdruck bringt, nämlich daß der Alarm entweder von einem Einbruch oder einem Erbeben verursacht werden konnte.

Worin besteht der Vorteil kausaler Netzwerke? Zum einen müssen wir nicht mehr alle Werte einer gemeinsamen Wahrscheinlichkeitsverteilung kennen. Es reicht vielmehr, die (a priori) Wahrscheinlichkeiten für die Ausgangsknoten eines kausalen Netzes sowie die bedingten Wahrscheinlichkeiten aller übrigen Knoten unter allen möglichen Kombinationen ihrer unmittelbaren Vorgängern anzugeben. In unserem Mordfall würde dies die Angabe der Wahrscheinlichkeiten $w(p_1) = 0{,}8$, $w(p_2) = 0{,}1$, $w(p_3) = 0{,}1$ für die drei Fälle der Ausgangspartition E_1 sowie für den kausalen Zusammenhang

$$w(s_j \mid p_i) = \begin{cases} 0{,}8 & \text{wenn } i = j \\ 0{,}1 & \text{wenn } i \neq j \end{cases}$$

bedeuten. Nicht nur sind diese Werte leichter zu ermitteln, sondern im Vergleich mit der Anzahl aller Werte der gemeinsamen Wahrscheinlichkeitsverteilung sind im allgemeinen Fall auch weit weniger Werte zu berücksichtigen.

Wie aber kommen wir von den a priori Wahrscheinlichkeitswerten der Ausgangsknoten und den (lokalen) bedingten Wahrscheinlichkeiten der übrigen Knoten in einem kausalen Netz zu der gemeinsamen Wahrscheinlichkeitsverteilung? Das sagt uns das nachfolgende Theorem.

Theorem 4.4.2 *Sei $(\Omega, \mathcal{F}, w)$ ein m-stelliger Wahrscheinlichkeitsraum mit der zugehörigen Menge $\mathcal{E}$ von m Partitionen und $(\mathcal{E}, \mathcal{K}, \sqsupseteq)$ ein kausales Netzwerk, dann gilt*

$$w(P(x_1, \ldots, x_m)) = \prod_{i=1}^{m} w(x_i \mid e(x_i)).$$

Dieses Theorem besagt etwa in dem Mörder Szenario, daß

$$w(M(p_1, s_1)) = w(p_1) \cdot w(s_1 \mid p_1) = 0{,}8 \cdot 0{,}8 = 0{,}64$$

oder daß

$$w(M(p_2, s_3)) = w(p_2) \cdot w(s_3 \mid p_2) = 0{,}1 \cdot 0.1 = 0{,}01.$$

Dies entspricht genau den Werten, die wir oben hierfür beim entsprechenden zweistelligen Wahrscheinlichkeitsraum angegeben haben. Wie wir jetzt sehen, erübrigt sich in der Praxis die explizite Angabe der gemeinsamen Wahrscheinlichkeitsverteilung, da sich seine Werte in der angegebenen Weise berechnen lassen.

4.4 Probabilistisches Schließen

Weitere Vorteile kausaler Netzwerke zeigen sich erst voll in einer Reihe von Theoremen, die die inneren Beziehungen dieser Netze zum Ausdruck bringen, bezüglich derer wir aber auf die Literatur verweisen [Nea90, Pea88]. Insbesondere etwa gibt es für jede gemeinsame Wahrscheinlichkeitsverteilung auch mindestens ein kausales Netz. Es bleibt jedoch auch festzustellen, daß die grundlegende Berechnung in einem kausalen Netz, nämlich die Berechnung der Wahrscheinlichkeitsmaße für jeden Knoten bei gegebenen (beobachteten) Werten für manche Knoten NP–schwierig ist [Coo90]. Aus diesem Grund wird in vielen Fällen auf eine exakte Berechnung verzichtet, sondern die Lösungen werden approximiert. Auch hier sei auf die Literatur verwiesen [Hen88, HSC89].

In [Poo93] wird das abduktive Schließen in kausalen Netzwerken im Rahmen einer Hornlogik realisiert, womit eine weitere Brücke zwischen logischem und probabilistischem Schließen geschlagen wird; zu diesem Thema wird der nachfolgende Unterabschnitt noch einen wichtigen Beitrag allgemeiner Art bringen. Die bei Poole verwendete Hornlogik ist nicht auf die Aussagenlogik beschränkt, was eine echte Verallgemeinerung gegenüber dem in diesem Abschnitt präsentierten Formalismus darstellt. Während Poole den Einbau von probabilistischer Information in die Logik über eine Art von Metaprädikaten realisiert, wird in [NS92] eine logische Programmiersprache definiert, bei der Wahrscheinlichkeiten durch Annotation an Atome integriert werden; dh. die Wahrscheinlichkeitsberechnungen werden in den Inferenzprozeß mit eingebaut. Das mag praktische Vorteile bringen; vom Ansatz her erscheint der erstgenannte (von Poole) formal überzeugender, und er sollte sich auch in Hinsicht auf Effizienz bei geeigneter Realisierung als wettbewerbsfähig erweisen.

Die Erfahrung der letzten Jahre hat gezeigt, daß die kausalen Netzwerke die geeigneten Werkzeuge darstellen, um Wahrscheinlichkeiten im Sinne von MYCIN über Regeln adäquat zu propagieren, ohne dabei auf die bei MYCIN aufgetretenen Schwierigkeiten zu stoßen. Insbesondere wurden kausale Netzwerke erfolgreich mit der Entscheidungstheorie verknüpft, wie beispielsweise im System PATHFINDER [Hec90]. Zum Abschluß dieses Abschnittes sei noch auf eine gute Einführung in kausale Netzwerke, nämlich auf [Cha91] hingewiesen.

4.4.5 Eine Logik der Wahrscheinlichkeit

Mögen die kausalen Netze, die auf den Begriffen der Wahrscheinlichkeitstheorie fußen, auch einen adäquaten Formalismus zur Modellierung von probabilistischen Aussagen offerieren, so zeigt der letzte Unterabschnitt zugleich, daß dies nur für den Preis eines gewissen formalistischen Aufwandes erkauft werden kann. Übersteigt jedoch das Maß an Formalismus eine gewisse Schwelle, so wird er für die praktische Anwendung durch den Menschen untauglich, es sei denn, es gelingt, die technischen Details auf Maschinen zu übertragen. Letzteres ist nur möglich, wenn der Formalismus in eine Logik eingebettet wird, auf der dann deduktive Mechanismen realisiert werden können. Diese Aufgabe stellt sich daher für die Wahrscheinlichkeitstheorie in vordringlicher Weise.

Bemühungen einer logischen Begründung von Wahrscheinlichkeit reichen zurück bis auf Carnap [Car50]. Die nach unserer Auffassung bislang überzeugendste Lösung ist aber erst jüngst in [Hal90], aufbauend auf [Bac88], vorgelegt worden. Genau gesagt, handelt es sich um drei verschiedene Lösungen (zwei Alternativen und deren Synthese), die wir im folgenden kurz skizzieren wollen.

Wir haben ein Wahrscheinlichkeitsmaß als eine Funktion kennengelernt, die Aussagen je eine reelle Zahl aus dem Intervall [0,1] zuweist, zB. $w(D) = 0,8$. Eine solche Zuweisung ist selbst eine Aussage. Im Beispiel ist sie mit dem zweistelligen Prädikatszeichen = gebildet. Dessen erstes Argument $w(D)$ besteht aus einem einstelligen Funktionszeichen mit einer Formel als Argument. Nach landläufiger Vorstellung ist eine solche Konstruktion nur in einer Logik höherer Stufe möglich. Wegen der berechnungsmäßigen Komplexität einer solchen Logik haben derlei Konstruktionen bislang wenig Anklang gefunden und damit leider naheliegende Formalisierungen beiseitegeschoben. Die in diesem Abschnitt behandelten Formalismen demonstrieren ein weiteres Mal, daß diese skeptische Einstellung aufgegeben werden sollte. Formal ist es zwar richtig, daß wir hier eine Konstruktion höherer Stufe bilden, dies jedoch in einem so eingeschränkten Rahmen tun, daß die resultierende Logik dennoch von erster Stufe bleibt.

Eine zweite Schwierigkeit gibt es zu beachten. Erinnern wir uns an die Regel aus dem letzten Kapitel, die besagt, daß Kinder Eiscreme lieben. Geht man die damit verbundene Problematik mit wahrscheinlichkeitstheoretischen Mechanismen an, so kommt man zB. zu einer Aussage der Art "die Wahrscheinlichkeit, daß ein zufällig ausgewähltes Kind Eiscreme liebt, ist 90%". Zur Begründung einer solchen Aussage müßten wir eine Statistik über alle Kinder und deren Vorliebe für Eiscreme aufstellen. Zur Formalisierung müssen wir in dem Wahrscheinlichkeitsterm (zB. mittels eines Index oder eines weiteren Arguments) mit zum Ausdruck bringen, über welche Variable die Statistik angenommen wird. Im gegebenen Beispiel ergäbe sich etwa $w_x(Kx \to Lx) = 0,9$ oder, unter Verwendung der Bayesschen Beziehungen zur konditionalen Wahrscheinlichkeit, $w_x(Lx \mid Kx) = 0,9$. Da es hier nur eine einzige Variable gibt, erscheint die Spezifizierung redundant. Daß dies nur an der Einfachheit des Beispiels liegt, demonstrieren die Terme $w_x(Sxy)$, $w_y(Sxy)$, $w_{\langle x,y\rangle}(Sxy)$, die der Reihe nach besagen sollen, "die Wahrscheinlichkeit, daß ein zufällig ausgewähltes x Sohn von y ist", "die Wahrscheinlichkeit, daß x Sohn eines zufällig ausgewählten y ist" und "die Wahrscheinlichkeit, daß ein zufällig ausgewähltes Paar $\langle x,y\rangle$ die Eigenschaft hat, daß x Sohn von y ist". Daraus ersehen wir auch, daß es erforderlich ist, auch Tupel von Variablen als Index zu betrachten.

Allgemein wird die so illustrierte Sprache aus den folgenden Teilen in der üblichen Weise induktiv definiert. Zunächst betrachten wir (Objekt-) Terme und Atomformeln der Logik erster Stufe in der üblichen Weise über einem Alphabet von Prädikats-, Funktionszeichen und (Objekt-) Variablen. Unabhängig davon bilden wir eine zweite Sorte von (Körper-) Termen, die Elemente aus dem Körper der reellen Zahlen repräsentieren. Sie werden gebildet unter Hinzunahme eines weiteren Alphabets, das die Zeichen **0**, **1**, w, $+$ und $\times$ sowie abzählbar viele (Körper-) Variable $x, y, \ldots$ enthält. Zunächst bilden wir hierzu (Wahrscheinlichkeits-) Terme der Gestalt $w_{\vec{x}}(F)$, wobei $\vec{x}$ ein Tupel von (Körper-) Variablen und F eine beliebige Formel ist. (Körper-)

4.4 Probabilistisches Schließen

Terme sind dann **0, 1**, jeder (Wahrscheinlichkeits-) Term und alle Terme, die sich aus diesen mittels den Funktionszeichen + und × induktiv bilden lassen. Für zwei Körperterme t_1 und t_2 sind dann auch $t_1 = t_2$ und $t_1 > t_2$ Atomformeln. Aus den Atomformeln werden die allgemeinen Formeln in der üblichen Weise gebildet, wobei über alle Variablen quantifiziert werden kann, also sowohl über Objektvariablen als auch Körpervariablen. Schließlich lassen wir alle gebräuchlichen Abkürzungen zu. So schreiben wir zB. $\frac{1}{2} \leq t$ anstelle von $(1+1) \times t > 1 \vee (1+1) \times t = 1$.

Die Semantik dieser Sprache ist zunächst die der Prädikatenlogik erster Stufe (siehe zB. Abschnitt III.2 in [Bib87a]). Das heißt, gegeben ist eine *Struktur* $(\mathbf{A}, \iota)$, bestehend aus einem Universum $\mathbf{A}$ und einer Interpretation ι aller Funktions- und Prädikatszeichen über diesem Universum. Diese Interpretation läßt sich in der üblichen Weise auf alle Formeln erweitern. Darüber hinaus benötigen wir die folgenden Festlegungen, die die eingangs illustrierten Intentionen dieser Sprache realisieren.

ι wird auf die den Körpertermen zugrundeliegende Sprache erweitert, so daß diese Terme den intendierten reellen Zahlen entsprechen. Schließlich wird der so definierten Struktur noch ein diskretes Wahrscheinlichkeitsmaß μ auf $\mathbf{A}$ zur Seite gestellt, dh. einer Funktion von $\mathbf{A}$ auf das reelle Intervall $[0;1]$ mit $\sum_{a \in \mathbf{A}} \mu(a) = 1$. Ist μ gegeben, so läßt es sich zu einem Maß μ^n auf dem Produktraum $\mathbf{A}^n$ aller n-Tupel von Elementen von $\mathbf{A}$ mittels $\mu^n(a_1, \ldots, a_n) = \mu(a_1) \times \cdots \times \mu(a_n)$ erweitern. Wir sprechen daher insgesamt von einer *Wahrscheinlichkeitsstruktur* als einem Tripel $(\mathbf{A}, \iota, \mu)$. Wie üblich schreiben wir $(\mathbf{A}, \iota, \mu) \models F$, wenn die Interpretation einer Formel F unter einer solchen Struktur den Wert $\top$ (wahr) ergibt. Mit all diesen Vereinbarungen ergibt sich im Rahmen einer vollständigen induktiven Definition der Interpretation einer Formel in der standardmäßigen Weise (die wir hier nicht ausführen wollen), diejenige eines Wahrscheinlichkeitstermes, also des einzigen ungewöhnlichen Teiles dieser Definition, in der folgenden Weise.

$$\iota[w_{\langle x_1, \ldots, x_n \rangle}(F)] = \mu^n(\{(a_1, \ldots, a_n) \mid (\mathbf{A}, \iota, \mu) \models F\{x_1 \backslash a_1, \ldots, x_n \backslash a_n\}\})$$

Sie besagt nichts anderes, als was wir oben an den drei Beispielen mit dem Söhne-Prädikat illustriert haben, die wir noch einmal detaillierter betrachten. Dazu nehmen wir das Universum als $\{a, b, c\}$, $\iota(S) = \{(a, b)\}$ und $\mu(a) = \frac{1}{3}, \mu(b) = \frac{1}{2}, \mu(c) = \frac{1}{6}$ an. Wir können dies als ein Zufallsexperiment interpretieren, bei dem die Chance, zB. b auszuwählen, 50% ist. Man beachte, daß wir hier also nicht notwendigerweise eine gleichförmige Chancenverteilung angenommen haben. Dann ergeben sich nach unserer Definition für die Interpretation der folgenden Wahrscheinlichkeitsterme die dazu angegebenen Werte.

$$\iota[w_x(S(x,c))] = 0,$$
$$\iota[w_y(S(a,y))] = \frac{1}{2},$$
$$\iota[w_{\langle x,y \rangle}(S(x,y))] = \frac{1}{6}.$$

Damit wollen wir die Beschreibung der ersten Alternative einer Formalisierung von Wahrscheinlichkeit (vom Typ 1) innerhalb eines logischen Kontextes beenden und uns nun der zweiten Alternative (vom Typ 2) zuwenden.

Erinnern wir uns noch einmal an das eingangs erwähnte Beispiel "die Wahrscheinlichkeit, daß ein zufällig ausgewähltes Kind Eiscreme liebt, ist 90%" und vergleichen dies mit der Aussage "die Wahrscheinlichkeit, daß das Kind Larissa Eiscreme liebt, ist 90%". In dem soeben besprochenen Formalismus erhält, wie man leicht sieht, jede geschlossene Formel den Wahrscheinlichkeitswert 0 oder 1. Eine Aussage wie die letztgenannte läßt sich darin also nicht formalisieren; entweder liebt Larissa Eiscreme oder nicht. Dennoch macht eine solche Aussage Sinn, allerdings einen anderen als den bislang besprochenen. Hier müssen wir uns vielmehr wie in der Modallogik eine Reihe verschiedener Welten vorstellen. In manchen dieser Welten liebt Larissa Eiscreme, in anderen nicht. Diese Aussage drückt dann eine Chancenverteilung über alle möglichen Welten (anstatt, wie bisher, über das ins Auge gefaßte Universum) aus.

Der einzige Unterschied, der sich aus dieser Vorstellung für die Syntax der Sprache im Vergleich mit der oben eingeführten Sprache ergibt, besteht darin, daß in Wahrscheinlichkeitstermen μ verständlicherweise keinen Index in Form von Variablentupeln erhalten kann. Zur Angabe einer Interpretation ist hier zusätzlich eine Menge S von Zuständen oder *möglichen Welten* erforderlich, so daß eine Wahrscheinlichkeitsstruktur (vom Typ 2) aus einem 4–Tupel $(\mathbf{A}, S, \iota, \mu)$ besteht. Alles läuft dann in der induktiven Definition einer Interpretation im wesentlichen wie vorher, bis auf die folgende Interpretation einer Wahrscheinlichkeitsformel, die die eben genannte Chancenverteilung realisiert.

$$\iota[w(F)] = \mu(\{s \in S \mid (\mathbf{A}, S, \iota, \mu) \models_s F\})$$

In dieser Weise ist es dann auch möglich, daß geschlossene Formeln, wie unsere Aussage über Larissa, ein Maß zwischen 0 und 1 erhält.

Angesichts der geringfügigen Unterschiede der beiden so vorgestellten Formalismen, sollte es sofort einleuchten, daß beide auch in einen einzigen Formalismus verschmolzen werden können, der beide möglichen Interpretationen von Wahrscheinlichkeitsformeln zuläßt. Dies erfordert lediglich eine Unterscheidung der beiden jeweiligen Maßfunktionen, so daß die Wahrscheinlichkeitsstruktur insgesamt zu einem 5–Tupel $(\mathbf{A}, S, \iota, \mu_A, \mu_S)$ wird. Auf die Details wollen wir nicht mehr weiter eingehen, sondern verweisen den Leser auf [Hal90]. Dort finden sich auch erste Aussagen darüber, inwieweit diese Logik deduktiven Mechanismen zugänglich ist. Auch hinsichtlich anderer Verschmelzungen von Logik und Wahrscheinlichkeit erwähnen wir nur noch die entsprechenden Literaturstellen [Bun85, Nil86].

4.5 Vage Prädikate

Eine logische Sprache beschreibt Beziehungen unter den Objekten eines Universums, wie wir in Abschnitt 2.3 genauer ausgeführt haben. Die Grundbausteine solcher Beschreibungen sind atomare Aussagen der Form $Pt_1 \ldots t_n$. So läßt sich etwa die natürliche Aussage "in diesem Raum ist es warm" in der Form *Warm(raum)* repräsentieren. Genauer gesagt, läßt sich für das syntaktische Gebilde *Warm(raum)* eine Interpretation angeben, so daß es den Sinn der natürlichen Aussage repräsentiert. Schließlich

4.5 Vage Prädikate

erinnern wir noch daran, daß wir in der Logik am Wahrheitsgehalt eines solchen Satzes interessiert sind.

Gehen wir also von dieser Interpretation aus und fragen wir uns nach dem resultierenden Wahrheitsgehalt der Aussage, dh. ist es in diesem Raum warm oder nicht. Eine natürliche Antwort könnte zB. sein "es ist warm, aber nicht sehr warm". Um sie zu geben, mag man kurz erwogen haben, daß man sich zwar nicht unangenehm fühlt, daß sich jedoch bei einer etwas höheren Temperatur ein wohligeres Wärmegefühl einstellen würde. Also hat man sich dazu entschlossen, die Frage zu bejahen, die Aussage somit als wahr einzustufen, sie aber mit einer zusätzlichen Aussage zu qualifizieren.

Stellen wir uns vor, nun beträte eine weitere Person den Raum und bemerkte "huuh, ist es kalt bei Euch hier". Diese Person hält die besagte Aussage demnach für eindeutig falsch und widerspricht damit der Wahrheitsbewertung der ersteren Person.

Wie wir alle aus täglicher Erfahrung wissen, handelt es sich bei dieser Art von Bewertungsdiskrepanz keineswegs um ein seltenes Phänomen. Vielmehr gibt es viele Eigenschaften und Objektrelationen, bei denen solche Diskrepanzen eher die Regel als die Ausnahme sind. Man denke etwa an Eigenschaften wie jung, brüchig, steif, dick, müde und an Beziehungen wie beliebt, angesehen, verliebt. Ja, dieses Phänomen ist so weit verbreitet, daß der Logiker und Philosoph Betrand Russel sogar schrieb [Rus23]:

All traditional logic habitually assumes that precise symbols are being employed. It is therefore not applicable to this terrestrial life but only to an imagined celestial existence.

Es handelt sich bei diesem Phänomen nicht um eines der in diesem Buch bisher beschriebenen Probleme. So fehlt es den beiden oben genannten Personen zB. nicht an Informationen, sondern sie können sich einfach nicht darüber verständigen, was als warm zu bezeichnen sei und was nicht. Mit anderen Worten, die Extension der Eigenschaft "warm" variiert von Person zu Person. Selbst die gleiche Person kann sich über Nacht erkälten und würde dann vielleicht am nächsten Tag den Raum mit exakt der gleichen Temperatur nicht mehr als warm empfinden. Schließlich gibt es selbst für eine einzige Person zu einem festen Zeitpunkt einen Temperaturbereich, in dem diese Person unschlüssig bzgl. "warm" oder "nicht-warm" ist. Wie ist dieses Phänomen bei der Repräsentation von Wissen zu berücksichtigen?

Genau gesagt, handelt es sich um *zwei* klar voneinander zu unterscheidende Phänomene. Das eine Phänomen, bei dem wir von der *Extensionsdiskrepanz* sprechen wollen, besteht in der Verschiedenheit der Extension von interpretierten Prädikaten bei verschiedenen Personen, wobei wir der Einfachheit halber die gleiche Person zu verschiedenen Zeiten auch unter den Begriff der "verschiedenen Person" subsumieren. Das andere Phänomen besteht in einer gewissen "Weichheit" oder *Vagheit* (der Extension) eines Prädikats selbst bei ein und derselben Person; so ist zB. die Grenze zwischen "warm" und "nicht-warm" nicht so scharf, daß sich der Wahrheitswert bei einer Temperaturänderung von einem Grad exakt umkehren würde. Dieses zweite Phänomen wollen wir mit dem Begriff der *Extensionsunschärfe* bezeichnen. Beschränken wir die Diskussion zunächst einmal auf das Problem der Extensionsdiskrepanz, und ignorieren wir in erster Näherung die Extensionsunschärfe für die nachstehende Diskussion.

Aus der Sicht einer einzelnen Person (oder eines Roboters) liegt dann kein wirkliches Problem vor. Zu einem gegebenen Zeitpunkt und in gegebener Verfassung wird die Person die obige Aussage eindeutig als wahr oder falsch einschätzen können (wenn man, wie wir es ja im Moment machen wollen, von der Vagheit absieht). Logik ist daher in dieser Näherung durchaus zur Beschreibung von Sachverhalten brauchbar, die unser Erdenleben betreffen, und Russel wußte dies sehr wohl. Wir müssen vielmehr Russel unter dem Gesichtspunkt der Extensionsdiskrepanz so verstehen, daß die Wahrheit von Aussagen nicht absolut sein muß, sondern personenbezogen sein kann, wie unser obiges Beispiel gut illustrierte. Logisch gesehen gibt es nicht nur ein Prädikat *Warm*, sondern ebensoviele Prädikate *Warm*$_{Person}$ wie es Personen gibt, was hier mit dem angefügten Index *Person* gekennzeichnet ist.

Das Problem entsteht nunmehr dadurch, daß wir in der täglichen Kommunikation quasi durch Mittelung über alle Prädikate *Warm*$_{Person}$ ein abstraktes Prädikat *Warm* zu extrahieren versuchen, was aber zu Diskrepanzen der beschriebenen Art führt, die auch ohne die Formalisierung in Logik entstehen. Das Problem ist also nicht eines der Logik, sondern liegt in der menschlichen Natur begründet. Ungeachtet dessen mag man sich die Frage stellen, ob mittels einer anderen Logik dieses Phänomen, gegebenenfalls gleich zusammen mit dem der Vagheit, geeigneter formalisierbar wäre. Diese Frage hat zur Entstehung der *unscharfen Logik* (engl. fuzzy logic) geführt, die wir nun kurz umreißen werden.

In dieser Logik wird *Warm* als ein *unscharfes* Prädikat aufgefaßt. Die Interpretation einer mit einem solchen unscharfen Prädikat gebildeten Aussage wie *Warm*(*raum*) wird dann nicht als wahr oder falsch, sondern als mehr oder weniger wahr aufgefaßt. In diesem "mehr oder weniger" überlagern sich unsere beiden genannten Phänomene. Erstens werden die Grenzen der Extension eines Prädikats abgerundet, wie es die zweite Kurve in der Abbildung 4.9 illustriert. Zusätzlich wird berücksichtigt, daß die Aussage umso wahrer ist, je mehr Personen den gegebenen Raum als tatsächlich warm einstufen würden, wodurch sich die dritte Kurve in der Abbildung 4.9 ergibt. Insbesondere haben wir also nicht nur zwei Wahrheitswerte *wahr* (bzw. 1) und *falsch* (bzw. 0), sondern ein Spektrum von Wahrheitswerten, zB. das gesamte Intervall [0;1]. Die unscharfe Logik läßt sich daher auch als eine mehrwertige Logik auffassen.

Zur Formalisierung dieser zugrundeliegenden Vorstellung wird der Begriff der linguistischen Variablen [Zad75] eingeführt. Die Bezeichnung verweist auf den Umstand, daß als Werte üblicherweise linguistische Ausdrücke und nicht etwa numerische Werte verwendet werden. Diese Unterscheidung ist vom formalen Standpunkt her allerdings von völlig untergeordneter Bedeutung. Nach [Zad75] ist nun eine linguistische Variable ein Tupel $(x, T(x), U, G, \tilde{M})$ mit folgenden Eigenschaften.

x ist der Name der Variablen. In unserem Beispiel hätten wir etwa den Namen *Temperatur*. $T(x)$ bezeichnet die Termmenge zur Variablen x. Im Beispiel könnte sie etwa aus den (linguistischen) Termen *eiskalt, kalt, warm, heiß* bestehen. Diese Termmenge wird mit einem Referenzuniversum U (von Werten einer *Basisvariablen* u) in Bezug gesetzt. Im Beispiel wäre dies etwa der Temperaturbereich [-10;+40] (in $°C$). $\tilde{M}$ definiert die Bedeutung der Terme in Bezug auf die Werte des Universums und damit die Wahrheitswerte von Grundaussagen. Im Beispiel ergäbe sich etwa

4.5 Vage Prädikate

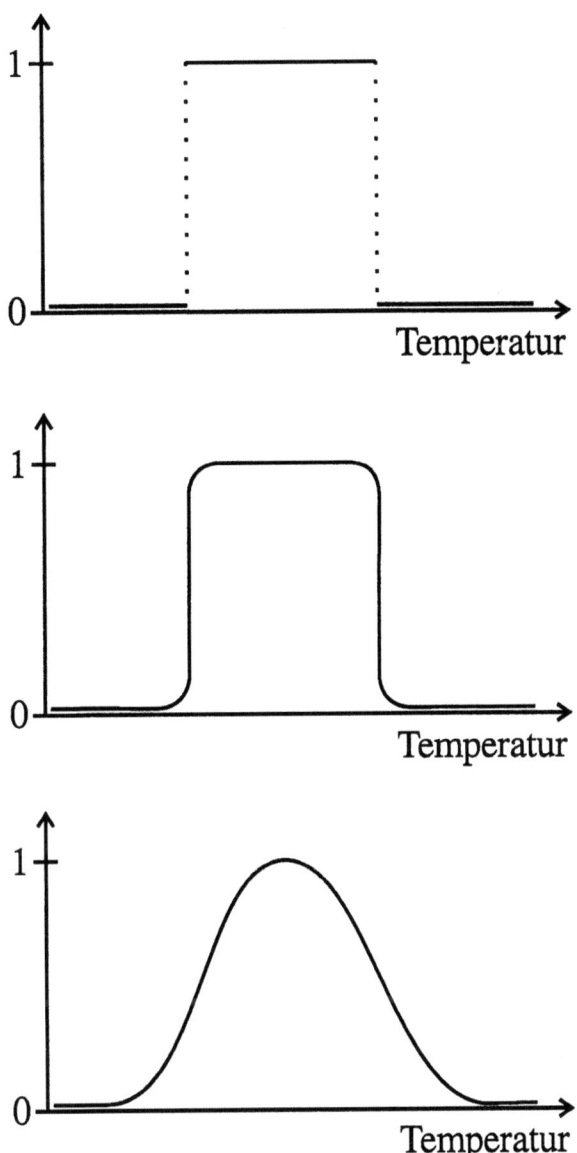

Abbildung 4.9 Die Vagheit des Prädikates "Warm"

$$\tilde{M}(warm) = \{(u, \mu_{warm}(u)) \mid u \in [-10; +40]\}$$

Dabei ist μ_{warm} eine Funktion, die sogenannte *Zugehörigkeitsfunktion*, mit Werten in [0,1], die den Wahrheitswert bestimmt. Sie könnte in etwa die in Abbildung 4.10 gezeigte Gestalt haben. Danach wäre die Aussage *Warm(raum)* für einen Raum *raum* mit einer Temperatur von $20\,°C$ wahr vom Grade 1 und bei einer Temperatur von $15\,°C$ wahr vom Grade 0,5. Schließlich ist G eine Bildungsvorschrift zur Beschreibung der Terme, etwa eine Grammatik. Im Beispiel würde sie lediglich aus den vier angegebenen Werten als Terminale der Grammatik bestehen. Für den logischen Kontext kommt G keinerlei weitere Bedeutung zu.

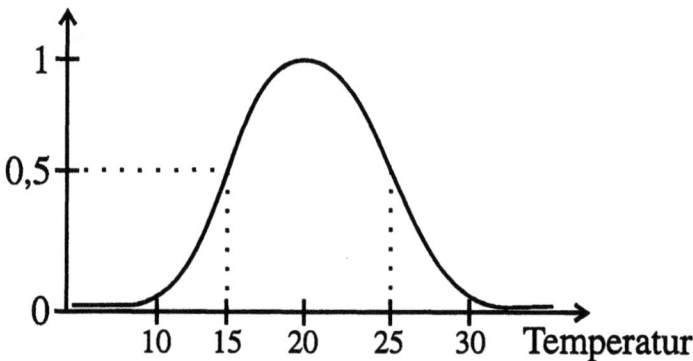

Abbildung 4.10   Die Zugehörigkeitsfunktion zu "warm"

Der entscheidende Unterschied dieses Ansatzes der unscharfen Logik zu dem der klassischen Logik läßt sich auch wie folgt formulieren. In der klassischen Logik besteht die Interpretation eines Prädikats aus einer Menge. Im Falle eines einstelligen Prädikates ist ein Objekt des Universums, über dem die Interpretation vorgenommen wird, entweder Element dieser Menge oder nicht. In der unscharfen Logik tritt an die Stelle dieser Menge eine sogenannte *unscharfe Menge* (engl. fuzzy set). Bildlich gesprochen handelt es sich hier um eine Menge mit unscharfen Rändern. Ein Objekt des Universums kann auch zu einem Grade in der Menge enthalten sein, der von 0 (nicht enthalten) und 1 (voll enthalten) verschieden ist, was durch die oben eingeführte Zugehörigkeitsfunktion μ dann als Zugehörigkeitswert (oder μ-Wert) zum Ausdruck kommt. Dementsprechend läßt sich die unscharfe Logik auch voll auf der Grundlage der mathematisch ausgefeilten Theorie der unscharfen Mengen entwickeln [Got92b, BG92].

Bislang haben wir lediglich atomare Grundaussagen in der unscharfen Logik diskutiert. Mittels der bekannten aussagenlogischen Operationen kommen wir von diesen zu komplexeren Aussagen. Deren Bedeutung läßt sich aufgrund des Zusammenhanges mit den unscharfen Mengen leicht verstehen. So entsprechen der Negation das Komplement, der Konjunktion der Durchschnitt und der Disjunktion die Vereinigung der

4.5 Vage Prädikate

zu den Teilaussagen gehörenden unscharfen Mengen. Diese Mengenoperationen sind in naheliegender Weise auch für unscharfe Mengen definiert, wobei im Falle des Durchschnitts das Minimum und im Falle der Vereinigung das Maximum der Zugehörigkeitswerte eines Elements bezüglich der unscharfen Mengen genommen werden, von denen man ausgeht.

Die soeben skizzierte Kombination von Zugehörigkeitsfunktionen ist weitgehend willkürlich, wie mit dem folgenden Beispiel illustriert werden soll. Nehmen wir an, die Temperatur unseres Raumes sei $18\,°C$, und es seien drei Personen, P_1, P_2 und P_3, im Spiel. Zur Debatte stehe der Wahrheitsgehalt der Aussage $Warm(raum) \wedge Hell(raum)$. Wie oben erläutert, ist eine solche Ausage als Abstraktion von drei verschiedenen Ausagen zu betrachten, nämlich von $Warm_{P_i}(raum) \wedge Hell_{P_i}(raum)$, $i = 1, 2, 3$. Nehmen wir nun weiter an, P_1 und P_2 hielten den Raum für warm, und P_2 und P_3 hielten ihn für hell, während P_3 ihn für kalt und P_1 für dunkel hält. Von den drei individuellen Aussagen ist also nur die für P_2 wahr. Als statistisches Mittel müßte daher der abstrahierte Satz $Warm(raum) \wedge Hell(raum)$ einen μ-Wert von 0,33 erhalten. Nach der vorher beschriebenen Konbination müßte sich dieser Wert als Minimun aus den μ-Werten der Literale ergeben. Aufgrund der gleichen Überlegungen erhalten sowohl $Warm(raum)$ und $Hell(raum)$ jeweils den μ-Wert von 0,66. Der Minimumwert von 0,66 liegt als völlig falsch zum tatsächlichen Wert von 0,33. Eine Diskussion dieser grundsätzlichen Problematik verschieben wir noch für einen Moment.

Die aussagenlogischen Operationen sind eine von vier Gruppen von Operationen zur Bildung komplexerer Aussagen, die in [Zad78] unterschieden werden:

1. Modifikatoren

2. Aussagenlogische Operationen

3. Quantoren

4. Qualifikatoren

Modifikatoren sind etwa

sehr, mehr-oder-weniger, annähernd, ...

Quantoren sind etwa

viele, die meisten, fast alle, nicht sehr viele, etwa 5, ...,

die unscharfe Anzahlaussagen ermöglichen. Qualifikatoren wie

wahr, absolut falsch, nicht sehr wahr, ziemlich falsch, ...

beschreiben die Wahrheit von Aussagen in unscharfer Weise.

All diesen Operatoren zur Bildung komplexerer Aussagen entsprechen für deren Interpretation Operatoren, die Zugehörigkeitsfunktionen verknüpfen. Die Bestimmung einer Zugehörigkeitsfunktion (wie etwa von μ_{warm}) läßt sich nach dem eingangs in diesem Abschnitt Gesagten eigentlich nur durch aufwendige statistische Erhebungen in befriedigender Weise erzielen. Das Gleiche gilt für derartige Operatoren auf Zugehörigkeitsfunktionen. Ersatzweise sind hierfür auch pauschale Vorschläge in der Literatur gemacht worden. So werden zB. für den Modifikator "sehr" in [Zad75] das Quadrat, also im Beispiel $\mu_{sehr\_warm}(u) =_{def} (\mu_{warm}(u))^2$, und für den Modifikator "mehr-oder-weniger" die Quadratwurzel vorgeschlagen. Wie unbefriedigend derartige pauschale Festlegungen der Operatoren sind, wird schon aus dem Beispiel $\mu_{warm}(21°C) = 1$ ersichtlich, denn dann ergäbe sich auch $\mu_{sehr\_warm}(21°C) = 1$, was dem geläufigen Sprachgebrauch wohl sicher nicht entspricht.

Wie zu jeder Logik gehört neben deren Sprache samt ihrer Interpretation auch zur unscharfen Logik eine Menge von logischen Schlußregeln, wie etwa dem modus ponens. Semantisch werden im Fall der unscharfen Logik mittels solcher Schlußregeln die Zugehörigkeitsfunktionen von Prämissen zu einer Zugehörigkeitsfunktion der Konklusion in geeigneter Weise kombiniert. Die schon bei den logischen Operationen illustrierte Problematik trifft hier in gleicher, wenn nicht sogar verstärkter Weise zu. Wir wollen daher auf diese Kombination hier nicht näher eingehen (siehe zB. Abschnitt 4.4 in [BG92]), sondern vielmehr die Natur dieser Problematik kurz erläutern und bewerten.

Der Kern der Problematik liegt darin, daß in dem Gebiet der unscharfen Logik die beiden eingangs beschriebenen Phänomene, nämlich das der Extensionsdiskrepanz und das der Extensionsunschärfe, nicht klar voneinander unterschieden werden. Sie erfordern nämlich eine völlig unterschiedliche Behandlung. Für die Unschärfe oder Vagheit ist der Zugang über unscharfe Mengen bestens geeignet und liefert auch im praktischen Einsatz hervorragende Ergebnisse. Hier werden an die Stelle von präzisen (zB. numerischen) Werten vage Intervalle solcher Werte gesetzt, die sich an den Rändern überlappen. Da jedes Intervall viele Werte umfaßt, vereinfacht sich die Beschreibung einer Problemstellung erheblich. Andererseits wird sie aber auch wesentlich ungenauer. Oft reicht aber der dabei immer noch erzielte Grad der Genauigkeit voll aus, um brauchbare Ergebnisse zu erzielen.

Eine der Anwendungen dieser Technik der unscharfen Beschreibung ist in der Regelungstechnik gegeben. Hier werden Steuerungen aufgrund von Daten vorgenommen, die von Sensoren ermittelt sind. Diese Daten sind oft selbst mit großen Ungenauigkeiten behaftet, weil die eingesetzten Sensoren nur einen beschränkten Genauigkeitsgrad erreichen können. Es macht daher gar keinen Sinn, die gemessenen Daten in absoluter Präzision in die Berechnung einzubringen, vielmehr ist ihre Codierung in Form eines unscharfen (linguistischen) Wertes die der Meßfehlergenauigkeit ideal angepaßte Technik. Hier liegt der hervorragende Beitrag, der durch die Arbeiten zur unscharfen Logik geleistet worden ist. Der interessierte Leser möge sich unter diesem Aspekt mit der einschlägigen Literatur vertraut machen [Got92b, BG92, Zim85, Som92, DP88]. Dort findet er auch umfangreiche Literaturhinweise und kurze Abrisse zur Geschichte der unscharfen Logik.

Die Extensionsdiskrepanz hat eine völlig andere Ursache, wie wir in diesem Abschnitt zu erklären versuchten. Ihr muß mit probabilistischen Mitteln zu Leibe gerückt werden. Insbesondere muß sie völlig unabhängig von der Extensionsunschärfe behandelt werden. Soweit aufgrund der (beschränkten) Kenntnis der Literatur auf diesem Gebiet der unscharfen Logik zu erkennen ist, hat dieses Gebiet diesen fundamentalen Unterschied offenbar bis heute nicht wirklich erkannt (wenn auch etwa in [DP88] auf die Notwendigkeit der Überlagerung von unscharfer Logik und Wahrscheinlichkeitstheorie hingewiesen wird). Hier gibt es also noch einen erheblichen Forschungsbedarf.

4.6 Diagnose

Der Einsatz technischer Systeme bei der Lösung von Problemen erfordert zwei unterschiedliche Fähigkeiten. Die eine ist synthetischer Natur; sie ist besonders bei der Entwicklung eines solchen Systems nach funktionellen Zielvorgaben erforderlich. Auf die damit zusammenhängenden Fragestellungen werden wir in Abschnitt 4.7 zu sprechen kommen.

Die andere Fähigkeit ist analytischer Natur; man benötigt sie zur Diagnose eines bereits funktionierenden, aber möglicherweise fehlerhaften (technischen oder natürlichen) Systems. Wenn etwa mein Auto nicht anspringt, so versuche ich auf derart diagnostische Weise die Ursache des Fehlverhaltens zu erschließen (Benzin, Batterie, Sicherung etc.). In derartigen Anwendungen werden besonders zur Diagnose Computersysteme mit eingesetzt. Bei der Entwicklung solcher Diagnosesysteme gibt es zwei grundsätzlich verschiedene Ansätze.

Beim ersten Ansatz wird diagnostisches Wissen meist in Form einer Wissensbasis im System gespeichert und bei der Diagnose zur Ermittlung der Fehlerursache mit Hilfe eines Inferenzmechanismus gezielt eingesetzt. Die Wissensbasis besteht dann oft aus Regeln von der Art

"Wenn das Auto nicht anspringt, dann prüfe die Batterie".

Regeln dieser Art lassen sich mit einer Reihe der im Kapitel 2 besprochenen Formalismen, etwa mit den im Abschnitt 2.9 besprochenen Produktionssystemen repräsentieren. Ein typischer Vertreter derartiger Diagnosesysteme ist das in Abschnitt 4.4.1 bereits besprochene System MYCIN [BS84], das bei der Diagnose bakteriologischer Entzündungskrankheiten Einsatz findet. Meist ist das in einem solchen System eingespeicherte Wissen heuristischer Natur. So können die Regeln der obigen Art mit einem Zuverlässigkeitsfaktor, wie in Abschnitt 4.4 besprochen, versehen sein.

Der zweite Ansatz zur Diagnose geht aus von einer Beschreibung des Systems ("Ein Auto enthält normalerweise eine Batterie, einen Benzintank, ... Beim Betätigen des Zündschlüssels startet der Motor. ...") sowie von einer Beobachtung über sein Verhalten ("Das Auto springt nicht an."). Steht dieses Verhalten im Widerspruch zum erwarteten Verhalten, so besteht die Diagnoseaufgabe darin, die Ursache, dh. die fehlerhafte Komponente, zu ermitteln. Man spricht bei diesem Ansatz von der *Diagnose aus Grundprinzipien*[11]. Heuristisches Wissen zum diagnostischen Vorgehen ist dabei nicht unbedingt notwendig. Im vorliegenden Abschnitt werden wir uns ausschließlich mit diesem Diagnoseansatz beschäftigen und uns dabei weitgehend an [Rei87b] anlehnen. Während die erste Generation von Diagnosesystemen ausschließlich nach dem ersten Ansatz entwickelt waren, besteht heute die Auffassung, daß nur die Hinzunahme von Grundlagenwissen über das zu analysierende System (sogenannter "deep knowledge") den Anforderungen[12] an Diagnosesysteme der zweiten Generation gerecht wird. Demzufolge ist die Diagnose aus Grundprinzipien auch für die Praxis von entscheidender Bedeutung.

4.6.1 Formale Grundlagen

Zur Formalisierung der Diagnose aus Grundprinzipien definieren wir zunächst den Begriff eines Systems.

Definition 4.6.1 *Ein* System *ist ein Paar* (S, B). *Dabei ist* S *ein endliches Alphabet zu einer prädikatenlogischen Sprache, deren Konstanten* K *wir im gegenwärtigen Kontext auch* Komponenten des Systems *nennen.* B *ist eine Menge von abgeschlossenen prädikatenlogischen Formeln, die wir die* Systembeschreibung *nennen. Innerhalb einer Formel verstehen wir* B *als die Konjunktion seiner Elemente.*

Oft interessieren wir uns ausschließlich für die Komponenten eines Systems; in einem solchen Fall bezeichnen wir auch das Paar (K, B) *als System, ignorieren dabei also die Alphabetszeichen in* $S \setminus K$.

Beispiel 4.6.1 *In Abbildung 4.11 ist ein Volladdierer dargestellt. Als System besteht er aus den Komponenten* $\{A_1, A_2, X_1, X_2, O_1\}$ *und weiteren Funktions- und Prädikatszeichen sowie aus der in Abbildung 4.12 gegebenen Systembeschreibung* B_{VA}. *Die letzten drei Formeln beschreiben die Zweiwertigkeit der Eingangswerte, die übrigen spezifizieren das System. Zusätzlich sind noch die Axiome einer Booleschen Algebra über* $\{0, 1\}$ *erforderlich, in denen die Funktionen "and", "xor" (ausschließliches Oder) und "or" durch Gleichungen wie*

$$and(1,1) = 1$$

definiert sind. Da sie wohlbekannt sind, haben wir auf ihre vollständige Auflistung hier verzichtet. Die ersten drei Formeln der Systemspezifikation enthalten das Abnormalitätsprädikat AB, *das uns aus Kapitel 3 (siehe zB. Beispiel 3.2.1) bereits bekannt ist. Hiermit wird ausgedrückt, daß die Regeln nur "normalerweise" in dieser Form gelten, also in Ausnahmefällen so nicht erfüllt sind.*

---

[11] engl. diagnosis from first principles
[12] Eine solche Anforderung ist die des fließenden Leistungsabfalls (engl. graceful degradation), auf die wir in Abschnitt 4.9 zu sprechen kommen.

4.6 Diagnose

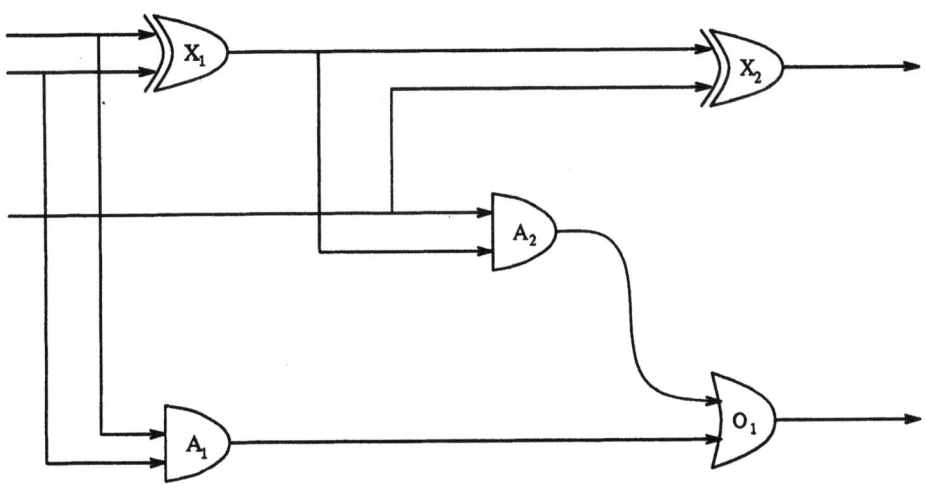

Abbildung 4.11 Das System eines Volladdierers

$ANDG(x) \land \neg AB(x) \rightarrow out(x) = and(in1(x), in2(x)),$
$XORG(x) \land \neg AB(x) \rightarrow out(x) = xor(in1(x), in2(x)),$
$ORG(x) \land \neg AB(x) \rightarrow out(x) = or(in1(x), in2(x)),$
$ANDG(A_1), \quad ANDG(A_2),$
$XORG(X_1), \quad XORG(X_2), \quad ORG(O_1),$
$out(X_1) = in2(A_2),$
$out(X_1) = in1(X_2),$
$out(A_2) = in1(O_1),$
$in1(A_2) = in2(X_2),$
$in1(X_1) = in1(A_1),$
$in2(X_1) = in2(A_1),$
$out(A_1) = in2(O_1),$
$in1(X_1) = 0 \lor in1(X_1) = 1,$
$in2(X_1) = 0 \lor in2(X_1) = 1,$
$in1(A_1) = 0 \lor in1(A_1) = 1.$

Abbildung 4.12 Systembeschreibung zum Volladdierer

Definition 4.6.2 *Eine* Beobachtung *ist eine endliche Menge geschlossener Formeln über dem Alphabet S. Für ein System (K, B) mit den Beobachtungen (oder Observationen) OBS schreiben wir auch (K, B, OBS).*

Beispiel 4.6.2 *(Fortsetzung von Beispiel 4.11)*
Nehmen wir an, die Beobachtung OBS_{VA} besteht aus den Eingabewerten 1, 0 und 1 an den drei Eingängen des Volladdierers und den Ausgabewerten 1 und 0 an den beiden Ausgängen. Als Formeln läßt sich diese Beobachtung wie folgt repräsentieren.

$$in1(X_1) = 1,$$
$$in2(X_1) = 0,$$
$$in1(A_2) = 1,$$
$$out(X_2) = 1,$$
$$out(O_1) = 0.$$

Es sei dem Leser überlassen, die Ausgabe zu den gegebenen Eingabewerten nach den Regeln der booleschen Algebra zu berechnen. Er wird feststellen, daß beide beobachtete Ausgabewerte falsch sind, dh. daß das Schaltwerk fehlerhafte Komponenten enthalten muß.

Das Diagnoseproblem besteht in der Bestimmung, welche der Komponenten eines Systems solche fehlerhaften Werte wie in unserem Beispiel verursachen. Zu seiner Lösung machen wir uns das folgende klar.

Wenn alle Komponenten $\{k_1, \ldots, k_n\}$ korrekt arbeiten würden, dann müßten sich die Beobachtungen aus der Annahme, daß keine Komponente abnormal ist, und aus der Systembeschreibung logisch ableiten lassen, in welchem Fall wir diese logischen Beobachtungen mit OBS_ℓ bezeichnen. Mit anderen Worten, die folgende Formel wäre gültig.

$$\neg AB(k_1) \wedge \ldots \wedge \neg AB(k_n) \wedge B \to OBS_\ell$$

Wenn nun aber die tatsächlichen Beobachtungen OBS im Widerspruch zu den logisch ableitbaren, also den bei korrekt arbeitendem System zu erwartenden Beobachtungen OBS_ℓ stehen, so muß dieser Widerspruch logischerweise auch zwischen OBS_ℓ und der Menge $\{\neg AB(k_1), \ldots, \neg AB(k_n)\} \cup B$ bestehen, dh. die Menge

$$\{\neg AB(k_1), \ldots, \neg AB(k_n)\} \cup B \cup OBS$$

ist inkonsistent. Diese Inkonsistenz ergibt sich daraus, daß wir ein normales Verhalten aller Komponenten angenommen haben, obschon einige der Komponenten aufgrund der Beobachtungen offenbar nicht funktionieren, also sich abnormal verhalten. Um genau dieses Abweichen von der Normalität ausdrücken zu können, wurde das Prädikat AB in die Beschreibung der Komponenten aufgenommen. Diese Beschreibung bleibt dadurch auch für eine nicht-funktionierende Komponente k korrekt; nur darf dann natürlich $\neg AB(k)$ nicht mehr angenommen werden. Auf diese Weise haben wir das Diagnoseproblem formal auf die Frage reduziert, welche der Literale $\neg AB(k_i)$ aus den Annahmen fallengelassen und durch $AB(k_i)$ ersetzt werden müssen. Das heißt, wir suchen die Teilmenge $D \subseteq K$ der fehlerhaften Komponenten, so daß

4.6 Diagnose

$$\bigcup_{k \in D} \{AB(k)\} \cup \bigcup_{k \in K \setminus D} \{\neg AB(k)\} \cup B \cup OBS$$

konsistent ist (bzw. die entsprechende Formel wie oben erfüllbar ist), der Widerspruch zu den Beobachtungen also aufgehoben ist.

Hat man ein D, mit dem diese Konsistenz erzielt ist, dann bleibt die letztere Formelmenge auch dann noch konsistent, wenn weitere Komponenten als fehlerhaft angenommen werden. Wir vereinbaren hier als Prinzip, daß wir uns immer mit einem minimalen D begnügen. Sollten tatsächlich noch weitere Komponenten fehlerhaft sein, müssen sich diese erst aufgrund weiterer Beobachtungen bemerkbar machen. Auch kann es verschiedene minimale Mengen D mit der genannten Konsistenzeigenschaft geben, unter denen die richtige Menge ebenfalls erst durch weitere Beobachtungen zu ermitteln ist. Diese Überlegungen fassen wir in der folgenden Definition zusammen.

Definition 4.6.3 *Eine* Diagnose D *zu* (K, B, OBS) *ist eine minimale Menge* $D \subseteq K$, *so daß*

$$\bigcup_{k \in D} \{AB(k)\} \cup \bigcup_{k \in K \setminus D} \{\neg AB(k)\} \cup B \cup OBS$$

konsistent ist.

Beispiel 4.6.3 *(Fortsetzung von Beispiel 4.11)*
Zu unserem Volladdierer und den oben angenommenen Beobachtungen gibt es die drei Diagnosen $\{X_1\}, \{X_2, O_1\}$ *und* $\{X_2, A_2\}$. *Die Konsistenzüberprüfung sei dem Leser überlassen.*

Man kann zeigen [Rei87b], daß in der Definition einer Diagnose der Teil $\bigcup_{k \in D} \{AB(k)\}$ aus logischen Gründen redundant ist, daß also bei der Bestimmung einer Diagnose nur die verbleibende Formelmenge auf Konsistenz überprüft werden muß, worauf wir uns im folgenden stützen werden. Wir verweisen zudem auf [dMR92], wo sich eine verallgemeinerte Definition findet.

Die Überprüfung der Konsistenz einer Menge von prädikatenlogischen Formeln ist im allgemeinen eine unentscheidbare Frage. In speziellen Fällen (zB. bei endlichen Systemen) läßt sich eine solche Überprüfung gleichwohl durchführen. In schwierigeren Fällen wird man zudem Heuristiken mit heranziehen.

4.6.2 Die Berechnung von Diagnosen

In diesem Unterabschnitt werden wir kurz die algorithmische Behandlung des Diagnoseproblems behandeln. Aus dem letzten Unterabschnitt ergibt sich sehr leicht das folgende Aufzählungsverfahren. Man generiert der Reihe nach Teilmengen D von K mit immer mehr Elementen und testet die Konsistenz der Formelmenge

$$\bigcup_{k \in K \setminus D} \{\neg AB(k)\} \cup B \cup OBS$$

Dieses sehr ineffiziente Verfahren soll im folgenden durch ein besseres Verfahren ersetzt werden. Dazu führen wir die folgenden Begriffe ein.

Definition 4.6.4 *Eine* Konfliktmenge D zu (K, B, OBS) *ist eine Menge* $\{k_1, \ldots, k_m\} \subseteq K$, *so daß*

$$\{\neg AB(k_1), \ldots, \neg AB(k_m)\} \cup B \cup OBS$$

inkonsistent ist. Eine Konfliktmenge zu (K, B, OBS) *heißt* minimal, *wenn es keine echte Teilmenge gibt, die ebenfalls Konfliktmenge zu* (K, B, OBS) *ist.*

Definition 4.6.5 *Sei* C *eine Kollektion von Mengen. Eine* Treffermenge *für* C *ist eine Menge* $T \subseteq \bigcup_{M \in C} M$, *so daß* $T \cap M \neq \emptyset$ *für jede Menge* $M \in C$ *gilt. Eine Treffermenge für* C *heißt* minimal *genau dann, wenn sie keine echte Teilmenge enthält, die Treffermenge für* C *ist.*

Mit diesen Begriffen läßt sich der Begriff der Diagnose auf eine Weise charakterisieren, die die Grundlage für ein effizienteres Berechnungsverfahren darstellt.

Theorem 4.6.1 $D \subset K$ *ist eine Diagnose zu* (K, B, OBS) *genau dann, wenn* D *eine minimale Treffermenge für die Kollektion der minimalen Konfliktmengen zu* (K, B, OBS) *ist.*

Der Beweis zu diesem Satz findet sich in [Rei87b].

Beispiel 4.6.4 *(Fortsetzung von Beispiel 4.11)*
Der Volladdierer hat die beiden minimalen Konfliktmengen $\{X_1, X_2\}$ und $\{X_1, A_2, O_1\}$, die jeweils der Inkonsistenz der Menge

$$\{\neg AB(X_1), \neg AB(X_2)\} \cup B_{VA} \cup OBS_{VA}$$

bzw.

$$\{\neg AB(X_1), \neg AB(A_2), \neg AB(O_1)\} \cup B_{VA} \cup OBS_{VA}$$

entsprechen. Es ergeben sich die bereits oben festgestellten drei Diagnosen $\{X_1\}$, $\{X_2, O_1\}$ und $\{X_2, A_2\}$ jeweils als minimale Treffermenge für die Kollektion $\{X_1, X_2\}$, $\{X_1, A_2, O_1\}$ der minimalen Konfliktmengen.

Nach dem vorangegangenen Satz besteht die Aufgabe der Diagnose in der Bestimmung einer Kollektion minimaler Konfliktmengen sowie einer dazugehörigen Treffermenge, zwei Aufgaben, die wir nun der Reihe nach besprechen.

Minimale Konfliktmengen lassen sich mittels eines standardmäßigen Theorembeweisers bestimmen. Man bildet hierzu die Formel

$$\neg AB(k_1) \land \ldots \land \neg AB(k_n) \land B \to OBS$$

die inkonsistent, also unerfüllbar ist. Aufgrund bekannter logischer Sachverhalte [Bib92] gibt es daher eine minimale Menge $\mathcal{P}$ von Konnektionen (eine *Paarung* genannt — siehe Abschnitt 2.3.3), die diese Formel bzw. ihre (negativ repräsentierte) Matrix aufspannt, und eine Substitution, die alle Literalpaare dieser Konnektionen komplementär macht. Dann bildet die Menge

4.6 Diagnose

$$\{ k \mid AB(k) \text{ tritt als Literal in der Paarung } \mathcal{P} \text{ auf} \}$$

eine minimale Konfliktmenge. In [Rei87b] wird dieser Sachverhalt in den Begriffen der Resolution analog formuliert. Ein formaler Beweis findet sich dort allerdings nicht; aufgrund unserer Form der Regelbeschreibung mit den AB-Prädikaten ist diese Aussage jedoch leicht einzusehen, spiegelt doch der deduktive Zusammenhang auch den funktionalen Aufbau des Systems wider.

Im allgemeinen gibt es nun für eine Formel der obigen Gestalt eine Anzahl verschiedener minimaler Paarungen $\mathcal{P}_1, \ldots, \mathcal{P}_m$, woraus sich eine Kollektion C von (höchstens m) verschiedenen Konfliktmengen ergibt.

Erwähnt sei, daß das in Abschnitt 4.3 (S. 74) von [Rei87b] erwähnte "serious problem" bei unserer Formulierung des Sachverhaltes nicht auftritt. Das Problem besteht nämlich in der Existenz verschiedener Resolutionsableitungen, die sich nur marginal (etwa in der Reihenfolge der Schritte) unterscheiden. Demgegenüber kodiert der oben verwendete Begriff einer Paarung die in diesem Zusammenhang wesentliche Information auf eine nichtredundante Weise.

Es sei weiter bemerkt, daß unsere Beschränkung auf minimale Paarungen im Hinblick auf die Effizienz der weiteren Abarbeitung sehr vorteilhaft, aber für das Verfahren als solches nicht notwendig ist, dh. man könnte ebenso nichtminimale Paarungen zulassen.

Nach der Lösung der Aufgabe, eine Kollektion C minimaler Konfliktmengen zu bestimmen, bleibt nun noch die Aufgabe, zu C eine Treffermenge anzugeben. Hierzu ist in [Rei87b] ein Algorithmus angegeben, der in [GSW90] noch verbessert und korrigiert wurde. Wir präsentieren den Algorithmus in seiner verbesserten Form. Die Eingabe besteht in einer geordneten Kollektion C minimaler Konfliktmengen und die Ausgabe in einem gerichteten, azyklischen Graphen (kurz gaG), dem *Treffermengengraph* (kurz TM-gaG), dessen Knoten und Kanten markiert sind. An diesem Graph lassen sich die möglichen Treffermengen unmittelbar ablesen.

Algorithmus (zur Bestimmung minimaler Treffermengen)
Eingabe: Eine geordnete Kollektion C von (minimalen Konflikt-) Mengen.
Ausgabe: Ein gerichteter, azyklischer Graph G.

1. Generiere einen Knoten n als Wurzel von G; er wird in (2) behandelt.

2. Die Behandlung der Knoten in G erfolgt in einer breitenorientierten Weise. Für jeden noch nicht behandelten Knoten n in G sind die folgenden beiden Operationen durchzuführen; dabei bezeichnet $T(n)$ die Menge aller Kantenmarkierungen eines Astes von der Wurzel von G bis zum Knoten n.

    (i) Wenn jede der Konfliktmengen in C mit $T(n)$ einen nichtleeren Durchschnitt hat, dann markiere n mit $\sqrt{}$. Andernfalls markiere n mit der ersten Konfliktmenge in C, die mit $T(n)$ einen leeren Durchschnitt hat.

(ii) Ist n ein markiertes Blatt in G, das zur Behandlung ansteht und das mit der minimalen Konfliktmenge $K' \in C$ markiert ist, dann generiere für jedes $k \in K'$ einen neuen Knoten m und eine Kante (n, m), die mit k markiert ist (so daß also $T(m) = T(n) \cup \{k\}$).

3. Als Ausgabe gebe G zurück.

Beispiel 4.6.5 *Es sei $C_0 = (\{a, b\}, \{b, c\}, \{a, c\}, \{b, d\}, \{b\})$. Dann generiert der Algorithmus den in Abbildung 4.13 gezeigten Treffermengenbaum.*

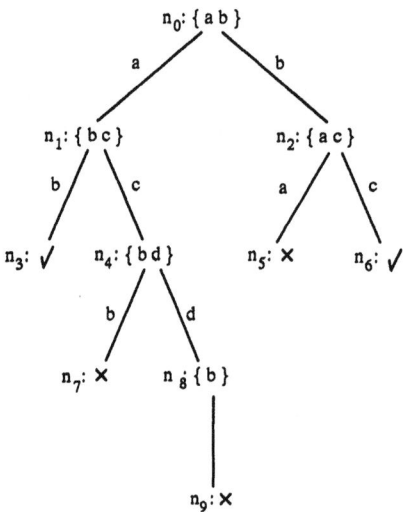

Abbildung 4.13 Der Treffermengenbaum zu $(\{a, b\}, \{b, c\}, \{a, c\}, \{b, d\}, \{b\})$.

Einige der Blätter sind mit × anstelle von √ markiert. Die zugehörigen Treffermengen sind nämlich redundant, da sie von den übrigen subsumiert werden. Dies illustriert bereits die Möglichkeit, den Graphen schon bei der Generierung zu beschneiden, um seine Größe zu reduzieren und nur minimale Treffermengen zu produzieren. Hierzu gibt es die folgenden drei Reduktionsmöglichkeiten, wobei wir auf die im Algorithmus verwendeten Bezeichnungen Bezug nehmen.

1. **Wiederverwendung von Knoten:**
   Wenn es bei der Expansion (2.ii) einen Knoten n' in G mit $T(n') = T(n) \cup \{k\}$ gibt, dann generiere keinen neuen Knoten m, sondern bilde die mit k markierte Kante (n, n'). n' hat dann mehr als einen unmittelbaren Vorgänger.

2. **Abschließung:**
   Gibt es bereits einen mit √ markierten Knoten n' mit $T(n') \subseteq T(n)$, dann schließe den Knoten n und behandle ihn nicht weiter.

4.6 Diagnose

3. **Beschneidung:**
   Steht der Knoten n zur Markierung mit der Konfliktmenge $K_0 \subseteq C$ an, die bisher noch nicht als Knotenmarkierung verwandt wurde, so prüfe, ob es in G einen mit k' markierten Knoten n' gibt, so daß $K_0 \subseteq K'$. Wenn dies der Fall ist, führe die folgenden beiden Aktionen aus.

   (i) Markiere n' mit K_0 (statt mit K'). Eliminiere alle von n' ausgehenden Kanten, die mit $k \in K' \setminus K_0$ markiert sind, sowie den gesamten daranhängenden Teilgraph bis auf Knoten, die hiervon unberührte Vorgänger haben. (Dies kann zur Elimination auch von n führen.)

   (ii) Vertausche K_0 mit K' in C (was letztlich auf eine Elimination von K' aus C hinausläuft).

Beispiel 4.6.6 *(Fortsetzung von Beispiel 4.6.5)*
Die Abbildung 4.14 zeigt einen partiell expandierten Treffermengen-gaG, in dem

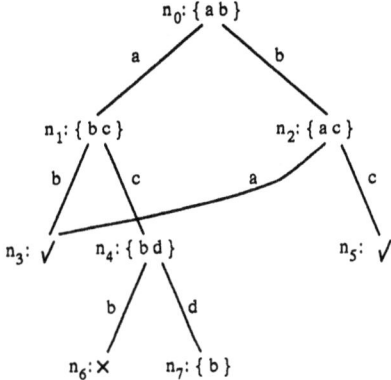

Abbildung 4.14   Ein partiell expandierter Treffermengen-gaG

der Knoten n_7 zur Expansion ansteht. Die Expansion führt unter Einsatz der Beschneidungsaktion zu dem in Abbildung 4.15 gezeigten beschnittenen Baum, der vom Algorithmus als Ergebnis ausgegeben wird.

Theorem 4.6.2 *Für den von dem optimierten Algorithmus zur Eingabe C generierten Graph G gilt:*
Ist T Treffermenge für C, dann gibt es einen mit $\sqrt{}$ markierten Knoten n in G, so daß $T = T(n)$, und umgekehrt.

Der Beweis findet sich in [GSW90].

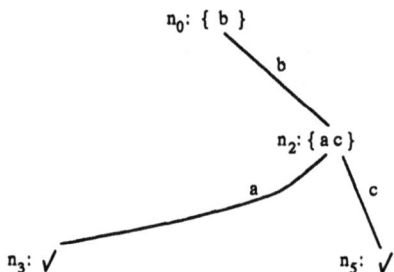

Abbildung 4.15 Der unter Anwendung von Reduktionen aus dem gaG der Abbildung 4.14 resultierende Baum

Beispiel 4.6.7 *(Fortsetzung von Beispiel 4.11)*
Zu der (zB. mittels eines Theorembeweisers ermittelten) Kollektion ($\{X_1, X_2\}$, $\{X_1, A_2, O_1\}$) ergibt sich der in Abbildung 4.16 gezeigte Treffermengenbaum. Man kann sich dabei das Zusammenspiel des Algorithmus mit dem Theorembeweiser wie folgt vorstellen.
Die Markierung der Wurzel wird durch einen Beweiseraufruf

$$TB(\{X_1, X_2, A_1, A_2, O_1\}, B_{VA}, OBS_{VA})$$

ermittelt. Die Markierung des Knotens n_1 ergibt sich durch einen Aufruf von

$$TB(\{X_2, A_1, A_2, O_1\}, B_{VA}, OBS_{VA}),$$

woraus die hier bereits als fehlerhaft angenommene Komponente entfernt wurde; da

$$\{\neg AB(X_2), \neg AB(A_1), \neg AB(A_2), \neg AB(O_1)\} \cup B_{VA} \cup OBS_{VA}$$

konsistent ist, liefert der Aufruf den Wert $\surd$. Analog erhalten wir die restlichen Knotenmarkierungen, etwa die von n_2 durch einen Aufruf von

$$TB(\{X_1, A_1, A_2, O_1\}, B_{VA}, OBS_{VA}).$$

Die möglichen Diagnosen $\{X_1\}, \{X_2, O_1\}$ und $\{X_2, A_2\}$ lassen sich unmittelbar aus dem Baum ablesen.

Da in der Praxis meist nur eine einzige Komponente in einem System ausfällt, läßt sich dieser Fall heuristisch besonders gewichten. In diesem Sinne könnte die Diagnose $\{X_1\}$ in Abbildung 4.16 als die wahrscheinlichste Alternative präferiert werden. Zu solchen "Einerdiagnosen" (mit nur einer einzigen fehlerhaften Komponente) lassen sich noch speziellere Aussagen machen, für die wir auf [Rei87b] verweisen.

4.7 Planen

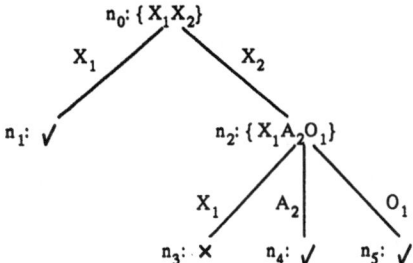

Abbildung 4.16 Die Treffermengen zum Volladdierer

Führt die Diagnose zu keiner Einerdiagnose, so sind zur Fehlereingrenzung weitere Messungen (Beobachtungen) erforderlich. Die Auswahl solcher Messungen läßt sich durch Voraussagen über das erwartbare Systemverhalten steuern. Die logische Bedeutung einer solchen Prognose haben wir bereits in Abschnitt 3.6 kennengelernt. Für weitere Details sei wieder auf [Rei87b] verwiesen.

Neue Beobachtungen können nicht nur zu neuen Diagnosen führen, sondern auch bisherige Diagnosen über den Haufen werfen. Diagnostisches Schließen ist daher von nichtmonotonem Charakter. Die Abnormalitätsannahmen $\neg AB(k)$ lassen sich daher auch im Rahmen eines der in Kapitel 3 besprochenen nichtmonotonen Formalismen repräsentieren. Eine der Möglichkeiten ist die Darstellung als Ermangelungsregel

$$\frac{: \neg AB(k)}{\neg AB(k)}$$

wie sie in Abschnitt 3.7 besprochen wurden.

4.7 Planen

Ein typisches Merkmal menschlicher Intelligenz ist die Fähigkeit, sich über Situationen klar zu werden und Pläne aufzustellen, mit denen Ziele unter Berücksichtigung der gegebenen Möglichkeiten erreicht werden können. Insbesondere können wir aber Situationen, Zielvorstellungen und Aktionen sprachlich beschreiben und damit kommunizieren. Beispiele für solche Fähigkeiten erleben wir ständig. Und obwohl wir in den wenigsten Fällen eine vollständige Weltbeschreibung kennen, ja — wie uns die Physik lehrt — nicht einmal kennen können, treffen wir meistens durchaus vernünftige und angemessene Entscheidungen. Ein gutes Beispiel hat uns die bemannte Weltraumfahrt während der Arbeit an diesem Buch geliefert. Trotz langer Planungen und vieler Versuche im Vorfeld des Fluges, war es nicht gelungen, einen Satelliten einzufangen. Daraufhin haben sich die Astronauten in dem Raumschiff mit Ihren Kollegen auf der Erde "zusammengesetzt", die Situation durchdacht und überlegt, wie mit den in der Raumfähre vorhandenen Mitteln der Satellit doch noch eingefangen werden könnte. Letztendlich ist das gelungen, indem die Astronauten im wahrsten Sinne des Wortes "Hand" angelegt haben. Dieses Beispiel ist kein Votum für die bemannte Weltraumfahrt, vielmehr soll es die menschliche Fähigkeit zum rationalen Erfassen einer Situation, wie auch zum zielgerichteten Planen von Aktionen verdeutlichen.

In diesem Abschnitt wollen wir aufzeigen, mit welchen Mitteln die Intellektik versucht, Situationen zu repräsentieren, Pläne zu erstellen und diese anzuwenden. Schon 1963 beschäftigte sich John McCarthy [McC63] mit dieser Aufgabenstellung. In seinen und allen darauf aufbauenden Arbeiten ist die Situation der zentrale Baustein. Eine *Situation* ist eine vollständige Beschreibung des zu modellierenden Weltausschnitts zu einem bestimmten Zeitpunkt — quasi ein Schnappschuß der Welt. Ausgehend von einer initialen Situation bestimmen Aktionen alle möglichen zukünftigen Situationen. Da wir nicht in der Lage sind, eine vollständige Weltbeschreibung zu einem bestimmten Zeitpunkt anzugeben, müssen wir mit einer partiellen Beschreibung der Situation wie auch der Aktionen vorlieb nehmen. Dies geschieht, indem wir Aussagen machen, die in einer Situation gelten sollen. So können wir beispielsweise in natürlicher Sprache ausdrücken, daß eine bestimmte Menge von Eisen vor uns liegt. In ähnlicher Weise können wir Aktionen, wie beispielsweise das Hinzufügen von Schwefel, das Warten oder das Erhitzen von Eisen und Schwefel (das zu Schwefeleisen führt) beschreiben.

Was passiert, wenn wir zu Eisen Schwefel hinzufügen, warten und anschließend das Gemisch erhitzen? Auf den ersten Blick wird uns nahezu jeder zustimmen, daß wir Schwefeleisen erhalten, wenn wir die Aktionen in der genannten Reihenfolge ausführen. Analysieren wir jedoch die einzelnen Aktionen genauer, dann taucht ein Problem auf. Bezeichnen wir dazu die initiale Situation, in der nur Eisen vorliegt, mit sit_0. Die Aktion füge_Schwefel_hinzu ist in sit_0 anwendbar und führt zu einer Folgesituation, sit_1 genannt, in der nun Schwefel vorliegt. Aber was ist mit dem Eisen passiert? Haben wir auch Eisen in der Situation sit_1 vorliegen? Die Aktion füge_Schwefel_hinzu gibt uns zu dieser Frage keine Antwort. Jedoch wird nahezu jeder Mensch davon ausgehen, daß das Eisen natürlich nicht verschwunden ist. Dh. wir gehen implizit von der Annahme aus, daß Aussagen, die in einer Situation gelten, durch eine Aktion nicht verändert werden, es sei denn, eine solche Änderung wird durch die Beschreibung der Aktion explizit mitgeteilt. Mit Hilfe dieser gemachten Annahme können wir nun in unserem Beispiel darauf schließen, daß Eisen in sit_1 vorhanden ist. Auf vergleichbare Art und Weise können wir folgern, daß nach Ausführen der warte-Aktion Eisen und Schwefel immer noch vorhanden ist, während nach Ausführen der erhitze_Eisen_und_Schwefel Aktion Eisen und Schwefel verbraucht und Schwefeleisen entstanden ist.

Das im letzten Abschnitt angesprochene Problem wird häufig als *Rahmenproblem* oder in Anlehnung an die Situation in einem Theater als *Kulissenproblem* bezeichnet. Es betrifft die Frage, welche Aussagen über eine Situation nach Ausführen einer Aktion in der Folgesituation weiterhin gelten. Aber dies ist bei weitem nicht das einzige Problem, das wir beim Planen beachten müssen. Da auch Aktionen und insbesondere ihre Vorbedingungen nur partiell beschrieben sind, stehen wir auch vor der Frage, welche Vorbedingungen erfüllt sein müssen, damit eine Aktion ausgeführt werden kann. Diese Fragestellung wird als das *Qualifikationsproblem* bezeichnet, dem wir schon in der Einleitung zu Kapitel 3 begegnet sind. In unserem Eisen und Schwefel Szenario berührt das Qualifikationsproblem etwa die Tatsache, daß ich das Gemisch aus Schwefel und Eisen ja erst erhitzen kann, wenn ich einen Bunsenbrenner zur Verfügung habe, dieser an eine Gasleitung angeschlossen ist, in der Leitung auch Gas vorhanden ist, ich den Absperrhahn aufgedreht habe, ich ein Feuerzeug habe, mich niemand gestoßen hat, als ich den Bunsenbrenner angesteckt habe usw. Alle diese Voraussetzungen haben wir nicht explizit als Vorbedingung der erhitze_Eisen_und_Schwefel-Aktion genannt. Selbst wenn wir versuchen würden, alle diese Vorbedingungen zu formulieren, so könnte man immer noch eine weitere Vorbedingung angeben, die bis dahin noch nicht berücksichtigt wurde.

So wie wir nicht alle Vorbedingungen einer Aktion angeben können, so gelingt es auch nicht, alle Nachbedingungen zu spezifizieren. ZB. hat sich die Luft durch das Erhitzen von Eisen und Schwefel erwärmt, Gas wurde verbrannt, Abgase sind entstanden usw. Wir haben es also hier mit einer weiteren, häufig *Ramifikationsproblem* genannten Fragestellung zu tun, nämlich der, alle Konsequenzen einer Aktion zu bestimmen.

Aber selbst damit ist die Planungsproblematik noch nicht vollständig erfaßt. In unserem Eisen und Schwefel Szenario sind wir davon ausgegangen, daß eine warte-Aktion an der Tatsache, daß Eisen und Schwefel vorliegt, nichts verändert. Diese Annahme ist sicherlich vernünftig, solange wir nur einen kurzen Moment warten. Wenn wir aber das Szenario in eine Schule verlegen und nach dem Hinzufügen des Schwefels gerade die Pausenglocke ertönt, dann kann wohl nicht angenommen werden, daß in der nächsten Chemiestunde, die in der darauffolgenden Woche stattfindet, der Versuch noch immer so aufgebaut und in einem solchen Zustand ist, wie er im Moment des Klingelns der Glocke war. Wir haben es hier also auch mit dem sogenannten *Vorhersageproblem* zu tun, dh. mit der Frage, wie lange gilt eine Aussage über eine Situation in einer sich ändernden Welt? Mit anderen Worten, was passiert wirklich, wenn eine Aktion in einer bestimmten Situation angewandt wird?

In diesem Abschnitt wollen wir uns nun der Frage zuwenden, wie wir Situationen und Aktionen repräsentieren können. Dabei werden wir uns auf das Rahmenproblem konzentrieren und verweisen bzgl. möglicher Lösungen der weiteren Probleme auf die Literatur (zB. [Her89]). Unser Ziel ist es, einen Kalkül anzugeben, der den folgenden, schon in [McC63] aufgestellten Bedingungen genügt.

1. Allgemeine Eigenschaften von Kausalität und Aussagen über die Anwendbarkeit von Aktionen sind als Axiome formalisiert.

2. Die Ziele, die durch Ausführen einer Sequenz von Aktionen erfüllt werden können, folgen logisch aus den allgemeinen Axiomen und den Aussagen über eine Situation.

3. Die Formalisierung von Situationen soll so weit wie möglich mit unseren Erkenntnissen darüber, was ein Mensch über den zu modellierenden Weltausschnitt weiß, übereinstimmen.

4.7.1 Allgemeine Prädikatenlogik

Auf den ersten Blick scheint es nicht besonders schwierig zu sein, in einer Sprache der Prädikatenlogik Situationen und Aktionen zu formalisieren und mittels der Inferenzregeln Pläne auszurechnen. Betrachten wir dazu den Gentzen-Kalkül $\mathcal{LK}$, wie er zB. in [Gal86] oder in [Bib92] beschrieben ist. Die Ausgangssituation, zB. die Tatsache, daß Eisen vorhanden ist, läßt sich darin als

$$\vdash Fe \tag{4.8}$$

formalisieren, wobei das nullstellige Prädikatszeichen Fe für das Vorhandensein von Eisen steht. Die Aktionen füge_Schwefel_hinzu und erhitze_Eisen_und_Schwefel können durch die folgenden beiden Sequenzen angegeben werden.

$$\vdash S \tag{4.9}$$
$$Fe, S \vdash FeS \tag{4.10}$$

Diese Formalisierung sieht zwar sehr natürlich aus, jedoch kann, wie in Abbildung 4.17 gezeigt ist, die Sequenz

$$Fe \vdash Fe \land S \land FeS \tag{4.11}$$

unter Verwendung der Eigenaxiome (4.9) und (4.10) abgeleitet werden. In Worten besagt dies, wenn Schwefel zu Eisen hinzugefügt und anschließend das Gemisch erhitzt wird, dann entsteht zwar Schwefeleisen, aber Eisen und Schwefel bleiben erhalten! Das widerspricht allen Erkenntnissen der Chemie. Die Ursache für diesen Effekt liegt in den beiden Anwendungen der Abschwächungsregel in der in Abbildung 4.17 gezeigten Ableitung, die dort mit $w : l$ gekennzeichnet sind. Wenn wir jedes Vorkommen eines Prädikatszeichens in einer Sequenz als Ressource betrachten, dann bedeutet die Anwendung der Abschwächung ja gerade, daß wir neue Ressourcen quasi aus dem Nichts erzeugen. Umgekehrt bewirkt die in $\mathcal{LK}$ vorhandene Kürzungsregel, daß Ressourcen verschwinden. Wir werden im Abschnitt 4.7.5 über Lineare Logik noch einmal auf die Bedeutung der Abschwächung und der Kürzung zurückkommen. Jedoch sei schon an dieser Stelle darauf hingewiesen, daß ohne Verwendung der Abschwächung und der Kürzung eine Ableitung von (4.11) in $\mathcal{LK}$ nicht möglich ist.

4.7.2 Der Situationskalkül

Wie wir im letzten Unterabschnitt gesehen haben, ist eine naive Modellierung von Planungsproblemen mit Hilfe der Prädikatenlogik nicht adäquat. Vielleicht hätten wir die in (4.11) vorkommenden Atome mit der Situation markieren sollen, in der sie gelten. Beispielsweise hätten wir Fe und S mit Situation s_2 und FeS mit Situation s_3 markieren können, womit dann deutlich würde, daß durch Erhitzen von Eisen und Schwefel in Situation s_2 Schwefeleisen in s_3 entsteht.

4.7 Planen

$$
\cfrac{\vdash S \quad \cfrac{Fe \vdash Fe}{Fe, S \vdash Fe}\, w{:}l \quad \cfrac{\cfrac{S \vdash S}{Fe, S \vdash S}\, w{:}l \quad Fe, S \vdash FeS}{\cfrac{Fe, S \vdash S \wedge FeS}{Fe, S \vdash Fe \wedge S \wedge FeS}\, \wedge{:}r}\, \wedge{:}r}{Fe \vdash Fe \wedge S \wedge FeS}\, s
$$

Abbildung 4.17 Ein Beweis für $Fe \vdash Fe \wedge S \wedge FeS$ im Gentzen-Kalkül $\mathcal{LK}$ mit den Eigenaxiomen (4.9) and (4.10). $w{:}l$, $\wedge{:}r$ und s bezeichnen die Abschwächung links, die Konjunktion rechts und den Schnitt (siehe zB. [Gal86] oder [Bib92]).

Das Markieren von Aussagen mit den Situationen, in denen sie gelten, ist die zentrale Idee, auf der der von John McCarthy und Pat Hayes [McC63, MH69] entwickelte Situationskalkül beruht. Formal führen McCarthy und Hayes sogenannte Fluenten ein. Ein *Fluent* ist ein Prädikats- oder Funktionszeichen, bei dem ein Argument für eine Situation steht. Handelt es sich um ein Prädikatszeichen, dann sprechen wir von einem *propositionalen Fluent*, während wir im Falle eines Funktionszeichens von einem *Situationsfluent* sprechen, dessen Wertebereich wiederum als die Menge der Situationen angenommen wird.

Im Situationskalkül läßt sich die Ausgangssituation des Eisen und Schwefel Beispiels durch den propositionalen Fluent

$$Fe(s_0) \tag{4.12}$$

beschreiben, wobei Fe ein Prädikatszeichen und s_0 eine Konstante ist. Das Situationsfluent $r(a,s)$ bezeichnet die Situation, die durch Anwendung der Aktion a in Situation s erhalten wird. Damit lassen sich die Aktionen füge_Schwefel_hinzu (f) und erhitze_Eisen_und_Schwefel (e) wie folgt spezifizieren.

$$\forall x: \ S(r(f,x)) \tag{4.13}$$

$$\forall x: \ Fe(x) \wedge S(x) \ \rightarrow \ FeS(r(e,x)) \tag{4.14}$$

Allerdings reichen diese Axiome noch nicht aus, um

$$FeS(r(e,r(w,r(f,s_0)))) \tag{4.15}$$

beweisen zu können, in der die in der Einleitung zu diesem Abschnitt beschriebene Aktionsreihenfolge zum Ausdruck kommt, wobei die Konstante w die warte-Aktion repräsentiert. Insbesondere können wir noch nicht zeigen, daß in der durch $r(f,s_0)$ beschriebenen Situation Eisen noch vorhanden ist, auch wenn es in der Situation s_0 ja vorhanden war. Formal bedeutet dies, daß $Fe(r(f,s_0))$ keine logische Folgerung aus (4.12) und (4.13) ist.

Wir müssen also noch das in der Einleitung zu diesem Abschnitt besprochene Rahmenproblem lösen. Dies kann durch die Hinzunahme weiterer, sogenannter *Rahmen-* bzw. *Kulissenaxiome* geschehen, die festlegen, welche Fluenten bei Anwendung einer Aktion erhalten bleiben. Die nachfolgend aufgeführten Axiome sind davon diejenigen, die wir im Eisen und Schwefel Beispiel benötigen.

$$\forall x : Fe(x) \rightarrow Fe(r(f, x))$$
$$\forall x : Fe(x) \rightarrow Fe(r(w, x)) \qquad (4.16)$$
$$\forall x : S(x) \rightarrow S(r(w, x))$$

Wir können jetzt die Allgemeingültigkeit von

$$(4.12) \wedge (4.13) \wedge (4.14) \wedge (4.16) \rightarrow (4.15) \qquad (4.17)$$

nachweisen, indem wir zB. die Formel in Matrixform überführen und die Konnektionsmethode anwenden. Abbildung 4.18 zeigt einen solchen Konnektionsbeweis.

In der hier dargestellten Form werden $O(m \cdot n)$ Kulissenaxiome benötigt, wobei m die Anzahl der Fluenten und n die Anzahl der Aktionen ist. Diese Anzahl läßt sich zwar durch eine geschicktere Repräsentation von Aktionen und Situation verringern (siehe zB. [Kow79]), trotzdem führt die Verwendung von Kulissenaxiomen zu einer Reihe von irrelevanten Ableitungen bei der Beweissuche. Die Lösungen für das Rahmenproblem im (monotonen) Situationskalkül waren so unbefriedigend, daß McCarthy vorschlug, nichtmonotone Inferenzregeln wie zB. die Zirkumskription (siehe Abschnitt 3.5) zu verwenden. Aber auch in einer nichtmonotonen Logik müssen Axiome zur Lösung des Rahmenproblems angegeben werden (siehe zB. [Rei92, Lif90a]). Beispielhaft sei hier nur das sogenannte *Trägheitsgesetz* (engl. law of inertia) genannt.

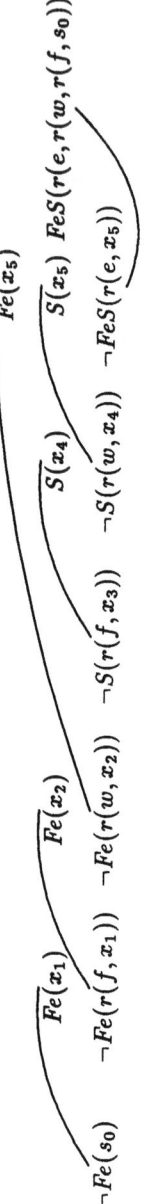

Abbildung 4.18 Ein Konnektionsbeweis für (4.17).

$$\neg Abnormal(f, a, s) \rightarrow f(r(a, s)) = f(s)$$

Abnormal ist das schon aus Kapitel 3 bekannte Prädikatszeichen, mit dem hier ausgedrückt wird, daß, wenn die Ausführung der Aktion a in Situation s das Fluent f

4.7 Planen

normalerweise nicht beeinflußt, dann der Wert von f in der Situation $r(a,s)$ gleich dem Wert von f in s ist.[13] Wir wollen hier diesem Weg nicht weiter folgen, sondern überlegen, wie in einem monotonen logischen Kalkül erster Stufe Aktionen und Situationen dargestellt werden können, ohne daß für die Lösung des Rahmenproblems explizit Rahmenaxiome angegeben werden müssen.

Bevor wir uns jedoch dieser Fragestellung zuwenden, wollen wir noch einige abschließende Bemerkungen zum Situationskalkül machen. Der Situationskalkül ist im strengen Sinne eigentlich gar kein Kalkül, sondern beschreibt eine Methode, wie Situationen und Aktionen in der Sprache der (uU. nichtmonotonen) Prädikatenlogik formalisiert werden können. Diese Methode ist durchaus flexibel und erlaubt die verschiedensten Fragestellungen aus dem Bereich des Planens — zB. Fragen nach der Dauer von Aktionen oder der parallelen Ausführbarkeit von Aktionen — durch geschickte Wahl der Axiome zu modellieren und zu lösen. Der in [GLR91] gegebene Überblick zeigt die Stärken und Grenzen des Situationskalküls an vielen Beispielen auf.

Kommen wir nun zurück zum Planen und der Frage nach einer Lösung des Rahmenproblems. Die Arbeiten an diesem Problem haben sich in der Vergangenheit sehr stark an den Methoden des Situationskalküls orientiert. Diese einseitige Ausrichtung führte sogar zu dem Glauben, daß ohne explizite Angabe von Rahmenaxiomen das Rahmenproblem nicht gelöst werden kann (siehe zB. [Hay73b, HM87]). Wie wir in den nachfolgenden Abschnitten darlegen werden, gilt dies jedoch nicht. Schon McCarthy und Hayes wiesen in [MH69] einen Weg zur Lösung der Rahmenproblematik. Sie schlugen vor, einen Rahmen (oder eine Kulisse) zu verwenden, so wie beispielsweise ein Zustandsvektor in [McC62] benutzt wird, um eine Semantik für die Programmiersprache Algol angeben zu können[14]. Die Idee dabei ist, daß die Fluenten an dem Rahmen bzw. der Kulisse festgemacht sind. Die Vor- und Nachbedingungen von Aktionen legen genau fest, welche dieser Fluenten durch die Aktionen verändert werden. Alle übrigen Fluenten, die an dem Rahmen befestigt sind, bleiben unverändert.

Wir wollen im weiteren Verlauf des Kapitels drei Logiken angeben, die unabhängig voneinander entwickelt wurden und jeweils das Rahmenproblem ohne Angabe von Rahmenaxiomen lösen. Es sind dies die lineare Konnektionsmethode, eine um eine Gleichungstheorie erweiterte Hornlogik sowie die lineare Logik. Sodann werden wir aufzeigen, daß diese Logiken für eine große Klasse von Problemen äquivalent sind.

---

[13] Man beachte, daß in dieser Formalisierung f ein Situationsfluent ist, während in der zuvor diskutierten Formalisierung f ein propositionaler Fluent war.

[14] In [McC62] wird ein Zustandsvektor zur Repräsentation der aktuellen Belegung von Variablen benutzt. Auf dem Zustandsvektor sind zwei Funktionen definiert. $c(X, Z)$ gibt den Wert der Variablen X im Zustandsvektor Z an. $r(X, W, Z)$ bezeichnet den Zustandsvektor, der aus dem Zustandsvektor Z hervorgeht, indem der Wert W der Variablen X zugewiesen wird und alle übrigen Variablenzuweisungen in Z unverändert bleiben.

4.7.3 Lineare Konnektionsmethode

1986 schlug einer der Autoren vor, zum Planen eine Variante der Konnektionsmethode zu verwenden [Bib86]. Die Modifikation bestand darin, nur sogenannte *lineare* Beweise zuzulassen, in denen jedes Literal höchstens einmal konnektiert sein darf. Wir wollen diese Idee am Eisen und Schwefel Beispiel illustrieren. Wir erinnern uns, daß in der Ausgangssituation dieses Beispiels lediglich Eisen vorhanden ist. In der linearen Konnektionsmethode wird dies durch ein Atom *Fe* repräsentiert. Zusätzlich dazu geben wir ein weiteres Atom *Zustand*([]) an. Aufgabe des Prädikats *Zustand* wird es sein, auf der Argumentposition die Liste der Aktionen zu kodieren, die ausgeführt wurden, um ein Ziel zu erreichen. Dabei repräsentiert die Konstante [] die leere Liste. Es spielt somit die Rolle eines Speichers, in dem die Antwortsubstitution im Sinne der logischen Programmierung (siehe zB. [Llo84]) abgelegt wird. Zusammen erhalten wir

$$Zustand([]) \land Fe \qquad (4.18)$$

Die Aktionen füge_Schwefel_hinzu, warte und erhitze_Eisen_und_Schwefel werden wie folgt repräsentiert.

$$\forall x : Zustand(x) \rightarrow Zustand([x, f]) \land S$$
$$\forall x : Zustand(x) \rightarrow Zustand([x, w]) \qquad (4.19)$$
$$\forall x : Zustand(x) \land Fe \land S \rightarrow Zustand([x, e]) \land FeS$$

Das Ziel, nämlich Schwefeleisen zu erhalten, wird durch

$$Zustand([[[], f], w], e]) \land FeS \qquad (4.20)$$

angegeben. Hierbei haben wir die erforderliche Aktionenfolge füge_Schwefel_hinzu, warte und erhitze_Eisen_und_Schwefel im Zustandsliteral bereits mit angegeben; wäre sie uns nicht bekannt, würden wir diesen Term durch eine Variable ersetzen, die erst durch den nachfolgenden Beweis durch genau diesen Term ersetzt würde (siehe zu dieser Bemerkung die Diskussion am Ende des Abschnitts 4.7.5). Die Aufgabe besteht nun darin, nachzuweisen, daß (4.20) logisch aus (4.18) und (4.19) folgt, dh. daß

$$(4.18) \land (4.19) \rightarrow (4.20) \qquad (4.21)$$

allgemeingültig ist. Dazu beseitigen wir die Quantoren, transformieren (4.21) in Matrixform und können dann einen linearen Konnektionsbeweis angeben, so wie das in Abbildung 4.19(a) geschehen ist.

Man beachte, daß es keinen linearen Konnektionsbeweis für die Aussage

$$(4.18) \land (4.19) \rightarrow Fe \land S \land (4.20) \qquad (4.22)$$

gibt. Ein möglicher Konnektionsbeweis für (4.22) ist in Abbildung 4.19(b) angegeben. Allerdings ist dieser Beweis nicht linear, da die Literale ¬Fe und ¬S zweimal konnektiert sind. Wenn wir diesen Beweis mit der Ableitung in Abbildung 4.17 vergleichen, dann korrespondieren die zweifach konnektierten Literale exakt mit der zweimaligen Anwendung der Abschwächung in Abbildung 4.17.

4.7 Planen

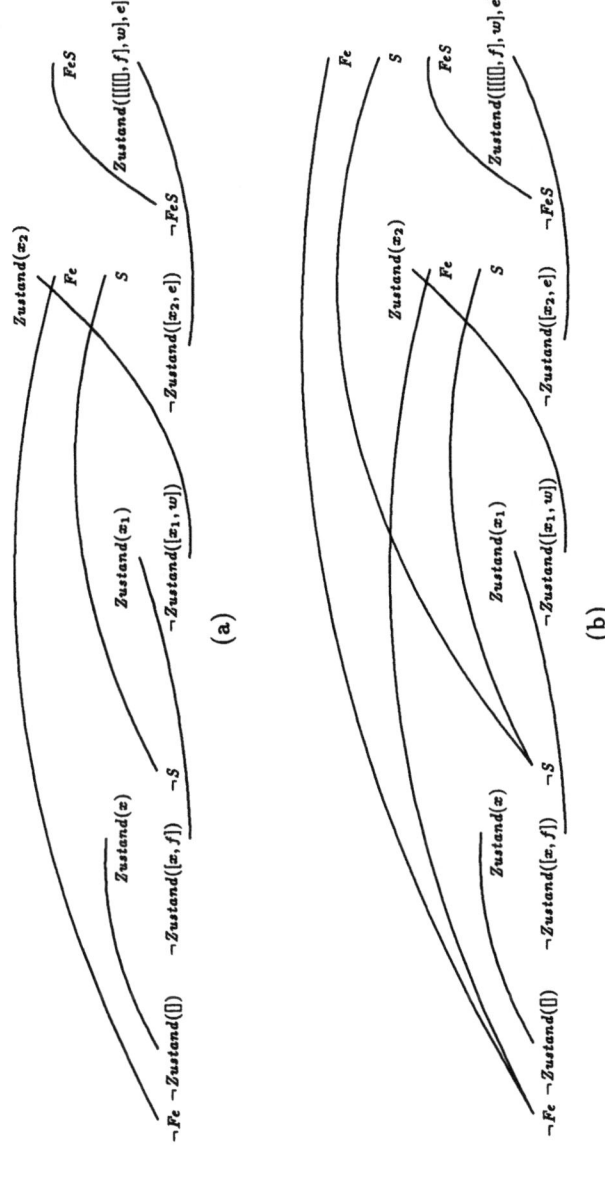

Abbildung 4.19 (a) Ein linearer Konnektionsbeweis für (4.21); jedes Literal ist höchstens einmal konnektiert. (b) Ein Konnektionsbeweis für (4.22); die Literale $\neg Fe$ und $\neg S$ sind zweimal konnektiert.

Aber wieso löst die lineare Konnektionsmethode das Eisen und Schwefel Beispiel sowie ia. auch das Rahmenproblem? Die entscheidende Idee ist, daß Literale in der linearen Konnektionsmethode als Ressourcen angesehen werden. Literale werden verbraucht, indem sie konnektiert werden, und sie werden als Konsequenz einer Aktion generiert, sobald die Vorbedingungen der Aktion erfüllt sind. Betrachten wir zur Illustration dieser Beobachtung noch einmal Abbildung 4.19. Sobald $\neg Fe$ mit Fe konnektiert ist, kann $\neg Fe$ an keiner weiteren Konnektion mehr beteiligt sein; $\neg Fe$ ist verbraucht. Sobald die Vorbedingungen $Zustand(x_2)$, Fe und S der erhitze_Eisen_und_Schwefel Aktion erfüllt sind, kann die Aktion ausgeführt werden, und wir erhalten die neuen Ressourcen $\neg Zustand([x_2, e])$ und FeS. Sowohl im Situationskalkül wie auch in der normalen Konnektionsmethode oder einem Gentzen-Kalkül werden Literale nicht als Ressourcen, sondern als Eigenschaften angesehen und können folglich mehrmals an Konnektionen beteiligt sein.

In dem hier betrachteten Planungsbeispiel sind sowohl die Vorbedingungen wie auch die Effekte von Aktionen jeweils durch — wie sich später noch herausstellen wird — nicht-idempotente Konjunktionen definiert. Wir werden hier nur solche Planungsproblem betrachten. Die lineare Konnektionsmethode ist apriori jedoch nicht auf solche Formelklassen beschränkt, sondern erlaubt allgemeine prädikatenlogische Ausdrücke als Vor- und Nachbedingungen von Aktionen.

Als einer der Autoren 1986 die lineare Konnektionsmethode vorstellte, wurde er heftig kritisiert, ua. weil er keine Standardsemantik für diese Methode angeben konnte (siehe die Diskussion in [Bib88c]). Es gibt zwar inzwischen Nicht-Standardsemantiken für die Lineare Konnektionsmethode [BdCFH89], aber auch eine Standardsemantik, die wir im nächsten Unterabschnitt angeben wollen.

4.7.4 Gleichungslogik

1989 hat einer der Autoren zusammen mit Josef Schneeberger einen Ansatz zum deduktiven Planen entwickelt, der auf einer Hornlogik unter Einbeziehung einer speziellen Gleichungstheorie beruht [HS90]. Aussagen über Situationen werden darin mit Funktionen, dh. als Terme, dargestellt. Sobald in einer Situation mehrere Aussagen gelten, werden die sie repräsentierenden Funktionen mittels eines zweistelligen Funktors $\circ$ miteinander verknüpft, wobei $\circ$ assoziativ und kommutativ ist sowie die Konstante $\emptyset$ als Einselement besitzt.

$$\begin{aligned} \forall x, y: \quad x \circ y &= y \circ x \\ \forall x, y, z: \quad x \circ (y \circ z) &= (x \circ y) \circ z \\ \forall x: \quad x \circ \emptyset &= x \end{aligned} \quad \text{(AC1)}$$

Im Eisen und Schwefel Problem wird beispielsweise die Situation, in der sowohl Schwefel als auch Eisen vorliegt, durch den Term $Fe \circ S$ repräsentiert. In anderen Worten, alle Aussagen über eine Situation werden durch Situationsfluenten als Terme dargestellt und sind somit Objekte erster Klasse in einer Prädikatenlogik erster Stufe.

4.7 Planen

Aktionen und Pläne werden in dem in diesem Abschnitt vorgestellten Ansatz durch ein dreistelliges Prädikatszeichen *plan* repräsentiert. $plan(s_a, p, s_z)$ wird dabei wie folgt interpretiert. Die Ausführung von Plan p in der Ausgangssituation s_a führt in die Zielsituation s_z. Mit dieser Interpretation können jetzt die Aktionen füge_Schwefel_hinzu, warte und erhitze_Eisen_und_Schwefel wie folgt dargestellt werden.

$$\forall x, y, z: \ plan(S \circ x, y, z) \ \rightarrow \ plan(x, [f, y], z)$$

$$\forall x, y, z: \ plan(x, y, z) \ \rightarrow \ plan(x, [w, y], z) \qquad (4.23)$$

$$\forall x, y, z: \ plan(FeS \circ x, y, z) \ \rightarrow \ plan(Fe \circ S \circ x, [e, y], z)$$

Somit erhalten wir ein logisches Programm im Sinne der logischen Programmierung, wobei jedoch die zugrunde liegende Horntheorie durch die Axiome (AC1) sowie die üblichen Axiome (E) der Gleichheit (Reflexivität, Symmetrie, Transitivität und Substitutivität) gegenüber einem (reinen) PROLOG-Programm erweitert wurde. Da in (4.23) nur Regeln spezifiziert sind, würde ein solches Programm niemals terminieren. Wir benötigen also noch ein Faktum.

$$\forall x: \ plan(x, [], x) \qquad (4.24)$$

Damit kann eine Berechnung dann erfolgreich beendet werden, wenn die Ausgangssituation gleich (modulo (AC1)) der Zielsituation ist, wobei [], wie schon in der linearen Konnektionsmethode, als der leere Plan interpretiert wird.

Wie zuvor können wir jetzt fragen, ob das Hintereinanderausführen der füge_Schwefel_hinzu, warte und erhitze_Eisen_und_Schwefel Aktionen zu Schwefeleisen führt. Die Aufgabe besteht darin zu zeigen, daß

$$(4.23) \land (4.24) \land (AC1) \land (E) \ \rightarrow \ plan(Fe, [f, [w, [e, []]]], FeS) \qquad (4.25)$$

allgemeingültig ist. Man beachte, daß die hier verwendete Kodierung des Planes bis auf die Klammerung mit der in der linearen Konnektionsmethode verwendeten Kodierung übereinstimmt. Um die Allgemeingültigkeit von (4.25) nachzuweisen, müssen die Axiome (AC1) und (E) nicht explizit angeben, sondern können in den deduktiven Apparat — genauer gesagt, in die Berechnung der Unifikatoren — eingebaut werden (siehe Abschnitte 4.5 und 4.6 in [Bib92]). In anderen Worten, wenn wir zwei Atome miteinander unifizieren, dann suchen wir nicht nur nach einer Substitution, so daß die entsprechenden Instanzen der Atome syntaktisch gleich werden, sondern wir suchen nach einer Substitution, so daß die entsprechenden Instanzen der Atome unter der durch (AC1) und (E) definierten Gleichungstheorie gleich werden. Verwenden wir anstelle des syntaktischen Unifikationsalgorithmus in der SLD-Resolution einen Unifikationsalgorithmus für die durch (AC1) und (E) definierte Gleichungstheorie, so wollen wir die Ableitungsregel als SLDE-Resolution bezeichnen [Höl89]. Mit Hilfe der SLDE-Resolution können wir jetzt durch die in Abbildung 4.20 dargestellte Widerlegung nachweisen, daß (4.25) allgemeingültig ist.

Das erste Argument des *plan*-Prädikats ist eine Realisierung des von McCarthy und Hayes vorgeschlagenen Rahmens. In der Definition einer Aktion (wie den in 4.23

$$\neg\ plan(Fe, [f, [w, [e, []]]], FeS)$$
$$|$$
$$\neg\ plan(Fe \circ S, [w, [e, []]], FeS)$$
$$|$$
$$\neg\ plan(Fe \circ S, [e, []], FeS)$$
$$|$$
$$\neg\ plan(FeS, [], FeS)$$
$$|$$
$$\square$$

Abbildung 4.20 Ein SLDE-Resolutionsbeweis für (4.25). Dabei wird die initiale Zielklausel nacheinander mit den Konklusionen der in (4.23) definierten Regeln für die Aktionen füge_Schwefel_hinzu, warte, und erhitze_Eisen_und_Schwefel modulo (AC1) und (E) unifiziert und durch die jeweilige, entsprechend instantiierte Bedingung ersetzt.

$$\{Fe\} \xrightarrow{\text{füge\_Eisen\_hinzu}} \{Fe, S\} \xrightarrow{\text{warte}} \{Fe, S\} \xrightarrow{\text{erhitze\_Eisen\_und\_Schwefel}} \{FeS\}$$

Abbildung 4.21 Situationen sind Multimengen von Fluenten. Aktionen entfernen die Elemente aus einer Multimenge, die ihren Vorbedingungen entsprechen, und fügen neue Elemente hinzu, die ihren Nachbedingungen entsprechen. Die Abbildung zeigt die entsprechenden Situationsänderungen für das Eisen und Schwefel Beispiel.

angegebenen) werden nur die Aussagen spezifiziert, die durch die Ausführung der Aktion auch verändert werden. Alle eventuell vorhandenen übrigen Aussagen werden im Zuge der Unifikation unter (AC1) an die Variable x gebunden und somit unverändert an die Resolvente weitergegeben. Dies wird insbesondere dann deutlich, wenn wir Terme der Form $f_1 \circ \ldots \circ f_n$ als Multimengen von Situationsfluenten f_i, $1 \leq i \leq n$, interpretieren. Mit dieser Interpretation bedeutet die Anwendung einer Aktion in einer Situation s, daß die Vorbedingungen der Aktion aus der durch s definierten Multimenge entfernt werden und die Nachbedingungen der Aktion zu der so erhaltenen Multimenge hinzugefügt werden. Abbildung 4.21 zeigt die entsprechenden Multimengen für das Eisen und Schwefel Beispiel. Man beachte, daß wir einen Ausdruck der Form $f_1 \circ \ldots \circ f_n$ nicht als Menge interpretieren können, da $\circ$ nicht idempotent ist, d.h. es gilt nicht $f \circ f = f$.

Würden wir jedoch die Idempotenz zu (AC1) hinzufügen, dann hätten wir ein System ähnlich zu STRIPS spezifiziert. STRIPS ist ein von R.E. Fikes und N.J. Nilsson entwickeltes Planungssystem [FN71], das durch prädikatenlogische Ausdrücke be-

4.7 Planen

schriebene Situationen modelliert und dessen Aufgabe es ist, Sequenzen von Aktionen zu finden, die eine vorgegebene Ausgangssituation in eine Zielsituation überführen. Erst 1986 gelang es Vladimir Lifschitz, für eine Variante von STRIPS eine Semantik anzugeben [Lif86b]. In dieser Variante ist eine Situation durch eine (als Konjunktion aufzufassende) Menge von Grundatomen und beliebigen Aussagen einer Logik erster Stufe beschrieben. Während sich die Grundatome von einer Situation zur anderen ändern können — genauer gesagt, Grundatome, die in einer Situation gelten, können in der nächsten Situation falsch sein und umgekehrt — müssen die übrigen Aussagen in allen Situationen gelten. Eine Aktion wird dann durch ein Tripel (V, D, A) angegeben, wobei V ein prädikatenlogischer Ausdruck — die sogenannte Vorbedingung — ist und D bzw. A Listen von Grundatomen sind (engl. delete- bzw. add-list). Ausgehend von der initialen Situation S_0 definiert nun eine Sequenz $((V_i, D_i, A_i) \mid i \geq 1)$ von Aktionen eine Sequenz $(S_i \mid i \geq 1)$ von Situationen durch

$$S_{i+1} = (S_i \setminus D_i) \cup A_i,$$

wenn für alle i die Voraussetzung V_i in S_i erfüllt ist. Eine Sequenz $((V_i, D_i, A_i) \mid n \geq i \geq 1)$ von Aktionen löst ein Planungsproblem genau dann, wenn die Zielsituation, wiederum ein beliebiger prädikatenlogischer Ausdruck, in S_n erfüllt ist.

STRIPS unterscheidet sich also von den zuvor dargestellten Planungsverfahren (lineare Konnektionsmethode und Hornlogik mit Gleichheit) im wesentlichen durch die Verwendung von Mengen — im Gegensatz zu Multimengen — zur Repräsentation von Situationen. Die übrigen Unterschiede, nämlich allgemeine prädikatenlogische Ausdrücke als Vorbedingung von Aktionen, als Eigenschaften, die in jeder Situation gelten müssen, und als Zielsituationen, sind nicht essentiell, da sich die zuvor genannten Ansätze entsprechend erweitern lassen.

Dieser entscheidende Unterschied der Verwendung von Multimengen macht die hier besprochenen Verfahren im Vergleich zu STRIPS wesentlich effizienter. Dies mag ein einfaches Beispiel verdeutlichen. Betrachten wir eine Domäne mit vier verschiedenen Münzen zu je 1 DM. Da wir bei einer Mengenrepräsentation die einzelnen Münzen unterscheiden müssen, gibt es $16 = 2^4$ verschiedene Situationen, wobei die Situationen, in denen wir keine bzw. alle vier Münzen haben, die entsprechenden Extremfälle sind. Im Alltag unterscheiden wir jedoch ia. nur fünf verschiedene Situationen: entweder wir haben keine, eine, zwei, drei oder vier DM. In anderen Worten, uns interessiert eigentlich nur die Kardinalität der (Multi-) Menge von 1 DM-Münzen, die auch im Multimengenansatz indiviuell nicht voneinander unterschieden werden. Diese Reduktion kann durchaus drastisch sein. Besteht die Domäne aus zwei Mineralwasserflaschen, vier 10 DM-Scheinen und vier 1 DM-Münzen, dann reduziert sich die Anzahl der verschiedenen Situation von $1024 = 2^{10}$ auf 75 und damit die Zahl der möglichen Situationsänderungen von $1024^2 \approx 10^6$ auf $75^2 \approx 5 \times 10^3$! Im Vergleich zu STRIPS realisieren die obigen Verfahren diese Reduktion, da in der Multimengenrepräsentation gleichartige Objekte eben nicht unterschieden werden müssen. Dies ist auch eine sehr natürliche Reduktion, denn kaufen wir Mineralwasser und benutzen dafür eine von vier 1 DM-Münzen, dann wissen wir in der Regel nicht, welche der verschiedenen Münzen wir benutzt haben.

4.7.5 Lineare Logik

Als letzten deduktiven Ansatz zum Planen wollen wir das Verfahren von M. Masseron, C. Tollu und J. Vauzeilles [MTV90] vorstellen. Dieses basiert auf Jean-Yves Girards linearer Logik [Gir87], die im wesentlichen ein Gentzen-Kalkül des natürlichen Schließens ist. Jedoch ist eine Anwendung der strukturellen Regeln Abschwächung (engl. weakening) und Kürzung (engl. contraction) nicht erlaubt. Wir haben bereits im Abschnitt 4.7.1 gesehen, daß gerade die Anwendung dieser Regeln zu unerwünschten Ableitungen führte. In diesem Abschnitt wollen wir das in [MTV90] verwendete Fragment der linearen Logik darstellen und aufzeigen, wie damit Planungsprobleme gelöst werden können.

In diesem Fragment sind Formeln entweder die Konstante 1 oder grundinstantiierte Atome oder zusammengesetzte Ausdrücke der Form $F \otimes G$, wobei F und G Formeln sind. Der Junktor $\otimes$ entspricht dabei der im Gentzen-Kalkül des natürlichen Schließens verwendeten Konjunktion $\wedge$, jedoch ist $\otimes$ im Gegensatz zu $\wedge$ nicht idempotent. Im weiteren Verlauf dieses Abschnitts werden wir mit $F, G, \ldots$ Formeln und mit $\Gamma, \Delta, \ldots$ Multimengen von Formeln bezeichnen. Des weiteren werden wir $\Gamma \dot\cup \Delta$ durch Γ, Δ und $\Gamma \dot\cup \{F\}$ durch Γ, F abkürzen. Dabei bezeichnet $\dot\cup$ die Multimengenvereinigung.

Der in [MTV90] zum deduktiven Planen verwendete Kalkül ist durch die folgenden Axiome und Ableitungsregeln definiert.

$$A \vdash A \quad \text{für jedes Atom } A \qquad \frac{\Gamma \vdash F \quad \Delta, F \vdash G}{\Gamma, \Delta \vdash G} \text{ (Schnitt)}$$

$$\frac{\Gamma, F, G \vdash H}{\Gamma, F \otimes G \vdash H} (\otimes : l) \qquad \frac{\Gamma \vdash F \quad \Delta \vdash G}{\Gamma, \Delta \vdash F \otimes G} (\otimes : r)$$

$$\frac{\Gamma \vdash F}{\Gamma, 1 \vdash F} (1 : l) \qquad \vdash 1 \ (1 : r)$$

In diesem Kalkül können Formeln weder kopiert noch entfernt werden. Man beachte außerdem, daß in der Definition der Regel $\otimes\_r$ nicht $\Delta = \Gamma$ gefordert wird, wie dies beispielsweise bei der entsprechenden Einführungsregel für die Konjunktion in einem Gentzen Kalkül der Fall ist. In einem Kalkül mit Abschwächung und Kürzung kann eine solche Forderung immer durch Abschwächung der linken Seiten der Sequenzen erfüllt werden.

Kommen wir aber jetzt zum Planen zurück und zur Frage, wie Planungsprobleme in der linearen Logik kodiert und gelöst werden können. Die Aktionen eines Planungsproblems werden als Theorieaxiome der Form $\Gamma \vdash F$ kodiert, wobei Γ die Vorbedingungen und F die Effekte der jeweiligen Aktion repräsentieren. Im Eisen und Schwefel Beispiel erhalten wir die nachfolgend aufgeführten Theorieaxiome für die Aktionen füge_Schwefel_hinzu, warte und erhitze_Eisen_und_Schwefel.

$$\vdash FeS$$
$$1 \vdash 1$$
$$Fe, S \vdash FeS$$

4.7 Planen

$$
\cfrac{\vdash 1 \qquad \cfrac{\cfrac{\vdash S \quad 1 \vdash 1}{1 \vdash S \otimes 1}\otimes{:}r \qquad \cfrac{\cfrac{\cfrac{Fe,\ S\ \vdash\ FeS}{Fe,\ S,\ 1\ \vdash\ FeS}1{:}l}{Fe,\ S \otimes 1 \vdash\ FeS}\otimes{:}l}{\ }}{1,\ Fe\ \vdash\ FeS}s}{Fe\ \vdash\ FeS}s
$$

Abbildung 4.22 Ein linearer logischer Beweis für die Sequenz $Fe \vdash FeS$.

Um das Beispiel lösen zu können, müssen wir einen linearen logischen Beweis für die Sequenz $Fe \vdash FeS$ finden. Abbildung 4.22 zeigt einen solchen Beweis.

Vergleichen wir die in den Abbildungen 4.19(a), 4.20 und 4.22 dargestellten Beweise zur Lösung des Eisen und Schwefel Beispiels, dann zeigt sich unmittelbar, daß die Beweise ineinander übergeführt werden können. Diese Transformationen sind formal in [GHS92] definiert. Dort ist auch die Äquivalenz der drei Kalküle, nämlich der linearen Konnektionsmethode, der Gleichungslogik und der linearen Logik für Planungsprobleme der betrachteten Art bewiesen werden. Da die Gleichungslogik eine Prädikatenlogik 1. Stufe ist und somit eine wohldefinierte und bekannte Semantik besitzt, wird durch ein solches Äquivalenzresultat zum ersten Mal auch eine Standardsemantik für die betrachteten Fragmente der linearen Konnektionsmethode und der linearen Logik definiert.

Wir haben hier nur Planungsprobleme betrachtet, deren Situationsbeschreibungen durch grundinstantiierte Fakten gegeben waren. Jedoch wissen wir aus der Gleichungslogik, daß sich SLDE-Ableitungen von grundinstantiierten Zielklauseln zu SLDE-Ableitungen von allgemeinen (nicht grundinstantiierten) Zielklauseln verallgemeinern (engl. liften) lassen [Höl89]. Somit stellt die Beschränkung auf grundinstantiierte Situationsbeschreibungen keine Einschränkung dar. Insbesondere ist es auch möglich, Situationen nur unvollständig zu beschreiben; eine erfolgreiche SLDE-Ableitung liefert dann eine Vervollständigung der Situation. Fragen wir beispielsweise nach der Allgemeingültigkeit der Formel

$$(4.23) \wedge (4.24) \wedge (AC1) \wedge (E) \;\rightarrow\; \exists x, y : plan(x \circ S, y, FeS),$$

dh. stellen wir die Frage, ob es möglich ist, aus Schwefel und weiteren noch unbekannten Stoffen x Schwefeleisen herzustellen, dann wird uns ein entsprechender korrekter und vollständiger Beweiser eine positive Antwort geben und dabei die Variablen x und y durch Fe bzw. $[e, []]$ ersetzen.

Man beachte, daß eine entsprechende Transformation dieser Anfrage in die lineare Konnektionsmethode bzw. in die lineare Logik dort jeweils eine Metaanfrage darstellt, da Situationsbeschreibungen — wie die oben verwendete Variable x — in der Gleichungslogik Terme und sowohl in der linearen Konnektionsmethode wie auch in der linearen Logik Formeln darstellen. Eine solche Metaanfrage kann dann mit einer der in Abschnitt 4.2.1 behandelten Ansätze formalisiert werden. ZB. besteht einer dieser

Ansätze in der Verwendung einer Logik höherer Stufe. Ein zweiter Ansatz bestand in einer Reifikation von Aussagen. Im Grunde beruht daher der im Unterabschnitt 4.7.4 behandelte Ansatz zum deduktiven Planen auf solch einer Reifikation des vorangehenden Ansatzes mit der linearen Konnektionsmethode.

4.7.6 Planungssysteme (zusammen mit Josef Schneeberger)

Nachdem wir uns bis jetzt in diesem Abschnitt über Planen auf die deduktive Behandlung von Planungsproblemen konzentriert haben, wollen wir zum Abschluß noch die wichtigsten aus der Literatur bekannten Planungssysteme vorstellen. Grundlage fast aller dieser Systeme ist die Darstellung von Situationen durch Mengen von Fluenten. Diese Sichtweise ist historisch bedingt und basiert auf den Ideen des im Abschnitt 4.7.4 vorgestellten Planungssystems STRIPS. Die in den vorangegangenen Abschnitten diskutierte Darstellung von Situationen durch Multimengen von Fluenten ist erst in den letzten Jahren entwickelt worden und findet sich noch nicht in implementierten Systemen.

Die verschiedenen Planungssysteme lassen sich im wesentlichen in drei Kategorien einteilen, nämlich mengenbasierte, planbasierte und sensorbasierte Planungssysteme. Wir wollen im folgenden diese Kategorien kurz charakterisieren und ihre typischen Vertreter vorstellen. Eine ausführlichere Darstellung der Systeme findet sich in [THD90] und in [BGH+93].

In den mengenbasierten Planungssystemen wird ein Plan als Folge von Situationen betrachtet, wobei jeder Übergang von einer Situation in eine andere durch das Ausführen einer Aktion ermöglicht wird. Aus diesem Grund entspricht die Suche nach einem Plan im Prinzip der Zielsuche im Raum der möglichen Situationen. Ein solches System heißt mengenbasiert, da Situationen eben durch Mengen von Fluenten repräsentiert werden. Wie bereits im Abschnitt 4.7.4 beschrieben, bedeutet das Durchlaufen eines Planes etwa in STRIPS die Veränderung von Situationen durch Löschen bzw. Hinzufügen von Fluenten. In vieler Hinsicht kann STRIPS als das Grundmodell aller nachfolgenden Planungssysteme in der Intellektik angesehen werden. Dies gilt insbesondere für die Darstellungen von Aktionen durch Tripel bestehend aus Vorbedingung und den beiden Mengen der zu löschenden bzw. hinzuzufügenden Fluenten, für die bei der Implementierung von STRIPS verwendeten Techniken und für die Kopplung des reinen Planungssystems mit einer Komponente zur Überwachung der Planausführung. Aufbauend auf den Prinzipien von STRIPS entstanden in der Folge eine Reihe von Planungssystemen, von denen ABSTRIPS [Sac74] und WARPLAN [War74] die vielleicht bekanntesten sind.

In den Planungssystemen der zweiten Kategorie, dh. den planbasierten System, stehen die Pläne im Mittelpunkt. Diese sind ia. nicht vollständig entwickelt, sondern bestehen aus einer partiell geordneten Menge von Aktionen und noch zu lösenden Teilzielen. Die Aufgabe des Planungssystems ist es nun, einen teilweise entwickelten Plan sukzessive durch Hinzufügen von Aktionen und Elementen der Ordnungsrelation so umzuformen, daß der Plan keine unerfüllten Teilziele mehr enthält und tatsächlich die gegebene Ausgangssituation in die Zielsituation überführt. Als typisches Beispiel für dieses Verfahren beobachten wir einen Handwerker beim Aneinanderkleben zweier Werkstücke. Ein solches Szenario läßt sich durch drei Aktionen beschreiben. Zum einen muß Sekundenkleber auf die Werkstücke aufgetragen werden, und zum anderen müssen die Werkstücke zusammengepreßt werden. Weiterhin ist unser Handwerker im öffentlichen Dienst beschäftigt und muß aufgrund von arbeitsschutzrechtlichen Bestimmungen rechtzeitig eine Pause einlegen. Ein möglicher, teilweise entwickelter Plan kann in diesem Ansatz durch die Formel

$$a < k < p < z \land a < V < z$$

beschrieben werden, wobei a die Ausgangssituation, k das Auftragen des Sekundenklebers, p das Zusammenpressen der Werkstücke, V die arbeitsrechtliche Vorschrift und z die Zielsituation bezeichnen. Dabei ist es unerheblich, ob a und z als Situation oder Aktion aufgefaßt werden. $<$ ist eine partielle Ordnungsrelation, die die Aktionen und Teilziele zeitlich anordnet. Im Gegensatz zu den Situationen bzw. Aktionen a, k, p und z repräsentiert V ein Teilziel, das etwa durch die Aktion Brotzeit_machen b erfüllt werden kann.

$$a < k < p < z \land a < b < z.$$

Ein solcher Plan führt aber noch nicht notwendigerweise dazu, daß die Werkstücke anschließend auch zusammengeklebt sind. Da unser Handwerker Sekundenkleber verwendet, darf er zwischen dem Auftragen des Klebers und dem Zusammenpressen der Werkstücke keine Brotzeit einlegen. Durch Verfeinerung der Ordnungsbeziehungen erhalten wir unter Berücksichtigung dieser Bedingung entweder den Plan

$$a < b < k < p < z$$

oder den Plan

$$a < k < p < b < z.$$

Wie dieses Beispiel zeigt, muß beim Hinzufügen bzw. Einordnen einer neuen Aktion sichergestellt werden, daß erfüllte Vorbedingungen bereits geplanter Aktionen nicht verletzt werden. Eine formale Definition dieser Bedingung kann hier aus Platzgründen nicht gegeben werden; wir verweisen dazu auf [Cha87]. Durch Berücksichtigung dieser Bedingung können — im Gegensatz zu mengenbasierten Planungsverfahren — wechselseitige Abhängigkeiten von Teilplänen frühzeitig während der Planung erkannt und aufgelöst werden. Das erste planbasierte System war NOAH [Sac75]. Aus einer Vielzahl weiterer Systeme, die nach dem gleichen Prinzip arbeiten, sind SIPE [Wil88], TWEAK [Cha87], NONLIN [Tat77] und SNLP [MR91] die bekanntesten Vertreter.

Neben den mengen- und planbasierten Systemen wurden in den letzten Jahren eine Reihe von Methoden entwickelt, die wir hier unter dem Begriff der sensorbasierten oder reaktiven Planungssysteme zusammenfassen wollen. Bei diesen Systemen spielen die Fluenten als semantiktragende Elemente keine Rolle mehr. Vielmehr wird aus der vorliegenden Information aller Sensoren des Akteurs eine nächste Aktion abgeleitet. Ein sensorbasiertes Planungssystem besteht also im Kern aus einer Menge von bedingten Aktionen, die in einer ersten Näherung als Produktionsregeln (siehe Abschnitt 2.9) aufgefaßt werden können. Die bekanntesten Verfahren sind die universellen Pläne von Schoppers [Sch87b, Sch89], das PRS von Georgeff und Lansky [GL87, GLS87], die Systeme PENGI und BLOCKHEAD von Agre und Chapman [AC87, Cha89] und die Aktionsnetze von Nilsson [Nil89]. Sensorbasierte Planungssysteme erzeugen keinen Plan im Sinne einer Folge von Einzelaktionen, sondern sie repräsentieren Handlungswissen über den gesamten Anwendungsbereich. Sie ermöglichen insbesondere, auf unerwartete Änderungen in der realen Welt flexibel und normalerweise ohne Neuplanung reagieren zu können.

Sensorbasierte oder reaktive Planungssysteme werden in der Literatur durchaus kontrovers diskutiert (siehe zB. die grundlegende Kritik an universellen Plänen in [Gin89a]). Die Verwendung von sensorbasierten und klassischen Planungssystemen widerspricht sich jedoch nicht; vielmehr ergänzen und überlappen sich die verschiedenen Systeme. Ein sensorbasiertes Planungssystem kann vorhandene Unsicherheit im Anwendungsbereich und im Definitionsbereich der Aktionen bei der Ausführung eines Plans abfangen, indem jeweils die Aktion als nächste ausgeführt wird, die in der aktuellen Situation unter den aktuellen Zielen angemessen ist. Bemerkt der Akteur jedoch, daß der gegebene bzw. bis dahin erzeugte Plan unzureichend ist, kann er auf die klassische Planung zurückgreifen. Entsprechende Ansätze finden sich beispielsweise in [DR91, TH92]. Letztlich gehen auch diese Arbeiten auf STRIPS — nämlich auf den Aufbau und die Ausführung der in [FHN72] beschriebenen Dreieckstafeln — zurück.

In den zurückliegenden Unterabschnitten haben wir uns mit Planungsproblemen beschäftigt, Methoden vorgestellt, mit deren Hilfe Pläne aufgestellt werden können, und typische Fragestellungen, die bei der Behandlung von Situationen, Aktionen und Kausalität auftreten, betrachtet. Planen hat stets auch etwas mit Zeit — genauer gesagt, mit Zeit und Raum — zu tun, auch wenn dies in diesem Abschnitt immer nur implizit der Fall war. Beispielsweise sind die Klebeflächen der oben betrachteten Werkstücke zwei- oder dreidimensional, und natürlich muß der Kleber vor dem Zusammenpressen der Werkstücke aufgetragen werden, wenn diese danach auch zusammenhaften sollen. In vielen Fällen ist es notwendig, die Zeit und den Raum auch explizit zu behandeln. Würde in unserem Klebebeispiel der Handwerker normalen Kleber verwenden, dann sollte er beispielsweise mindestens 10, aber nicht mehr als 15 Minuten warten, bevor er die Werkstücke zusammenpreßt. Außerdem muß er natürlich die Klebeflächen vollständig und gleichmäßig mit Kleber bestreichen. Mit der Darstellung und der Manipulation von Zeit und Raum werden wir uns im anschließenden Abschnitt beschäftigen.

4.8 Die inferentielle Behandlung von Zeit und Raum

Unser tägliches Leben wird von zeitlichen und räumlichen Erwägungen stark beeinflußt. Das Verstehen von Sprache und Schrift erfordert zeitliches Schließen ("... treffen wir uns nach der Vorlesung in der Mensa..."). Jede Fortbewegung in Raum und Zeit (wie zB. Autofahren) erfordert räumliche (und zeitliche) Überlegungen. Auch in der

4.8 Die inferentielle Behandlung von Zeit und Raum

Informatik werden wir ständig mit zeitlichen und räumlichen Problemen konfrontiert. Für Systementwickler und -betreiber ist es von großer Bedeutung, wann und wo Kommandos und Nachrichten abgesetzt wurden und wohin sie in welcher Zeit geschickt werden sollen. In der rechnergesteuerten Fertigung muß dafür gesorgt werden, daß die richtigen Teile zum richtigen Zeitpunkt am richtigen Ort sind. Robotor müssen sich in einer — unter Umständen sogar unbekannten — Welt zurechtfinden und bewegen.

Da wir Menschen nach entsprechendem Training im allgemeinen mit großer Leichtigkeit zeitliche und räumliche Aufgabenstellungen lösen, scheint es eine Repräsentation von zeitlichen und räumlichen Wissen zu geben, die zum einen so mächtig und universell ist, daß wir darin unser Alltagswissen ausdrücken können, und zum anderen Operationen erlaubt, mit denen sich unsere Alltagsprobleme sehr schnell und effizient behandeln lassen. Wegen der zentralen Rolle von Zeit und Raum wollen wir uns in diesem Abschnitt mit dem zeitlichen und räumlichen Schließen befassen, deren Ziel die Entwicklung einer allgemeine Theorie für die Repräsentation und die Behandlung von Zeit und Raum ist.

Zeitliches und räumliches Schließen sind eng miteinander verbunden. Wollen wir beispielsweise das Anstreichen eines schmutzig-weißen Gartenzauns mit blauer Farbe modellieren, dann müssen wir unter anderem den Ort des Gartenzauns, die Fläche des Gartenzauns, die Dauer des Anstreichens oder die langsame, partielle Veränderung der Farbe des Zauns während des Anstreichens repräsentieren und gegebenenfalls manipulieren. (Die genauen Details hängen natürlich von dem jeweils betrachteten Abstraktionsgrad ab.) Wir müßten also ein vierdimensionales Gebilde bestehend aus den drei Dimensionen des Raumes und der einen Dimension der Zeit modellieren, wie dies zB. P. J. Hayes unter Verwendung des Konzepts einer Geschichte vorschlug [Hay84].

Nun haben aber nicht alle Vorgänge eine zeitliche und räumliche Ausdehnung. Man denke dabei nur an eine Unterhaltung. Auch gibt es neben der Dimensionalität weitere Unterschiede zwischen der zeitlichen und räumlichen Domäne. So existiert im Raum im allgemeinen keine ausgezeichnete Richtung, während wir uns in der Zeit vor allem nach vorne bewegen. Wir können den Raum und die sich in ihm befindlichen Objekte direkt mittels unserer Sinnesorgane wahrnehmen, während dies für die Zeit nicht wirklich gilt. Aus diesen und aus pädagogischen Gründen werden wir im folgenden zeitliches und räumliches Schließen getrennt voneinander betrachten und uns dabei — schon aus Platzgründen — auf die Behandlung der Zeit stärker konzentrieren. Die Zeit erlaubt auf Grund ihrer Eindimensionalität manche Fragen und Probleme, die auch für den Raum gelten, exemplarisch zu behandeln. Nichtsdestotrotz sei hier noch einmal auf die Bedeutung der Verbindung des zeitlichen und des räumlichen Schließens hingewiesen.

4.8.1 Zeitliches Schließen

Eine gesonderte Betrachtung der Zeit ist nur dann gerechtfertigt, wenn wir eine Welt modellieren wollen, die sich im Laufe der Zeit ändern kann. Insofern ist das Konzept Zeit wesentlich mit dem Konzept der Veränderung bzw. des Wandels verbunden.

Deshalb muß eine Theorie der Zeit zwei wesentliche Anforderungen erfüllen. Zum einen muß sie eine Sprache festlegen, in der Aussagen formuliert werden können, für die die Zeit eine wesentliche Bedeutung hat. Zum anderen muß sie definieren, wann Veränderungen auftreten dürfen bzw. können und welche Auswirkungen solche Veränderungen haben.

Nun gibt es in der Philosophie, der Intellektik und der Informatik sehr viele Ansätze zum zeitlichen Schließen, die verschiedene Gemeinsamkeiten und Unterschiede aufweisen. Ein alles umfassender Ansatz hat sich noch nicht herausgebildet. Wir werden deshalb in diesem Abschnitt versuchen, die wesentlichen Merkmale der verschiedenen Ansätze herauszustellen. Dabei werden wir zunächst die Repräsentationsformen für die Zeit betrachten und uns anschließend der Ontologie der Zeit zuwenden. Konkrete Inferenzsysteme für zeitliches Schließen werden erst durch eine Kombination der verschiedenen Merkmale erhalten.

Dieser Abschnitt soll eine knappe Übersicht über das zeitliche Schließen in der Intellektik bieten. Wir folgen dabei den Darstellungen in [SM92, HHP93, Dav90]. Für die entsprechenden Details müssen wir auf die jeweils angegebene Literatur verweisen.

Repräsentation.

Wir wollen uns zunächst der Fragestellung zuwenden, wie zeitliche Information repräsentiert werden kann. Betrachten wir dazu als Beispiel einen Gartenzaun, der zur Zeit t blau ist. Diesen Sachverhalt können wir auf verschiedene Arten repräsentieren.

- Die Zeit kann als zusätzliches Argument eines Prädikats- oder Funktionssymbols modelliert werden. In diesem Fall läßt sich das oben genannte Gartenzaunbeispiel durch die Aussage *Farbe(zaun, blau, t)* darstellen.

- Die Aussage kann reifiziert und durch *Gilt(t, farbe(zaun, blau))* modelliert werden. Dabei wird jetzt die Farbe als Funktion und nicht mehr als Prädikat modelliert.

- Die Zeit kann bei der Interpretation berücksichtigt werden. In diesem Fall ist eine (abgeschlossene) Formel F zu einer bestimmten Zeit t entweder wahr oder falsch, was durch $t \models F$ bzw. $t \not\models F$ dargestellt wird. Für unser Beispiel erhalten wir $t \models$ *Farbe(zaun, blau)*.

Mit dem Situationskalkül wurde bereits in Abschnitt 4.7.2 ein typischen Ansatz der ersten Art vorgestellt. Darin wird die zu modellierende Welt bzw. der Weltauschnitt zu bestimmten Zeitpunkten in Form von Situationen betrachtet. Ausgehend von einer Situationen können alle zukünftigen Situationen mittels Aktionen erreicht werden. Die Aktionen selbst werden durch Vorbedingungen und Effekte beschrieben. Damit eine Aktion in einer bestimmten Situation angewendet werden kann, müssen die Vorbedingungen der Aktion in der Situation erfüllt sein. Ist dies der Fall und wird die Aktion ausgeführt, dann verursacht die Aktion die in ihrer Spezifikation festgelegten Effekte. Das in Abschnitt 4.7.2 bei der Modellierung von Aussagen verwendete zusätzliche Argument s, das die Situation repräsentiert, in der die Aussagen gelten,

4.8 Die inferentielle Behandlung von Zeit und Raum

kann also als Zeitpunkt interpretiert werden, und mit Hilfe des Funktionszeichens r wurden Situationen bzw. Zeitpunkte linear geordnet. Auf die bei dieser Modellierung entstehenden Probleme — wie das Rahmen-, das Ramifikations- oder das Vorhersageproblem — wurde bereits in Abschnitt 4.7 hingewiesen. Erwähnt sei allerdings noch, daß Zeit natürlich auch durch mehrere Parameter repräsentiert werden kann und daß zur formalen Behandlung einer solchen Repräsentation Sortenlogiken (siehe Abschnitt 2.11.5) bzw. vergleichbare Logiken geeignet erscheinen, da sie eine formale Trennung zwischen zeitlicher und nicht-zeitlicher Information unterstützen [BTK91].

Diese Art der Modellierung, dh. die erste Art in der oben gegebenen Strichaufzählung, hat aus der Sicht des zeitlichen Schließens einen entscheidenden Nachteil. Die Repräsentation der Fluenten durch Prädikatszeichen erlaubt es nicht, allgemeine Aussagen über sich mit der Zeit verändernde Sachverhalte zu machen. Beispielsweise kann so nicht allgemein ausgedrückt werden, daß die Effekte einer Aktion erst nach Ausführen der Aktion auftreten können. Solche Aussagen können immer nur bezogen auf bestimmte Aktionen und bestimmte Effekte gemacht werden. Diese Beobachtung manifestiert sich auch in der Tatsache, daß — wie in Abschnitt 4.7.2 angesprochen — $O(m \cdot n)$ Rahmenaxiome zur Lösung des Rahmenproblems benötigt werden, wobei m die Anzahl der Fluenten und n die Anzahl der Aktionen ist.

Hingegen erlaubt die zweite Art der Modellierung allgemeine Aussagen über die Zeit. Beispielsweise kann mittels der Formel

$$\forall a, f, x : \exists y : \mathit{Ausführen}(a, x) \land \mathit{Bewirkt}(a, f) \rightarrow \mathit{Gilt}(y, f) \land x < y$$

ausgedrückt werden, daß nach Ausführen einer Aktion a zum Zeitpunkt x, die den Fluent f bewirkt, dieser Effekt zu einem späteren Zeitpunkt y auch auftritt. Bedingt durch die Reifizierung der Fluenten kann eine Theorie für das zeitliche Schließen entwickelt werden. In der obigen Formel betrachten wir Zeitpunkte, und wir müßten eigentlich noch die Relation $<$ über Zeitpunkten definieren. Wenn wir unter Zeitpunkten beispielsweise reelle Zahlen verstehen wollen, dann ist $<$ nichts anderes als die "übliche" Kleiner-Relation über den reellen Zahlen. Wollen wir aber Zeitintervalle betrachten, dann sind die entsprechenden Relationen etwas komplexer, worauf wir im Laufe des nächsten Paragraphen noch eingehen werden. Der hier angesprochene zweite Ansatz wird heute in vielen Bereichen der Intellektik angewendet. Voraussetzung für diesen Ansatz ist — wie oben erwähnt — die Reifikation der Fluenten, dh. Fluenten werden durch Funktionen und nicht mehr durch Prädikate repräsentiert. Eine solche Reifikation wurde schon im gleichungslogischen Planungsansatz in Abschnitt 4.7.4 vorgestellt, auch wenn dort die Zeit nicht weiter berücksichtigt wurde.

Die dritte Art der Modellierung von Zeit wird heute von der modernen Philosophie bevorzugt. Aufbauend auf Arbeiten von A. N. Prior [Pri57, Pri67], N. Rescher und A. Urquhart [RU71] wird die Modallogik (siehe Abschnitt 2.11.7) zur Modellierung zeitlicher Beziehungen verwendet. Dabei werden modale Operatoren der folgenden Form bzw. Variationen davon zugelassen, wobei A eine Formel bezeichnet.

FA : Es wird der Fall sein, daß A gilt.

GA : Es wird immer der Fall sein, daß A gilt.

P A : Es war der Fall, daß A gegolten hat.

H A : Es war immer der Fall, daß A gegolten hat.

Die möglichen Welten einer solchen Modallogik werden mit Zeitpunkten identifiziert. Damit werden Aussagen bzgl. eines Zeitpunktes interpretiert, und es wird möglich, unter Verwendung der Modaloperatoren Aussagen in bezug zu anderen Zeitpunkten zu setzen. So sagt beispielsweise die Formel

$$\neg \textit{Farbe}(zaun, blau) \rightarrow G \neg \textit{Farbe}(zaun, blau)$$

aus, daß wenn der Zaun jetzt nicht blau ist, er niemals blau sein wird. Modale Logiken wurden nicht nur in der Philosphie, sondern auch in der theoretischen Informatik zur Modellierung von Zeit eingesetzt. Insbesondere spielen sie für die Verifikation von Programmen und deren Eigenschaften (siehe zB. [Pne79, Eme90]) oder in Form der sogenannten dynamischen Logiken (siehe zB. [Har79]) für das Schließen über und mit Programmen eine wichtige Rolle. Gute Einführungen finden sich in [vB91, Gab92, GHR92].

Ontologie.

Neben der Frage nach der Repräsentation zeitlicher Information, ist die Frage nach einer geeigneten Zeitontologie zu klären. Als Grundbausteine zeitlichen Schließens eignen sich drei verschiedene Konzepte. Zeitliches Schließen kann über Punkt-, Intervall- oder Ereignisstrukturen definiert werden. Jede der einzelnen Strukturen hat ihre Vor- und Nachteile, und wir wollen im folgenden versuchen, diese zumindest ansatzweise darzustellen.

Eine *Punktstruktur* besteht aus einer nichtleeren Menge von Punkten, die durch eine Präzedenzrelation < geordnet ist. Von der <-Relation wird im allgemeinen mindestens Irreflexivität und Transitivität gefordert. Daneben können eine Reihe von Eigenschaften festgelegt werden, die sich fast immer aus dem zu modellierenden Sachverhalt ergeben. So kann die Zeit als gebunden oder ungebunden modelliert werden, dh. es gibt feste obere und untere Schranken, oder die Zeit dehnt sich unendlich in die Vergangenheit oder die Zukunft aus. Die Zeit kann diskret, dicht oder kontinuierlich, total oder partiell sowie linear oder verzweigend sein. Eine Verzweigung kann sowohl in die Vergangenheit wie auch in die Zukunft weisen. Mittels in die Vergangenheit verzweigender Zeiten lassen sich beispielsweise alternative vergangene Entwicklungen, die zu der gleichen momentanen Situation geführt haben könnten, modellieren. Analog lassen sich mittels in die Zukunft verzweigender Zeiten alternative zukünftige Entwicklungen modellieren. Ist eine solche Punktstruktur mit ihren gewünschten Eigenschaften einmal festgelegt, dann können Funktions- und Prädikatszeichen über solchen Strukturen interpretiert werden. Beispielsweise können wir die natürlichen Zahlen zusammen mit der "üblichen" <-Relation als Punktstruktur betrachten. Das im Situationskalkül (siehe Abschnitt 4.7.2) eingeführte zusätzliche Argument s eines Funktions- oder Prädikatszeichens kann nun als Zeitpunkt und das Funktionszeichen

4.8 Die inferentielle Behandlung von Zeit und Raum

r als Nachfolgerfunktion auf den natürlichen Zahlen interpretiert werden. Auf diese Weise werden allen Fluenten Zeitpunkte zugeordnet, zu denen sie gelten sollen.

Punktstrukturen eignen sich immer dann zur Modellierung von Zeit, wenn die zeitliche Ausdehnung einer Aktion oder die Zeitdauer, in der ein Fluent gilt, keine Rolle spielt. Wollen wir aber beispielsweise ausdrücken, daß das Streichen eines Zaunes zwei Stunden dauert, dann ist es oftmals geschickter, diese Dauer mittels Intervallen zu repräsentieren. Eine *Intervallstruktur* besteht aus einer nichtleeren Menge von Punkten, die durch eine Präzedenzrelation $<$ und eine Teilmengenbeziehung $\subseteq$ geordnet ist. Wie bei den Punktstrukturen wird von der $<$-Relation im allgemeinen mindestens Irreflexivität und Transitivität gefordert, während die $\subseteq$-Relation irreflexiv, transitiv und antisymmetrisch sein sollte. Intervalle besitzen jeweils einen Anfangs- und einen Endpunkt, wobei angenommen wird, daß der Anfangspunkt entweder gleich oder zeitlich vor dem Endpunkt liegt. Im ersten Fall kollabiert das Intervall zu einem Zeitpunkt, während im zweiten Fall ein echtes Intervall vorliegt. Des weiteren sind Intervalle konvex, dh. sie besitzen keine Lücken.

Wie Allen [All84] gezeigt hat, lassen sich zwei Intervalle auf dreizehn einander wechselseitig ausschließende Arten anordnen. Dies sind die sechs nachfolgenden Relationen, die entsprechenden inversen Relationen und die Gleichheit von Intervallen.

startet(i_1, i_2) i_1 hat Anfang wie i_2, endet aber vor dem Ende von i_2.
endet(i_1, i_2) i_1 hat Ende wie i_2, beginnt aber vor dem Anfang von i_2.
während(i_1, i_2) i_1 ist vollständig in i_2 enthalten.
vor(i_1, i_2) i_1 ist vor i_2 und die beiden Intervalle überlappen sich nicht.
überlappt(i_1, i_2) i_1 beginnt vor i_2 und endet nach dem Anfang, aber vor dem Ende von i_2.
trifft(i_1, i_2) i_1 ist vor i_2 und es gibt kein Intervall zwischen i_1 und i_2.

Aufbauend auf diese primitiven Relationen können nun die logischen Eigenschaften der Zeitrelation durch Axiome festgelegt werden. Dabei sind insbesondere die Axiome von Interesse, die die Kombination zweier primitiver Relationen definieren. Aus der in [All83] aufgeführten Tabelle dieser Axiome haben wir eines beispielhaft entnommen.

$$während(i_2, i_1) \land vor(i_2, i_3)$$
$$\rightarrow vor(i_1, i_3) \lor überlappt(i_1, i_3) \lor trifft(i_1, i_3) \lor während(i_3, i_1) \lor endet(i_3, i_1). \tag{4.26}$$

Schon dieses eine Axiome verdeutlicht eines der Problem mit Allens Zeitrelation. Unvollständige Information wird durch Disjunktion von — im Extremfall bis zu dreizehn verschiedenen — primitiven Relation ausgedrückt. So besagt die Konklusion des oben gegeben Axioms, daß der Anfang des Intervalls i_1 vor dem Anfang von i_3 liegt, während die Endpunkte der Intervalle beliebig kombiniert werden können. Anders ausgedrückt, schon um einen einfachen Sachverhalt wie etwa die in dem Satz *Newton starb, bevor Einstein geboren wurde* ausgedrückte zeitliche Beziehung zwischen Newtons Tod und Einsteins Geburt zu repräsentieren, benötigt Allens Formalismus eine Disjunktion von primitiven Relationen, wie sie in der obigen Konklusion gegeben ist. Dazu müssen wir nur das Intervall i_1 als den Zeitraum nach Newtons Tod und das Intervall i_3 als den Zeitraum, in dem Einstein lebte, interpretieren.

Der Ansatz von Freksa [Fre92] kompensiert diesen Nachteil von Allens Ontologie durch Einführung von Semi-Intervallen und der Betrachtung von sogenannten konzeptionellen Nachbarschaften. *Semi-Intervalle* sind Intervalle, in denen entweder nur der Anfangs- oder nur der Endpunkt gegeben ist. Mit Hilfe solcher Semi-Intervalle läßt sich nun die Konklusion in (4.26) durch $\alpha(i_1) < \alpha(i_3)$ ausdrücken, wobei $\alpha(i)$ den Anfangspunkt des Intervalls i repräsentiert. Relationen sind *konzeptionelle Nachbarn*, wenn sie durch eine kontinuierliche topologische Transformation — also zB. durch Verkürzung oder Verlängerung — ineinander überführt werden können. Beispielsweise sind die Relationen *überlappt* und *startet* konzeptionelle Nachbarn, während dies für *überlappt* und *endet* nicht gilt. Aufbauend auf dieser Nachbarschaftsbeziehung kann nun eine Kombinationstabelle für zeitliche Relationen angegeben werden, die wesentlich kompakter und redundanzärmer als die oben genannte Tabelle von Allen ist. Das führt dazu, daß zeitliches Schließen mit unvollständiger Information, basierend auf Semi-Intervallen und konzeptionellen Nachbarschaften, effizienter als Allens Ansatz ist. Darüber hinaus spricht vieles dafür, daß konzeptionelle Nachbarschaften auch kognitiv adäquater als Allens Disjunktionen von primitiven Zeitrelationen sind.

Neben Punkt- und Intervallstrukturen spielen auch noch Ereignisstrukturen eine wichtige Rolle als Grundbausteine des zeitlichen Schließens. Nach Kamp [Kam79] wird die Zeit aus wahrnehmbaren Ereignissen von endlicher Dauer abgeleitet. Dazu muß zunächst die Struktur der Ereignisse festgelegt werden. Eine *Ereignisstruktur* besteht aus einer nichtleeren Menge von Ereignissen, auf der zwei binäre Relationen definiert sind. Zum einen ist dies die Präzedenzrelation $<$, die ausdrückt, daß ein Ereignis vollständig vor einem anderen Ereignis stattfindet. Zum anderen ist das die Überlappungsrelation o, die ausdrückt, daß zwei Ereignisse ungefähr gleichzeitig stattfinden. (o ist nicht zu verwechseln mit Allens *überlappt*-Relation, die wir weiter oben betrachtet haben.) Beispielsweise kann damit ausgedrückt werden, daß zwei Möbelpacker (im umgangssprachlichen Sinne) gleichzeitig einen Tisch anheben, auch wenn eine exakte physikalische Zeitmessung ergibt, daß der erste Packer etwas früher als sein Partner anhob. Wie bei Punkt- und Intervallstrukturen wird für die Präzedenzrelation die Irreflexivität und die Transitivität gefordert. Demgegenüber ist o reflexiv und symmetrisch. Präzedenz und Überlappung schließen sich im allgemeinen wechselseitig aus. Darüber hinaus können Ereignisse entweder linear oder partiell angeordnet werden.

Basierend auf einer solchen Ereignisstruktur schlägt Kamp nun vor, Zeitpunkte als maximale Teilmengen paarweise einander überlappender Ereignisse zu konstruieren. Intervalle ergeben sich daraus als konvexe Mengen von Zeitpunkten. Ein Beispiel mag diese Konstruktion verdeutlichen. Betrachten wir dazu die folgende Kurzgeschichte. *Als der Packer die linke Seite des Tisches anhob, fing die auf dem Tisch stehende Bierflasche zu rutschen an. Doch noch während die Flasche rutschte, hob sein Kollege auch die rechte Seite des Tisches an.* Der erste Satz definiert zwei Ereignisse e_1 (*hebt links an*) und e_2 (*die Flasche rutscht*), die sich überlappen ($e_1 \circ e_2$). Gemäß der oben getroffenen Festlegung erhalten wir daraus einen Zeitpunkt t_1. Der zweite Satz definiert ein weiteres Ereignis e_3 (*hebt rechts an*), das sich ebenfalls mit e_2 überlappt ($e_3 \circ e_2$), aber später als e_1 liegt ($e_1 < e_3$). Somit verändert sich der Zeitpunkt t_1

4.8 Die inferentielle Behandlung von Zeit und Raum

zu einem Intervall $\{t_{11}, t_{12}\}$, wobei nun e_1 zum Zeitpunkt t_{11}, e_2 während t_{11} und t_{12} und e_3 zum Zeitpunkt t_{12} gilt.

Kalküle zum zeitlichen Schließen in der Intellektik.

Zum Abschluß dieses Abschnitts wollen wir noch kurz auf die wichtigsten Kalküle zum zeitlichen Schließen in der Intellektik eingehen. Die Kalküle unterscheiden sich im wesentlichen durch die Wahl der Repräsentation und der Zeitontologie. Als erstes muß hier sicherlich der von McCarthy und Hayes entwickelte Situationskalkül genannt werden [McC63, MH69]. In seiner Grundversion wird die Zeit als zusätzliches Argument von Prädikats- und Funktionszeichen repräsentiert und über einer Punktstruktur interpretiert. Auf den Situationskalkül sind wir schon im Abschnitt 4.7.2 wie auch in diesem Abschnitt mehrfach eingegangen, so daß hier dieser Hinweis genügen mag.

McDermott entwickelte eine Zeitlogik, die er vor allem zur Repräsentation und Lösung von Planungsproblemen einsetzte [McD78, McD82b]. Seine Zeitontologie besteht aus dichten Punktstrukturen, die in die Zukunft verzweigen und deren Punktmenge unendlich und total geordnet ist. Über solchen Punktstrukturen definiert McDermott außerdem noch Intervalle. Des weiteren unterscheidet er Zustände, Fakten und Ereignisse. Zustände sind den Situationen im Situationskalkül vergleichbar und beschreiben quasi Schnappschüsse der zu modellierenden Welt. Jedem Zustand ist der Zeitpunkt seines Auftretens zugeordnet. Die Zustände sind in sogenannten Chroniken angeordnet. Eine *Chronik* ist eine total geordnete Menge von Zuständen, so daß jedem Zeitpunkt (der unendlichen Punktmenge) ein Zustand entspricht. Demgemäß beschreibt eine Chronik vollständig eine mögliche Entwicklung der zu modellierenden Welt. Im allgemeinen existieren mehrere Chroniken, die sich in bezug auf die zukünftige Entwicklung unterscheiden können. Sie werden dazu als Baum repräsentiert, wobei jeder unendliche Pfad in einem solchen Baum genau einer Chronik entspricht.

Die Fakten sind reifizierte Aussagen, die vergleichbar den Fluenten im Situationskalkül festlegen, welche Eigenschaften in einem Zustand gelten sollen. Fakten können sich im Laufe der Zeit verändern. Formal ist das Auftreten eines Faktums durch den Zustand gegeben, in dem das Faktum gilt. Ein Faktum selbst ist durch die Menge seiner Auftreten definiert. Die Ereignisse in McDermotts Zeitlogik sind komplexer als die Aktionen im Situationskalkül. Sie bedingen nicht nur eine Veränderung der Fakten, sondern sie können auch das Auftreten von weiteren Ereignissen bewirken, und ihnen selbst ist eine Zeitdauer zugeordnet. Formal ist das Auftreten eines Ereignisses durch das Intervall gegeben, welches das Ereignis vollständig ausfüllt. Dabei füllt ein Ereignis ein Intervall dann vollständig aus, wenn kein echtes Teilintervall schon das Auftreten des Ereignisses definiert. Ein Ereignis selbst ist — wie ein Faktum — durch die Menge seiner Auftreten definiert. Auf diese Art ist es möglich, über Fakten und Ereignisse unabhängig von ihrem Auftreten zu sprechen. Ein typisches Beispiel für ein Ereignis ist eine Aussage wie *Max fährt mit dem Fahrrad in sein Büro*. Tritt ein solches Ereignis in einem bestimmten Intervall auf, dann beschreibt kein Teilintervall diesen Vorgang vollständig, und zu allen Zeitpunkten im betrachteten Intervall wird die entsprechende Tätigkeit auch ausgeführt.

Neben der Möglichkeit kontinuierliche Veränderungen ausdrücken zu können, ist eine Besonderheit an McDermotts Zeitlogik die Betrachtung der oben schon erwähnten Chroniken. Durch sie wird es einem Agenten ermöglicht, vor dem Ausführen einer Aktion — dh. eines Ereignisses — alle die Chroniken zu betrachten, in denen die Aktion nicht ausgeführt wurde, und dies bei der Entscheidung zu berücksichtigen. Zur Veranschaulichung betrachten wir wieder unseren Möbelpacker, der gerade den Tisch auf der linken Seite angehoben hat und damit das Rutschen der auf dem Tisch stehenden Bierflasche ausgelöst hat. Ohne eine weitere Aktion würde die Flasche auf den Boden fallen und die Packer müßten die Weißwürste zur Frühstückspause "trocken" verspeisen. Um aber dieses Mißgeschick zu vermeiden, kann der zweite Möbelpacker entweder den Tisch auf der rechten Seite anheben oder seinem Kollegen zurufen, er möge doch die Flasche beachten und den Tisch wieder absetzen. Dabei setzen wir natürlich voraus, daß beide Fälle durch entsprechende Chroniken auch definiert sind.

Während McDermotts Zeitlogik über Punktstrukturen interpretiert wird und Intervalle als Mengen von Zeitpunkten definiert sind, sind in der schon erwähnten Zeitlogik von Allen [All83, All84] die Intervalle selbst die Grundbausteine. Daneben unterscheidet Allen in einer reifizierten Repräsentation vor allem Eigenschaften, Ereignisse und Prozesse. Eigenschaften entsprechen dabei den Fluenten im Situationskalkül bzw. den Fakten in McDermotts Zeitlogik, wobei sie allerdings in einem gegeben Intervall immer gelten oder nicht gelten. So kann beispielsweise der Gartenzaun im Jahr 1991 weiß, im Jahr 1992 grau und im Jahr 1993 wieder weiß sein, was durch die Atome $Gilt(1991, farbe(zaun, weiß))$, $Gilt(1992, farbe(zaun, grau))$ bzw. $Gilt(1993, farbe(zaun, weiß))$ ausgedrückt werden kann. Ereignisse sind in Allens Logik genau wie Ereignisse in McDermotts Logik definiert, dh. durch die Menge der Intervalle, in denen sie auftreten und die sie vollständig ausfüllen. Prozesse sind ebenfalls durch die Menge der Intervalle definiert, in denen sie auftreten. Allerdings müssen die Prozesse das Intervall, in dem sie auftreten, nicht vollständig ausfüllen. Allen verwendet Prozesse, um damit beispielsweise Aussagen wie *Max joggte von 7:00h bis 7:45h* repräsentieren zu können. Eine solche Aussage impliziert, daß Max auch zwischen 7:13h und 7:22h joggte. Allerdings wird durch einen solchen Prozeß auch nicht ausgeschlossen, daß Max um 7:17h eine Pause einlegte, da er dringend "in die Büsche" mußte.

Allen unterscheidet im wesenlichen zwei Arten von kausalen Zusammenhängen. Ereignisse können andere Ereignisse bedingen. Die entsprechende Relation — in [All84] $ECAUSE$ genannt — ist transitiv, antisymmetrisch, antireflexiv und erfüllt zusätzlich die folgenden beiden Bedingungen. Wenn ein Ereignis e_1 ein Ereignis e_2 bedingt und e_1 auftritt, dann tritt auch e_2 auf, und ein Ereignis kann vor seinem Auftreten keine weiteren Ereignisse bedingen. Die zweite Art eines kausalen Zusammenhangs besteht darin, daß Agenten Aktionen ausführen, die Ereignisse und Prozesse nach sich ziehen. Die entsprechende Relation ist weitaus komplizierter als die oben angesprochene Relation $ECAUSE$ und berücksichtigt ua. die Intensionen und den Glauben der Agenten.

Als letzten Kalkül wollen wir hier den in [KS85] beschriebenen Ereigniskalkül vorstellen. Wie der Name schon sagt, sind in diesem Kalkül die primitiven Objekte die

4.8 Die inferentielle Behandlung von Zeit und Raum

Ereignisse. Sie legen fest, wann bestimmte Fakten gelten bzw. nicht mehr gültig sind. Umgekehrt können Fakten ohne das Auftreten von Ereignissen nicht dargestellt werden. So repräsentiert beispielsweise ein Ereignis e_1 den Startschuß zu einem Marathonlauf, an dem Max teilnimmt ($Startschuß(max, e_1)$), während ein Ereignis e_2 den Moment beschreibt, in dem Max die Ziellinie überläuft ($Einlauf(max, e_2)$). Ereignisse werden also wie im Situationskalkül durch ein zusätzliches Argument eines Prädikats- oder Funktionszeichens repräsentiert. Die Ereignisse selbst können durch eine Präzedenzrelation < angeordnet werden. So sagt beispielsweise $e_1 < e_2$ aus, daß der Einlauf erst nach dem Startschuß erfolgt. Desweiteren starten und beenden Ereignisse Intervalle, in denen bestimmte Fakten gelten. Das Ereignis e_1 startet mittels des Ausdrucks $nach(e_1)$ ein Intervall, in dem Max läuft, während es mittels des Ausdrucks $vor(e_1)$ das Intervall beendet, in dem Max aufgeregt vor der Ziellinie hin- und hertänzelt. Andererseits läuft Max gerade in dem durch $nach(e_1)$ und $vor(e_2)$ definierten Intervall.

Das Weltwissen wird im Ereigniskalkül in Form eines PROLOG-Programms repräsentiert. Die Regeln eines solchen Programms definieren nicht nur, wie Fakten durch Ereignisse bestimmt werden, wie Ereignisse andere Ereignisse nach sich ziehen, welche Ereignisse parallel ablaufen können oder wie die verschiedenen Zeitrelationen miteinander in Beziehung stehen. Vielmehr werden in einem solchen Programm auch Informationen über Fakten, Ereignisse und Zeitrelationen in Form von nichtmonotonen Regeln abgelegt, so daß bei nicht vorhandenem bzw. nur partiell vorhandenem Wissen mittels Negation als Mißerfolg (siehe Abschnitt 3.4) diese Informationen mit herangezogen werden können.

Der wesentliche Unterschied zwischen dem Ereigniskalkül und Systemen wie dem Situationskalkül besteht aber darin, daß im Ereigniskalkül lokale Ereignisse betrachtet werden. Das Überlaufen der Ziellinie definiert das Ende des Intervalls, in dem Max läuft. Alle übrigen Fakten und Ereignisse werden davon nicht betroffen und gelten weiterhin — es sei denn wir hätten solche Abhängigkeiten explizit spezifiziert. Das Rahmenproblem wird folglich im Ereigniskalkül vermieden. Dagegen bildet eine Aktion im Situationskalkül eine Situation, dh. eine komplette Weltbeschreibung, in eine andere Situation ab. Es werden dort also immer globale Ereignisse betrachtet.

Leider können wir schon aus Platzgründen nicht alle Kalküle präsentieren bzw. die betrachteten Kalküle im Detail analysieren. Wir verweisen dazu auf die entsprechende Literatur. Beispielsweise demonstrieren Gelfond, Lifschitz und Rabinov in [GLR91], wie viele an der ursprünglichen Version des Situationskalküls monierte Schwachstellen mit Hilfe der durch den Situationskalkül definierten Methoden und Techniken behoben werden können. Galton schlägt in [Gal90] eine Verbesserung von Allens Theorie von Zeit und Aktionen vor, die eine Reihe von Schwächen (wie sie zB. bei der Behandlung von kontinuierlicher Veränderungen auftreten) behebt. Moens und Steedman haben in [MS86] den Ereigniskalkül ua. um strukturierte Ereignisse erweitert, um damit besser natürlichsprachliche Phänomene repräsentieren und behandeln zu können.

4.8.2 Räumliches Schließen

Neben der inferenziellen Behandlung von Zeit spielt das räumliche Schließen eine zentrale Rolle in unserem täglichen Leben. Nahezu ständig berücksichtigen wir räumliche Relationen bei unseren Wahrnehmungen, Handlungen und Entscheidungen. Man denke dabei etwa an eine Nachrichtensendung im Fernsehen. Fast jede Meldung ist mit einer Landkarte oder bewegten Bildern unterlegt mit dem Ziel, zusammen mit dem gesprochenen Text eine Nachricht zu übermitteln.

Bei der Modellierung des räumlichen Schließens werden im allgemeinen mindestens vier Aufgabengebiete unterschieden. Bei der Verarbeitung zwei- und dreidimensionaler Bilder müssen ua. Objekte, ihre Form, ihre Bewegung, ihre Ausdehnung etc. erkannt werden. Bei der Sprachverarbeitung müssen räumliche Informationen verstanden, repräsentiert und generiert werden. Daneben werden häufig räumliche Metaphern zum Verständnis von Sprache und Texten herangezogen. Bei der Wegeplanung müssen relative Positionen und Entfernungen berücksichtigt sowie Hindernisse erkannt und umgangen bzw. beseitigt werden, damit sich ein Agent in einem ihm uU. unbekannten Gelände zielgerichtet bewegen kann. Bei der Modellierung physikalischer Prozesse müssen Objekte und Vorgänge qualitativ beschrieben und Schlußfolgerungen qualitativer Art gezogen werden (siehe auch Abschnitt 4.9). Aus der Sicht der Kognitionswissenschaft ist es fraglich, ob eine solche Aufteilung in verschiedene Aufgabegebiete sinnvoll ist. Tatsächlich werden in den verschiedenen Gebieten auch ähnliche Repräsentationen und Algorithmen verwendet. Aber eine einheitliche Behandlung erscheint mit den uns heute zu Verfügung stehenden Mitteln noch nicht möglich.

Eine wichtige Rolle in allen Aufgabengebieten spielen sogenannte kognitive Karten. Eine *kognitive Karte* ist eine Datenstruktur, in der die räumlichen Beziehungen der zu modellierenden Welt repräsentiert sind. Sie enthält also Informationen wie *das Auto steht vor dem Haus* oder *die Bierflasche steht auf dem Tisch*. Insofern ähneln kognitive Karten den geographischen Karten. Während jedoch geographische Karten das Wissen vor allem in bildhafter Form repräsentieren, kann das Wissen in kognitiven Karten in beliebigen Datenstrukturen und Prozeduren dargestellt werden. Darüber hinaus müssen kognitive Karten vor allem auch unsicheres und unvollständiges Wissen repräsentieren, und die Genauigkeit bzw. Exaktheit des Wissens wird innerhalb einer kognitiven Karte sehr stark schwanken. Eine kognitive Karte wird im allgemeinen auch nicht vorgegeben, sondern ein Agent wird im Zuge seiner Erfahrungen, die er in der Welt sammelt, auch seine kognitive Karte verändern. In diesem Zusammenhang sei auch noch einmal auf den engen Zusammenhang zwischen räumlichem und zeitlichem Wissen hingewiesen. Die oben betrachtete Bierflasche wird nicht immer auf dem Tisch stehen, sondern beispielsweise nur zwischen 8:30h und 8:45h. Danach hatten die Möbelpacker sie ausgetrunken und wieder in den Bierkasten zurückgestellt.

Während ontologische Probleme des räumlichen Schließens nicht im Vordergrund zu stehen scheinen (nahezu alle räumlichen Schlüsse lassen sich in der Euklidischen Geometrie mit ihren Grundelementen wie Punkt, Vektor usw. ausdrücken) ist die Frage nach einer geeigneten Repräsentation zur Formulierung räumlicher Begriffe und Be-

4.8 Die inferentielle Behandlung von Zeit und Raum

ziehungen völlig offen. So finden sich beispielsweise verschiedene Repräsentationsformen für Objekte. Objekte werden — etwa unter Verwendung von assoziativen Netzen (siehe Abschnitt 2.4) oder Konzeptrahmen (siehe Abschnitt 2.5) — durch ihre Teile beschrieben. Sie werden in sogenannten volumetrischen Beschreibungen durch Kombination räumlicher Grundbausteine repräsentiert. So läßt sich beispielsweise eine Bierflasche in erster Näherung als ein zusammengesetztes Objekt bestehend aus einem Zylinder mit aufgesetzten und abgeschnittenen Kegel repräsentieren. Objekte werden aber auch häufig durch die Angabe ihrer Grenzen beschrieben. Ein typisches Beispiel dafür ist die Darstellung von Gebäuden, Straßen oder Seen in geographischen Karten.

Zum Abschluß dieser sicherlich sehr knappen Einführung in das räumliche Schließen wollen wir an Hand des schon oben betrachteten Möbelpackerszenarios einige typische räumliche Schlüsse illustrieren. Stehen die Möbelpacker in der Eingangshalle und sollen die Bücher im Wohnzimmer in den vor dem Haus stehenden Möbelwagen verladen, dann müssen sie sich zuerst orientieren. Dazu müssen sie zB. feststellen, daß die Eingangshalle nicht das Wohnzimmer ist. Sind die Räume durch Punktmengen repräsentiert, dann erfordert dies das Anwenden von Mengenoperationen auf solchen Punktmengen. Sodann müssen die Packer einen Weg in und aus dem Wohnzimmer finden, der frei von Hindernissen ist. Dies erfordert die Berücksichtigung von Entfernungen, Abständen und relativen Positionen. Türöffnungen müssen erkannt werden, und die Bewegung durch Öffnungen und Räme muß dargestellt werden können. Sind die Möbelpacker erst einmal im Wohnzimmer, dann werden sie die Bücher im allgemeinen nicht einzeln transportieren, sondern sie zuerst in Kisten verstauen. Dazu müssen in den entsprechenden kognitiven Karten Kisten bzw. Container repräsentiert werden, die eine Öffnung haben und in die andere Objekte gelegt werden können. Sodann muß bestimmt werden, ob die Bücher denn überhaupt in die Kisten passen bzw. wie sie sich am besten in die Kisten stapeln lassen. Das Aneinanderstoßen, das Übereinanderlegen oder das Überlappen von Objekten spielt dabei eine wichtige Rolle. Es dürfen auch nicht zu viele und zu schwere Bücher in eine Kiste gepackt werden, da sonst die Packer die Kiste nicht anheben können bzw. die Kiste beim Anheben durchbrechen kann. Die Packer müssen überlegen, wo sie die Kisten anpacken, damit die Kisten nicht abrutschen. Auch muß überlegt werden, in welche Richtung die Kisten bewegt werden sollen. Steht eine Kiste etwa unter einem Tisch, dann muß sie zuerst hervorgezogen werden. Ist die Kiste schwer, dann sollten die Packer nicht nur an einer Seite ziehen, da sonst die Grifföffnung einreißen kann und dadurch die Kiste unbrauchbar wird.

Dieses Szenario mag einen ersten Einblick in das räumliche Schließen vermitteln. Ausführlichere Einführungen in dieses Gebiet finden sich zB. in [McD92, HHP93, Dav90].

4.9 Qualitatives Schließen

Das Gebiet des *qualitativen Schließens über physikalische Systeme* ist ein ausgedehntes, eigenständiges Forschungsgebiet. Es versucht, das ingenieursmäßige Problemlösen zu verstehen und zu unterstützen. Im einzelnen ist darunter hypothetisches Schließen, Testen, Voraussage, Entwicklung, Optimierung, Diagnose, Reparatur uvam. im Zusammenhang mit physikalischen Systemen zu verstehen.

Dementsprechend ist qualitatives Schließen keine spezielle Form der Inferenz, wie man aus der Kapitelüberschrift schließen möchte, sondern eher ein Anwendungsgebiet für die Techniken der Wissensrepräsentation, in dem eine Fülle weiterer Techniken von Bedeutung sind. Angesichts dieser Fülle ist es unmöglich, hier auch nur einen einigermaßen zutreffenden Überblick zu verschaffen. Der vorliegende Abschnitt ist daher eher als Platzhalter zu verstehen, um damit auf die Bedeutung dieses Anwendungsgebietes auch im Hinblick auf weitere Inferenztechniken hinzuweisen. Wir werden uns daher im folgenden mit einigen oberflächlichen Beschreibungen begnügen und verweisen den interessierten Leser auf die umfangreiche Literatur, zu der man über die Kapitel 4 und 7 in [Dav90], das Tutorial [Coh87] sowie die beiden Sonderbände [Bob84, dW91] und den Sammelband [Wed90] einen guten Zugang erhält.

Man kann das qualitative Schließen auch als eine Technik für eine nächste (oder zweite) Generation von Expertensystemen ansehen, bei denen das System auch dann noch zu einer vernünftigen Reaktion in der Lage ist, wenn das gespeicherte Wissen nicht explizit zur Lösung eines gegebenen Problems ausreicht, die Lösung also aus allgemeinerem Wissen erschlossen werden muß. Man spricht in diesem Zusammenhang im Englischen von der "graceful degradation", was vielleicht durch den Begriff "fließender Leistungsabfall" am besten getroffen wird. Gemeint ist, daß bei einer über das gespeicherte Wissen geringfügig hinausgehenden Problemstellung das System nicht völlig versagt, wie es Expertensysteme der bisherigen Generation in der Regel tun, sondern je nach Schwierigkeit durch höheren Aufwand eine Lösung (vielleicht minderer Qualität) anzubieten in der Lage ist.

Der Terminus "qualitativ" in der Gebietsbezeichnung darf nicht in dem Sinne mißverstanden werden, daß in diesem Gebiet quantitative und präzise Techniken völlig verpönt wären. Vielmehr ist es das ausdrückliche Ziel, den Einsatz qualitativer Methoden mit quantitativen Methoden zu verbinden. So führt eine rein qualitative und damit wesentlich effizientere Analyse der Kinematik eines Roboterarmes in vielen Fällen bereits zu hinreichenden Ergebnissen (wie etwa dem Ausschluß einer Kollisionsmöglichkeit), während für die exakte Positionierung dann eben doch die entsprechenden Differentialgleichungen berechnet werden müssen. Die Attraktivität liegt eben gerade in der Kombination beider Möglichkeiten.

Die eben erwähnte Kinematik ist eine der vielen Interessenfelder des qualitativen Schließens. In ihr wird die Bewegung von Konfigurationen starrer Teile (wie etwa einem Roboterarm) untersucht. Die Modellierung solcher Bewegungen mittels exakter Differentialgleichungen führt oft zu außerordentlich schwierigen Problemen der Berechnung, sei es durch den berechnungsmäßigen Aufwand oder auch durch das Auftreten von Singularitäten. Bisweilen genügt aber bereits die Information, in welchem

4.9 Qualitatives Schließen

Quadranten eines Koordinatensystems etwa der Winkel zwischen zwei Roboterarmen liegt, um hieraus die Möglichkeit einer Kollision auszuschließen. Formal werden derart qualitative Überlegungen mit sogenannten *Bereichsdiagrammen* realisiert [JS91, Fal92]. Derartiges räumliches Schließen qualitativer Natur spielt auch in anderen Kontexten (wie dem Verstehen natürlicher Sprache) eine wichtige Rolle [Hab89].

Eine ähnliche Technik wie die mit Bereichsdiagrammen ist das *Schließen in Größenordnungen*, das auch in der Mathematik beim Ausschluß von möglichen Unterfällen in Form von Abschätzungen oft angewandt wird. Die hierbei verwendeten Schlußverfahren beruhen auf Operationen, die wohldefinierten algebraischen Gesetzen genügen [Rai91], aus denen sich die zugehörigen Berechnungsverfahren ableiten. Auch die Intervallarithmetik (anstelle einer exakten Arithmetik) kann in diesem Zusammenhang erwähnt werden.

Eines der Hauptprobleme beim qualitativen Schließen ist die Modellierung des physikalischen Systems. Dabei sei gleich auf ein mögliches Mißverständnis hingewiesen. Der Begriff "Modell" in diesem Sinne ist nämlich ein anderer als der im üblichen logischen Sinne. Hier versteht man vielmehr unter einem *Modell* des physikalischen Systems in der Regel eine syntaktische Beschreibung, zB. in Form einer prädikatenlogischen Formel. Dabei wird gefordert, daß das physikalische System ein Modell dieser Formel im logischen Sinne ist, dh. daß das System als eine Menge von Teilen aufgefaßt wird und deren Beziehungen eine wahre Interpretation der Formel darstellt. Hier sind die in diesem Buch besprochenen Repräsentationsformalismen alle potentiell für die Modellierung von Bedeutung; insoweit betrifft die hier gemeinte Modellierung wiederum nicht wirklich ein neues und über das bisher Besprochene hinausgehendes Thema.

Eines der bei der Modellierung technischer Systeme sich ergebenden Probleme ist die Zusammensetzung eines Modells, das in dem Sinne minimal ist, daß es nur das für die Problemlösung erforderliche Wissen enthält; eine hierfür geeignete Kompositionstechnik wird zB. in [FF91] vorgestellt. Erwähnt sei schließlich noch, daß sich oft mehrere verschiedene Modellierungen des gleichen Systems als hilfreich erweisen können, je nachdem welche Beziehungen für die gegebene Problemstellung von Bedeutung sind.

Es gibt bereits eine Reihe von Systemen, in denen die Techniken des qualitativen Schließens Anwendung finden. Wir erwähnen zB. das System Qupras [OSSF92].

5 Philosophische Aspekte

Fragen nach der Natur und der Repräsentation von und dem Schließen über Wissen sind früher nur von den Philosophen erörtert worden. Heute sind solche Fragen auch in der Intellektik von größtem Interesse, wie wir in diesem Buch sehen können. Durch die in diesem Gebiet vollzogene Formalisierung und einsetzende Automatisierung derartiger Aufgaben haben solche Fragestellungen an Schärfe gewonnen. Deshalb erscheinen auch zentrale philosophische Fragen wie das Leib–Seele–Problem in einem neuen Licht, Fragen, die mit unserem Thema durchaus in engem Zusammenhang stehen. Dieser Themenkreis soll daher in diesem Kapitel kurz gestreift werden.

Man möchte sich bei einer solchen Diskussion gerne auf die unmittelbare Problematik der Wissensrepräsentation beschränken. Die zentrale Stellung der Wissensrepräsentation innerhalb der Intellektik und die enge Verzahnung der Probleme zwingt aber zu einer umfassenderen Erörterung. Damit geraten wir jedoch in ein weites Gebiet, das selbst leicht ein ganzes Buch füllen könnte. Es sei deshalb nochmals betont, daß es sich im folgenden lediglich um einen äußerst kurzen Abriß einiger der einschlägigen Fragen handelt. Sie werden hier nur erörtert, um ihre Bedeutung zu unterstreichen; für wirklich ausführliche und kompetente Erörterungen muß auf die Literatur verwiesen werden, die wir im Verlauf des Kapitels nennen werden. Für die aus philosophischer Sicht laienhaften Ausführungen sei der Leser um Verständnis gebeten.

5.1 Begriffseingrenzungen

Alle Diskussionen über Themen allgemeineren Charakters in der Intellektik haben eine inhärente Schwierigkeit zu überwinden. Sie beruht darin, daß der Intellekt zugleich Subjekt und Objekt der Diskussion darstellt. Nämlich, mit unserem Intellekt führen wir die Diskussion, deren Gegenstand eben dieser Intellekt selbst ist. Keine andere Wissenschaft (mit Ausnahme der Philosophie) befindet sich in diesem Dilemma, das wir als das *Problem der Selbstreflexivität* bezeichnen wollen.

Eine Konsequenz dieser Schwierigkeit ist die Tatsache, daß Begriffe je in unterschiedlichem Sinne gebraucht werden können. Nur mit einer säuberlichen Trennung der unterschiedlichen Formen des Gebrauchs kann deshalb eine Verwirrung der Begriffe vermieden werden. Überdies fehlt es allen in diesem Kontext auftretenden Begriffen mangels ausreichenden Verständnisses der Zusammenhänge an einer klaren Definition. Aus diesen beiden Gründen erscheint es ratsam, mit einer Diskussion von wichtigen Begriffen zu beginnen, in der diese hoffentlich an Schärfe gewinnen. Dieser Diskussion liegt notwendigerweise eine, genauer *meine* Vorstellung vom menschlichen

5.1 Begriffseingrenzungen

Intellekt zugrunde, deren ungefähre Kenntnis für das Verständnis der begrifflichen Bedeutungen erforderlich ist. Vorweg erläutern wir daher diese Vorstellung.

Im Zentrum der Welt eines jeden denkenden Individuums steht das *bewußte Ich* (das ebensowie die nachfolgenden Erläuterungen in Abbildung 5.1 illustriert ist). Dieses Ich (der innerste Kreis in der Abbildung) erfährt etwas über die *Außenwelt* (der äußerste Kreisring) mittels des *sensorischen Apparates* (der zweite Kreisring von außen) eines Individuums. Umgekehrt kann das Ich in die Geschehnisse der Außenwelt mittels der *Effektoren* des Individuums eingreifen. Beides geschieht unter Beteiligung von Gehirnprozessen, dem *zerebralen Apparat* (der dritte Kreisring von außen).

Dieser Vorstellung liegt die *These des Realismus* zugrunde, nach der die Außenwelt tatsächlich existiert. Man könnte ja demgegenüber auch die idealistische These vertreten, daß dem Ich die Existenz der Außenwelt nur so erscheint, in Wahrheit aber nur in seiner Vorstellung existiert.

Das Ich fassen wir zusammen mit dem zerebralen Apparat als *Innenwelt* auf. Der sensorische und effektorische Apparat bildet somit die Schnittstelle zwischen Innen- und Außenwelt und kann je nach Betrachtung zu jeder von ihnen gerechnet werden. Wenn ich mein Auge im Spiegel betrachte, so ist es Teil der Außenwelt, wenn es mich schmerzt, Teil der Innenwelt. In diesem Sinne hat natürlich auch mein Hirn einen Aspekt, nach dem es für mich zur Außenwelt zu rechnen ist (der aber für uns nur in den allerseltensten Fällen in Erscheinung tritt). Die *Welt* insgesamt umfaßt natürlich auch die Innenwelt der Individuen und ihre Schnittstellen.

In der Außenwelt gibt es natürlich viele Ichs samt deren zerebralen, sensorischen und effektorischen Apparaten. Die westliche, positivistisch geprägte Philosophie und Naturwissenschaft ist von der Vorstellung geprägt, die sich in der Abbildung widerspiegelt. Danach spielt sich einerseits bewußtes Denken ausschließlich im jeweiligen Ich ab. Andererseits besteht eine Verbindung von jedem Ich zur Außenwelt — und damit zu jedem anderen Ich — ausschließlich über den zerebralen, sensorischen und effektorischen Apparat. Wir wollen dies die Vorstellung vom *isolierten Ich* nennen.

Es sei an dieser Stelle nochmals betont, daß diese Vorstellungen in Konkurrenz mit anderen stehen. In der Philosophie des Geistes gibt es viele Theorien oder "-ismen", die von einer Vielfalt derartiger Vorstellungen ausgehen. So finden sich mehr oder weniger extreme Spielarten dieser Vorstellung vom isolierten Ich in philosophischen Strömungen wie dem *Subjektivismus* und dem Solipsismus, die aber in ihren Anschauungen noch weit über die bloße Vorstellung vom isolierten Ich hinausgehen.

Religionen, metaphysische und östliche Philosophien sind demgegenüber durchdrungen von der Vorstellung einer direkten Verbindung unter den Ichs, meist über eine überirdische Macht (man denke zB. an den Offenbarungsbegriff des Christentums oder an das Brahman im Hinduismus). Wir wollen hier von einer *Bewußtseinstranszendenz* sprechen. Inwieweit sich die Intellektik mit der Vorstellung des isolierten Ichs identifiziert hat oder eine Bewußtseinstranszendenz toleriert, werden wir nach den nun folgenden Begriffsumschreibungen erörtern.

Als erstem wenden wir uns nun dem Begriff des *Wissens* zu. Wie die meisten Begriffe aus dem hier zur Debatte stehenden Umfeld, handelt es sich um einen psy-

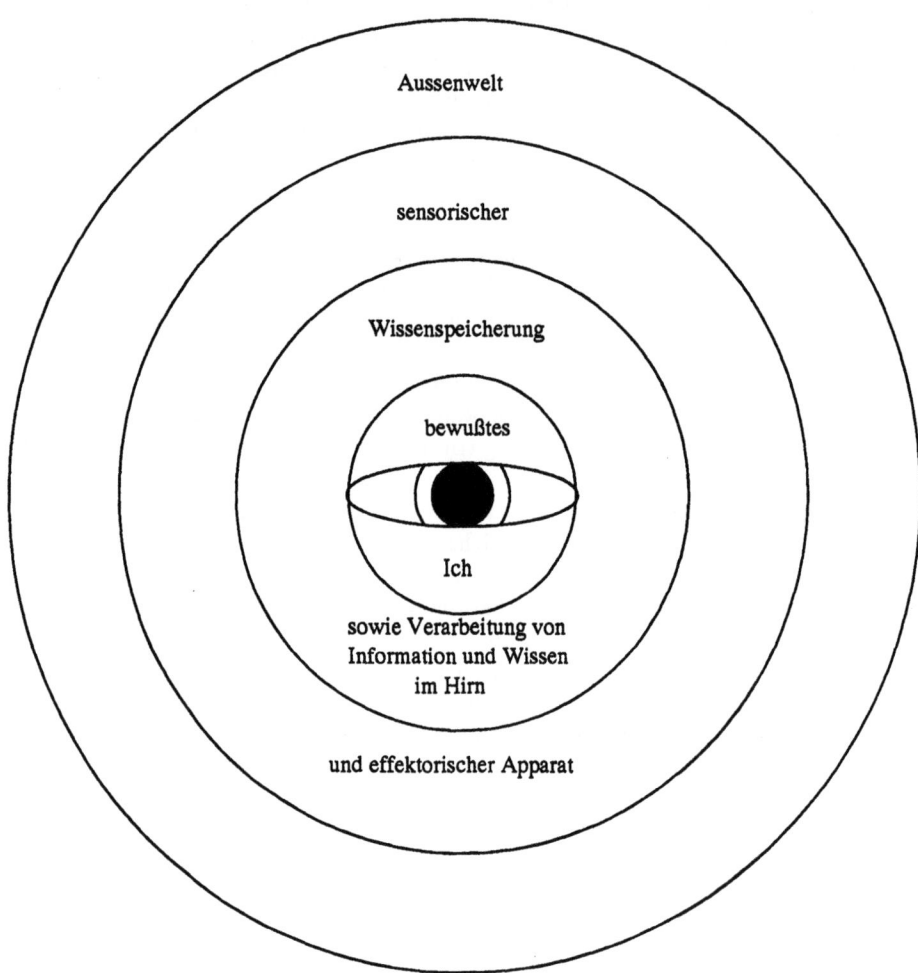

Abbildung 5.1 Die Einbettung des Ich in der Welt

5.1 Begriffseingrenzungen

chologischen Begriff. *Wissen ist, was dem bewußten Ich faktisch oder potentiell zur Disposition steht.* Was ich sehe, höre oder fühle, weiß ich auch. Auch weiß ich, was ich denke oder woran ich mich erinnern kann. Was in Büchern steht, ist Wissen, insoweit irgendein Ich diese Bücher zu lesen imstande ist. Schrifttafeln mit Zeichen aus versunkenen Kulturen und Sprachen enthalten kein Wissen, solange die Bedeutung der Zeichen nicht entschlüsselt ist; man könnte in diesem Fall bestenfalls von einem "verborgenen Wissen" sprechen, zu dem uns der Zugang verwehrt ist.

Primär ist Wissen also mit der Vorstellung des Bewußtmachens verbunden. Nicht von Ungefähr steckt in dem Wort "Bewußtsein" auch das Wort "Wissen". Wir wollen von der *kognitiven Form* des Wissens sprechen, wenn wir Wissen im Bewußtseinsraum eines Ich meinen. Im alltäglichen Sprachgebrauch versteht man meist diese kognitive Form, wenn man von Wissen spricht.

Hiermit ist schon angedeutet, daß Wissen in verschiedensten Formen auftritt. Denken wir uns irgendeine Szene S_w, wie etwa zwei Steinpilze neben einem Fliegenpilz unter einer Fichte. Beim Betrachten erlebt mein Bewußtsein dieses als kognitives Wissen S_k. Mein Hirn speichert das Bild als S_z ab, so daß ich tags darauf mich wieder daran, nun als $S_{k'}$ erinnern kann, wobei dahingestellt sei, ob $S_k = S_{k'}$ gilt. Dieses Wissen habe ich drei Sätze vorher in Form von natürlicher Sprache beschrieben, in welcher Form wir es als S_n bezeichnen wollen. Dieser Satz selbst ist in kognitiver Form $(S_n)_k$ in meinem Bewußtsein. Bezeichnen wir die Beziehung des *Repräsentierens* mit $\longrightarrow$, so gelten in den durch unser Beispiel illustrierten Wissensformen die folgenden Beziehungen.

$$S_z \longrightarrow S_k \longrightarrow S_w$$

In Worten heißt das, daß die zerebrale Repräsentation dieser Szene die Szene in ihrer kognitiven Form repräsentiert (oder kodiert); diese wiederum repräsentiert die reale Szene in der Welt. Die erstere dieser beiden Beziehungen, dh. die *Bewußtmachung*, ist wissenschaftlich völlig ungeklärt, so daß wir hier auf reine Spekulation angewiesen sind. Überdies repräsentiert die kognitive Form des Satzes die kognitive Form der Szene.

$$(S_n)_k \longrightarrow S_k$$

Man beachte, daß zur Relation des Repräsentierens immer ein Akteur gehört, der die Zuordnung vornimmt. Ohne solch einen denkenden Akteur ist ein Zusammenhang zwischen einer Szene und ihrer repräsentierten Form (etwa auch einer Photographie) nicht gegeben.

Der Satz, wie er oben zur Beschreibung der Szene mit den Pilzen geschrieben steht, ist selbst eine Szene in der Welt. Unsere Augen schauen diese Szene aber nicht als schwarz-weißes Muster, sondern erkennen darin eine *Gestalt*, dh. eine *kognitiv reduzierte Form*. Durch diese kognitive Reduktion wird erreicht, daß nicht nur $(S_n)_k \longrightarrow S_n$ gilt, also das bewußte Bild die Realität repräsentiert, sondern daß auch umgekehrt der reale Satz in seiner Gestalt seine kognitive Form repräsentiert, dh. daß $(S_n)_k \longleftarrow S_n$ und damit insgesamt $(S_n)_k \longleftrightarrow S_n$ gilt. Damit ergibt sich nun insgesamt eine Repräsentation der Ausgangsszene durch den Satz in Form der folgenden Kette.

$$S_n \longrightarrow (S_n)_k \longrightarrow S_k \longrightarrow S_w$$

In diesem Sinne können wir sagen, daß der Satz die beschriebene Weltszene (oder auch deren kognitive Form) repräsentiert. Man beachte aber, daß diese Repräsentation nur über die kognitive Form erklärt werden konnte.

Am Beispiel dieses Satzes haben wir das Phänomen der kognitiven Reduktion erläutert. Tatsächlich findet diese Reduktion immer statt, da wir andernfalls von der Quantität des uns in jedem Moment durch unsere Sinne erreichenden Informationsstromes völlig überwältigt wären. Auch unsere Ausgangsszene S_w erleben wir nicht, wie sie tatsächlich ist (was immer das bedeuten mag), sondern sehen darin a priori eine kognitiv geprägte Gestalt, zB. die Pilze, den Boden usw.[1] Wie bei dem Satz gilt auch für die so reduzierte Szene, die wir von Anfang an mit S_w so verstanden haben, daß sie unsere kognitive Vorstellung von ihr repräsentiert, daß also $S_w \longrightarrow S_k$ und also insgesamt $S_k \longleftrightarrow S_w$ gilt. *Der Geist formt sich die Welt nach seinem Bilde*, wie wir dieses Phänomen auch beschreiben könnten.

Ein Aspekt der kognitiven Reduktion ist die Vorstellung der Welt als einer Menge von Objekten, die miteinander teilweise in irgendwelchen Beziehungen stehen. Der obige Satz sprach von vier Objekten, den drei Pilzen und der Fichte. Gibt es überhaupt genau definierte Objekte in der Welt? Was genau gehört zu dem Objekt eines Steinpilzes? Auch das Wurzelgeflecht? Auch der Tau auf dem Pilzhut? Die damit verbundenen Vagheiten übertragen sich natürlich unmittelbar auch auf die Beziehungen unter den Objekten. Und dennoch müssen wir offenbar mit dieser Vagheit zurechtkommen, selbst die Physiker, die ja auch von Quarks sprechen, deren Objektartigkeit ja noch in viel höherem Maße anzweifelbar ist als die eines Pilzes.

Neben dem so besprochenen Wissen gibt es weitere verwandte mentale Zustände, insbesondere das Glauben (bzw. Überzeugungen oder Meinungen), das Wünschen, die Intentionen (bzw. Absichten), aber auch Gefühle wie zB. Schmerzen, Träume. Wenn wir Rauch sehen, "glauben" wir, daß es dort, woher der Rauch kommt, ein Feuer gibt, auch wenn wir es nicht sehen können. Das Wissen über das Feuer ist in diesem Sinne von anderer Qualität wie das über den Rauch, weshalb es üblich ist, einen Unterschied zwischen Wissen (wie im Falle des Rauches) und Glauben (wie im Falle des Feuers) zu machen, den wir formal in Abschnitt 4.2.2 zu fassen versuchten. Im Gebrauch verschwimmen die Unterschiede, weil wir einerseits unser Handeln auf Glauben ebenso wie auf Wissen gründen und andererseits auch unser Wissen auf Annahmen (zB. der der Existenz der uns umgebenden realen Welt) beruht, die wir auch nur glauben und nicht absolut sicher wissen können.

Denken ist eine Form der Manipulation von Wissen und Überzeugungen im bewußten Ich, die durch bestimmte, uns nur rudimentär bekannte Gesetze bestimmt ist. Unsere durch die Triebe entstehenden Wünsche und Intentionen bilden die Triebfeder des Denkens. Andererseits stellt das Denken dem Handeln auch eine Anleitung zur Verfügung, die in dieser Form den Menschen vor dem Tiere auszeichnet.

---

[1] Der im Existentialismus geprägte Begriff des *Setzens* meint wohl auch diese Form der kognitiven Prägung der Welt.

5.1 Begriffseingrenzungen

Wir wissen nicht, wie das Denken funktioniert. Es ist uns also nur in seiner phänomenologischen Ausprägung zugänglich, dh. wir können uns selbst beim Denken beobachten und die Ausgangssachverhalte, die Zwischengedanken und das Denkergebnis festhalten, soweit es uns bewußt ist. Als Hypothese können wir annehmen, daß die durch das Denken hergestellten Beziehungen zwischen den einzelnen Sachverhalten nicht willkürlicher Natur sind, sondern daß es hier feste Strukturen gibt, die wir "logische" nennen. In der Tat hat sich diese These über die Jahrtausende als bestätigt erwiesen, ohne daß wir erklären könnten, warum dies so ist.

Zu wissen, daß es solch logische Denkstrukturen gibt, ist eine Sache, eine andere, diese auch tatsächlich anzugeben. Über mehr als zwei Jahrtausende haben sich die Logiker und Philosophen mit diesem Problem beschäftigt. Die Ausgangslage für eine erfolgreiche Lösung in den kommenden Jahrzehnten erscheint günstig, seit es die Möglichkeit der Mechanisierung von logischem Schließen auf immer leistungsfähigeren Computern gibt. Ob hierbei die wissenschaftlichen Einsichten der Hirnforschung einen entscheidenden Beitrag liefern können, ist bis heute eine offene Frage. Auch ist die Frage offen, ob logische Strukturen die einzigen Strukturen sind, die das Denken prägen.

Intelligenz ist die Fähigkeit des Menschen, sich im Kampf ums Überleben durch Einsatz des Denkens besser zu behaupten als andere Lebewesen. Es umfaßt die Fähigkeit, Probleme im Geiste zu lösen, noch bevor man irgendeine Handlung zur Lösung unternimmt. Je besser das ein Mensch kann, umso intelligenter wird er eingeschätzt. So plausibel das auch klingt, so ist es doch nicht allzu erhellend. Denn was für eine Art von Problemlösung ist gemeint? Was genau heißt "besser" in diesem Zusammenhang?

Intelligenztests wie der "Stanford-Binet" oder die "Wechsler-Skala" versuchen, die Intelligenz dadurch zu messen, daß sie Fähigkeiten aus verschiedenen Bereichen menschlicher Intelligenzleistungen (tatsächlich eine große Vielfalt von mehr als einhundert solcher Bereiche) testet. Sie sind daher ebenfalls rein phänomenologischer Natur und erklären eigentlich überhaupt nichts in bezug auf das Phänomen der Intelligenz. Die ihnen zugrundeliegende Vorstellung von der Natur der Intelligenz nimmt zurecht an, daß diese eine Vielzahl von verschiedenen Aspekten aufweist. Man könnte auch sagen, das Maß an Intelligenz ist eine Funktion einer Reihe verschiedener Parameter. Einige davon sind die Menge des verfügbaren Wissens, die Geschwindigkeit der Denkprozesse, die Größe der Lernrate usw.

Künstliche Intelligenz ist die Fähigkeit von Maschinen, Leistungen zu vollbringen, die, würden sie von Menschen erbracht, (natürliche) Intelligenz erforderten. Da wir nicht wissen, wie Menschen denken, versucht man in der Intellektik, solche Leistungen auf eine Weise zu erbringen, die mit der des Menschen vielleicht wenig zu tun haben mag. Entscheidend ist beim gegenwärtigen Stand der Wissenschaft allein der phänomenologische Erfolg. Dieser beschränkt sich derzeit auf einzelne, sehr spezielle Fähigkeiten auf engsten Aufgabenbereichen. Von der Möglichkeit, ein Computersystem einem Intelligenztest der obengenannten Art (in allen Bereichen) zu unterziehen, sind wir derzeit noch weit entfernt.

Die bislang gebauten Systeme der Intellektik realisieren einen extremen Solipsismus. Sie kennen nur die Inhalte ihrer Wissensbanken und diese auch nur in exakt der

Kodierung, mit der die Wissenbank realisiert ist. Vertauscht man in der Anfrage ein x mit einem y, so reagiert das System mit Unsinn oder einer Fehlermeldung. Da wir aber soeben betont haben, daß es im gegenwärtigen Stadium vorwiegend um den phänomenologischen Erfolg geht, wäre es verfrüht, daraus irgendwelche Schlüsse auf die philosophischen Überzeugungen der Intellektiker oder auf die philosophischen Grundlagen des Gebietes zu ziehen. Wüßten wir, wie man transzendente Systeme baut (was immer das sein könnte), wir würden auch damit versuchen, Intelligenzleistungen zu erzielen. Insoweit ist die Intellektik völlig offen im Hinblick auf die obengenannten philosophischen "ismen".

5.2 Probleme der Philosophie des Geistes

Eines der fundamentalsten Probleme im Zusammenhang mit jeglichen mentalen Begriffen ist das sogenannte *Leib–Seele–Problem*. Es behandelt die Frage nach der Natur mentaler Ereignisse wie dem Bild von Pilzen unter einer Fichte in unserem Bewußtsein, von dem wir im letzten Abschnitt gesprochen haben. Hat ein solches mentales Ereignis irgendetwas mit einem entsprechenden physikalischen Phänomen zu tun und, wenn ja, was?

Intellektiker ebenso wie die meisten Philosophen gehen heute von der *Identitätsthese* aus, nach der jedes mentale Ereignis identisch mit einem physikalischen Ereignis ist. Mit anderen Worten, eine strikte Trennung von Geist ("Seele") und Körper ist nicht durchzuführen, weil auch Geist Körper ist. Man nennt diese Richtung in der Philosophie den *Physikalismus*. Er gibt zB. eine Erklärung für die Frage, wie es möglich sei, daß mentale Ereignisse physikalische Veränderungen in der Welt kausal auslösen können, zB. daß mein sich mental manifestierendes Durstgefühl mich zur physikalischen Aktion des Teekochens veranlaßt. Weil der mentale Wunsch nach Meinung des Physikalismus selbst ein physikalisches Ereignis ist, besteht für ihn in dieser Hinsicht kein Problem, diesen kausalen Zusammenhang verständlich zu machen. Philosophen (wie zB. Descartes), die den Geist losgelöst vom Körper verstehen wollten, hatten hier dagegen ein großes Erklärungsproblem.

Man hat versucht, eine wesentlich stärkere Identitätsthese zu postulieren. Nach ihr könnte man bei jedem, der Durst hat, den gleichen physikalischen Zustand im Gehirn feststellen, der mit dem mentalen Ereignis des Durstgefühls einhergeht. Daß ein so einfacher eineindeutiger Zusammenhang wenig Sinn macht, wird manchmal mit der Idee eines "Großmutterneurons" illustriert. Das mentale Ereignis (des Gedankens an die) "Großmutter" hätte demnach eine physikalische Entsprechung im Gehirn, etwa in einem bestimmten Neuron. Würde man dieses Neuron zerstören, gäbe es keine mentale Vorstellung mehr von der Großmutter, was allen Erfahrungen zuwiderläuft. Offensichtlich sind Modelle des Geistes, die auf simple Wissensbanken und Inferenzmechanismen hinauslaufen, zu naiv, um als Erklärung für den menschlichen Geist dienen zu können.

Wenn man die Identitätsthese akzeptiert, so stellt sich dann die Frage, was mentale

5.2 Probleme der Philosophie des Geistes

Phänomene charakterisiert, dh. was sie von nicht-mentalen Phänomenen unterscheidet. Nach einer These des Philosophen Brentano sind es genau die Intentionen oder Absichten, die eine solche Charakterisierung ermöglichen. Danach ist es das entscheidende Merkmal mentaler Ereignisse, daß sie immer einen intentionalen Charakter haben, dh. daß mit ihnen irgendwelche Absichten verbunden sind. Demgegenüber lassen sich bei physikalischen Phänomenen irgendwelche Absichten nicht erkennen. In modernem Gewand findet sich diese These in [Den78] wieder.

Aus dieser Sicht lassen sich dann weitere alte philosophische Fragen konsistent beantworten. Eine davon ist die des Bewußtseins, eine andere die der Möglichkeit eines freien Willens, die wir hier nicht weiter diskutieren wollen (siehe zB. [Den78] oder [Bie81]). Der Fairneß halber wollen wir erwähnen, daß hier die Meinungen noch stark divergieren. So wird in [Pen89] die Meinung vertreten, daß Bewußtsein nicht algorithmisch und (wahre) Intelligenz nicht ohne Bewußtsein möglich, also (wahre) Intelligenz nicht algorithmisch möglich sein könne. Der Streit ist müßig, da uns Methoden zu seiner Entscheidung bislang nicht bekannt sind. Das Bemühen des Gödelschen Satzes in [Pen89] in diesem Zusammenhang ist verschiedentlich (zB. in [Den78, Slo92]) als untaugliche Methode entlarvt worden.

Wir erwähnen nur noch ein Problem, das in [Den78] Humes Problem genannt wird. Es tritt in mannigfacher Form auf. Wählen wir als Beispiel wieder unser Pilzszenario aus dem vorangegangenen Abschnitt.

Als Ereignis in der Welt haben wir dieses Szenario mit S_w beschrieben. Um es sich bewußt zu machen, muß der sensorische Apparat des Menschen hiervon eine innere (zerebrale) Repräsentation herstellen, die wir oben mit S_z bezeichnet haben. Erst diese innere Szenendarstellung ließe sich dann vom Bewußtsein kognitiv als S_k darstellen. Für das Bewußtsein ist aber die zerebrale Darstellung wieder eine äußere Darstellung, so daß eine weitere innere Darstellung erforderlich erschiene. Auf diese Weise ergibt sich ein unendlicher Regreß.

Erst in der Intellektik ist gezeigt worden, daß ein solcher Regreß nicht nötig ist, weil ein Programm zugleich repräsentiertes Wissen als auch Steuerung kodieren kann. Besonders offensichtlich ist diese Doppelrolle in einem PROLOG-Programm zu erkennen. Damit wissen wir, daß Humes Problem eine Lösung hat. Das heißt jedoch nicht, daß wir damit die von unserem Gehirn realisierte Lösung tatsächlich kennen, da diese ganz anders als die in Intellektikprogrammen gegebene Lösung ausschauen mag. Noch weniger kennen wir die Art und Weise, wie Wissen in unserem Hirn tatsächlich repräsentiert ist, ob etwa diese Repräsentation irgendetwas mit den in diesem Buch besprochenen Repräsentationen zu tun hat. Wir wissen nur, daß es nicht ausgeschlossen ist, daß sie damit tatsächlich etwas zu tun hat.

In [Den78] wird dies als eines der Beispiele genannt, wo durch die Forschung in der Intellektik ein altes philosophisches Problem eine partielle Lösung gefunden hat. Es illustriert zugleich die Art der Einsichten in die philosophischen Probleme, die von der Intellektik erzielt werden können. Sie liefert mögliche Lösungen, gibt aber keinen Hinweis auf die von der Natur gewählte Lösung.

5.2.1 Heideggers Existenzphilosophie

Ein Teil der philosophischen Diskussion in der Intellektik ist besonders von den Gedanken des Freiburger Philosophen Martin Heidegger (1889-1976) geprägt, der sich mit Grundfragen der Metaphysik wie "Warum ist überhaupt Seiendes und nicht vielmehr nichts?" auseinandergesetzt hat. Eine solche Frage ist für die Intellektik deshalb von Interesse, weil eine klare Antwort darauf die Bedingungen charakterisieren würde, unter denen ein intelligenter Roboter auch als Seiendes und nicht bloß als Ding einzustufen wäre. Tatsächlich ziehen moderne Philosophen wie Herbert Dreyfuss aus den Überlegungen Heideggers den Schluß, daß künstliche Intelligenz grundsätzlich nicht möglich ist [Dre85].

Mangels Kompetenz ist es den Autoren nicht möglich, diese Schlußfolgerungen hier verständlich auszubreiten. Wir werden daher nur einige wichtige Punkte dieser Philosophie [Hei86] nennen, aus denen die Quintessenz dieser Überlegungen erkennbar sein könnte. Das Problem mit Philosophen dieser Art ist nämlich, daß sie an die Stelle präziser Begriffsbildungen und Definitionen seitenlange Umschreibungen setzen. Eine präzise und damit verständliche Formulierung dieser Überlegungen muß also weiterhin ausbleiben.

"Dasein ist Seiendes, das je ich selbst bin", sagt Heidegger, was in anderer Form die Vorstellung vom isolierten Ich widerspiegelt. "Dasein ist Seiendes, das sich in seinem Sein verstehend zu diesem Sein verhält", dh. das Ich ist sich seiner selbst in gleicher Weise wie seiner Umwelt bewußt. Auch in bezug auf das Verhältnis zu anderen Ichs tritt diese Vorstellung voll zutage: "Die Charakteristik des Begegnens der *Anderen* orientiert sich so aber doch wieder am je *eigenen* Sein." und "im Seinsverständnis des Daseins liegt schon, weil sein Sein Mitsein ist, das Verständnis Anderer".

Als grundlegende Seinsverfassung solcher Merkmale des Seins sieht Heidegger das *In-der-Welt-sein*, mit dem er ein einheitliches Phänomen versteht. Aus dieser besonderen Verfassungen ergibt sich die Angst (vor dem Nichts), die Sorge (um das Dasein) und das Bewußtsein der Endlichkeit des eigenen Seins. Das Sein ist ein Sein zum Tode, aber nicht ein Sein in der Zeit, sondern ein Sein als Zeit.

"Allein die '*Substanz*' des Menschen ist nicht der Geist als die Synthese von Seele und Leib, sondern die Existenz." Wenn dem so ist, so ist es in der Tat bei heutigen Systemen der Intellektik abwegig, substantielle Vergleiche mit dem Menschen zu ziehen. Denn "Existenz" ist für solche Systeme kein relevantes Merkmal. Wenn jedoch Spekulation erlaubt ist, so könnte man sich dennoch vorstellen, daß auch ein Computersystem diese Essenz der Existenz als generelle Befindlichkeit eingebaut bekommen könnte. Es scheint nicht unverständlich, daß sich diese Befindlichkeit beim Menschen in evolutionärer Weise entwickelt hat, weil sie sich als erfolgreich im Verhalten innerhalb der Welt erwies.

Nach unserem Verständnis steckt hinter diesen Bestimmungen von Begriffen wie "Dasein", "Mensch", aber auch "Kontext" der Versuch, deren Eigenschaften definitorisch zu bestimmen. Man bekommt bei der Lektüre von Heideggers Schriften den Eindruck, daß diese Bestimmungen in der Tat von essentieller Bedeutung für die behandelten Begriffe sind. Was, wie gesagt, jedoch aussteht, ist eine präzise Formalisierung, am besten in einer Formel der Gestalt *Mensch*(x) $\leftrightarrow$ ..., wobei auf der rechten Seite die in Heideggers Schriften gegebenen Bestimmungen zusammengefaßt sind.[2]

Hätte man eine solche Formel, so wäre ein erster Schritt dahin getan, das Merkmal "Existenz" auch in ein System zu gießen. Mit anderen Worten, die Bedeutung Heideggers mag weniger in dem liegen, was manche Philosophen heute aus ihm ableiten, nämlich einer Abgrenzung des Menschen von der Maschine, sondern in einem Ansatz zur Klärung eines wichtigen Merkmals des Menschlichen, das nach vollendeter Klärung möglicherweise in Systemen der Intellektik realisierbar wäre und diese so auf ein neues Niveau bringen könnte.

5.3 Aspekte der Wissensrepräsentation

Wir haben in den vorangegangenen beiden Abschnitten weit ausgeholt, um die philosophischen Aspekte der Wissensrepräsentation in die allgemeine Diskussion um die Vorstellungen zum Begriff des Menschen einzubetten. Die Notwendigkeit hierzu ergibt sich aus der Tatsache, daß Wissen mehr ist als eine Menge von Formeln der Prädikatenlogik. In diesem Mehr spielt wahrscheinlich alles mit, was den Menschen in seinem Dasein charakterisiert. Wir sind derzeit wie gesagt weit davon entfernt zu verstehen, was dieses Mehr genau ist. Umrisse in Form charakterisierender Merkmale sind aber erkennbar, wovon die beiden letzten Abschnitte einiges angeschnitten haben.

Insbesondere ist es mit diesen Merkmalen verträglich anzunehmen, daß menschliches Wissen jedenfalls teilweise in repräsentierter Form im Gehirn verfügbar ist. Der in der Wissensrepräsentation verfolgte Ansatz der Repräsentation von Wissen erscheint demzufolge vernünftig und aussichtsreich, von den bisherigen Erfolgen dieses Ansatzes einmal ganz abgesehen. Insbesondere ist es nicht nur vernünftig, sondern auch absolut notwendig, Wissen über die Welt kognitiv zu strukturieren, um die Quantität des Informationsstromes in den Griff zu bekommen, wie wir im vorletzten Abschnitt erläutert haben.

Andererseits hat unsere Diskussion gezeigt, daß es sich bei den Forschungen in der Wissensrepräsentation eben wirklich nur um erste Ansätze handelt, denen es im Vergleich zur menschlichen Wissensverarbeitung noch an ganz wesentlichen, ja entscheidenden Merkmalen mangelt. Die Frage, ob es je gelingen kann, solche Merkmale in Systeme zu integrieren, ist bislang nur der Spekulation zugänglich. Das Gleiche gilt daher auch für die Frage, ob Systeme wirklich einmal die gleiche Form von Intelligenz wie Menschen aufweisen können. Ebenso hat die Intellektik keine Antworten auf Fragen nach der möglichen Transzendenz des Menschen. Wäre sie gegeben, wäre sie einer wissenschaftlichen Behandlung ohnehin nicht zugänglich. Mit anderen Worten, die Intellektik schließt derlei zwar nicht aus, beschränkt ihr Bemühen jedoch auf

---

[2]Interessanterweise erinnerte sich der erste Autor während der Lektüre von Heideggers Schriften an verschiedenen Stellen seiner eigenen, zugegebenermaßen rudimentären formalen Ansätze in [Bib84].

diejenigen Teile der menschlichen Intelligenz, bei der transzendentale Einwirkungen, falls es sie gibt, keine Bedeutung haben. Als Arbeitsthese gehen wir, wohl mit gutem Grunde, davon aus, daß diese verbleibende Teilmenge nicht leer ist.

Im vorliegenden Abschnitt werden wir uns jetzt konkreteren Aspekten der Wissensrepräsentation allgemeinen oder, wenn man will, philosophischen Charakters zuwenden.

5.3.1 Kriterien für die Repräsentation von Wissen

Da es eine Vielfalt von Formen der Repräsentation von Wissen gibt, macht es Sinn, über Kriterien nachzudenken, die einen Bewertungsmaßstab für diese Formen an die Hand geben. In diesem Unterabschnitt wollen wir einige solcher Kriterien formulieren. Wir beginnen mit solchen allgemeinsten Charakters.

Da es unser Ziel ist, repräsentiertes Wissen in Systemen zum Einsatz zu bringen, ist als erstes zu fordern, daß der Repräsentationsformalismus so präzise ist, daß selbst ein Rechner zur Verarbeitung in der Lage ist. Eine systematische Repräsentationsform, die diese Forderung erfüllt, sei *Schema* [Hay85b] genannt. Alle in diesem Buch besprochenen Formalismen sind Schemata in diesem Sinne. Ein künstlerisches Gemälde dagegen fällt nicht unter diesen Begriff.

Ein Ausdruck innerhalb eines Schemas sei eine *Konfiguration* genannt. Eine Formel der Prädikatenlogik ist eine Konfiguration in diesem Sinne. Demnach ist ein Schema eine Menge von Konfigurationen. Als inhärenten Bestandteil des Begriffs des Schemas nehmen wir an, daß es ein von einem Rechner ausführbares Verfahren zur Entscheidung gibt, ob ein gegebenes Arrangement von Zeichen eine *wohlgeformte* Konfiguration des Schemas ist oder nicht.

Zur Darstellung der Zeichen eines Schemas ist ein *Medium* erforderlich. Es ist nicht ganz einfach, Kriterien zur Entscheidung anzugeben, welche Medien hier zulässig sind und welche nicht. In der Praxis spielt diese Frage jedoch kaum eine Rolle.

Ein weiteres wichtiges Kriterium besteht in der Forderung nach einer *Semantik*, die einer gegebenen Konfiguration eine inhaltliche Bedeutung zuweist, in der sich die beabsichtigte Repräsentationsrelation manifestiert.

Zusammen mit dem Begriff eines Schemas ist auch eine Menge von *Operationen* für den Zugriff, das Hinzufügen und Entfernen von Konfigurationen erforderlich, wie wir in Abschnitt 1.5.3 bereits besprochen haben, von denen wir annehmen, daß sie vom System in jedem Fall ausführbar sind.

Neben diesen Forderungen an den repräsentierenden Formalismus orientieren wir uns in diesem Gebiet an der Wissensrepräsentationshypothese, die wir bereits in Abschnitt 1.3 formuliert hatten und die hier nochmals wiedergegeben sei.

Jedes sich auf mechanische Weise intelligent verhaltende Gebilde besteht aus strukturellen Teilen, a) die für uns externe Beobachter in natürlicher Weise (dh. ohne das Erfordernis der Kenntnis des Verarbeitungsmechanismus) das Wissen beschreiben, das in dem Verhalten zum Ausdruck kommt, und b) das, unabhängig von solch externer semantischer Interpretation, eine zwar formale, aber kausale und essentielle Rolle bei der Erzeugung des Verhaltens spielt, in dem es sich manifestiert.

5.3 Aspekte der Wissensrepräsentation

```
0 0 0 0 0 0 0 0 0
0 0 0 0 1 0 0 0 0
0 0 0 1 1 1 0 0 0
0 0 1 1 1 1 1 0 0
0 1 1 1 1 1 1 1 0
0 0 1 1 1 1 1 0 0
0 0 0 1 1 1 0 0 0
0 0 0 0 1 0 0 0 0
0 0 0 0 0 0 0 0 0
```

Abbildung 5.2 Ein Quadrat in Binärdarstellung

Offensichtlich geht diese These genau von den hier formulierten Kriterien für ein Schema aus, wobei "Konfigurationen" statt "strukturelle Teile" zu lesen ist. Allerdings kommt hier der zusätzliche Aspekt der kausalen Wirkung des repräsentierten Wissens auf das Handeln zum Ausdruck. Eine Maschine mit all den bislang genannten Erfordernissen haben wir in Abschnitt 1.3 eine semantische Maschine genannt und mit [Hau81] als These angenommen, daß der Mensch (unter anderem) eine solche semantische Maschine sei.

Nach diesen Kriterien sehr allgemeiner Natur wollen wir noch spezifischere Kriterien nennen, mittels derer die Qualität von Repräsentationen beurteilt werden kann. Zur Illustration verwenden wir ein Beispiel aus [Bob75], wo diese Kriterien auch weiter erläutert sind; wir hatten es bereits in Abschnitt 2.11.11 gezeigt. Es handelt sich um eine Szene aus einer zweidimensionalen Schwarz-Weiß-Welt, nämlich um ein schwarzes Quadrat mit horizontaler Achse auf weißem, quadratischen Grund. Eine mögliche Repräsentation ist in Abbildung 5.2 gezeigt. Entsprechende Repräsentationen in Form eines assoziativen Netzes (siehe Abschnitt 2.4) oder eines Konzeptrahmens (siehe Abschnitt 2.5) seien dem Leser überlassen. Im Vergleich dieser drei verschiedenen Formen der Repräsentation lassen sich dann folgende Fragen zur Beurteilung stellen.

1. Was sind Elemente der Welt wie der Repräsentation (zB. Rastereinheit, Objekt usw.), was deren Beziehungen, und wie beziehen sich die Elemente der Welt auf die der Repräsentation?

2. Wie beziehen sich die Operationen in der Repräsentation auf die Aktionen in der aktuellen Welt?

3. Wie kann Wissen im System bei der Inferenzbildung mit eingesetzt werden?

4. Wie ist die Inferenzbildung selbst realisiert?

5. Wie sind die verschiedenen Elemente und Strukturen miteinander verknüpft, um einen möglichst direkten Zugang zu geeigneten Fakten zu gewährleisten?

6. Wie lassen sich verschiedene Strukturen auf Gleichheit oder Ähnlichkeit prüfen?

7. Wie ist es bei einer solchen Prüfung möglich, Kontextabhängigkeiten mit zu berücksichtigen (da zB. ein Barthaar aus kurzer Entfernung dem Menschen als gleich groß wie ein Bleistift aus größerem Abstand erscheint)?

8. Welche explizite Kenntnis hat das System über seine eigene Struktur und seine Operationsmöglichkeiten?

Jede dieser Fragen ließe sich nun anhand des gegebenen Beispiels in den drei genannten Repräsentationen diskutieren. Wir wollen uns beispielhaft auf die erste Frage beschränken und verweisen den Leser wegen der weiteren auf [Bob75].

Elemente und Strukturen der Welt sowie der Repräsentation sind nicht vorgegeben, sondern spiegeln die Art wider, wie wir die Welt sehen und verstehen. Von einem Baum zu sprechen, hat durchaus etwas Willkürliches an sich. Gehört eine dünne Lufthülle mit seinen Ausdünstungen noch zum Baum oder nicht? Oder sind die Wurzelflechten Bestandteil oder nicht? All dies sind Entscheidungen, die in diesem Zusammenhang bei der Wahl der Elemente getroffen werden. Für die Strukturen, die sich aus den Beziehungen zusammensetzen, gilt genau das Gleiche. Diese Entscheidungen können sogar in verschiedenen Zusammenhängen verschieden ausfallen. Ein Botaniker wird einen Baum anders sehen als Herr Jedermann, weil für letzteren etwa die Zellstrukturen keinerlei Rolle spielen.

Auch die Wahl der explizit gespeicherten Relationen hängt von den Umständen ab. Insbesondere sind manche der Relationen implizit bereits mit repräsentiert. Im Beispiel der Abbildung 5.2 ist in der Repräsentation die Größe des Quadrats implizit mitgegeben, während sie in einer Konzeptrahmenrepräsentation explizit angegeben werden muß. Insoweit sie implizit mitrepräsentiert sind, spricht man von der *Ähnlichkeit* zwischen der Welt und dem repräsentierenden Medium bezüglich dieser Relationen. So ist die Binärdarstellung ähnlich zu dem Originalquadrat bezüglich seiner Größe ua.

Unter den Relationen gibt es *vage* in dem Sinne, daß ihre Angabe nicht ausreicht, die Welt genau wiederzugeben. Wenn wir in unserem Beispiel wissen, daß ein Punkt A links von einem anderen Punkt B liegt, so läßt diese Beziehung noch einen unendlichen Spielraum darüber offen, wo A und B wirklich liegen.

Eine Darstellung heißt *exhaustiv* bezüglich einer Eigenschaft, wenn für jedes Objekt, das diese Eigenschaft hat, dieser Sachverhalt explizit in der Darstellung repräsentiert ist. Bei einer exhaustiven Darstellung wird die Annahme der Weltabgeschlossenheit zu einem Faktum. Das menschliche Sehgedächtnis ist zB. keineswegs exhaustiv.

Mit diesen Kriterien und Bewertungsfragen reißen wir das Thema der Bewertung von Repräsentationen lediglich an, ohne es auch nur annähernd befriedigend zu behandeln. Eine solch befriedigende Behandlung gibt es derzeit nicht (siehe aber [Bob75]). In dieser Situation erschien es den Autoren jedoch besser, einige unbefriedigende Fragmente darzustellen, als das Thema überhaupt unter den Tisch fallen zu lassen.

Wir haben uns bislang in diesem Abschnitt ausschließlich mit den Fragen der Repräsentation und nicht mit denen der Inferenz beschäftigt. Das mag daran liegen, daß die für die Inferenzbehandlung erforderliche Präzision in der philosophischen Literatur weniger üblich ist und ausgiebiges Material daher nicht vorliegt. Allerdings sei erwähnt, daß das in Kapitel 3 erörterte Phänomen des nichtmonotonen Schließens in anderem Gewande auch in der psychologisch/philosophischen Literatur aufgetaucht ist und zwar als *Prototypen* in der Psychologie [Ros78] und als *natürliche Art* (engl. natural kind) in der Philosophie [Put70].

Eine Frage von grundsätzlicher Bedeutung im Zusammenhang mit der Inferenz ist die nach der Art ihrer Behandlung: beweistheoretisch oder modelltheoretisch. Die Literatur hat bislang den beweistheoretischen Zugang favorisiert, bei dem Inferenz im Rahmen eines Kalküls realisiert wird. Auch in diesem Buch liegt das Schwergewicht eindeutig auf diesem Zugang. Neuerdings haben sich aber eine Reihe von Stimmen erhoben, die auf manchen Vorteil des modelltheoretischen Ansatzes verweisen [JLB91], bei dem im Hinblick auf Schlüsse Modelle geprüft werden. Man sollte hieraus keinen Glaubenskrieg entfachen, da sich beide Arten durchaus vereinen lassen, worauf auch in [HV91] hingewiesen wird: *"... there is nothing in the proof-theoretic approach that prevents us from doing our theorem proving by using model checking"*.

Wir haben in diesem Buch den logizistischen Zugang zur Intellektik favorisiert. Eine schöne Einführung in die philosophische Diskussion zu diesem Thema findet sich in [Tho91], wo die logizistischen Denkansätze von Aristoteles, Leibniz, Frege, Carnap, Montague und nicht zuletzt McCarthy diskutiert und miteinander in Beziehung gesetzt werden.

5.4 Repräsentationslose Intelligenz

Im Zentrum dieses Buches standen Fragen der Repräsentation von Wissen. Dies basierte auf der Überzeugung der fundamentalen Bedeutung repräsentierten Wissens für intelligentes Verhalten. Wir möchten abschließend darauf hinweisen, daß in allerjüngster Zeit diese Überzeugung hinterfragt wurde (siehe zB. [Bro91]). In Experimenten konnte nämlich gezeigt werden, daß intelligentes Verhalten sich auch evolutionär allein in Reaktion mit der Außenwelt herausbilden kann. In einem solchen Ansatz erübrigt sich vermeintlich die explizite Repräsentation von Wissen.

Dieser Ansatz geht von zwei Grundsätzen aus. Erstens müssen intelligente Systeme in inkrementeller Weise gebaut werden; jedoch muß das System in jedem inkrementellen Entwicklungsschritt ein vollständiges System darstellen. Zweitens muß jedes dieser schrittweise entwickelten Systeme mit Sensoren und Aktoren ausgestattet und der Welt ausgesetzt werden, weil durch die andernfalls erforderliche Abstraktion die entscheidenden Ingredienzen intelligenten Verhaltens außer Acht gelassen würden.

Im Sinne dieser Grundsätze hat Brooks mobile Roboter von geschichteter Architektur entwickelt [Bro86]. Jede Schicht besteht aus einem endlichen Automaten. Eine untere Schicht ist völlig autonom von irgendwelchen höheren Schichten. Jedoch können höhere Schichten in den Mechanismus der unteren eingreifen und Aktionen unterdrücken oder verhindern. Die unterste Schicht ist ausschließlich auf die *Vermeidung* von Hindernissen spezialisiert. Die nächste ist für die *Vorwärtsbewegung* zuständig, die nächste für das *Erkunden* usw. Eine Form von Lernen ist diesen "Kreaturen" eigen.

Ohne den Reiz dieser Experimente und ihre Bedeutung bestreiten zu wollen, sei doch bezweifelt, daß reaktives Verhalten dieser Art allein Intelligenz von menschlicher Qualität hervorzubringen im Stande ist. Vielmehr dürfte sich dieser Ansatz in einem gewissen Sinne als komplementär zu dem in diesem Buch dargestellten herausstellen, mit dem vielleicht "niedere" Intelligenzleistungen akquiriert werden können, wie sie von Tieren wie Insekten vollbracht werden. Auch haben die körperlosen Systeme großer Teile der bisherigen Intellektikforschung zweifelsohne ihre Grenzen, so daß auch in dieser Hinsicht der neue Ansatz heilsame Impulse geben kann.

Methodologisch jedoch erscheint der Ansatz gar nicht als komplementär und gar so neu. Denn wenn Brooks auch vehement gegen die Repräsentation von Wissen argumentiert, so ist der darin enthaltene Trugschluß doch ganz offensichtlich. Denn er repräsentiert sein Wissen bzw. seine Vorstellung in der Sprache der Automatentheorie. Zumindest das sollte ein Leser dieses Buches gelernt haben: es wird hier lediglich eine weitere Variante eines Repräsentationsformalismus bemüht, die ebensogut auch durch eine der in diesem Buch besprochenen Varianten (etwa die Logik, in der endliche Automaten trivial formalisierbar sind) ersetzt werden könnte. Die repräsentationslose Intelligenz benutzt also sehr wohl repräsentiertes Wissen.

Übungen

Übungen zu Kapitel 2

Aufgabe 1 Forme die nachfolgenden natürlichsprachlichen Sätze in ein logisches Äquivalent um.

- Alle Studenten sind klug und strebsam.
- Studenten müssen ihre Hausaufgaben erledigen.
- In der Uni gibt es mindestens eine Bücherei.
- Es gibt Studenten, die ihre Hausaufgaben selbst erledigen.
- Nach erfolgreich bestandenen Prüfungen trinken die Studenten Sekt.

Aufgabe 2 Finde zu den nachfolgenden logischen Formeln eine natürliche Interpretation und eine natürlichsprachliche Formulierung.

- $\forall x\ (p(x) \vee q(x))$
- $\forall x\ (p(x) \rightarrow \exists y\ (q(x,y)))$
- $p(x,s) \wedge t(s,s_1) \rightarrow p(x,s_1)$

Aufgabe 3 Gegeben sei die folgende Menge von Axiomen:

$\forall x \forall y.Pferd(x) \wedge Hund(y) \rightarrow Schneller(x,y)$
$\exists y.Windhund(y) \wedge (\forall z.Hase(z) \rightarrow Schneller(y,z))$
$\forall y.Windhund(y) \rightarrow Hund(y)$
$\forall x \forall y \forall z.Schneller(x,y) \wedge Schneller(y,z) \rightarrow Schneller(x,z)$
$Pferd(oskar)$
$Hase(helmut)$

1. Gebe für jedes Axiom seine natürlichsprachliche Interpretation an.
2. Zeige unter Verwendung eines Kalküls der Logik erster Stufe daß die Aussage:

$Schneller(oskar, helmut)$

aus der obigen Axiomenmenge ableitbar ist.

Aufgabe 4 Stelle die folgenden Formeln als gerichteten azyklischen Graph dar:

a. $I(c,m) \wedge L(p,c) \wedge I(a,g) \wedge G(a,p) \wedge E(a,c) \wedge O(a,b)$
b. $\forall xy(K(x) \wedge S(y) \rightarrow L(x,y))$
c. $\forall x(P(x,a) \wedge Q(x)) \vee \exists x R(x)$.

Aufgabe 5 Definiere eine Funktion gaG, die jede wohlgeformte Formel eines Prädikatenkalküls 1. Stufe in ihre gaG-Darstellung überführt. Dabei können die folgenden Hilfsfunktionen benutzt werden:

- $blatt(x, y)$ liefert NIL, wenn das Symbol x nicht in dem gaG y vorkommt, und einen Pointer auf den Knoten in y, der mit x markiert ist, wenn x in y vorkommt.
- $frei(x, y)$ liefert NIL, wenn die Variable x nicht frei in dem gaG y vorkommt, und einen Pointer auf den Knoten in y, der mit x markiert ist, wenn x in y frei vorkommt.
- $gebunden(x, y)$ liefert NIL, wenn die Variable x nicht gebunden in dem gaG y vorkommt, und einen Pointer auf den Knoten in y, der mit x markiert ist, wenn x in y gebunden vorkommt.

Hinweis: Definiere *gaG* induktiv über den Aufbau der Formeln. Zur Vereinfachung nehmen wir an, daß in unserem Kalkül nur einstellige Funktions- und Prädikatssymbole vorkommen.

Aufgabe 6 Stelle folgenden Text als Matrix dar:

Alberts Arbeit wird genau dann angenommen, wenn wenigstens zwei der Gutachter - Schmitt, Meier, Schultz - sie für gut befinden. Schmitt wird die Arbeit genau dann gut heißen, wenn die beiden anderen Gutachter sie für gut befinden. Folgt daraus, daß die Arbeit abgelehnt wird, falls ein Gutachter sie nicht für gut befindet?

Aufgabe 7 Beweise die folgende Formel

$$P(a) \vee (\neg P(x) \wedge P(f(x))) \vee \neg P(f^8(a))$$

mit Hilfe der Konnektionsmethode.

Aufgabe 8

a. Stelle die folgenden Aussagen als ein assoziatives Netz dar:

    a1. Claudia ist ein Mädchen.

    a2. Peter liebt Claudia.

    a3. Peter gibt Claudia ein Buch.

b. Wie verändert sich das assoziative Netz, wenn (a3) durch

    Heute gibt Peter Claudia ein Buch.

ersetzt wird.

c. Stelle das assoziative Netz aus Teilaufgabe a. in ausführlicher Form dar. Wodurch unterscheidet es sich von einem gaG für die Aussage $(a1) \wedge (a2) \wedge (a3)$?

Aufgabe 9 Gegeben sei die folgende Aussage:

Elefanten und Albinos sind Säugetiere. Elefanten sind grau, essen am liebsten Erdnüsse, und ihre Haut ist faltig. Albinos dagegen sind weiß. Clyde ist ein Elefant und ein Albino.

1. Stelle die obigen Aussagen in Prädikatenlogik erster Stufe dar.
2. Stelle die obigen Aussagen als assoziatives Netz dar.
3. Diskutiere die in 1. und 2. erhaltenen Lösungen.

Aufgabe 10 Seien N_1 und N_2 zwei assoziative Netze und F_1 bzw. F_2 die zugehörigen logischen Formeln. Gehe dabei davon aus, daß die in F_1 bzw. F_2 vorkommenden Variablen implizit allquantifiziert bzw. existenzquantifiziert sind. N_2 *paßt auf* (engl. *matches*) N_1 genau dann, wenn es eine Substitution σ gibt, so daß $F_2\sigma$ logisch aus F_1 folgt.

Betrachte nun das folgende assoziative Netz (N_1).

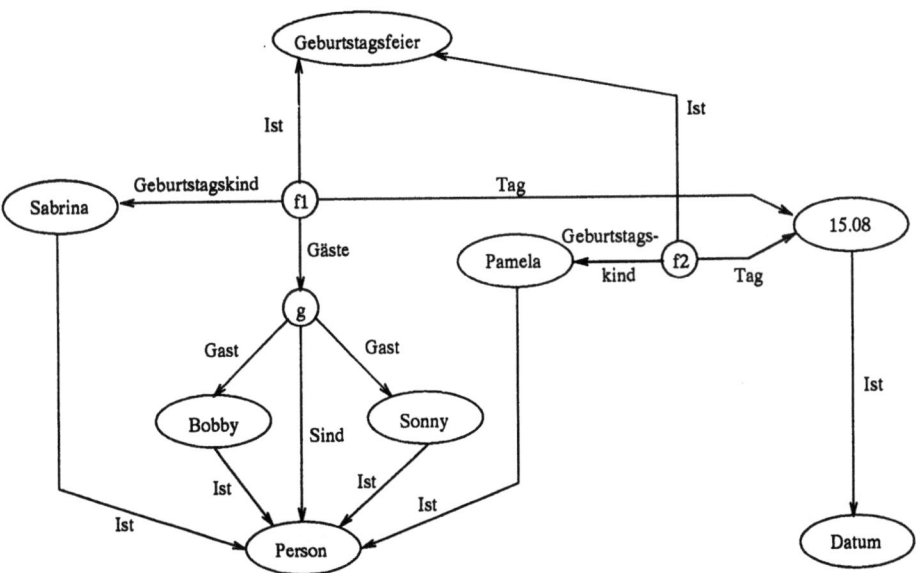

Beantworte die nachfolgenden Fragen, indem Du zu jeder Frage das entsprechende assoziative Netz (N_2) konstruierst und prüfst, ob es auf das gegebenen Netz paßt. Wenn es nicht paßt, dann antworte mit "nein", ansonsten antworte mit der gefundenen Substitution. Alle Antworten sind zu begründen.

a. Wer sind die Gäste auf Sabrinas Geburtstagsfeier?
b. Ist Pamela Gast auf Sabrinas Geburtstagsfeier?
c. Feiern Sabrina und Pamela am selben Tag Geburtstag?

Aufgabe 11 Gegeben sei das nachfolgende assoziative Netz.

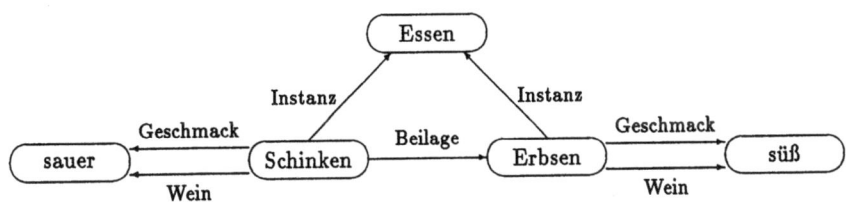

a. Gebe eine, dem Netz entsprechende logische Formel an.
b. Gebe ein Modell für die in a. gefundene Formel an.
c. Gebe eine Interpretation für die in a. gefundene Formel an, die kein Modell ist.

Aufgabe 12 Betrachte die nachfolgende Abbildung. Der Doppelpfeil bedeutet, daß beispielsweise NACHRICHT eine Teilklasse oder Spezialisierung von MITTEILUNG ist.

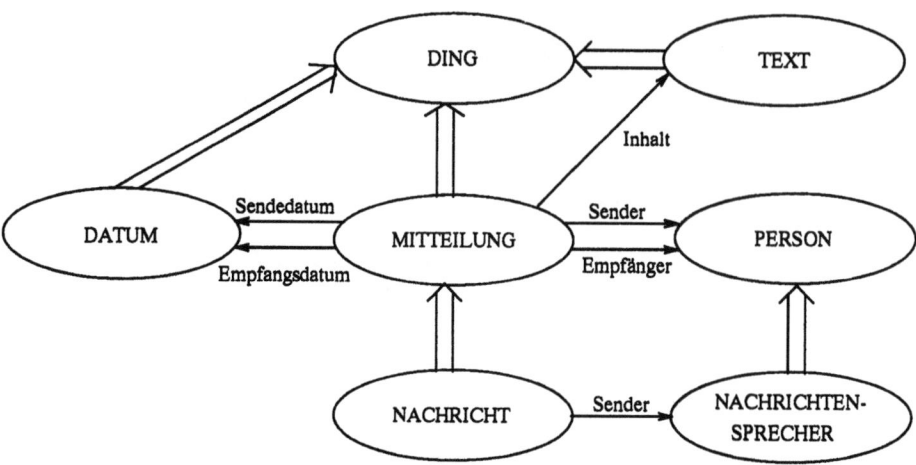

a. Welche Aussage wird durch die Abbildung informell repräsentiert?
b. Definiere die Rahmen für die in der Abbildung dargestellten Knoten. Verwende dabei den Schlitz SPEZIALISIERUNG um auszudrücken, daß beispielsweise DATUM eine Spezialisierung von DING ist.
c. Gebe für jeden Rahmen die entsprechende prädikatenlogische Formel an. Übersetze dabei den Schlitz SPEZIALISIERUNG mit Füllsel P im Rahmen x in $P(x)$.
Beachte: Die in Abschnitt 2.5 angegebene Transformation allein ist nicht ausreichend.
d. Die Schlitze in einem Rahmen können mit sogenannten *Beschränkungen der Anzahl* versehen werden. Dabei wird etwa durch [1,1] bei dem Füllsel von Schlitz SENDER im Rahmen MITTEILUNG ausgedrückt, daß eine Mitteilung genau einen Sender haben muß. (Graphisch wird dies durch die Beschriftung [1,1] an der entsprechenden Kante ausgedrückt.) Erweitere den Rahmen MITTEILUNG aus Teilaufgabe b., so daß er noch die Aussagen "*Eine Mitteilung hat mindestens einen Empfänger und genau ein Empfangs- und ein Sendedatum*" repräsentiert.
e. Gib für den in Teilaufgabe c. erweiterten Rahmen MITTEILUNG den entsprechenden prädikatenlogischen Ausdruck an.
f. Seien R_1 und R_2 zwei Rahmen und F_1 bzw. F_2 die zugehörigen logischen Formeln. R_1 subsumiert R_2 genau dann, wenn F_1 logisch aus F_2 folgt.
Füge einen entsprechenden Rahmen R für die Aussage "*Eine private Mitteilung ist eine Mitteilung, die einen Nachrichtensprecher als Sender und genau einen Empfänger hat*" so in die Abbildung ein, daß R "über" allen Rahmen steht, die von R subsumiert werden, und "unter" allen Rahmen steht, die R subsumieren. Begründung!

Aufgabe 13

1. Was bedeuten für Vererbungsnetzwerke die Begriffe "atomare" bzw. "generische Stabilität".
2. Zeige an je einem geeigneten Beispiel (Beweis nur am Beispiel)
   - die atomare Stabilität bzw. Instabilität von Touretzky-Netzen.
   - die generische Stabilität bzw. Instabilität von Touretzky-Netzen.

Aufgabe 14 Betrachte das in Abbildung 2.12 gegebene Vererbungsnetz auf Seite 49.

1. Gebe alle in dem Netz vorkommende Pfade an.
2. Gebe alle Aussagen an, die durch Pfade der Länge 3 ermöglicht werden.
3. Gebe alle widersprüchlichen Pfadpaare an.
4. Gebe alle erlaubten Pfade an.

Aufgabe 15 Beweise die folgenden aus Abschnitt 2.6 bekannten Sätze.

a. *Ein Netz Γ stützt nicht gleichzeitig zwei sich widersprechende Aussagen $x \to y$ und $x \not\to y$*
b. *Wenn ein Netz Γ eine atomare Aussage $a \to p$ stützt, dann gilt für jede Aussage $B: \Gamma \cup \{a \to p\}$ stützt B genau dann, wenn Γ allein B stützt*

Aufgabe 16 Beweise:

Für eine Knotenfolge $z_0, z_1, ..., z_m$ seien die folgenden drei Bedingungen wahr:

1. Γ stützt $x \to z_i$ für $0 \leq i \leq m$
2. $z_i \to z_{i+1} \in \Gamma$ für $0 \leq i < m$
3. $x \not\to z_i \notin \Gamma$ für $0 < i \leq m$

Dann gilt die Behauptung:
In Γ ist ein Pfad $x \to \tau_0 \to z_0 \to z_1 \to ... \to z_m$ erlaubt.

Aufgabe 17 Zeige, daß die nachfolgende Aussage nicht gilt. Wenn Γ ein Vererbungsnetz ist und $x \to y \overset{*}{\to} z$ ein Pfad mit $\Gamma \triangleright x \to y \overset{*}{\to} z$ ist, dann gilt auch $\Gamma \triangleright y \overset{*}{\to} z$.

Aufgabe 18 Gegeben sei die Abschnitt 2.7 (s. Seite 63) bekannte Terminologie T und weiterhin die aus Abschnitt 2.7 (s. Seite 68) bekannte Weltbeschreibung W.

1. Gebe je ein Modell für T und $T \cup W$ an.
2. Zeige, daß die Aussagen $\lambda x[Mann(x) \wedge Frau(x)] = \bot$ und $\lambda x[Mann(x) \vee Frau(x)] = Erwachsen$ logische Konsequenzen von T sind.
3. Gebe die von T definierte Taxonomie von Konzepten an.
4. Gebe die Mengen $MSK(Anna)$, $MSK(Hans)$ und $MSK(Fritz)$ an und begründe die Antworten.

Aufgabe 19 Beweise den Satz "*Jede Terminologie hat ein Modell*".

Aufgabe 20 Sei T eine Terminologie und $\lambda x KB_1(x)$ und $\lambda x KB_2(x)$ Konzeptbeschreibungen. Beweise die folgenden Aussagen.

1. $\lambda x KB_1(x) \approx_T \bot$ genau dann, wenn $\lambda x KB_1(x) \preceq_T \bot$.
2. $\lambda x KB_1(x) \preceq_T \lambda x KB_2(x)$ genau dann, wenn $\lambda x[\neg KB_2(x) \wedge KB_1(x)] \approx_T \bot$.

Aufgabe 21 Eine Terminologie heißt *Gleichungsterminologie* genau dann, wenn jedes Axiom in T von der Form $K = KB$ ist, wobei K Konzept und KB eine Konzeptbeschreibung ist. Beweise die nachfolgende Aussage. Jede Terminologie T' läßt sich in eine Gleichungsterminologie T tranformieren, so daß für alle Konzeptbeschreibungen KB_1 und KB_2 aus $KB(T')$ die Äquivalenz

$$KB_1 \preceq_T KB_2 \text{ genau dann, wenn } KB_1 \preceq_{T'} KB_2$$

gilt.

Aufgabe 22 Sei T eine azyklische Gleichungsterminologie und KB, KB_1 und KB_2 Konzeptbeschreibungen. Desweiteren sei Exp eine Funktion von Konzeptbeschreibungen und Terminologien nach Konzeptbeschreibungen, die in einer Konzeptbeschreibung KB rekursiv alle in T definierten Konzepte durch ihre entsprechenden Definitionen ersetzt. $Exp(KB,T)$ enthält also nur noch Konzepte, die nicht in T definiert sind. Offensichtlich gilt $KB^\mathcal{I} = Exp(KB,T)^\mathcal{I}$ für alle Modell $\mathcal{I}$ von T. Beweise die nachfolgenden Aussagen.

a. Wenn $Exp(KB_1,T) \preceq_\emptyset Exp(KB_2,T)$, dann $KB_1 \preceq_T KB_2$.
b. Wenn $KB_1 \preceq_T KB_2$, dann $Exp(KB_1,T) \preceq_\emptyset Exp(KB_2,T)$.

Aufgabe 23

1. Beschreibe die folgende Situation mit einem KL–ONE Netz:

   Ein Mensch ist eine Kreatur. Ein Wissenschaftler ist ein Mensch. Menschen haben einen Beruf. Technische Berufe sind auch Berufe. Informatik ist ein technischer Beruf. Ein Techniker ist ein Mensch, der einen technischen Beruf ausübt. Ein Informatiker ist ein Mensch, der Informatik als Beruf hat.

2. Subsumiert das Konzept *Wissenschaftler* das Konzept *Kreatur*? Wenn ja, warum?
3. Ist das Subsumierungsproblem, das ist die Frage, ob sich ein Konzept von einem anderen subsumieren läßt, entscheidbar? Welche Komplexität hat das Problem (es ist kein formaler Beweis verlangt)?
4. Stelle das Netz in der Prädikatenlogik dar.
5. Beschreibe einen technischen Informatiker und zeichne diesen in das obige Bild ein (mit einer anderen Farbe). In welcher Relation steht dieser zum Informatiker?

Aufgabe 24 Gegeben sei der folgende Text:

Eine Pflanze kann in mehreren Farben leuchten. Bäume sind Pflanzen. Alle Bäume sind von grüner Farbe. Alle Bäume bestehen aus Stamm und Krone.

1. Modelliere den Text in KL-ONE-artiger Notation.
2. Stelle das Netz in der Prädikatenlogik dar.
3. Erläutere die Begriffe *primitives* und *definiertes Konzept*.
4. Nun wissen wir, daß "binäre Bäume" zwar Bäume, aber keine Pflanzen sind. Gib an, wie solche Widersprüche in KL-ONE behandelt werden könnten. Diskutiere die Methode auch unter Berücksichtigung des Schließungsalgorithmus.

Aufgabe 25 Betrachte das Registertransferproblem: Der Inhalt zweier Register soll vertauscht werden. Dabei darf ein drittes Register zu Hilfe genommen werden. Die einzige erlaubte Operation ist das Zuweisen des Inhalts von einem Register an ein anderes Register. Ziel ist, eine Folge von Anweisungen mittels eines Produktionssystems zu generieren, die das Registertransferproblem löst.

a. Gebe die zur Lösung des Registertransferproblems notwendigen Datenstrukturen (Rahmen) an.
b. Wie muß der Arbeitsspeicher initialisiert werden?
c. Gebe die notwendigen Produktionsregeln an.
d. Gebe die Konfliktlösungsstrategie an.
e. Löse das Registertransferproblem.

Aufgabe 26 Gegeben ist ein 3x3 großes Feld von beweglichen Feldelementen, wobei jedes Feldelement genau eine der Ziffern 1,...,8 oder das Leerzeichen □ aufnimmt und alle 9 vorgegebenen Zeichen benutzt werden müssen. Als Zug bezeichnet man die horizontale oder vertikale Verschiebung eines Feldelementes auf das benachbarte Feldelement, daß das Leerzeichen enthält. Ziel ist das Finden einer Zugfolge, die einen beliebigen, vorgegebenen Anfangszustand in einen Zielzustand überführt. Der Zielzustand ist in der folgenden Abbildung dargestellt.

1	2	3
8	□	4
7	6	5

1. Gib für dieses Feld eine geeignete Repräsentation sowohl in OPS5-artiger Notation wie in der Prädikatenlogik an. Wieviele mögliche Konfigurationen gibt es?
2. Modelliere die verschiedenen Zugmöglichkeiten mit Hilfe von Produktionsregeln sowohl in OPS5-artiger Notation wie in der Prädikatenlogik. Gib weiterhin eine Regel an, die feuert, wenn der Endzustand erreicht ist.
3. Gib eine Zugfolge an, die aus der folgenden Konfiguration die obige Zielkonfiguration erzeugt:

8	1	3
2	□	4
7	6	5

4. Ein Oder-Baum beinhaltet zu einer Startkonfiguration alle möglichen Züge. Dabei werden alle direkten Nachfolgekonfigurationen wiederum rekursiv erweitert (mittels Anwendung von Produktionsregeln). Ermittle anhand dieser Vorgehensweise den Oder-Baum für die obige Startkonfiguration.
5. Wie die vorigen Teilaufgaben zeigen, definieren Produktionssysteme implizit einen Suchraum, der durch Regelfeuerungen explizit gemacht wird. Beschreibe (mittels Pseudocode) ein Kontrollsystem für diese Suche. Verwende hierzu eine geeignete Datenstruktur für die Konfliktmengen und gib entsprechende Operationen dafür an, mit denen eine Tiefensuche (depth-first) und eine Breitensuche (breadth-first) realisiert werden kann.

6. Wie verhalten sich beide Strategien bzgl. der Terminierung im allgemeinen? Sind Vorkehrungen erforderlich (Begründung)? Wird die optimale Zugfolge gefunden?
7. In einer Konfiguration existieren mehrere alternative Zugmöglichkeiten. Versuche in dem Beispiel eine Größe zu finden, mit deren Hilfe eine Aussage über die 'Güte' des betrachteten Zuges möglich ist.

Aufgabe 27 In einem $4m \times 4m \times 4m$ großen Raum befinden sich ein schweres Sofa, eine leichte Leiter, eine Bananenstaude, die entweder von der Decke hängt, auf dem Boden, der Leiter oder dem Sofa liegt, und ein sehr hungriger Affe, der keine schweren Objekte bewegen kann.

Unser Ziel ist, ein Produktionssystem anzugeben, das eine Folge von Anweisungen ausgibt, die dem Affen mitteilen, wie er zu den Bananen kommt.

a. Um das Problem lösen zu können, muß es weiter präzisiert werden. Welche weiteren Entscheidungen sollen getroffen werden?
   Hinweis: Die Frage sollte zusammen mit den Teilaufgaben b.-e. beantwortet werden.
b. Identifiziere die Objekte und ihre Eigenschaften, die zur Lösung des Problems notwendig sind. Gebe dazu jeweils Rahmen mit zugehörigen Schlitzen an.
c. Identifiziere die Aktionen, die der Affe durchführen muß, um das Problem zu lösen. Formuliere die Aktionen als Produktionsregeln.
d. Wende die Produktionsregeln auf folgende Ausgangssituation an. Der Affe ist auf Position (1,2) und hält nichts. Die Leiter steht auf Position (3,4) auf dem Boden. Die Bananen hängen an Position (2,1) an der Decke. Ziel ist, daß der Affe die Bananen in der Hand hält. Gebe eine geeignete Strategie an und zeige, daß mit dieser Strategie der Affe an die Bananen kommt. Gebe dazu in jedem Schritt die Objekte und die Ziele an.

Aufgabe 28 Betrachte das nachfolgende Klassifikationsproblem.

$$
\begin{array}{ccc}
000 \mapsto 0 & 011 \mapsto 0 & 110 \mapsto 0 \\
001 \mapsto 1 & 100 \mapsto 1 & 111 \mapsto 1 \\
010 \mapsto 1 & 101 \mapsto 0 &
\end{array}
$$

Kann ein einfaches Perzeptron dieses Problem lösen? Begründung!

Aufgabe 29 Gegeben sei das nachfolgende, synchron arbeitende Netzwerk.

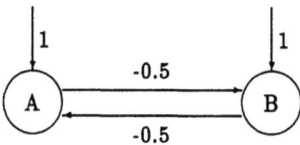

Die Aktivierungs- und Ausgabefunktionen für beide Einheiten seien wie folgt definiert.

$$p_i(t+1) = p_i(t) + \sum_j w_{ij}(t) v_j(t).$$

$$v_i(t+1) = \begin{cases} 10 & \text{wenn } p_i(t+1) > 9 \\ 0 & \text{wenn } p_i(t+1) < 1 \\ gerundet(p_i(t+1)) & \text{sonst.} \end{cases}$$

Wir nehmen weiterhin an, daß die externe Eingabe an die Einheit A im ersten Zeitschritt gleich 6 und in allen darauffolgenden Zeitschritten gleich 2 ist, während die externe Eingabe an die Einheit B im ersten Zeitschritt gleich 5 und in allen weiteren Zeitschritten gleich 2 ist.
Wie verhält sich das Netz? Begründung!

Aufgabe 30 Gebe ein Netz von logischen Schwellwerteinheiten an, das die Funktionen $\wedge$, $\vee$, $\neg$ und XOR realisiert.

Aufgabe 31 Betrachte den endlichen Automaten, der durch $X = Y = \{0, 1\}$, $Q = \{p, q, r\}$,

δ	0	1
p	q	p
q	r	q
r	r	r

und

β	p	q	r
	0	0	1

spezifiziert ist.

a. Was leistet der Automat?
b. Gebe ein Netz von logischen Schwellwerteinheiten an, das den Automaten simuliert.

Aufgabe 32 Beweise: Jeder endliche Automat kann durch ein Netz von logischen Schwellwerteinheiten simuliert werden und umgekehrt.

Aufgabe 33 Betrachte Netze mit linearen Einheiten, dh. $v_i = \sum_j w_{ij} v_j$. Zeige, daß ein Netz mit internen Einheiten nicht mehr berechnen kann, als ein Netz ohne interne Einheiten.

Aufgabe 34 Wir betrachten ein zweistufiges, zyklenfreies Netz mit linearen Einheiten, dh. $v_i = \sum_j w_{ij} v_j$. Zeige, daß die Delta-Regel den Fehler $E = \sum_i (t_i - v_i)^2$ für jedes vorgelegte Muster minimiert.
Hinweis: Berechne die Ableitung von E bzgl. w_{ij} mittels der Kettenregel.

Aufgabe 35 Wie aus Abschnitt 2.10 bekannt ist, können mit Hopfield-Netzen assoziative Speicher realisiert werden. Ausgehend von einer partiellen und fehlerhaften Eingabe ändert ein solches Netz fortlaufend seinen Zustand, bis dieser einem gespeicherten Element entspricht.
Dieses Verhalten kann über eine Energiefunktion beschrieben werden. Diese repräsentiert den Zustand eines Netzes zum Zeitpunkt t. Die Haupteigenschaft der Energiefunktion ist, daß ihr Wert fällt, wenn gemäß der Gleichung

$$v_i(t+1) = sgn(\sum_j w_{ij} v_j(t)) \quad \text{mit } sgn(x) = \begin{cases} 1 & x \geq 0 \\ -1 & sonst \end{cases}$$

die Ausgabe einer Einheit verändert wird, dh. die Energiefunktion ist monoton fallend. Wie üblich bezeichnet hierbei $v_i(t)$ die Ausgabe der Einheit i zum Zeitpunkt t und w_{ij} das Gewicht der Verbindung von der i-ten zur j-ten Einheit. Die im Netz gespeicherten Elemente entsprechen dann einem lokalen Minimum der Energiefunktion.
Gegeben sei also ein Hopfield-Netz mit N Einheiten. Diese sind untereinander symmetrisch verbunden, dh. $w_{ij} = w_{ji}$. Weiterhin nehmen wir an, daß $w_{ii} = 0$ gilt. Als Energiefunktion verwenden wir

$$E(t) = -\frac{1}{2} \sum_{i,j=1}^{N} w_{ij} v_i(t) v_j(t).$$

Zum Zeitpunkt $t+1$ wird nun die Ausgabe der k-ten Einheit betrachtet. Zeige unter Verwendung der obigen Annahmen, daß abhängig von der Ausgabe der k-ten Einheit die Energiefunktion E monoton fallend ist, dh. $E(t+1) \leq E(t)$ gilt.

Aufgabe 36 Schreibe ein Prolog-Programm, das eine endliche Zahlenliste einliest, ihr Palindrom berechnet und wieder ausgibt.

Aufgabe 37

a. Beweise, daß jedes Hornklauselprogramm ein kleinstes Modell hat.
   Hinweis: Zeige, daß, wenn M und M' zwei Modelle für ein Hornklauselprogramm P sind, dann auch $M \cap M'$ ein Modell für P ist.
b. Wir betrachten ein Alphabet, indem neben den Konstanten [] (*leere Liste*), a und b nur noch das zweistellige Funktionssymbol : (*Listenkonstruktor*) und die Variablen $z, y, x, \ldots$ vorkommen. Gib das kleinste Modell für das nachfolgende Programm an.

$$append([], y, y).$$
$$append(x:u, y, x:z) :- append(u, y, z).$$

c. Gilt Aussage a. auch für beliebige Klauselmengen? Begründung!

Aufgabe 38 Zeige für die Erreichbarkeitsrelation R einer Modallogik:

a. Symmetrie und Transitivität impliziert Euklidizität.
b. R ist symmetrisch, transitiv und euklidisch genau dann, wenn R reflexiv, symmetrisch und transitiv ist.
c. Eine reflexive Erreichbarkeitsrelation R ist notwendig auch seriell.
d. Eine symmetrische Erreichbarkeitsrelation R ist notwendig auch seriell.

Aufgabe 39 Leite im modallogischen System **T** die Formel $A \to \Diamond A$ ab.

Aufgabe 40 Leite die folgenden Theoreme im System **S4** ab.

1. $\Diamond \Diamond p \equiv \Diamond p$
2. $\Box p \equiv \Box \Box p$
3. $\Diamond \Box \Diamond p \to \Diamond p$
4. $\Box \Diamond p \to \Box \Diamond \Box \Diamond p$

Aufgabe 41 Gegeben seien die Axiome der Modallogik **S5** und die folgenden allgemeinen Axiome.

$$(p \to q) \to ((q \to r) \to (p \to r))$$
$$(p \to q) \equiv (\neg q \to \neg p)$$
$$p \equiv \neg\neg p$$

Beweise die folgenden Theoreme.

1. $p \to \Diamond p$
2. $p \to \Box \Diamond p$
3. $\Box \Diamond \neg p \equiv \neg \Diamond \Box p$
4. $\Diamond \Box p \to p$

Übungen zu Kapitel 3

Aufgabe 42
a. Was ist ein formales (logisches) System(dh. ein Logik-Kalkül)?
b. Wie ist die Eigenschaft der Monotonie in einem formalen System definiert?
c. In welcher Weise und Ausprägung verletzt eines der "Larissa"-Beispiele (vgl. Beispiel 3.2.1) die Monotonieeigenschaft?

Aufgabe 43 Gegeben sei die Formel

$$F \equiv Grün(auto) \wedge Gelb(ball) \wedge Rot(fahrrad)$$

a. Gebe ein minimales Modell für F an.
b. Gebe ein Modell für F an, dessen Universum (Interpretationsbereich) ebenso wie die darauf definierte Interpretation nicht minimal sind.
c. Gebe eine Interpretation für F an, die kein Modell ist.

Aufgabe 44 Zeige, daß die in Definition 3.2.1 und 3.2.2 gegebenen Definitionen der *Annahme der Weltabgeschlossenheit* äquivalent sind. Dh. für beliebige Formelmengen W gilt

$$T_{AWA}(W) = T_{\models_*}(W).$$

Aufgabe 45 Gegeben sei die Klauselmenge $W = \{Pa \rightarrow Pb, Pb \rightarrow Pa\}$.

1. Berechne $T_{AWA}(W)$ (Theorie unter *Annahme der Weltabgeschlossenheit*).
2. Berechne $T_P(W)$ (Theorie unter *Prädikatsvervollständigung*.
3. Diskutiere das in 1. und 2. erhaltene Ergebnis.

Aufgabe 46 Berechne die Prädikatsvervollständigung zu den Prädikaten

1. *even* bzgl. der Formel

$$\forall x \, (odd(x) \wedge x > 0 \rightarrow even(succ(x))) \wedge \forall x \, (odd(x) \wedge x > 0 \rightarrow even(pred(x)))$$

2. *int* bzgl. der Formel $int(0) \wedge \forall x \, (int(x) \rightarrow int(succ(x)))$

Aufgabe 47 Prädikatsvervollständigung mit mehreren Prädikaten.
Gegeben sei folgender Text.

Elefanten sind Tiere. Königselefanten sind Elefanten, und Arbeitskönigselefanten sind Königselefanten. Weiterhin wissen wir, erstens, daß alle Elefanten, die keine Königselefanten sind, grau sind, zweitens, daß alle Königselefanten, die keine Arbeitskönigselefanten sind, nicht grau sind und, drittens, daß alle Arbeitskönigselefanten vom vielen Arbeiten wiederum grau geworden sind.

1. Gib den Sachverhalt in der Prädikatenlogik wieder.

2. Führe Abnormalitätsprädikate ein.
3. Führe die Prädikatsvervollständigung für alle Prädikate gleichzeitig durch. Gib die Menge der jetzt gültigen Formeln an.
4. Wie wir aus Abschnitt 2.6 wissen, ist Clyde ein Königselefant. Was läßt sich über seine Hautfarbe aus der entstandenen Theorie herleiten?

Aufgabe 48
a. Was ist das Ziel der Zirkumskription einer Formel F in einem Prädikat P?
b. Wann heißt eine Formel F "solitär in einem Prädikat"?
c. In welcher Weise ist die Eigenschaft "solitär in einem Prädikat" hilfreich?
d. Sei F die Konjunktion der folgenden Formeln.

$\forall x \ (Ritter(x) \rightarrow Person(x))$ $\forall x \ (Schurke(x) \rightarrow Person(x))$
$\forall x \ (Schurke(x) \rightarrow Lügner(x))$ $\exists x \ (\neg Lügner(x) \land \neg Schurke(x))$
$Lügner(mork)$ $Schurke(bork)$

Berechne die Zirkumskription von F in *Lügner*.

Aufgabe 49 Gegeben sei folgender Text.

Larissa ist ein Kind, und Kinder mögen normalerweise Eiscreme. Larissa hat allerdings auch Zahnschmerzen, und Zahnschmerzen lassen jede Lust auf Eiscreme vergehen.

1. Gib den Sachverhalt mit geeigneten Prädikaten in der Prädikatenlogik an.
2. Gib die Formelmenge an.
3. Stelle die Zirkumskriptionsformel dar.
4. Finde geeignete Substitutionen für Φ und Ψ, so daß eine Aussage über Larissas Liebe zur Eiscreme gemacht werden kann.

Aufgabe 50 Bestimme für die folgenden Formeln die separable Form und die Zirkumskriptionsformel: 1. Pa, 2. $Pa \land Pb$, 3. $Pa \lor Pb$, 4. $Pa \lor (Pb \land Pc)$, 5. $\exists x \ Px$

Aufgabe 51 Gegeben sei die Formel $\forall x \ (Px \lor Qx)$.

1. Zirkumskribiere beide Prädikate (P und Q) parallel.
2. Zirkumskribiere beide Prädikate (P und Q), wobei P eine höhere Priorität als Q besitzt.
3. Vergleiche die Ergebnisse aus 1. und 2.

Aufgabe 52 Beweise den folgenden Satz (Zirkumskription und Prädikatsvervollständigung).

Sei W eine Menge solitärer Klauseln in P und P ein Prädikat aus W, dann ist $Z[W; P] \equiv \mathcal{T}_P(W)$.

Aufgabe 53 In dieser Aufgabe bestehe T aus der Konjunktion der folgenden Formeln.

$$\forall x (Mitarbeiter(x) \land \neg Abnormal_1(x) \to Treffen(x))$$
$$\forall x (Kranker\_Mitarbeiter(x) \to Mitarbeiter(x))$$
$$\forall x (Kranker\_Mitarbeiter(x) \land \neg Abnormal_2(x) \to Abnormal_1(x))$$
$$\forall x (Mitarbeiter\_im\_Urlaub(x) \to Mitarbeiter(x))$$
$$\forall x (Mitarbeiter\_im\_Urlaub(x) \to Abnormal_1(x))$$
$$\forall x (Verschnupfter\_Mitarbeiter(x) \to Kranker\_Mitarbeiter(x))$$
$$\forall x (Verschnupfter\_Mitarbeiter(x) \to Abnormal_2(x))$$
$$Mitarbeiter\_im\_Urlaub(Steffen)$$
$$Kranker\_Mitarbeiter(Gerd)$$
$$Verschnupfter\_Mitarbeiter(Christoph)$$
$$Mitarbeiter(Sepp)$$

a. Gebe ein $Abnormal_1$-minimales und ein $Abnormal_2$-minimales Modell für T an.
b. Ist T separierbar in $\{Abnormal_1, Abnormal_2\}$? Begründung!
c. Ist $Treffen(x)$ in T solitär? Begründung!
d. Berechne $Z[T; Abnormal_2 > Abnormal_1; Treffen]$.

Aufgabe 54 Gegeben sei die folgende Menge von Axiomen W:

$$\forall x\ (B(x) \to A(x)) \qquad \forall x\ (A(x) \land \neg A_2(x) \to \neg F(x))$$
$$\forall x\ (B(x) \land \neg A_1(x) \to F(x)) \qquad \forall x\ (FM(x) \to A(x) \land F(x))$$
$$\forall x\ (O(x) \to B(x) \land \neg F(x)) \qquad B(z)$$

1. Begründe, welche der Axiome separabel bzgl. A_1 bzw. A_2 sind?
2. Sei $Z[W; A_1, A_2; F, O, FM]$ eine entsprechende parallele Zirkumskription sowie $Z[W; A_1 > A_2; F, O, FM]$ und $Z[W; A_2 > A_1; F, O, FM]$ die entsprechenden Prioritätszirkumskriptionen. Welche der drei Varianten erlauben es, $F(z)$ abzuleiten?
3. Gib eine (kurze) semantische Begründung.
4. Gib eine formale Ableitung an.

Aufgabe 55 Gegeben sei der folgende Ausschnitt aus dem aus Abschnitt 4.7 bekannten "Eisen-und-Schwefel"-Beispiel. In der Ausgangssituation haben wir Eisen, Schwefel und einen Spatel:

$$Fe(sit_0) \quad (5.1) \qquad S(sit_0) \quad (5.2) \qquad Spatel(sit_0) \quad (5.3)$$

Des weiteren haben wir die Aktion "erhitze Schwefel und Eisen"

$$\forall Sit: Fe(Sit) \land S(Sit) \to FeS(result(heat, Sit)) \qquad (5.4)$$

sowie das Rahmenaxiom

$$\forall Sit: Spatel(Sit) \land \neg Abnormal(Sit) \to Spatel(result(heat, Sit)) \qquad (5.5)$$

Sei $W = (5.1) \land (5.2) \land (5.3) \land (5.4) \land (5.5)$.

1. Sei $Z[W; Abnormal]$ die Zirkumskriptionsformel von $Abnormal$ in W.
   Gilt $Z[W; Abnormal] \vdash Spatel(result(heat, sit_0))$?
   Gebe eine kurze informelle Begründung.
2. Gebe die variable Zirkumskriptionsformel von $Abnormal$ in W mit variablem $Spatel$, $Z[W; Abnormal; Spatel]$, an.
3. Gebe die in $Z[W; Abnormal; Spatel]$ für die Prädikatsvariablen $Abnormal^*$ und $Spatel^*$ zu substituierenden Prädikate an, so daß $Z[W; Abnormal; Spatel] \vdash Spatel(result(heat, sit_0))$ gilt.
4. Zeige $Z[W; Abnormal; Spatel] \vdash Spatel(result(heat, sit_0))$.
5. Zeige, daß $Z[W; P; Q]$ äquivalent zu $W \wedge Z[\exists Q^*.W\{Q\backslash Q^*\}; P]$ ist.

Aufgabe 56 Betrachte das folgende Beispiel zum Pooleschen Ansatz:
F: $\forall x(Strauss(x) \rightarrow Vogel(x))$
$\forall x(Fliegender\_Strauss(x) \rightarrow Strauss(x))$
$Vogel(Alberta)$
$Strauss(Albert)$
$Fliegender\_Strauss(Erika)$
H: $Vogel(x) \rightarrow fliegt(x)$
$Strauss(x) \rightarrow \neg fliegt(x)$
$fliegender\_Strauss(x) \rightarrow fliegt(x)$

1. In welchen Extensionen fliegen welche Vögel?
2. In welchen Extensionen können welche Vögel nicht fliegen?
3. Beweise den folgenden Satz.

   Eine Formel G ist erklärbar aus F und H genau dann, wenn G in einer Extension von F und H liegt.

Aufgabe 57 Wir haben eine Lampe an eine Batterie angeschlossen. Wenn die Batterie normal arbeitet, dann gibt sie eine Spannung zwischen $1.2V$ und $1.6V$ ab. Wenn sie jedoch überladen ist, dann gibt sie eine Spannung von über $1.6V$ ab, und wenn sie schwach geworden ist, dann fällt die Spannung unter $1.2V$ ab. Die Lampe leuchtet hell, wenn die Spannung über $1.3V$ ist, und sie leuchtet schwach, wenn die Spannung zwischen $1.0V$ und $1.3V$ ist. Sollte jedoch die Spannung über $1.8V$ ansteigen, dann wird die Lampe durchbrennen und nie wieder normal leuchten.

Um diese Situation beschreiben zu können, führen wir die folgenden Relationen ein:

- *Sp(V,T)* bedeutet, daß zum Zeitpunkt T die Batterie V Volt Spannung abgibt.
- *BattOK(V,T)* bedeutet, daß zum Zeitpunkt T die Batterie normal arbeitet und V Volt Spannung abgibt.
- *BattÜ(V,T)* bedeutet, daß zum Zeitpunkt T die Batterie überladen ist und V Volt Spannung abgibt.
- *BattS(V,T)* bedeutet, daß zum Zeitpunkt T die Batterie schwach ist und V Volt Spannung abgibt.
- *LampeOK(T)* bedeutet, daß zum Zeitpunkt T die Lampe in Ordnung ist.
- *LampeS(T)* bedeutet, daß zum Zeitpunkt T die Lampe schwach leuchtet.

- *LampeH(T)* bedeutet, daß zum Zeitpunkt T die Lampe hell leuchtet.

  a. Spezifiziere die oben geschilderte Situation im Pooleschen Ansatz (vgl. Abschnitt 3.6).
  b. Können wir prognostizieren, daß die Lampe zu irgendeinem Zeitpunkt hell leuchtet? Begründung!
  c. Können wir prognostizieren, daß die Lampe zu irgendeinem Zeitpunkt hell oder schwach leuchtet? Begründung!
  d. Angenommen, wir beobachten, daß die Lampe zum Zeitpunkt t_0 schwach leuchtet. Gib zwei verschiedene Erklärungen für $LampeS(t_0) \lor LampeH(t_0)$ an, die jeweils auf nur maximal zwei Hypothesen aufbauen.

Aufgabe 58 Finde eine Transformation, die jede Weltbeschreibung (F, H, C) (vgl. Def. 3.6.1) in eine entsprechende Ermangelungstheorie $(F, \mathcal{D})$ überführt, so daß die Extensionen in beiden Systemen übereinstimmen. Begründe die Korrektheit der Transformation. (Hinweis: Löse die Aufgabe zunächst für $C = \emptyset$.)

Aufgabe 59 Elefanten sind im allgemeinen grau. Jedoch sind Albino-Elefanten weiß. Bonnie ist ein Elefant und Clyde ist ein Albino-Elefant. Gebe eine Ermangelungstheorie an, aus der abgeleitet werden kann, daß Bonnie grau und Clyde weiß ist.

Aufgabe 60 Beweise den folgenden Satz.

Eine Ermangelungstheorie $(F, \mathcal{D})$ hat genau dann eine inkonsistente Extension, wenn F inkonsistent ist.

Aufgabe 61 Eine Ermangelungstheorie $(F, \mathcal{D})$ mit Extension $\mathcal{E}$ heißt *monoton in* $\mathcal{D}$, wenn es für jede Menge $\mathcal{D}'$ von Ermangelungsregeln eine Extension $\mathcal{E}' \supseteq \mathcal{E}$ von $(F, \mathcal{D} \cup \mathcal{D}')$ gibt. Analog dazu definieren wir *Monotonie in* F.
Zeige oder widerlege die folgenden Aussagen.

  a. Eine abgeschlossene Ermangelungstheorie ist monoton in $\mathcal{D}$.
  b. Eine abgeschlossene Ermangelungstheorie ist monoton in F.
  c. Eine abgeschlossene und normale Ermangelungstheorie ist monoton in $\mathcal{D}$.
  d. Eine abgeschlossene und normale Ermangelungstheorie ist monoton in F.

Aufgabe 62 Finde alle Extensionen der folgenden Ermangelungstheorien $(F, \mathcal{D})$:

(1a) $(\{\frac{:A}{A}, \frac{A \lor B : \neg A}{\neg A}\}, \emptyset)$ (1b) $(\{\frac{:A}{A}, \frac{A \lor B : \neg A}{\neg A}\}, \{A \lor B\})$
(2a) $(\{\frac{:B}{C}\}, \emptyset)$ (2b) $(\{\frac{:B}{C}, \frac{:D}{\neg B}\}, \emptyset)$
(3) $(\{\frac{:\neg A}{A}\}, \emptyset)$
(4) $(\{\frac{:B}{C}, \frac{:\neg B}{D}, \frac{:\neg C \neg D}{B}\}, \emptyset)$

Aufgabe 63 Gebe für jede der folgenden Ermangelungstheorien $(F_i, \mathcal{D}_i)$ sämtliche Extensionen an.

  1. $F_1 = \emptyset \quad \mathcal{D}_1 = \{\frac{:A \land B}{A \land B}, \frac{:\neg A}{\neg A}\}$

2. $F_2 = \emptyset$ $\quad \mathcal{D}_2 = \{\frac{:C \wedge \neg D}{C}, \frac{:D \wedge \neg E}{D}, \frac{:E \wedge \neg C}{E}\}$
3. $F_3 = \emptyset$ $\quad \mathcal{D}_3 = \mathcal{D}_1 \cup \mathcal{D}_2$
4. $F_4 = \{B \to \neg C\}$ $\quad \mathcal{D}_4 = \mathcal{D}_1 \cup \mathcal{D}_2$
5. $F_5 = F_4 \cup \{B\}$ $\quad \mathcal{D}_5 = \mathcal{D}_1 \cup \mathcal{D}_2$

Aufgabe 64 Betrachte unser traditionelles *Larissa*-Beispiel in Moores autoepistemischer Logik:

1. *Larissa ist ein Kind, und Kinder mögen normalerweise Eiscreme...*
2. *...Larissa hat allerdings auch Zahnschmerzen, und Zahnschmerzen lassen jede Lust auf Eiscreme vergehen...*
3. *...vielleicht stellt Larissa allerdings eine Ausnahme dar, so daß die Zahnschmerzen ihr nicht unbedingt die Lust auf Eiscreme nehmen müssen.*

Axiomatisiere das Wissen zu den drei Zeitpunkten und gib die entsprechenden Extensionen an.

Aufgabe 65 Stelle Dir vor, Du bist ein truth maintenance system (TMS) und ich bin ein Theorembeweiser, der an Dich angeschlossen ist. Die Aufgabe besteht darin, auf meine Feststellungen und Anfragen so zu reagieren, wie es ein TMS machen würde. Dabei werden wir die folgenden Formeln verwenden.

$$F_1(x) \equiv Mitarbeiter(x) : \neg Abnormal_1(x) \: / \: Treffen(x)$$
$$F_2(X) \equiv \: : \neg Abnormal_1(x) \: / \: Treffen(x)$$
$$F_3(x) \equiv Kranker\_Mitarbeiter : \neg Abnormal_2(x) \: / \: Abnormal_1(x)$$
$$F_4(x) \equiv \: : \neg Abnormal_2(x) \: / \: Abnormal_1(x)$$
$$F_5(x) \equiv Verschnupfter\_Mitarbeiter(x) \to Abnormal_2(x))$$

- Ich nehme an, daß Sepp ein Mitarbeiter ist.
- Ich nehme an, daß $F_1(Sepp)$ gilt.
- Da Sepp ein Mitarbeiter ist und $F_1(Sepp)$ gilt, schließe ich auf $F_2(Sepp)$.
- Ist Sepp abnormal1?
- Warum?
- Da Du keinen Beweis für $Abnormal_1(Sepp)$ kennst, glaube ich nicht, daß Sepp abnormal1 ist.
- Da ich nicht glaube, daß Sepp abnormal1 ist und $F_2(Sepp)$ gilt, schließe ich auf die Teilnahme von Sepp am Treffen.
- Ich nehme an, daß Sepp krank ist.
- Ich nehme an, daß $F_3(Sepp)$ gilt.
- Ist Sepp abnormal1?
- Warum?
- Da Sepp krank ist und $F_3(Sepp)$ gilt, schließe ich auf $F_4(Sepp)$.
- Ist Sepp abnormal2?
- Warum?
- Da Du keinen Beweis für $Abnormal_2(Sepp)$ kennst, glaube ich nicht, daß Sepp abnormal2 ist.
- Da ich nicht glaube, daß Sepp abnormal2 ist und $F_4(Sepp)$ gilt, schließe ich auf $Abnormal_1(Sepp)$.

- Ist Sepp abnormal1?
- Warum?
- Nimmt Sepp am Treffen teil?
- Warum?
- Ich nehme an, daß Sepp Schnupfen hat.
- Ich nehme an, daß $F_5(Sepp)$ gilt.
- Da Sepp Schnupfen hat und $F_5(Sepp)$ gilt, schließe ich auf $Abnormal_2(Sepp)$.
- Ist Sepp abnormal2?
- Warum?
- Ist Sepp abnormal1?
- Warum?
- Nimmt Sepp am Treffen teil?
- Warum?

Aufgabe 66 Betrachte die Ermangelungsregeln $\frac{:A}{A}$, $\frac{:B}{B}$, $\frac{:C}{C}$ und die Axiome $A \to a$, $B \to a$, $B \to c$, $C \to c$, $A \land C \to d$.

a. Gib die einzige Extension dieser Ermangelungstheorie an und begründe die Antwort.

b. Stelle Dir vor, ein Theorembeweiser hätte die Begründung von Aufgabe a. übernommen und jeden seiner Schritte einem ATMS mitgeteilt. Wie sehen die Knoten des ATMS aus, wenn der Theorembeweiser seine Aufgabe beendet hat?

c. Wir erweitern die oben genannte Ermangelungstheorie um das Axiom $a \land c \to false$. Die so erhaltene Ermangelungstheorie hat zwei begründete Extensionen. Welche? Gebe die Knoten des ATMS an, wenn analog zu Aufgabe b. ein Theorembeweiser die Extensionen begründet hat und seine Schritte einem ATMS mitgeteilt hat.

Aufgaben zu Kapitel 4

Aufgabe 67
1. Zeige, daß in einer Wissenslogik mit einer transitiven Erreichbarkeitsrelation das Axiom der positiven Introspektion, $KA \to KKA$, gilt.
2. Zeige, daß in einer Wissenslogik mit einer euklidischen Erreichbarkeitsrelation das Axiom der negativen Introspektion, $\neg KA \to K \neg KA$, gilt.
3. Zeige, daß in einer Wissenslogik mit einer symmetrischen Erreichbarkeitsrelation das Brower Axiom, $\neg K \neg KA \to A$, gilt.
4. Die Erreichbarkeitsrelation R in einer Wissenslogik heißt seriell, wenn es zu jeder Welt w_1 eine Welt w_2 mit $w_1 R w_2$ gibt. Zeige, daß bei einer transitiven Erreichbarkeitsrelation das Axiom, $\neg K \bot$, gilt.
5. Zeige, daß in einer Wissenslogik mit einer beliebigen Erreichbarkeitsrelation das Axiom $KA \land KB \to K(A \land B)$, gilt.

Aufgabe 68 Zeige, daß es sich bei jedem Modell im Ansatz von Reiter und Levesque im Abschnitt 4.2.4 um eine Kripkestruktur der schwachen Variante der Modallogik S5 handelt.

Aufgabe 69 Eine statistische Auswertung der Vorlesung Wissensrepräsentation führte zu folgenden Ergebnissen.

- 25% der Teilnehmer erhalten die Note 1.
- 80% der Teilnehmer, die eine 1 erhalten, haben Ihre Übungsaufgaben immer gemacht.
- 60% der Teilnehmer, die keine 1 erhalten, haben Ihre Übungsaufgaben immer gemacht.
- 65% der Teilnehmer, die eine 1 erhalten, sind Informatik-StudentInnen.
- 50% der Teilnehmer, die keine 1 erhalten, sind Informatik-StudentInnen.

Beantworte die nachfolgenden Fragen und begründe die Antworten.

a. Wenn Johannes alle Übungsaufgaben zur Wissensrepräsentation gemacht hat, wie groß ist dann seine Chance eine 1 zu bekommen?

b. Wie groß sind Petras Chancen eine 1 zu bekommen, wenn sie Informatik-Studentin ist und alle Übungsaufgaben gemacht hat? (Nimm an, daß die Tatsache, Informatik-StudentIn zu sein, unabhängig von dem Anfertigen der Übungsaufgaben ist.)

Aufgabe 70 Sei $(\Omega, \mathcal{F}, w)$ ein Wahrscheinlichkeitsraum und $\{E_1, \ldots, E_n\}$ eine aufspannende Menge von sich wechselseitig ausschließenden Ereignissen. Beweise die nachfolgenden Behauptungen.

a. Für jedes $E \in \mathcal{F}$ gilt
$$w(E) = \sum_{i=1}^{n} w(E \mid E_i) \cdot w(E_i).$$

b. Für jedes $E \in \mathcal{F}$ und $1 \leq j \leq n$ gilt
$$w(E_j \mid E) = \frac{w(E \mid E_j) \cdot w(E_j)}{\sum_{i=1}^{n} w(E \mid E_i) \cdot w(E_i)}.$$

Aufgabe 71 Eva kommt morgens ins Büro und behauptet, daß die Straßen glatt sind. Aus der Vergangenheit weiß ihr Kollege Adam, daß er sich in 80% der Fälle auf Evas Aussagen verlassen kann, während in den verbleibenden 20% der Fälle sie nicht auf ihre Aussagen achtet. Nur um sicher zu gehen, wirft Adam einen Blick auf das Termometer, das vor seinem Fenster hängt. Es zeigt 10 Grad Celcius an. Wie bekannt, gefriert Wasser bei dieser Temperatur nicht. Was soll Adam nun glauben? Gebe die Basiswahrscheinlichkeit und das Plausibilitätsintervall für die Aussage "die Straßen sind glatt" an, wenn

a. Adam weiß, daß das Termometer mit absoluter Sicherheit korrekt funktioniert,

b. Adam nur mit einer Wahrscheinlichkeit von 0.9 annimmt, daß das Termometer korrekt funktioniert.

Diskutiere die Ergebnisse.

Aufgabe 72 Betrachte das aus Abschnitt 4.4.2 bekannte Sherlock Holmes Netz mit den Partitionen E_1 ("Alarm"), E_2 ("Einbruch") und E_3 ("Erdbeben"),

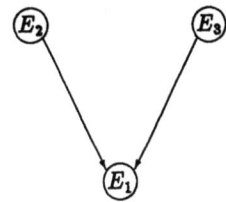

sowie der gemeinsamen Wahrscheinlichkeitsverteilung

$w(P(1,1,1)) = 0,0000099$ $w(P(1,1,0)) = 0,008991$ $w(P(1,0,1)) = 0,000495$
$w(P(1,0,0)) = 0,0098901$ $w(P(0,1,1)) = 0,0000001$ $w(P(0,1,0)) = 0,000999$
$w(P(0,0,1)) = 0,000495$ $w(P(0,0,0)) = 0,9791199.$

Zeige, daß das Netz ein kausales Netz ist.
Hinweis: Vervollständige die in Abschnitt 4.4.2 angegebene Berechnung.

Aufgabe 73 Beweise die nachfolgenden Aussagen. Sei $(\Omega, \mathcal{F}, w)$ ein m-stelliger Wahrscheinlichkeitsraum mit der zugehörigen Menge $\mathcal{E}$ von m Partitionen und $(\mathcal{E}, \mathcal{K})$ ein kausales Netzwerk, dann gilt

a. $w(x_1 \wedge \ldots \wedge x_m) = w(x_1) \cdot w(x_2 \mid x_1) \cdot \ldots \cdot w(x_m \mid x_1 \wedge \ldots \wedge x_{m-1})$ und
b. $w(P(x_1, \ldots, x_m)) = \prod_{i=1}^{m} w(x_i \mid e(x_i))$.

Hinweis: Benutze a., ordne (total) die Partitionen, so daß jede Partition in der Ordnung vor allen ihren Nachkommen in dem gaG kommt, und nimm an, daß der m-stellige Wahrscheinlichkeitsraum gemäß dieser Ordnung definiert ist.

Aufgabe 74 Betrachte das nachfolgende kausale Netzwerk bestehend aus binären Partitionen, wobei wir die nachfolgenden Abkürzungen verwenden. F steht für "die Familie ist außer Haus", D steht für "unser Hund hat Durchfall", L steht für "das Licht an der Haustür ist an", H steht für "unser Hund ist auf dem Hof" und B steht für "unser Hund bellt".

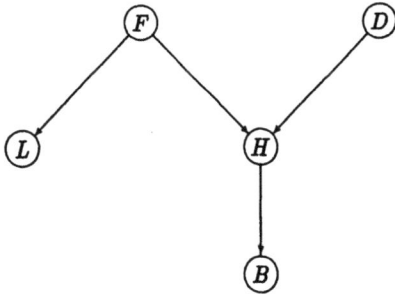

Des weiteren seien die nachfolgenden Wahrscheinlichkeitswerte gegeben.

$w(F) = 0,15$ $\quad w(H \mid F \wedge \neg D) = 0,90 \quad w(L \mid \neg F) = 0,05 \quad w(B \mid H) = 0,7$
$w(D) = 0,01$ $\quad w(H \mid \neg F \wedge D) = 0,97 \quad w(H \mid F \wedge D) = 0,99 \quad w(B \mid \neg H) = 0,01$
$w(L \mid F) = 0,6$ $\quad w(H \mid \neg F \wedge \neg D) = 0,3$

Wie groß ist die Wahrscheinlichkeit, daß meine Familie zu Hause ist, wenn ich unseren Hund bellend über den Hof laufen sehe, das Licht an der Haustür aber aus ist?

Aufgabe 75 Wir betrachten die Welt der Blöcke. Neben einer Vielzahl von Blöcken gibt es auch einen Tisch und einen Roboter. Der Roboter kann die folgenden, informell und unvollständig beschriebenen Aktionen ausführen. Er kann einen Block hochheben, wenn er gerade nichts in seinem Arm hält, auf dem Block kein anderer Block steht und sich der Block entweder auf dem Tisch oder auf einem anderen Block befindet. Außerdem kann er einen Block entweder auf den Tisch oder auf einen anderen Block absetzen, wenn er einen Block in seinem Arm hält.

a. Konkretisiere und formalisiere die Aktionen sowohl in der linearen Konnektionsmethode, in der Hornlogik mit Gleichheit sowie in der Linearen Logik.
b. Gesucht wird nun ein Plan p, der die Situation, in der die Blöcke a und b auf dem Tisch stehen und der Block c auf a steht, in die Situation, in der a auf b, b auf c und c auf dem Tisch steht, überführt. Gebe jeweils Beweise in der linearen Konnektionsmethode, in der Hornlogik mit Gleichheit sowie der Linearen Logik an, die einen solchen Plan generieren.

Aufgabe 76 Wir betrachten die Situation s_0, in der wir die Blöcke $b1$, $b2$ und $b3$ in den Farben *blau*, *rot* und *gelb* vorfinden, dh. die Formel

$$Blau(b1, s_0) \wedge Rot(b2, s_0) \wedge Gelb(b3, s_0).$$

Des weiteren sei eine Aktion definiert, bei der der Block $b2$ *lila* angestrichen wird, dh.

$$\forall x \, Rot(b2, x) \rightarrow Lila(b2, streiche\_lila(b2, x)).$$

Wieviele Kulissenaxiome gibt es hierzu? Gebe eines davon an.

Aufgabe 77 Wir betrachten das in Abschnitt 4.7 vorgestellte Limonadenbeispiel mit den Aktionen "tausche einen Dollar gegen vier Quarter" und "tausche drei Quarter gegen eine Limonade". In welchem der drei in Abschnitt 4.7 vorgestellten Verfahren — Lineare Konnektionsmethode, Hornlogik mit Gleichheit, Lineare Logik — kann das nachfolgende Problem gelöst werden. Was brauche ich neben einem Quarter, um zu einer Limonade zu kommen? Formuliere das Problem in der geeigneten Methode und generiere einen Plan, der das Problem löst.

Aufgabe 78 Sei $\mathcal{P}$ ein Planungsproblem, in dem sowohl die Vorbedingungen wie auch die Effekte von Aktionen als Konjunktion von Aussagen über einer Situation spezifiziert sind, und seien $\mathcal{P}_{LCM}$ bzw. $\mathcal{P}_{ELP}$ die Formalisierungen von $\mathcal{P}$ in der linearen Konnektionsmethode bzw. in der Hornlogik mit Gleichheit. Beweise den nachfolgenden Satz. Wenn es einen linearen Konnektionsbeweis für $\mathcal{P}_{LCM}$ gibt, der den Plan p als Lösung für $\mathcal{P}$ generiert, dann gibt es auch eine SLDE-Widerlegung von $\mathcal{P}_{ELP}$, die p generiert.

Aufgabe 79 Das Puzzle vom Turm von Hanoi besteht darin, die folgende Anfangssituation

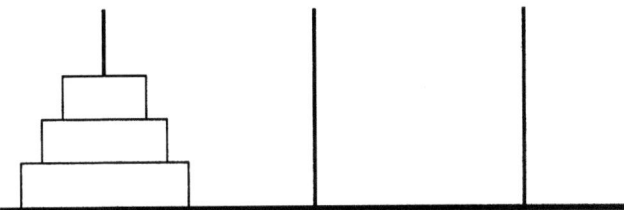

in den folgenden Endzustand zu transformieren.

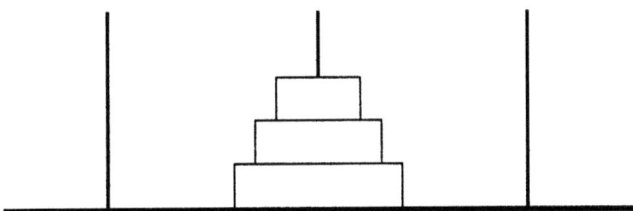

Bei den Zügen gibt es drei Einschränkungen.

1. Es darf immer nur eine Scheibe bewegt werden,
2. es darf nur die oberste Scheibe vom Stapel bewegt werden, und
3. eine Scheibe darf niemals auf eine andere kleineren Durchmessers gelegt werden.

Zur Aufgabenstellung:

1. Formalisiere den Anfangszustand, den Endzustand und die möglichen Züge.
2. Konstruiere einen Plan mit Hilfe eines Theorembeweises nach der linearen Konnektionsmethode.

Deutsch–englisches Wörterbuch

Die meisten Übertragungen der aus dem Englischen importierten technischen Begriffe bestehen aus einer trivialen Eindeutschung (Beispiel: Unifikation). In der folgenden Liste sind nur Begriffe aufgenommen, deren Übertragung in dieser Hinsicht nicht ganz so selbstverständlich ist.

abhängigkeitsgesteuerter Rücksetzalgorithmus	dependency-directed backtracking
Abschwächungsregel	weakening
abwärts	top-down
Alles-dem-Gewinner-Netz	winner take all net
Allwissenheit	Omniscience
Annahme der Namenseindeutigkeit	unique name assumption
Annahme der Weltabgeschlossenheit	closed world assumption
Annahme der Weltoffenheit	open world assumption
aufwärts	bottom-up
Basiswahrscheinlichkeitszuweisung	basic probability assignment
Begründungsverwaltungssystem	truth maintenance system
	oder reason maintenance system
breitenorientiert	breadth-first
Chance	odds
Diagnose aus Grundprinzipien	diagnosis from first principles
Einschränkung	constraint
Ereignismenge	set of events
Ereignisraum	sample space
Erfüllung von Lösungsbedingungen	constraint satisfaction
Ermangelungslogik	default logic
Ermangelungsregel	default rule
erregend	excitatory
fließender Leistungsabfall	graceful degradation
Fluent	fluent
Füllsel	filler
gemeinsame Wahrscheinlichkeitsverteilung	joint probability distribution
gerichteter, azyklischer Graph (gaG)	directed acyclic graph (dag)
Grundlagenwissen	deep knowledge
Gruppierungsrelation	aggregation
hemmend	inhibitory
Intellektik	intellectics
Kasusstruktur	case structure
konzeptuelle Abhängigkeit	conceptual dependency
konditionales Schließen	conditional entailment
Konzeptrahmen	frame

kriterial	criterial
Kürzungsregel	contraction
Kulissenproblem	frame problem
markierter Deduktionsformalismus	labelled deductive system
mehrstufiges gerichtetes Netz ohne Rückkopplungen	feedforward net
Musterung	matching
Negation als Mißerfolg	negation as failure
neutralisieren	to preempt
Niete	nogood
Notwendigkeitsregel	rule of necessitation
partielle Vorauswertung	partial evaluation
propositionale Einstellung	propositional attitude
(Konzept-) Rahmen	frame
rahmenbasiertes Vererbungssystem	frame-based inheritance systems
Raute	diamond
Rechtfertigung	justification (of a default rule)
(generische) Rolle	Role Sets
Rollenwertabbildung	Role Value Map
Rückpropagierungsregel	backpropagation
Rückwärtsverkettung	backward-chaining oder backward-reasonin
Sachverhalt	case
Schlitz	slot
Sortenbeschränkung	value restriction
Sortenlogik mit Ordnung	order-sorted logic
Termersetzung	term rewriting
tiefenorientiert	depth-first
Trägheitsgesetz	law of inertia
Überzeugung	belief
unscharfe Logik	fuzzy logic
unscharfe Menge	fuzzy set
Vererbungssystem	inheritance net
Vorwärtsverkettung	forward-chaining oder forward-reasoning
Wahrscheinlichkeitsverhältnis	likelihood ratio
Werkzeugkasten	toolbox
Zahlbeschränkung	number restriction

Kleines Lexikon von Begriffen

Attribut (lat. attribuere zuteilen) Eine Eigenschaft (oder ein Merkmal oder Kennzeichen), die einer Entität zukommt ("zugeteilt" ist).

Aussage Die Intention eines →Satzes.

Begriff (siehe auch Konzept) Innerhalb eines *Kontextes* (G, M, I) bestehend aus einer Menge G von Objekten, einer Menge M von Merkmalen und einer Relation I zwischen G und M, die angibt, wann ein Objekt g ein Merkmal m aufweist, ist ein Begriff als Paar (A, B) definiert, für das $A \in G$ und $B \in M$ gilt. A ist die Extension (die Gegenstände, auf die er zutrifft) des Begriffs, B seine Intention (die Merkmale, die ihn charakterisieren). Siehe [Wil87].

Deskription Eine Menge von Sätzen über ein bestimmtes Konzept, die dieses charakterisiert. Die Bezeichnung kommt her von den assoziativen Netzen, wo das Konzept als ein Knoten dargestellt und die Deskription mit Kanten an diesen Knoten angehängt wird.

Extension Die Menge aller Objekte eines Universums, auf die das Attribut, dessen Extension betrachtet wird, zutrifft.

Informatik Die Wissenschaft der algorithmischen Informationsverarbeitung(Fragen der →Wissensrepräsentation und Inferenz haben die Informatiker bislang darunter nicht subsumiert).

Intellektik Das Gebiet der Künstlichen Intelligenz zusammen mit der Kognitionswissenschaft. Die →Wissensrepräsentation ist eines ihrer Teilgebiete.

Intention Eine Abbildung von dem syntaktischen Gebilde, dessen Intention betrachtet wird, auf eine Menge möglicher Welten, deren Wert in jeder dieser Welten den intendierten Sachverhalt wiedergibt.

Konzept (lat. concipere zusammenfassen) Eine Bezeichnung für ein komplexeres syntaktisches Gebilde. Individuelles Konzept, wenn das Gebilde ein Individuum bezeichnet, referentielles Konzept, wenn es ein Verweis auf etwas anderes ist, usw. Konzeptuelle Größen können sein: Objekte und Individuen, Relationen, Szenen und Ereignisse. Ebenso wie beim praktisch synonym gebrauchten →Begriff wird hierbei die extensionale und intentionale Bedeutung angesprochen.

Prädikat Das syntaktische Äquivalent zu →Attribut oder auch zu →Konzept.

Prädikatenlogik Wir verwenden den Begriff so allgemein, daß er die Prädikatenlogik erster und höherer Stufe umfaßt.

Satz Das syntaktische Objekt zu einer →Aussage formuliert in einer festgelegten Sprache.

Wahrheitswert Die Extension eines Satzes.

Wissensrepräsentation Als Gebietsbezeichnung ein Teilgebiet der →Intellektik, das sich mit der Repräsentation und der Verarbeitung von Wissen beschäftigt (Hierunter ist weit mehr als die Untersuchung von Datenstrukturen zu verstehen).

Literaturverzeichnis

[AB75] A.R. Anderson und N.D. Belnap, Jr. *Entailment: The Logic of Relevance and Necessity*, Band 1. Princeton University Press, Princeton NJ, 1975.

[AC87] P. Agre und D. Chapman. Pengi: An implementation of a theory of activity. In *Proceedings of the National Conference on Artificial Intelligence*, S. 268–272, San Mateo, CA, 1987. Morgan Kaufmann Publishers, Inc.

[Ada75] E. Adams. *The logic of conditionals*. Reiter, Dordrecht, NL, 1975.

[AF89] J. Allgayer und A. Fabri. Efficient maintenance of set relationships in SB-ONE$^+$. Memo, Univ. des Saarlandes, Saabrücken, 1989.

[AKBLN89] H. Aït-Kaci, R. Boyer, P. Lincoln und R. Nasr. Efficient implementation of lattice operations. *ACM Transactions on Programming Languages and Systems*, 11(1):115–146, 1989.

[All83] J. F. Allen. Maintaining knowledge about temporal intervals. *Communications of ACM*, 26(11):832–843, 1983.

[All84] J. F. Allen. Towards a general theory of action and time. *Artificial Intelligence Journal*, 23(2):123–154, 1984.

[All88] J. F. Allen. *Natural Language Understanding*. Benjamin/Cummings, Reading, 1988.

[And86] P.B. Andrews. *An Introduction to Mathematical Logic and Type Theory: To Truth through Proof*. Academic Press, Orlando, 1986.

[Ari92] J. Arima. Logical structure of analogy. In *International Conference on Fifth Generation Computer Systems*, S. 505–513, Tokio, Japan, 1992. ICOT, Ohmsha.

[AS83] D. Angluin und C. H. Smith. Inductive inference: Theory and methods. *Computing Surveys*, 15:237–269, 1983.

[AWBS$^+$92] K. D. Althoff, S. Wess, B. Bartsch-Spörl, D. Janetzko, F. Mauer und A. Voß. Fallbasiertes Schließen in Expertensystemen: Welche Rolle spielen Fälle in wissensbasierten Systemen. *KI*, (4):14–21, 1992.

[Baa90] F. Baader. Terminological cycles in KL-ONE-based knowledge representation languages. In *AAAI*, S. 621–626, 1990.

[Bac88] F. Bacchus. *Representing and Reasoning with Probabilistic Knowledge*. Dissertation, University of Alberta, Edmonton, Alberta, 1988.

[Bak91] A. B. Baker. Nonmonotonic reasoning in the framework of situation calculus. *Artificial Intelligence Journal*, 49(1–3):5–23, 1991.

[Bar91] R. Barletta. An introduction to case-based reasoning. *AI Expert*, 6(8):43–49, 1991.

[BB82] D. H. Ballard und C. M. Brown. *Computer Vision*. Prentice Hall, Englewood Cliffs, NJ, 1982.

[BB92] K. H. Bläsius und H.-J. Bürckert. *Deduktionssysteme*. Oldenbourg, München, 2. Auflage, 1992.

[BBH+92] F. Baader, H-J. Bürckert, B. Hollunder, A. Laux und W. Nutt. Terminologische Logiken. *KI*, 6(3):23–33, 1992.

[BC87] T. Boy de la Tour und R. Caferra. Proof analogy in interactive theorem proving: A method to express and use it via second order pattern matching. In *Proc. AAAI-87*, S. 95–99, San Mateo CA, 1987. Morgan Kaufmann.

[BdCFH89] W. Bibel, L. Fariñas del Cerro, B. Fronhöfer und A. Herzig. Plan generation by linear proofs: On semantics. In D. Metzing (Hg.), *Proceedings GWAI'89*, S. 49–62, Berlin, 1989. Springer.

[Bel90] J. Bell. The logic of nonmonotonicity. *Artificial Intelligence Journal*, 41(3):365–374, 1990.

[Bes89a] P. Besnard. *An Introduction to Default Logic*. Springer, Berlin, 1989.

[BES89b] W. Bibel, E. Elver und J. Schneeberger. Werkzeugkonzept DOMINO-EXPERT. In D. Nebendahl (Hg.), *Expertensysteme*, S. 227–270. Siemens, Berlin, 1989.

[Bet53] E. W. Beth. On Padoa's method in the theory of definitions. *Indag. Math.*, 15:330–339, 1953.

[BFH+92] F. Baader, E. Franconi, B. Hollunder, B. Nebel und H.-J. Profitlich. An empirical analysis of optimization techniques for terminological systems. In *Proceedings of the International Conference on Principles of Knowledge Representation and Reasoning*, 1992.

[BG92] H. Bandemer und S. Gottwald. *Einführung in die Fuzzy-Methoden*. Akademie Verlag, Berlin, 3. Auflage, 1992.

[BGH+93] S. Biundo, A. Günter, J. Hertzberg, J. Schneeberger und W. Tank. Planen und Konfigurieren. In G. Görz (Hg.), *Einführung in die Künstliche Intelligenz*, S. 767–848. Addison-Weseley Verlag, 1993.

[BGL85] R. J. Brachman, V. P. Gilbert und H. J. Levesque. An essential hybrid reasoning system: knowledge and symbol level accounts of KRYPTON. In *Proceedings IJCAI-85*, S. 532–539, Los Altos CA, 1985. Kaufmann.

[BHP+92] C. Beierle, U. Hedtstück, U. Pletat, P. H. Schmitt und J. Siekmann. An order-sorted logic for knowledge representation systems. *Artificial Intelligence Journal*, 55(2-3):149–191, 1992.

[Bib84] W. Bibel. First-order reasoning about knowledge and belief. In I. Plander (Hg.), *3rd International Conference on Artificial Intelligence and Information-Control Systems of Robots*, S. 9–16, Amsterdam, 1984. North-Holland.

[Bib85] W. Bibel. Inferenzmethoden. In Ch. Habel (Hg.), *Frühjahrsschule Künstliche Intelligenz*, S. 1–47, Berlin, 1985. Springer.

[Bib86] W. Bibel. A deductive solution for plan generation. *New Generation Computing*, 4:115–132, 1986.

[Bib87a] W. Bibel. *Automated Theorem Proving*. Vieweg Verlag, Braunschweig, 2. Auflage, 1987.

[Bib87b] W. Bibel. Methods of automated reasoning. In W. Bibel und Ph. Jorrand (Hg.), *Fundamentals of Artificial Intelligence — An Advanced Course*, S. 171–217. Springer, Berlin, 1987.

[Bib88a] W. Bibel. Advanced topics in automated deduction. In R. Nossum (Hg.), *Advanced Topics in Artificial Intelligence*, S. 41–59, Berlin, 1988. Springer, LNCS *345*.

[Bib88b] W. Bibel. Constraint satisfaction from a deductive viewpoint. *Artificial Intelligence Journal*, 35:401–413, 1988.

[Bib88c] W. Bibel. A deductive solution for plan generation. In Joachim W. Schmidt und C. Thanos (Hg.), *Foundations of Knowledge Base Management*, S. 453–473. Springer, Berlin, 1988.

[Bib92] W. Bibel. *Deduktion — Automatisierung der Logik*. Handbuch der Informatik. Oldenbourg, München, 1992.

[Bie81] P. Bieri (Hg.). *Analytische Philosophie des Geistes*. Hain, Königstein, 1981.

[Bie86] A. W. Biermann. Fundamental mechanisms in machine learning and inductive inference. In W. Bibel und P. Jorrand (Hg.), *Fundamentals of Artificial Intelligence*, S. 133–169. Springer, Berlin, 1986.

[BK82] K. A. Bowen und R. A. Kowalski. Amalgamating language and metalanguage in logic programming. In K. L. Clark und S.-A. Tärnlund (Hg.), *Logic Programming*, S. 153–172. Academic Press, London, 1982.

[BK92] T. Boy de la Tour und Ch. Kreitz. Building proofs by analogy via the Curry-Howard isomorphism. In A. Voronkov (Hg.), *Proceedings of the Conference on Logic Programming and Automated Reasoning (LPAR'92)*, S. 202–213, Berlin, 1992. Springer, Lecture Notes in Computer Science 624.

[BL84] R. J. Brachman und H. J. Levesque. The tractability of subsumption in frame-based description languages. In *Proceedings of AAAI-84*, S. 34–37, 1984.

[BL85] R. J. Brachman und H.J. Levesque (Hg.). *Readings in Knowledge Representation*. Morgan Kaufmann, Los Altos CA, 1985.

[BLS87] W. Bibel, R. Letz und J. Schumann. Bottom–up enhancements of deductive systems. In I. Plander (Hg.), *Proceedings of 4th International Conference on Artificial Intelligence and Information-Control Systems of Robots*, S. 1–10, Smolenice, CSSR, October 1987. North-Holland.

[BM86] M. L. Brodie und J. Mylopoulos (Hg.). *On Knowledge Base Management Systems: Integrating Artificial Intelligence and Database Technologies*. Springer, New York NY, 1986.

[Bob75] D. G. Bobrow. Dimensions of representation. In D. G. Bobrow und A. M. Collins (Hg.), *Representation and Understanding: Studies in Cognitive Science*, S. 1–34. Academic Press, New York NY, 1975.

[Bob84] D. G. Bobrow, ed. Special volume on qualitative reasoning about physical systems. *Artificial Intelligence Journal*, 24, 1984. also as: *Reasoning about physical systems* (MIT Press, Cambridge, MA, 1985).

[Bou88] C. Boutilier. Default reasoning with the conditional logic E. Master's thesis, University of Toronto, 1988.

[Bou92] C. Boutilier. *Conditional logics for default reasoning and belief revision*. Dissertation, University of Toronto, Toronto CA, 1992.

[BP83] J. Barwise und J. Perry. *Situations and Attitudes*. The MIT Press, Cambridge MA, 1983.

[Bra78] M. D. S. Braine. On the relation between the natural logic of reasoning and standard logic. *Psychological Review*, 85(1):1–21, 1978.

[Bra79] R. J. Brachman. On the epistemological status of semantic networks. In N. V. Findler (Hg.), *Associative Networks: Representation and Use of Knowledge by Computers*, S. 3–50. Academic Press, New York, 1979.

[Bra90] R. J. Brachmann. The future of knowledge representation. In *Proceedings of AAAI'90*, S. 1082–1092, 1990.

[Bre87] G. Brewka. Nichtmonotone Logiken: Ein einführender Überblick. In *KIFS-87*, S. 188–217, Berlin, 1987. Springer Verlag.

[Bre91a] G. Brewka. Cumulative default logic: in defense of nonmonotonic inference rules. *Artificial Intelligence Journal*, 50:183–205, 1991.

[Bre91b] G. Brewka. *Nonmonotonic Reasoning: Logical Foundations of Commonsense*. Cambridge University Press, Cambridge, 1991.

[Bro85] L. Brownston et al. *Programming Expert Systems in OPS5: An Introduction to Rule-Based Programming*. Addison-Wesley, Reading Mass., 1985.

[Bro86] R.A. Brooks. A robust layered control system for a mobile robot. *IEEE J. Rob. Autom.*, 2:14–23, 1986.

[Bro91] R.A. Brooks. Intelligence without representation. *Artificial Intelligence Journal*, 47:139–159, 1991.

[BS83] D. G. Bobrow und M. Stefik. The loops manual. Technischer Bericht, Xerox Corporation, Palo Alto CA, 1983.

[BS84] B. G. Buchanan und E. H. Shortliffe (Hg.). *Rule-Based Expert Systems: The MYCIN Experiments of the Stanford Heuristic Programming Project.* Addison-Wesley, Reading MA, 1984.

[BS85] R. J. Brachman und J. G. Schmolze. An overview of the KL-ONE knowledge representation system. *Cognitive Science*, 9:171–216, 1985.

[BS92] P. Besnard und T. Schaub. Possible worlds semantics for default logics. In J. Glasgow und B. Hadley (Hg.), *Proceedings of the Canadian Artificial Intelligence Conference*, S. 148–155, San Mateo, 1992. Morgan Kaufmann Publishers Inc. Auch in: D. Etherington und H. Kautz, Herausgeber. Proceedings of the Fourth International Workshop on Nonmonotonic Reasoning, AAAI.

[BTK91] F. Bacchus, J. Tenenberg und J. A. Koomen. A non-reified temporal logic. *Artificial Intelligence Journal*, 52:87–108, 1991.

[Bun85] A.Bundy. Incidence calculus: A mechanism for probabilistic reasoning. *Journal for Automated Reasoning*, 1:263–283, 1985.

[Bur89] M. H. Burstein. Analogy vs. CBR: The purpose of mapping. In Kristian J. Hammond (Hg.), *Proceedings: Case-Based Reasoning Workshop*, S. 133–136, San Mateo CA, 1989. DARPA, Morgan Kaufmann.

[BW77a] D. G. Bobrow und T.Winograd. An overview of KRL, a Knowledge Representation Language. *Cognitive Science*, 1:3–46, 1977.

[BW77b] J. Bredenkamp und W. Wippich. *Lern- und Gedächtnispsychologie*, Band I. Kohlhammer, Stuttgart, 1977.

[BW77c] J. Bredenkamp und W. Wippich. *Lern- und Gedächtnispsychologie*, Band II. Kohlhammer, Stuttgart, 1977.

[CAB+86] R. L. Constable, S. F. Allen, H. M. Bromley, W. R. Cleaveland, J. F. Cremer, R. W. Harper, Douglas J. Howe, Todd B. Knoblock, Nax Paul Mendler, Prakash Panangaden, Jim T. Sasaki und S. F. Smith. *Implementing Mathematics with the NuPRL proof development system.* Prentice–Hall, Englewood Cliffs, NJ, 1986.

[Car50] R. Carnap. *Logical Foundations of Probability.* University of Chicago Press, Chicago IL, 1950.

[Car82] G. Carlson. Generic terms and generic sentences. *J. Philos. Logic*, 11:145–181, 1982.

[Car83] J. G. Carbonell. *Learning by Analogy: Formulating and Generalizing Plans from Past Experience*, Kapitel 5, S. 137–162. Tioga, Palo Alto, CA, 1983.

[CDT91] L. Console, D. Theseider Dupré und P. Torasso. On the relationship between abduction and deduction. *Journal of Logic and Computation*, 1(5):661–669, 1991.

[CdV89] T. Christaller, F. di Primio und A. Voß. *Die KI-Werkbank Babylon.* Addison Wesley, Bonn, 1989.

[Cer75] N. Cercone. Representing natural language in extended semantic networks. Technischer Bericht TR75-11, Dept. Computer Science, University of Alberta, Edmonton, Canada, 1975.

[CFM91] W. A. Carnielli, L. Fariñas del Cerro und M. Lima Marques. Contextual negations and reasoning with contradictions. In J. Mylopoulos und R. Reiter (Hg.), *IJCAI-91 — Proceedings of the Twelfth International Conference on Artificial Intelligence*, S. 532–537, San Mateo, CA, 1991. IJCAII, Morgan Kaufmann.

[Cha87] D. Chapman. Planning for conjunctive goals. *Artificial Intelligence Journal*, 32(3):333–377, 1987.

[Cha89] D. Chapman. Penguins can make cake. *AI Magazine*, 10(4):45, 1989.

[Cha91] E. Charniak. Bayesian networks without tears. *AI Magazine*, 12(4):50–63, 1991.

[Che76] P.P. Chen. The entity-relationship model — Toward a unified view of data. *ACM Transactions Database Systems*, 1(1):9–36, 1976.

[CL90] P. R. Cohen und H.J. Levesque. Intention is choice with commitment. *Artificial Intelligence Journal*, 42(2-3):213–261, 1990.

[Cla78] K. L. Clark. Negation as failure. In H. Gallaire und J. Minker (Hg.), *Logic and Data Bases*, S. 293–322. Plenum, New York NY, 1978.

[CNS91] L. Carlucci Aiello, D. Nardi und M. Schaerf. Reasoning about reasoning in a meta-level architecture. *Journal of Applied Intelligence*, 1:55–67, 1991.

[Coh87] A. G. Cohn. Qualitative reasoning. In Rolf T. Nossum (Hg.), *Advanced Topics in Artificial Intelligence*, S. 60–95. Springer, Berlin, 1987.

[Coo90] G. F. Cooper. The computational complexity of probabilistic inference using Bayesian belief networks. *Artificial Intelligence Journal*, 42(2-3):393–405, 1990.

[Cox79] R. T. Cox. Of inference and inquiry. An essay in inductive logic. In R. D. Levine und M. Tribus (Hg.), *The Maximum Entropy Formalism*. MIT Press, Cambridge, MA, 1979.

[CP86] P. T. Cox und T. Pietrzykowski. Causes for events: their computation and applications. In J. Siekmann (Hg.), *Proceedings 8th International Conference on Automated Deduction, CADE-86*, S. 608–621, Berlin, 1986. LNCS Band 230, Springer.

[CRM80] E. Charniak, Christopher K. Riesbeck und D. McDermott. *Artificial Intelligence Programming*. Lawrence Erlbaum, Hillsdale, NJ, 1980.

[Dav80] M. Davis. The mathematics of non-monotonic reasoning. *Artificial Intelligence Journal*, 13, 1980.

[Dav90] E. Davis. *Representations of Commonsense Knowledge*. Morgan Kaufmann, San Mateo CA, 1990.

[Del87] J. P. Delgrande. A first-order conditional logic for prototypical properties. *Artificial Intelligence Journal*, 33(1):105–130, 1987.

[Del88] J. P. Delgrande. An approach to default reasoning based on a first-order conditional logic: Revised report. *Artificial Intelligence Journal*, 36(1):63–90, 1988.

[Del92] J. P. Delgrande. A semantically-based account of nonmonotonic reasoning in horn-clause and logic programming. *Journal of Logic Programming*, (eingereicht 1992).

[Den78] D. C. Dennett. *Brainstorms*. Bradford Books / The MIT Press, Cambridge, Mass., 1978.

[dGC90] R. A. de Guerreiro und M. A. Casanova. An alternative semantics for default logic. In K. Konolige (Hg.), *Third International Workshop on Nonmonotonic Reasoning, South Lake Tahoe, CA*, S. 141–157, 1990.

[DHN76] R. O. Duda, P. E. Hart und N. J. Nilsson. Subjective bayesian methods for rule-based inference systems. Technischer Bericht 124, Stanford Research Institute, Menlo Park, California, 1976.

[DJ91] J. P. Delgrande und W. K. Jackson. Default logic revisited. In J. A. Allen, R. Fikes und E. Sandewall (Hg.), *Proceedings of the Second International Conference on the Principles of Knowledge Representation and Reasoning*, S. 118–127, San Mateo, CA, 1991. Morgan Kaufmann Publishers Inc.

[DJS92] J. P. Delgrande, W. K. Jackson und T. Schaub. Alternative approaches to default logic. *Artificial Intelligence Journal*, 1992. Eingereicht.

[dK86] J. de Kleer. An Assumption-based TMS. *Artificial Intelligence Journal*, 28:127–162, 1986.

[DLNN91] F. Donini, M. Lenzerini, D. Nardi und W. Nutt. Tractable concept languages. In *International Joint Conference on Artificial Intelligence*, S. 458–463, 1991.

[dMR92] J. de Kleer, A.K. Mackworth und R. Reiter. Characterizing diagnoses and systems. *Artificial Intelligence Journal*, 56(2–3):197–222, 1992.

[Doy79] J. Doyle. A truth maintenance system. *Artificial Intelligence Journal*, 12:231–272, 1979.

[Doy85] J. Doyle. Circumscription and implicit definability. *Journal of Automated Reasoning*, 1:391–405, 1985.

[DP88] D. Dubois und H. Prade. *An Introduction to Possibilistic and Fuzzy Logics*, Kapitel 10, S. 287–326. Academic Press, London, 1988.

[DR91] J. Downs und H. Reichgelt. Integrating classical and reactive planning within an architecture for autonomous agents. In J. Hertzberg (Hg.), *European Workshop on Planning, EWSP'91*, S. 13–26, Berlin, Heidelberg, New York, 1991. Springer-Verlag.

[Dre85] H. L. Dreyfus. *Die Grenzen der künstlichen Intelligenz – was Computer nicht können*. Athenäum Verlag, Königstein/Ts, 1985.

[DSS93] R. Davis, H. Shrobe und P. Szolovits. What is a knowledge representation? *AI Magazine*, 14(1):17–33, 1993.

[Dun84] J. M. Dunn. Relevance logic and entailment. In D. M. Gabbay und F. Guenthner (Hg.), *Handbook of Philosophical Logic, Bd. III*. Oxford University Press, Oxford, England, 1984.

[dW91] J. de Kleer und B. C. Williams, eds. Special volume on qualitative reasoning about physical systems II. *Artificial Intelligence Journal*, 51, 1991.

[Ecc75] J. C. Eccles. *Das Gehirn des Menschen*. Piper, München, 1975.

[EFT92] H. D. Ebbinghaus, J. Flum und W. Thomas. *Einführung in die Mathematische Logik*. BI Wissenschaftsverlag, Mannheim, 3. Auflage, 1992.

[EG67] B. C. Etzel und J. L. Gewirtz. Experimental modification of caretaker-maintained high-rate operant crying in a 6- and a 20-week-old infant (infans tyrannotearus): Extinction of crying with reinforcement of eye contact and smiling. *J. of Experimental Child Psychology*, 5:303–317, 1967.

[EG93] T. Eiter und G. Gottlob. The complexity of logic-based abduction. In *Proceedings of STACS-93*, 1993.

[EGG92] T. Eiter, G. Gottlob und Y. Gurevich. Curb your theory! A circumscriptive approach for inclusive interpretation of disjunctive information. Unpubliziertes Manuskript, 1992.

[Elk90] C. Elkan. A rational reconstruction of nonmonotonic truth maintenance systems. *Artificial Intelligence Journal*, 43(2):219–234, 1990.

[Eme90] A. Emerson. Temporal and modal logic. In J. v. Leewwen (Hg.), *Handbook of Theoretical Computer Science, Vol. B*. Elsevier and MIT Press, 1990.

[EMR85] D. W. Etherington, R. E. Mercer und R. Reiter. On the adequacy of predicate circumscription for closed-world reasoning. *Computational Intelligence*, 1:11–15, 1985.

[Eth87] D. Etherington. Formalizing nonmonotonic reasoning systems. *Artificial Intelligence Journal*, 31:41–85, 1987.

[Eth88] D. Etherington. *Reasoning with Incomplete Information*. Research Notes in Artificial Intelligence. Pitman, London, 1988.

[Fah79] Scott E. Fahlman. *NETL: A system for Representing and Using Real-World Knowledge*. The MIT Press, Cambridge MA, 1979.

[Fal92] B. Faltings. A symbolic approach to qualitative kinematics. *Artificial Intelligence Journal*, 56(2–3):139–170, 1992.

[FB82] J. A. Feldman und D. H. Ballard. Connectionist models and their properties. *Cognitive Science*, 6:205–254, 1982.

[Fef84] S. Feferman. Towards useful type-free theories, I. *Journal for Symbolic Logic*, 49:75–111, March 1984.

[FF91] R. Falkenhainer und K. D. Forbus. Compositional modelling: finding the right model for the job. *Artificial Intelligence Journal*, 51:95–143, 1991.

[FHN72] R. Fikes, P. Hart und N. J. Nilsson. Learning and executing generalized robot plans. *Artificial Intelligence Journal*, 3(4):251–288, 1972.

[Fin73] T. Fine. *Theories of Probability*. Academic Press, New York, 1973.

[FKW92] R. Freivalds, E. B. Kinber und R. Wiehagen. On the power of inductive inference from good examples. *Theoretical Computer Science*, 1992. In Vorbereitung.

[FM92] E. C. Freuder und A.K. Mackworth (Hg.). *Constraint-Based Reasoning*, Band 58 aus *Artificial Intelligence Journal*. Elsevier, Amsterdam, 1992.

[FN71] R. E. Fikes und N. J. Nilsson. STRIPS: A new approach to the application of theorem proving to problem solving. *Artificial Intelligence Journal*, 2:189–208, 1971.

[For82] C. L. Forgy. Rete: A fast algorithm for the many pattern/many object pattern match problem. *Artificial Intelligence Journal*, 19(2):17–37, 1982.

[FP88] J. A. Fodor und Z. W. Pylyshyn. Connectionism and cognitive architecture: A critical analysis. *Cognition*, 28:3–71, 1988.

[FP92] L. Fariñas del Cerro und M. Penttonen (Hg.). *Intensional Logics for Programming*. Oxford University Press, Oxford, 1992.

[Fre79] G. Frege. *Begriffsschrift*. Louis Nebert, Halle, 1879.

[Fre92] C. Freksa. Temporal reasoning based on semi-intervals. *Artificial Intelligence Journal*, 54:199–227, 1992.

[Gab82] D. M. Gabbay. Intuitionistic bases for nonmonotonic logic. In D. W. Loveland (Hg.), *Proceedings of the Conference on Automated Deduction*, S. 260–273, Berlin, 1982. Springer Verlag.

[Gab92] D. M. Gabbay. Temporal logic: Mathematical foundations, part 1. Technischer Bericht MPI-I-92-213, Max Planck Institut, Saarbrücken, 1992.

[Gaben] D. M. Gabbay. Labelled deductive systems, part i. Bericht 90–22, Centrum für Informations– und Sprachverarbeitung, Universität München.

[Gal86] J. H. Gallier. *Logic for Computer Science: Foundations of Automated Theorem Proving*. Harper and Row, New York, 1986.

[Gal90] A. Galton. *Logic for Information Technology*. Wiley, Chichester, 1990.

[Gas91] L. Gasser. Social concepts of knowledge and action: DAI foundations and open systems semantics. *Artificial Intelligence Journal*, 47:107–138, 1991.

[Gen35] G. Gentzen. Untersuchungen über das logische Schließen. *Mathematische Zeitschrift*, 39:176–210 and 405–431, 1935. Engl. Übersetzung in [Sza69].

[GH91] D. Gabbay und A. Hunter. Making inconsistency respectable: A logical framework for inconsistency in reasoning, Part I — A Position Paper. In Ph. Jorrand und J. Kelemen (Hg.), *Fundamentals of Artificial Intelligence Research*, S. 19–32, Berlin, 1991. Springer, Lecture Notes in Artificial Intelligence 535.

[GHR92] D. M. Gabbay, I. M. Hodkinson und M. A. Reynolds. Temporal logic: Mathematical foundations, part 2. Technischer Bericht MPI-I-92-242, Max Planck Institut, Saarbrücken, 1992.

[GHS92] G. Große, S. Hölldobler und J. Schneeberger. Linear deductive planning. *Artificial Intelligence Journal*, eingereicht 1992.

[Gin89a] M. L. Ginsberg. Universal planning: An (almost) universally bad idea. *AI Magazine*, 10(4):40–44, 1989.

[Gin89b] Matthew L. Ginsberg. A circumscriptive theorem prover. *Artificial Intelligence Journal*, 39, 1989.

[Gir87] J.-Y. Girard. Linear logic. *Theoretical Computer Science*, 50(1):1–102, 1987.

[GL87] M. P. Georgeff und A. L. Lansky. Reactive reasoning and planning. In *Proceedings of the National Conference on Artificial Intelligence*, S. 677, Palo Alto, CA, 1987. American Association for Artificial Intelligence.

[GL88] M. Gelfond und V. Lifschitz. The stable model semantics for logic programming. In K. Bowen und R. Kowalski (Hg.), *Fifth International Conference and Symposium on Logic Programming*, S. 1070–1080, Cambridge MA, 1988. MIT Press.

[GL89] M. Gelfond und V. Lifschitz. Compiling circumscriptive theories into logic programs. In *Proc. 2nd Intern. Workshop on Nonmonotonic Reasoning*, Berlin, 1989. Springer, LNCS 346.

[GL90] R. V. Guha und Douglas B. Lenat. Cyc: a midterm report. *AI Magazine*, 11(3):32–59, 1990.

[GL91] M. Gelfond und V. Lifschitz. Classical negation in logic programs and deductive databases. *New Generation Computing*, 1991. In Vorbereitung.

[GLR91] M. Gelfond, V. Lifschitz und A. Rabinov. What are the limitations of the situation calculus. In R. S. Boyer (Hg.), *Automated Reasoning - Essays in Honor of Woody Bledsoe*, Kapitel 8, S. 167 – 179. Kluwer Academic Press, 1991.

[GLS87] M. P. Georgeff, A. L. Lansky und M. J. Schoppers. Reasoning and planning in dynamic domains: An experiment with a mobile robot. Technical Note 380, SRI, 1987.

[GMN84] H. Gallaire, J. Minker und J.-M. Nicolas. Logic and databases: A deductive approach. *Computing Surveys*, 16(2):153–185, 1984.

[GN89] M. R. Genesereth und N. J. Nilsson. *Logische Grundlagen der Künstlichen Intelligenz*. Vieweg, Braunschweig, 1989.

[Gol67] E. M. Gold. Language identification in the limit. *Information and Control*, 10:447–474, 1967.

[Gol84] A. Goldberg. *SMALLTALK-80: The Interactive Programming Environment*. Addison-Wesley, Reading MA, 1984.

[Goo87] J. W. Goodwin. *A theory and system for non-monotonic reasoning.* Dissertation, University of Linköping, Sweden, 1987. Linköping Studies in Science and Technology 165.

[Gor93] T. F. Gordon. *The Pleadings Game — An Artificial Intelligence model of Procedural Justice.* Dissertation, Technische Hochschule Darmstadt, 1993.

[Got92a] G. Gottlob. Complexity results for nonmonotonic logics. *J. Logic Computat.*, 2(3):397–425, 1992.

[Got92b] S. Gottwald. *Fuzzy Sets and Fuzzy Logic.* Vieweg Verlag, Braunschweig, 1992.

[GP86] M. Gelfond und H. Przymusinska. Negation as failure: Careful closure procedure. *Artificial Intelligence Journal*, 30:273–287, 1986.

[GP92] H. Geffner und J. Pearl. Conditional entailment: bridging two approaches to default reasoning. *Artificial Intelligence Journal*, 53(2-3):209–244, 1992.

[GPP89] M. Gelfond, H. Przymusinska und T. Przymusinski. On the relationship between circumscription and negation as failure. *Artificial Intelligence Journal*, 38(1):75–94, 1989.

[GSW90] R. Greiner, B.A. Smith und R. W. Wilkerson. A correction to the algorithm in Reiter's theory of diagnosis. *Artificial Intelligence Journal*, 41:79–88, 1990.

[GT91] F. Giunchiglia und P. Traverso. Reflective reasoning with and between a declarative metatheory and the implementation code. In J. Mylopoulos und R. Reiter (Hg.), *IJCAI-91 — Proceedings of the Twelfth International Conference on Artificial Intelligence*, S. 111–117, San Mateo, CA, 1991. IJCAII, Morgan Kaufmann.

[Hab89] Ch. Habel. Propositional and depictorial representations of spatial knowledge: The case of path-concepts. Mitteilung 171, Fachbereich Informatik, Universität Hamburg, Hamburg, 1989.

[Hal90] J. Y. Halpern. An analysis of first-order logics of probability. *Artificial Intelligence Journal*, 46(3):311–350, 1990.

[Har79] D. Harel. *First-Order Dynamic Logic, Lecture Notes in Computer Science*, Band 68. Springer, 1979.

[Hau81] J. Haugeland (Hg.). *Mind Design.* MIT Press, Cambridge, MA, 1981.

[Hay73a] P. J. Hayes. The frame problem and related problems in artificial intelligence. In A. Elithorn und D. Jones (Hg.), *Artificial and Human Thinking*, S. 45–49. Jossey-Bass, San Francisco, 1973.

[Hay73b] P. J. Hayes. The frame problem and related problems in artificial intelligence. In A. Elithorn und D. Jones (Hg.), *Artificial and Human Thinking*, S. 45–49. Jossey-Bass, San Francisco, 1973.

[Hay77] P. J. Hayes. In defense of logic. In *Proc. 5th IJCAI*, S. 559–565, Los Altos CA, 1977. Morgan Kaufmann.

[Hay84] P. J. Hayes. The second naive physics manifesto. In J. R. Hobbs und R. C. Moore (Hg.), *Formal Theories of the Commonsense World*, Kapitel 1, S. 1–36. Ablex, Norwood, N.J., 1984.

[Hay85a] P. J. Hayes. The logic of frames. In R. J. Brachman und H.J. Levesque (Hg.), *Readings in Knowledge Representation*, Kapitel 14, S. 287–296. Morgan Kaufmann, Los Altos CA, 1985.

[Hay85b] P. J. Hayes. Some problems and non-problems in representation theory. In R. J. Brachman und H.J. Levesque (Hg.), *Readings in Knowledge Representation*, Kapitel 1, S. 3–22. Morgan Kaufmann, Los Altos CA, 1985.

[HC68] G. E. Hughes und M. J. Cresswell. *An Introduction to Modal Logic*. Methuen, London, 1968.

[Heb49] D. O. Hebb. *The Organization of Behavior*. Wiley, New York NY, 1949.

[Hec90] D. Heckerman. Probabilistic similarity networks. Technischer Bericht STAN-CS-1316, Depts. of Computer Science and Medicine, Stanford University, 1990.

[Hei86] M. Heidegger. *Sein und Zeit*. Max Niemeyer, Tübingen, 16. Auflage, 1986.

[Hen88] M. Henrion. Propagating uncertainty in bayesian networks by logic sampling. In J. Lemmer und N. Kanal (Hg.), *Uncertainty in Artificial Intelligence 2*, S. 149–163. North Holland, 1988.

[Her89] J. Hertzberg. *Planen*. B.I. Wissenschaftsverlag, Reihe Informatik, Mannheim, 1989.

[Hew72] C. Hewitt. *Description and theoretical analysis (using schemata) of PLANNER: A language for proving theorems and manipulating models in a robot*. Dissertation, MIT, Department of Mathematics, 1972. AI Lab Report AI-TR-258.

[HHP93] C. Habel, M. Herweg und S. Pribbenow. Wissen über zeit und raum. In G. Görz (Hg.), *Einführung in die Künstliche Intelligenz*, S. 139–204. Addison-Wesley, 1993.

[Hin55] K. J. J. Hintikka. Form and content in quantification theory. *Acta Philosophica Fennica*, 8:7–55, 1955.

[Hin90] G. E. Hinton (Hg.). *Special issue on connectionist symbol processing*, volume 46(1,2) aus *Artificial Intelligence Journal*. North-Holland, Amsterdam, 1990.

[HIP91] N. Helft, K. Inoue und D. Poole. Query answering in circumscription. In J. Mylopoulos und R. Reiter (Hg.), *IJCAI-91 — Proceedings of the Twelfth International Conference on Artificial Intelligence*, S. 426–431, San Mateo, CA, 1991. IJCAII, Morgan Kaufmann.

[HM87] S. Hanks und D. McDermott. Nonmonotonic logic and temporal projection. *Artificial Intelligence Journal*, 33(3):379–412, 1987.

[HM92] J. Y. Halpern und Y. Moses. A guide to completeness and complexity for modal logics of knowledge and belief. *Artificial Intelligence Journal*, 54(3):319–379, 1992.

[Höl89] S. Hölldobler. *Foundations of Equational Logic Programming.* Lecture Notes in Artificial Intelligence 353. Springer, Berlin, 1989.

[Hop82] J. J. Hopfield. Neural networks and physical systems with emergent collective computational abilities. In *Proceedings of the National Academy of Sciences USA*, S. 2554–2558, 1982.

[HS86] G. E. Hinton und T. J. Sejnowski. Learning and relearning in boltzmann machines. In D. E. Rumelhart, J. L. McClelland und the PDP Research Group (Hg.), *Parallel Distributed Processing: Explorations in the Microstructure of Cognition.* MIT Press, 1986.

[HS90] S. Hölldobler und J. Schneeberger. A new deductive approach to planning. *New Generation Computing*, 8:225–244, 1990.

[HSC89] E. Horvitz, H. Suermond und G. Cooper. Bounded conditioning: Flexible inference for decisions under scarce resources. In *Proceedings of the Fifth Workshop on Uncertainty in Artificial Intelligence*, S. 182–193, 1989.

[HTT90] J. F. Horty, R.H. Thomason und D. S. Touretzky. A skeptical theory of inheritance in nonmonotonic semantic networks. *Artificial Intelligence Journal*, 42:311–348, 1990.

[HV91] J. Y. Halpern und M. Y. Vardi. Model checking vs. theorem proving: A manifesto. In V. Lifshitz (Hg.), *Artificial Intelligence and Mathematical Theory of Computation — Papers in Honor of J. McCarthy*, S. 151–176. Academic Press, Boston, 1991.

[Jac86] P. Jackson. *Introduction to Expert Systems.* Addison-Wesley, Reading MA, 1986.

[JK90] U. Junker und K. Konolige. Computing the extensions of autoepistemic and default logic with a TMS. In *Proceedings AAAI-90.* aaai, 1990.

[JLB91] P. N. Johnson-Laird und R. M. J. Byrne. *Deduction.* Lawrence Erlbaum Associates, Hove and London (UK), 1991.

[JP90] P.Jackson und J. Pais. Computing prime implicants. In M. E. Stickel (Hg.), *10th International Conference on Automated Deduction*, S. 543–557, Berlin, 1990. Springer, Lecture Notes in Artificial Intelligence 449.

[JS91] L. Joskowicz und E. Sacks. Computational kinematics. *Artificial Intelligence Journal*, 51:381–416, 1991.

[Kam79] H. Kamp. Events, instants, and temporal reference. In R. Bäuerle (Hg.), *Semantics from Different Points of View*, S. 376–417. Springer, 1979.

[Kat90] H. Katsuno. Closed world assumptions having precedence in predicates. *New Generation Computing*, 8:185–209, 1990.

[KC84] T. P. Kehler und G. D. Clemenson. KEE: The knowledge engineering environment for industry. *Systems Software*, 34:212–224, 1984.

[Kee89] S .E. Keene. *Object-Oriented Programming in Common Lisp: A Programmer's Guide to CLOS.* Addison–Wesley, Reading, MA, 1989.

[Kem88] C. Kemke. Der neuere Konnektionismus. *Informatik Spektrum*, 11:143–162, 1988.

[KK91] R. Kowalski und J.-S. Kim. A metalogic programming approach to multi-agent knowledge and belief. In V. Lifshitz (Hg.), *Artificial Intelligence and Mathematical Theory of Computation — Papers in Honor of J. McCarthy*, S. 231–246. Academic Press, Boston, 1991.

[KLM90] S. Kraus, D. Lehmann und M. Magidor. Nonmonotonic reasoning, preferential models and cumulative logics. *Artificial Intelligence Journal*, 44(1-2), 1990.

[Kol92a] J.L. Kolodner. *Case-Based Reasoning*. Morgan Kaufmann, San Mateo, 1992.

[Kol92b] J.L. Kolodner. An introduction to case-based reasoning. *Artificial Intelligence Review*, 6(1):3–34, 1992.

[Kon88] K. Konolige. On the relation between default and autoepistemic logic. *Artificial Intelligence Journal*, 35(2):343–382, 1988.

[Kow78] R. Kowalski. Logic for data description. In H. Gallaire und J. Minker (Hg.), *Logic and Data Bases*, S. 77–103. Plenum Press, 1978.

[Kow79] R. Kowalski. *Logic for Problem Solving*. North–Holland, New York, 1979.

[Kow91] R. Kowalski. Logic programming in artificial intelligence. In J. Mylopoulos und R. Reiter (Hg.), *IJCAI-91 — Proceedings of the Twelfth International Conference on Artificial Intelligence*, S. 596–603, San Mateo, CA, 1991. IJCAII, Morgan Kaufmann.

[Kow92] R. Kowalski. Abductive logic programming. *Journal of Logic and Computation*, 1992. In Vorbereitung.

[Kri59] S. Kripke. A completeness theorem in modal logic. *Journal of Symbolic Logic*, 24:1–14, 1959.

[Kri63] S. Kripke. Semantical analysis of modal logic I, normal propositional calculi. *Zeitschrift für mathematische Logik und Grundlagen der Mathematik*, 9:67–96, 1963.

[KS85] R. Kowalski und M. Sergot. Computer representation of the law. In *Proc. International Joint Conference on Artificial Intelligence, IJCAI-85*, S. 1269–1270, Los Altos CA, 1985. Morgan Kaufmann.

[Lak91] G. Lakemeyer. A model of decidable introspective reasoning with quantifying-in. In J. Mylopoulos und R. Reiter (Hg.), *IJCAI-91 — Proceedings of the Twelfth International Conference on Artificial Intelligence*, S. 492–497, San Mateo, CA, 1991. IJCAII, Morgan Kaufmann.

[LB85] H.J. Levesque und R. J. Brachman. A fundamental tradeoff in knowledge representation and reasoning (revised version). In R. J. Brachman und H.J. Levesque (Hg.), *Readings in Knowledge Representation*, Kapitel 4, S. 41–70. Morgan Kaufmann, Los Altos CA, 1985.

[LB87] H. J. Levesque und R. J. Brachman. Expressiveness and tractability in knowledge representation and reasoning. *Computational Intelligence Journal*, 3:78–93, 1987.

[Len78] W. Lenzen. Recent work in epistemic logic. *Acta Philosophica Fennica*, 30:1–219, 1978.

[Lev81] H. Levesque. *A Formal Treatment of Incomplete Knowledge Bases*. Dissertation, Department of Computer Science, University of Toronto, Toronto, Canada, 1981.

[Lev84] H. Levesque. Foundations of a functional approach to knowledge representation. *Artificial Intelligence Journal*, 23:155–212, 1984.

[Lev86] H.J. Levesque. Knowledge representation and reasoning. *American Review of Computer Science*, 1:255–287, 1986.

[Lev90] H. Levesque. All I know: A study in autoepistemic logic. *Artificial Intelligence Journal*, 42(2–3):213–261, 1990.

[Lew73] D. Lewis. *Counterfactuals*. Havard University Press, Cambridge, MA, 1973.

[Li93] Y. Y. Li. Autoepistemic logic of first order and its expressive power. *Artificial Intelligence Journal*, 1993. Eingereicht.

[Lif85a] V. Lifschitz. Closed-world databases and circumscription. *Artificial Intelligence Journal*, 27(2):229–235, 1985.

[Lif85b] V. Lifschitz. Computing circumscription. In *Proc. 9th International Joint Conference on Artificial Intelligence*, S. 121–127, Los Altos CA, 1985. Morgan Kaufmann.

[Lif86a] V. Lifschitz. On the satisfiability of circumscription. *Artificial Intelligence Journal*, 28(1):17–27, 1986.

[Lif86b] V. Lifschitz. On the semantics of STRIPS. In M. P. Georgeff und A. L. Lansky (Hg.), *Reasoning about Actions and Plans*, S. 1–8, Los Altos, 1986. Morgan Kaufmann.

[Lif87] V. Lifschitz. Pointwise circumscription. In Matthew L. Ginsberg (Hg.), *Nonmonotonic Reasoning*, Kapitel 3.3, S. 179–193. Morgan Kaufmann, Los Altos, 1987.

[Lif89] V. Lifschitz. Between circumscription and autoepistemic logic. In R. Brachman, H. Levesque und R. Reiter (Hg.), *Proceedings of the First International Conference on the Principles of Knowledge Representation and Reasoning, KR'89*, S. 235–244, San Mateo, 1989. Morgan Kaufmann.

[Lif90a] V. Lifschitz. Frames in the space of situations. *Artificial Intelligence Journal*, 46:365–376, 1990.

[Lif90b] V. Lifschitz. On open defaults. In J. W. Lloyd (Hg.), *Computational Logic*, S. 80–95, Berlin, 1990. Springer.

[Lif91] V. Lifschitz. Nonmonotonic databases and epistemic queries. In J. Myopoulos und R. Reiter (Hg.), *Proceedings of the International Joint Conference on Artificial Intelligence*, S. 381–386, San Mateo, CA, 1991. Morgan Kaufmann Publishers Inc.

[Lif92] V. Lifschitz. Minimal belief and negation as failure. Unpubliziert, 1992.

[LK91] R. Lutze und A. Kohl (Hg.). *Wissensbasierte Systeme im Büro*. Oldenbourg, München, 1991.

[Llo84] J. W. Lloyd. *Foundations of Logic Programming*. Springer, Berlin, 1984.

[LNR87] J. E. Laird, A. Newell und P. S. Rosenbloom. SOAR: An architecture for general intelligence. *Artificial Intelligence Journal*, 33(1):1–64, 1987.

[LSBB92] R. Letz, J. Schumann, St. Bayerl und W. Bibel. SETHEO — A high-performance theorem prover for first-order logic. *Journal of Automated Reasoning*, 8(2):183–212, 1992.

[Luk84] W. Lukaszewicz. Considerations on default logic. In *Proceedings of the AAAI Workshop on Nonmonotonic Reasoning*, S. 165–193, Palo Alto, CA, 1984.

[Luk88] W. Lukaszewicz. Considerations on default logic — an alternative approach. *Computational Intelligence Journal*, 4:1–16, 1988.

[Mak89] D. Makinson. General theory of cumulative inference. In M. Reinfrank (Hg.), *Proc. Second Int. Workshop on Nonmonotonic Reasoning*, S. 1–18, Berlin, 1989. Springer, LNCS 346.

[Mar82] D. Marr. *Vision*. W. H. Freeman, San Francisco, CA, 1982.

[McA80] D. McAllester. An outlook on truth maintenance. Artificial Intelligence Laboratory Memo AIM-551, MIT, Cambridge MA, 1980.

[McC62] J. McCarthy. Towards a mathematical science of computation. In *Proceedings of the IFIP Congress*, S. 21–28, 1962.

[McC63] J. McCarthy. Situations and actions and causal laws. Stanford Artificial Intelligence Project: Memo 2, 1963.

[McC80] J. McCarthy. Circumscription — A form of non-monotonic reasoning. *Artificial Intelligence Journal*, 13:27–39, 1980.

[McC86] J. McCarthy. Applications of circumscription to formalizing common-sense knowledge. *Artificial Intelligence Journal*, 28:89–116, 1986.

[McD78] D. V. McDermott. Planning and acting. *Cognitive Science*, 2(2):71–109, 1978.

[McD80] J. McDermott. R1: A rule-based configurer of computer systems. Technischer Bericht CMU-US-80-119, Department of Computer Science, Carnegie-Mellon University, Pittsburgh, 1980.

[McD82a] D. McDermott. Nonmonotonic logic II: Nonmonotonic modal theories. *Journal of the ACM*, 29(1):33–57, 1982.

[McD82b] D. V. McDermott. A temporal logic for reasoning about processes and plans. *Cognitive Science*, 6:101–155, 1982.

[McD91] D. McDermott. A general framework for reason maintenance. *Artificial Intelligence Journal*, 50(3):289–329, 1991.

[McD92] D. V. McDermott. Spacial reasoning. In S. C. Shapiro (Hg.), *Encyclopedia of Artificial Intelligence*, S. 1322–1334. J. Wiley & Sons, 1992.

[MCM83] R. S. Michalski, H. G. Carbonell und T. M. Mitchell (Hg.). *Machine Learning*. Tioga, Palo Alto CA, 1983.

[MD80] D. McDermott und J. Doyle. Non-monotonic logic. *Artificial Intelligence Journal*, 25:41–72, 1980.

[MG92] D. A. McAllester und R. Givan. Natural language syntax and first-order inference. *Artificial Intelligence Journal*, 56(1):1–20, 1992.

[MH69] J. McCarthy und P. Hayes. Some philosophical problems from the standpoint of artificial intelligence. In B. Meltzer und D. Michie (Hg.), *Machine Intelligence, Band 4*, S. 463–502. Edinburgh University Press, Edinburgh, 1969.

[Mic83] R.S. Michalski. A theory and methodology of inductive learning. In R. S. Michalski, H. G. Carbonell und T. M. Mitchell (Hg.), *Machine Learning*, Kapitel 4, S. 83–134. Tioga, Palo Alto, CA, 1983.

[Min75] M. Minsky. A framework for representing knowledge. In P. H. Winston (Hg.), *The Psychology of Computer Vision*, S. 211–277. McGraw-Hill, New York, 1975.

[Min82] J. Minker. On indefinite databases and the closed world assumption. In D. W. Loveland (Hg.), *6th Conference on Automated Deduction*, S. 292–308, Berlin, 1982. LNCS *138*, Springer.

[Mit78] T. M. Mitchell. *Version Spaces: An Approach to Concept Learning*. Dissertation, Stanford University, Stanford, CA, 1978.

[Moo85a] R. C. Moore. A formal theory of knowledge and action. In J. Hobbs und R. C. Moore (Hg.), *Formal theories of the commonsense world*, S. 319–358. Ablex, Norwood, NJ, 1985.

[Moo85b] R. C. Moore. Semantical considerations on nonmonotonic logics. *Artificial Intelligence Journal*, 25:75–94, 1985.

[MP43] W. S. McCulloch und W. Pitts. A logical calculus and the ideas immanent in nervous activity. *Bulletin of Mathematical Biophysics*, 5:115–133, 1943.

[MP72] M. Minsky und S. Papert. *Perceptrons*. MIT Press, 1972.

[MR90] Y. Moinard und R. Rolland. Unexpected and unwanted results of circumscription. In P. Jorrand und V. Sgurev (Hg.), *Artificial Intelligence IV — methodology, systems, applications*, S. 61–70, Amsterdam, 1990. North-Holland.

[MR91] D. McAllester und D. Rosenblitt. Systematic nonlinear planning. In *Proceedings of the National Conference on Artificial Intelligence*, S. 634–639, Palo Alto, CA, 1991. American Association for Artificial Intelligence.

[MS86] M. Moens und M. Steedman. Temporal information and natural language processing. Edinburg Research Papers in Cognitive Science EUCCS/RP-2, Center for Cognitive Science, University of Edinburgh, 1986.

[MST91] W. Marek, G. F. Schwarz und M. Truszczyński. Modal nonmonotonic logic: ranges, characterization, computation. In J. A. Allen, R. Fikes und E. Sandewall (Hg.), *Proceedings of the Second International Conference on the Principles of Knowledge Representation and Reasoning*, S. 395–404, San Mateo, CA, 1991. Morgan Kaufmann Publishers Inc.

[MT89] W. M. und M. Truszczyński. Relating autoepistemic and default logics. In R. Brachman, H. Levesque und R. Reiter (Hg.), *Proceedings of the First International Conference on the Principles of Knowledge Representation and Reasoning*, S. 276–288, Los Altos, CA, 1989. Morgan Kaufmann Publishers Inc.

[MTV90] M. Masseron, C. Tollu und J. Vauzielles. Generating plans in linear logic. In *Foundations of Software Technology and Theoretical Computer Science*, S. 63–75. Springer, LNCS *472*, 1990.

[Mug91] S. Muggleton. Inductive logic programming. *New Generation Journal*, 8(4):295–318, 1991.

[Nat91] B.K. Natarajan. *Machine Learning*. Morgan Kaufmann, San Mateo, CA, 1991.

[NB87] H. Niemann und H. Bunke. *Künstliche Intelligenz in Bild- und Sprachanalyse*. Teubner, Stuttgart, 1987.

[Nea90] R. E. Neapolitan. *Probabilistic Reasoning in Expert Systems*. Wiley, New York NY, 1990.

[Neb90a] B. Nebel. *Reasoning and Revision in Hybrid Reasoning Systems, LNCS*, Band 422. Springer, 1990.

[Neb90b] B. Nebel. Terminological reasoning is inherently intractable. *Artificial Intelligence Journal*, 43:235–249, 1990.

[Neb91] B. Nebel. Terminological cycles: Semantics and computational properties. In J. F. Sowa (Hg.), *Principles of Semantic Networks*, S. 331 – 362. Morgan Kaufmann, 1991.

[Nie92] H. Niemann. *Pattern Analysis and Understanding*. Springer, Berlin, 1992.

[Nil80] N. J. Nilsson. *Principles of Artificial Intelligence*. Tioga, Palo Alto CA, 1980.

[Nil86] N. J. Nilsson. Probabilistic logic. *Artificial Intelligence Journal*, 28:71–87, 1986.

[Nil89] N. J. Nilsson. Action networks. In J. Tenenberg, J. Weber und J. Allen (Hg.), *Proceedings from the Rochester Planning Workshop: From Formal Systems to Practical Systems*. University of Rochester, Computer Science, TR 284, 1989.

[NS90] B. Nebel und G. Smolka. Representation and reasoning with attributive descriptions. In K. H. Bläsius, U. Hedtstück und C.-R. Rollinger (Hg.), *Sorts and Types in Artificial Intelligence*, S. 112–139. Springer, LNCS 418, 1990.

[NS91] B. Nebel und G. Smolka. Attributive description formalisms ... and the rest of the world. In O. Herzog und C. Rollinger (Hg.), *Textunderstanding in LILOG: Integrating Computational Linguistics and Artificial Intelligence*. Springer, Berlin, 1991.

[NS92] R. Ng und V. S. Subrahmanian. Probabilistic logic programming. Unpubliziertes Manuskript, 1992.

[Ohl91] H.-J. Ohlbach. Semantics based translation methods for modal logics. *Journal of Logic and Computation*, 1(5):691–746, 1991.

[OSSF92] M. Ohki, K. Sakane, J. Sawamoto und Y. Fujii. Enhanced qualitative physical reasoning system: Qupras. *New Generation Computing*, 10(2):223–253, 1992.

[Pau89] L. Paulson. The foundation of a generic theorem prover. *Journal of Automated Reasoning*, 5:363–396, 1989.

[Pea86] J. Pearl. Fusion, propagation, and structuring in belief networks. *Artificial Intelligence Journal*, 29:241–288, 1986.

[Pea87] J. Pearl. Embracing causality in formal reasoning. In *Proceedings National Conference on Artificial Intelligence AAAI-87*, Seattle, S. 360–373, Palo Alto, 1987.

[Pea88] J. Pearl. *Probabilistic Reasoning in Intelligent Systems*. Morgan Kaufmann, Los Altos CA, 1988.

[Pei31] C. S. Peirce. *Collected Papers of C. Sanders Peirce*, Band 2. Hartshorn et al. eds., Harvard University Press, Cambridge, MA, 1931.

[Pen89] R. Penrose. *The Emperor's New Mind*. Oxford University Press, Oxford, 1989.

[Per85] D. Perlis. Languages with self-reference. *Artificial Intelligence Journal*, 25:301–322, 1985.

[Per88a] M. W. Perlin. On the computational equivalence of frames and rules. Technischer Bericht, Dept. Computer Science, Carnegie-Mellon University, Pittsburgh, 1988.

[Per88b] D. Perlis. Autocircumscription. *Artificial Intelligence Journal*, 36:223–236, 1988.

[PMG93] D. L. Poole, A.K. Mackworth und Randolph G. Goebel. *Computational Intelligence — A Logical Approach.* 1993. In Vorbereitung.

[Pne79] A. Pneuli. The temporal semantics of programs. *Theoretical Computer Science*, 13:45–60, 1979.

[Pol88] J. Pollock. Defeasible reasoning. *Cognitive Science*, 11:481–518, 1988.

[Poo87a] D. L. Poole. Defaults and conjectures: Hypothetical reasoning for explanation and prediction. Technischer Bericht CS-87-54, Faculty of Mathematics, University of Waterloo, Waterloo, Ontario, Canada, 1987.

[Poo87b] D. Poole. A THEORIST to PROLOG Compiler. Technischer Bericht, Univ. of Waterloo, 1987.

[Poo88] D. Poole. A logical framework for default reasoning. *Artificial Intelligence Journal*, 36:27–47, 1988.

[Poo89] D. Poole. What the lottery paradox tells us about default reasoning. In R. Brachmann, H. Levesque und R. Reiter (Hg.), *Proc. First Int. Conf. Principles of Knowledge Representation and Reasoning*, S. 333–340, Los Altos, 1989. Morgan Kaufmann.

[Poo93] D. L. Poole. Probabilistic Horn abduction and Bayesian networks. *Artificial Intelligence Journal*, 1993.

[Pos43] E. L. Post. Formal reductions of the general combinatorial decision problem. *American Journal of Mathematics*, 65:197–268, 1943.

[Pri57] A. N. Prior. *Time and Modality*. Oxford University Press, Oxford, 1957.

[Pri67] A. N. Prior. *Past, Present and Future*. Clarendon Press, Oxford, 1967.

[Prz89] T. Przymusinski. An algorithm to compute circumscription. *Artificial Intelligence Journal*, 38:49–73, 1989.

[Put70] H. Putnam. Is semantics possible? In H. F. Kiefer und M. K. Munitz (Hg.), *Language, Belief, and Metaphysics*, S. 50–63. Albany State University Press, Albany, NY, 1970.

[Pv90] U. Pletat und K. von Luck. Knowledge representation in LILOG. In K. H. Bläsius, U. Hedtstück und C.-R. Rollinger (Hg.), *Sorts and Types in Artificial Intelligence*, S. 140–164, Berlin, 1990. Springer.

[QI91] Z. Qian und K.B. Irani. Circumscribing defaults. In J. Mylopoulos und R. Reiter (Hg.), *IJCAI-91 — Proceedings of the Twelfth International Conference on Artificial Intelligence*, S. 436–443, San Mateo, CA, 1991. IJCAII, Morgan Kaufmann.

[Qui67] M. Ross Quillian. Word concepts: A theory and simulation of some basic semantic capabilities. *Behavioral Science*, 12:410–430, 1967.

[Rab89] A. Rabinov. A generalization of collapsible cases of circumscription. *Artificial Intelligence Journal*, 38:111–117, 1989.

[Rai82] H. Raiffa. *The Art and Science of Negotiation*. Harvard University Press, Cambridge, MA, 1982.

[Rai91] O. Raiman. Order of magnitude reasoning. *Artificial Intelligence Journal*, 51:11–38, 1991.

[RB80] N. Rescher und R. Brandom. *The Logic of Inconsistency*. Blackwell, 1980.

[RdK87] R. Reiter und J. de Kleer. Foundations of assumption-based truth maintenance systems. In *AAAI'87*, S. 183–188, Los Altos, 1987. AAAI.

[Rei77] R. Reiter. On closed world data bases. In H. Gallaire und J.-M. N. (Hg.), *Workshop on Logic and Databases*, S. 119–140. Plenum, 1977.

[Rei80] R. Reiter. A logic for default reasoning. *Artificial Intelligence Journal*, 13:81–132, 1980.

[Rei82] R. Reiter. Circumscription implies predicate completion (sometimes). In *Proceedings National Conference on Artificial Intelligence*, S. 418–420, Palo Alto, CA, 1982. American Association for Artificial Intelligence.

[Rei83] R. Reiter. Towards a logical reconstruction of relational database theory. In M. L. Brodie et al. (Hg.), *On Conceptual Modeling*, S. 191–238. Springer, Berlin, 1983.

[Rei87a] R. Reiter. Nonmonotonic reasoning. *Annual Review of Computer Science*, 2:147–186, 1987.

[Rei87b] R. Reiter. A theory of diagnosis from first principles. *Artificial Intelligence Journal*, 32:57–95, 1987.

[Rei90a] R. Reiter. On asking what a database knows. In J. W. Lloyd (Hg.), *Computational Logic*, S. 96–113, Berlin, 1990. Springer Verlag.

[Rei90b] R. Reiter. What should a database know? Technischer Bericht, Department of Computer Science, University of Toronto, Toronto, Canada, 1990.

[Rei92] R. Reiter. On formalizing database updates: Preliminary report. In A. Pirotte, C. Delobel und G. Gottlob (Hg.), *Advances in Database Technology — EDBT'92*, S. 10–20, 1992.

[RG77] R. B. Roberts und I. P. Goldstein. The FRL manual. Technischer Bericht AI Memo No. 409, MIT AI Laboratory, Cambridge MA, 1977.

[RHW86] D. E. Rumelhart, G. E. Hinton und R. J. Williams. Learning internal representations by error propagation. In D. E. Rumelhart, J. L. McClelland und the PDP Research Group (Hg.), *Parallel Distributed Processing: Explorations in the Microstructure of Cognition*. MIT Press, 1986.

[Ric78] M. M. Richter. *Logikkalküle*. Teubner Studienbücher, Stuttgart, 1978.

[Ric89] M. M. Richter. *Prinzipien der Künstlichen Intelligenz*. Teubner, Stuttgart, 1989.

[RMt86] D. E. Rumelhart, J. L. McClelland und the PDP Research Group (Hg.). *Parallel Distributed Processing: Explorations in the Microstructure of Cognition*, Band I: Foundations. MIT Press, Cambridge MA, 1986.

[Ros62] F. Rosenblatt. *Principles of Neurodynamics*. Spartan, New York NY, 1962.

[Ros78] F. Rosch. Philosophical categorization. In F. Rosch und B. B. Lloyds (Hg.), *Cognition and Categorization*. Lawrence Erlbaum Associates, New York, NY, 1978.

[RSZ79] B. Rauhut, N. Schmitz und E.-W. Zachow. *Spieltheorie — Eine Einführung in die mathematische Theorie strategischer Spiele*. Teubner, Stuttgart, 1979.

[RU71] N. Rescher und A. Urquhart. *Temporal Logic*. Springer, Wien, 1971.

[Rus23] B. Russel. Vagueness. *Australasian Journal of Psychology and Philosophy*, 1:84–92, 1923.

[Sac74] E. D. Sacerdoti. Planning in a hierarchie of abstraction spaces. *Artificial Intelligence Journal*, 5(2):115–135, 1974.

[Sac75] E. D. Sacerdoti. The nonlinear nature of plans. In *Proceedings of the International Joint Conference on Artificial Intelligence*, S. 206–214, San Mateo, CA, 1975. Morgan Kaufmann.

[San72] E. Sandewall. An approach to the frame problem and its implementation. In B. Meltzer und D. Michie (Hg.), *Machine Intelligence 7*, S. 195–204. Edinburgh University Press, 1972.

[San86] E. Sandewall. Non-monotonic inference rules for multiple inheritance with exceptions. *Proc. IEEE*, 74:1345–1353, 1986.

[Sav85] S. E. Savory. *Künstliche Intelligenz und Expertensysteme*. Oldenbourg, München, 2. Auflage, 1985.

[SBMC83] M. Stefik, D. G. Bobrow, S. Mittal und L. Conway. Knowledge programming in LOOPS: Report on an experimental course. *AI Magazine*, 4(3):3–13, 1983.

[Sch72] R. Schank. Conceptual dependency: A theory of natural language understanding. *Cognitive Psychology*, 3:552–631, 1972.

[Sch76] L. K. Schubert. Extending the expressive power of semantic networks. *Artificial Intelligence Journal*, 7(2):163–198, 1976.

[Sch87a] U. Schöning. *Logik für Informatiker*, Band 56 aus *Reihe Informatik*. BI, 1987.

[Sch87b] M. J. Schoppers. Universal plans for reactive robots in unpredictable environments. In *Proceedings of the International Joint Conference on Artificial Intelligence*, S. 1039–1046, San Mateo, 1987. Morgan Kaufmann.

[Sch89] M. J. Schoppers. *Representation and Automatic Synthesis of Reaction Plans*. Dissertation, University of Illinois, Department of Computer Science, 1989.

[Sch90] T. Schaub. Nichtmonotone Logiken und ein Default-Beweiser. Diplomarbeit, Technische Hochschule Darmstadt, Darmstadt, Germany, 1990.

[Sch91] T. Schaub. Assertional default theories: A semantical view. In J. A. Allen, R. Fikes und E. Sandewall (Hg.), *Proc. Second Int. Conf. Principles of Knowledge Representation and Reasoning*, San Mateo CA, 1991. Morgan Kaufmann.

[Sch92] T. Schaub. *Considerations on Default Logics*. Dissertation, FG Intellektik, FB Informatik, Technische Hochschule Darmstadt, 1992.

[SD90] J. Shavlik und T. Diettrich (Hg.). *Readings in Machine Learning*. Morgan Kaufmann, San Mateo, CA, 1990.

[Sei89] C. M. Seifert. Analogy and case-based reasoning. In Kristian J. Hammond (Hg.), *Proceedings: Case-Based Reasoning Workshop*, S. 125–129, San Mateo CA, 1989. DARPA, Morgan Kaufmann.

[SFH92] P. Suetens, P. Fua und A. J. Hanson. Computational strategies for object recognition. *ACM Computing Surveys*, 24(1):5–61, March 1992.

[Sha76] G. Shafer. *A Mathematical Theory of Evidence*. Princeton University Press, Princeton NJ, 1976.

[Sha83] E. Y. Shapiro. *Algorithmic Program Debugging*. An ACM Distinguished Dissertation. The MIT Press, Cambridge, Massachusetts, 1983.

[Sha86] G. Shafer. Probabilistic judgement in artificial intelligence. In L. N. Kanal und J. F. Lemmer (Hg.), *Uncertainty in Artificial Intelligence*. North-Holland, Amsterdam, 1986.

[Sha88] L. Shastri. *Semantic Networks: An Evidential Formalization and its Connectionist Realization*. Research Notes in Artificial Intelligence. Pitman, London, 1988.

[She84] J. C. Shepherdson. Negation as failure: A comparison of Clark's completed data base and Reiter's closed world assumption. *Journal for Logic Programming*, 1:51–79, 1984.

[Sho67] J. R. Shoenfield. *Mathematical Logic*. Addison–Wesley, Reading MA, 1967.

[Sho76] E. H. Shortliffe. *Computer-based medical consultation: MYCIN*. American Elsevier, New York NY, 1976.

[Sim73] R. F. Simmons. Semantic networks: Their computation and use for understanding english. In R. Schank und K. Colby (Hg.), *Computer Models of Thought and Language*, S. 63–113. Freeman, San Francisco, 1973.

[Ski38] B. F. Skinner. *The behavior of organisms: An experimental analysis*. Appleton Century Crofts, New York, 1938.

[Sla91] S. Slade. Case-based reasoning: A research paradigm. *AI Magazine*, (1):42–55, 1991.

[Slo75] A. Sloman. Afterthoughts on analogical representations. In *Proc. Theoretical Issues in Natural Language Processing*, S. 164–168, Cambridge MA, 1975.

[Slo92] A. Sloman. The emperor's real mind: review of Roger Penrose's *the emperor's new mind: concerning computers, minds and the laws of physics*. *Artificial Intelligence Journal*, 56(2–3):355–396, 1992.

[SM92] Y. Shoham und D. V. McDermott. Temporal reasoning. In S. C. Shapiro (Hg.), *Encyclopedia of Artificial Intelligence*, S. 1334–1339. J. Wiley & Sons, 1992.

[SM93] Y. Shoham und Y. Moses. Belief as defeasible knowledge. *Artificial Intelligence Journal*, 1993.

[Smi85] B. C. Smith. Prologue to "Reflection and semantics in a procedural language". In R. J. Brachman und H.J. Levesque (Hg.), *Readings in Knowledge Representation*, Kapitel 3, S. 31–40. Morgan Kaufmann, Los Altos, 1985.

[Som92] L. Sombé. *Schließen bei unsicherem Wissen in der Künstlichen Intelligenz.* Vieweg, Braunschweig, 1992.

[SR74] R. C. Schank und C. J. Rieger III. Inference and the computer understanding of natural language. *Artificial Intelligence Journal*, 5:373–412, 1974.

[ST88] J. W. Schmidt und C. Thanos (Hg.). *Foundations of Knowledge Base Management.* Springer, Berlin, 1988.

[Sta68] R. Stalnaker. A theory of conditionals. In N. Rescher (Hg.), *Studies in Logical Theory*, S. 98–112. Blackwell, Oxford, 1968.

[Ste84] G. L. Steele Jr. *COMMON LISP — The Language.* Digital Equipment Corporation, Burlington, 1984.

[Ste92] L. A. Stein. Resolving ambiguity in nonmonotonic inheritance hierarchies. *Artificial Intelligence Journal*, 55(2-3):259–310, 1992.

[Sto88] H. Stoyan (Hg.). *Begründungsverwaltung*, Berlin, 1988. Springer.

[Sto89] H. Stoyan. Wissensrepräsentation oder Programmierung? Unpubliziert, 1989.

[Sza69] M. E. Szabo (Hg.). *The collected papers of G. Gentzen.* North-Holland, Amsterdam, 1969.

[Tar36] A. Tarski. Der Wahrheitsbegriff in formalisierten Sprachen. *Studia Philosophica*, 1, 1936.

[Tat77] A. Tate. Generating project networks. In *Proceedings of the International Joint Conference on Artificial Intelligence*, S. 888–893, San Mateo, CA, 1977. Morgan Kaufmann Publishers.

[Teo90] T. J. Teorey. *Database Modeling and design.* Morgan Kaufmann, San Mateo CA, 1990.

[TH92] S. Thiébaux und J. Hertzberg. A semi-reactive planner based on a possible models action formalization. In J. Hendler (Hg.), *Artificial Intelligence Planning Systems: Proceedings of the First International Conference (AIPS92)*, S. 228–235. Morgan Kaufmann, 1992.

[THD90] A. Tate, J. Hendler und M. Drummond. A review of AI planning techniques. In J. Allen, J. Hendler und A. Tate (Hg.), *Readings in Planning*, S. 26–49. Morgan Kaufmann, 1990.

[Thi93] M. Thielscher. On prediction in Theorist. *Artificial Intelligence Journal*, 60(2):283–292, 1993.

[Tho91] R.Thomason. Logicism, AI, and common sense: J. McCarthy's program in philosophical perspective. In V. Lifshitz (Hg.), *Artificial Intelligence and Mathematical Theory of Computation — Papers in Honor of J. McCarthy*, S. 449–466. Academic Press, Boston, 1991.

[Tou86] D. S. Touretzky. *The Mathematics of Inheritance Systems*. Research Notes in Artificial Intelligence. Pitman and Morgan Kaufmann, London, 1986.

[Tru91] M. Truszczyński. Modal interpretations of default logic. In J. Mylopoulos und R. Reiter (Hg.), *IJCAI-91 — Proceedings of the Twelfth International Conference on Artificial Intelligence*, S. 393–398, San Mateo, CA, 1991. IJCAII, Morgan Kaufmann.

[Val84] L. G. Valiant. A theory of the learnable. *Communications of the ACM*, 27(11):1134–1142, 1984.

[vB91] J. van Benthem. *The Logic of Time: A Model-Theoretic Investigation into the Varieties of Temporal Ontology and Temporal Discourse*. Kluwer, 2. Auflage, 1991.

[Voo91] F. Voorbraak. On the justification of Dempster's rule of combination. *Artificial Intelligence Journal*, 48(2):171–197, 1991.

[vRS91] A. van Gelder, K. Ross und J. S. Schlipf. The well-founded semantics for general logic programs. *JACM*, 38:620–650, 1991.

[Wag91] G. Wagner. Ex contradictione nihil sequitur. In J. Mylopoulos und R. Reiter (Hg.), *IJCAI-91 — Proceedings of the Twelfth International Conference on Artificial Intelligence*, S. 538–543, San Mateo, CA, 1991. IJCAII, Morgan Kaufmann.

[Wal87] C. Walther. *A Many-Sorted Calculus Based on Resolution and Paramodulation*. Pitman, London, 1987.

[Wal90] L. A. Wallen. *Automated Deduction in Non-Classical Logics*. MIT Press, Cambridge, Mass., 1990.

[War74] D. H. D. Warren. WARPLAN: A system for generating plans. Memo 76, Univ. of Edinburgh, School of Artificial Intelligence, Department of Computational Logic, Edinburgh, UK, 1974.

[Wed90] *Readings in Qualitative Reasoning about Physical Systems*. Morgan Kaufmann, San Mateo, CA, 1990.

[Wey80] R. W. Weyhrauch. Prolegomena to theory of mechanized formal reasoning. *Artificial Intelligence Journal*, 13(1,2):133–170, 1980. Auch in [BL85], Kapitel 16, pp. 309–328.

[Wil87] R. Wille. Bedeutungen von Begriffsverbänden. In B. Ganter, R. Wille und K. E. Wolff (Hg.), *Beiträge zur Begriffsanalyse*, S. 161–211. Bibliographisches Institut, Mannheim, 1987.

[Wil88] D. E. Wilkins. *Practical Planning: Extending the classical AI planning paradigm*. Morgan Kaufmann Publishers Inc., San Mateo, CA, 1988.

[Wit58] L. Wittgenstein. *Philosophische Untersuchungen*, Band I aus *Schriften*. Suhrkamp, 2. Auflage, 1958.

[WK84] S. M. Weiss und C. A. Kulikowski. *A Practical Guide to Designing Expert Systems*. Rowman & Allanheld, Totowa, NJ, 1984.

[Woo75] W. A. Woods. What's in a link: Foundations for semantic networks. In D. G. Bobrow und A. M. Collins (Hg.), *Representation and Understanding: Studies in Cognitive Science*, S. 35–82. Academic Press, New York NY, 1975.

[Zad75] L. Zadeh. The concept of a linguistic variable and its application to approximate reasoning I — III. *Information Sciences*, 8:199–250, 301–357, 1975.

[Zad78] L. Zadeh. PRUF — A meaning representation language for natural languages. *Intern. Journal for Man-Machine Studies*, 10:395–460, 1978.

[Zim85] H. J. Zimmermann. *Fuzzy Set Theory — and Its Applications*. Kluwer, Boston, 1985.

[Zus59] K. Zuse. Über den plankalkül. *Elektronische Rechenanlagen*, 1(2), 1959.

[Zus70] K. Zuse. *Der Computer mein Lebenswerk*. moderne industrie, München, 1970.

[Zus49] K. Zuse. Über den Plankalkül als Mittel zur Formulierung schematisch kombinativer Aufgaben. *Archiv der Mathematik*, 1(6), 1948/49.

Liste der Symbole

$\vdash$	Inferenzrelation	18, 113
ι	ι-Operator	42
λ	λ-Operator	42
$\mathcal{I}$	Interpretation	65, 118, 173
$.^{\mathcal{I}}$	Interpretationsfunktion	65
$\preceq_T$	Subsumtionsrelation einer Terminologie	66
$\models_{\mathcal{I}}$	Gültigkeit unter Interpretation I	68
$\uparrow$	Attributsmerkmal	77
p	Potential	83
$f(p, \mathbf{i})$	Aktivierungsfunktion	83
$g(p, \mathbf{i})$	Ausgabefunktion	84
δ_i	Fehlerrate	91
$\Box$	Notwendigkeitsoperator	100
$\Diamond$	Möglichkeitsoperator	101
R	Erreichbarkeitsrelation	101
$\mathcal{W}$	Weltenmenge	101
w_0	aktuelle Welt	101
ι	Interpretationsfunktion	101, 253
K	modallogisches System	103, 196
T	modallogisches System	103, 196
S4	modallogisches System	103, 196
S5	modallogisches System	103, 196
$\models$	Folgerungsrelation	113
$\mathcal{T}(W)$	Theorie	113
$\mathcal{T}_{\text{AWA}}$	Theorie unter AWA	115
$\mathcal{T}_{\models_a}$	Theorie unter AWA	116
$\models_a$	Folgerungsrelation unter AWA	116
$\preceq_P$	Untermodellrelation	118
$V_{W;P}$	Vervollständigungsformel	122
$\mathcal{T}_p$	Theorie unter Prädikatsvervollständigung	122
$P \leq Q$	$\forall x (Px \to Qx)$	126
$Z[W;P]$	Zirkumskriptionsformel	126, 130
$\mathcal{T}_z$	Theorie unter Zirkumskription	127
$Z[W;P;X]$	Zirkumskriptionsformel	130, 133
$falsum$	falsum	131
$Z^*[W;P;X]$	punktweise Zirkumskription	134
S	Szenario	137
$\mathcal{E}$	Extension	137, 143, 152, 153
Δ	Ermangelungstheorie	142
$\mathcal{K}$	Kripkestrukturmenge	147
$\mathfrak{M}_F$	Kripkemodellmenge	147
M	Modaloperator	152
L	Modaloperator	153

N	Delgrandes konditionale Logik	157
$St(W_a)$	Struktur	160
γ_P	ATMS-, TMS-Knoten	170, 171
$\mathcal{B}$	Begründungsmenge	173
K	Wissensoperator	193, 202
B	Glaubensoperator	193, 209
KD45	modallogisches System	196
$Mod(W)$	Modellmenge von W	206
$\approx$	modallogische Folgerungsrelation	206
not	Negation als Mißerfolg	209, 212
$\mathcal{K}$	Begriffsbasismenge	226
B^+	positive Beobachtungen	227
B^-	negative Beobachtungen	227
Ω	Ereignisraum	238
w	Wahrscheinlichkeitsmaß	240
$w(E_2 \mid E_1)$	bedingte Wahrscheinlichkeit	240
$o(E)$	Chance	241
μ	Zugehörigkeitsfunktion	258
$\circ$	Aussagenverknüpfungsoperator	280
$\otimes$	ressourcensensitive Konjunktion	284

Index

A

Abduktion 165, 183, 186, 214
abduktiver Rahmen 217
abduktives Schließen 18, 136, 214, 219
abduzibler Satz 216
abgeschlossene Ermangelungstheorie 328
abgeschlossene Regel 140
abgeschlossene Theorie 140
Abhängigkeit
    funktionale ~ 33
    konzeptuelle ~ 35
abhängigkeitsgesteuerter Rücksetzalgor. . . . 172
Abhängigkeitsnetz 169
Ableitung 193
Abnormalitätsprädikat 115, 121, 325
ABox 74
Abschluß, All~ 119
Abschwächung 281
Abschwächungsregel 271
ABSTRIPS 283
Adaption 231
AE–Logik 174
Ähnlichkeit 311
Äquivalenz 107
Agre, P. 285
a kind of 45
AKO–Kante 45
Akteur, idealer rationaler ~ 151
Aktion 326
Aktionsausführung 78
Aktionsnetz 285
Aktionspotential 81
Aktivierungsfunktion 83, 88, 321
aktuelle Welt 99, 143, 191
akzeptables Begriffsbildungsproblem 224
Algebra 235
algebraischer Formalismus 14
Allabschluß 39, 119
Allquantifizierung 119
Allwissenheit 187, 192
Amalgamierung 195
analoge Repräsentation 104
analoges Schließen 18
Analogie 186, 231
    ~schließen 214, 230
    ~vergleich 45
    Lernen durch ~ 229
angehängte Prozedur 43, 73, 75
Annahme
    ~ der Namenseindeutigkeit 118

~ der Weltabgeschlossenheit . . 112, 113, 122, 139, 175, 324
~ der Weltoffenheit 113
erweiterte ~ der Weltabgeschlossenheit . . 118
Ansatz, Poolescher ~ 327
a posteriori Chance 238
Apparat
    sensorischer ~ 300
    zerebraler ~ 300
a priori Chance 238
Arbeitsspeicher 76
Argument, Vektor~ 124
Aristoteles 183, 220, 312
Arithmetik, Intervall~ 298
Aspekt
    implementatorischer ~ 44
    kognitiver ~ von Konzeptrahmen 44
    repräsentatorischer ~ 44
Assoziation 24
Assoziationseinheit 84
assoziativer Speicher 85, 322
assoziatives Netz 14, 30, 33, 36, 42, 45, 69, 315, 316
assoziierte Kripke-Modellklasse 145
asynchrones Modell 83
ATMS 75, 167
atomare
    ~ Aussage 48
    ~ Grundaussage 22, 23
Attribut 38, 69, 76, 337
Auffinden von Wissen 15
aufspannende Ereignismenge 237
aufspannende Paarung 28, 215
ausführbare Regel 78
Ausgabe 83
    ~einheit 88
    ~funktion 83, 88, 321
    logistische ~ 90
Ausgang 87
Aussage 23, 48, 69, 337
    ~diagramm in verkürster Form 31
    ~knoten 31
    atomare ~ 48
    generische ~ 45, 48
    Meta~ 188
    negative ~ 48
    positive ~ 48
    widersprüchliche ~n 48
Aussagenlogik, Sprache der ~ 23
aussagenlogische Operation 255

aussagenlogische Verknüpfung 23
Außenwelt 300
Auswendiglernen 229
autoepistemische Logik . 18, **150**, 152, 171, 329
autoepistemisches Schließen 174
Automatentheorie 313
AWA 118, 139
   hierarchische ~ 118
   partielle ~ 118
   schrittweise ~ 118
Axiom
   Brower ~ 330
   Distributions~ 192
   Distributivitäts~ 102
   Komprehensions~ 195
   Kulissen~ 273, 333
   Notwendigkeits~ 102, 192
   Rahmen~ 273
   separables ~ 326
   terminologisches ~ 62, **63**
   Vertrauens~ 193
   Wissens~ 192
Axiome der Gleichheit 278
Axon 81
azyklische Gleichungsterminologie 319
azyklische Terminologie 63

B

BABYLON 75, 107
BACK 74
backpropagation 90
Basisvariable 254
Basiswahrscheinlichkeit 331
Basiswahrscheinlichkeitszuweisungen 239
Baum
   Oder-~ 320
   Treffermengen~ 265
Bayes, T. 237
Bayessche Inversionsformel 237
Bayessches Theorem 237
Bedeutung 20, 22
bedingte Ermangelungslogik 148, 149
bedingte Wahrscheinlichkeit 237
Bedingung, Integritäts~ 204
Bedingungsnetz 95
Bedingungsprüfung 78
Begriff 337
Begriffsbildung 224
Begriffsbildungsproblem 224
   akzeptables ~ 224
Begriffsverband **97**, 224
Begründung 165, 168, 170

Begründungsmenge
   fundierte ~ 170, 171
   stabile ~ 171
Begründungsverwaltungssystem ... 18, **164**, 165
   annahmebasiertes ~ 168
Beispiel
   Lernen aus ~en 229
Beobachtung 218, 260
   Lernen aus ~ 229
   negative ~ 218, 224
   positive ~ 218, 224
Bereichsabgeschlossenheit 148, 198
Bereichsdiagramm 297
beschränkter Wert 87
Beschränkung 72, 73
Beschreibung 39, 42, **69**, 69
   Konzept~ **63**, 318
   vage ~ 104
   Welt~ 66, 318, 328
Beweis, linearer ~ 274
Beweiser 282
beweistheoretisch 312
bewußtes Ich 300
Bewußtmachung 302
Bewußtsein 302, 306
Bewußtseinstranszendenz 300
Bild 14, 21
   ~verstehen 21
biologische Modelltreue 86
BLOCKHEAD 285
Boolesche Schaltungsfunktion 167
bottom-up 50
Breitensuche 320
Brentano, F. 306
Brewka, G. 148
Brooks, R.A. 312
Brower Axiom 330
BVS 164, 166

C

Carnap, R. 312
case structure 35
Chance 238
   a posteriori ~ 238
   a priori ~ 238
Chancenverteilung 249
Chapman, D. 285
charakeristische Relation 224
Charakterisierung, existentiell konjunktive ~ 224
CLOS 75
closed world assumption 67, 113
conceptual dependency representation 35

Index

constraint satisfaction 168

D

Dämon 43, 73, 75
Darstellung
   Datenstruktur zur ˜ von Formeln 24
   exhaustive ˜ 311
   gaG-˜ 24, 33, 314
   lineare ˜ von Formeln 23
   mentale ˜ 20
Datenbank 93, 112, 195
   ˜formalismus 14
   deduktive ˜ 95
datengesteuerte Programmierung 81
Datenstruktur 38
   ˜ zur Darstellung von Formeln 24
de Kleer, J. 168
Deduktion 27, 112, **183**, 186, 214
Deduktionsformalismen
   markierte ˜ 102
Deduktionsregelumkehrung 221, 222
Deduktionstheorem 165
deduktive Datenbank 95
deduktive Wissensbasis 196
deduktives Schließen 219
default logic 138
default rule 140
Definierbarkeit, implizite ˜ 127
definiertes Konzept 40, 70, 319
Definitionsmechanismus 58
Delgrande, J.P. 148, 154
Delta-Regel 89, 322
   verallgemeinerte ˜ 90
Dempster-Shafer 233, 239, 241
Dendrit 81
Denken 303
dependency-directed backtracking 172
Descartes, R. 305
Deskription 337
Deskriptor 38
Diagnose 186, 257, 297
   ˜ aus Grundprinzipien 258
   ˜ technischer Systeme 18
   ˜problem 260
   Einer˜ 267
Diagnostik 231
Differentialgleichung 297
differenzierbare Funktion 88
Differenzierung 72, 73
Disjunktion, inklusive ˜ 134
diskreter Wert 87
diskriminierende Relation 224
Distributionsaxiom 192

Distributivitätsaxiom 102
DOMINO-EXPERT 74
Doyle, J. 150, 152
Dreyfuss, H. 307
dynamische Logik 102

E

Ebene
   ˜ des Experten 15
   ˜ des Programmierers 15
   ˜ des Systemingenieurs 15
   ˜ des Wissensingenieurs 15
   epistemologische ˜ 15, 44, 69
   erkenntnistheoretische ˜ 15
   Implementierungs˜ 15
   innere ˜ 86
   konzeptuelle ˜ 15
   linguistische ˜ 15
   logische ˜ 15
   Maschinen˜ 15
   Meta˜ 188, 193
   Objekt˜ 188
   Repräsentations˜ 15
   Symbol˜ 15
   versteckte ˜ 86
Effektor 300
Eigenschaft 38, 63
   Monotonie˜ 111
Einerdiagnose 267
Einfügen 34
Eingabe
   ˜einheit 88
   gewichtete ˜ 81
Eingang 87
Einheit 87
   Ausgabe˜ 88
   Eingabe˜ 88
   interne ˜ 88
   lineare ˜ 322
   neuronale ˜ 81
   Schwellenwert˜ 83, 88
   versteckte ˜ 88
Einschränkung 135, 217
Einstellung, propositionale ˜ 188, 190
Eintrag 38
Elementbeziehung 45
E-Logik 174
Eltern 244
EMYCIN 74
Energiefunktion 322
   lokales Minimum einer ˜ 322
Entfernen 34

Entfernen von Wissen 15
Entity Relationship Modell 94
entscheidbar 179
    semi-˜ 179
Entscheidungsbaum, Lernen eines ˜s 229
Entscheidungstheorie 185, 247
Entwicklung 297
epistemischer Modaloperator 199
epistemologische Ebene 15, 44, 69
Ereignis
    ˜raum 235
    mentales ˜ 305
    unabhängiges ˜ 237
Ereignismenge 235
    aufspannende ˜ 237
    unabhängige ˜ 237
Erfüllbarkeit 180
    ˜ eines Weltaxioms 66
Erfüllung von Randbedingungen 168
erkenntnistheoretische Ebene 15
erklärbare Formel 327
Erklärung 110, **135**, 138
erlaubter negativer Pfad 53
erlaubter Pfad 49, 53, 60
erlaubter positiver Pfad 53
Ermangelungslogik .18, 114, 138, 148, 152, 159, 170, 210
    bedingte ˜ 148, 149
    kumulative ˜ 148, 149
Ermangelungsregel 135, **140**, 169, 330
Ermangelungsschließen 45, 135, 173
    ˜ durch Theoriebildung 217
Ermangelungstheorie .. 140, 141, 145, 147, 328
    abgeschlossene ˜ 328
    monotone ˜ 328
    normale ˜ 328
Ermöglichen 49
erregende Synapse 81
Erreichbarkeitsrelation 99, 143, 191, 323
    euklidische ˜ 101, 330
    reflexive ˜ 101, 192, 323
    serielle ˜ 101, 323, 330
    symmetrische ˜ 101, 323, 330
    transitive ˜ 101, 192, 330
erweiterte Annahme der Weltabgeschlossenheit 118
Erweiterung 138
Etherington, D. 147
euklidische Erreichbarkeitsrelation 101, 330
Euklidizität 192
Evidenz 239
EXCEPT 173
exhaustive Darstellung 311

Existentialismus 303
existentiell konjunktive Charakterisierung ..224
Existenzphilosophie 307
Experiment 226
experimentelles Lernen 228
Expertensystem 232
    zweite Generation von ˜en 297
Extension .. 115, **135**, 137, 141, **141**, 147, 150, 151, 337
    ˜ des Netzes 49
    Übergangsgraph einer ˜ 141
Extensionsdiskrepanz 251, 256
Extensionsunschärfe 252, 256

F

Facette **38**, 43
Fach 38
Faktum 135
fallbasiertes Schließen 18, 214, 230
Fallbasis 231
Faustregel 135, 140
Fehler 322
    ˜rate 89
Feuern 79, 83
Fikes, R.E. 279
filler 38
fließender Leistungsabfall 297
Fluent 271
    propositionales ˜ 271
    Situations˜ 271, 277
Folgerung 140
    logische ˜ aus einer Terminologie 65
Form
    kognitive ˜ des Wissens 302
    separable ˜ 325
formales logisches System 324
Formalismus, kanonischer ˜ 17
Formel 23, 27
    Datenstruktur zur Darstellung von ˜n ... 24
    erklärbare ˜ 327
    geschlossene ˜ 23
    gültige ˜ 28
    Horn˜ 27, 117
    Interpretation erfüllt eine ˜ 65
    lineare Darstellung von ˜n 23
    logische ˜ 29, 33, 314
    separable ˜ **126**, 127
    solitäre ˜ 125, 325
    variable Zirkumskriptions˜ 327
    Vervollständigungs˜ 120
    Zirkumskriptions˜ **124**, 125, 327
Formeleinschränkung 221, 223

Formular 44, 73
frame 38
Frege, G. 22, 195, 312
Fregesche Repräsentation 22, 23
freier Wille 306
FRL 74
Füllsel 38, 64, 72
fundierte Begründungsmenge 170, 171
Funktion
    Aktivierungs˜ 321
    Ausgabe˜ 321
    differenzierbare ˜ 88
    Energie˜ 322
    sigmoide ˜ 88
    stochastische ˜ 88
    stufenartige ˜ 88
    Zugehörigkeits˜ 254
funktionale Abhängigkeit 33
funktionale Sprache 14
Funktionszeichen 23, 24

G

Gabbay, D. 102
gaG 244, 263, 332
gaG-Darstellung 24, 33, 314
Galileo Galilei 214
Geben–Ereignis 33
Gebilde, plastisches ˜ 21
Geffner, H. 159
Gelfond, M. 118
gemeinsame Wahrscheinlichkeitsverteilung . 242
generalisierte Annahme der Weltabgeschlossen-
    heit 118
Generalisierung, speziellste ˜ 222
generische Aussage 45, 48
generisches Konzept 39, 70
Gentzen, G. 139, 169
Gentzen-Hilbert-Kalkül 194
Gentzen-Kalkül des natürlichen Schließens . 281
Georgeff, M.P. 285
gerichteter azyklischer Graph 244, 263, 314
Gesamtüberzeugung 240
geschlossene Formel 23
Gesellschaftstheorie 186
Gesetz, Trägheits˜ 273
Gestalt 302
    ˜psychologie 34
Gewicht 86
gewichtete Eingabe 81
Girard, J.-Y. 281
Glauben 188, 190, 303
Gleichheit

Axiome der ˜ 278
    Hornlogik mit ˜ 280
Gleichungsterminologie 319
    azyklische ˜ 319
Gleichungstheorie 277
Gödelscher Satz 306
Gold, E.M. 220
Gradientenverfahren 86
Grammatik, Lernen von ˜en 229
Graph
    gerichteter azyklischer ˜ ...24, 244, 263, 314
    Lernen von ˜en 229
    Treffermengen˜ 263
Graphik 14
Grundaussage 23
    atomare ˜ 22, 23
Grundgesamtheit 235, 239
Grundprinzipien, Diagnose aus ˜ 258
Grundterm 23
Gruppierungsrelation 94
gültige Formel 28

H

Hashing 34
Hauptkörper 81
Hayes, P. 271, 278
Hebbsche Regel 89
Heidegger, M. 307
hemmende Synapse 81
Herbrand
    ˜interpretation 201
    ˜modell 117
    ˜universum 201
Hierarchie, taxonomische ˜ 94
hierarchische AWA 118
hierarchische Taxonomie 98
hierarchisches Programm 123
Hintergrundwissen 218
Hinzufügen von Wissen 15
Hopfield-Netz 322
Hornformel 27, 117
Hornklausel
    ˜form 40
    ˜programm 323
    ˜theorie 40
Hornlogik 14, 247, 274, 277
    ˜ mit Gleichheit 280
Humes Problem 306
hybrides System 74
Hypothese
    ˜ zur Rolle der Logik 106
    induktive ˜ 219

mögliche ~ 135
  Wissensrepräsentations~ 110
hypothetisches Schließen 213, 297

I

idealer rationaler Akteur 151
idealistische These 300
Idempotenz 279
Identifikation im Limes 220
Identitätsfunktion 88
Identitätsthese 305
implementatorischer Aspekt 44
Implementierungsebene 15
implizite Definierbarkeit 127
Indifferenz, Prinzip der ~ 235
individuelles Konzept 39, 40, 72
Individuum 31
Induktion 183, 186
  summative ~ 220
induktive Hypothese 219
induktive Inferenz 226
induktive Konzeptbildung 221
induktive Logikprogrammierung 229
induktive Problemstellung 224
induktives Problem 219
induktives Schließen 18, 213, 219
Inferenz 16, 110, 112, 182
  induktive ~ 226
  Meta~ 18
  Minimal~ 175
Informatik 337
inhaltsadressierbarer Speicher 86
inheritance system 45
inklusionsminimales Modell 171
Inkonsistenz 328
inlist 169
Innenwelt 300
innere Ebene 86
Instantiierung 69
Instanz 28
  ~ eines Konzeptes 67
Integritätsbedingung 204
Intellekt 299
Intellektik 13, 299, 308, 337
Intellektiker 19
Intelligenz 110, 304, 306, 308
  künstliche ~ 13, 304
  repräsentationslose ~ 19, 312
Intention 303, 306, 337
interne Einheit 88
Interpretation 22, 23, 63, 142, 183, 249
  ~ erfüllt eine Formel 65

funktionale ~ zweistelliger Prädikate 34
Herbrand~ 201
natürliche ~ 314
prozedurale ~ 13
semantische ~ 13
Interpretationsbereich 63
Intervall, Plausibilitäts~ 331
Intervallarithmetik 298
Introspektion 152
  negative ~ 102, 192, 330
  positive ~ 102, 192, 193, 330
Intuition
  leichtgläubige ~ 48
  skeptische ~ 48
Inversionsformel, Bayessche ~ 237
IS-A-Kante 45
IS-A-Relation 94
isoliertes Ich 300

J

Jackson, P. 148
Jurisprudenz 231
justification 170

K

Kalkül 193
  ~ des natürlichen Schließens 169
  ~regel 139
  Gentzen-Hilbert~ 194
  Gentzen-~ des natürlichen Schließens ... 281
  Logik-~ 324
kanonische Struktur 157
kanonischer Formalismus 17
kanonischer Referenzformalismus 12
Kante
  AKO-~ 45
  IS-A-~ 45
  negative ~ 48
  positive ~ 48
  strukturelle ~ 35
  superC-~ 45
Kasus 35
  ~struktur 35
kategoriales Wissen 232
Kategorien 98
kausales Netz 233, 234, 241, 244, 246, 332
KEE 75
Kind 244
Kinematik 297
Klasse
  assoziierte Kripke-Modell~ 145
  präferierte Kripke-Modell~ 146

Index

Klassifikation 65, 73
Klassifikationsproblem 321
Klassifizierung 73
klassische Konditionierung 228
Klausel 26
  ~logik 14
  ~verwaltungssystem 166
  solitäre ~ 125, 126
  solitäre ~menge 119, 134
kleinstes Modell 116
Klötzchenwelt 76
K-Logik 174
KL-ONE 40, 69, 94, 319
Knoten 168
Körper-Term 249
Körper-Variable 249
Kognitionswissenschaft 13
kognitive Form des Wissens 302
kognitive Reduktion 302, 303
kognitiver Aspekt von Konzeptrahmen 44
Kollabieren 126
Kombination
  parallele ~ 234, 240
  serielle ~ 234
kombinierte Plausibilitätsfunktion 241
kombinierte Überzeugungsfunktion 241
Kommentar 43
Kompaktheitssatz 137, 180
komplementäre Konnektion 263
komplementäres Paar von Literalen 28
Komplexität 179
Komponente 258
Komprehensionsaxiom 195
konditionale Konsequenz 163
konditionale Logik 18, 153, 154, 159
konditionales Schließen 159, 159
Konditionalsatz 154
konditionierter Reflex 228
Konditionierung
  klassische ~ 228
  operante ~ 228
Konfiguration 309
Konfliktlösungsstrategie 79
Konfliktmenge 78, 262, 320
  minimale ~ 262, 263
Konjunktion, nicht-idempotente ~ 277
Konnektion 28, 215, 263
  aufspannende Paarung von ~en 215
  komplementäre ~ 263
konnektionistisches Modell 87
Konnektionsbeweis 273
Konnektionsmethode 27, 111, 164, 315
  lineare ~ 274, 280

Standardsemantik für die ~ 282
Konsequenz
  präferierte ~ 161
  konditionale ~ 163
Konsistenz 117, 120, 127, 176, 180
  ~ in Netzen 54
konsistenzbasiert 175
Konstantenzeichen 22, 23, 24
Konstruktor, Mengen~ 218
Kontext 168
kontinuierlicher Wert 87
Konvergenz im Limes 220
Konvergenztheorem 85, 90
Konzept 39, 63, 69, 69, 76, 337
  ~beschreibung 63, 318
  definiertes ~ 40, 70, 319
  generisches ~ 39, 70
  individuelles ~ 39, 40, 72
  Instanz eines ~s 67
  Menge der spezifischsten ~e 68
  prädikatives ~ 31
  primitives ~ 40, 70, 319
Konzeptbildung, induktive ~ 221
Konzeptknoten 31, 69
  Markierung von ~ 31
Konzeptrahmen 14, 36, 38, 38, 41, 69, 72
  kognitiver Aspekt von ~ 44
  Lernen von ~ 229
konzeptuelle Ebene 15
konzeptuelle Präferenz 223
korrekte Nietenstrategie 172
Korrektheit, wahrscheinliche, approximative ~ 221
Kripke
  ~-Modell 144
  ~modell 101, 143
  ~semantik 191
  ~struktur 99, 145, 330
  assoziierte ~-Modellklasse 145
  präferierte ~-Modellklasse 146
kriterialer Schluß 39
KRL 44, 74, 98
KRYPTON 74, 107
Künstliche Intelligenz 13, 304
Kürzung 281
Kürzungsregel 271
Kulissenaxiom 273, 333
Kulissenproblem 269
kumulative Ermangelungslogik 148, 149
Kumulativität 55, 149

L

λ-Ausdruck 69, 98

λ-Mechanismus 58
Länge eines Pfades 49
Lansky, A.L. 285
Lavoisier, A.L. 219, 223
Leib-Seele-Problem 299, 305
Leibniz, G.W. 312
leichtgläubige Intuition 48
Leistungsabfall, fließender ~ 297
Lemmata 73
Lernen 88, 214, 218, 227–229, 231
Lernfähigkeit 86
Lernparadigma 220
Lernrate 89
Lernregel 83
Levesque, H.J. 201
Lifschitz, V. 149, 206, 280
LILOG 75
Limes, Identifikation im ~ 220
lineare Einheit 322
lineare Konnektionsmethode 274, 280
lineare Logik 154, 271, 274, 281
linearer Beweis 274
Linguistik 14
linguistische Ebene 15
linguistische Variable 254
LISP 105
Literal 26
    komplementäres Paar von ~en 28
Logik 14, 17
    ~ der Wahrscheinlichkeit 247
    ~ des Wissens 191
    ~ erster Stufe 14
    ~ höherer Stufe 14, 98, 283
    ~ zweiter Stufe 125
    ~-Kalkül 324
    ~bücher 17
    ~formalismus 17
    ~programmierung 217
    AE-~ 174
    autoepistemische ~ . . . 18, 150, 152, 171, 329
    bedingte Ermangelungs~ 148, 149
    dynamische ~ 102
    E-~ 174
    Ermangelungs~ . 18, 114, 138, 148, 152, 159, 170, 210
    Horn~ 14, 247, 274, 277
    Horn~ mit Gleichheit 280
    Hypothese zur Rolle der ~ 106
    induktive ~programmierung 229
    K-~ 174
    Klausel~ 14
    konditionale ~ 18, 153, 154, 159
    kumulative Ermangelungs~ 148, 149
    lineare ~ 154, 271, 274, 281
    mehrwertige ~ 252
    Modal~ 14, 99, 191, 250, 323
    nichtmonotone ~ 150
    parakonsistente ~ 164
    Prädikaten~ höherer Stufe 190
    Relevanz~ 154, 163
    Sorten~ 97
    Sorten~ mit Ordnung 98
    Standardsemantik für die lineare ~ 282
    terminologische ~ 155
    These von der syntaktischen Natur der ~ 183
    Typen~ 98
    Unentscheidbarkeit der Prädikaten~ 115
    unscharfe ~ 252
    vage ~ 14
    Wissens~ 330
Logik N 154
logische Ebene 15
logische Folgerung aus einer Terminologie . . . 65
logische Formel 29, 33, 314
logische Minimierung 124
logische Programmierung 275
logische Sprache 14
logistische Ausgabefunktion 90
Logizismus 312
lokale Repräsentation 90
lokale Wissensrepräsentation 93
lokales Minimum 86
    ~ einer Energiefunktion 322
LOOPS 75
LUIGI 75
Lukaszewicz, W. 148

M

markierte Deduktionsformalismen 102
Markierung 168
    ~ von Konzeptknoten 31
Maschine, semantische ~ 12, 23
Maschinenebene 15
Masseron, M. 281
massiv parallel 86
Mathematik 30
Matrix 26, 26, 27, 215, 315
maximales Szenario 135
McCarthy, J. 109, 268, 271, 273, 278, 312
McDermott, D. 150, 152
Medium 309
mehrwertige Logik 252
Menge
    ~ der spezifischsten Konzepte 68
    Ereignis~ 235

Index

fundierte Begründungs˜ 170, 171
Konflikt˜ **262**, 320
minimale Konflikt˜ 262, 263
minimale Treffer˜ 262
Multi˜ 279, 280
Multi˜nvereinigung 281
solitäre Klausel˜ 119, 134
stabile Begründungs˜ 171
Treffer˜ 262, 263
unscharfe ˜ 254
mengenbasiertes Planungssystem 283
Mengenkonstruktor 218
menschliches Nervensystem 81
mentale Darstellung 20
mentales Ereignis 305
Merkmal 38
Metaaussage 188
Metaebene 188, 193
Metainferenz 18
Metaphysik 300, 307
Metaprädikat 188
Metaschließen 187
Metawissen 114, 188
Methode 75
Mißerfolg, Negation als ˜ 121, 122, 171, 210
minimale Konfliktmenge 262, 263
minimale Stütze **166**, 167
minimale Treffermenge 262
minimaler gaG 24
minimales Modell 116, 324
Minimalinferenz 175
Minimierung 175
  logische ˜ 124
Minimum, lokales ˜ 86
Minker, J. 118
modaler Operator 190
Modallogik 14, **99**, 191, 250, 323
  ˜ Schwaches S4 101
  ˜ Schwaches S5 101
  ˜ K 101
  ˜ S4 .... 101, 323
  ˜ S5 101
  ˜ T 101
  Semantik der ˜ 99
Modaloperator, epistemischer ˜ 199
Modell 116, 141, 143, 202, 208
  ˜ einer Terminologie 65
  ˜ einer Weltbeschreibung 66
  ˜ einer Weltbeschreibung und einer Terminologie 66
  ˜ eines physikalischen Systems 298
  ˜maximierung 221, 223
  ˜minimierung 134

assoziierte Kripke˜klasse 145
asynchrones ˜ 83
biologische ˜treue 86
Entity Relationship ˜ 94
Herbrand˜ 117
inklusionsminimales ˜ 171
kleinstes ˜ 116
konnektionistisches ˜ 87
Kripke-˜ 144
Kripke˜ **101**, 143
minimales ˜ 116, 324
neuronales ˜ 83
paralleles, verteiltes Prozessor˜ 87
präferierte Kripke-˜klasse 146
PVP-˜ 87
synchrones ˜ 83
Unter˜ 116
Modellmenge
  ˜ mit Prioritäten 162
  präferierte, zuverlässige ˜ 161, 162
  präferierte ˜ 161
Modellstruktur, präferierte ˜ mit Prioritäten 162
modelltheoretisch 312
Modifikator 255
modus ponens 194, 256
mögliche Hypothese 135
mögliche Welt 99, 143, 191, 250
Möglichkeitsoperator 140
monotone Ermangelungstheorie 328
Monotonie 54
  ˜eigenschaft 111
  Nicht˜ 54, 109, 111, 182
Montague, R. 312
Moore, R.C. 150, 329
m-stelliger Wahrscheinlichkeitsraum 242
Multimenge 279, 280
  ˜nvereinigung 281
multiple Vererbung 46
Musik 21
Musterung 78, 79
MYCIN 76, 233, 247, 257

N

Nachfahre 244
Nachricht 75
Name 31
Namenseindeutigkeit 148, 198
  Annahme der ˜ 118
Namensfacette 38, 76
natürliche Art 312
natürliche Interpretation 314
natürliche Sprache 14, 20, 22

natürliche Zahl 127
natürlichsprachlicher Quantor 104
natürlichsprachlicher Satz 29
Negation als Mißerfolg .. 18, 121, 122, 171, 210, 217
negation as failure 171
negative Aussage 48
negative Beobachtung 218, 224
negative Introspektion 102, 192, 330
negative Kante 48
negativer Pfad 49
Nervensystem, menschliches ~ 81
NETL 75
Netz 244, 321, 322
   Abhängigkeits~ 169
   Aktions~ 285
   assoziatives ~ 14, 30, 33, 36, 42, 45, 69, 315, 316
   Bedingungs~ 95
   Extension des ~es 49
   Hopfield-~ 322
   kausales ~ 233, 234, 241, 244, 246, 332
   KL-ONE ~ 319
   Konsistenz in ~en 54
   neuronales ~ 14, 81
   Pfad eines ~es 48
   semantisches ~ 30
   Sherlock Holmes ~ 331
   synchrones ~ 321
   taxonomisches ~ 70, 71
   Touretzky-~ 317
   Vererbungs~ 121, 124, 134, 318
   WTA-~ 91
   Zustand eines ~es 322
   zweistufiges ~ 322
   zyklenfreies ~ 322
Netzstück, atomares ~ 31
Netzwerk .... *siehe* Netz
Neurologie 81
Neuron 81
neuronale Einheit 81
neuronales Modell 83
neuronales Netz 14, 81
Neutralisierungsprinzip 51, 52
nicht-idempotente Konjunktion 277
nichtmonotone Logik 150
nichtmonotones Schließen 18, 111
Nichtmonotonie 54, 109, 111, 182
Niete 172
Nietenstrategie 172
   korrekte ~ 172
Nilsson, N.J. 279, 285
Nixon

~ Raute 50, 156
~ diamond 50
NOAH 284
nogood 168, 172
NONLIN 284
normale Ermangelungstheorie 328
normale Regel 140
Normalform 26
   aussagenlogische ~ 26
   Skolem~ 26
Normalität 109, 182, 186
Normierungsverfahren 241
Notwendigkeitsaxiom 102, 192
Notwendigkeitsregel 192
NP-Vollständigkeit 73, 80
Nullwert 196

O

Oberklasse 45
Objekt 31, 48
   ~art 48
   ~ebene 188
   ~klasse 48
   ~netz 34
   strukturiertes ~ 39
   strukturiertes konzeptuelles ~ 69
objektorientiert 24, 75
Oder-Baum 320
östliche Philosophie 300
open world assumption 113
Operant 228
operante Konditionierung 228
Operation 15, 24, 309
   aussagenlogische ~ 255
Operator
   epistemischer Modal~ 199
   modaler ~ 190
   Möglichkeits~ 140
OPS5 .... 74, 76
Optimierung 297
Ordnung, Sortenlogik mit ~ 98
outlist 169
Oxydation 219

P

Paarung 28, 263
   aufspannende ~ 28, 215
Paradigma, Lern~ 220
parakonsistente Logik 164
parallele Kombination 234, 240
parallele Zirkumskription 128, 326
paralleles, verteiltes Prozessormodell 87

Index

Parameter, Lernen von ~n 229
partielle AWA 118
partielle Vorauswertung 195
Partition 242, 246
    propositionale ~ 237
PATHFINDER 247
Pawlowscher Hund 228
Pearl, J. 159
Peirce, C.S. 184
PENGI 285
Perzeptron 84, 321
Pfad 27, 318
    ~ eines Netzes 48
    erlaubter ~ 49, 53, 60
    erlaubter negativer ~ 53
    erlaubter positiver ~ 53
    Länge eines ~es 49
    negativer ~ 49
    positiver ~ 49
    verallgemeinerter ~ 49
    widersprüchliche ~e 49
    zusammengesetzter ~ 49
Phänomen, mentales ~ 306
Philosophie 14, 299
    ~ des Geistes 19, 300, 305
    Existenz~ 307
    östliche ~ 300
    positivistische ~ 300
Photorezeptor 84
physikalisches System 296
Physikalismus 305
Plan 333
    universeller ~ 285
planbasiertes Planungssystem 283
Planen 186, 231, 268
Plankalkül 106
Planungsproblem 333
Planungssystem 283
    mengenbasiertes ~ 283
    planbasiertes ~ 283
    sensorbasiertes ~ 283
Planungsverfahren 18
Plastizität, synaptische ~ 89
Plausibilitätsfunktion 240
    kombinierte ~ 241
Plausibilitätsintervall 240, 241, 331
Poole, D. 135, 247
Poolescher Ansatz 327
positive Aussage 48
positive Beobachtung 218, 224
positive Introspektion 102, 192, 193, 330
positive Kante 48
positive Repräsentation 17

positiver Pfad 49
positivistische Philosophie 300
Potential 81, 87, 88
Prädikat 337
    Abnormalitäts~ 115, 121, 325
    funktionale Interpretation zweistelliger ~e 34
    Meta~ 188
    unscharfes ~ 252
    vages ~ 18, 251
Prädikatenlogik 23, 28, 337
    ~ höherer Stufe 190
    Sprache der ~ 22
    Unentscheidbarkeit der ~ 115
Prädikatsvervollständigung 119, 324
Prädikatszeichen 22, 23, 24
Prädikatszirkumskription 124
Präferenz
    ~relation 143, 147
    konzeptuelle ~ 223
    strukturelle ~ 223
präferierte Kripke-Modellklasse 146
präferierte Konsequenz 161
präferierte Modellmenge 161
präferierte Modellstruktur 162
Primimplikant 167, **167**
primitives Konzept 40, 70, 319
PRINCESS 74, 107
Prinzip
    ~ der Indifferenz 235
    Reflexions~ 195
Prioritätszirkumskription 131, 326
Priorität
    Modellmenge mit ~ en 162
    Modellstruktur mit ~ en 162
Probabilistik 186
probabilistische Darstellung 14
probabilistisches Schließen 18
probabilistisches Wissen 103
Problem
    ~ der Selbstreflexivität 299
    ~löser 166
    Humes ~ 306
    induktives ~ 219
    Klassifikations~ 321
    Kulissen~ 269
    Leib-Seele-~ 299, 305
    Planungs~ 333
    Qualifikations~ 109, 123, 183, 269
    Rahmen~ 269
    Ramifikations~ 269
    Subsumierungs~ 319
    Vorhersage~ 270
Problemstellung, induktive ~ 224

Produktions
- ~speicher 76
- ~system 76, 320

Produktionsregel 76, 233
- Lernen von ~n 229

Prognose 111
prognostizierbar 137
Programm
- hierarchisches ~ 123
- Hornklausel~ 323
- Lernen von ~en 229
- PROLOG-~ 306

Programmiersprache 105
Programmierung
- datengesteuerte ~ 81
- induktive Logik~ 229
- logische ~ 275

PROLOG 80, 97, 105, 122
- ~-Programm 306

propositionale Einstellung 188, 190
propositionale Partition 237
propositionales Fluent 271
PROSPECTOR 238
Prototyp 312
Prozedur, angehängte ~ 43, 73, 75
prozedurale Interpretation 13
prozedurale Sprache 14
Prozessormodell, paralleles, verteiltes ~ 87
PRS 285
Przymusinska, H. 118
Przymusinski, T. 118
Psychologie 14
punktweise Zirkumskription 132, 133
- verallgemeinerte ~ 133

PVP-Modell 87

Q

Qualifikationsproblem 109, 123, 183, 269
Qualifikator 256
qualitatives Schließen 18, 296
Quantifizierung, All~ 119
Quantor 23, 255
- natürlichsprachlicher ~ 104

Quillian, M.R. 34
Qupras 298

R

R1 76
Rahmen 38
- ~axiom 273
- ~problem 269
- abduktiver ~ 217

Konzept~ 38
- Lernen von Konzept~ 229

rahmenbasiertes Vererbungssystem 74
Ramifikationsproblem 269
Randbedingung, Erfüllung von ~en 168
Raum 186
- ~ der Wissensrepräsentation 17
- akustischer ~ 21
- Ereignis~ 235
- Wahrscheinlichkeits~ 236, 331

Reaktion, unkonditionierte ~ 228
Realismus, These des ~ 300
reason maintenance system 164
Rechtfertigung 140
Reduktion, kognitive ~ 302, 303
Referenzformalismus, kanonischer ~ 12
Referenzuniversum 254
Reflex
- konditionierter ~ 228
- unkonditionierter ~ 228

Reflexionsprinizip 195
reflexive Erreichbarkeitsrelation 101, 192, 323
reflexives Schließen 45
Reflexivität 278
Regel 78
- ~selektion 78
- abgeschlossene ~ 140
- Abschwächungs~ 271
- ausführbare ~ 78
- Delta-~ 89, 322
- Ermangelungs~ 135, 140, 169, 330
- Faust~ 135, 140
- Hebbsche ~ 89
- Kalkül~ 139
- Kürzungs~ 271
- normale ~ 140
- Produktions~ 233
- Rückpropagierungs~ 90
- semi-normale ~ 140
- verallgemeinerte Delta-~ 90
- zulässige ~ 55

Reifikation 189, 283
Reiter, R. 118, 149, 152, 201
Relation
- charakeristische ~ 224
- diskriminierende ~ 224
- Erreichbarkeits~ 99, 143, 191, 323
- euklidische Erreichbarkeits~ 330
- Gruppierungs~ 94
- IS-A-~ 94
- Präferenz~ 143, 147
- primitive ~ 36
- reflexive Erreichbarkeits~ 192, 323

serielle Erreichbarkeits~ 323, 330
symmetrische Erreichbarkeits~ 323, 330
TEIL-VON-~ 94
transitive Erreichbarkeits~ 192, 330
vage ~ 311
zulässige ~ 224
relevante Voraussetzung 164
Relevanzlogik 154, 163
Religion 300
Reparatur 297
Repräsentation 302
 analoge ~ 104
 Fregesche ~ 22, 23
 lokale ~ 90
 negative ~ 26
 positive ~ 17, 26
 visuelle ~ 21
 Wissens~ 308
Repräsentationsebene 15
repräsentationslose Intelligenz 19, 312
repräsentatorischer Aspekt 44
Resolution 263
 Theorie~ 74
Rete-Algorithmus 80
Revision einer Weltbeschreibung 178
RMS 164
Roboterarm 297
Rolle 38, 63, 69, 70
Rollenwertabbildung 73
Rubrik 38
Rückpropagierungs-Algorithmus 86
Rückpropagierungsregel 90
Rücksetzalgorithmus
 abhängigkeitsgesteuerter ~ 172
Rückwärtsverkettung 80
Russel, B. 195

S

Sachverhalt 61
Satz 338
 abduzibler ~ 216
 Gödelscher ~ 306
 Kompaktheits~ 180
 Konditional~ 154
 natürlichsprachlicher ~ 29
SB-ONE 74
Schaltungsfunktion, Boolesche ~ 167
Schaltwerkstheorie 167
Schaub, T. 148
Schema 309
Schließen 112
 ~ in Größenordnungen 298

abduktives ~ 18, 136, 214, 219
analoges ~ 18
Analogie~ 214
autoepistemisches ~ 174
deduktives ~ 219
Ermangelungs~ 135, 173
fallbasiertes ~ 18, 214, 230
hypothetisches ~ 213, 297
induktives ~ 18, 213, 219
Kalkül des natürlichen ~s 169
konditionales ~ **159**, 159
nichtmonotones ~ 18, 111
probabilistisches ~ 18
qualitatives ~ 18, 296
reflexives ~ 45
Weltabgeschlossenheits~ 173
Schlitz 35, **38**, 70, 76
Schluß
 ~folgern 112
 ~folgerung 15
 kriterialer ~ 39
 leichtgläubiger ~ 159
 skeptischer ~ 159
Schlüssel 33
Schnitt 55
Schoppers, M.J. 285
Schranke, kleinste obere ~ 134
schrittweise AWA 118
Schwaches S4 101
Schwaches S5 101
Schwefeleisen 268
Schwellenwert 83
 ~einheit 83, 88
Selbstreflexivität 187, 194
 Problem der ~ 299
Semantik 309
 ~ der Modallogik 99
 Kripke~ 191
 Standard~ 277
 Standard~ für die lineare Konnektionsmethode 282
 Standard~ für die lineare Logik 282
 Tarskische ~ 111
semantische Interpretation 13
semantische Maschine 12
semantisches Netz 30
semi-entscheidbar 179
semi-normale Regel 140
sensorbasiertes Planungssystem 283
sensorischer Apparat 300
separable Form 325
separable Formel **126**, 127
separables Axiom 326

serielle Erreichbarkeitsrelation ... 101, 323, 330
serielle Kombination 234
Setzen 303
Sherlock Holmes Netz 331
sigmoide Funktion 88
SIPE 284
Situation 268
   stereotype ~ 38
Situationsfluent 271, 277
Situationskalkül 271
skeptische Intuition 48
skeptischer Schluß 159
Skinner, B.F. 228
Skolemfunktion 40
Skolemisierung 40
Skolemnormalform 26
SLDE-Resolution 278, 279
SLDE-Widerlegung 333
slot 35, 38
SMALLTALK 75
SNLP 284
SOAR 229
Solipsismus 212, 300
solitäre
   ~ Formel 125, 325
   ~ Klausel 125, 126
   ~ Klauselmenge 119, 134
Soma 81
Sorte 75, 97
Sortenbeschränkung 71
Sortenlogik 56, 75, 97
   ~ mit Ordnung 98
Sparte 38
Speicher
   assoziativer ~ 85, 322
   inhaltsadressierbarer ~ 86
Spezialisierung 71, 73
speziellste Generalisierung 222
spezifisch 52, 134
Spezifizität 157, 158, 179
Spieltheorie 186
Sprache
   ~ der Aussagenlogik 23
   ~ der Prädikatenlogik 22
   funktionale ~ 14
   logische ~ 14
   natürliche ~ 14, 20, 22
   objektorientierte ~ 75
   prozedurale ~ 14
   Verarbeitung natürlicher ~ 21, 37
stabil 149
stabile Begründungsmenge 171
stabiler Zustand 86

Stabilität 55
Stabilitätsbedingung 148
stärkere Zirkumskriptionsformel 125
Standardsemantik 277
   ~ für die lineare Konnektionsmethode ... 282
   ~ für die lineare Logik 282
Standardwert 41
stochastische Funktion 88
STRIPS 283
Struktur 249
   kanonische ~ 157
   Kripke~ 99, 145, 330
   Wahrscheinlichkeits~ 249
strukturelle Präferenz 223
strukturiertes konzeptuelles Objekt 69
strukturiertes Objekt 39
strukturiertes Vererbungsnetz 69
Stütze, minimale ~ 166, 167
Stützen 49, 166, 170, 318
stufenartige Funktion 88
Subjektivismus 300
Substantivphrase 35
Substitution 263
Substitutivität 278
Subsumierungsproblem 319
Subsumtion 73, 317
Subsumtionsrelation 65
Suche
   Breiten~ 320
   Tiefen~ 320
summative Induktion 220
super class 45
SuperC-Kante 45
Symbolebene 15
Symmetrie 278
symmetrische Erreichbarkeitsrelation . 101, 323, 330
Synapse 81
   erregende ~ 81
   hemmende ~ 81
synaptische Plastizität 89
synchrones Modell 83
synchrones Netz 321
Syntax 22
System 258
   ~beschreibung 258
   ~umgebung 83
   annahmebas. Begründungsverwaltungs~ .168
   Begründungsverwaltungs~ 164, 165
   Experten~ 232
   formales logisches ~ 324
   hybrides ~ 74
   Klauselverwaltungs~ 166

mengenbasiertes Planungs˜ 283
Modell eines physikalischen ˜s 298
physikalisches ˜ 296
planbasiertes Planungs˜ 283
Planungs˜ 283
Produktions˜ 320
sensorbasiertes Planungs˜ 283
terminologisches ˜ 61
truth maintenance ˜ 329
Vererbungs˜ 45, 98
widerspruchstolerantes ˜ 163
System K 145
Szenario 135
maximales ˜ 135

T

Tarskische Semantik 111
Taxonomie 56
hierarchische ˜ 98
taxonomische Hierarchie 94
taxonomisches Netz 70, 71
TBox 74
TEIL-VON-Relation 94
Teilmengenbeziehung 45
Term
Körper-˜ 249
verallgemeinerter ˜ 28
Terminal 81
Terminologie 61, 63, 318
azyklische Gleichungs˜ 319
azyklische ˜ 63
Gleichungs˜ 319
logische Folgerung aus einer ˜ 65
Modell einer ˜ 65
Modell einer Weltbeschreibung und einer ˜ 66
terminologische Logik 155
terminologisches Axiom 62, 63
terminologisches System 61
Termmenge 254
Test 111
Testen 297
Theorem
Bayessches ˜ 237
Theorembeweiser 265
Theorie 49, 111
˜bildung 135, 226, 231
Ermangelungsschließen durch ˜ 217
˜resolution 74
abgeschlossene Ermangelungs˜ 328
abgeschlossene ˜ 140
Automaten˜ 313
Entscheidungs˜ 185, 247
Ermangelungs˜ 140, 141, 145, 147, 328

Gesellschafts˜ 186
Gleichungs˜ 277
monotone Ermangelungs˜ 328
normale Ermangelungs˜ 328
Schaltwerks˜ 167
Spiel˜ 186
Typen˜ 190
universelle ˜ 131
vollständige ˜ 113
Wahrscheinlichkeits˜ 103, 233, 234, 241
Wirtschafts˜ 186
wohlfundierte ˜ 131
THEORIST 138
These
˜ des Realismus 300
˜ von der syntaktischen Natur der Logik 183
idealistische ˜ 300
Identitäts˜ 305
Tiefensuche 320
TM-gaG 263
TMS 169, 170, 329
Tollu, C. 281
top-down 50
Touretzky-Netz 317
Trägheitsgesetz 273
transitive Erreichbarkeitsrelation .101, 192, 330
Transitivität 278
Transzendenz 308
Treffermenge 262, 263
minimale ˜ 262
Treffermengenbaum 265
Treffermengengraph 263
truth maintenance system 329
TWAICE 74
TWEAK 284
Typ des Wertes 43
Typen
˜logik 98
˜theorie 190
Typknoten 34

U

Übergangsgraph einer Extension 141
Überzeugung 191
Überzeugungsfunktion, kombinierte ˜ 241
unabhängige Ereignismenge 237
unabhängiges Ereignis 237
unbeschränkter Wert 87
Unentscheidbarkeit der Prädikatenlogik ... 115
Unifizierbarkeit 28
unique name assumption 118
universelle Theorie 131

universeller Plan 285
Universum 249
    Herbrand~ 201
unkonditionierte Reaktion 228
unkonditionierter Reflex 228
unmittelbarer Vorgänger 244
unscharfe Logik 252
unscharfe Menge 254
unscharfes Prädikat 252
Unsicherheit 43
Untermodell 116
Unterrichtslernen 229
Ursache 244

V

vage Beschreibung 104
vage Relation 311
vages Prädikat 251
Vagheit 186, 252
Valiant, L.G. 221
Variable 23, 23, 48
    Basis~ 254
    Körper-~ 249
    linguistische ~ 254
variable Zirkumskription 128, 132, 133, 148, 327
Variablenzeichen 24
Vauzeilles, J. 281
Vektorargument 124
verallgemeinerte Delta-Regel 90
verallgemeinerte punktweise Zirkumskription 133
verallgemeinerter Pfad 49
Verarbeitung natürlicher Sprache 21, 37
Verarbeitungsmechanismus 15
Verband 56, 134
Vereinigung, Multimengen~ 281
Vererbung 43, 69
    multiple ~ 46
Vererbungsnetz 48, 121, 124, 134, 318
    strukturiertes ~ 69
Vererbungsregel 69
Vererbungssystem 14, 45, 98
    rahmenbasiertes ~ 74
Verknüpfung, aussagenlogische ~ 23
Vernetzungsstruktur 83
Versionsgraph 224
Versionsraum 224
Verstärker 228
versteckte Ebene 86
versteckte Einheit 88
verteilte Wissensrepräsentation 93
Vertrauensaxiom 193
Vervollständigung, Prädikats~ 119, 324
Vervollständigungsformel 120

vollständige Theorie 113
von oben nach unten 50
Voraussage 110, 297
Voraussetzung 140
    relevante ~ 164
Vorauswertung, partielle ~ 195
Vorgänger, unmittelbarer ~ 244
Vorhersageproblem 270
Vorwärtsverkettung 80

W

Wahrheit 191
Wahrheitswert 142, 338
wahrscheinliche, approximative Korrektheit 221
Wahrscheinlichkeit 235
    Basis~ 331
    bedingte ~ 237
    Logik der ~ 247
Wahrscheinlichkeitsmaß 235, 239, 249
Wahrscheinlichkeitsraum 236, 242, 331
    m–stelliger ~ 242
Wahrscheinlichkeitsstruktur 249, 250
Wahrscheinlichkeitstheorie .. 103, 233, 234, 241
Wahrscheinlichkeitsverhältnis 238
Wahrscheinlichkeitsverteilung, gemeinsame ~ 242
WARPLAN 283
Welt
    aktuelle ~ 99, 143, 191
    Außen~ 300
    Innen~ 300
    mögliche ~ 99, 143, 191, 250
Weltabgeschlossenheit 198
    Annahme der ~ 112, 113, 122, 139, 175, 324
    erweiterte Annahme der ~ 118
    generalisierte Annahme der ~ 118
Weltabgeschlossenheitsschließen 173
Weltaxiom 66
    Erfüllbarkeit eines ~s 66
Weltbeschreibung 66, 318, 328
    Modell einer ~ 66
    Modell einer ~ und einer Terminologie ... 66
    Revision einer ~ 178
Weltoffenheit, Annahme der ~ 113
Weltwissen 232
Werkzeugkasten 75
Wert 38, 63, 76
    ~beschränkung 70
    beschränkter ~ 87
    diskreter ~ 87
    kontinuierlicher ~ 87
    Typ des ~s 43
    unbeschränkter ~ 87

Zuverlässigkeits˜ 233
Wertebereich 43
Wertfacette 38, 76
widerlegbares Wissen 193
widerspruchstolerantes System 163
widersprüchliche Aussagen 48
widersprüchliche Pfade 49
Wirtschaftstheorie 186
Wissen 110, 188, 190, 191, 300
    Auffinden von ˜ 15
    Entfernen von ˜ 15
    Hinzufügen von ˜ 15
    kategoriales ˜ 232
    kognitive Form des ˜s 302
    Logik des ˜s 191
    Meta˜ 114, 188
    probabilistisches ˜ 103
    Welt˜ 232
    widerlegbares ˜ 193
Wissensaxiom 192
Wissensbasis, deduktive ˜ 196
Wissenslogik 330
Wissensmanagement 15, 16
Wissensrepräsentation . 11, 14, 19, 20, 308, 338
    lokale ˜ 93
    verteilte ˜ 93
Wissensrepräsentationshypothese 12, 110
Wörterbuch 34
wohlfundierte Theorie 131
Wort, gesprochenes ˜ 21
WTA-Netz 91
Wunsch 303

Y

Yale shooting problem 129

Z

Zahl, natürliche ˜ 127
Zahlbeschränkung 70
zeichenminimal 24
Zeit 18, 186, 285
zerebraler Apparat 300
Zirkumskription 18, 123, 148, 175, 211, 325
    parallele ˜ 128, 326
    Prädikats˜ 124
    Prioritäts˜ 131, 326
    punktweise ˜ 132, 133
    variable ˜ 128, 132, 133, 148, 327
    verallgemeinerte punktweise ˜ 133
Zirkumskriptionsformel 124, 125, 327
Zitieren 189
Zufallsexperiment 249
Zugehörigkeitsfunktion 254
Zugehörigkeitswert 255
zulässige Regel 55
zulässige Relation 224
zusammengesetzter Pfad 49
Zuse, K. 106
Zustand
    ˜ eines Netzes 322
    stabiler ˜ 86
Zuverlässigkeitswert 233, 239
zuverlässige, präferierte Modellmenge . 161, 162
zweistufiges Netz 322
zweite Generation von Expertensystemen .. 297
zyklenfreies Netz 322

Fuzzy Sets and Fuzzy Logic

by Siegfried Gottwald

1993. viii, 216 pages (Artificial Intelligence; edited by Wolfgang Bibel and Walther von Hahn) Softcover.
ISBN-13: 978-3-528-05374-1

The very recent success with even consumer products involving fuzzy tools has caused a growing interest in the field of fuzzy sets and fuzzy control.

This book is written for computer scientists and engineers as well as for logicians and mathematicians who are interested in fuzzy logic control and in the foundations of fuzzy theory. The author, a specialist in the field for more than 20 years, focusses on mathematical tools, considering primarily set theoretical and logical aspects, but also methodological ones. The unifying background idea is the use of notions and methods of many-valued logic. Thus, the book provides the essentials of a fruitful discussion of model building processes with fuzzy sets, especially related to possible applications in fuzzy control.

Vieweg Publishing · P.O. Box 58 29 · D-65048 Wiesbaden

MIX
Papier aus verantwortungsvollen Quellen
Paper from responsible sources
FSC® C105338

If you have any concerns about our products,
you can contact us on
ProductSafety@springernature.com

In case Publisher is established outside the EU,
the EU authorized representative is:
**Springer Nature Customer Service Center GmbH
Europaplatz 3, 69115 Heidelberg, Germany**

Printed by Libri Plureos GmbH
in Hamburg, Germany